U0790779

全国水利行业“十四五”规划教材

水利工程施工

（第2版）

主　编　彭玉林　王福来
副主编　王馨梅　张渊龙　孙海燕
主　审　龚爱民　颜宏亮

黄河水利出版社
·郑州·

内容提要

水利工程施工是研究水利工程建设的施工程序、施工方法、施工工艺和施工组织管理的基本原理的学科，是为水利类专业开设的一门专业核心课。本书充分吸收当前水利水电工程施工的新理论、新方法、新工艺、新设备、新成果，并紧扣水利水电工程施工技术及管理相关的现行规范进行编写，与时俱进、灵活创新，内容体系完整，包括绪论、导截流工程施工、爆破工程施工、地基处理与基础工程施工、土石坝工程施工、混凝土工程施工、地下工程施工、施工组织与计划、建设工程施工招标与投标、施工项目管理等。

本书可作为高等院校水利水电工程、农业水利工程、农业水土工程、水务工程、水土保持工程等专业的教材，也可作为水利类其他专业的教学参考书，以及水利施工企业专业技术人员培训用书，并可供从事灌排、供水、治河、港航等专业工作的技术人员参考。

图书在版编目(CIP)数据

水利工程施工/彭玉林，王福来主编. —2版.—郑州：黄河水利出版社，2023.7

ISBN 978-7-5509-3496-2

Ⅰ.①水… Ⅱ.①彭… ②王… Ⅲ.水利工程-工程施工-高等学校-教材 Ⅳ.①TV5

中国版本图书馆CIP数据核字(2022)第246546号

策划组稿：杨雯惠　电话：0371-66020903　E-mail：yangwenhui923@163.com

出 版 社：黄河水利出版社　网址：www.yrcp.com

地址：河南省郑州市顺河路黄委会综合楼14层　邮政编码：450003

发行单位：黄河水利出版社

发行部电话：0371-66026940、66020550、66028024、66022620(传真)

E-mail：hhslcbs@126.com

承印单位：河南承创印务有限公司

开本：787 mm×1 092 mm　1/16

印张：25.5

字数：600千字

版次：2009年9月第1版　印次：2023年7月第1次印刷

2023年7月第2版

定价：58.00元

再版前言

本教材第 1 版于 2009 年 9 月出版，是全国高等院校水利水电类精品规划教材，出版至今已有 10 余年时间。随着时代的发展，我国水利水电工程施工技术、方法、工艺、设备等在不断革新，涉及的部分施工规范也已更新调整，为此，本次教材修订遵循“稳中求进”的原则——在总体保持第 1 版教材原有知识框架的基础上，与时俱进，灵活创新，对内容组成及结构体系进行了整合、修改、补充和更新，以适应培养符合现代水利发展需要的高素质新型人才的时代需求。

根据全国水利行业“十四五”规划教材编审委员会的编写要求，以注重解决专业知识面和知识结构等关键问题为导向，体现教材实用性、科学性、先进性的特点，本书吸收了当前水利水电工程施工的新理论、新方法、新工艺、新设备、新成果，结合水利水电工程施工技术及管理相关的现行规范修订而成。

本书主要内容包括绪论、第一章导截流工程施工、第二章爆破工程施工、第三章地基处理与基础工程施工、第四章土石坝工程施工、第五章混凝土工程施工、第六章地下工程施工、第七章施工组织与计划、第八章建设工程施工招标与投标、第九章施工项目管理。本书编写人员和编写分工如下：绪论、第三章和第七章由云南农业大学彭玉林编写，第一章和第六章由甘肃农业大学王馨梅编写，第二章和第九章由河南黄河河务局工程建设中心张渊龙编写，第四章由云南农业大学王福来编写，第五章由云南农业大学孙海燕编写，第八章由云南农业大学赵定柱编写。本书由彭玉林、王福来担任主编，由王馨梅、张渊龙、孙海燕担任副主编，由云南农业大学龚爱民和山东农业大学颜宏亮担任主审，彭玉林负责全书统稿。

本书在编写过程中，得到了云南农业大学、甘肃农业大学、山东农业大学和黄河水利出版社等单位的支持与帮助，同时参考了有关的教材、论文、专著和规范并著录在参考文献中，在此对相关作者和单位表示衷心的感谢！第 1 版中所有编写教师凝聚的心血，为本版教材的形成奠定了坚实的基础，谨在此一并致谢！

水利工程施工是一门实践性、综合性很强的学科，教材需要随着施工实践的发展不断更新。编者虽然在修订过程中做了很多努力，但水平有限，书中难免存在缺点和不妥之处，敬请各位读者斧正。

编　者

2023 年 6 月

目　录

绪　论

我国的黄河、长江、海河、淮河养育了一代又一代的华夏子孙,人类与水的斗争和融合在治水、用水的发展史中从未间断过,都江堰水利枢纽、京杭大运河、长江三峡工程、南水北调工程等一批批典型工程闻名古今、扬名中外。时至今日,治河防洪、坝工建设、灌排供水、水力发电、水环境治理等推动着我国水利事业朝着全方位、高质量发展。诸如此类的水利工程的建设实施,无疑都要通过水利工程施工来加以解决。

一、水利工程施工的成熟及发展

在"兴水利、除水害"的过程中,建坝被视为人类控制、利用水资源能力的象征,为此水坝建设风起云涌并取得了丰硕的成果,无论在坝型方面还是坝高方面均取得了不断的进步和发展。目前,最高的土石坝是苏联的努列克坝(现归属于塔吉克斯坦),最大坝高300 m;最高的常态混凝土重力坝是瑞士的大迪克桑斯坝,最大坝高285 m。其余坝型的最高纪录均被我国所创造或刷新:湖北清江水布垭面板堆石坝,最大坝高233 m,是目前世界同类型坝中最高的;最高的心墙堆石坝是在建的大渡河双江口坝,最大坝高315 m;广西龙滩水电站大坝为世界第一大碾压混凝土重力坝,最大坝高216.5 m,2007年被国际大坝委员会授予"碾压混凝土坝里程碑工程奖";最高的混凝土双曲拱坝是锦屏一级水电站大坝,最大坝高305 m,荣获"最高的大坝"吉尼斯世界纪录。这些巨大成就标志着我国水利水电工程建设水平已跨入世界前列。我国建成的三峡水利枢纽工程,装机容量2 250万kW,更是成为全世界规模最大的水力发电站和清洁能源生产基地,堪称人类壮举。这些成就的取得与我国水利工程施工技术的不断进步和发展是密不可分的。

(一)施工机械设备向着大型、高效方向发展

近年来,我国水利工程施工机械的装备能力迅速增长,已具有高强度快速施工的能力。例如,我国黄河小浪底水利枢纽工程大坝为黏土心墙堆石坝,最大坝高154 m,土石填筑方量5 570万 m^3,施工中堆石料填筑选用10.3 m^3挖掘机装料,65 t自卸汽车运料,17 t光面振动碾压实;心墙料填筑选用10.7 m^3装载机装料,65 t或36 t自卸汽车运料,17 t凸块碾压实;创造出月最高上坝强度达101.03万 m^3,日最高上坝强度达4.19万 m^3 的纪录。天生桥二级引水洞、引大入秦和引黄入晋工程的长隧洞开挖,均使用了全断面掘进机和双护盾掘进机等设备,最大开挖断面直径为10.8 m,创造了日最高进尺113 m的纪录。号称滇中引水工程建设的"咽喉"和"上甘岭"的香炉山隧洞工程,地处滇西北横断山脉,全长62.596 km,具有穿越地下断层多、软岩大变形突出、地震烈度高、地下涌水丰富、岩爆危害大、地热温度高等特点,施工极具挑战,它是滇中引水工程全线最具代表性的深埋长隧洞、重点难点和控制性工程,为适应其极端复杂地质环境而专门量身定制的非常规大型敞开式掘进设备——世界引调水工程最大直径硬岩掘进机"弘毅号",设备总长245 m,开挖直径9.84 m,整机重约2 100 t,设计最大推进速度为120 mm/min,是目前我国自主

研制的世界引调水工程双结构、最大直径TBM(全断面硬岩隧道掘进机),该设备针对软岩大变形、断层破碎带、涌水突泥等地质条件进行精准设计,并搭载了超前地质预报系统、智能混喷、渣水分离、有害气体检测等多项功能,其重大设计和施工工艺均为国内首创。小浪底、三峡水利枢纽工程在混凝土防渗墙施工中采用了对地层适应性较强的冲击式正、反循环钻机及双轮铣槽钻机,一台BC30型铣槽钻机一个枯水期就完成了8万m^2的防渗墙造孔任务。南水北调中线汉江兴隆水利枢纽的围堰防渗墙工程施工中,所投入的12台具有自主知识产权的上海金泰国产液压抓斗——双卷扬液压卷管式SG40A抓斗设备,创造了月施工5万m^2的纪录,将我国防渗墙单月施工强度纪录提高了1.5倍。三峡水利枢纽工程的混凝土浇筑采取了以塔带机为主、门塔机和缆机为辅的综合施工方案,创下了高峰年强度达548万m^3、高峰月强度达50万m^3的世界水电建设的最高纪录,远远超过苏联古比雪夫电站创造的高峰年强度364万m^3的世界纪录。

(二)施工工艺向着先进、多样化方向发展

在施工导截流方面,三峡水利枢纽工程大江截流最大流量为11 600 m^3/s,抛投水深60 m,截流落差5.3 m,施工中采用了77 t自卸汽车运料,抛投块料最大达10 t,克服了堤头坍塌、深水龙口预平抛垫底、截流期航运和跟踪预报等技术难题。在地基处理方面,三峡水利枢纽工程首次大规模采用了对拉端头锚固技术加固船闸中隔墩岩体,解决了最大开挖高度170 m的高边坡稳定问题;小浪底工程首次应用的GIN法新型帷幕灌浆技术,具有优质、高效和低耗的显著特点;垂直防渗墙施工技术也达到新水平,如薄墙抓斗、射水法、锯槽法造孔新技术和多头小直径搅拌机搅拌水泥土成墙、垂直铺塑成墙和振动切槽、振动沉模挤压注浆成墙新技术等,都具有工效高、质量好的优点,已在部分工程中应用。堪称世界级难题的西藏旁多水利枢纽大坝基础防渗墙工程,其地质条件非常复杂,下部是冰川沉积、上部是洪水沉积,加之施工平台海拔达到4 100多m,施工单位结合地层、施工强度、设备能力等综合考虑,采用钻抓法局部结合钻劈法造孔成槽,为提高泥浆固壁效果,采用了添加MMH正电胶外加剂的新型泥浆,墙体连接采用接头管法工艺,创下了防渗墙墙体最深(201 m)、连接槽段拔管深度最深(158 m)和水下混凝土浇筑最深(201 m)等三项世界纪录。在地下工程施工方面,小浪底水利枢纽工程排沙洞采用无黏结钢绞线双圈环绕预应力混凝土衬砌技术及泄洪洞内三级孔板消能工施工技术,其规模和技术难度都属于世界前列。在大坝施工方面,除前面介绍的小浪底黏土心墙堆石坝外,碾压混凝土坝施工技术也有很大的进展,如每小时可生产200 m^3碾压混凝土的双卧连续强制式搅拌系统、大仓面碾压混凝土斜层平推铺筑法、高气温和多雨条件下的碾压混凝土施工技术、碾压混凝土拱坝重复灌浆技术、碾压混凝土拱坝埋管降温技术、碾压混凝土拱坝现场快速质量检测技术等。

(三)施工管理向着规范、科学化方向发展

从"鲁布革冲击波"到"三项制度",见证了水利工程建设管理体制的发展和革新。目前,在水利工程建设领域已构建起以落实政府宏观监督、调控原则为指导,实行分级管理和按照基本建设程序进行管理,以项目法人责任制为核心,以招标投标制和建设监理制为基本服务体系的工程建设项目管理基本格局;已初步形成了较为规范的建筑市场体系,市场秩序总体较好,有关的法律、法规和规章制度基本上得到贯彻落实,工程建设管理水平不断提高,施工安全和工程质量逐渐受到普遍重视,工程项目的法人机构及参建各方的行为也逐步走上规范化的道路。

我国在施工组织与管理方面也取得了一些新的科研成果。例如,水利工程施工管理软件、cc-Project 进度计划编制软件、BIM 建模软件等都已投入应用,并接近国际先进水平。

二、水利工程建设程序

工程建设项目的各阶段、各环节之间存在着一定的顺序关系,称为建设程序。建设程序反映了建设活动自身固有的内在、本质、必然的联系,它不依人的意志为转移。如果按照这一程序组织实施建设活动,就能保证建设项目的顺利进行;反之,则可能遭受重大的损失。

根据水利水电工程建设实践,水利部发布的《水利工程建设项目管理规定(试行)》(2016 年修正)(水建〔1995〕128 号)及《水利工程建设程序管理暂行规定》(2019 年修正)(水建〔1998〕16 号)将水利工程建设程序分为项目建议书、可行性研究报告、施工准备、设计、建设实施、生产准备、竣工验收、后评价等八个阶段。通常将项目建议书、可行性研究报告和初步设计作为一大阶段,称为项目建设前期阶段或项目决策阶段;初步设计之后到项目投产运行之前的建设活动作为另外一大阶段,称为项目建设阶段;自投产运行之后则称为生产阶段。

(一)项目建议书阶段

项目建议书应根据国民经济和社会发展长远规划、流域综合规划、区域综合规划、专业规划等,按照国家产业政策和国家有关投资建设方针进行编制,是对拟进行建设项目的初步说明,主要从宏观上分析项目建设的必要性和可行性,即分析建设条件是否具备,是否值得投入资金和人力。

项目建议书编制一般由政府委托有工程咨询资质的咨询公司或设计单位承担,并按国家现行规定权限向主管部门申报审批。项目建议书被批准后,由政府向社会公布,若有投资建设意向,应及时组建项目法人筹备机构,开展下一建设程序工作。

(二)可行性研究报告阶段

可行性研究是综合应用工程技术、经济学和管理科学等学科的基本理论,对项目进行方案比较,对在技术上是否可行和经济上是否合理进行科学的分析和论证。可行性研究报告的编制应以批准的项目建议书为依据。

经过批准的可行性研究报告,是项目决策和进行初步设计的依据,所以一定要做到全面、科学、深入、可靠。可行性研究报告由项目法人(或筹备机构)组织编制。可行性研究报告按国家现行规定的审批权限报批。申报项目可行性研究报告必须同时提出项目法人组建方案及运行机制、资金筹措方案、资金结构及回收资金的办法。

可行性研究报告经批准后,不得随意修改和变更。在主要内容上有重要变动的,应经原批准机关复审同意。项目可行性研究报告批准后,应正式成立项目法人,并按项目法人责任制实行项目管理。

(三)施工准备阶段

项目可行性研究报告已经批准,年度水利投资计划下达后,项目法人即可开展施工准

备工作,其主要内容包括:

(1)施工现场的征地、拆迁。

(2)完成施工用水、电、路、通信和场地平整等工程。

(3)必需的生产、生活临时建筑工程。

(4)实施经批准的应急工程、试验工程等专项工程。

(5)组织招标设计、咨询、设备和物资采购等服务。

(6)组织相关监理招标,组织主体工程招标准备工作。

工程建设项目施工,除某些不适宜招标的特殊工程项目(须经水行政主管部门批准)外,均须实行招标投标。水利工程建设项目的招标投标按有关法律、行政法规和《水利工程建设项目招标投标管理规定》等规章规定执行,具体见第八章。

(四)设计阶段

工程设计是根据批准的可行性研究报告和必要而准确的设计资料,对设计对象进行通盘研究,阐明拟建工程在技术上的可行性和经济上的合理性,规定项目的各项基本技术参数,编制项目的总概算。工程设计任务应择优选择有项目相应资质的设计单位承担,依据《水利水电工程初步设计报告编制规程》(SL/T 619—2021)进行编制。

设计工作一般分两个阶段进行,即初步设计和施工图设计。对于某些大型工程和重要的中型工程,一般采用三个阶段设计,即初步设计、技术设计及施工图设计。

1.初步设计

初步设计的任务在于进一步论证修建此项目的技术可行性和经济合理性,并解决工程建设中重要的技术问题和经济问题,它具有一定程度的规划性质。水利水电工程建设项目初步设计的主要内容包括:①工程的总体规划布置、工程规模(包括水库的特征水位、装机容量等);②主要建筑物的布置、结构形式和尺寸;③施工导流方案、主要建筑物的施工方法、施工总进度及施工总布置;④对外交通条件,施工动力及施工工地附属企业规划;⑤各种建筑材料的用量、主要技术经济指标、建设工期、设计总概算等。

2.技术设计

技术设计是初步设计的进一步深化,即按照初步设计所确定的设计原则、结构方案和控制尺寸,使设计更趋具体和完善。对一些具体问题,如水利水电工程中的建筑物的结构形式、尺寸、布置,水库运行,分期施工蓄水及施工度汛措施等,均应进行必要的补充设计,并根据修正方案编制最终方案的修编概算。

3.施工图设计

施工图设计是在上述阶段的基础上,根据建筑安装工作的需要,分期分批地制定出工程施工详图,提供给施工单位,据以施工。施工图纸一般包括:①施工总平面图;②建筑物的平面图、立面图、剖面图和结构详图、配筋图;③设备安装详图;④各种材料、设备明细表;⑤施工说明书。最后根据施工图资料,提出施工图预算及预算书。

设计文件编制好以后,必须按规定进行审查和批准。

初步设计文件报批前,一般须由项目法人组织行业各方面专家(包括水文、地质、设计、施工、管理等)或委托有相应资格的工程咨询机构,对初步设计中的重大问题进行咨询论证。设计单位根据咨询论证意见,对初步设计文件进行补充、修改、优化。初步设计由项目法人组织审查后，按国家现行规定权限向主管部门申报审批。初步设计文件经批准后，主要内容不得随意修改、变更，并作为项目建设实施的技术文件基础。如有重要修改、变更，须经原审批机关复审同意。

施工图设计因是设计方案的具体化，由设计单位负责，在交付施工时，须经建设单位代表人进行审查签字。

（五）建设实施阶段

建设实施阶段是指主体工程的建设实施，也就是常说的施工阶段。项目法人应按照批准的建设文件组织工程建设，保证项目建设目标的实现。

按照水利部发布的《水利工程建设项目管理规定（试行）》（2016 年修正）（水建〔1995〕128 号）的规定，水利工程须具备以下开工条件后，主体工程方可开工建设：

（1）项目法人或者建设单位已经设立。

（2）初步设计已经批准，施工图设计满足主体工程施工需要。

（3）建设资金已经落实。

（4）主体工程施工单位和监理单位已经确定，并分别订立了合同。

（5）质量安全监督单位已经确定，并办理了质量安全监督手续。

（6）主要设备和材料已经落实来源。

（7）施工准备和征地移民等工作满足主体工程开工需要。

项目法人或者建设单位应当自工程开工之日起 15 个工作日内，将开工情况的书面报告报项目主管单位和上一级主管单位备案。

施工过程中，项目法人要充分发挥建设管理的主导作用，为施工创造良好的建设条件。项目法人要充分授权工程监理，使之能独立负责项目的建设工期、质量、投资的控制和现场施工的组织协调。要按照“政府监督、项目法人负责、社会监理、企业保证”的要求，建立健全质量管理体系，重要建设项目须设立质量监督项目站，行使政府对项目建设的监督职能。

（六）生产准备阶段

生产准备是项目投产前所要进行的一项重要工作，是由建设阶段转入生产经营的必要条件。项目法人应按照建管结合和项目法人责任制的要求，适时做好有关生产准备工作。

生产准备应根据不同类型的工程要求确定，一般应包括以下内容：

（1）生产组织准备。建立生产经营的管理机构及相应管理制度。

（2）招收和培训人员。按照生产运营的要求，配备生产管理人员，并通过多种形式的培训提高人员素质，使之能满足运营要求。生产管理人员要尽早介入工程的施工建设，参加设备的安装调试，熟悉情况，掌握好与工程投产运营有关的生产技术和工艺流程，为顺利衔接基本建设和生产经营这两个阶段做好准备。

（3）生产技术准备。主要包括技术资料的汇总、运行技术方案的制订、岗位操作规程制定和新技术准备。

（4）生产物资准备。主要是落实投产运营所需要的原材料、协作产品、工器具、备品备件和其他协作配合条件的准备。

（5）正常的生活福利设施准备。

在生产准备中,应及时具体落实产品销售合同协议的签订,提高生产经营效益,为偿还债务和资产的保值增值创造条件。

(七)竣工验收阶段

竣工验收是政府依法设立的基本建设程序中的一个重要环节,其工作内容涉及行政性规定、程序性规定及技术性规定,是一项集行政管理与技术管理紧密结合于一体的工作。

竣工验收是工程完成建设目标的标志,是全面考核基本建设成果、检验设计和工程质量的重要步骤。当建设项目的建设内容全部完成,经过所有单位工程验收(包括工程档案资料的验收)符合设计要求,并按《水利工程建设项目档案管理规定》(水办〔2021〕200号)的要求完成了档案资料的整理工作,完成竣工报告、竣工决算等必需文件的编制后,项目法人按《水利工程建设项目管理规定(试行)》(2016年修正)(水建〔1995〕128号)的规定,向验收主管部门提出申请,根据《水利水电建设工程验收规程》(SL 223—2008)及《水利工程建设项目验收管理规定》(2017年修正)(水利部〔2006〕30号令)组织验收。竣工决算编制完成后,须由审计机关组织竣工审计,其审计报告作为竣工验收的基本资料。

竣工验收的程序会随工程规模的大小而有所不同,一般为两阶段验收,即初步验收和正式验收。工程规模较大、技术较复杂的建设项目可先进行初步验收,初步验收工作由监理单位会同设计、施工、质量监督、主管单位代表共同进行。初步验收的目的是帮助施工单位发现遗漏的质量问题,及时补救;待施工单位对初步验收的问题做出必要的处理之后,再申请有关单位进行正式验收。

竣工验收合格的项目,即从基本建设转入生产或使用。不合格的工程不予验收;有遗留问题的项目,对遗留问题必须有具体的处理意见,且有限期处理的明确要求并落实责任人。

(八)后评价阶段

水利建设项目竣工投产后,一般经过1~2年生产运营后,要对照项目立项及建设相关文件资料,与项目建成后所达到的实际效果进行对比分析,进行一次系统的项目后评价,主要包括以下几方面内容:

(1)影响评价。项目投产后对各方面的影响进行评价。

(2)经济效益评价。对项目投资、国民经济效益、财务效益、技术进步和规模效益、可行性研究深度等进行评价。

(3)过程评价。对项目的立项、设计施工、建设管理、竣工投产、生产运营等全过程进行评价。

项目后评价一般按三个层次组织实施:①项目法人的自我评价;②项目行业的评价;③计划部门(或主要投资方)的评价。

建设项目后评价工作必须遵循客观、公正、科学的原则,做到分析合理、评价公正。通过建设项目的后评价以达到肯定成绩、总结经验、研究问题、吸取教训、提出建议、改进工作,不断提高项目决策水平和投资效果的目的。

三、水利水电工程建设项目的划分

(一)根据工程质量控制及检验评定的需要进行划分

一个水利水电工程的建成,从施工准备开始到竣工交付使用,要经过若干工序(或工种)的配合施工,而工程质量的形成不仅取决于原材料、构配件,同时也取决于各工序(或工种)的作业质量。因此,为了实现对工程全方位、全过程的质量控制,按工程的形成过程,考虑设计的布局、施工布置等因素,根据《水利水电工程施工质量检验与评定规程》(SL 176—2007),将水利水电工程项目依次分为单位工程、分部工程、单元工程,按此三级项目划分并进行质量控制。

(1)单位工程。是指具有独立发挥作用或独立施工条件的建筑物。

(2)分部工程。在一个建筑物内能组合发挥一种功能的建筑安装工程称为分部工程,它是组成单位工程的部分。其中,对单位工程安全、功能或效益起决定性作用的分部工程称为主要分部工程。

(3)单元工程。在分部工程中,由几个工序(或工种)施工完成的最小综合体称为单元工程,它是日常施工质量考核的基本单位。依据建筑物设计结构、施工部署和质量考核等要求,将分部工程划分为若干个层、块、区、段,每一层、块、区、段为一个单元工程。其中,对工程安全、效益或功能有显著影响的单元工程为关键部位单元工程;主要建筑物的地基开挖、地下洞室开挖、地基防渗、加固处理或排水等隐蔽工程中,对工程安全或功能有严重影响的单元工程为重要隐蔽单元工程。

对于主要分部工程、关键部位单元工程、重要隐蔽单元工程,在质量评定标准中常以带△符号加以标注区分。

在项目划分时,一般来说,同一个单位工程中,同类型的分部工程的工程量不宜相差太大;不同类型的各个分部工程投资不宜相差太大;每个单位工程的分部工程数目不宜少于5个。

下面以某水库枢纽工程为例,将其项目划分结果列于表0-1~表0-4,以便大家对水利水电工程建设项目的划分有更为清晰的认识和理解。

工程项目划分由项目法人组织监理、设计和施工等单位进行,并确定主要单位工程、主要分部工程、关键部位单元工程和重要隐蔽单元工程。项目法人应在主体工程开工前将项目划分表及说明书面报送相应质量监督机构确认。工程实施过程中,由于设计变更、施工部署的重新调整等诸多因素,需要对已批准的项目划分进行调整时,对于不影响单位工程、主要分部工程、关键部位单元工程、重要隐蔽单元工程的项目划分的局部调整,由项目法人组织监理、设计和施工等单位进行;但对影响上述工程项目划分的调整时,项目法人应重新报送工程质量监督机构进行确认。

工程项目划分时,应按从大到小的顺序进行,这样有利于从宏观上进行项目评定的规划,不至于在分期实施过程中,从低层到高层评定时出现层次、级别和归类上的混乱。质量评定时,应从低层到高层的顺序依次进行,这样可以从微观上按照施工工序和有关规定,在施工过程中把好施工质量关,由低层到高层逐级进行工程质量控制与检验评定。

(二)根据项目本身的内部组成进行划分

水利水电基本建设项目往往工程规模较大、建设周期较长,为了便于编制概预算、编制基本建设计划、组织招标投标、工程计量、工程款项拨付、投资控制等的需要,一般会根据项目本身的内部组成,将其划分为建设项目、单项工程、单位工程、分部工程和分项工程。

表 0-1 某水库枢纽工程项目划分成果(一)

单位工程名称:拦河坝　　　　编码:1

分部工程名称及编码	单元工程名称	单元工程编码	单元工程个数	项目划分说明
坝基开挖与处理(1-1)	△心墙基础开挖	1-1-1~38	38	河床段:Bh0+184.697~Bh0+225.197 按每 20 m 划分为一个单元工程;左岸坡:高程 1 901.000 m 以下按高程每 10 m 划分为一个单元工程,高程 1 901.000~1 912.200 m 按高程每 6 m 划分为一个单元工程,高程 1 912.200 m 以上按水平距离每 20 m 划分为一个单元工程;右岸坡:高程 1 883.122 m 以下按高程每 9 m 划分为一个单元工程,高程 1 883.122~1 901.000 m 按高程每 3 m 划分为一个单元工程,高程 1 901.000 m 以上按水平距离每 20 m 划分为一个单元工程
	结合围堰基础开挖	1-1-39~45	7	河床段划分为一个单元工程,左、右岸坡各按高程每 6 m 划分为一个单元工程
	上游坝壳料基础开挖	1-1-46~72	27	河床段:Bh0+184.697~Bh0+225.197 划分为一个单元工程;左岸坡:高程 1 901.000 m 以下按高程每 4 m 划分为一个单元工程,高程 1 901.000 m 以上按高程每 4 m 划分为一个单元工程;右岸坡:高程 1 901.000 m 以下按高程每 4 m 划分为一个单元工程,高程 1 901.000 m 以上按高程每 4 m 划分为一个单元工程
	下游坝壳料基础开挖	1-1-73~99	27	河床段 Bh0+184.697~Bh0+225.197 划分为一个单元工程;左岸坡:高程 1 901.000 m 以下按高程每 4 m 划分为一个单元工程,高程 1 901.000 m 以上按高程每 4 m 划分为一个单元工程;右岸坡:高程 1 901.000 m 以下按高程每 4 m 划分为一个单元工程,高程 1 901.000 m 以上按高程每 4 m 划分为一个单元工程
	排水棱体基础开挖	1-1-100~108	9	河床段划分为一个单元工程,左、右岸坡各按高程每 6 m 划分为一个单元工程
	心墙垫层 C20 混凝土	1-1-109~146	38	按混凝土浇筑仓划分,每仓划分为一个单元工程
	固结灌浆	1-1-147~187	41	按施工分区划分,每个施工分区划分为一个单元工程

续表 0-1

分部工程名称及编码	单元工程名称	单元工程编码	单元工程个数	项目划分说明
△坝基及坝肩帷幕灌浆(1-2)	平硐洞脸边坡开挖	1-2-1~2	2	高程 1 924. 000 ~ 1 942. 000 m 划分为一个单元工程，高程 1 942. 000 m 以上划分为一个单元工程
	平硐洞脸边坡 C20 混凝土网格梁护坡	1-2-3~4	2	按施工浇筑仓划分，每仓划分为一个单元工程
	洞脸边坡锚喷支护	1-2-5~6	2	按施工检查验收区划分，每个验收区划分为一个单元工程
	平硐进口锁口 C20 钢筋混凝土	1-2-7	1	按浇筑仓划分，每仓划分为一个单元工程
	洞室开挖	1-2-8~45	38	YWh0+027. 686 ~ YWh0+187. 192 按每施工缝划分，每段划分为一个单元工程。YWh0+187. 192 ~ YWh0+660. 192 按喷锚验收区划分，每段划分为一个单元工程
	平硐底板 C20 钢筋混凝土	1-2-46~59	14	YWh0+027. 686 ~ YWh0+187. 192 按每浇筑仓 12 m 划分为一个单元工程，剩余不足 12 m 的作为一个单元工程
	平硐顶拱及侧墙 C20 钢筋混凝土	1-2-60~73	14	YWh0+027. 686 ~ YWh0+187. 192 按每浇筑仓 12 m 划分为一个单元工程，剩余不足 12 m 的作为一个单元工程
	平硐底板 C20 素混凝土	1-2-74~113	40	YWh0+187. 192 ~ YWh0+660. 192 按每分缝划分，每段划分为一个单元工程
	平硐喷锚支护	1-2-114~137	24	按施工检查验收区，YWh0+027. 686 ~ YWh0+187. 192 按每 20 m 划分一个检查验收区，每个检查验收区划分为一个单元工程，剩余不足 20 m 的作为一个单元工程
	右岸帷幕灌浆	1-2-138~191	54	按相邻每 10 个孔划分为一个单元工程，剩余不足 10 个孔也为一个单元工程
	△坝基帷幕灌浆	1-2-192~242	51	按相邻每 10 个孔划分为一个单元工程，剩余不足 10 个孔也为一个单元工程

续表 0-1

分部工程名称及编码	单元工程名称	单元工程编码	单元工程个数	项目划分说明
库区左岸防渗帷幕灌浆(1-3)	库区左岸帷幕灌浆	1-3-1~42	42	KZA0+992.800~KZA1+529.200段共269个孔,每10孔划分为一个单元工程,最后一个单元工程9个孔;KZA2+350.000~KZA2+650.000段共151个孔,每10个孔划分为一个单元工程,最后一个单元工程11个孔
结合围堰填筑(1-4)	黏土斜墙填筑	1-4-1~82	82	按每一个填筑层划分为一个单元工程
△黏土心墙填筑(1-5)	△黏土心墙填筑	1-5-1~204	204	按每一个填筑层划分为一个单元工程
上游反滤料填筑(1-6)	上游反滤料填筑	1-6-1~131	131	按每一个填筑层划分为一个单元工程
下游反滤料及过渡料填筑(1-7)	下游反滤料填筑	1-7-1~131	131	按每一个填筑层划分为一个单元工程
	下游过渡料填筑	1-7-132~238	107	按每一个填筑层划分为一个单元工程
上游坝体风化料填筑(1-8)	上游坝体风化料填筑	1-8-1~98	98	按每一个填筑层划分为一个单元工程
下游坝体风化料填筑(1-9)	下游坝体风化料填筑	1-9-1~98	98	按每一个填筑层划分为一个单元工程
坝脚排水棱体(1-10)	排水棱体反滤砂填筑	1-10-1~9	9	底基层划分为一个单元工程,上游、下游按高程每3 m各划分为一个单元工程
	排水棱体反滤碎石填筑	1-10-10~18	9	底基层划分为一个单元工程,上游、下游按高程每3 m各划分为一个单元工程
	排水棱体干砌块石	1-10-19~28	10	按施工检查验收区,每3层为一个检查验收区划分为一个单元工程
	坝脚黏土回填	1-10-29~46	18	按每一填筑层划分为一个单元工程
	排水棱体排水沟C20混凝土	1-10-47	1	

续表 0-1

分部工程名称及编码	单元工程名称	单元工程编码	单元工程个数	项目划分说明
上游坝面护坡(1-11)	上游戗台路缘 C20 混凝土	1-11-1~3	3	高程 1 888.500 m 平台划分为一个单元工程,高程 1 909.000 m 处以踏步为界,左、右岸坡各划分为一个单元工程
	上游戗台小板防滑墩 C20 混凝土	1-11-4~6	3	高程 1 888.500 m 平台划分为一个单元工程,高程 1 909.000 m 处以踏步为界,左、右岸坡各划分为一个单元工程
	上游踏步碎石垫层	1-11-7	1	
	上游踏步 C15 混凝土	1-11-8	1	
	预制混凝土小板护坡	1-11-9~18	10	每个戗台划分为一个单元工程,高程 1 909.000 m 以下以踏步中线为界,左、右岸坡各划分为一个单元工程,高程 1 909.000 m 以上沿坝轴线每 100 m 划分为一个单元工程
	上游小板锁边混凝土	1-11-19~22	4	左、右岸坡以高程 1 909.000 m 为界,1 909.000 m 以上及以下各划分为一个单元工程
下游坝面护坡(1-12)	排水沟 C20 混凝土	1-12-1~5	5	以高程 1 904.000 m 戗台为界,左、右岸坡各划分为 2 个单元工程,高程 1 904.000 m 戗台排水沟为一个单元工程
	戗台路缘 C20 混凝土	1-12-6~7	2	以 Bh0+230.000 为界,左、右岸坡各划分为一个单元工程
	戗台碎石垫层	1-12-8	1	
	戗台预制混凝土小板	1-12-9	1	
	C15 混凝土网格梁	1-12-10~15	6	高程 1 904.000 m 戗台以下以 Bh0+230.000 为界,左、右坝坡各划分为一个单元工程,高程 1 904.000 m 以上 Bh0+000.000~Bh0+145.000、Bh0+145.000~Bh0+230.000、Bh0+230.000~Bh0+330.000、Bh0+330.000~Bh0+575.000 各划分为一个单元工程
	植草护坡	1-12-16~21	6	高程 1 904.000 m 戗台以下以 Bh0+230.000 为界,左、右坝坡各划分为一个单元工程,高程 1 904.000 m 以上 Bh0+000.000~Bh0+145.000、Bh0+145.000~Bh0+230.000、Bh0+230.000~Bh0+330.000、Bh0+330.000~Bh0+575.000 各划分为一个单元工程
	下游踏步碎石垫层	1-12-22~25	4	Bh0+230.000 踏步,以高程 1 904.000 m 为界,以下及以上各划分为一个单元工程,Bh0+145.000 m、Bh0+330.000 m 处各划分为一个单元工程
	下游踏步 C20 混凝土	1-12-26~29	4	Bh0+230.000 踏步,以高程 1 904.000 m 为界,以下及以上各划分为一个单元工程,Bh0+145.000 m、Bh0+330.000 m 处各划分为一个单元工程

续表 0-1

分部工程名称及编码	单元工程名称	单元工程编码	单元工程个数	项目划分说明
坝顶(1-13)	防浪墙 C20 混凝土	1-13-1~96	96	按混凝土浇筑仓划分,每仓划分为一个单元工程
	坝顶碎石垫层	1-13-97~102	6	每 100 m 划分为一个单元工程
	坝顶混凝土	1-13-103~150	48	按混凝土浇筑仓划分,每仓划分为一个单元工程
	坝顶排水沟 C20 混凝土	1-13-151~198	48	按混凝土浇筑仓划分,每仓划分为一个单元工程
	坝顶石栏杆制安	1-13-199~246	48	按段划分,每段划分为一个单元工程
观测设施工程(1-14)	工作基点基础开挖	1-14-1~2	2	左、右坝肩各划分为一个单元工程
	工作基点埋设	1-14-3~4	2	左、右坝肩各划分为一个单元工程
	校核基点基础开挖	1-14-5~6	2	左、右坝肩各划分为一个单元工程
	校核基点埋设	1-14-7~8	2	左、右坝肩各划分为一个单元工程
	位移标点埋设	1-14-9~13	5	每排各划分为一个单元工程
	测压管	1-14-14~29	16	每个孔划分为一个单元工程
	渗压计	1-14-30~41	12	每只划分为一个单元工程
	量水堰	1-14-42	1	
	水位尺	1-14-43	1	
合计			1 709	

表 0-2　某水库枢纽工程项目划分成果(二)

单位工程名称:导流兼输水隧洞　　　　编码:2

分部工程名称及编码	单元工程名称	单元工程编码	单元工程个数	项目划分说明
导流隧洞进口段(2-1)	进口明渠基础开挖	2-1-1	1	按施工检查验收区划分为一个单元工程
	进口洞脸边坡开挖	2-1-2	1	按施工检查验收区划分为一个单元工程
	进口洞脸边坡锚杆挂网喷护 C20 混凝土	2-1-3	1	按施工检查验收区划分为一个单元工程
	进口明渠底板 C20 钢筋混凝土浇筑	2-1-4	1	按浇筑仓号划分为一个单元工程
	进口明渠边墙 C20 钢筋混凝土浇筑	2-1-5~6	2	按浇筑仓号左、右边墙各划分为一个单元工程
	进口箱涵基础开挖	2-1-7	1	
	进口箱涵 C20 钢筋混凝土	2-1-8~11	4	底板,左、右边墙,顶板各划分为一个单元工程
导流隧洞洞身段(2-2)	洞室开挖	2-2-1~14	14	按施工检查验收区划分,DL0+000. 000~DL0+166. 052 按设计施工缝每 12 m 为一个验收区,为一个单元工程,不足 12 m 的也为一个单元工程
	C25 混凝土底板垫层	2-2-15~28	14	按浇筑仓号划分,DL0+000. 000~DL1+166. 052,每 12 m 为 1 仓,每仓为一个单元工程,剩余不足 12 m 的也为一个单元工程
	C25 钢筋混凝土衬砌	2-2-29~42	14	按浇筑仓号划分,DL0+000. 000~DL1+166. 052,每 12 m 为 1 仓,每仓为一个单元工程,剩余不足 12 m 的也为一个单元工程
输水隧洞进口段(2-3)	进口边坡开挖	2-3-1	1	按施工检查验收区划分为一个单元工程
	进口明渠段基础开挖	2-3-2	1	按施工检查验收区划分为一个单元工程
	进口边坡喷锚支护	2-3-3	1	按施工检查验收区划分为一个单元工程
	进口明渠段底板 C20 钢筋混凝土浇筑	2-3-4	1	按浇筑仓号 SD0-010. 500~SD0-002. 500 划分为一个单元工程
	进口明渠段边墙 C20 钢筋混凝土浇筑	2-3-5~6	2	按浇筑仓号 SD0-010. 500~SD0-002. 500 每侧边墙各划分为一个单元工程
	进口 SD0-002. 500~SD0+000. 000 底板 C25 钢筋混凝土浇筑	2-3-7	1	SD0-002. 500~SD0+000. 000 划分为一个单元工程
	进口 SD0-002. 500~SD0+000. 000 边墙顶板 C25 钢筋混凝土浇筑	2-3-8	1	按浇筑仓划分为一个单元工程

续表 0-2

分部工程名称及编码	单元工程名称	单元工程编码	单元工程个数	项目划分说明
△闸室段(土建)(2-4)	竖井石方开挖	2-4-1	1	按施工检查验收区划分为一个单元工程
	闸室底板 C20 钢筋混凝土浇筑	2-4-2	1	按浇筑仓号划分为一个单元工程
	闸室边墙 C20 钢筋混凝土浇筑	2-4-3	1	按浇筑仓号高程 1 896. 500 ~ 1 899. 500 m,划分为一个单元工程
	竖井边墙 C20 钢筋混凝土浇筑	2-4-4 ~ 10	7	按浇筑仓号划分,每仓划分为一个单元工程
	△竖井 C30 二期混凝土浇筑	2-4-11 ~ 19	9	底板划分为一个单元工程;高程 1 896. 500 ~ 1 898. 100 m 划分为一个单元工程;高程 1 898. 100 ~ 1 924. 000 m 按浇筑仓号划分,每 4 m 为 1 仓,每仓为一个单元工程,剩余不足 4 m 的也为一个单元工程
	启闭机房砖砌体	2-4-20	1	按施工检查验收区划分为一个单元工程
	启闭机房一层构造柱钢筋混凝土浇筑	2-4-21	1	按浇筑仓号划分为一个单元工程
	启闭机房一层梁板钢筋混凝土浇筑	2-4-22	1	按浇筑仓号划分为一个单元工程
	启闭机房二层构造柱钢筋混凝土浇筑	2-4-23	1	按浇筑仓号划分为一个单元工程
	启闭机房二层房屋顶钢筋混凝土浇筑	2-4-24	1	按浇筑仓号划分为一个单元工程
	交通桥排架基础开挖	2-4-25 ~ 29	5	按浇筑仓号划分,第一、第二、第三、第四排架及支墩的基础开挖各为一个单元工程
	交通桥支墩基础 C15 垫层混凝土浇筑	2-4-30	1	
	交通桥支墩基础 C20 钢筋混凝土浇筑	2-4-31	1	
	交通桥支墩 C25 混凝土浇筑	2-4-32	1	按浇筑仓号划分为一个单元工程
	交通桥排架基础 C15 垫层混凝土浇筑	2-4-33 ~ 36	4	按浇筑仓号划分,每个排架各划分为一个单元工程
	交通桥排架基础 C20 钢筋混凝土浇筑	2-4-37 ~ 40	4	按浇筑仓号划分,每个排架各划分为一个单元工程
	交通桥排架 C25 钢筋混凝土浇筑	2-4-41 ~ 46	6	按浇筑仓号划分,每仓划分为一个单元工程
	交通桥梁板 C25 钢筋混凝土浇筑	2-4-47 ~ 50	4	按浇筑仓号划分,共 4 跨各为一个单元工程
	栏杆制安	2-4-51-55	5	工作桥按左、右各划分为一个单元工程,检修平台、启闭机室、楼梯各划分为一个单元工程
	金属门窗安装	4-4-56	1	

续表 0-2

分部工程名称及编码	单元工程名称	单元工程编码	单元工程个数	项目划分说明
输水隧洞洞身段（2-5）	洞室开挖	2-5-1~30	30	按施工检查验收区划分，闸室前（SD0+000.000~SD0+014.500）、闸室后（SD0+019.000~SD0+031.000）、上弯段（SD0+031.000~SD0+036.812）、斜段（SD0+036.812~SD0+048.620）、下弯段（SD0+048.620~SD0+054.406）、平段（SD0+054.406~SD0+063.448）、渐变段（SD0+063.448~SD0+068.448）、输导结合段（SD0+068.448~SD0+078.448）各为一个单元工程；输水、导流共用隧洞 SD0+078.448~SD0+164.066、SD0+173.499~SD0+342.448 按设计施工缝每 12 m 为验收区，不足 12 m 的并入上一验收区为一个单元工程；转弯段 SD0+164.066~SD0+173.499 为一个单元工程
	C25 混凝土底板垫层	2-5-31~60	30	按浇筑仓号划分，闸室前（SD0+000.000~SD0+014.500）、闸室后（SD0+019.000~SD0+031.000）、上弯段（SD0+031.000~SD0+036.812）、斜段（SD0+036.812~SD0+048.620）、下弯段（SD0+048.620~SD0+054.406）、平段（SD0+054.406~SD0+063.448）、渐变段（SD0+063.448~SD0+068.448）、输导结合段（SD0+068.448~SD0+078.448）各为一个单元工程；输水、导流共用隧洞 SD0+078.448~SD0+164.066、SD0+173.499~SD0+342.448 按设计施工缝每 12 m 为 1 仓，不足 12 m 的并入上一仓为一个单元工程；转弯段 SD0+164.066~SD0+173.499 为一个单元工程
	洞身 C25 钢筋混凝土衬砌	2-5-61~90	30	按浇筑仓号划分，闸室前（SD0+000.000~SD0+014.500）、闸室后（SD0+019.000~SD0+031.000）、上弯段（SD0+031.000~SD0+036.812）、斜段（SD0+036.812~SD0+048.620）、下弯段（SD0+048.620~SD0+054.406）、平段（SD0+054.406~SD0+063.448）、渐变段（SD0+063.448~SD0+068.448）、输导结合段（SD0+068.448~SD0+078.448）各为一个单元工程；输水、导流共用隧洞 SD0+078.448~SD0+164.066、SD0+173.499~SD0+342.448 按设计施工缝每 12 m 为 1 仓，不足 12 m 的并入上一仓为一个单元工程；转弯段 SD0+164.066~SD0+173.499 为一个单元工程

续表 0-2

分部工程名称及编码	单元工程名称	单元工程编码	单元工程个数	项目划分说明
回填与固结灌浆(2-6)	导流隧洞回填灌浆	2-6-1~14	14	按混凝土浇筑仓划分,DL0+003.000~DL0+166.052每12 m为一个单元工程,不足12 m的也为一个单元工程
	导流隧洞固结灌浆	2-6-15~18	4	按施工区划分单元,DL0+147.00~DL0+166.052每2环为1区,共4区,每区为一个单元工程
	输水隧洞回填灌浆	2-6-19~49	31	按浇筑仓号划分,闸室前(SD0+000.000~SD0+006.000、SD0+006.000~SD0+014.500)、出检修闸(SD0+019.000~SD0+031.000)、上弯段(SD0+031.000~SD0+036.812)、斜段(SD0+036.812~SD0+048.620)、下弯段(SD0+048.620~SD0+054.406)、平段(SD0+054.406~SD0+063.448)、渐变段(SD0+063.448~SD0+068.448)、输导结合段(SD0+068.448~SD0+078.448)各为一个单元工程;输水、导流共用隧洞SD0+078.448~SD0+164.066、SD0+173.499~SD0+342.448按设计施工缝每12 m为1仓,每仓为一个单元工程,不足12 m的并入上一仓为一个单元工程;转弯段SD0+164.066~SD0+173.499为一个单元工程
	输水隧洞固结灌浆	2-6-50~133	84	按施工区划分单元,SD0+000.000~SD0+014.500、SD0+019.000~SD0+342.448,每2环为1区,共84区,每区为一个单元工程
金属结构及启闭机安装(2-7)	输水隧洞进口拦污栅	2-7-1	1	栅体安装划分为一个单元工程
	检修闸预埋件安装	2-7-2	1	按每一孔门槽的埋件安装划分为一个单元工程
	检修闸门体安装	2-7-3	1	门体安装划分为一个单元工程
	检修闸启闭机安装	2-7-4	1	按每台划分为一个单元工程

续表 0-2

分部工程名称及编码	单元工程名称	单元工程编码	单元工程个数	项目划分说明
导流隧洞出口段（2-8）	出口段基础开挖	2-8-1~2	2	按施工段划分，分别为渐变段（DL0+440.000~DL0+449.064）、明渠段（DL0+449.064~DL0+475.140）各为一个单元工程
	出口渐变段 M7.5 浆砌石	2-8-3~5	3	按施工段划分，分别为渐变段（DL0+440.000~DL0+449.064）底板，左、右边墙各为一个单元工程
	出口明渠 M7.5 浆砌石	2-8-6~8	3	按施工段划分，分别为明渠段（DL0+449.064~DL0+475.140）底板，左、右边墙各为一个单元工程
	出口渐变段 C20 钢筋混凝土浇筑	2-8-9~11	3	按浇筑仓号划分，分别为渐变段（DL0+440.000~DL0+449.064）底板，左、右边墙各为一个单元工程
	出口明渠段 C20 钢筋混凝土浇筑	2-8-12~14	3	按浇筑仓号划分，分别为明渠段（DL0+449.064~DL0+475.140）底板，左、右边墙各为一个单元工程
	消力池段基础开挖	2-8-15~16	2	按施工段划分，DL0+475.140~DL0+482.390、DL0+482.390~DL0+509.640 各为一个单元工程
	消力池 C25 钢筋混凝土	2-8-17~22	6	按浇筑仓划分，DL0+482.390~DL0+509.640 底板，左、右边墙，每仓划分为一个单元工程，消力坎划分为一个单元工程
	消力池陡坡段 C25 钢筋混凝土	2-8-23~25	3	按浇筑仓号划分，分别为 DL0+475.140~DL0+482.390 底板，左、右边墙各为一个单元工程
	尾水段基础开挖	2-8-26~28	3	DL0+509.640~DL0+514.000、DL0+514.000~DL0+523.000、DL0+523.000~DL0+530.000 各划分为一个单元工程
	明渠 C25 钢筋混凝土浇筑（DL0+509.640~DL0+514.000）	2-8-29~31	3	底板，左、右边墙各划分为一个单元工程
	箱涵 C25 钢筋混凝土浇筑（DL0+514.000~DL0+523.000）	2-8-32~35	4	底板，左、右边墙，顶板各划分为一个单元工程
	明渠 C25 钢筋混凝土（DL0+523.000~DL0+530.000）	2-8-36~38	3	底板，左、右边墙各划分为一个单元工程
合计			382	

表 0-3　某水库枢纽工程项目划分成果(三)

单位工程名称:溢洪道　　　　编码:3

分部工程名称及编码	单元工程名称	单元工程编码	单元工程个数	项目划分说明
进水明渠段(3-1)	基础开挖	3-1-1	1	
	C25 钢筋混凝土底板	3-1-2	1	
	C20 钢筋混凝土边墙	3-1-3~10	8	左、右边墙按混凝土浇筑仓划分,每仓划分为一个单元工程
	栏杆制安	3-1-11~12	2	左、右边墙顶各划分为一个单元工程
△控制段(土建)(3-2)	△基础开挖	3-2-1	1	0-004.500~0+017.500 共划分为一个单元工程
	△闸室底板 C25 钢筋混凝土	3-2-2	1	0-004.500~0+017.500 共划分为一个单元工程
	△闸墩 C25 钢筋混凝土	3-2-3~8	6	每个边墩与刺墙、中墩均按每个浇筑仓划分为一个单元工程
	△牛腿 C30 钢筋混凝土	3-2-9~10	2	左、右闸孔各划分为一个单元工程
	左边墙回填 C20 毛石混凝土	3-2-11	1	
	△C30 二期混凝土	3-2-12~15	4	左、右闸孔按底板、侧墙门槽各划分为一个单元工程
	交通桥梁板 C30 钢筋混凝土	3-2-16~17	2	每跨划分为一个单元工程
	交通桥石栏杆	3-2-18~19	2	左、右侧各划分为一个单元工程
	启闭机层 C25 钢筋混凝土柱	3-2-20	1	
	启闭机层梁板 C25 钢筋混凝土	3-2-21	1	每层划分为一个单元工程
	屋面层柱 C25 钢筋混凝土	3-2-22	1	
	屋面层梁板 C25 钢筋混凝土	3-2-23	1	每层划分为一个单元工程
	楼梯混凝土浇筑	3-2-24	1	
	闸室砖砌体	3-2-25	1	
	闸室门窗制安	3-2-26	1	
	砌体抹灰	3-2-27	1	
	栏杆制安	3-2-28~31	4	楼梯,启闭机层,左、右边墙各划分为一个单元工程

续表 0-3

分部工程名称及编码	单元工程名称	单元工程编码	单元工程个数	项目划分说明
泄槽段(3-3)	基础开挖	3-3-1~24	24	按设计混凝土分缝每段划分为一个单元工程
	底板锚杆	3-3-25~28	4	按设计检验批 72 m 划分为一个单元工程,最后一段 84.27 m 划分为一个单元工程
	底板 C25 钢筋混凝土	3-3-29~52	24	按混凝土浇筑仓每仓各划分为一个单元工程
	边墙 C20 钢筋混凝土	3-3-53~100	48	左、右边墙按混凝土浇筑仓每仓各划分为一个单元工程
消能防冲段(3-4)	基础开挖	3-4-1	1	
	底板锚杆	3-4-2	1	
	底板 C30 钢筋混凝土	3-4-3~6	4	按混凝土浇筑仓每仓各划分为一个单元工程
	边墙 C30 钢筋混凝土	3-4-7~22	16	左、右边墙按混凝土浇筑仓每仓各划分为一个单元工程
	消力坎 C30 混凝土	3-4-23	1	
	拉杆 C20 钢筋混凝土	3-4-24	1	
尾水段(3-5)	基础开挖	3-5-1~11	11	按混凝土浇筑仓每仓各划分为一个单元工程,护坦段单独划分为一个单元工程,交通桥段单独划分为一个单元工程
	底板 C25 钢筋混凝土	3-5-12~22	11	按设计分缝进行划分,每段划分为一个浇筑仓,每个浇筑仓划分为一个单元工程,交通桥段单独划分为一个单元工程
	边墙 C20 钢筋混凝土	3-5-23~44	22	左、右边墙按混凝土浇筑仓划分,每仓划分为一个单元工程,交通桥段左、右边墙各划分为一个单元工程
	交通桥梁板混凝土浇筑	3-5-45	1	
	护坦段	3-5-46	1	
△金属结构及启闭机安装(3-6)	△闸门埋件安装	3-6-1~2	2	每个闸孔各划分为一个单元工程
	△弧形闸门门体安装	3-6-3~4	2	每道闸门各划分为一个单元工程
	△液压启闭机安装	3-6-5~6	2	每套各划分为一个单元工程
合计			219	

表 0-4　某水库枢纽工程项目划分成果(四)

单位工程名称:临时工程　　　　编码:4

分部工程名称及编码	单元工程名称	单元工程编码	单元工程个数	项目划分说明
子围堰工程(4-1)	黏土斜墙基础开挖	4-1-1~2	2	ZWY0+000.000~ZWY0+100.304、ZWY0+100.304~DL0-016.000 各划分为一个单元工程
	石渣填筑基础开挖	4-1-3~4	2	ZWY0+000.000~ZWY0+100.304、ZWY0+100.304~DL0-016.000 各划分为一个单元工程
	黏土斜墙填筑	4-1-5~40	36	ZWY0+000.000~ZWY0+100.304、ZWY0+100.304~DL0-016.000 每层各划分为一个单元工程
	石渣料填筑	4-1-41~52	12	ZWY0+000.000~ZWY0+100.304、ZWY0+100.304~DL0-016.000 每层各划分为一个单元工程
	导流明渠基础开挖	4-1-53	1	共划分为一个单元工程
	导流明渠土工布	4-1-54	1	共划分为一个单元工程
	导流明渠喷 C20 挂网混凝土	4-1-55	1	共划分为一个单元工程
合计			55	

(1)建设项目:是指按照一个总体设计进行施工的各个项目的总和,它具有经济上实行统一核算、行政上实行统一管理的基本属性。例如,一个独立的灌溉工程、水库工程、水电站工程等。

(2)单项工程:是建设项目的组成部分,一个单项工程具有独立的设计文件,建成后可以独立发挥生产能力或效益。例如,一个灌溉工程中的引水渠工程、田间工程等。

(3)单位工程:是单项工程的组成部分,是指建设后不能独立发挥生产能力或效益,但具有独立施工条件的工程。例如,一个引水渠工程中的干渠工程、支渠工程、渡槽工程、倒虹吸工程等。

(4)分部工程:是单位工程的组成部分,它一般按照建筑物的结构部位或施工工种不同进行划分。例如,渡槽工程,从结构部位角度可划分为基础工程、排架工程、槽身工程等;从施工工种角度则可划分为土石方工程、砌石工程、混凝土工程等。

(5)分项工程:是分部工程的细分,是建设项目最基本的组成单元,也是最简单的施工过程。例如,渡槽槽身混凝土工程可分为钢筋制安、模板制安、混凝土浇筑、止水等若干分项工程。

水利工程中常将分部工程和分项工程合并统称为分部分项工程,如渡槽工程通常包含一般土方开挖、一般石方开挖、坑石方开挖、土石方回填、M7.5 浆砌石支墩砌筑、C15 基础混凝土浇筑、C30 排架混凝土浇筑、C30 槽身混凝土浇筑、钢筋制安、排架模板制安、槽身模板制安、止水(双组分聚硫密封胶闭孔泡沫板)、栏杆等若干个分部分项工程。

举例分析如图 0-1 所示。

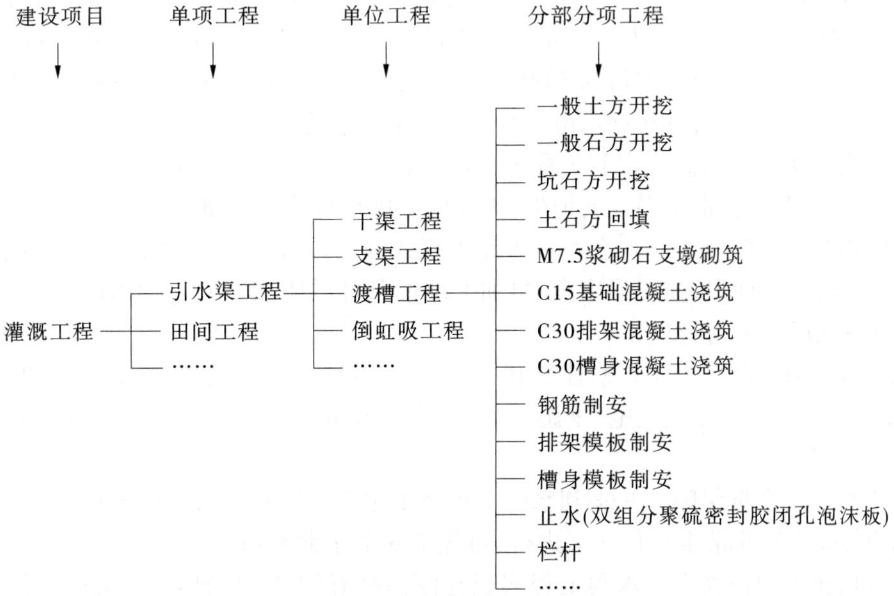

图 0-1　建设项目划分示例

四、水利工程施工的任务和特点

(一)水利工程施工的任务

(1)在项目建议书、可行性研究报告、初步设计、开工准备和施工阶段,根据其不同要求,工程结构的特点,工程所在地区的自然条件、社会经济状况,以及设备、材料、人力等资源的供应情况,均需要编制施工组织设计,既论述了施工方案和工艺,又为投资测算提供依据。

(2)建立现代项目管理体系,按照施工组织设计,科学地使用人力、物力、财力,组织施工,按期完成工程建设,保证施工质量,降低工程成本,多、快、好、省地全面完成施工任务。

(3)在施工过程中开展观测、试验和研究工作,推动水利水电施工技术的进步。

(4)在生产准备、竣工验收和项目后评价阶段,完善工程附属设施及施工缺陷部位,并完成相应的施工报告和验收文件。

(二)水利工程施工的特点

(1)受自然条件影响大。工程均在露天进行,水文、气象、地形、工程地质和水文地质等自然条件,在很大程度上影响着工程施工的难易程度和施工方案的选择。在河床上修建水工建筑物,不可避免地要控制水流,进行施工导流,以保证工程施工的顺利进行。在冬季、夏季和雨天施工时,必须采取相应的措施,避免气候的不利影响,保证施工质量及进度。

(2)工程量大、投资多、工期长。水利水电枢纽工程量一般都很大,修建时需花费大量的资金,同时施工工期也很长。例如,长江三峡水利枢纽工程,仅混凝土浇筑总量就达2 820万m^3,工程静态投资900多亿元,动态投资2 000多亿元,总工期16年;又如,黄河小浪底水利枢纽工程,土石方开挖量为3 905万m^3,土石方填筑量为5 570万m^3;再如,苏联的努列克心墙坝的填筑方量为5 600万m^3,总工期20年。所以,加快施工进度、缩短建设周期、降低工程造价,对水利水电工程建设具有重大意义。

(3)施工质量要求高。水利工程多为挡水建筑物和泄水建筑物,一旦失事,对下游国民经济和生命财产会带来很大的损失,因此应高度重视施工质量。

(4)相互干扰限制大。一个水利枢纽工程往往由许多单位工程组成,布置比较集中,工程量大,施工工种多,施工强度高,再加上地形条件的限制,施工干扰比较大,必须统筹规划,重视现场施工与管理。

(5)多方因素制约施工。修建水利工程,会涉及许多部门的利益,如在河道上施工的同时,往往还要满足通航、发电、下游灌溉、工业及城市用水等的需要,这就使得施工组织和管理变得更加复杂。

(6)作业安全难保障。在水利水电工程施工中有爆破作业、地下作业、水域作业和高空作业等,这些作业常常平行交叉进行,对施工安全非常不利。

(7)临建工程修建多。水利工程多建在深山峡谷河道,人烟稀少,交通不便,常需要修建一些临时性建筑,如施工导流建筑物、辅助工厂、道路、房屋和生活福利设施,这些都使工程难度和临时工程投资大大增加。

(8)组织管理难度大。水利工程施工中不仅涉及许多部门的利益,而且会对区域的社会、经济、生态、气候等因素构成影响,施工组织和管理所面临的是一个复杂的系统。因此,必须采用系统分析的方法,统筹兼顾,全局优化。

与其他类型工程项目的施工相比,水利工程施工最突出的特点反映在水流控制上。

五、本课程的教学目的与要求

水利工程施工是水利类本科专业的一门理论与实践紧密结合的专业核心课。课程在总结国内外水利水电工程建设先进经验的基础上,以主要水工建筑物为对象,从施工方法、施工技术、施工机械、施工组织及管理等方面,研究优质、经济、高效地进行水利水电工程建设的基本规律。

(一)教学目的

通过系统学习该课程,使学生具备一定的关于水利水电工程施工的专业知识,为毕业后考取"注册建造师"执业资格证奠定专业基础,并培养从事施工技术和施工组织管理工作的能力。

(二)教学要求

本课程教学中,要求学生掌握水利水电工程施工中的主要工种及主要建筑物的施工技术,能够结合工程实际恰当选择施工方法,制订合理的施工方案;熟悉导截流的相关水力计算,能进行导截流方案的设计;了解常用施工机械的类型、作业方式及其适用条件,能结合工程特点及规模进行施工机械设备的合理选配;掌握施工进度计划的编制与施工总体布置的设计,学会编制水利工程项目的施工组织设计。

参考文献

[1] 中华人民共和国水利部. 水利工程建设项目管理规定(试行)(2016 年修正)(水建〔1995〕128 号)[EB/OL]. (2016-08-10)[2022-10-20]. zfs. mwr. gov. cn/fgk/zgslcyfgk/gz/201506/t20150605_682703. html.

[2] 中华人民共和国水利部. 水利工程建设程序管理暂行规定(2019 年修正)(水建〔1998〕16 号)[EB/OL]. (2019-06-18) [2022-10-21]. zfs. mwr. gov. cn/fgk/zgslcyfgk/gz/201506/t20150605 _ 682710. html.

[3] 中华人民共和国水利部. 水利工程建设项目档案管理规定(水办〔2021〕200 号)[EB/OL]. (2021-06-29)[2022-10-21]. www. mwr. gov. cn/zwgk/gknr/202106/t20210629_1525492. html.

[4] 中华人民共和国水利部. 水利工程建设项目验收管理规定(2017 年修正)(水利部〔2006〕30 号令)(2018-01-15)[2022-10-21]. zfs. mwr. gov. cn/fgk/zgslcyfgk/gz/201506/t20150609_684442. html.

[5] 中华人民共和国水利部. 水利水电工程施工质量检验与评定规程:SL 176—2007[S]. 北京:中国水利水电出版社,2007.

[6] 中华人民共和国水利部. 水利水电建设工程验收规程:SL 223—2008[S]. 北京:中国水利水电出版社,2008.

[7] 颜宏亮,于雪峰. 水利工程施工[M]. 郑州:黄河水利出版社,2009.

[8] 侍克斌. 水利工程施工[M]. 北京:中国农业出版社,2005.

第一章 导截流工程施工

第一节 概 述

一、引言

水利工程的主体建筑物,如大坝、电站和水闸等,一般都在河流中修建。因此,在这些建筑物的施工过程中,必须为原来河道的水流安排好出路,以保证工程在干地上施工。例如,可先在河床外修建一条隧洞或明渠(这种隧洞或明渠在施工中称作导流隧洞或导流明渠),然后用堤坝把建筑物施工范围的河道围护起来,使原河道水流经过导流隧洞或导流明渠安全泄向下游(这种堤坝在施工中称作围堰)。围堰所围护的河道范围称作基坑。排干基坑中的水后就形成干地,即可进行主体建筑物的施工。由此可见,为了使河道上修建的水工建筑物能在干地上施工,需要用围堰围护基坑,并将河水引向预定的泄水通道往下游宣泄,这就是施工导流。然而,在主体建筑物的施工过程中,还需解决另一类问题,如航运、灌溉、渔业、下游工业与民用供水、河道上已建梯级电站的发电和主体建筑物提前运行等矛盾,并且贯穿于整个主体建筑物施工过程中。施工导流的目的就是处理好这种矛盾,即建筑物在干地施工和水资源综合利用的矛盾,解决施工过程中的水流控制问题。

施工导流作为施工水流控制的工程措施,是保证干地施工和施工工期的关键。导流工程是水利工程施工特有的部分,包括施工导流、截流和基坑排水,是事关水利工程施工能否顺利开展的全局性、战略性前提,是对水利工程建设具有重要理论意义和现实价值的课题。

本章是从事水利工程设计和施工的人员必须掌握的内容。通过本章学习,认清导截流工程在水利工程建设中的特殊地位与重要性,了解导流施工的全过程,学会在保证工程设计要求的前提下如何收集、分析基本资料,选择合理的导流方案,确定导流建筑物的布置、构造及尺寸,拟订导截流工程施工程序及施工方案与要求,设计导流建筑物的修建、拆除、封堵的施工方法以及截断河床水流、拦洪度汛和基坑排水等措施。

二、内容提要

导流挡水建筑物——围堰的分类、基本形式及构造、平面布置与堰顶高程、防冲措施等;导流设计的洪水频率标准,导流时段划分、导流设计流量的确定等;施工导流的基本方法,导流泄水建筑物的布置,导流水力计算等;截流的基本方法,截流日期及截流设计流量,龙口位置和宽度,截流戗堤位置和参数,截流水力计算,截流材料及备料量等;基坑排水,包括初期排水、日常排水、明式排水和人工降低地下水位等;坝体拦洪度汛,施工期通航、过木、排冰与下游供水,围堰的拆除,封堵蓄水等。

三、学习要求

掌握导截流工程的施工技法、施工机械与工艺，学会导截流工程的施工程序、施工方案与要求。

第二节　导流挡水建筑物

为了保证建筑物能在干地施工，用来围护施工基坑，把施工期间的河床来水挡在基坑外的导流挡水建筑物通常称为围堰。围堰是导流工程中的挡水建筑物，在导流任务完成以后，如果围堰对永久性建筑物的运行有妨碍或没有考虑作为永久性建筑物的组成部分，则应予以拆除。

一、围堰的分类

按其所使用的材料，最常见的围堰有土石围堰、钢板桩格形围堰、混凝土围堰、草土围堰等。

按围堰与水流方向的相对位置，围堰可分为大致与水流方向垂直的横向围堰和大致与水流方向平行的纵向围堰。

按围堰与坝轴线的相对位置，围堰可分为上游围堰和下游围堰。

按导流期间基坑淹没条件，围堰可分为过水围堰和不过水围堰。过水围堰除需要满足一般围堰的基本要求外，还应满足堰顶过水的专门要求。

按施工分期，围堰可以分为一期围堰和二期围堰等。

为了能充分反映某一围堰的基本特点，实践中常以组合方式对围堰命名，如一期下游横向土石围堰、二期混凝土纵向围堰等。

二、围堰的基本形式及构造

(一)不过水土石围堰

不过水土石围堰是水利工程中应用最广泛的一种围堰形式，其断面与土石坝相仿，通常用土和石渣(或砾石)填筑而成。常见的几种形式如图 1-1 所示。它能充分利用当地材料或废弃的土石方，构造简单，施工方便，对地形地质条件要求低，可以在动水中、深水中、岩基上或有覆盖层的河床上修建；但其工程量大，堰身沉陷变形也较大。若当地有足够数量的渗透系数小于 10^{-4} cm/s 的防渗料(如砂壤土)，土石围堰可采用斜墙式[见图 1-1(a)]、斜墙带水平铺盖式[见图 1-1(b)]。其中，斜墙式适用于基岩河床，覆盖层厚度不大的场合。若当地没有足够数量的防渗料或覆盖层较厚，土石围堰可以采用垂直防渗墙式[见图 1-1(c)]、帷幕灌浆式[见图 1-1(d)]，用混凝土防渗墙、自凝灰浆墙、高压喷射灌浆墙或帷幕灌浆来解决地基防渗问题。

(二)过水土石围堰

土石围堰是散粒体结构，在一般条件下是不允许过水的。近些年来，过水土石围堰发展很快，成功地解决了一些导流难题。土石围堰堰顶过水的关键在于对堰面及堰脚附近地基能否采取简易可靠的加固保护措施。目前,采取的措施有三类:混凝土板护面、大块石护面、加筋。较普遍采用的是混凝土板护面。

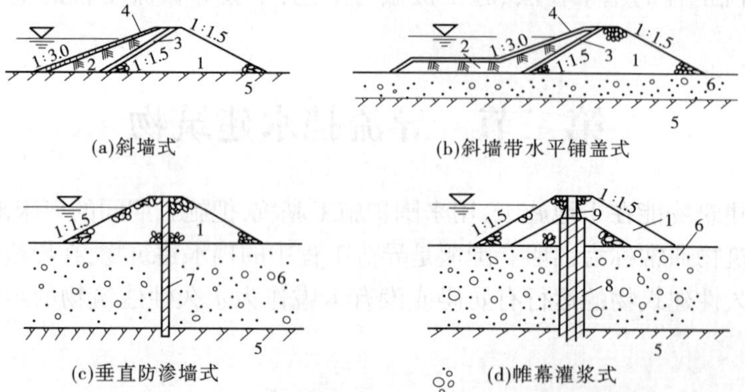

1—堆石体;2—黏土斜墙、铺盖;3—反滤层;4—护面;5—隔水层;6—覆盖层;7—垂直防渗墙;8—帷幕灌浆;9—黏土心墙。

图1-1　不过水土石围堰

1.混凝土板护面过水土石围堰

混凝土板护面多用于一般的土石围堰。因采用的消能方式不同,这种围堰又可进一步分为以下三类:

(1)混凝土溢流面板与堰后混凝土挡墙相接的陡槽式。这种形式的溢流面结构可靠,整体性好,能宣泄较大的单宽流量。尤其在堰后水深较小,不可能形成面流式水跃衔接时,可考虑采用。在这种形式中,混凝土挡墙(也称镇墩)可做成挑流鼻坎。这种溢流面形式在过水土坝中也被广泛采用。江西省上犹江水电站的过水围堰,高14 m以上,包括覆盖层在内则超过20 m,堰顶曾通过流量为1 820 m^3/s的洪水,单宽流量约为40 $m^3/(s·m)$。围堰断面如图1-2所示,实践证明是比较成功的。

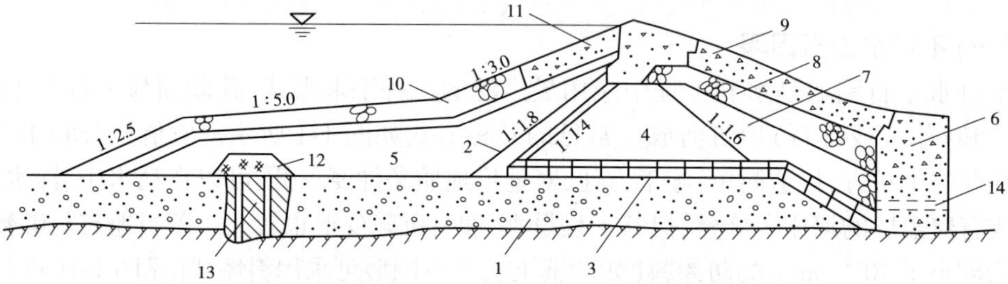

1—砂砾石地基;2—反滤层;3—柴排护底;4—堆石体;5—黏土防渗斜墙;6—毛石混凝土挡墙;7—回填块石;8—干砌块石;9,11—混凝土护面板;10—块石护面;12—黏土顶盖;13—水泥灌浆;14—排水孔。

图1-2　江西省上犹江水电站的过水围堰

对于过水围堰来说,这种形式的主要缺点是施工进度干扰大,特别是在覆盖层较厚的河床上。为了将混凝土挡墙修在岩基上,首先需利用围堰临时断面挡水,然后进行基坑排水,开挖覆盖层,再浇筑挡墙。当挡墙达到要求强度后,才允许回填堰身块石,最后进行溢流面板的施工。这种施工方法,很难满足工程对导流进度的要求。

(2)堰后用护底的顺坡式。这种形式的特点是堰后不做挡墙,采用大型竹笼、铅丝笼、梢捆或柴排护底。这种形式简化了施工,可以争取工期。溢流面结构不必等基坑抽完水,即可基本完成。当覆盖层很厚时,这种形式更有利。如果堰后水深较大,有可能形成面流式水跃衔接,对防冲护底有利。柘溪工程采用过这种形式的过水围堰,如图 1-3 所示。

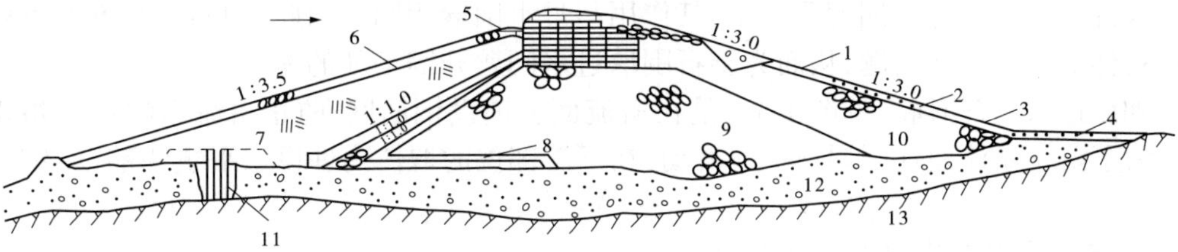

1—混凝土溢流面板;2—钢筋骨架铅丝笼护面;3—竹笼护面;4—竹笼护底;5—木笼;6—块石护面;7—黏土斜墙;8—过渡带;9—水下抛石;10—回填块石;11—帷幕灌浆;12—覆盖层;13—基岩。

图 1-3 柘溪工程的过水围堰

柘溪工程的过水围堰的下游坡面,有约 5 m 高的范围处于水跃区,原设计用混凝土溢流面板,施工中临时改为钢筋骨架铅丝笼护面,经过 5 次溢流[最大单宽流量约为 10 $m^3/(s \cdot m)$],部分铅丝笼内块石全被冲走,钢筋和铅丝已扭在一起,坡面遭到局部破坏。在两岸接头的溢流面上,因水流集中,冲刷更为严重,个别冲深处达 2.0~2.5 m。实践证明,在水跃区若流速大于 6 m/s,坡面结构应以混凝土溢流面板为宜。

(3)坡面挑流平台式。这种形式借助平台挑流形成面流式水跃衔接,使平台以下护面结构大为简化。由于坡面平台可高出合龙后的基坑水位,所以不需等待基坑排水,溢流面结构即可形成。莫桑比克的卡博拉巴萨工程就曾采用过这种形式的过水围堰(见图 1-4)。

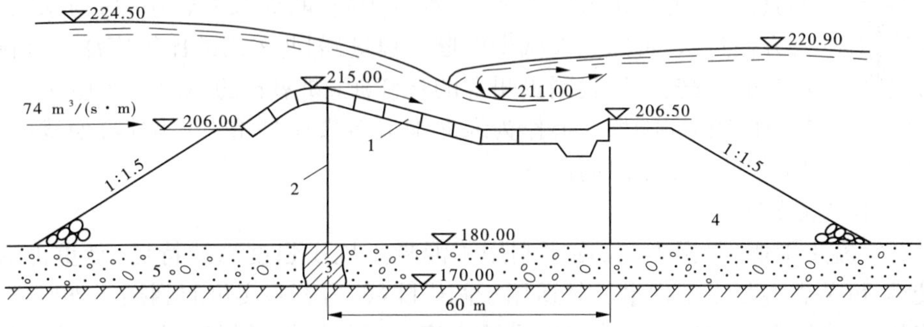

1—混凝土溢流面板;2—板桩;3—灌浆;4—抛石体;5—覆盖层。

图 1-4 卡博拉巴萨工程的过水围堰

由于面流式衔接条件受堰后水深影响较大,因此在堰后水深较大,且水位上升较快时,采用这种围堰形式较为适宜。卡博拉巴萨工程下游过水围堰的混凝土护面板为 7 m×7 m×2.5 m,施工期曾通过流量为 7 000 m^3/s 的洪水,单宽流量约 74 $m^3/(s \cdot m)$,过水时堰体稳定性良好。

2. 大块石护面过水土石围堰

大块石护面过水土石围堰是一种比较古老的堰形,我国在小型工程中采用较为普遍。

作为大型水利工程的过水围堰,国内尚很少采用。近些年来,国外有些堆石围堰施工期过水,是因为堆石围堰高度太大,需分两年施工,未完建的堆石围堰汛期不得不过水,曾采用大块石护面方法。

3. 加筋过水土石围堰

堆石坝可采用钢筋网和锚筋加固溢流面的方法,国外已有不少加筋过水堆石坝的实例。大部分是为了施工期度汛过水,其作用与过水围堰相同。因此,加筋过水堆石坝解决了堆石体的溢流过水问题,从而为土石围堰过水问题开辟了新的途径。

加筋过水土石围堰(见图1-5),是在溢流面上铺设钢筋网,防止溢流面的块石被水冲走。为了防止溢流面连同堰顶一起滑动,在下游部位的堰体内埋设水平主锚筋,将钢筋网拉住。

溢流面采用钢筋网护面可以使护面块石尺寸减小,下游坡度加大,其造价低于混凝土板护面过水土石围堰。

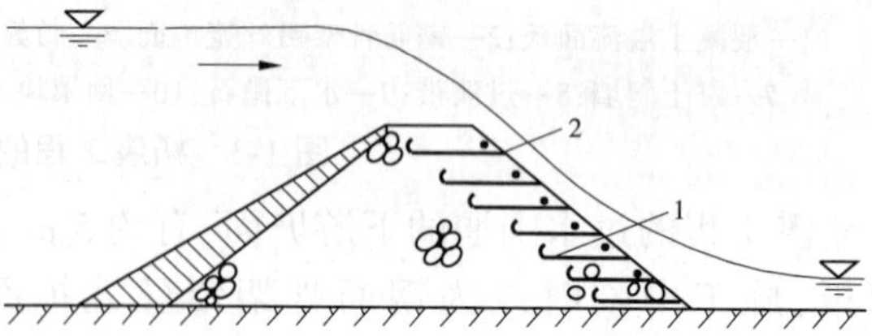

1—水平主锚筋;2—钢筋网。

图1-5　加筋过水土石围堰

应当注意的是,加筋过水土石围堰的钢筋网应保证质量,不然过水时随水挟带的石块会切断钢筋网,使土石料被水流淘刷成坑,造成塌陷,导致溃口等严重事故。过水时堰身与两岸接头处的水流比较集中,钢筋网与两岸的连接应保证牢固,一般需回填混凝土至堰脚处,以利钢筋网的连接生根。过水以后要及时进行检修和加固。

(三)混凝土围堰

混凝土围堰的抗冲能力与抗渗能力强,挡水水头高,断面尺寸较小,易与永久性混凝土建筑物相连接,方便过水,可以大大减少围堰工程量,因此采用的比较广泛。在国外,采用拱形混凝土围堰的工程较多。我国贵州省的乌江渡、湖南省的凤滩等水电工程也采用过拱形混凝土围堰作为横向围堰。但作为纵向围堰多数还是重力式围堰,如我国的三门峡、丹江口、三峡工程的混凝土纵向围堰。

1. 拱形混凝土围堰

拱形混凝土围堰(见图1-6),由于利用了混凝土抗压强度高的特点,与重力式相比,断面较小,可节省混凝土工程量。其适用于两岸陡峻、岩石坚实可起到拱形支撑作用的山区河流,常配合隧洞及允许基坑淹没的导流方案。通常围堰的拱座是在枯水期的水面以上施工的。对围堰的地基处理,当河床的覆盖层较薄时,需进行水下清基;若覆盖层较厚,则可灌注水泥浆防渗加固。堰身下部的混凝土浇筑则要进行水下施工,在拱基两侧要回填部分砂砾料以便灌浆,形成阻水帷幕,因此难度较高。

2. 重力式混凝土围堰

采用分段围堰法导流时,重力式混凝土围堰往往可兼作第一期和第二期纵向围堰,两侧均能挡水,还能作为永久性建筑物的一部分,如隔墙、导墙等。纵向围堰需抵御较高速水流的冲刷,所以一般修建在岩基上。为保证混凝土的施工质量,一般可将围堰布置在枯水期出露的岩滩上。重力式混凝土围堰现在有普遍采用碾压混凝土浇筑的趋势,如三峡工程三期横向围堰及纵向围堰均采用碾压混凝土。

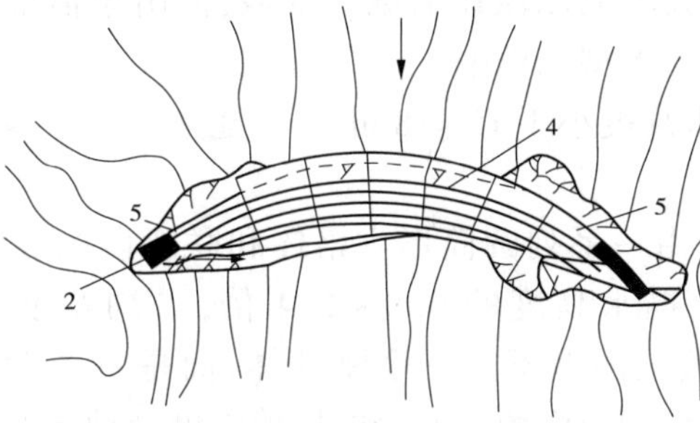

(a)平面图

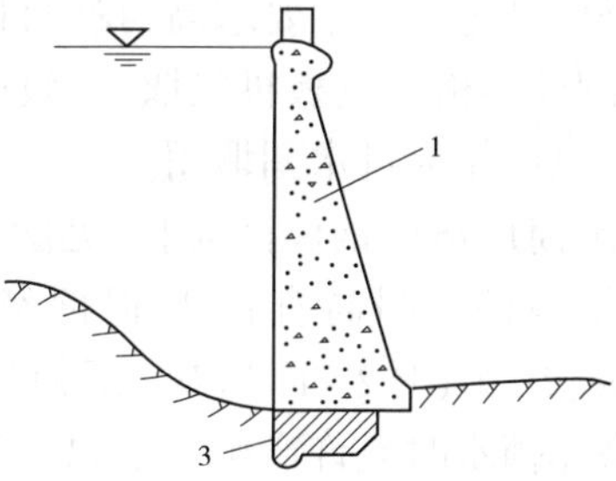

(b)横断面图

1—拱身;2—拱座;3—帷幕灌浆;4—溢流段;5—非溢流段。

图 1-6 拱形混凝土围堰

重力式混凝土围堰可做成普通的实心式,与非溢流重力坝类似,也可做成空心式,如三门峡工程的纵向围堰,如图 1-7 所示。

(四)钢板桩格形围堰

钢板桩格形围堰是由一系列彼此相连的格体构成的。按照格体的平面形状,可分为圆筒形格体、扇形格体和花瓣形格体。这些形式适用于不同的挡水高度,应用较多的是圆筒形格体。如图 1-8 所示为钢板桩格形围堰平面示意图,是由许多钢板桩通过锁口互相连接而成为能挡水的格形整体。格体内填充透水性强的填料,如砂、砂卵石或石渣等。在向格体内填充填料时,必须保持各格体内的填料表面大致均衡上升,否则因高差太大会使格体变形。

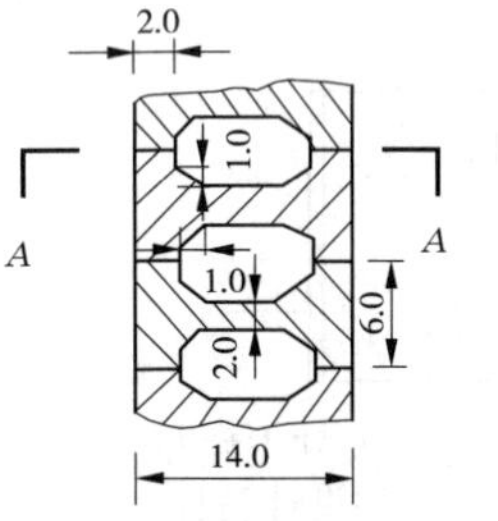

(a)平面图

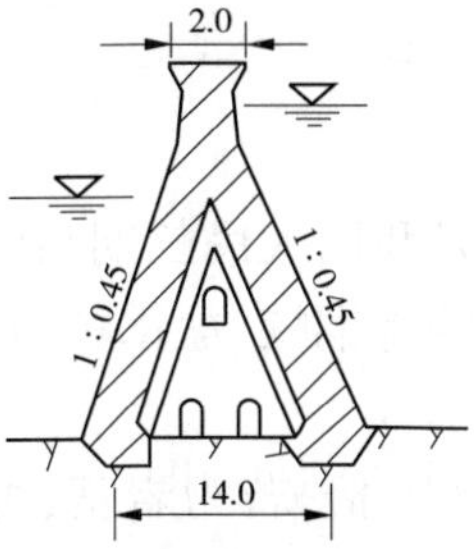

(b) A—A 剖面

图 1-7 三门峡工程的纵向围堰 (单位:m)

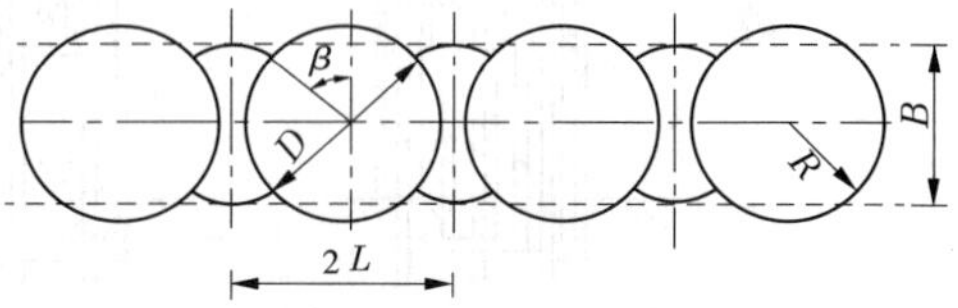

(a)圆筒形格体

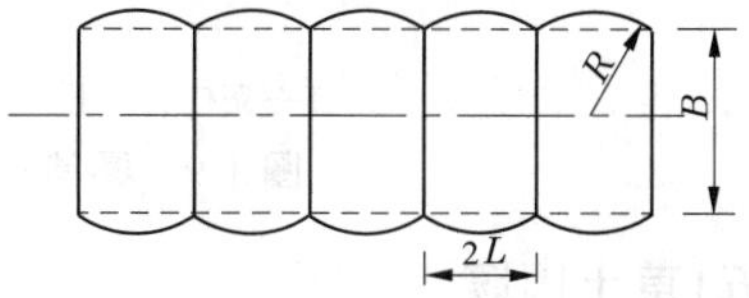

(b)扇形格体

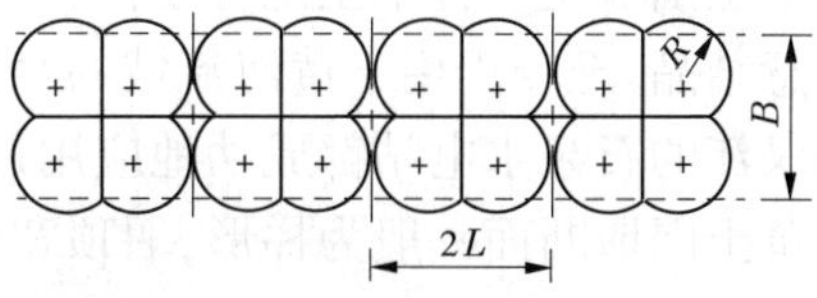

(c)花瓣形格体

图 1-8 钢板桩格形围堰平面示意图

钢板桩格形围堰具有坚固、抗冲、抗渗、围堰断面小、便于机械化施工、钢板桩的回收率高(可达 70%以上)等优点,适用于束窄度大的河床段作为纵向围堰,但由于需要大量的钢材,且施工技术要求高,我国目前仅应用于大型工程中。

圆筒形格体钢板桩围堰,一般适用的挡水高度小于 15~18 m,可以建在岩基上或非岩基上,也可作为过水围堰用。

圆筒形格体钢板桩围堰[见图 1-8(a)],由一系列圆筒形主格体和联弧段构成“一”字形钢板桩。圆筒直径 D 根据经验一般取挡水高度的 0.9~1.4 倍,平均宽度 B 为 $0.85D$,$2L$ 为$(1.2~1.3)D$。圆筒形格体钢板桩围堰不是一个刚性体,而是一个柔性结构,格体挡水时允许产生一定幅度的变位,提高圆筒内填料本身的抗剪强度及填料与钢板间的抗滑能力,有助于提高抗剪稳定性。

圆筒形格体钢板桩围堰的修建由定位、打设模架支柱、模架就位、安插钢板桩、打设钢板桩、填充料渣、取出模架及其支柱和填充料渣到设计高程等工序组成(见图 1-9)。圆筒形格体钢板桩围堰一般需在流水中修筑,可利用专门的打桩船施工,但受水位变化和水面波动的影响较大,施工难度较大。

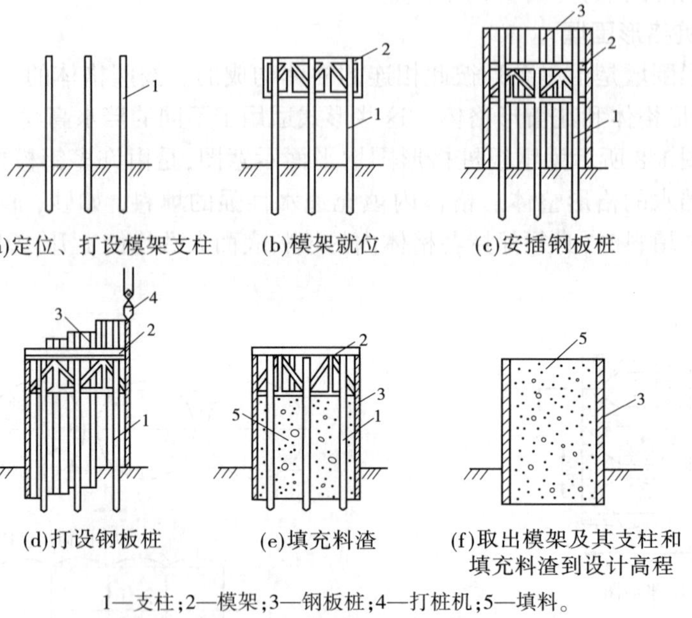

1—支柱;2—模架;3—钢板桩;4—打桩机;5—填料。

图 1-9　圆筒形格体钢板桩围堰施工程序图

(五)草土围堰

草土围堰是一种草土混合结构,多用草捆压土法修筑,是我国人民长期与洪水作斗争的智慧结晶,至今仍用于黄河流域的水利工程。例如,黄河的青铜峡、盐锅峡、八盘峡水电站和汉江的石泉水电站都成功地应用过草土围堰。

草土围堰断面一般为梯形,堰顶宽度一般为水深的 2~2.5 倍,若为岩基,可取水深的 1.5 倍。

草土围堰施工简单,施工速度快,可就地取材,成本低,还具有一定的抗冲、防渗能力,能适应沉陷变形,可用于软弱地基;但草土围堰不宜承受大水头,施工水深及流速也受到限制,草料还易于腐烂,一般水深不宜超过 6 m,流速不超过 3.5 m/s。草土围堰使用期约为两年。八盘峡工程修建的草土围堰最大高度达 17 m,施工水深达 11 m,最大流速达 1.7 m/s,堰高及水深突破了上述范围。

草土围堰适用于岩基或砂砾石地基。如河床大孤石过多,草土体易被架空,形成漏水通道,使用草土围堰时应有相应的防渗措施。细砂或淤泥地基易被冲刷,稳定性差,不适宜采用草土围堰。

三、围堰的平面布置与堰顶高程

(一)围堰的平面布置

围堰的平面布置是一个很重要的问题。如果平面布置不当,围护基坑的范围过大,不仅围堰工程量大,而且会增加排水设备容量和排水费用;范围过小,会妨碍主体工程施工,影响工期;如果分期导流的围堰外形轮廓不当,还会造成导流不畅,冲刷围堰及其地基,影响主体工程安全施工。

围堰轴线走向布置时,应从减小工程量、保持水流顺畅等方面综合考虑。当采用全段围堰法导流(一次拦断河床的不分期导流)时,为减少围堰的填筑工程量,上下游横向围堰一般与主河道垂直布置。当采用分段围堰法导流(分期导流)时,为使水流顺畅,上下游横向围堰一般不与河床中心线垂直,而呈梯形布置;纵向围堰则与河床中心线走向一致,两端头常采用流线型和挑流型布置。

围堰的平面布置(见图 1-10),主要包括堰内基坑范围确定和围堰轮廓布置两个方面。

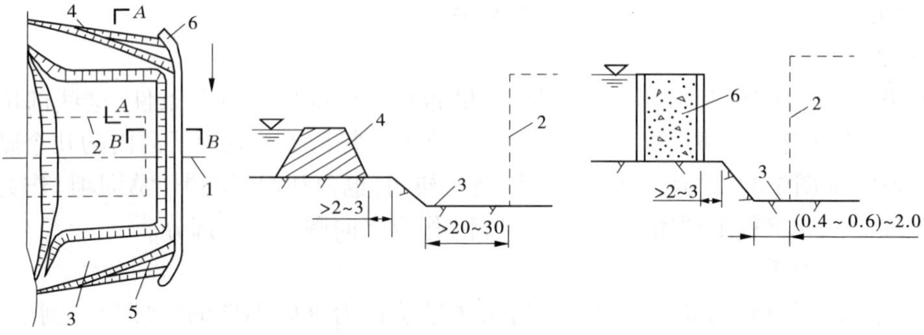

(a)平面图　(b) A—A 剖面　(c) B—B 剖面

1—主体工程轴线;2—主体工程轮廓;3—基坑;4—上游横向围堰;5—下游横向围堰;6—纵向围堰。

图 1-10　围堰布置与基坑范围示意图　(单位:m)

1. 围堰内基坑范围确定

围堰内基坑范围大小主要取决于主体工程的轮廓及其施工方法。当采用全段围堰法导流时,基坑是由上下游横向围堰和河床两岸围成的;当采用分段围堰法导流时,基坑是由纵向围堰与上下游横向围堰围成的。在上述两种情况下,上下游横向围堰的布置,都取决于主体工程的轮廓。通常围堰下坡趾到主体工程轮廓的距离,不应小于 20~30 m,以便布置排水设施、交通运输道路、堆放材料和模板等,如图 1-10(b)所示。至于基坑开挖边坡的大小,则与地质条件有关。

另外,上下游横向围堰布置时,围堰迎水坡脚还应与导流泄水建筑物进出口保持足够的距离,以防止导流泄水建筑物泄流对围堰坡脚造成危害性冲刷。通常,距离导流泄水建筑物进口,混凝土围堰为 10~30 m,土石围堰为 30~50 m;距离导流泄水建筑物出口,混凝土围堰为 30~50 m,土石围堰为 50~100 m。

当纵向围堰不作为永久性建筑物的一部分时,围堰下坡趾到主体工程轮廓的距离,一般不小于 2.0 m,以便布置排水导流系统和堆放模板。如果无此要求,只需留 0.4~0.6 m,如图 1-10(c)所示。

在实际工程中,基坑形状和大小往往是很不相同的。有时可以利用地形以减少围堰的高度和长度;有时为照顾个别建筑物施工的需要,将围堰轴线布置成折线形;有时为了避开岸边较大的溪沟,也采用折线布置。为了保证基坑开挖和主体建筑物的正常施工,布置基坑范围一定要有富余。

2. 分期导流纵向围堰布置

在分期导流方式中,纵向围堰布置与施工是关键问题。选择纵向围堰位置,实际上就是要确定适宜的河床束窄度。束窄度就是天然河流过水面积被围堰束窄的程度,一般可用下式表示:

$$K=\frac{A_2}{A_1}\times 100\% \tag{1-1}$$

式中　K——河床的束窄程度(%),一般取值为 30%~60%;

A_1——原河床的过水断面面积,m^2;

A_2——围堰和基坑所占去的原过水断面面积,m^2。

适宜的纵向围堰位置与以下主要因素有关。

1)地形地质条件

河心洲、浅滩、小岛、基岩露头等,都是可供布置纵向围堰的有利条件,这些部位便于施工,工程量省并有利于防冲保护。例如,三门峡工程曾巧妙地利用了河内的几个礁岛布置纵、横围堰,如图 1-11 所示。葛洲坝工程施工初期,也曾利用江心洲(葛洲坝)作为天然的纵向围堰。三峡工程则利用江心洲(三斗坪)作为纵向围堰的一部分。

2)枢纽工程布置

尽可能利用厂、坝、闸等建筑物之间的永久导墙作为纵向围堰的一部分。例如,葛洲坝工程就是利用厂闸间导墙,三峡、三门峡、丹江口工程则利用厂坝间导墙,作为二期纵向围堰的一部分。

3)河床允许束窄度

允许束窄度主要与河床地质条件和通航要求有关。对于非通航河道,如河床易冲刷,一般均允许河床产生一定程度的变形,只要能保证河岸、围堰堰体和基础免受淘刷即可。束窄流速常可允许达到 3 m/s 左右。岩石河床允许束窄度主要视岩石的抗冲流速而定。

4)导流过水要求

进行一期导流布置时,不但要考虑束窄河道的过水条件,而且还要考虑二期截流与导流的要求。主要应考虑的问题是一期基坑中要能布置出宣泄二期导流流量的泄水建筑

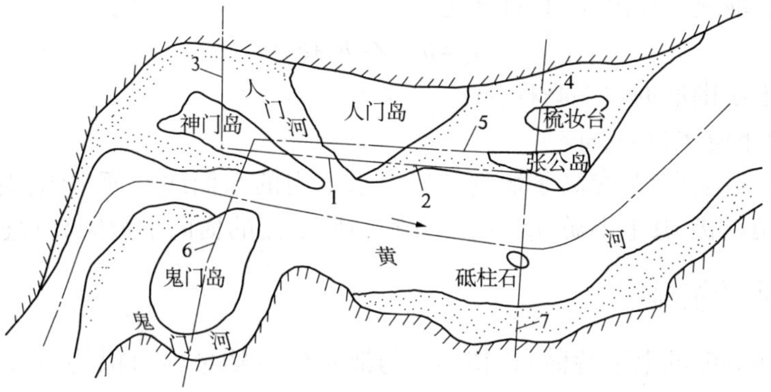

1,2——一期纵向低水围堰;3——一期上游横向高水围堰;4——一期下游横向高水围堰;
5—纵向混凝土围堰;6—二期上游横向围堰;7—二期下游横向围堰。

图 1-11 三门峡工程的围堰布置

物,由一期转入二期施工时的截流落差不能太大。

5)施工布局的合理性

各期基坑中的施工强度应尽量均衡。一期工程施工强度可以比二期低些,但不宜太悬殊。如有可能,分期分段数应尽量少一些。导流布置应满足总工期的要求。

以上五个方面,仅仅是选择纵向围堰位置时应考虑的主要问题。如果天然河槽呈对称形状,没有明显有利的地形地质条件可供利用,可以通过经济比较方法选定纵向围堰的适宜位置,使一、二期总的导流费用最小。

纵向围堰的平面布置形状,对导流能力有较大影响。但是,围堰的防冲安全,通常比前者更重要。实践中常采用流线型和挑流型布置。

(二)堰顶高程的确定

堰顶高程的确定,取决于导流设计流量及围堰的工作条件。不过水围堰的堰顶高程应不低于设计洪水的静水位与波浪高度及堰顶安全超高值之和。

下游横向围堰堰顶高程可按式(1-2)计算:

$$H_d = h_d + h_a + \delta \tag{1-2}$$

式中 H_d——下游围堰的顶部高程,m;

h_d——下游水位,m,可直接由天然河道水位-流量关系曲线查得;

h_a——波浪高度,m,为最大波浪在堰坡上的爬高与堰前因风吹产生的壅水高度之和,可参照《水利水电工程施工导流设计规范》(SL 623—2013)计算;

δ——围堰的安全超高,m,不过水围堰的安全超高可按表 1-1 查得,过水围堰的安全超高为 0.2~0.5 m。

表 1-1 不过水围堰堰顶安全超高下限值 单位:m

围堰形式	围堰级别	
	3	4~5
土石围堰	0.7	0.5
混凝土围堰、浆砌石围堰	0.4	0.3

上游围堰的堰顶高程由式(1-3)确定：

$$H_u = h_d + Z + h_a + \delta \tag{1-3}$$

式中　H_u——上游围堰的顶部高程,m;

Z——上下游水位差,m。

纵向围堰的堰顶高程,应高于堰侧导流泄水道内的水面线。通常纵向围堰顶面往往做成阶梯形或倾斜状,其上下游端部高程分别与所衔接的横向围堰同高程连接。

四、围堰防冲措施

全段围堰法导流的上下游横向围堰,应与泄水建筑物进出口保持足够的距离。分段围堰法导流,围堰附近的水流流速、流态与围堰的平面布置密切相关。

当河床由抗冲性差覆盖层或软弱破碎岩石组成时,必须对围堰坡脚及其附近河床进行防护。工程实践中采取的护脚措施,主要有抛石、柴排及钢筋混凝土柔性排等。

(一)抛石护脚

抛石护脚施工简便,但当使用期较长时,抛石会随着堰脚及其基础的刷深而下沉,每年必须补充抛石,因此所需养护费用较大。围堰护脚的范围及抛石尺寸的计算方法至今还不成熟,主要应通过水工模型试验确定。

抛石护脚的范围取决于可能产生的冲刷坑的大小。护脚长度大约为围堰纵向段长度的 1/2 即可。根据新安江、富春江等工程的经验,纵向围堰外侧防冲护底的长度可取局部冲刷计算深度的 2~3 倍。经初步估算后,对于较重要的工程,仍应通过模型试验校核。

(二)柴排护脚

柴排护脚的整体性、柔韧性、抗冲性都较好。丹江口工程一期土石纵向围堰的基础防冲采用柴排保护,经受了近 5 m/s 流速的考验,效果较好。但是,柴排需要大量柴筋,拆除较困难。沉排时要求流速不超过 1 m/s,并需由人工配合专用船施工,多用于中小型工程。

(三)钢筋混凝土柔性排护脚

由于单块混凝土板易失稳而使整个护脚遭受破坏,故可将混凝土板块用钢筋串接成柔性排。当堰脚范围外侧的地基覆盖层被冲刷后,混凝土板块组成的柔性排可逐步随覆盖层冲刷而下沉,防止堰基进一步淘刷。葛洲坝工程一期土石纵向围堰曾采用过这种钢筋混凝土柔性排护脚。

第三节　导流方法及泄水建筑物类型

一、施工导流的基本方法

施工导流的基本方法可以分为两类:一类是全段围堰法导流,另一类是分段围堰法导流。

(一)全段围堰法导流

全段围堰法导流(一次拦断河床的不分期导流或河床外导流)是在河床主体工程的

上下游各建一道拦河围堰，使上游来水通过预先修筑的河床外导流的临时或永久性泄水建筑物（如明渠、隧洞等）泄向下游，在排干的基坑中进行主体工程施工，建成或接近建成时再封堵临时泄水道。这种方法的优点是工作面大，河床内的建筑物在一次性围堰的围护下建造，如能利用水利枢纽中河床外的永久性泄水建筑物导流，可大大节约工程投资。河谷狭窄的坝址宜采用全段围堰法导流方式。

全段围堰法按河床外导流的泄水建筑物的类型不同可分为明渠导流、隧洞导流、涵管导流、渡槽导流等。由于这些泄水建筑物多位于河床旁侧或河床外，一般不占据原河床位置，所以也称为河床外导流。

1. 明渠导流

上下游围堰一次拦断河床形成基坑，保护主体建筑物干地施工，天然河道水流经河岸或滩地上开挖的导流明渠泄向下游的导流方式称为明渠导流（见图 1-12）。

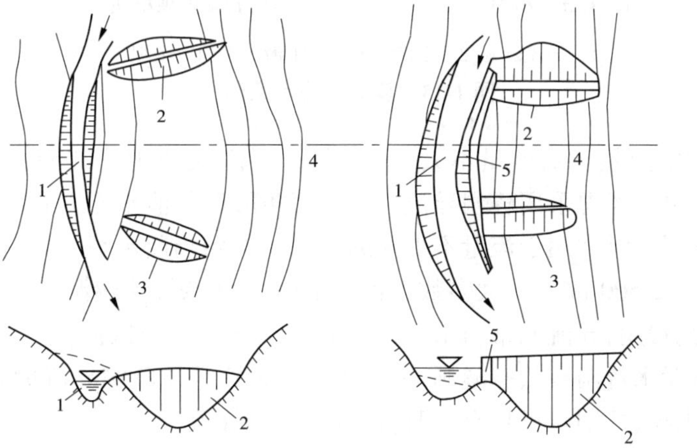

1—导流明渠；2—上游围堰；3—下游围堰；4—坝轴线；5—明渠外导墙。

图 1-12　明渠导流示意图

对坝址河床较窄，或河床覆盖层很深，分期导流困难，且具备下列条件之一者，可考虑采用明渠导流：

（1）河床一岸有较宽的台地、垭口或古河道；

（2）导流流量大，地质条件不适于开挖导流隧洞；

（3）施工期有通航、排冰、过木要求；

（4）总工期紧，不具备隧洞开挖经验和设备。

国内外工程实践证明，在导流方案比较过程中，当明渠导流和隧洞导流均可采用时，一般倾向于明渠导流，这是因为明渠开挖可采用大型设备，加快施工进度，对主体工程提前开工有利。对于施工期间河道有通航、过木和排冰要求时，明渠导流更具明显优势。

2. 隧洞导流

上下游围堰一次拦断河床形成基坑，保护主体建筑物干地施工，天然河道水流全部由导流隧洞宣泄的导流方式称为隧洞导流（见图 1-13）。

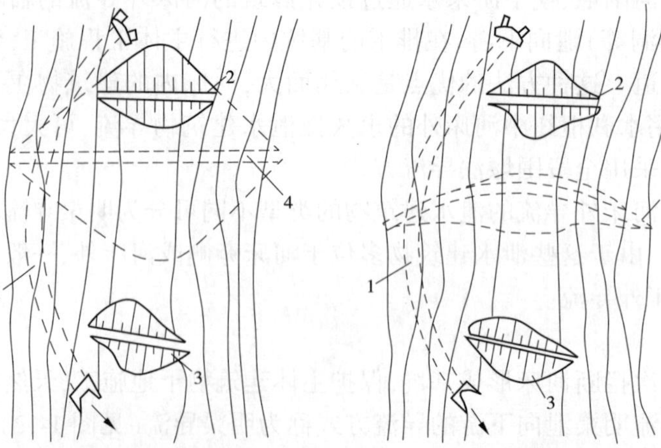

(a)土石坝枢纽　　(b)混凝土坝枢纽

1—导流隧洞;2—上游围堰;3—下游围堰;4—大坝。

图 1-13　隧洞导流示意图

隧洞导流适用条件:导流流量不大,坝址河床狭窄,两岸地形陡峻;如一岸或两岸地形地质条件良好,也可考虑采用隧洞导流。由于每条隧洞的泄水能力有限,加之隧洞造价比较昂贵,所以隧洞导流常用于流量不太大的情况。按照当前水平,每条隧洞可宣泄流量一般不超过2 000~2 500 m^3/s。大多数工程仅采用1~2条导流隧洞。

为了节约导流费用,导流洞常与永久性隧洞相结合。在山区河流上兴建的土石坝枢纽,常布置永久性泄水隧洞或放空隧洞,因此土石坝枢纽采用隧洞导流更为普遍。在山区河流上修建混凝土坝,特别是拱坝枢纽时,常采用隧洞导流。

3. 涵管导流

涵管导流一般在修筑小型土坝、堆石坝工程中采用。涵管通常布置在河岸岩滩上,其位置在枯水位以上,这样可在枯水期不修围堰或只修一小围堰而先将涵管修筑好,然后再修上下游拦河围堰,将河水引经涵管导流,如图1-14所示。

涵管一般是钢筋混凝土结构。当有永久性涵管可以利用或修建隧洞有困难时,采用涵管导流是合理的。在某些情况下,可在建筑物基岩中开挖沟槽,必要时予以衬砌,然后封上混凝土或钢筋混凝土顶盖,形成涵管。利用这种涵管导流往往可以获得经济可靠的效果。由于涵管的泄水能力较低,所以一般用于导流流量较小或只用来担负枯水期的导流任务。

为了防止涵管外壁与坝身防渗体之间的渗流,通常在涵管外壁每隔一定距离设置截流环,以延长渗径、降低渗透坡降、减少渗流的破坏作用。此外,必须严格控制涵管外壁防渗体的压实质量;涵管管身的温度缝或沉陷缝中的止水必须认真施工。

4. 渡槽导流

渡槽一般只用于小型工程的枯水期导流。导流流量通常不超过20~30 m^3/s,个别工程也有达到100 m^3/s的。湖南金江水库采用了木渡槽导流,槽宽70 m,槽高4.4 m,设计流量达146 m^3/s。

(二)分段围堰法导流

分段围堰法导流，也称分期导流或河床内导流，就是用围堰将建筑物分段分期围护起来进行施工的方法。图 1-15 所示为一种常见的二段二期导流示意图。

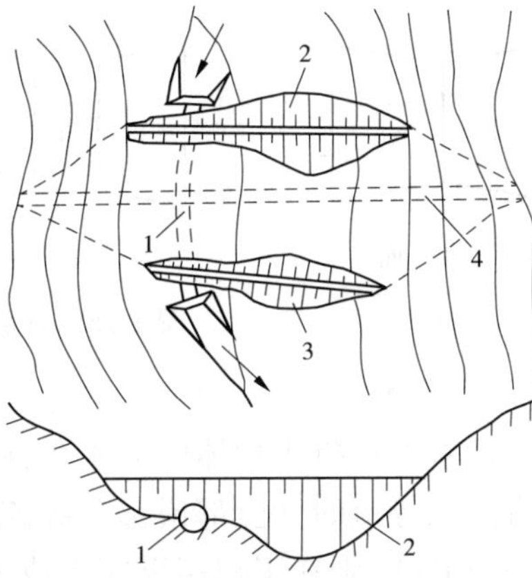

1—导流涵管；2—上游围堰；3—下游围堰；4—土石坝。

图 1-14　涵管导流示意图

所谓分段，就是从空间上将河床围护成若干个干地施工的基坑段进行施工。所谓分期，就是从时间上将导流过程划分成若干时期。如图 1-16 所示为导流分期和围堰分段的几种情况，从中可以看出导流的分期数和围堰的分段数并不一定相同，因为在同一导流分期中，建筑物可以在一段围堰内施工，也可以同时在不同段内施工。必须指出，段数分得愈多，围堰工程量愈大，施工也愈复杂；同样，期数分得愈多，工期有可能拖得愈长。因此，在工程实践中，二段二期导流法采用得最多（如葛洲坝工程、三门峡工程等都采用此法）。只有在比较宽阔的通航河道上施工，不允许断航或其他特殊情况下，才采用多段多期导流法。

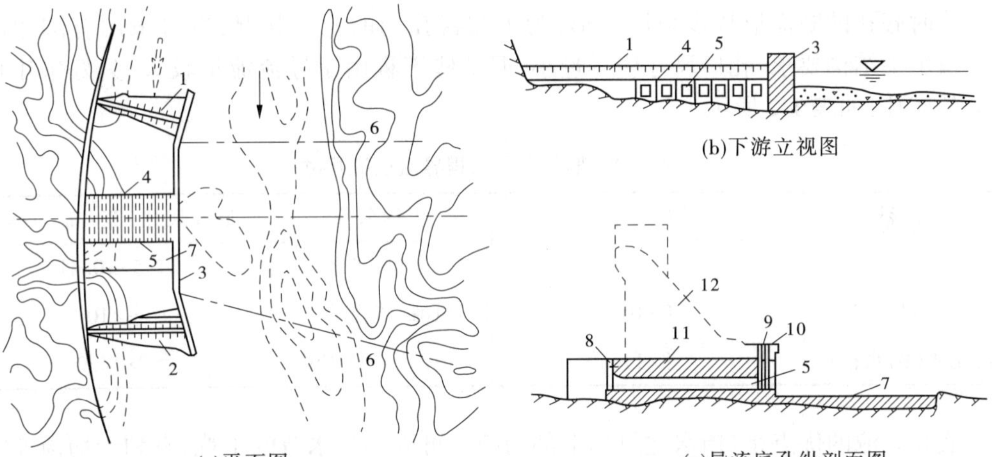

1—一期上游横向围堰；2—一期下游横向围堰；3—一、二期纵向围堰；4—预留缺口；5—导流底孔；
6—二期上下游围堰轴线；7—护坦；8—封堵闸门槽；9—事故闸门槽；10—工作闸门槽；
11—已浇筑的混凝土坝体；12—未浇筑的混凝土坝体。

图 1-15　二段二期导流示意图

分段围堰法导流一般适用于河床宽阔、流量大、覆盖层薄、施工期较长的工程，尤其在通航河流和冰凌严重的河流上。这种导流方法的费用较低，国内外一些大中型水利工程采用较多。分段围堰法导流，前期由束窄的原河道导流，后期可利用事先修建好的泄水道或未完建的永久性建筑物导流，常见泄水道的类型有底孔、缺口等。

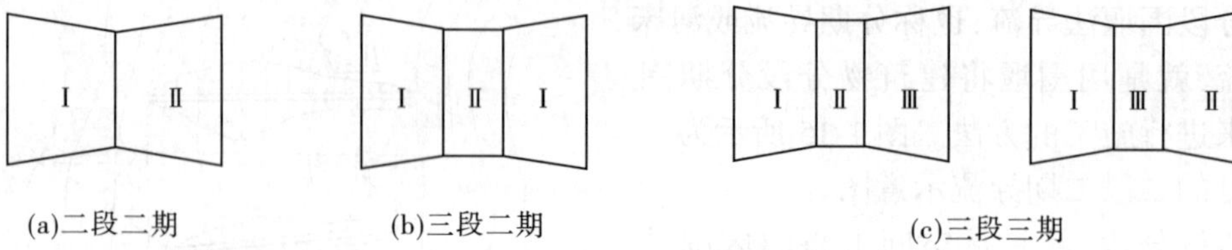

图 1-16　导流分期和围堰分段示意图

1. 底孔导流

利用设置在混凝土坝体中的永久性底孔或临时性底孔作为泄水道，是二期导流经常采用的方法。导流时让全部或部分导流流量通过底孔宣泄到下游，保证后期工程的施工。如果是临时底孔，则在工程接近完工或需要蓄水时要加以封堵。底孔导流的布置形式如图 1-15(b)、(c)所示。

采用临时底孔时，底孔的尺寸、数目和布置，要通过相应的水力计算确定。其中，底孔的尺寸在很大程度上取决于导流的任务以及水工建筑物的结构特点和封堵用闸门设备的类型。底孔的布置要满足截流、围堰工程及本身封堵的要求。如底孔高程布置较高，截流时落差就大，围堰也高，但封堵时的水头较低，封堵措施就容易。一般底孔的底坎高程应布置在枯水位之下，以保证枯水期泄水。当底孔数目较多时可把底孔布置在不同的高程，封堵时从最低高程的底孔堵起，这样可以减少封堵时所承受的水压力。

临时底孔的断面形状多采用矩形，为了改善孔周的应力状况，也可采用有圆角的矩形。按水工结构要求，孔口尺寸应尽量小，但某些工程由于导流流量较大，只好采用尺寸较大的底孔，如表 1-2 所示。

表 1-2　某些水利工程导流底孔尺寸

工程名称	底孔尺寸(宽×高,m×m)	工程名称	底孔尺寸(宽×高,m×m)
新安江(浙江省)	10×13	石泉(陕西省)	7.5×10.41
柘溪(湖南省)	8×10	凤滩(湖南省)	6×10
黄龙滩(湖北省)	8×11	白山(吉林省)	9×14.2

底孔导流的优点是：挡水建筑物上部的施工可以不受水流的干扰，有利于均衡连续施工，这对修建高坝特别有利。若坝体内设有永久性底孔，可以用于导流，更为理想。

底孔导流的缺点是：由于坝体内设置了临时底孔，钢材用量增加；如果封堵质量不好，会削弱坝体的整体性，还有可能漏水；在导流过程中，底孔有被漂浮物堵塞的危险；封堵时由于水头较高，安放闸门及止水等均较困难。

2. 坝体缺口导流

混凝土坝施工过程中，当汛期河水暴涨暴落，其他导流建筑物不足以宣泄全部流量时，为了不影响坝体施工进度，使坝体在涨水时仍能继续施工，可以在未建成的坝体上预留缺口(见图 1-17)，以便配合其他建筑物宣泄洪峰流量。待洪峰过后，上游水位回落，再继续修筑坝体。所留缺口的宽度和高度取决于导流设计流量、其他建筑物的泄水能力、建筑物的结构特点和施工条件。采用底坎高程不同的缺口时，为避免高缺口与低缺口单宽流量相差过大，产生高缺口向低缺口的侧向泄流，引起压力分布不均匀，需要适当控制高低缺口间的高差。根据湖南省柘溪工程的经验，其高差以不超过4~6 m 为宜。在修建混凝土坝，特别是大体积混凝土坝时，由于这种导流方法比较简单，常被采用。

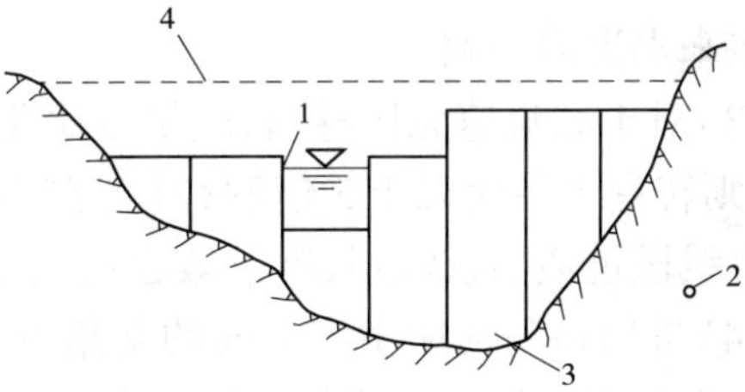

1—过水缺口；2—导流隧洞；3—坝体；4—坝顶。

图 1-17　坝体缺口过水示意图

上述两种导流方式，一般只适用于混凝土坝，特别是重力式混凝土坝枢纽。至于土石坝枢纽或非重力式混凝土坝枢纽，采用分段围堰法导流时，常采用部分河床导流，并与隧洞导流、明渠导流等河床外导流方式相结合。

二、导流泄水建筑物的布置

导流建筑物包括泄水建筑物和挡水建筑物。现在着重说明导流泄水建筑物布置与水力计算的有关问题，也将涉及导流挡水建筑物(围堰)布置的某些问题。

(一)导流隧洞

1. 导流隧洞的布置

如图1-18所示为青海龙羊峡水电站隧洞导流示意图。隧洞的平面布置，主要指隧洞路线选择。影响隧洞布置的因素很多，选线时，应特别注意地质条件和水力条件，一般可参照以下原则布置：

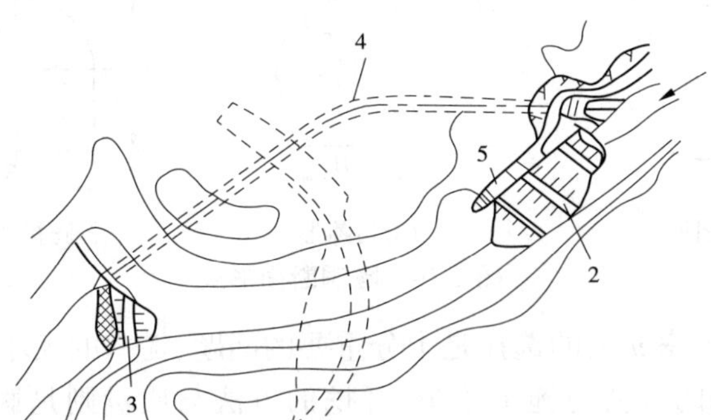

1—大坝；2—上游围堰；3—下游围堰；4—导流隧洞；5—临时性溢洪道。

图 1-18　青海龙羊峡水电站隧洞导流示意图

(1)隧洞轴线沿线地质条件良好，足以保证隧洞施工和运行的安全，应将隧洞布置在完整、新鲜的岩石中，为了防止隧洞沿线可能产生的大规模塌方，应避免洞轴线与岩层、断层、破碎带平行，洞轴线与岩石层面的交角最好在45°以上。

(2)当河岸弯曲时,隧洞宜布置在凸岸,不仅可以缩短隧洞长度,而且水力条件较好。国内外许多工程均采用这种布置。但是也有个别工程的隧洞位于凹岸,使隧洞进口方向与天然来水流向一致。

(3)对于高流速无压隧洞,应尽量避免转弯。有压隧洞和低流速无压隧洞,如果必须转弯,则转弯半径应大于 5 倍洞径(或洞宽),转折角应不大于 60°。在弯道的上下游,应设置直线段过渡,直线段长度一般也应大于 5 倍洞径(或洞宽)。

(4)进出口与河床主流流向的交角不宜太大,否则会造成上游进水条件不良,下游出口会产生有害的折冲水流与涌浪。进出口引渠轴线与河流主流方向夹角宜小于 30°。上游进口处的要求可酌情放宽。

(5)当需要采用两条以上的导流隧洞时,可将它们布置在一岸或两岸。一岸双线隧洞间的岩壁厚度,一般不应小于开挖洞径的 2 倍。

(6)隧洞进出口距上下游围堰坡脚应有足够的距离,一般要求 50 m 以上,以满足围堰防冲要求。进口高程多由截流要求控制,出口高程由下游消能控制,洞底按需要设计成缓坡或陡坡,避免成反坡。

2. 导流隧洞断面及进出口高程设计

隧洞断面尺寸的大小,取决于设计流量、地质和施工条件,洞径应控制在施工技术和结构安全允许范围内,目前国内单洞断面尺寸多在 200 m^2 以下,单洞泄量一般不超过 2 000~2 500 m^3/s。

隧洞断面形式取决于地质条件、隧洞工作状况(有压或无压)及施工条件,常用断面形式有圆形、马蹄形、圆拱直墙形,如图 1-19 所示。圆形多用于有压洞,马蹄形多用于地质条件不良的无压洞,圆拱直墙形有利于施工。

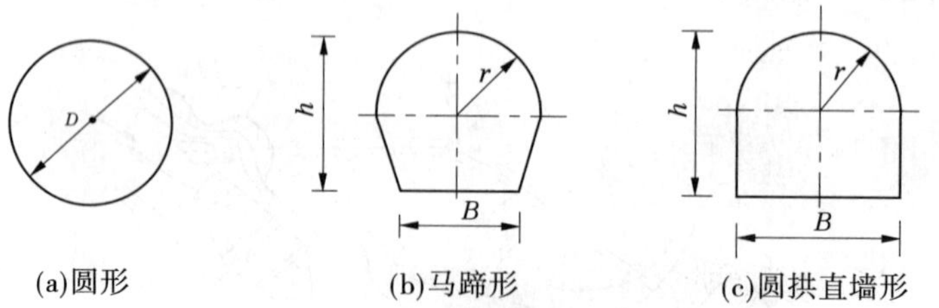

(a)圆形　　(b)马蹄形　　(c)圆拱直墙形

图 1-19　隧洞断面形式

在洞身设计中,糙率 n 值的选择是十分重要的问题,糙率的大小直接影响到断面的大小,而衬砌与否、衬砌的材料与施工质量、开挖的方法与质量则是影响糙率大小的因素。一般混凝土衬砌糙率值为 0.014~0.025;不衬砌隧洞的糙率变化较大,光面爆破时糙率值为 0.025~0.032,一般炮眼爆破时糙率值为 0.035~0.044。设计时根据具体条件,查阅有关手册,选取设计的糙率值。对重要的导流隧洞工程,应通过水工模型试验验证其糙率的合理性。

导流隧洞设计应考虑后期封堵要求,布置封堵闸门门槽及启闭平台设施。有条件者,导流隧洞应与永久性隧洞结合,以节省投资(如小浪底工程的 3 条导流隧洞,后期改建为 3 条孔板消能泄洪洞)。一般高水头枢纽,导流隧洞只可能部分与永久性隧洞相结合,中低水头枢纽则有可能全部相结合。

隧洞围岩应有足够的厚度，并与永久性建筑物有足够的施工间距，以避免受到基坑渗水和爆破开挖的影响。进洞处顶部岩层厚度通常为1～3倍洞径。进洞位置也可通过经济比较确定。

进出口底部高程应考虑洞内流态、截流、放木等要求。一般出口底部高程与河底齐平或略高，有利于洞内排水和防止淤积影响。对于有压隧洞，底坡为1‰～3‰者居多，这样有利于施工和排水。无压隧洞的底坡，主要取决于过流要求。

（二）导流明渠

1. 导流明渠布置

1）布置形式

导流明渠布置分为在岸坡上和滩地上两种布置形式，如图1-12所示。

2）布置要求

（1）尽量利用有利地形，布置在较宽台地、垭口或古河道一岸，使明渠工程量最小，但伸出上下游围堰外坡脚的水平距离要满足防冲要求，一般为50～100 m；尽量避免渠线通过不良地质区段，特别应注意滑坡崩塌体，保证边坡稳定，避免高边坡开挖。在河滩上开挖的明渠，一般需设置外导墙，其作用与纵向围堰相似。外导墙必须布置在可靠的地基上，并尽量能使其直接在干地上施工。

（2）明渠轴线应顺直，以使渠内水流顺畅平稳。应避免采用S形弯道。明渠进出口应分别与上下游水流相衔接，与河道主流的交角宜小于30°。为保证水流畅通，明渠转弯半径不宜小于3倍渠底宽。对于软基上的明渠，渠内水面与基坑水面之间的最短距离，应大于两水面高差的2.5～3.0倍，以免发生渗透破坏。

（3）导流明渠应尽量与永久性明渠相结合。当枢纽中的混凝土建筑物采用岸边式布置时，导流明渠常与电站引水渠和尾水渠相结合。

（4）必须考虑明渠挖方的利用。国外有些大型导流明渠，出渣料均用于填筑土石坝。例如，巴基斯坦的塔贝拉导流明渠、印度的犹凯坝明渠等。

（5）减小过水断面的防冲措施。在良好岩石中开挖出的明渠，可能无须衬砌，但应尽量减小糙率。软基上的明渠，应采用可靠的衬砌防冲措施。有时，为了尽量利用较小的过水断面而增大泄流能力，即使是岩基上的明渠，也用混凝土衬砌。出口消能问题也应受到特别重视。

（6）在明渠设计中，应考虑封堵措施。因明渠施工是在干地上进行的，同时布置闸墩，方便导流结束时采用下闸封堵方式。国内个别工程对此考虑不周，不仅增加了封堵的难度，而且拖延了工期，影响了整个枢纽按时发挥效益，应引以为戒。

2. 明渠进出口位置和高程的确定

进口高程按截流设计选择，出口高程一般由下游消能控制。进出口高程和渠道水流流态应满足施工期通航、过木和排冰要求。在满足上述条件下，尽可能抬高进、出口高程，以减少水下开挖量。其目的在于力求明渠进出口不冲、不淤和不产生回流。还可通过水工模型试验调整进出口形状和位置。

3. 导流明渠断面设计

1) 明渠断面尺寸的确定

明渠断面尺寸由导流设计流量控制,并受地形地质条件和允许抗冲流速影响,应按不同的明渠断面尺寸与围堰的组合,通过综合分析确定。

2) 明渠断面形式的选择

明渠断面一般设计成梯形;渠底为坚硬基岩时,可设计成矩形;有时为满足截流和通航不同的目的,也有设计成复式梯形断面的。

3) 明渠糙率的确定

明渠糙率大小直接影响到明渠的泄水能力,而影响糙率大小的因素有衬砌的材料、开挖的方法、渠底的平整度等,可根据具体情况查阅有关手册确定,对大型明渠工程,应通过模型试验选取糙率。

(三) 导流底孔及坝体缺口

1. 导流底孔

早期工程的底孔,通常布置在每个坝段内,称跨中布置。例如,三门峡工程,在一个坝段内布置两个宽 3 m、高 8 m 的方形底孔。新安江水电站在每个坝段内布置一个宽 10 m、高 13 m 的门洞形底孔,进口处加设中墩,以减轻封堵闸门重量。另外,国内从柘溪工程开始,相继在凤滩、白山工程采用骑缝布置(也称跨缝布置),孔口高宽比愈来愈大,钢筋耗用量显著减少。白山工程导流底孔为满足排冰需要,进口不加中墩,且进口处孔高达 21 m(孔宽 9 m),设计成自动满管流进口。国外也有些工程采用骑缝布置,如非洲的卡里巴、苏联的克拉斯诺亚尔斯克等。巴西的伊太普工程则采用跨中与骑缝相间的混合布置,孔口宽 6.7 m、高 22 m。

导流底孔高程一般比最低下游水位低一些,主要根据通航、过木及截流要求,通过水力计算确定。如为封闭式框架结构,则需要结合基岩开挖高程和框架底板所需厚度综合确定。

2. 坝体缺口

缺口宽度与高程,主要由水力计算确定。如果缺口位于底孔之上,孔顶板厚度应大于 3 m。各坝块的预留缺口高程可以不同,但缺口高差一般以控制在 4~6 m 为宜。当坝体采用纵缝分块浇筑法,未进行接缝灌浆时过水,且流量大、水头高,则应校核单个坝块的稳定。在轻型坝上采用缺口泄洪时,应校核支墩的侧向稳定。

(四) 导流涵管

导流涵管的水力学问题,管线布置、进口体形、出口消能等问题的考虑,均与导流底孔和隧洞相似。但是,涵管与底孔也有很大的不同,涵管被压在土石坝体下面,如因布置不妥或结构处理不善,可能造成管道开裂、渗漏,导致土石坝失事。因此,在布置涵管时,还应注意以下几个问题:

(1) 应使涵管坐落在基岩上。如有可能,宜将涵管嵌入新鲜基岩中。大中型涵管应有 1/2 高度埋入为宜。有些中小型工程,可先在基岩中开挖明渠并在顶部加上盖板形成涵管。苏联的谢列布良电站,其涵管是在岩基中开挖出来的,枯水流量通过涵管下泄,第一次洪水导流是同时利用涵管和管顶明渠下泄,当管顶明渠被土石坝拦堵后,下一次洪水则仅由涵管宣泄。

(2)涵管外壁与大坝防渗土料接触部位,应设置截流环以延长渗径,防止接触渗透破坏。环间距一般可取 10~20 m,环高 1~2 m,厚 0.5~0.8 m。

(3)大型涵管断面也常用圆拱直墙形。若上部土荷载较大,顶拱宜采用抛物线形。

三、导流水力计算

导流水力计算的主要任务是估算导流泄水建筑物的泄水能力,以便确定泄水建筑物的尺寸和挡水围堰的高度。还有一些计算问题,如冲刷、气蚀、波浪、渗透、调洪演算等,在导流设计中也常涉及,可参考《水利水电工程施工组织设计规范》(SL 303—2017)进行。这里简单介绍束窄河床导流的水力计算。

分期导流围堰束窄河床后,使天然水流发生改变,在围堰上游产生水位壅高,如图 1-20 所示,其壅高 Z 值可采用近似公式(1-4)试算:

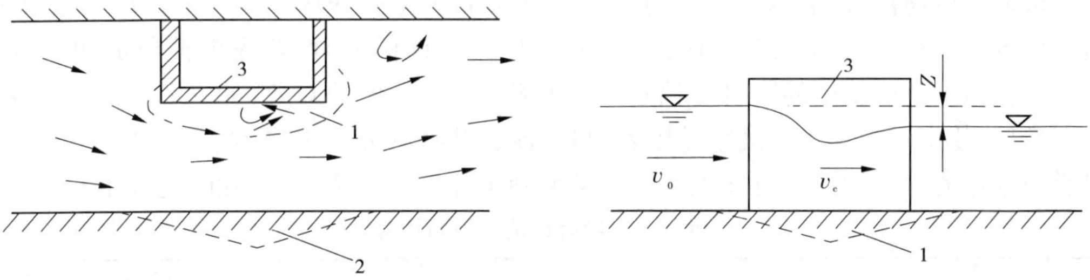

(a)平面图　　(b)纵剖面图

1,2—冲刷地段;3—围堰。

图 1-20　分段围堰束窄河床水力计算简图

$$Z=\frac{v_c^2}{2g\varphi^2}-\frac{v_0^2}{2g} \tag{1-4}$$

式中　Z——水位壅高,m;

v_0——行近流速,m/s;

v_c——束窄河床平均流速,m/s;

g——重力加速度,取 9.80 m/s^2;

φ——流速系数,与围堰布置形式有关,见表 1-3。

表 1-3　不同围堰布置的 φ 值

布置形式	矩形	梯形	梯形且有导水墙	梯形且有上导水坝	梯形且有顺流丁坝
布置简图	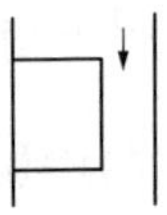	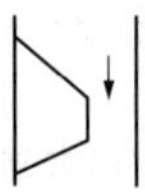	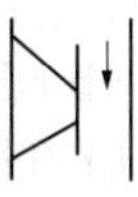	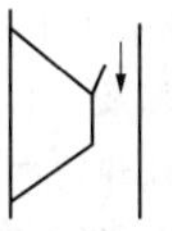	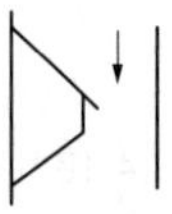
φ	0.70~0.80	0.80~0.85	0.85~0.90	0.70~0.80	0.80~0.85

第四节　导流设计流量的确定

一、导流标准

导流设计流量是确定导流挡水建筑物（围堰）高度、导流泄水建筑物断面尺寸的基本依据。它的大小与导流时段、导流标准密切相关。导流标准就是指导流设计的洪水频率标准。

施工期可能遭遇的洪水是一个随机事件。如果导流设计标准太低，则不能保证主体工程的施工安全；反之，则会使导流工程设计规模过大，不仅导流费用增加，而且可能因其规模太大而无法按期完工，造成工程施工的被动局面。因此，导流设计标准的确定，实际是要在经济性与风险性之间加以抉择。

根据现行规范《水利水电工程施工组织设计规范》（SL 303—2017）或《水利水电工程施工导流设计规范》（SL 623—2013），在确定导流设计标准时，首先根据导流建筑物（指枢纽工程施工期所使用的临时性挡水和泄水建筑物）的保护对象（永久性水工建筑物）、失事后果、使用年限和工程规模等因素，将导流建筑物划分为 3~5 级，具体按表 1-4 确定；然后根据导流建筑物级别及导流建筑物类型确定导流建筑物洪水标准，见表 1-5。

表 1-4　导流建筑物级别划分

级别	保护对象	失事后果	使用年限/年	导流建筑物规模	
				围堰高度/m	库容/亿 m^3
3	有特殊要求的 1 级永久性水工建筑物	淹没重要城镇、工矿企业、交通干线或推迟工程总工期及第一台（批）机组发电，造成重大经济损失	>3	>50	>1.0
4	1 级、2 级永久性水工建筑物	淹没一般城镇、工矿企业或影响工程总工期及第一台（批）机组发电而造成较大经济损失	1.5~3	15~50	0.1~1.0
5	3 级、4 级永久性水工建筑物	淹没基坑，但对总工期及第一台（批）机组发电影响不大，经济损失较小	<1.5	<15	<0.1

注：1. 导流建筑物包括挡水和泄水建筑物，两者级别相同。

2. 表中所列四项指标均按导流分期划分，保护对象一栏中所列永久性水工建筑物级别是按《水利水电工程等级划分及洪水标准》（SL 252—2017）划分。

3. 有、无特殊要求的永久性水工建筑物均是针对施工期而言，有特殊要求的 1 级永久性水工建筑物是指施工期不应过水的土石坝及其他有特殊要求的永久性水工建筑物。

4. 使用年限是指导流建筑物每一导流分期的工作年限，两个或两个以上导流分期共用的导流建筑物，如分期导流一期、二期共用的纵向围堰，其使用年限不能叠加计算。

5. 导流建筑物规模一栏中，围堰高度指挡水围堰最大高度，库容指堰前设计水位所拦蓄的水量，两者必须同时满足。

表 1-5　导流建筑物洪水标准划分

导流建筑物类型	导流建筑物级别		
	3	4	5
	洪水重现期/年		
土石结构	50~20	20~10	10~5
混凝土、浆砌石结构	20~10	10~5	5~3

在确定导流建筑物的级别时，当导流建筑物根据表 1-4 指标分属不同级别时，应以其中最高级别为准。但当列为 3 级导流建筑物时，至少应有两项指标符合要求；当不同级别的导流建筑物或同级别的导流建筑物的结构形式不同时，应分别确定洪水标准、堰顶超高值和结构设计安全系数；导流建筑物级别应根据不同的施工阶段按表 1-4 划分，同一施工阶段中的各导流建筑物的级别，应根据其不同作用划分；各导流建筑物的洪水标准必须相同，一般以主要挡水建筑物的洪水标准为准；利用围堰挡水发电时，围堰级别可提高一级，但必须经过技术经济论证；导流建筑物与永久性建筑物结合时，结合部分结构设计应采用永久性建筑物级别标准，但导流设计级别与洪水标准仍按表 1-4 及表 1-5 的规定执行。

当 4 级、5 级导流建筑物地基的地质条件非常复杂，或工程具有特殊要求必须采用新型结构，或失事后淹没重要厂矿、城镇时，其结构设计级别可以提高一级，但设计洪水标准不相应提高。

确定导流建筑物级别的因素复杂，当按表 1-4 和上述各条件确定的级别不合理时，可根据工程具体条件和施工导流阶段的不同要求，经过充分论证，予以提高或降低。

导流建筑物设计洪水标准，应根据建筑物的类型和级别在表 1-5 规定幅度内选择，并结合风险度综合分析，使所选择的标准经济合理，对失事后果严重的工程，要考虑对超标准洪水的应急措施。导流建筑物洪水标准，在下述情况下可用表 1-5 中的上限值：

(1)河流水文实测资料系列较短(小于 20 年)或工程处于暴雨中心区；

(2)采用新型围堰结构形式；

(3)处于关键施工阶段，失事后可能导致严重后果；

(4)工程规模、投资和技术难度用上限值与下限值相差不大。

枢纽所在河段上游建有水库时，导流设计采用的洪水标准，应考虑上游梯级水库的影响及调蓄作用。

过水围堰的挡水标准，应结合水文特点、施工工期、挡水时段，经技术经济比较后，在挡水时段重现期 3~20 年内选定。当水文序列较长(不小于 30 年)时，也可按实测流量资料分析选用。对于过水围堰的级别，按表 1-4 确定的各项指标是以过水围堰挡水期情况作为衡量依据的，围堰过水时的设计洪水标准，应根据过水围堰的级别和表 1-5 选定。当水文系列较长(不小于 30 年)时，也可按实测典型年资料分析并通过水力学计算或水工模型试验，采用围堰过水时以最不利流量作为设计依据。

二、导流时段划分

导流时段就是按照导流程序划分的各施工阶段的延续时间。我国一般河流全年的流量变化过程,按其水文特征可分为枯水期、中水期、洪水期。在不影响主体工程施工的条件下,若导流建筑物只担负非洪水期的挡水、泄水任务,显然可以大大减少导流建筑物的工程量,改善导流建筑物的工作条件,具有明显的技术经济效益。因此,合理划分导流时段、明确不同导流时段建筑物的工作条件,是既安全又经济地完成导流任务的基本要求。

导流时段的划分和导流设计流量的确定,与河流的水文特征、水工建筑物的形式、导流方案、施工进度有关。

对于土坝、堆石坝和支墩坝等不允许过水的建筑物,当施工周期较长,洪水来临之前坝体不能上升到拦洪度汛高程时,导流时段应考虑以全年为标准,其导流设计流量就是以导流标准确定的相应洪水重现期的全年最大流量;当施工进度较快,能够保证在洪水来临时使坝体起拦洪作用,则导流时段即可按洪水来临前的施工时段为标准,导流设计流量就是洪水来临之前的施工时段内按导流标准确定的相应洪水重现期的最大流量。

对于混凝土重力坝等坝体允许过水的建筑物,若所处河流具有流量陡涨陡落、水位变幅很大的特点(洪水期流量特别大、历时短,而枯水期流量特别小),按一般导流标准要求设计导流建筑物,不是挡水围堰修得很高,就是泄水建筑物的尺寸很大,而使用期又不长,这显然是不经济的。为此,在这种情况下可以考虑采用允许基坑淹没的导流方案(就是当大水来时,基坑被淹没,河床部分停工,待洪水退落、围堰挡水时再恢复继续施工),此时的导流设计流量应通过多方案技术经济比较确定,一般以导流总费用(导流建筑物费用和基坑淹没费用之和)最低为原则。

当采用分段围堰法导流,后期用临时底孔导流来修建混凝土坝时,一般宜划分为三个导流时段:第一时段,河水由束窄的河流通过,进行第一期基坑内的工程施工;第二时段,河水由导流底孔下泄,进行第二期基坑内的工程施工;第三时段,进行底孔封堵,坝体全面升高,河水由永久性泄水建筑物下泄,也可部分或完全拦蓄在水库中,直至工程完建。在各时段中,围堰和坝体的挡水高程、泄水建筑物的泄水能力,均应按相应时段内相应洪水重现期的最大流量作为导流设计流量进行设计。

第五节　导流方案的选择

水利枢纽工程施工从开工到完建往往不是采用单一的导流方式,而是几种导流方式组合起来配合运用,以取得最佳的技术经济为目的。这种不同导流时段、不同导流方式的组合,通常称为导流方案。

导流方案的选择受多种因素的影响。一种合理的导流方案,必须在周密研究各种影响因素的基础上,拟订几个可能的方案进行技术经济比较,从中选择技术经济指标优越的方案。

一、选择导流方案时应考虑的主要因素

(一)水利枢纽类型及布置

分期导流适用于混凝土坝枢纽。因土坝不宜分段修建,且坝体一般不允许过水,故土坝枢纽几乎不用分期导流,而多采用一次拦断河床的全段围堰法。高水头水利枢纽的后期导流常需多种导流方式的组合,导流程序比较复杂。例如,峡谷处的混凝土坝,前期导

流可用隧洞，但后期（完建期）导流往往利用布置在坝体不同高程上的泄水孔。高水头土石坝的前后期导流，一般是在两岸不同高程上布置多层导流隧洞。如果枢纽中有永久性泄水建筑物，如隧洞、涵管、底孔、引水渠、泄水闸等，应尽量加以利用。

（二）河流水文特性和地形地质条件

河流的水文特性，在很大程度上影响着导流方式的选择。每种导流方式均有适用的流量范围。除流量大小外，流量过程线的特征、冰情和泥沙也影响着导流方式的选择。例如，洪峰历时短而峰形尖瘦的河流，有可能采用汛期淹没基坑方式；含沙量很大的河流，一般不允许淹没基坑。束窄河床和明渠有利于排冰；隧洞、涵管和底孔不利于排冰，如用于排冰，则在流冰期应为明流，而且应有足够的净空，孔口尺寸也不能过小。

宽阔的平原河道，宜采用分期导流或明渠导流，如著名的葛洲坝水电站、三峡水利枢纽工程等。河谷狭窄的山区河道，常用隧洞导流，如澜沧江上的小湾水电站及雅砻江上的二滩水电站等。

（三）尽可能满足施工期国民经济各部门的综合要求

分期导流和明渠导流较易满足通航、过木、排冰、过鱼、供水等要求。采用分期导流方式时，为了满足通航要求，有些河流不能只分两期束窄，而要分成三期或四期或更多的期数。我国某些峡谷地区的工程，原设计为隧洞导流，但为了满足过木要求，用明渠导流取代了隧洞导流。这样一来，不仅遇到了高边坡深挖方问题，而且导流程序复杂，工期也大大延长了。由此可见，在选择导流方式时，要解决好河流综合利用要求问题，并不是一件容易的事。

（四）尽量结合利用永久性建筑物，减少工程量和投资

导流方式的决定一直主要依赖于定性分析。在这种分析中，经验常起主导作用。成功的实例固然不少，但选择不当的也不在少数。1977 年，苏联的别钦，系统研究了影响混凝土坝建设速度的一系列因素，其中包括导流方式。他统计了美、苏等国几十个混凝土坝的有关资料，这些工程所采用的导流方式仅包括分期导流和隧洞导流两种方式。他提出了将河谷形状系数作为地形条件的定量指标，其定义为坝体周边长度与最大坝高之比，根据分析，他提出了选择导流方式的具体建议：对于混凝土坝枢纽，当河谷形状系数小于 6.5，导流流量小于 5 000 m^3/s 时，宜采用隧洞导流；否则，宜采用分期导流。

影响导流方式选择的因素很多，但坝型、水文特性及地形地质条件是主要因素。河谷形状系数在一定程度上综合反映了地形地质等因素。若该系数小，表明河谷为窄深型，岸坡陡峻，一般来说，岩石是坚硬的。水文条件也在一定程度上与河谷形状系数有关。

二、施工导流方案比较与选择的步骤

（一）初拟基本可行方案

进行施工导流方案的比较与选择之前，应先拟订几种基本可行的导流方案。拟订方案时，首先考虑可能采用的导流方式是分期导流还是一次拦断。分期导流应研究分多少期，分多少段，先围哪一岸。还要研究后期导流完建方式，是采用底孔、缺口或未完建厂房。一次拦断方式是采用隧洞、明渠、涵管还是渡槽，隧洞或明渠布置在哪一岸。另外，无论是分期，还是一次拦断，基坑是否允许被淹没，是否要采用过水围堰等。在全面分析的基础上,排除明显不合理的方案,保留几种可行方案或可能的组合方案。当导流方式或大方案基本确定后,还要将基本方案进一步细化。例如,某工程只可能采用一次拦断的隧洞导流方式,但究竟是采用高围堰、小隧洞,还是低围堰、大隧洞,是采用一条大直径隧洞,还是采用几条较小直径的隧洞。当有两条以上隧洞时,是采用多线一岸集中布置,还是采用两岸分开布置;在高程上是采用多层布置,还是同层布置等。总之,方案可以很多,拟订方案时,思路要放开。但必须仔细分析工程的具体条件,因地制宜,不能凭空构想。只有这样,才能初步拟订出基本可行的方案,以供进一步比较选择。

(二)方案技术经济指标的分析计算

在进行方案比较时,应着重从以下几个方面进行论证:导流工程费用及其经济性;施工强度的合理性;劳动力、设备、施工负荷的均衡性;施工工期,特别是截流、安装、蓄水、发电或其他受益时间的保证性;施工过程中河道综合利用的可行性;施工导流方案实施的可靠性等。为此,在方案比较时,应主要进行以下几方面的工作。

1. 水力计算

通过水力计算确定导流建筑物尺寸,大中型工程尚需进行导流模型试验。对主要比较方案,通过试验对其流态、流速、水位、压力和泄水能力等进行比较,并对可能出现的水流脉动、气蚀、冲刷等问题,重点进行论证。

2. 工程量计算与费用计算

对拟订的比较方案,根据水力计算所确定的导流挡水建筑物和泄水建筑物尺寸,按相同精度计算主要的工程量,例如土方和石方的挖、填方量,砌石方量,混凝土浇筑量,金属结构安装工程量等。在方案比较阶段,费用计算方法可适当简化,例如可采用折算混凝土工程量法,就是将导流建筑物的各种土建工程项目的工程量,通过乘以换算系数折算成一种工程量——混凝土工程量(注:换算系数等于各工程种类的单价与混凝土单价的比值),从而简化土建项目的计算过程,快速估算出导流建筑物的修建费用。这样求出的费用等经济指标虽然难以完全准确,但只要能保证各方案在同一基础上比较即可。

3. 拟订施工进度计划

不同的导流方案,施工进度安排是不一样的。首先,应分析研究施工进度的各控制时点,如开工、截流、拦洪、封孔、第一台机组发电时间或其他工程受益时间等。抓住这些控制时点,就可以安排出施工控制性进度计划。然后,根据控制性进度计划和各单项工程进度计划,编制或调整枢纽工程总进度计划,据此论证各方案所确定的工程受益时间和完建时间。

4. 施工强度指标计算与分析

根据施工进度计划分析各施工阶段的有效工日,绘制出各种施工强度曲线。计算有效工日时,应扣除法定节假日和其他停工日,停工日因工种而异。例如,在土石坝施工过程中,降雨强度超过一定值则需停工;冬季气温过低,也可能需要停工;混凝土坝浇筑过程中,因气温过高、气温过低或降雨强度过大,也可能需要停工。当采用过水围堰淹没基坑导流方案时,还要扣除基坑过水所影响的工作日。

5. 河道综合利用的可能性与效果分析

对于不同的导流方式,河道综合利用的可能性与效果相差很大。除定性分析外,应尽可能做出定量分析。在进行技术经济指标分析与计算时，一定要按科学规律办事，切忌主观夸大某一方案的优缺点。

（三）方案比较与选择

根据上述技术经济指标，综合考虑各种因素，权衡利弊，分清主次，既做定性分析，也做定量比较，最后选择出技术上可靠、经济上合理的实施方案。在比较选择过程中，切忌主观臆断、轻率地确定方案。实践证明，凡是不经充分比较，不从客观实际出发选择的方案，实施中必将经受曲折。

在导流方案比较中，应以规定的完工期限作为统一基准。在此基础上，再进行技术和经济上的比较。既要重视经济上的合理性，也要重视技术上的可行性和进度的可靠性。否则，也就没有经济上的合理性可言。总之，应以整体经济效益最优为原则。

在选择导流方案时，除综合考虑以上各方面因素外，还应使主体工程尽可能及早发挥效益，简化导流程序，降低导流费用，使导流建筑物既简单易行，又适用可靠。

总之，导流方案的比较选择，应在同精度、同深度的几种可行性方案中进行。首先研究分析采用何种导流方法，然后再研究分析采用什么类型，在此全面分析的基础上，排除明显不合理的方案，保留可行的方案或可能的组合方案。为进一步理解导流方案的选择，特举例叙述如下。

（四）工程实例

长江三峡水利枢纽工程（简称三峡工程），位于长江干流三峡河段，由大坝、水电站厂房、通航建筑物等主要建筑物组成。大坝坝顶高程 185 m，正常蓄水位 175 m，汛期防洪限制水位 145 m，枯期消落最低水位 155 m，相应的总库容、防洪库容和兴利库容分别为 393 亿 m^3、221.5 亿 m^3 和 165 亿 m^3。总装机容量 2 250 万 kW，年发电量 988 亿 kW · h。

选定的坝址位于宜昌市三斗坪镇。坝址地质条件优越，基岩为完整坚硬的花岗岩（闪云斜长花岗岩），地形条件有利于布置枢纽建筑物和施工场地，是一个理想的高坝坝址。选定的坝线在左岸的坛子岭及右岸的白岩尖之间，并穿过河床中的一个小岛（中堡岛）。该岛左侧为主河槽，右侧为支沟（称后河）。

施工导流方案：三斗坪坝址河谷宽阔，江中的中堡岛将长江分为主河床及后河，适于采用分期导流方案。长江为我国的水运交通动脉，施工期通航问题至关重要。分期导流方案设计必须结合施工期通航方案和枢纽布置方案一并研究。在可行性论证和初步设计阶段，对右岸导流明渠施工期通航和不通航两大类型的多种方案，进行了大量的技术和经济上的比较工作。1993 年 7 月，经国务院三峡建设委员会批准，确定为“三期导流，明渠通航”方案，具体为：一期由束窄河床导流，二期由导流明渠导流，三期由底孔导流，如图 1-21 ~ 图 1-23 所示。

第一期围右岸（见图 1-21）。一期导流的时间为 1993 年 10 月至 1997 年 11 月，共计 4 年。在中堡岛左侧及后河上下游修筑一期土石围堰，形成一期基坑，并修建茅坪溪小改道工程，将茅坪溪水导引出一期基坑。在一期土石围堰保护下挖除中堡岛，扩宽后河修建导流明渠、混凝土纵向围堰，并预建三期碾压混凝土围堰基础部分的混凝土。水仍从主河床通过。

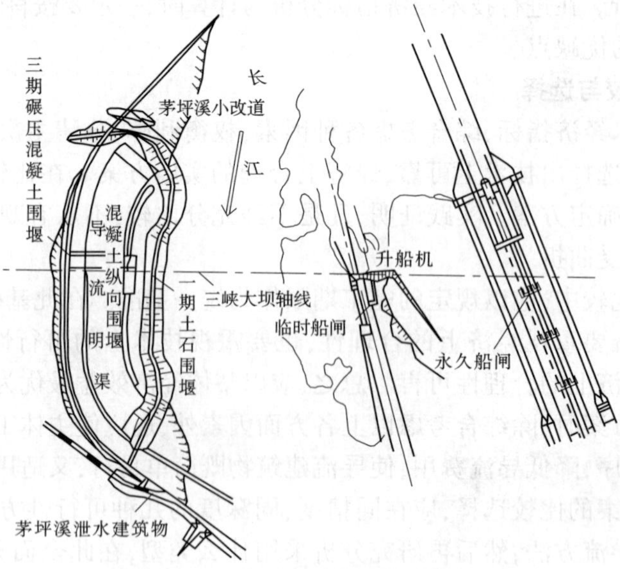

图 1-21　三峡工程一期导流平面图

一期土石围堰形成后束窄河床约 30%。汛期长江水面宽约 1 000 m,当流量不大于长江通航流量 45 000 m^3/s 时,河床流速为 3 m/s 左右,因此船只仍可在主航道航行。一期土石围堰全长 2 502.36 m,最大堰高 37 m。堰体及堰基采用塑性混凝土防渗墙上接土工膜防渗形式,局部地质条件不良地段的地基,采用防渗墙下接帷幕灌浆或高压旋喷桩柱墙等措施。混凝土纵向围堰全长 1 191.47 m,分为上纵段、坝身段与下纵段。坝身段为三峡大坝的一部分,下纵段兼作右岸电站厂房和泄洪坝段间的导墙。导流明渠为高低渠复式断面,全长 3 726 m,最小底宽 350 m;右侧渠底宽 100 m,渠底高程 58 m(进口部位 59 m);左侧渠底宽 250 m,渠底高程自上游至下游分别为 59 m、58 m、50 m、45 m、53 m。

第二期围左岸(见图 1-22)。二期导流时间为 1997 年 11 月至 2002 年 11 月,共计 5 年。1997 年 11 月实现大江截流后,立即修建二期上下游横向围堰将长江主河床截断,并与混凝土纵向围堰共同形成二期基坑。在基坑内修建泄洪坝段、左岸厂房坝段及电站厂房等主体建筑物。二期导流时江水由导流明渠宣泄,船舶从导流明渠和左岸已建成的临时船闸通航。

二期上、下游土石围堰轴线长度分别为 1 440 m 和 999 m,最大高度分别为 75.5 m 和 57.0 m,基本断面为石渣堤夹风化砂复式断面,防渗体为 1~2 排塑性混凝土防渗墙上接土工合成材料,基岩防渗采用帷幕灌浆。二期围堰是在 60 m 水深中抛填建成的,工程量大、基础条件复杂、工期紧迫、施工技术难度极高,是三峡工程最重要的临时建筑物之一。

第三期再围右岸(见图 1-23)。三期导流时间为 2002~2009 年,共计 6.5 年。总进度安排于 2002 年汛末拆除二期土石横向围堰,在导流明渠内进行三期截流,建造上下游土石围堰。在其保护下修建三期上游碾压混凝土围堰并形成右岸三期基坑,在三期基坑内修建右岸厂房坝段和右岸电站厂房。三期截流和三期碾压混凝土围堰施工又是三峡工程施工中的关键技术问题。在导流明渠中截流时,江水从泄洪坝段内高程 56.5 m 的 22 个 6.5 m×8.5 m 的导流底孔中宣泄,截流最大落差达 3.5 m,龙口最大流速 6.13 m/s,技术

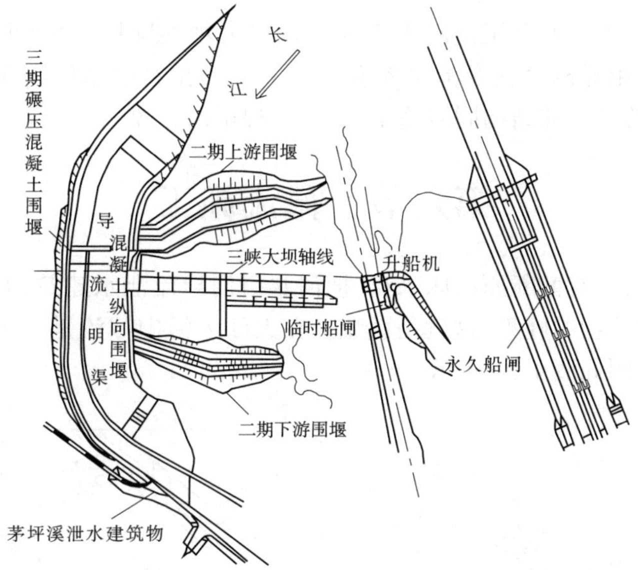

图 1-22　三峡工程二期导流平面图

难度与葛洲坝大江截流相当。碾压混凝土围堰要求在截流以后的 120 d 内,从高程 50 m 浇筑到 140 m,最大月浇筑强度达 39.8 万 m^3/月,最大日上升高度达 1.18 m,且很快挡水并确保在近 90 m 水头下安全运行,设计和施工难度为世界所罕见。

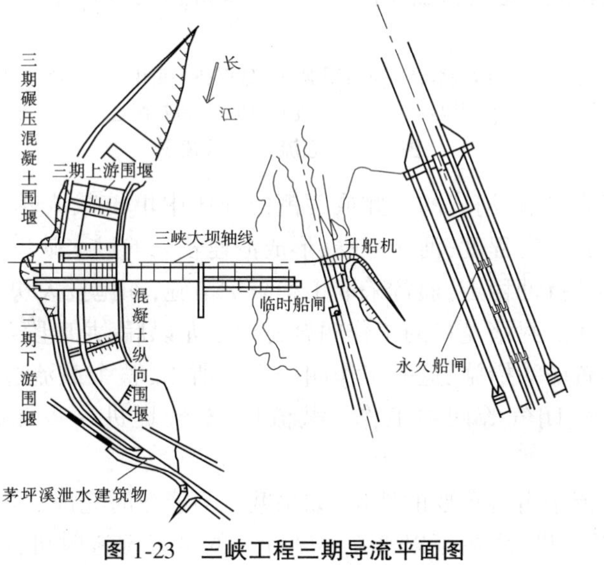

图 1-23　三峡工程三期导流平面图

三期截流后到水库蓄水前,船只从临时船闸航行,当流量超过 12 000 m^3/s、上下游水位差超过 6 m 时,临时船闸不能运行,长江停航。经测算停航时间发生在 5 月下半月至 6 月上半月内,共计 33 d。停航期间设转运码头,用水陆联运解决客货运输问题。

三期碾压混凝土围堰建成后,即关闭导流底孔和泄洪深孔,水库蓄水至 135 m,第一批机组开始发电,永久船闸开始通航。

水库蓄水以后,由三期碾压混凝土围堰与左岸大坝共同挡水(下游仍由三期土石围堰挡水),长江洪水由导流底孔及泄洪深孔宣泄。继续在右岸基坑内建造大坝和电站厂房,左岸各主体建筑物上部结构同时施工,直至工程全部完建。

第六节　截流施工

在施工导流中,只有截断原河床水流,把河水引向导流泄水建筑物下泄,才能在河床中全面开展主体建筑物的施工,这就是截流。在大江大河中截流是一项难度比较大的工作。截流布置示意图如图1-24所示。

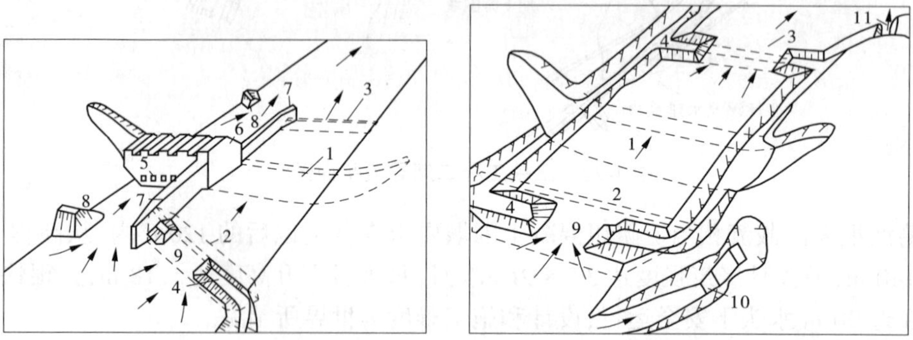

(a)采用分段围堰法底孔导流时的布置　　(b)采用全段围堰法隧洞导流时的布置

1—大坝基坑;2—上游围堰;3—下游围堰;4—戗堤;5—底孔;6—已浇筑混凝土坝体;
7—纵向围堰;8——期围堰残留部分;9—龙口;10—导流隧洞进口;11—导流隧洞出口。

图1-24　截流布置示意图

截流过程一般为:先在河床的一侧或两侧向河床中填筑截流戗堤,逐步缩窄河床,称为进占。戗堤进占到一定程度,河床束窄,形成流速较大的过水缺口叫龙口。为了保证龙口两侧堤端和底部的抗冲稳定,通常采取工程防护措施,如抛投大块石、铅丝笼等,这种防护措施叫裹头及护底。封堵龙口的工作叫合龙。合龙以后,龙口段及戗堤本身仍然漏水,必须在戗堤全线设置防渗措施,这一工作叫闭气。所以,整个截流过程包括戗堤进占、龙口裹头及护底、合龙、闭气等四项工作。截流后,对戗堤进一步加高培厚,修筑成挡水围堰。

截流在施工导流中占有重要的地位,如果截流不能按时完成,就会延误相关建筑物的开工日期;如果截流失败,失去了以水文年度计算的良好截流时机,河槽内的主体建筑物就无法施工,甚至可能拖延工期一年,在通航河流上甚至严重影响航运。由此可见,截流在施工中占有重要地位。所以,在施工导流中,常把截流看作一个关键性工作,它是影响施工进度的一个控制项目。

截流之所以被重视,还因为截流本身无论在技术上还是在施工组织上都具有相当的艰巨性和复杂性。为了截流成功,必须充分掌握河流的水文特性和河床的地形地质条件,掌握截流过程中水流的变化规律及其影响，做好周密的施工组织，在狭小的工作面上用较大的施工强度，在较短的时间内完成截流。

长江葛洲坝工程于1981年1月仅用35.6 h，在4 720 m^3/s流量情况下胜利截流，为在大江大河上进行截流积累了宝贵的经验。而1997年11月三峡工程大江截流和2002年11月三峡工程三期导流明渠截流的成功，标志着我国截流工程的实践已经处于世界先进水平。

一、截流的基本方法

河道截流有立堵法、平堵法、立平堵法、平立堵法、下闸截流及定向爆破截流等多种方法，但基本方法为立堵法和平堵法两种。

（一）立堵法

立堵法截流是将截流材料从一侧戗堤向另一侧抛投进占，或两侧戗堤向中间抛投进占，逐渐束窄河床，直至全部拦断（见图1-25）。

立堵法截流不需架设浮桥，准备工作比较简单，造价较低。但截流时水力条件较为不利，龙口单宽流量较大，流速也较大，同时水流绕截流戗堤端部产生强烈的立轴漩涡，造成紊流且流速分布很不均匀，易造成河床冲刷，需抛投单个重量较大的截流材料。由于工作前线狭窄，抛投强度受到限制，立堵法截流适用于河道宽、流量大、岩基或覆盖层较薄的岩基河床，对于软基河床应采取护底措施后才能使用。

立堵法截流又分为单戗堤、双戗堤和多戗堤立堵截流。当截流落差不超过4 m时，宜选择单戗堤立堵截流；截流流量大且落差大于4 m时，宜选择双戗堤、多戗堤或宽戗堤立堵截流。三峡工程明渠截流（三期截流）设计截流落差约4 m，当时就采用了双戗堤立堵截流方案。

（二）平堵法

平堵法截流是在整个截流宽度利用浮桥和驳船同时抛投截流材料，抛投料堆筑体全面上升，直至露出水面（见图1-26）。因此，必须在龙口架设浮桥，由于它沿龙口全宽均匀地抛投，所以其单宽流量小，流速也较小，需要的抛投材料的单块重量也较轻。沿龙口全宽同时抛投强度较大，施工速度快，但有碍于通航，适用于软基河床，能够架桥且对通航影响不大的河流。

（三）综合法

1. 立平堵法

为了既发挥平堵法水力条件较好的优点，又降低架桥的费用，有的工程采用先立堵，后在栈桥上平堵的方法。苏联布拉茨克水电站在截流流量3 600 m^3/s、最大落差3.5 m的条件下，采用先立堵进占，缩窄龙口至100 m，然后利用管柱栈桥全面平堵合龙。

多瑙河上的铁门工程，经过方案比较，也采取了立平堵方法——立堵进占结合管柱栈桥平堵。立堵段首先进占，完成长度149.5 m，平堵段龙口100 m，由栈桥上抛投完成截流，最终落差达3.72 m。

2. 平立堵法

对于软基河床，单纯立堵易造成河床冲刷，可采用先平抛护底，再立堵合龙。平抛多利用驳船进行。我国青铜峡、丹江口及葛洲坝等工程均采用此法，三峡工程在二期大江截流时也采用了该方法,取得了满意的效果。由于护底均为局部性,故这类工程本质上属于立堵法截流。

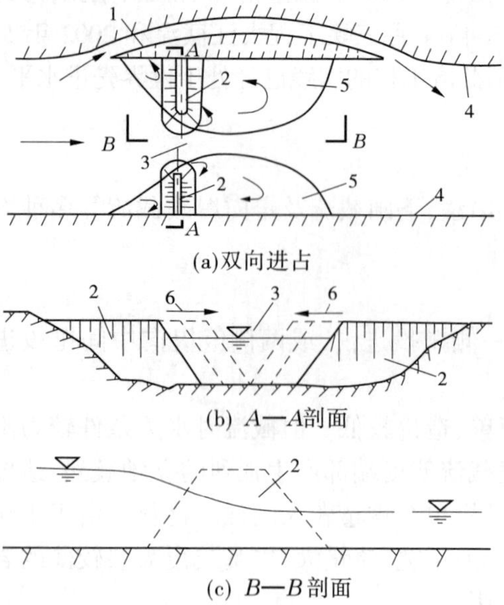

1—分流建筑物;2—截流戗堤;3—龙口;4—河岸;5—回流区;6—进占方向。

图 1-25　立堵法截流

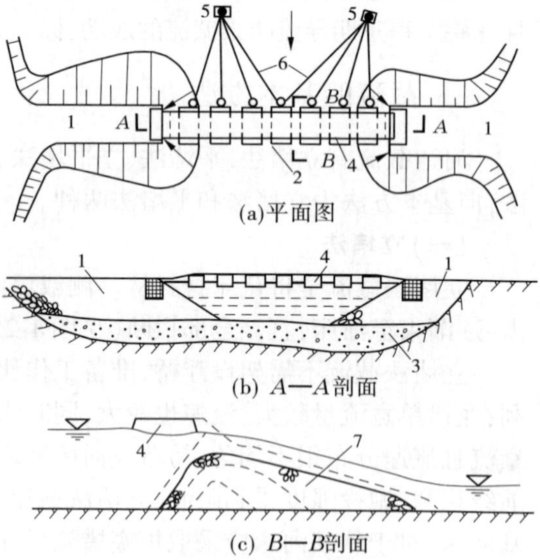

1—截流戗堤;2—龙口;3—覆盖层;4—浮桥;5—锚墩;6—钢缆;7—平堵截流抛石体。

图 1-26　平堵法截流

二、截流日期及截流设计流量

截流年份应结合施工进度的安排来确定。截流年份内截流时段的选择,既要把握截流时机选择在枯水流量低、风险较小的时段进行,又要为后续的基坑工作和主体建筑物施工留有余地,不致影响整个工程的施工进度。在确定截流时段时,应考虑以下要求:

(1)截流以后,需要对戗堤继续加高培厚形成围堰并进行闭气(防渗)处理,完成排水、清基、基础处理等大量基坑工作,并应把永久性建筑物在汛期前抢修到一定高程以上。为了保证这些工作的完成,截流时段应尽量提前。

(2)在通航的河流上进行截流,截流时段最好选择在对航运影响较小的时段内。因为在截流过程中,航运必须停止,即使船闸已经修好,但因截流时水位变化较大,亦须停航。

(3)在北方有冰凌的河流上,截流不应在流冰期进行。因为冰凌很容易堵塞河道或导流泄水建筑物,壅高上游水位,给截流带来极大困难。

综上所述,截流时间应根据河流水文特征、气候条件、围堰施工及通航过木等因素综合分析确定。一般多选在枯水期初,流量已有显著下降的时候。严寒地区应尽量避开河道流冰及封冻期。

截流设计流量是指某一确定的截流时间的截流设计流量。一般按频率法确定,根据已选定截流时段,采用该时段内一定频率的流量作为设计流量,一般可采用截流时段重现期 5~10 年的月或旬平均流量。

除频率法外，也有不少工程采用实测资料分析法。当水文资料系列较长、河道水文特性稳定时，这种方法可应用。至于预报法，因当前的可靠预报期较短，一般不能在初设中应用，但在截流前夕可根据预报流量适当修改设计。

在大型工程截流设计中，通常多以选取一个流量为主，再考虑较大、较小流量出现的可能性，用几个流量进行截流计算和模型试验研究。对于有深槽和浅滩的河道，如分流建筑物布置在浅滩上，对截流的不利条件，要特别进行研究。

三、龙口位置和宽度

龙口位置的选择，对截流工作顺利与否有密切关系。选择龙口位置时要考虑以下技术要求：

(1)一般来说，龙口应设置在河床主流部位，方向力求与主流顺直。

(2)龙口应选择在耐冲河床上，以免截流时因流速增大，引起过分冲刷。

(3)龙口附近应有较宽阔的场地，以便布置截流运输线路和制作、堆放截流材料。

原则上龙口宽度应尽可能窄些，这样可以减少合龙工程量，缩短截流延续时间，但应以不引起龙口及其下游河床的冲刷为限。

四、截流戗堤位置和参数

截流戗堤是土石围堰的一部分，有的又是永久性土石坝的一部分，因此戗堤位置不完全取决于它自身，主要由整个枢纽布置和导流建筑物总体布置确定。就戗堤自身而言，主要应考虑设在围堰防渗体的下游，以避免截流过程中戗堤的粗粒和块石冲至围堰的防渗体部位，造成围堰防渗体施工困难或形成集中渗漏通道。长江三峡工程二期上游围堰设计时，戗堤布置在防渗墙轴线以下，并且要求戗堤水下稳定边坡坡脚与混凝土防渗墙间最小距离按 20 m 控制。另外，戗堤应与截流施工区道路顺畅相连，有足够宽敞的施工场地，以保证高强度截流施工。

戗堤位置选择的另一重要因素是龙口位置。龙口是截流中最困难的地段，它不仅要考虑截流戗堤两岸的施工资源配置情况，还应考虑河床地质条件，尽量选择地形较高(避开河床深槽)、覆盖层较薄、基岩较坚硬的部位。但龙口若过分偏离主河槽，进占过程中将使河势过早发生改变，对通航河流将产生不利影响。

截流戗堤可分为预进占段、非龙口段和龙口段三部分。预进占段主要指在不影响行洪、通航及河道的其他功能前提下先期填筑的堤段，顶部高程都在洪水位以上，面积宽阔，一般用作截流施工场地和试验基地等。真正的截流是从非龙口段进占开始的，直至合龙完成，在大的江河上，需要延续几十天。以三峡工程为例，1997 年汛前完成了预进占段，江面宽 480 m，汛末从 9 月中旬非龙口段开始进占至 11 月 8 日截流合龙共历时 55 d。

截流戗堤的主要参数是按以下原则确定的：

(1)戗堤顶高程。确定戗堤顶高程，必须考虑整个进占过程中不受洪水的漫溢和冲刷，可按表 1-4 中相应导流建筑物级别降低一级，取其当月洪峰流量对应的上游静水位加超高 0.5~1.0 m 控制。由于汛后流量按旬逐渐减小，故所有的截流戗堤几乎都是两端高、中间低，地面纵坡一般不大于 5%，局部不大于 8%，以利于车辆行驶。在实际施工过程中,大多数工程都充分利用水情预报,不同程度地降低了堤顶高程,以节省进占工程量。葛洲坝工程在 203 m 龙口段,设计抛投量为 21 万 m^3,实际抛投量仅为 10.6 万 m^3,其中堤顶高程降低 3 m 是重要原因之一。

(2)戗堤顶宽度。戗堤顶宽度主要与抛填强度、行车密度和抛投方式有关。截流是与水流搏斗的关键时刻。抛投强度应尽量大,但受堤身宽度限制,不可能无限加大抛投强度。戗堤顶宽度通常为 10~25 m,有时为提高抛投强度,堤顶宽度可达到 30 m。抛投用车辆从 20 世纪 80 年代的 20~30 t 级发展到现在的 45~77 t 级。20~30 m 戗堤顶宽度相当于 4~5 个车道及 3~4 个卸车点的宽度,可以保证每 1~1.5 min 抛投 1 车。1997 年 10 月 14~15 日三峡大江截流期间,创造了日抛投量 19.4 万 m^3 的世界最大抛投强度,其中戗堤抛投量为 11 万 m^3。1997 年 10 月 26~27 日截流戗堤两端 24 h 进占抛投量共 12.09 万 m^3、5 643 车次。在堤顶宽度 30 m 条件下,平均每个堤头每分钟抛投 2 车次。

(3)戗堤边坡。截流戗堤系水中抛投进占形成,它的边坡取决于抛投料的自然休止角。设计时应根据土工试验成果确定,如石渣料一般采用 1:1.5,实测结果为 1:1.3 左右。但堤身的稳定边坡不是进占过程中瞬时完成的,长江三峡大江截流模型试验发现,由于截流水深达 60 m,戗堤进占过程中有多次较大面积的堤头塌滑现象发生。设计与施工单位事先研究了塌滑机制,并采取了充分的对策措施,在实际施工中尽管也有塌滑,但没有给截流造成障碍。克服大面积塌滑的主要措施之一,是预先平抛垫底、抬高河床、减小水深。

五、截流水力计算

截流水力计算的目的是确定龙口诸水力参数的变化规律。它主要解决两个问题:一是确定截流过程中龙口水力参数(如单宽流量 q、落差 z 及流速 v 等)的变化规律;二是由此确定截流材料的尺寸或重量及相应的数量等。这样,在截流前,可以有计划、有目的地准备各种尺寸或重量的截流材料及其数量,规划截流现场的场地布置,选择装卸、运输设备;在截流时,应能预先估计不同龙口宽度的截流参数,何时何处应抛投何种尺寸或重量的截流材料及其方量等。

截流水力计算时,假定河道水流为恒定流,且不考虑上游河槽调蓄流量及截流戗堤渗流量,则截流时的水量平衡方程简化为

$$Q_0=Q_1+Q_2 \tag{1-5}$$

式中 Q_0——截流设计流量,m^3/s;

Q_1——分流建筑物的泄流量,即导流建筑物的下泄流量,m^3/s;

Q_2——龙口泄流量,可按宽顶堰计算,m^3/s。

随着截流戗堤的进占,龙口逐渐被束窄,因此经分流建筑物和龙口的泄流量是变化的,但二者之和恒等于截流设计流量。变化规律为:开始时,大部分截流设计流量经龙口下泄,随着龙口断面不断被进占的戗堤所束窄,龙口上游水位不断上升,当上游水位高出泄水建筑物进口底部高程以后,经龙口的泄流量就越来越小,经分流建筑物的泄流量则越来越大,龙口合龙闭气后,截流设计流量全部经由泄水建筑物下泄。

截流水力计算可采用图解法。绘制上游水位 H_u 与分流建筑物泄流量的关系曲线及上游水位与不同龙口宽度 B 的泄流量曲线簇(见图 1-27)。这样,同一上游水位的情况

下，当分流建筑物泄流量与某龙口宽度泄流量之和为 Q_0 时，即可分别得到 Q_1 和 Q_2。

下游水位可以视为常量，可根据截流设计流量在下游水位流量关系曲线上查得。

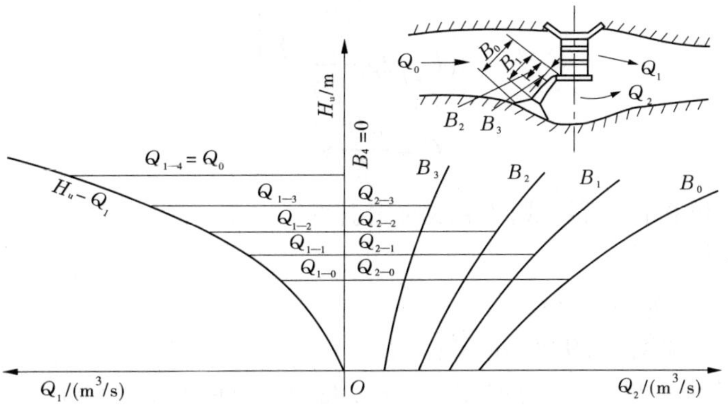

图 1-27　Q_1 与 Q_2 图解法

根据图解法，可同时求得不同龙口宽度下的上游水位 H_u 和 Q_1、Q_2 值，由此再通过水力学计算即可求得截流过程中龙口诸水力参数，其变化规律如图 1-28 所示。

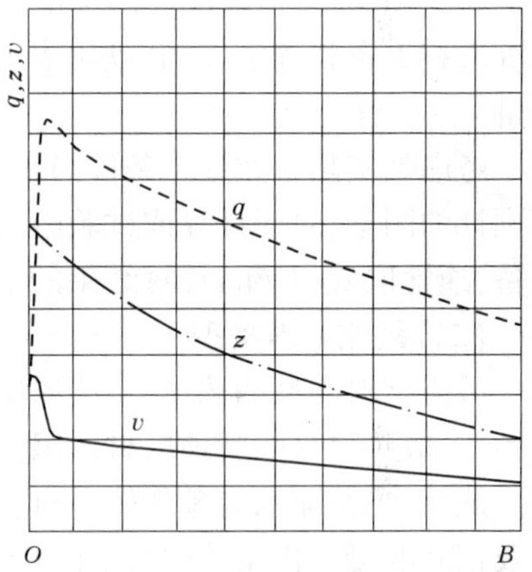

图 1-28　龙口诸水力参数变化规律

六、截流材料及备料量

(一) 截流材料尺寸和质量

在截流中，合理选择截流材料的尺寸或质量，对于截流的成败和截流费用的节省具有重大意义。截流材料的尺寸或质量取决于龙口的流速。各种不同材料的适用流速，可参照表 1-6 进行选择。

表 1-6　截流材料的适用流速

截流材料	适用流速/(m/s)	截流材料	适用流速/(m/s)
土料	0.5~0.7	3 t 大块石或钢筋石笼	3.5
20~30 kg 石块	0.8~1.0	4.5 t 混凝土六面体	4.5
50~70 kg 石块	1.2~1.3	5 t 大块石，大石串或钢筋石笼	4.5~5.5
麻袋装土 (0.7 m×0.4 m×0.2 m)	1.5		
φ0.5 m×2 m 装石竹笼	2.0	12~15 t 混凝土四面体	7.2
φ0.6 m×4 m 装石竹笼	2.0~3.0	20 t 混凝土四面体	7.5
φ0.8 m×6 m 装石竹笼	3.5~4.0	φ1.0 m×15 m 柴石枕	7~8

立堵截流时截流材料抵抗水流冲动的抛投体粒径和质量,可按下式估算,并参照类似工程实践资料选用,必要时依据水工模型进占抛投试验成果确定。

$$D = \left(\frac{v}{K\sqrt{2g\frac{\gamma_1 - \gamma}{\gamma}}} \right)^2 \tag{1-6a}$$

$$G = \frac{\pi D^3}{6}\gamma_1 \tag{1-6b}$$

式中　D——抛投体粒径(折算成圆球体的化引直径),m;

G——抛投体质量,t;

v——龙口水流流速,m/s;

g——重力加速度,取9.81 m/s^2;

γ_1——抛投体密度,块石可取2.6 t/m^3,混凝土块可取2.4 t/m^3;

γ——水的密度,取1.0 t/m^3;

K——综合稳定系数。

由式(1-6a),根据图1-27和图1-28某一龙口宽度下的水流流速 v 值,再根据材料类型查阅相关资料确定 K 值,就可求得抛投体的粒径 D,再由式(1-6b)可求得抛投体的单块质量。

考虑到实际合龙施工条件与水力计算或水工模型试验条件有所差异,并计及某些不可预计的因素,对于计算或试验给出的合龙过程中最大抛投体质量尚应考虑一定的安全储备,通常取式(1-6b)计算结果的1.2~1.5倍作为实用最大抛投体质量。

(二)截流材料类型

截流材料类型的选择,主要取决于截流时可能发生的流速及开挖、起重、运输设备的能力,一般应尽可能就地取材。国内外大江大河截流的实践证明,块石是截流的最基本材料。此外,当截流水力条件较差时,还必须使用人工块体,如混凝土六面体、四面体、四脚体及钢筋混凝土构架等(见图1-29),以减少截流材料的流失。

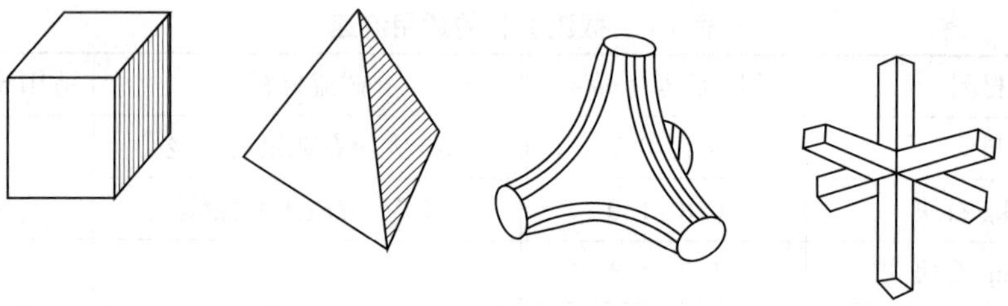

(a)混凝土六面体　(b)混凝土四面体　(c)混凝土四脚体　(d)钢筋混凝土构架

图1-29　截流材料类型

(三)截流材料备料量

为确保截流既安全顺利,又经济合理,正确计算截流材料的备料量是十分必要的。备料量通常按设计的戗堤体积再增加一定裕度。其主要是要考虑堆存、运输中的损失,水流冲失，戗堤沉陷以及可能发生比设计更坏的水力条件而预留的备用量等。抛投材料备用系数与截流难度紧密相关，一般不宜考虑太大，通常可取1.2~1.3。

第七节　基坑排水

修建水利工程时，在截流戗堤合龙、闭气以后，就要排除基坑内的积水和渗水，以保持基坑的基本干燥状态，以利于基坑开挖、地基处理及建筑物的正常施工。

基坑排水工作按排水时间及性质，一般可分为：①基坑开挖前的初期排水，包括基坑积水、基坑积水排除过程中的围堰堰体与基础渗水、堰体及基坑覆盖层中的含水量、可能出现的降水的排除；②基坑开挖及建筑物施工过程中的日常排水（经常性排水），包括围堰和基坑渗水、降雨以及施工弃水量的排除。如按排水方法分，有明式排水和人工降低地下水位两种。

一、明式排水

（一）初期排水的设计计算

初期排水主要包括基坑积水、围堰与基坑渗水两大部分。对于降雨，因为初期排水是在围堰或截流戗堤合龙闭气后立即进行的，通常是在枯水期内，而枯水期降雨很少，所以一般可不予考虑。除积水和渗水外，有时还需考虑填方和地基中的饱和水。

初期排水渗透流量，原则上可按有关公式计算。但是，初期排水时的渗流量估算，往往很难符合实际，因为此时还缺乏必要的资料。通常不单独估算渗流量 Q_s，而将其与积水排除流量合并在一起，依靠经验估算初期排水总流量，见式(1-7)：

$$Q=Q_1+Q_s=k\frac{V}{T} \tag{1-7}$$

式中　Q——初期排水总流量，m^3/s；

Q_1——积水排除的流量，m^3/s；

Q_s——渗水排除的流量，m^3/s；

V——基坑积水体积，m^3；

T——初期排水时间，s；

k——经验系数，主要与围堰种类、防渗措施、地基情况、排水时间等因素有关，根据国外一些工程的统计，k 取2~3。

基坑积水体积 V 可按基坑积水面积和积水水深计算，这是比较容易的。但是排水时间的确定就比较复杂，排水时间 T 主要受基坑水位下降速度的限制，基坑水位的允许下降速度视围堰种类、地基特性和基坑内水深而定。水位下降太快，则围堰或基坑边坡中动水压力变化过大，容易引起滑坡；水位下降太慢，则影响基坑开挖时间。对土质围堰或覆盖层边坡，其基坑水位下降速度必须控制在允许范围之内（一般开始排水速度以0.5~1.0 m/d为宜，接近排干时可允许达到1.0~1.5 m/d）；对于其他形式的围堰，基坑水位下降速度一般不是控制因素。初期排水时间要考虑基坑工期的紧张程度、基坑水位允许下降速度、各期排水设备及相应用电负荷的均匀性等因素，进行比较后确定，一般情况下，大型基坑可采用5~7 d,中型基坑可采用3~5 d。特大基坑初期排水时间可能较长,如三峡工程二期基坑实际排水时间为58 d。

通常,当填方和覆盖层体积不太大时,在初期排水且地基覆盖层尚未开挖时,可以不必计算饱和水的排除。如需计算,可按基坑内覆盖层总体积和孔隙率估算饱和水总水量。

按以上方法估算初期排水总流量 Q,选择抽水设备后,往往很难符合实际。在初期排水过程中,可以通过试抽法进行校核和调整,并为经常性排水计算积累一些必要资料。试抽时若水位下降很快,则显然是所选择的排水设备容量过大,此时应关闭一部分排水设备,使水位下降速度符合要求。试抽时若水位不变,则显然是设备容量过小或有较大渗漏通道存在,此时,应增加排水设备容量或找出渗漏通道予以堵塞,然后再进行抽水。还有一种情况是水位降至一定深度后就不再下降,这说明此时排水流量与渗流量相等,只有增大排水设备容量或堵塞渗漏通道,才能将积水排除。据此可估算出需增加的设备容量。

确定排水设备容量后,要妥善布置排水泵站。如果泵站布置不当,不仅会降低排水效率,影响其他工作,甚至泵站运转时间不长,又被迫转移,造成人力、物力及时间上的浪费。图1-30为几种排水泵站的布置。在布置泵站时,应当注意几个问题:泵站和管路的基础应能抵挡一定的漏水冲刷;水泵的出水管口最好在水面高程以下,以利用虹吸作用减轻水泵的工作负担,但应在水泵排水管上设置止回阀,以防水泵突然停止工作时,基坑外的水倒灌回基坑。

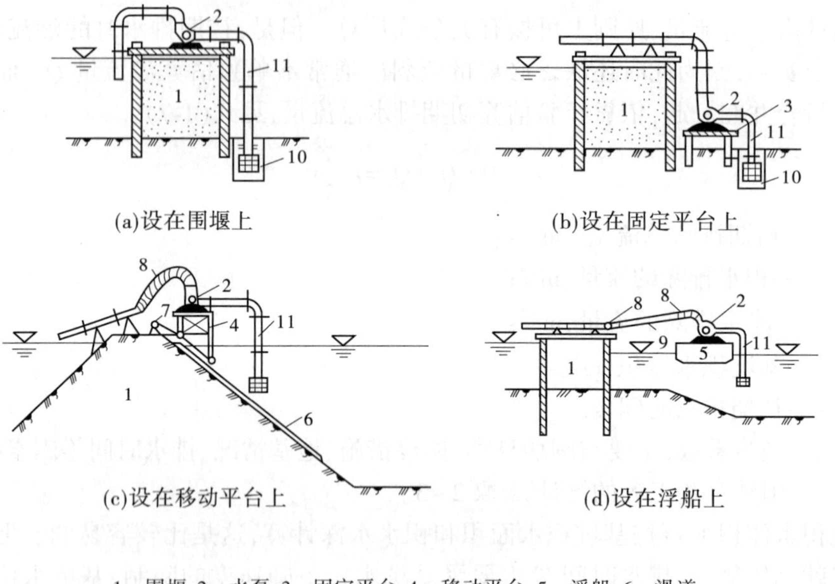

1—围堰;2—水泵;3—固定平台;4—移动平台;5—浮船;6—滑道;
7—绞车;8—橡胶水管;9—铰接桥;10—集水井;11—吸水管。

图1-30　排水泵站的布置

(二)日常排水(经常性排水)的设计计算

日常排水(经常性排水)的排水量,主要包括围堰和基坑的渗水、降雨、基岩冲洗及混凝土养护的施工废水等。设计中一般考虑两种不同的组合,从中择其大者,以选择排水设备。一种组合是渗水加降雨,另一种组合是渗水加施工废水。降雨和施工废水不必组合在一起,这是因为二者不会同时出现。如果全部组合在一起,显然太浪费。

1. 降雨量

在基坑排水设计中,对降雨量的确定尚无统一的标准。大型工程可采用20年一遇3日降雨中最大的连续6 h雨量,再减去估计的径流损失值(每小时1 mm),作为降雨强度;也有的工程采用日最大降雨强度。基坑内的降雨量可根据上述计算降雨强度和基坑集雨面积求得。

2. 施工废水

一般冲洗基岩的废水由吸泥泵排除。所以,施工废水主要考虑混凝土养护用水,其用水量估算,应根据气温条件和混凝土养护的要求而定。一般初估时可按每立方米混凝土每次用水5 L,每天养护8次计算。

3. 渗流量

通常,基坑渗流总量包括围堰渗流量和地基渗流量两部分。关于渗流量的详细计算方法,在水力学、水文地质和水工结构等论著中均有介绍,这里仅介绍渗流量的常用估算方法。

1)基坑远离河岸不必设围堰时

首先按基坑宽长比B/L将基坑区分为窄长基坑($B/L\leqslant 0.1$)和宽阔基坑($B/L>0.1$)。前者按沟槽公式计算。后者则化为等效的圆井,按井的渗流公式计算,此时,还可区分为无压完全井、无压不完全井、承压完全井、承压不完全井等情况,可参考有关水力学手册计算。

2)筑有围堰时

筑有围堰时,基坑渗流量的简化计算与宽阔基坑的情况相仿,也将基坑简化为等效的圆井计算。常遇到的情况有以下两种:

(1)无压完整形基坑,如图1-31所示。

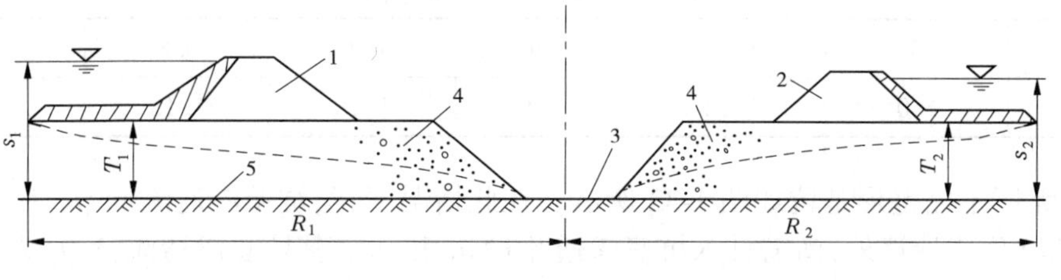

1—上游围堰;2—下游围堰;3—基坑;4—基坑覆盖层;5—隔水层。

图1-31　有围堰的无压完整形基坑

首先分别计算出上下游面基坑的渗流量Q_{1s}和Q_{2s}。然后相加,则得基坑总渗流量$Q_s=Q_{1s}+Q_{2s}$。

$$Q_{1s}=\frac{1.365}{2}\frac{K_s(2s_1-T_1)T_1}{\lg\dfrac{R_1}{r_0}} \tag{1-8}$$

$$Q_{2s}=\frac{1.365}{2}\frac{K_s(2s_2-T_2)T_2}{\lg\frac{R_2}{r_0}} \tag{1-9}$$

式中　K_s——地基的渗透系数,m/h;

s_1、T_1、s_2、T_2——含义见图1-31;

R_1、R_2——降水曲线的影响半径,m。

式(1-8)和式(1-9)分别适用于 $R_1>2s_1\sqrt{s_1K_s}$ 和 $R_2>2s_2\sqrt{s_2K_s}$。R_1、R_2 取值主要与土质有关。根据经验,细砂 $R=100\sim200$ m,中砂 $R=250\sim500$ m,粗砂 $R=700\sim1\ 000$ m。R 值也可按照各种经验公式估算,例如按库萨金公式:

$$R=575s\sqrt{HK_s}\quad(\text{m}) \tag{1-10}$$

式中　H——含水层厚度,m;

s——水面降落深度,m;

K_s——渗透系数,m/h,与土的种类、结构、孔隙率等因素有关,一般应通过现场试验确定,当缺乏资料时,各类手册中所提供的数据也可供初估时参考。

r_0 为将实际基坑简化为等效圆井时的半径,对于不同形状的基坑计算如下:

对于不规则形状的基坑

$$r_0=\sqrt{\frac{F}{\pi}} \tag{1-11}$$

式中　F——基坑面积,m^2。

对于矩形基坑

$$r_0=\eta\frac{L+B}{4} \tag{1-12}$$

式中　B、L——基坑的宽度、长度,m;

η——基坑形状系数,与 B/L 值有关(见表1-7)。

表1-7　基坑形状系数 η 值

B/L	0	0.2	0.4	0.6	0.8	1.0
η	1.0	1.12	1.16	1.18	1.18	1.18

(2)无压不完整形基坑如图1-32所示。在此情况下,除坑壁渗透流量 Q_{1s} 和 Q_{2s} 仍按完整形基坑公式计算外,尚需计入坑底渗透流量 q_1 和 q_2。基坑总渗透流量 Q_s 为:

$$Q_s=Q_{1s}+Q_{2s}+q_1+q_2 \tag{1-13}$$

其中,Q_{1s} 和 Q_{2s} 仍按式(1-8)和式(1-9)计算。q_1 和 q_2 则按以下两式计算:

$$q_1=\frac{K_sTs_1}{\frac{R_1-l}{T}-1.47\lg\left(\text{sh}\frac{\pi l}{2T}\right)} \tag{1-14}$$

$$q_2=\frac{K_sTs_2}{\frac{R_2-l}{T}-1.47\lg\left(\text{sh}\frac{\pi l}{2T}\right)} \tag{1-15}$$

式(1-14)和式(1-15)分别适用于 $R_1 \geq l+T$ 和 $R_2 \geq l+T$ 的情况。式中,l 为基坑顺水流向长度的 1/2,T 为坑底以下覆盖层厚度(见图 1-32),其他参数的确定参考有关资料。

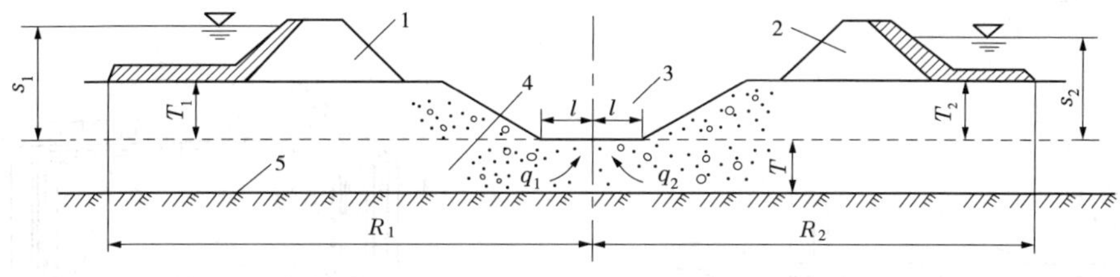

1—上游围堰;2—下游围堰;3—基坑;4—基坑覆盖层;5—隔水层。

图 1-32　有围堰的无压不完整形基坑

(3)考虑围堰结构特点的渗透计算:以上两种简化方法,是把宽阔基坑,甚至连同围堰在内,化为等效圆井计算。这显然是十分粗略的。当基坑为窄长形,且需考虑围堰结构特点时,渗水量的计算可分为围堰和基础两部分,分别计算后予以叠加。

按这种方法计算时,采用以下简化假定:计算围堰渗流时,假定基础是不透水的,计算基础渗流时,则认为围堰是不透水的。也可将围堰和基础一并考虑,选用相应的计算公式。由于围堰的种类很多,各种围堰的渗透计算公式可查阅有关《水工设计手册》和《水力计算手册》。

应当指出,应用各种公式估算渗流量的可靠性,不仅取决于公式本身的精度,而且还取决于计算参数的正确选择。特别是像渗透系数这类物理常数,对计算结果的影响很大。但是,在初步估算时,往往不可能获得较详尽而可靠的渗透系数资料。此时,也可采用如下的简便方法估算:当基坑在透水地基上时,可按照表 1-8 所列的参考指标来估算整个基坑的渗透流量。

表 1-8　1 m 水头下 1 m^2 基坑面积的渗透流量　单位:m^3/h

土类	细砂	中砂	粗砂	砂砾石	有裂缝的岩石
渗透流量	0.16	0.24	0.30	0.35	0.05~0.10

(三)基坑排水系统的布置

日常性排水的排水系统布置通常应考虑两种不同情况:一种是基坑开挖过程中的排水系统布置;另一种是基坑开挖完成后修建主体建筑物时的排水系统布置。布置时,应尽量同时兼顾这两种情况,并且使排水系统尽可能不影响施工。

基坑开挖过程中的排水系统布置,应以不妨碍开挖和运输工作为原则。一般常将排水干沟布置在基坑中部,以利于两侧出土,如图 1-33 所示。随基坑开挖工作的进展,逐渐加深排水干沟和支沟。通常保持干沟深度为 1~1.5 m,支沟深度为 0.3~0.5 m。集水井多布置在建筑物轮廓线外侧,井底应低于干沟沟底。但是,由于基坑坑底高程不一,有的工程就采用层层设截流沟、分级抽水的办法,即在不同高程上分别布置截水沟、集水井和水泵站,进行分级抽水。

主体建筑物施工时的排水系统,通常都布置在基坑四周,如图 1-34 所示。排水沟应布置在建筑物轮廓线外侧,且距离基坑边坡坡脚不少于 0.3~0.5 m。排水沟的断面尺寸和底坡大小,取决于排水量的大小。一般排水沟底宽不小于 0.3 m,沟深不大于 1.0 m,底坡不小于 0.002。在密实土层中,排水沟可以不用支撑,但在松土层中,则需用木板或麻袋装石来加固。

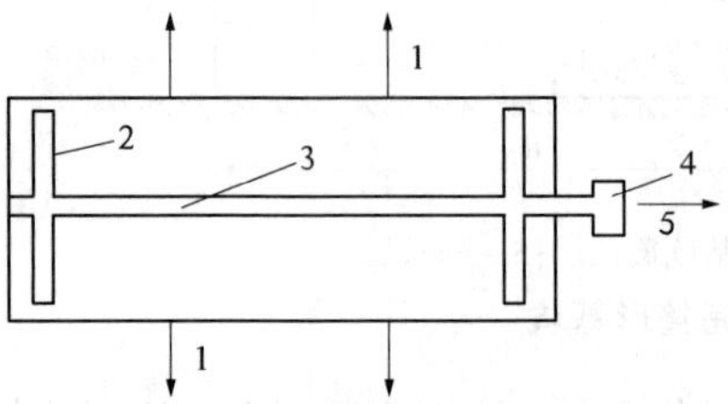

1—运土方向;2—支沟;3—干沟;
4—集水井;5—水泵抽水。

图 1-33 基坑开挖过程中排水系统的布置

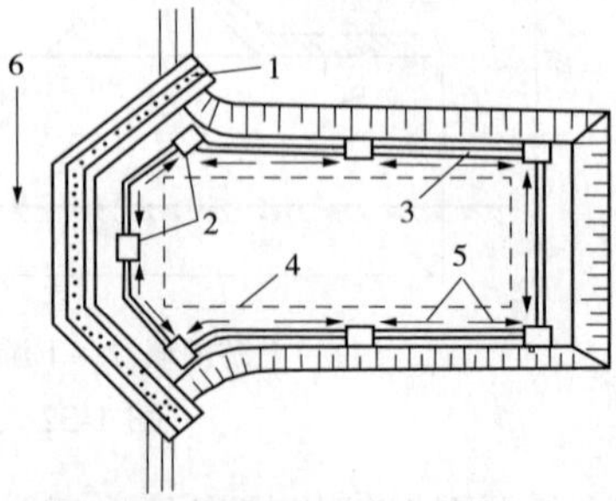

1—围堰;2—集水井;3—排水沟;
4—建筑物轮廓线;5—水流方向;6—河流。

图 1-34 修建主体建筑物时基坑排水系统布置

基坑水经排水沟流入集水井后,利用在井边设置的水泵站抽排至坑外。集水井布置在建筑物轮廓线以外较低的地方,它与建筑物外缘的距离必须大于井的深度。井的容积至少要能保证水泵停止抽水 10~15 min,井水不致漫溢。集水井可为长方形,边长 1.5~2.0 m,井底高程应低于排水沟底 1.0~2.0 m。在土中挖井,其底面应铺填反滤料;在密实土中,井壁用框架支撑;在松软土中,利用板桩加固。如板桩接缝漏土,尚需在井壁外设置反滤层。集水井不仅可用来集聚排水沟的水量,而且还应有澄清水的作用,因为水泵的使用年限与水中含沙量的多少有关。为了保护水泵,集水井宜稍为偏大、偏深一些。

为防止降雨时地面径流进入基坑而增加抽水量,通常在基坑外缘边坡上挖截水沟,以拦截地面水。截水沟的断面及底坡应根据流量和土质而定,一般沟宽和沟深不小于 0.5 m,底坡不小于 0.002,基坑外地面排水系统最好与道路排水系统相结合,以便自流排水。为了降低排水费用,当基坑渗水水质符合饮用水或其他施工用水要求时,可将基坑排水与生活、施工供水相结合。丹江口工程的基坑排水就直接引入供水池,供水池上设有溢流闸门,多余的水则溢入江中。

明式排水系统最适用于岩基开挖。对砂砾石或粗砂覆盖层,当渗透系数 $K_s>172.8$ m/d 时,且围堰内外水位差不大的情况也可用。在实际工程中也有超出上述界限的,例如丹江口的细砂地基,渗透系数约为 17.3 m/d,采取适当措施后,明式排水也取得了成功。不过,一般认为,当 $K_s<86.4$ m/d 时,以采用人工降低水位法为宜。

二、人工降低地下水位

日常排水过程中,为了保持基坑开挖工作始终在干地进行,常常要多次降低排水沟和集水井的高程,变换水泵站的位置,影响开挖工作的正常进行。此外,在开挖细砂土、砂壤土一类地基时,随着基坑底面的下降,坑底与地下水位的高差愈来愈大,在地下水渗透压力作用下,容易产生边坡塌滑、坑底隆起等事故,甚至危及临近建筑物的安全,对开挖工作带来不良影响。

人工降低地下水位,可以改变基坑内的施工条件,防止流沙现象的发生,基坑边坡可以陡些,从而可以大大减少挖方量。人工降低地下水位的基本做法:在基坑周围钻设一些井,地下水渗入井中后,随即被抽走,使地下水位线降到开挖的基坑底面以下(一般应使地下水位降到基坑底下 0.5~1.0 m)。人工降低地下水位的方法,按排水工作原理可分为管井法和井点法两种。管井法是单纯重力作用排水,适用于渗透系数 K_s = 10~250 m/d 的土层;井点法还附有真空或电渗排水的作用,适用于 K_s = 0.1~50 m/d 的土层。

(一)管井法降低地下水位

管井法降低地下水位时,在基坑周围布置一系列管井,管井中放入水泵的吸水管,地下水在重力作用下流入井中,由水泵抽走。

管井通常由埋设钢井管而成,在缺乏钢管时也可用木管或预制混凝土管代替。井管的下部安装滤水管节(滤头),有时在井管外还需设置反滤层,地下水从滤水管进入井内,水中的泥沙则沉淀在沉淀管中。滤水管是井管的重要组成部分,其构造对井的出水量和可靠性影响很大。要求其透水能力强,进入的泥沙少,有足够的强度和耐久性。滤水管节的构造简图如图 1-35 所示。

井管埋设可采用射水法、振动射水法或钻孔法。射水法是先用高压水冲土下沉套管,较深时可配合锤击或振动(振动射水法),下沉到设计深度后,在套管中插入井管,最后在套管与井管的间隙里边填反滤层边拔套管,逐层上拔,直至完成。

管井抽水可应用各种抽水设备,但主要用普通离心泵、潜水泵和深井泵,分别可降低水位 3~10 m、6~20 m 和 20 m 以上,一般采用潜水泵较多。用普通离心泵抽水,由于吸水高度的限制,当要求降低地下水位较深时,要分层设置管井,分层进行排水(见图 1-36)。

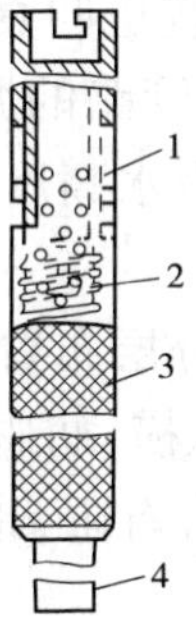

1—多孔管,钻孔面积占总面积的 20%~25%;
2—绕成螺旋状的铁丝,ϕ 3~4 mm;
3—铅丝网,1~2 层;4—沉淀管。

图 1-35　滤水管节的构造简图

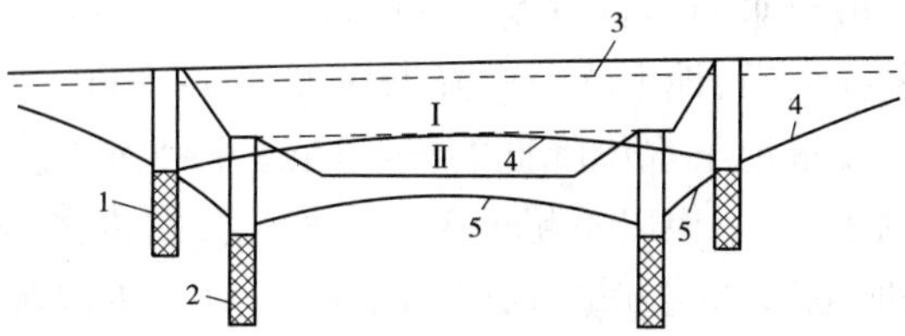

Ⅰ—第一层;Ⅱ—第二层;
1—第一层管井;2—第二层管井;3—天然地下水位;
4—第一层水面降落曲线;5—第二层水面降落曲线。

图 1-36　分层降低地下水位

在要求大幅度降低地下水位的深井中抽水时,最好采用专用的深井泵。每个深井泵都是独立工作的,井的间距也可以加大,深井泵一般深度大于 20 m,排水效果好,需要井数少。

(二)井点法降低地下水位

井点法降低地下水位与管井法不同,它把井管和水泵的吸水管合而为一,简化了井的构造。井点法的设备,按其降深能力分为轻型井点(浅井点)和深井点等,轻型井点最常用。轻型井点是由井管、集水总管、普通离心式水泵、真空泵和集水箱等设备所组成的一个排水系统,如图1-37所示。

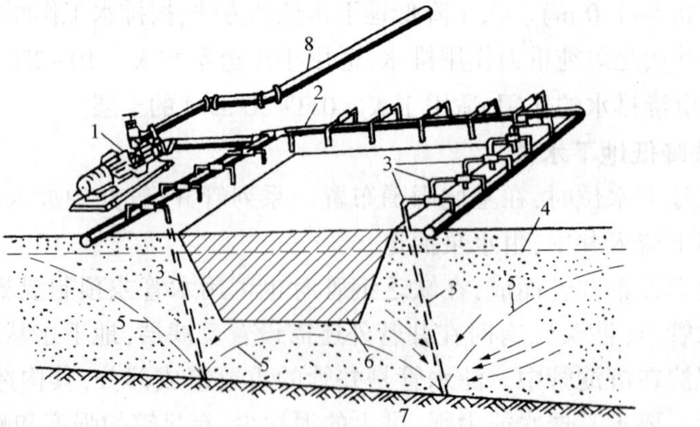

1—带真空泵和集水箱的离心式水泵;2—集水总管;3—井管;4—原地下水位;
5—排水后水面降落曲线;6—基坑;7—不透水层;8—排水管。

图1-37 轻型井点系统

轻型井点系统的井点管为直径38~50 mm的无缝钢管,间距为0.6~1.8 m,最大可达3.0 m。轻型井点系统开始工作时,先开动真空泵,排除系统内的空气,待集水井内的水面上升到一定高度后,再启动水泵排水。地下水从井管下端的滤水管借真空泵和水泵的抽吸作用流入管内,沿井管上升汇入集水总管,流入集水箱,由水泵排出。水泵开始抽水后,为了保持系统内的真空度,仍需真空泵配合水泵工作。这种井点系统也叫真空井点。

井点法降低地下水位的下降深度,取决于集水箱内的真空度与管路的漏气和人为损失。一般集水箱内真空度为53~80 kPa(400~600 mmHg),相应的吸水高度为5~8 m,扣去各种损失后,地下水位的降低深度为4~5 m。

当要求地下水位降低的深度超过4~5 m时,可以像管井一样分层布置井点,每层控制范围3~4 m,但以不超过3层为宜。分层太多,基坑范围内管路纵横,妨碍交通,影响施工,同时也增加挖方量,而且当上层井点发生故障时,下层水泵能力有限,地下水位会回升,基坑有被淹没的可能。

真空井点抽水时,在滤水管周围形成一定的真空梯度,加速了土中水的排出速度,所以即使在渗透系数小到0.1 m/d的土层中,也能进行工作。

布置井点系统时,为了充分发挥设备能力,集水总管、集水管和水泵应尽量接近天然地下水位。当需要几套设备同时工作时,各套总管之间最好接通,并安装闸阀,以便相互支援。井管的安设,一般用射水法下沉。距孔口1.0 m范围的井管与土体之间,应用黏土封闭,以防漏气。排水工作完成后,可利用杠杆将井管拔出。

深井点与轻型井点的不同,在于它的每一根井管上都装有扬水器(水力扬水器或压气扬水器),所以它不受吸水高度的限制,有较大的降低地下水位的能力。

深井点有喷射井点(见图1-38)和压气扬水井点(见图1-39)两种。

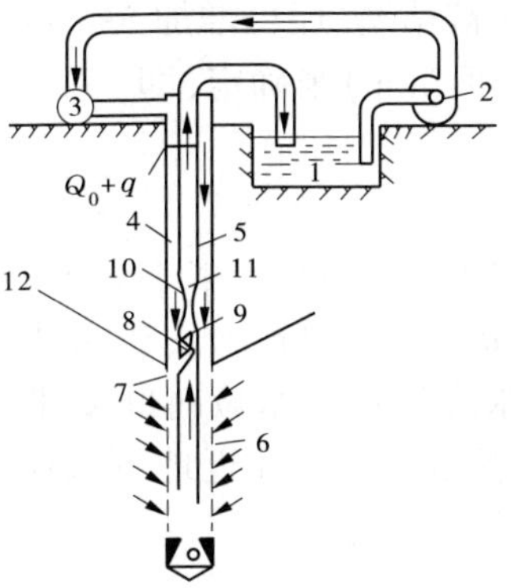

1—集水池；2—高压水泵；3—输水干管；
4—外管；5—内管；6—滤水管；
7—进水孔；8—喷嘴；9—混合室；
10—喉管；11—扩散管；12—水面降落曲线。

图 1-38　喷射井点装置示意图

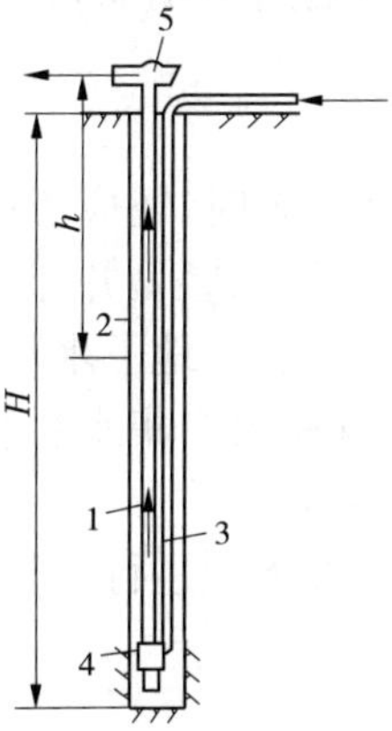

1—扬水管；2—井；3—输气管；4—喷气装置；5—管口。

图 1-39　压气扬水井点装置示意图

喷射井点由集水池、高压水泵、输水干管和喷射井管等组成。通常一台高压水泵能为30~35个井点服务，其最适宜的降水位范围为5~18 m。喷射井点的排水效率不高，一般用于渗透系数为3~50 m/d渗流量不大的场合。

压气扬水井点是用压气扬水器进行排水的。排水时压缩空气由输气管送入，由喷气装置进入扬水管，于是管内容重较轻的水气混合液在管外水压力的作用下，沿水管上升到地面排走。为达到一定的扬水高度，就必须将扬水管沉入井中有足够的潜没深度，使扬水管内外有足够的压力差。压气扬水井点降低地下水位最大可达40 m。

（三）人工降低地下水位的设计与计算

进行人工降低地下水位施工时，应根据要求的地下水位下降深度、水文地质条件、施工条件及设备条件等，确定排水总量（总渗流量），计算管井或井点的需要数，选择抽水设备，进行抽排系统的布置。

总渗流量的计算，可参考前面日常排水（经常性排水）中所介绍的方法和其他有关方法。

管井和井点数目 n，可根据总渗流量 Q_s 和单井集水能力 $q_{\max}$ 决定，即

$$n=\frac{Q_s}{0.8q_{\max}} \tag{1-16}$$

单井的集水能力，取决于滤水管的表面积和通过滤水管的允许流速，即

$$q_{\max}=2\pi r_0 l v_p \tag{1-17}$$

式中　r_0——滤水管的半径，m，当滤水管四周不设反滤层时，用滤水管半径，设反滤层时，半径应包括反滤层在内；

l——滤水管长度，m；

v_p——通过滤水管的允许流速，m/d，$v_p=65\sqrt[3]{K_s}$，其中 K_s 为滤水管的渗透系数，m/d。

以上计算确定的 n 值,若考虑抽水过程中有些井可能被堵塞,还可增加5%~10%。

管井或井点的间距 d(m),可根据排水系统的周线长度 L(m)来确定,即

$$d=\frac{L}{n} \tag{1-18}$$

在进行具体布置时,还应考虑 d 满足下列要求:为了使井的侧面进水不过分减少,井的间距不宜过小,要求轻型井点 $d\approx(5\sim10)\pi r_0$,深井点 $d\approx(15\sim25)\pi r_0$;在渗透系数小的土层中,若间距过大,地下水位降低时间太长,要以抽水降低地下水位时间要求来控制井的间距;井的间距要与集水总管三通的间距相适应;在基坑四角和靠近地下水流方向一侧,间距宜适当缩短。

井的深度可按下式进行计算:

$$H=s_0+\Delta s+\Delta h+h_0+l \tag{1-19}$$

$$\Delta s=\frac{0.8q_{max}}{2.73K_s l}\lg\frac{1.32l}{r_0} \tag{1-20}$$

式中　Δh——进入滤水管的水头损失,0.5~1.0 m;

h_0——要求的滤水管沉没深度,m,视井点构造不同而异,多小于2.0 m;

s_0——原地下水位与基坑底的高差,m;

Δs——基坑底与滤水管处降落水位的高差,m;

其他符号意义同前。

第八节　其他关键工作

与导流施工有关,又影响整个工程施工的其他关键工作,还有坝体拦洪度汛、围堰拆除、明渠封堵、落闸蓄水等。

一、坝体拦洪度汛

水利枢纽工程施工过程中,中后期的施工导流,往往需要由坝体挡水或拦洪。坝体能否可靠拦洪与安全度汛,将影响工程的进度与成败。

(一)坝体拦洪标准

施工期坝体拦洪度汛包括两种情况:一种是坝体高程修筑到无须围堰保护(坝体施工高程超过围堰堰顶高程)或围堰已失效时的临时挡水度汛;另一种是导流泄水建筑物封堵后,永久性泄洪建筑物已初具规模,但尚未具备设计的最大泄洪能力,坝体尚未完建的度汛。前者的坝体临时度汛洪水标准应根据坝型及坝前拦洪库容按表1-9规定执行;后者的坝体度汛洪水标准应在分析坝体施工和运行要求后按表1-10的规定执行。

表1-9　坝体施工期临时度汛洪水标准　　单位:重现期/年

坝型	拦洪库容/亿 m³			
	>10.0	10.0~1.0	1.0~0.1	<0.1
土石坝	≥200	200~100	100~50	50~20
混凝土坝、浆砌石坝	≥100	100~50	50~20	20~10

表 1-10　导流泄水建筑物封堵后坝体度汛洪水标准　单位：重现期/年

坝型		大坝级别		
		1	2	3
土石坝	设计	500～200	200～100	100～50
	校核	1 000～500	500～200	200～100
混凝土坝、浆砌石坝	设计	200～100	100～50	50～20
	校核	500～200	200～100	100～50

(二)拦洪高程的确定

一般导流泄水建筑物的泄水能力远不及原河道的。洪水来临时的入流 Q 和泄流 q 洪水过程线如图 1-40 所示。t_1～t_2 时段，进入施工河段的洪水流量大于泄水建筑物的泄量，使部分洪水暂时存蓄在水库中，上游水位升高，形成一定库容，此时泄水建筑物的泄量随着上游水位的升高而增大，在 t_2 时刻入库洪水流量将达到洪峰流量 Q_m。入库的洪峰流量过后（t_2～t_3 时段），入库流量逐渐减少，但入库流量仍大于泄量，蓄水量继续增大，库水位继续上升，泄量 q 也随之增加，直到 t_3 时刻，入流量与泄流量相等时，蓄水容积达到最大值 V_m，相应的上游水位达到最高值 H_m（拦洪水位），泄水建筑物的泄量也达最大值 q_m（泄水建筑物的设计流量）。t_3 时刻以后，Q 继续减少，库水位逐渐下降，q 也开始减少，但此时库水位较高，泄量 q 仍较大，且大于入库流量 Q，使水库存蓄的水量逐渐排出，直到 t_4 时刻，蓄水全部排完，回复到原来的状态。以上便是水库调节洪水的过程。显然，由于水库的这种调节作用，削减了通过泄水建筑物的最大泄量（见图 1-40 中，由 Q_m 削减为 q_m），但却抬高了坝体上游的水位，因此要确定坝体的挡水或拦洪高程，可以通过调洪计算，求得图 1-40 中 t_3 时刻相应的最大泄量 q_m 与上游最高水位 H_m。

上游最高水位 H_m 再加上安全超高便是坝体的挡水或拦洪高程 H_f，用公式表示为

$$H_f = H_m + \delta \qquad (1\text{-}21)$$

式中　H_m——拦洪水位，m；

δ——安全超高，m，依据坝的级别而定，1 级 $\delta \geq 1.5$，2 级 $\delta \geq 1.0$，3 级 $\delta \geq 0.75$，4 级 $\delta \geq 0.5$。

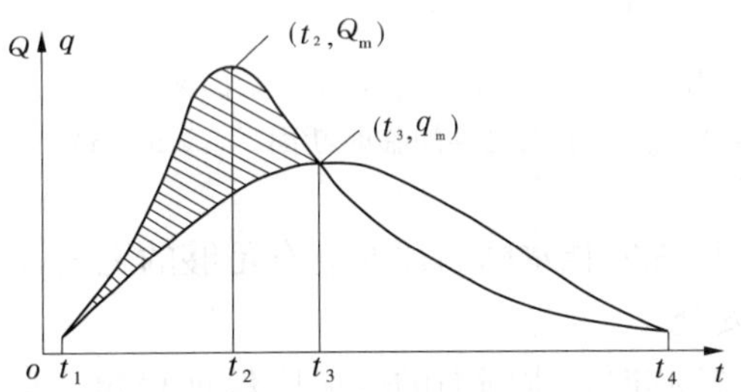

图 1-40　入流 Q 和泄流 q 洪水过程线

(三)拦洪度汛措施

如果施工进度表明，汛期到来之前若坝体不可能修筑到拦洪高程，必须考虑其他拦洪度汛措施。尤其当主体建筑物为土石坝且坝体填筑又相当高时，更应给予足够的重视，因为一旦坝身过水，就会造成严重的溃坝后果。拦洪度汛措施因坝型不同而不同。

1. 混凝土坝的拦洪度汛措施

混凝土坝体是允许漫洪的，若坝身在汛期前不可能浇筑到拦洪高程，为了避免坝身过

水时造成停工,可以在坝面上预留缺口以度汛,待洪水过后再封填缺口,全面上升坝体。另外,如果根据混凝土浇筑进度安排,虽然在汛前坝身可以浇筑到拦洪高程,但一些纵向施工缝尚未灌浆封闭时,可考虑用临时断面挡水。但必须提出充分论证,采取相应措施,以消除应力恶化的影响。例如,湖南柘溪工程的大头坝(见图1-41)为了提前挡水,就采用了调整纵缝位置、提高初期灌浆高程和改变纵缝形式等措施,以改善坝体的应力状态。

2. 土石坝的拦洪度汛措施

土石坝一般是不允许过水的。若坝身在汛期前不可能填筑到拦洪高程,一般可以考虑采用降低溢洪道高程、设置临时溢洪道并用临时断面挡水,或经过论证采用临时坝体保护过水等措施。

1)采用临时断面挡水

采用临时断面挡水(见图1-42)时,应注意以下几点:

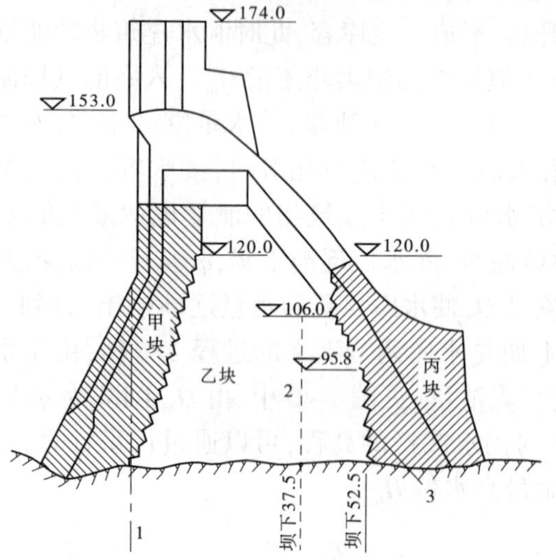

1—坝轴线;2—原设计纵缝;3—修改后的纵缝。

图1-41　混凝土坝拦洪的临时断面　(单位:m)

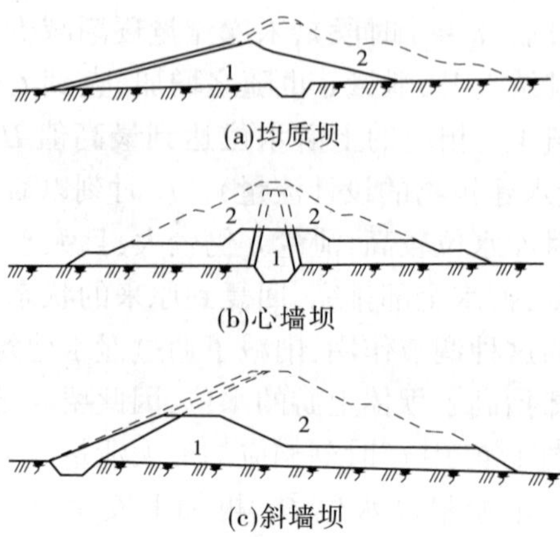

1—临时断面;2—设计断面。

图1-42　土坝拦洪的临时拦洪度汛断面示意图

(1)临时挡水断面顶部应有足够的宽度,以便在紧急情况下仍有余地抢筑子堰,确保度汛安全。

(2)临时挡水断面的边坡应保证稳定,其安全系数一般应不低于正常设计标准。为防止施工期间由于暴雨冲刷和其他原因而滑坡,必要时应采取简单的防护措施和排水措施。

(3)心墙坝和斜墙坝的防渗体不允许单独作为临时挡水断面。

(4)上游垫层和块石护坡应按设计要求筑到拦洪高程,否则应考虑临时的防护措施。下游坝体部位,为满足临时挡水断面的安全要求,在基础清理完毕后,应按全断面填筑几米后再收坡,必要时应结合设计的反滤排水设施统一安排考虑。

2)采用临时坝面过水

采用临时坝面过水时,应注意以下几点:

(1)为保证过水坝面下游边坡的抗冲稳定,应加强保护或做成专门的溢流堰,例如利用反滤体加固后作为过水坝面溢流堰体等,并应注意堰体下游的防冲保护。

(2)靠近岸边溢流体的堰顶高程应适当抬高,以减小坝面单宽流量,减轻水流对岸坡的冲刷。

(3)过水坝面的顶高程一般应低于溢流堰体顶高程 0.5~2.0 m 或做成反坡式,以避免过水坝面的冲淤。

(4)根据坝面过流条件,合理选择坝面保护形式,防止淤积物渗入坝体,特别要注意防渗体、反滤层等的保护。必要时上游设置拦污设施,防止漂木、杂物淤积坝面,撞击下游边坡。

二、封堵蓄水

在施工后期,要根据发电、灌溉及航运等国民经济各部门所提出的综合要求,确定竣工、运用的时间安排,有计划地进行导流临时泄水建筑物的封堵和水库的蓄水工作。

(一)导流泄水建筑物的封堵

1. 封堵日期及设计流量

封堵日期与初期蓄水计划有关。导流孔洞的封堵,一般在枯水期进行。下闸封堵导流临时泄水建筑物的设计流量,应根据河流水文特征及封堵条件,采用封堵时段 5~10 年重现期的月或旬平均流量,或按实测水文统计资料分析确定。封堵工程施工阶段的导流设计标准,则应根据工程重要性、失事后果等因素在该时段 5~20 年重现期范围内选定。

2. 封堵方式及措施

导流孔洞最常用的封堵方式是首先下闸封孔,然后浇筑混凝土塞(混凝土堵头)封堵。

(1)下闸封孔。常见的封孔闸门有钢闸门、钢筋混凝土叠梁闸门、钢筋混凝土整体闸门等。对于此类闸门,国外多用同步电动卷扬机沉放。我国新安江水电站工程的导流底孔封堵,成功地应用了多台 5~10 t 手摇绞车,顺利沉放了质量达 321 t 的钢筋混凝土整体闸门(见图 1-43)。这种封孔方式断流快、水封好、方便可靠,特别是库水位上升较快时,广泛用于最后封孔。

为了减轻封孔闸门重量,也有采用空心闸门或分节式闸门的。一般来说,这种闸门不宜用作最后封孔。对于无须过木、排冰的导流孔洞,可在洞进口处设中墩,以便减少封孔闸门重量,国内外许多工程就是这样做的。

(2)浇筑混凝土塞。导流底孔一般为坝体的一部分,因此封堵时需全孔堵死;而导流隧洞或涵管并不需要全孔堵死,只需浇筑一定长度的混凝土塞,就足以起到永久挡水作用。

混凝土塞的最小长度 l 可根据极限平衡条件由下式求出:

$$l=\frac{KP}{A\gamma gf+\lambda c} \tag{1-22}$$

式中　K——安全系数,一般取 1.1~1.3;

P——作用水头的推力,N;

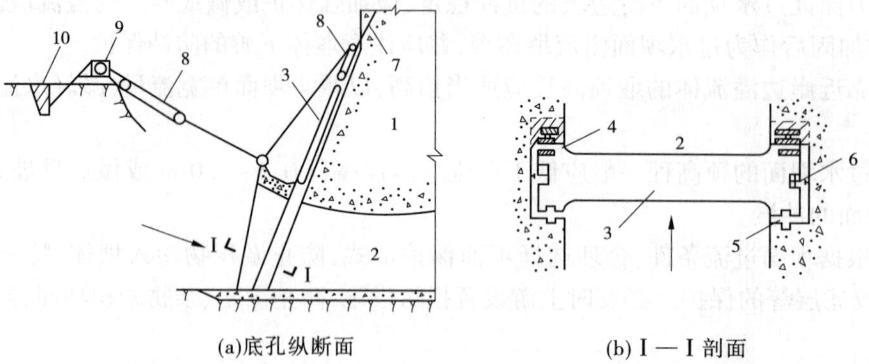

1—坝体;2—底孔;3—闸门;4—坝面承压板;5—止水槽;6—侧向导轮;
7—预埋铁吊环;8—滑轮组;9—手摇绞车;10—锚锭。

图 1-43　新安江水电站导流底孔封堵示意图

A——导流隧洞或涵管的断面面积,m^2;

γ——混凝土表观密度,kg/m^3;

f——混凝土与岩石(或混凝土)的摩阻系数,一般取 0.60~0.65;

g——重力加速度,m/s^2;

λ——导流隧洞或涵管的周长,m;

c——混凝土与岩石(或混凝土)的黏结力,一般取$(5\sim20)\times10^4$ Pa。

常用的混凝土塞为楔形,也有采用拱形和球壳形的。为了保证混凝土塞与洞壁之间有足够的抗剪力,通常采用与键槽结合的方法。当混凝土塞体积较大时,为防止因温度变化而引起开裂,应分段浇筑。必要时还需埋设冷却水管降温,待混凝土塞达到稳定温度时,再进行接缝灌浆。

(二)初期蓄水

大型水利枢纽的工程量大、工期长,为了满足国民经济发展的需要,往往边施工边蓄水,以便使枢纽提前发挥效益。国内已建的许多大型工程,如新安江、柘溪、乌江渡、丹江口、葛洲坝等工程均在施工期间开始蓄水。

水库施工期蓄水又称初期蓄水,通常是指临时导流建筑物封堵后至水库开始发挥效益为止的时期。水库开始发挥效益,一般是指达到发电或灌溉所要求的最低水位。进行初期蓄水规划时,必须考虑河道综合利用要求。

初期蓄水计算的主要内容为:确定蓄水历时计划,据此确定临时泄水建筑物的最迟封堵日期(水库开始蓄水的日期);复核库水位上升过程中大坝施工的安全性,据此拟订大坝施工进度及后期度汛措施。对于混凝土坝,主要是拟订大坝浇筑的控制性进度计划和坝体接缝灌浆的进程。

蓄水历时计划的确定常采用频率法或典型年法。采用频率法时,一般按保证率为 75%~85%的月平均流量过程线来制订。根据控制性进度计划确定的初期发电日期或其他投产日期,以及设计要求的初期蓄水位(如发电水位),利用蓄水过程线反推出所需的蓄水历时,即可求得开始蓄水日期(见图 1-44),进而推求导流洞封堵日期。如果求得的日期正值洪水期,应进一步研究洪水期封堵的可能性与合理性。因洪水期封堵非常困难,且技术复杂,故多改为枯水期封堵,并相应地调整坝体施工进度。

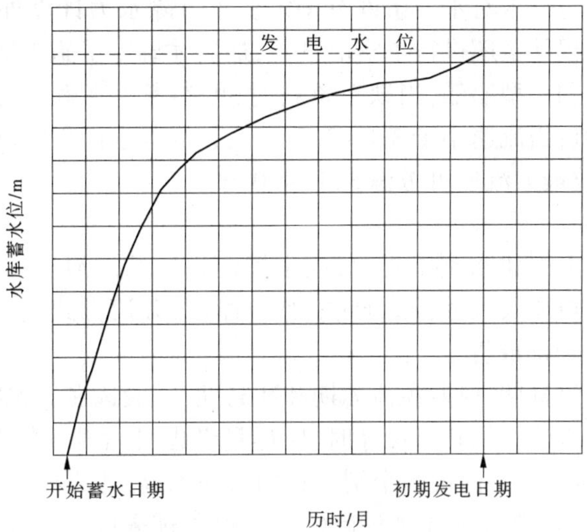

图 1-44　水库蓄水过程与历时曲线

封堵蓄水后,必须校核坝体安全上升高程,要求各月末坝体前沿最低高程达到下月最高水位以上。除不能让坝体漫水外,还应校核临时挡水断面的稳定和应力。对于混凝土坝,为了不给后续工程施工造成困难和不良后果,校核坝体上升高程时,还要考虑预留好纵缝灌浆和坝体封拱灌浆所需的高度。施工期蓄水前,坝前水库已具有一定库容,在计算坝前水位和校核防洪度汛安全时,应考虑水库调蓄作用。

三、施工期通航、过木、排冰与下游供水

(一)施工期临时通航与过木

采用分期导流方式的河流,尽量利用束窄河床承担前期导流的通航与过木任务。只要河床束窄度不太大,这一任务的解决并无很大困难。但是,中后期导流阶段,河水通过未完建坝体中的底孔、缺口、厂房或隧洞宣泄。此时,无论是临时通航或是利用水面漂木,都会遇到很大困难。因此,要求施工期不断航和漂木不受阻,并非所有河道都能办到。长江是我国最重要的通航河道,葛洲坝工程截流期间也断航半年多。由于中小型河流上通航的船舶体积较小,所以也有一些工程在中后期导流时,利用底孔或隧洞通行木船。显然,此时底孔和隧洞中应有足够的净空,且进出口水流比较平顺,不能有过大的集中落差。否则,船只与人身安全就无法保证。

采用一次拦断河床的不分期导流方式(全段围堰法导流)的河流,天然通航的货运量不会太大,但漂木任务往往较重。为了解决这一问题,某些工程坝址处河道尽管比较狭窄,也放弃了隧洞导流方式,而采用明渠导流方式。采用这种导流方式既有局部成功的经验,也有不少教训。这是由于在狭窄河道上采用明渠导流时,施工干扰大,总工期大大拖长。

应当指出,施工期临时通航与过木,只是施工导流规划的一部分。几十年来的建设经

验表明,忽视施工通航和片面强调航运部门利益,以至于提出不合实际要求的两种倾向均存在,借鉴以往工程经验时应当注意。

施工期临时通航与过木对水力条件有一定要求。除水力计算外,重要工程还需进行模型试验。葛洲坝工程甚至还进行了实船试验,最后才确定了施工期临时通航标准。

对于一般性河流和小型船舶,当缺乏资料时,可参考以下数据:当流速小于 2.0 m/s 时,机动木船可以自航;当流速小于 3.0~3.5 m/s,且局部水面集中落差不大于 0.5 m 时,拖轮可自航;木材流放最大流速可考虑 3.5~4.0 m/s。

(二)施工期排冰

在严寒地区河流上修建水利工程时,应掌握河道冰情。河道冰情主要包括流冰、冰封、开河日期,流冰量与冰块尺寸,冰封期的冰盖厚度,开河方式(文开河、武开河或半文半武开河),是否有冰坝形成等。

流冰河道上的截流日期,应避免流冰期和冰封期,一般选在流冰期开始以前。选择导流方式和拟订导流泄水建筑物孔口尺寸时,应尽量考虑自然排冰的要求。在确定围堰顶部高程时,还要考虑冰坝壅水高度。个别工程因考虑不周,造成冰坝壅水淹没基坑。当流冰量较多、冰块尺寸较大、泄水建筑物不能安全下泄时,需采取人工破冰措施。可安全下泄的冰块大小,常通过导流模型试验确定。后期导流建筑物往往不能满足全部排冰的需要,此时,可采取排、蓄结合方式,在水库内拦截部分流冰,导流建筑物封堵后,可在水库中蓄冰。

(三)施工期下游供水

施工期下游供水,是河道综合利用中的主要问题之一,应做好规划设计,保障下游工业生产用水和生态流量。为了满足下游供水要求,应尽量利用永久性泄水建筑物。如果永久性泄水建筑物的孔口高程过高,难以满足供水要求,则需采取特殊供水措施。常用措施有水泵抽水、虹吸管供水、在封孔闸门上留孔或设旁通管供水等。

四、围堰的拆除

围堰是临时建筑物,导流任务完成后,应按设计要求拆除,以免影响永久性建筑物的施工及运行。例如,在采用分段围堰法导流时,第一期横向围堰的拆除,如果不合要求,势必会增加上下游水位差,从而增加第二期截流工作的难度,增大截流物料的重量及数量。这类经验教训在国内外是不少的,苏联的伏尔霍夫水电站截流时,上下游水位差是 1.88 m,其中由于引渠和围堰没有拆除干净,造成的水位差就有 1.73 m。又如,下游围堰拆除不干净,会抬高尾水位,影响水轮机的利用水头,浙江省富春江水电站曾受此影响,降低了水轮机出力,造成了不该有的损失。

土石围堰相对来说断面较大,拆除工作一般是在运行期限的最后一个汛期过后,随上游水位的下降,逐层拆除围堰的背水坡和水上部分,但必须保证依次拆除后所残留的断面能继续挡水和维持稳定,以免使基坑过早淹没,影响施工,发生安全事故。葛洲坝一期土石围堰的拆除程序如图 1-45 所示。土石围堰的拆除一般可用挖掘机或爆破开挖等方法。

钢板桩格形围堰的拆除,首先要用抓斗或吸石器将填料清除,然后用拔桩机起拔钢板桩。

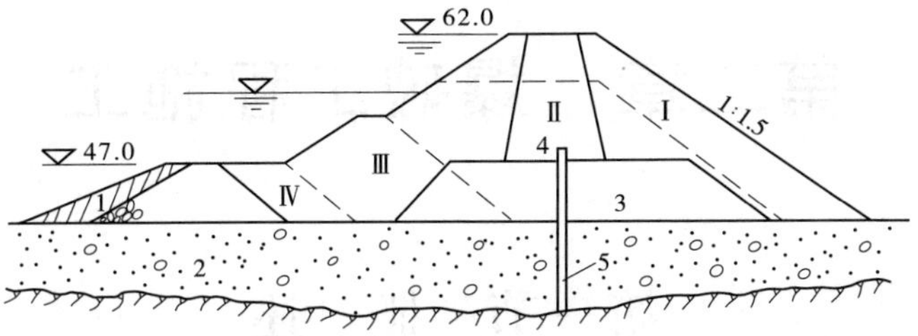

1—黏土斜墙;2—覆盖层;3—堆渣;4—心墙;5—防渗墙;Ⅰ、Ⅱ、Ⅲ、Ⅳ—围堰的拆除顺序。

图 1-45 葛洲坝一期土石围堰的拆除程序

混凝土围堰的拆除,一般只能用爆破法拆除,但应注意,必须保证主体建筑物或其他设施不受爆破危害。

五、明渠封堵

导游明渠结构布置应考虑后期封堵要求。当施工期有通航、放木和排冰任务,明渠较宽时,可在明渠内预设闸门墩,以利于后期封堵。

参考文献

[1] 长江三峡大江截流工程编委会. 长江三峡大江截流工程[M]. 北京:中国水利水电出版社,1999.
[2] 周克己. 水利水电工程施工组织与管理[M]. 北京:中国水利水电出版社,1998.
[3] 肖焕雄. 施工水力学[M]. 北京:水利电力出版社,1992.
[4] 中华人民共和国水利部. 水利水电工程施工组织设计规范:SL 303—2017[S]. 北京:中国水利水电出版社,2017.
[5] 成都科学技术大学. 水利水电工程施工导流图集[M]. 北京:水利电力出版社,1982.
[6] 颜宏亮,于雪峰. 水利工程施工[M]. 郑州:黄河水利出版社,2009.
[7] 中华人民共和国水利部. 水利水电工程施工导流设计规范:SL 623—2013[S]. 北京:中国水利水电出版社,2013.
[8] 中华人民共和国水利部. 水利水电工程围堰设计规范:SL 645—2013[S]. 北京:中国水利水电出版社,2013.
[9] 中华人民共和国水利部. 水利水电工程等级划分及洪水标准:SL 252—2017[S]. 北京:中国水利水电出版社,2017.

第二章　爆破工程施工

第一节　概　述

一、引言

爆破是利用炸药的爆炸能量对周围的岩土体、混凝土等介质进行破碎、抛掷或压缩，达到预定的开挖、填筑或处理等目的的作业。爆破施工是一种有效的工程施工方法，常用来开挖基坑和地下洞室、开采石料、松动土方、爆破抛投截流、水下爆破等。明确爆破机制，掌握爆破技术，对于加快工程进度，保障施工安全，提高工程质量，降低工程成本有十分重要的意义。

二、内容提要

本章介绍了岩土开挖级别的划分、爆破的基本原理及装药量计算、钻孔机具和爆破器材等基本知识，重点分析了爆破工程中常用的爆破方法、改善爆破效果的措施、爆破安全技术，以及水工建筑物岩基开挖的方法和爆破设计等。

三、学习要求

通过本章学习，具体应掌握以下几方面的内容：

(1)正确进行岩土开挖级别的划分，以合理选择施工方法，恰当确定爆破参数；

(2)掌握爆破的基本原理及装药量计算；

(3)了解钻孔机具和爆破器材；

(4)掌握工程爆破的基本方法及爆破参数设计；

(5)了解爆破安全技术，一是爆破器材的性能、使用条件和起爆技术，二是爆破对环境的作用和影响。

在了解爆破基本原理的基础上，掌握爆破的分类及适用范围，重点掌握钻孔爆破的布置参数、装药量计算和起爆网路设计。熟悉岩土开挖级别的划分及水工建筑物岩基开挖的方法和参数。本章难点为如何根据不同的岩土级别，合理确定爆破参数，进行爆破设计，另外预裂爆破和光面爆破是目前水利工程岩基开挖中常用的控制爆破，设计时需要丰富的实践经验，学习中应注重对已有工程设计爆破参数的分析和积累。

第二节　岩土开挖级别的划分

在土石方开挖中,为了估计施工的难易程度,正确选择施工方法和配备设备、劳力,计算工料消耗,先要根据开挖对象的工程性质及其具体指标(对施工影响较大的,有土石的容重、含水量、可松性和自然倾斜角等),确定开挖级别(以开挖方法和开挖难易程度划分的级别),便于与工程定额中的土石分级对应,以计算工程造价。表2-1、表2-2为《水利水电工程施工组织设计规范》(SL 303—2017)附录D.1中岩土开挖级别的划分。

表2-1　土类开挖级别划分

土类级别	土类名称	天然湿度下平均容重/(kN/m^3)	外形特征	开挖方法
Ⅰ	1. 砂土 2. 种植土	16.5~17.5	疏松,黏着力差或易透水,略有黏性	用锹或略加脚踩开挖
Ⅱ	1. 壤土 2. 淤泥 3. 含壤种植土	17.5~18.5	开挖时能成块,并易打碎	用锹需用脚踩开挖
Ⅲ	1. 黏土 2. 干燥黄土 3. 干淤泥 4. 含少量砾石黏土	18.0~19.5	粘手,看不见砂粒或干硬	用镐、三齿耙开挖或用锹需用力加脚踩开挖
Ⅳ	1. 坚硬黏土 2. 砾质黏土 3. 含卵石黏土	19.0~21.0	土壤结构坚硬,将土分裂后成块状或含黏粒砾石较多	用镐、三齿耙开挖

注:土指人工填土、表土、黄土、砂土、淤泥、黏土、砾质土、砂砾石、松散坍塌体及软弱的全风化岩石,以及小于0.7 m^3的孤石或岩块等,无须采用爆破或土方机械开挖的地质体。

表2-2　岩石开挖级别划分

岩石级别		岩石名称	天然湿度下平均容重/(kN/m^3)	净钻孔时间(min/m)用直径30 mm合金钻头,凿岩机打眼(工作气压0.456 MPa)	极限抗压强度 R/MPa	强度系数 f
软石	Ⅴ	1. 硅藻土及软的白垩岩	15.0	—	<20	1.5~2.0
		2. 硬的石炭纪的黏土	19.5			
		3. 胶结不紧的砾岩	19.0~22.0			
		4. 各种不坚实的页岩	20.0			

续表 2-2

岩石级别		岩石名称	天然湿度下平均容重/(kN/m³)	净钻孔时间(min/m)用直径 30 mm 合金钻头,凿岩机打眼(工作气压 0.456 MPa)	极限抗压强度 R/MPa	强度系数 f
坚石	Ⅵ	1. 软的有孔隙的节理多的石灰岩及介质石灰岩	22.0	—	20~40	2.0~4.0
		2. 密实的白垩岩	26.0			
		3. 中等坚实的页岩	27.0			
		4. 中等坚实的泥灰岩	23.0			
	Ⅶ	1. 水成岩卵石经石灰质胶结而成的砾石	22.0	—	40~60	4.0~6.0
		2. 风化的节理多的黏土质砂岩	22.0			
		3. 坚硬的泥质页岩	23.0			
		4. 坚实的泥灰岩	25.0			
	Ⅷ	1. 角砾状花岗岩	23.0	6.8(5.7~7.7)	60~80	6.0~8.0
		2. 泥灰质石灰岩	23.0			
		3. 黏土质砂岩	22.0			
		4. 云母页岩及砂质页岩	23.0			
		5. 硬石膏	29.0			
	Ⅸ	1. 软的风化较甚的花岗岩、片麻岩及正长岩	25.0	8.5(7.8~9.2)	80~100	8.0~10.0
		2. 滑石质蛇纹岩	24.0			
		3. 密实的石灰岩	25.0			
		4. 水成岩卵石经硅质胶结的砾石	25.0			
		5. 砂岩	25.0			
		6. 砂质石灰质的页岩	25.0			
	Ⅹ	1. 白云岩	27.0	10(9.3~10.8)	100~120	10~12
		2. 坚实的石灰岩	27.0			
		3. 大理石	27.0			
		4. 石灰质胶结的致密的砂岩	26.0			
		5. 坚硬的砂质页岩	26.0			

续表 2-2

岩石级别		岩石名称	天然湿度下平均容重/(kN/m³)	净钻孔时间(min/m)用直径 30 mm 合金钻头,凿岩机打眼(工作气压 0.456 MPa)	极限抗压强度 R/MPa	强度系数 f
坚石	XI	1. 粗粒花岗岩	28.0	11.2(10.9~11.5)	120~140	12~14
		2. 特别坚硬的白云岩	29.0			
		3. 蛇纹岩	26.0			
		4. 火成岩卵石经石灰质胶结的砂岩	28.0			
		5. 石灰质胶结的坚实的砂岩	27.0			
		6. 粗粒正长岩	27.0			
	XII	1. 有风化痕迹的安山岩及玄武岩	27.0	12.2(11.6~13.3)	140~160	14~16
		2. 片麻岩、粗面岩	26.0			
		3. 特别坚硬的石灰岩	29.0			
		4. 火成岩卵石经硅质胶结的砾岩	26.0			
特坚石	XIII	1. 中粒花岗岩	31.0	14.1(13.4~14.8)	160~180	16~18
		2. 坚实的片麻岩	28.0			
		3. 辉绿岩	27.0			
		4. 玢岩	25.0			
		5. 坚实的粗面岩	28.0			
		6. 中粒正长岩	28.0			
	XIV	1. 特别坚实的细粒花岗岩	33.0	15.5(14.9~18.2)	180~200	18~20
		2. 花岗片麻岩	29.0			
		3. 闪长岩	29.0			
		4. 最坚实的石灰岩	31.0			
		5. 坚实的玢岩	27.0			
	XV	1. 安山岩、玄武岩、坚实的角闪岩	31.0	20.0(18.3~24.0)	200~250	20~25
		2. 最坚实的辉绿岩及闪长岩	29.0			
		3. 坚实的辉长岩及石英岩	28.0			
	XVI	1. 钙钠长石质玄武岩及橄榄石质玄武岩	33.0	>24.0	>250	>25
		2. 特别坚实的辉长岩、辉绿岩、石英岩及玢岩	33.0			

注:位于水下或地下水位以下的岩石极限抗压强度取湿抗压强度,反之取干抗压强度。

另外,地下洞室的施工方法及参数选择是根据围岩类别确定的。地下工程的围岩应以岩石强度、岩体完整程度、结构面状态、地下水和主要结构面产状等五项因素之和的总评分[具体详见《水工建筑物地下工程开挖施工技术规范》(DL/T 5099—2011)的附录B]为基本依据,以围岩强度应力比为参考依据,按表2-3的规定进行工程地质分类。围岩级别越低,其稳定性越差,适宜采用的支护类型也越复杂。

表2-3 围岩工程地质分类

围岩类别	围岩稳定性	围岩总评分 T	围岩强度应力比 S	支护类型
Ⅰ	稳定。围岩可长期稳定,一般无不稳定块体	$T>85$	>4	不支护
Ⅱ	基本稳定。围岩整体稳定,不会产生塑性变形,局部可能产生掉块	$65<T\leqslant85$	>4	不支护或局部锚杆或喷薄层混凝土。大跨度时,喷混凝土、系统锚杆加钢筋网
Ⅲ	稳定性差。围岩强度不足,局部会产生塑性变形,不支护可能产生塌方或变形破坏。完整的较软岩,可能暂时稳定	$45<T\leqslant65$	>2	喷混凝土、系统锚杆加钢筋网
Ⅳ	不稳定。围岩自稳时间很短,规模较大的各种变形和破坏都可能发生	$25<T\leqslant45$	>2	喷混凝土、系统锚杆加钢筋网,或加钢构架
Ⅴ	极不稳定。围岩不能自稳,变形破坏严重	$T\leqslant25$	—	管棚、喷混凝土、系统锚杆、钢构架,必要时进行二次支护

注:Ⅱ、Ⅲ、Ⅳ类围岩,当其强度应力比小于本表规定时,围岩类别宜相应降低一级。

第三节 爆破原理及装药量计算

岩土介质的爆破破碎是炸药爆轰产生的冲击波的动态作用和爆轰气体准静态作用的联合作用结果。炸药爆轰后,在瞬时(约十万分之一秒)产生高温高压气体,对相邻介质产生极大的冲击作用,并以冲击波的形式向四周传播能量。若传播介质为空气,称为空气冲击波;若传播介质为岩土,则称为地震波。

一、爆破的基本原理

(一)无限均匀介质中的爆破作用

炸药在无限均匀介质中的爆破,相当于药包埋置很深而其爆破作用达不到临空面的爆破,在这种理想介质中的爆破作用,冲击波以药包为中心,呈同心球向四周传播。离球心越近,作用于介质的压力越大;由于介质的阻尼作用,随着球心半径增大,作用于介质的压力波逐渐衰减，直至全部消失。爆破作用影响范围沿球心切割一平面，可划分为以下几个部分，如图 2-1 所示。

(1)压缩圈(粉碎圈)：紧邻药包的部分介质(如土体)，若为塑性介质将受到压缩形成一空腔，即压缩圈，若为脆性介质(如岩体)将遭受粉碎形成粉碎圈。

(2)抛掷圈：压缩圈外具有抛掷势能的介质。当这部分介质具有逸出的临空面时，将发生抛掷，这个范围称为抛掷圈。

(3)松动圈：抛掷圈外围的一部分介质，爆破作用只能使其破裂松动，这一范围称为松动圈。

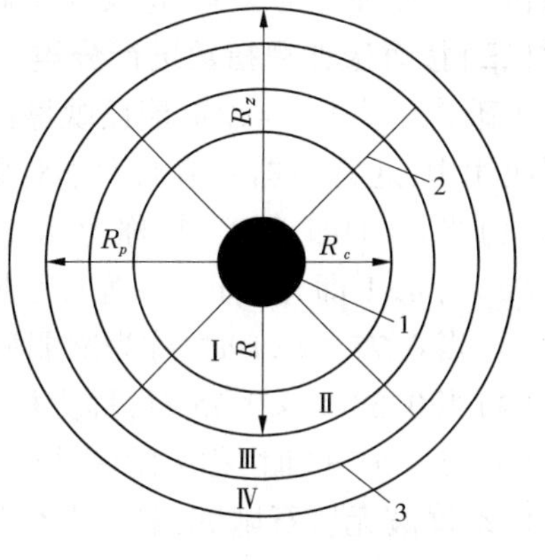

1—药包；2—径向裂缝；3—环向裂缝；
Ⅰ—压缩圈；Ⅱ—抛掷圈；Ⅲ—松动圈；Ⅳ—震动圈。

图 2-1　无限均匀介质中爆破原理示意图

(4)震动圈：松动圈以外的介质，随着冲击波的进一步衰弱，只能使这部分介质产生震动，故称为震动圈。

从药包中心向外，相应各圈的半径叫压缩半径 R_c、抛掷半径 R、松动半径 R_p、震动半径 R_z。各圈半径的大小与炸药的特性、药包结构、爆破方式及介质的特性密切相关。

(二)有限介质中的爆破作用

炸药在有限介质中的爆破，相当于药包埋置较浅，其爆破作用达到临空面的爆破，亦即爆破作用半径能到达临空面的爆破，如图 2-2 所示，工程爆破多属于这种爆破。若药包的爆破作用使部分破碎介质具有抛向临空面的能量，往往形成一个倒立圆锥体的爆破坑，形似漏斗，故称为爆破漏斗，如图 2-3 所示。

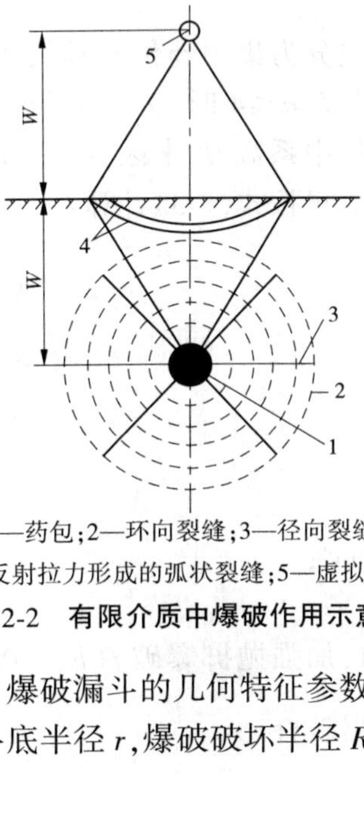

1—药包；2—环向裂缝；3—径向裂缝；
4—反射拉力形成的弧状裂缝；5—虚拟中心。

图 2-2　有限介质中爆破作用示意图

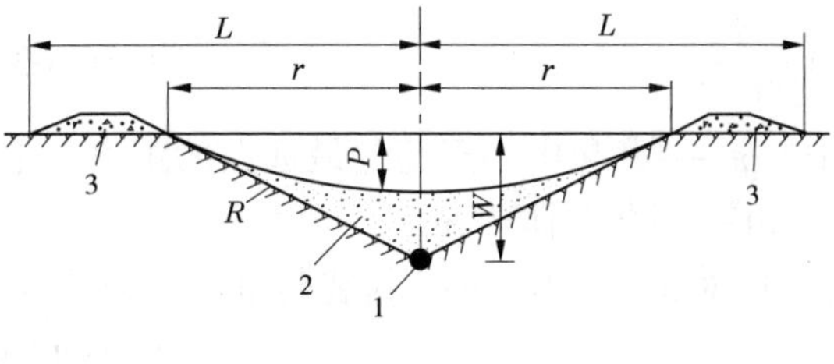

1—药包；2—碎渣回落堆积体；3—碎渣坑外堆积体。

图 2-3　爆破漏斗示意图

爆破漏斗的几何特征参数有：药包中心至临空面的最短距离，即最小抵抗线 W，爆破漏斗底半径 r，爆破破坏半径 R，可见漏斗深度 P，抛掷距离 L。爆破漏斗的几何特征反映了药包重量和埋深的关系,也反映了爆破作用的影响范围。

(三)按爆破作用指数进行分类

爆破作用指数 $n=r/W$ 能反映爆破漏斗的几何特征,它是爆破设计中最重要的参数。工程应用中,通常根据 n 值的大小对爆破进行分类。

(1)当 $n=1$ 即 $r=W$ 时,称为标准抛掷爆破;

(2)当 $n>1$ 即 $r>W$ 时,称为加强抛掷爆破;

(3)当 $0.75\leqslant n<1$ 时,称为减弱抛掷爆破;

(4)当 $0.33\leqslant n<0.75$ 时,称为松动爆破;

(5)当 $n<0.33$ 时,称为隐藏式爆破。

松动爆破无岩石抛掷,漏斗半径范围内可见岩石破碎后的鼓胀现象(松动隆起)。隐藏式爆破的爆破作用达不到临空面位置,而只是将药包周围的岩石压碎形成空洞。

应用:标准抛掷爆破仅用于爆破试验测定单位耗药量;加强抛掷爆破常用于定向爆破筑坝、料场覆盖层剥离、渠道开挖、移山筑路及隧洞掌子面掏槽孔爆破;减弱抛掷爆破和松动爆破常用于基坑开挖、石料开采、建筑物拆除及隧洞掌子面崩落孔爆破;隐藏式爆破则主要用于药壶爆破中的药壶扩爆。

抛掷爆破中,破碎后的岩块部分抛掷于爆破漏斗半径之外,部分碎石又落回到漏斗坑内,形成可见的漏斗,其深度 P 称为可见漏斗深度,可按式(2-1)计算:

$$P=CW(2n-1) \tag{2-1}$$

式中　C——介质系数,对岩石 $C=0.33$,对黏土 $C=0.4$。

抛掷堆积体距药包中心的最大距离 L 称为抛掷距离,可按式(2-2)计算:

$$L=5nW \tag{2-2}$$

二、药包种类及装药量计算

药包的类型不同,爆破的效果也各不相同。按形状,药包分为集中药包和延长药包,具体可通过药包的最长边 L 和最短边 a 的比值进行划分:当 $L/a\leqslant 4$ 时,为集中药包;当 $L/a>4$ 时,为延长药包。对于大爆破,采用洞室装药,常用集中系数 Φ 来区分药包的类型。当 $\Phi\geqslant 0.41$ 时为集中药包;反之,为延长药包。集中系数可按式(2-3)计算:

$$\Phi=0.63\frac{\sqrt[3]{V}}{b} \tag{2-3}$$

式中　b——药包中心至药包最远点的距离,m;

　　　V——药包体积,m^3。

(1)对单个集中药包,其装药量计算公式为

$$Q=eKW^3f(n) \tag{2-4}$$

式中　K——规定条件下的标准抛掷爆破的单位耗药量,kg/m^3;

　　　W——最小抵抗线,m;

　　　$f(n)$——爆破作用指数函数,标准抛掷爆破 $f(n)=1$,加强抛掷爆破 $f(n)=0.4+0.6n^3$,减弱抛掷爆破 $f(n)=\left(\frac{4+3n}{7}\right)^3$,松动爆破 $f(n)=n^3$;

e——采用非标准炸药时的换算系数。

(2)对钻孔爆破,一般采用延长药包,其装药量计算公式为

$$Q=eqV \tag{2-5}$$

式中 q——钻孔爆破条件下的单位耗药量,kg/m^3;

V——钻孔爆破所需爆落的岩土方量,m^3。

注意:式(2-5)中的 q 与单个集中药包中的 K 值是有区别的。钻孔爆破在考虑爆落体积时,不仅计入了爆破漏斗中的介质体积,而且包括相邻漏斗间由于药包群的共同作用所爆落的体积。因此,钻孔爆破中的 q 值是一次群药包爆破总装药量与总爆落方量的比值。

在确定单位耗药量的试验中若采用非标准炸药,尚须用炸药换算系数 e 对确定的单位耗药量进行修正。我国以 2 号岩石铵梯炸药作为标准炸药,其爆力 $B_0=320$ mL,猛度 $M_0=12$ mm。若实际使用的非标准炸药的爆力和猛度分别为 B 和 M,则炸药换算系数 e 的值为

$$e=\frac{B_0}{B} \tag{2-6}$$

或者

$$e=\frac{1}{2}\left(\frac{B_0}{B}+\frac{M_0}{M}\right) \tag{2-7}$$

总之,装药量的多少,取决于爆破岩石的体积、爆破漏斗的规格和其他有关参数,但是上述公式,对于爆破质量、岩石破碎块度等要求,均未得到反映。因此,必须在实际应用中根据现场具体条件和技术要求,加以必要的修正。

第四节 爆破方法

工程爆破的基本方法按照药室的形状不同主要分为钻孔爆破和洞室爆破两大类。工程中根据不同的施工需要,它们又有一些不同的具体应用形式,如用于轮廓控制爆破技术的预裂爆破、光面爆破实质属于钻孔爆破;定向爆破实质则属于洞室爆破。爆破方法的选择取决于施工条件、工程规模和开挖强度的要求。

一、爆破基本方法

(一)钻孔爆破

钻孔爆破又称孔眼法爆破。根据孔径的大小和钻孔的深度,钻孔爆破又分为浅孔爆破和深孔爆破。前者孔径≤75 mm,孔深≤5 m;后者孔径>75 mm,孔深>5 m。

浅孔爆破有利于控制开挖面的形状和规格,使用的钻机具也较为简单,操作方便;缺点是劳动生产率较低,无法适应大规模爆破的需要。浅孔爆破大量应用于露天工程的中小型料场的开采、水工建筑物基础分层开挖、地下工程开挖及城市建筑物的控制爆破。

深孔爆破则恰好弥补了浅孔爆破的一些缺点,主要适用于料场和基坑的大规模、高强度开挖。

钻孔爆破的开挖面通常布置成台阶状,以充分利用天然临空面或创造更多的临空面,达到提高爆破效果,降低成本,便于组织钻孔、装药、爆破和出渣的平行流水作业,减小干

扰,加快进度等目的。

1. 浅孔爆破

1)炮孔布置参数

布置炮孔位置时,应尽量利用自由面较多的地形,或者用爆破有计划地改造地形,使前批爆破为后批爆破创造较多的自由面,以提高爆破效果。尽量防止炮孔方向与最小抵抗线方向一致,以免爆破时首先将炮孔堵塞物冲出,形成爆破效果很差的空炮(向上冲的称为冲天炮)。炮孔布置的主要技术参数如下。

(1)最小抵抗线 W:通常根据钻孔直径和岩石性质确定,即

$$W=K_w d \tag{2-8}$$

式中 W——最小抵抗线(取药包中心至临空面的最短距离),m;

K_w——系数,一般取 15~30,坚硬岩石取较小值,中等坚硬岩石取较大值;

d——钻孔最大直径,m。

(2)台阶高度 H:台阶高度应大于最小抵抗线,以避免产生冲天炮,影响爆破效果,一般按下式计算:

$$H=(1.2\sim2.0)W \tag{2-9}$$

(3)炮孔深度 h:软硬不同的岩石,应采用不同的炮孔深度,以免超挖或欠挖,使基面不平,影响出渣运输及台阶钻孔。在坚硬岩石中,$h=(1.1\sim1.15)H$;在松软岩石中,$h=(0.85\sim0.95)H$;在中硬岩石中,$h=H$。

(4)孔间距 a 及排距 b:为保证爆破后孔间不留残埂且使炸药消耗尽量少,施工中常布置成多排孔的梯段爆破,一般平面上交错布置为梅花形。这样,采用多段延发雷管,逐排起爆,可以增加自由临空面,提高爆破效果。

同排炮孔顺台阶坡顶线方向间距 a,按不同起爆方法确定:

火雷管起爆时 $$a=(1.0\sim1.5)W \tag{2-10}$$

电雷管起爆时 $$a=(1.2\sim2.0)W \tag{2-11}$$

相邻两排炮孔间的排距 b 一般采用

$$b=(0.8\sim1.2)W \tag{2-12}$$

2)装药量

浅孔法常用松动爆破,装药量 Q 按式(2-13)计算

$$Q=0.33\,Kabh \quad (\text{kg}) \tag{2-13}$$

装药长度通常为孔深的 1/3~1/2,雷管置于自上部算起装药全长的 1/3~1/2 处。孔口段应用炮泥堵塞,堵塞长度不小于炮孔深度的 1/2。

3)起爆网路

浅孔台阶爆破一般采用电力起爆或导爆管起爆网路,进行微差间隔起爆。常用的微差间隔起爆方法包括排间微差和 V 形起爆,如图 2-4 所示。

2. 深孔爆破

深孔台阶爆破的钻孔可布置成铅直孔和倾斜孔。倾斜孔的优点是:由于炮孔和临空面平行,使得爆破过程全孔所受的抗力均匀,爆破后岩块均匀,底部残埂少,爆堆形状容易控制,有利于提高出渣装载机的工作效率;同时保持一定的台阶坡面角,也有利于保持坡

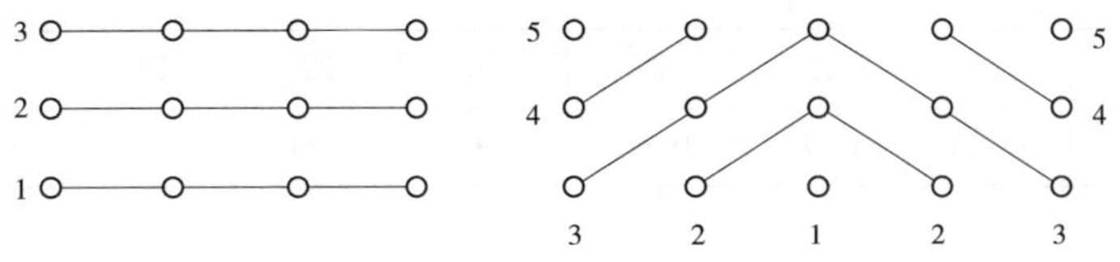

(a)排间微差　　(b)V形起爆

1~5—雷管段别。

图 2-4　台阶爆破的微差间隔起爆方式

面的稳定。其缺点是钻孔技术要求高,钻孔效率低,装药过程中易发生堵塞现象。

深孔台阶爆破的炮孔布置与参数选择的原则与浅孔爆破类似,主要技术参数如下。

1)炮孔布置参数

(1)台阶高度 H。

台阶高度的选择应满足总体布置要求,有利于机械设备的运行,能充分发挥装渣机械的作用,保证开挖质量和施工安全,且所用的辅助工作量最小。

我国水利水电工程基坑开挖中采用的深孔爆破台阶高度一般为 6~16 m,以 8~12 m 居多。

(2)钻孔直径 d。

在水工建筑物基础开挖中,钻孔直径 d 一般不超过 150 mm;在临近建基面、设计边坡轮廓处,孔径一般不大于 110 mm。

(3)底盘抵抗线 W_d。

底盘抵抗线 W_d 是指炮孔中心线至台阶坡脚的水平距离。在深孔爆破中,不用最小抵抗线而采用底盘抵抗线,如图 2-5 所示。

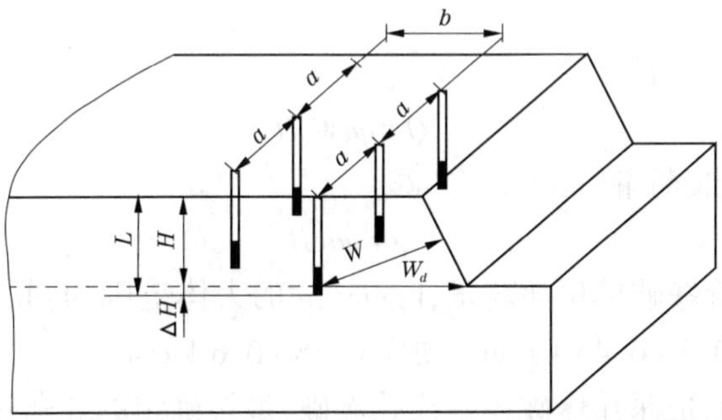

a—孔距;b—排距;L—孔长;H—台阶高度;ΔH—超挖深度;
W—最小抵抗线;W_d—底盘抵抗线。

图 2-5　阶梯爆破布孔示意图

$$W_d = HD\eta \frac{d}{150} \tag{2-14}$$

式中　D——岩石硬度影响系数,一般取 0.46~0.56,硬岩取小值,软岩取大值;

η——台阶高度影响系数,参见表 2-4 确定。

表 2-4　台阶高度影响系数 η

H/m	10	12	15	17	20	22	25	27	30
η	1.0	0.85	0.74	0.67	0.60	0.56	0.52	0.47	0.42

(4)超钻深度 ΔH。

钻孔超钻的作用在于克服底盘阻力,避免残埂,获取符合设计标高且较为平整的底面。超钻深度可按照式(2-15)确定

$$\Delta H=(0.15\sim0.35)W_d \tag{2-15}$$

式(2-15)中的系数在台阶高度大、岩石坚硬时取大值。

(5)孔长 L。

$$L=\frac{H+\Delta H}{\sin\alpha} \tag{2-16}$$

式中　α——钻孔倾斜角,一般与台阶坡面角相同,对于垂直钻孔,$\alpha=90°$。

(6)孔距 a 和排距 b。

合理的孔距和排距是保证形成完整的新台阶面及爆后岩块均匀的前提。一般为

$$a=(1.0\sim2.0)W_d \tag{2-17}$$

$$b=(0.8\sim1.0)W_d \tag{2-18}$$

(7)堵塞长度 L_1。

深孔台阶爆破的堵塞长度可参照式(2-19)~式(2-21)综合确定。

$$L_1\geq0.75W_d \tag{2-19}$$

$$L_1=(20\sim30)d \tag{2-20}$$

$$L_1=(0.2\sim0.4)L \tag{2-21}$$

2)装药量计算

前排炮孔的单孔装药量

$$Q=qaW_dH \tag{2-22}$$

后排炮孔的单孔装药量

$$Q=qabH \tag{2-23}$$

式中　q——深孔台阶爆破单位耗药量,kg/m^3,q 的大体范围为:软岩 0.15~0.30 kg/m^3,中硬岩 0.3~0.45 kg/m^3,硬岩 0.45~0.6 kg/m^3。

实际运用中,无论是深孔爆破还是浅孔爆破,最终确定的装药量必须满足药量平衡原理。即每个炮孔爆除其所承担的一定体积岩石所需的药量必须与最佳堵塞条件下孔内所装入的药量相等。

(二)洞室爆破

洞室爆破通常也称为大爆破。它是先在山体内开挖导洞及药室,在药室内装入大量炸药组成集中药包,一次可以爆破大量石方。洞室爆破可以进行松动爆破或定向爆破。进入洞室的导洞有平洞及竖井两种形式,平洞的断面一般为 1.0 m×1.4 m~1.2 m×1.8 m,竖井的断面一般为 1.0 m×1.2 m~1.5 m×1.8 m。平洞以不超过 30 m 长为宜,竖井以

不超过 20 m 深为宜，平洞施工方便，且便于通风、排水，应优先选用。药室的开挖容积与装药量、装药系数及装药密度有关，其形状有正方形、长方形、“回”字形、T 形和“十”字形等。其容积可按式（2-24）计算：

$$V=A\frac{Q}{\Delta} \tag{2-24}$$

式中　V——药室的开挖容积，m^3；

Q——药包质量，kg；

A——装药系数，与药室装药工作条件有关，一般为 1.10~1.15；

Δ——炸药装药密度，kg/m^3。

在洞室爆破中，一个导洞往往连接两个或多个药室，药室与药室间的距离为最小抵抗线的 0.8~1.2 倍。竖井爆破和平洞爆破的布置如图 2-6 所示。

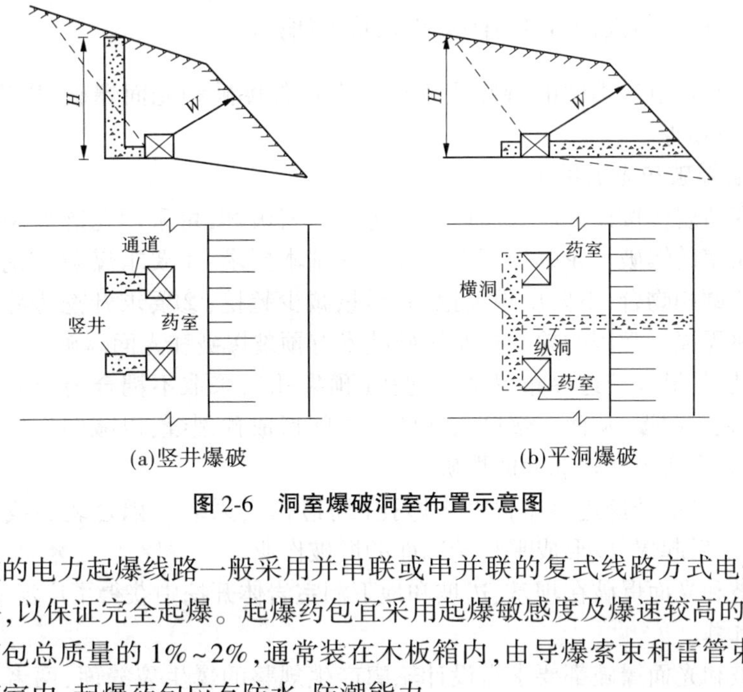

(a)竖井爆破　　(b)平洞爆破

图 2-6　洞室爆破洞室布置示意图

洞室爆破的电力起爆线路一般采用并串联或串并联的复式线路方式电爆网路，或采用导爆索网路，以保证完全起爆。起爆药包宜采用起爆敏感度及爆速较高的炸药，起爆药包的质量占药包总质量的 1%~2%，通常装在木板箱内，由导爆索束和雷管束来引爆。在有地下水的药室内，起爆药包应有防水、防潮能力。

在药室内有多个起爆药包时，为避免电爆网路引线过多而产生接线差错，可将主起爆药包用电雷管起爆，其他副起爆药包由主起爆药包引出的导爆索引爆。其布置方式如图 2-7 所示。

洞室爆破在装药时，应注意把近期出厂且未受潮的炸药放在药室中部，并把起爆药包放置在中间，装完全部药后立即用黏土和细石渣将导洞堵塞。竖井一般要全堵，先在靠近药包处填黏土并拍实，填入 2~3 m 黏土后再回填石渣。回填堵塞时，对引出的起爆线路要细心保护。平洞的横向导洞应全堵，而纵向导洞的堵长由导洞布置的方式而定：当单侧布置且横拐较短时，纵导洞堵长 8~12 m；当单侧布置且横拐较长时，纵导洞堵长 2~4 m；当双侧对称布置且横拐较长时，纵导洞堵长 1~2 m。填堵时先用黏土在靠药室处堵长

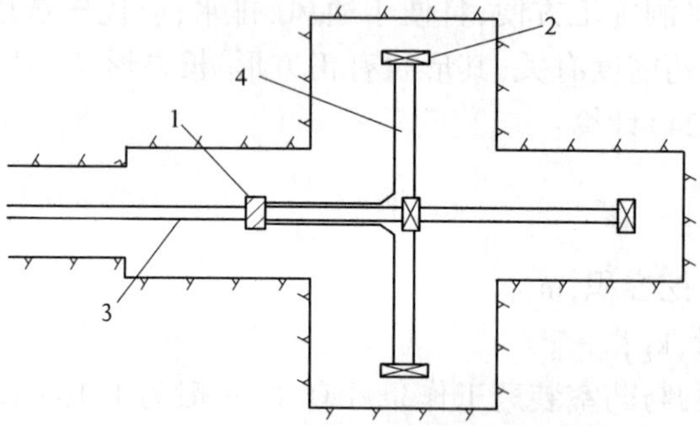

1—主起爆体;2—副起爆体;3—导电线;4—导爆索。

图 2-7　起爆药包在药室内的布置

2~3 m,其他部位可用细石渣填塞,并注意保护引出的起爆线路。

二、爆破在水利水电工程中的特殊应用形式

爆破在水利水电工程中的特殊应用形式有预裂爆破和光面爆破、岩塞爆破、拆除爆破、定向爆破筑坝等。

(一)预裂爆破和光面爆破

为保证保留岩体按设计轮廓面成型并防止围岩破坏,可采用轮廓控制爆破技术进行边坡及地下洞室的爆破。轮廓控制爆破开挖的基本要求:①要求爆破开挖的边界尽量与设计的开挖轮廓相吻合,不要出现欠挖,并尽量减少超挖;②要求开挖边界上保留的岩体尽量保持完整无损。常用的轮廓控制爆破技术有预裂爆破和光面爆破。

预裂爆破:是沿开挖边界布置密集炮孔(预裂孔),采取不耦合装药或装填低威力炸药,在主爆区之前起爆,从而在爆区与保留区之间形成预裂缝,以减弱主爆孔爆破对保留岩体的破坏,并形成平整轮廓面的爆破作业。

光面爆破:是沿开挖边界布置密集炮孔(周边孔),采取不耦合装药或装填低威力炸药,在主爆区之后起爆,以形成平整轮廓面的爆破作业。

预裂爆破和光面爆破在坝基、边坡和地下洞室岩体开挖中获得了广泛应用。

1. 成缝机制

预裂爆破和光面爆破都要求沿设计轮廓产生规整的爆生裂缝面,两者成缝机制基本一致。现以预裂缝为例加以阐述。

预裂爆破采用孔内不耦合装药,其特征是药包和孔壁间有环状空气间隔层,该空气间隔层的存在消弱了作用在孔壁上的爆炸压力峰值。因为岩石动抗压强度远大于抗拉强度,因此可以控制消减后的爆压不致使孔壁产生明显的压缩破坏,但切向拉应力能使炮孔四周产生径向裂纹。加之孔与孔间彼此的聚能作用,使孔间连线产生应力集中,孔壁连线上的初始裂纹进一步发展,而滞后的高压气体的准静态作用,使沿缝产生气刃劈裂作用,继而使孔间连线上的裂纹全部贯通成裂缝面。

2. 参数设计

(1)光面爆破和孔深<5 m 的浅孔预裂爆破参数可参照表 2-5 和表 2-6 选择,并按爆破试验结果进行修正。

表 2-5　光面爆破参数

岩石类别	周边孔间距/mm	周边孔抵抗线/mm	线装药密度/(g/m)
硬岩	550~650	600~800	300~350
中硬岩	450~600	600~750	200~300
软岩	350~450	450~550	70~120

注:炮孔直径 40~50 mm,药卷直径 20~25 mm。

表 2-6　浅孔预裂爆破参数

岩石类别	预裂孔间距/mm	缓冲孔至预裂面距离/mm	线装药密度/(g/m)
硬岩	450~500	400	350~400
中硬岩	400~450	400	200~250
软岩	350~400	350	70~120

注:炮孔直径 40~50mm,药卷直径 20~25 mm。

(2)孔深≥5 m 的深孔预裂爆破参数可按下列要求确定:

①炮孔直径:不宜大于 80 mm。

②孔距:宜为炮孔直径的 8~12 倍,岩体完整段或孔径小时取大值,反之取小值。

③不耦合系数:可取 2~4 倍。

④线装药密度:可采用工程类比法试选或参照式(2-25)或式(2-26)估算。

岩体较为坚硬,其抗压强度 R 为 20~200 MPa 时:

$$\Delta_g = 0.042R^{0.5}a^{0.6} \tag{2-25}$$

式中　Δ_g——线装药密度,kg/m;

R——岩石极限抗压强度,MPa;

a——预裂孔孔距,m。

岩体极限抗压强度 R 为 10~150 MPa 时:

$$\Delta_g = 9.32R^{0.53}r^{0.38} \tag{2-26}$$

式中　r——预裂孔半径,mm;

其他符号意义同前。

说明:以上参数按标准炸药计。

3. 质量控制标准

(1)开挖壁面岩石的完整性用岩壁上炮孔痕迹率来衡量。炮孔痕迹率也称半孔率,为开挖壁面上的炮孔痕迹总长与炮孔总长的百分比率。在水电部门,对节理裂隙极发育的岩体,一般要求炮孔痕迹率达到 10%~50%,节理裂隙中等发育者应达 50%~80%,节理裂隙不发育者应达 80%以上。围岩壁面不应有明显的爆生裂隙。

(2)围岩壁面不平整度(又称起伏差)的允许值为±15 cm。

(3)在临空面上,预裂缝宽度一般不宜小于1 cm。实践表明,对软岩(如葛洲坝工程的粉砂岩),预裂缝宽度可达2 cm以上,而且只有达到2 cm以上时,才能起到有效的隔震作用;但对坚硬岩石,预裂缝宽度难以达到1 cm。

影响轮廓爆破质量的因素,除爆破参数外,主要依赖于地质条件和钻孔精度。这是因为爆生裂缝极易沿岩体原生裂隙、节理发展,而钻孔精度则是保证轮廓爆破质量的先决条件。

(二)岩塞爆破

岩塞爆破是一种水下控制爆破。在已建水库或天然湖泊中,若拟通过引水隧洞或泄洪洞达到取水、发电、灌溉、泄洪和放空水库或湖泊等目的,为避免隧洞进水口修建时在深水中建造围堰,采用岩塞爆破是一种经济而有效的方法。施工时,先从隧洞出口逆水流向开挖,待掌子面到达水库或湖泊的岸坡或底部附近时,预留一定厚度的岩塞,待隧洞和进口控制闸门井全部完建后,再一次将岩塞炸除,使隧洞和水库或湖泊连通。

1. 岩塞布置及爆落石渣的处理

1)岩塞布置

岩塞布置应根据隧洞的使用要求、地形、地质等因素确定,宜选择在覆盖层薄、岩石坚硬完整且层面与进口中心线交角大的部位,特别应避开节理、裂隙、构造发育的地段。岩塞的开口尺寸应满足进水流量的要求。岩塞厚度一般为岩塞底部直径的1.0~1.5倍,太厚则难以一次爆通,太薄则不安全。岩塞的布置如图2-8所示。

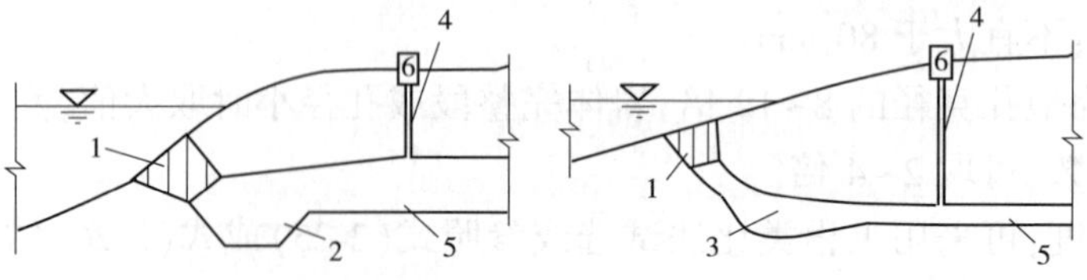

(a)设集渣坑集渣　　(b)设缓冲坑泄渣

1—岩塞;2—集渣坑;3—缓冲坑;4—闸门井;5—引水隧洞;6—操纵室。

图2-8　岩塞爆破岩塞布置示意图

2)石渣处理

岩塞爆破石渣常采用集渣和泄渣两种处理方式。

(1)集渣处理。爆破前在洞内正对岩塞的下方挖一容积与岩塞体积相当的集渣坑,让爆落的石渣大部分抛入坑内,还要设法保证运行期间坑内石渣不被流水带走。

(2)泄渣处理。对于灌溉、供水、防洪隧洞取水口岩塞爆破,爆破时闸门开启,借助高速水流将石渣冲出隧洞。为避免瞬间石渣堵塞,正对岩塞可设一流线型缓冲坑,其容积相当于爆落石渣总量的1/5~1/4。当岩塞尺寸小、爆落渣量少时,也可不设缓冲坑。

2. 装药量计算、装药及起爆

岩塞爆破为水下爆破,装药量计算应考虑静水压力的作用,比常规抛掷爆破药量增大20%~30%,即

$$Q_s=(1.2\sim1.3)KW^3(0.4+0.6n^3)\tag{2-27}$$

式中　Q_s——岩塞爆破的装药量;

n——爆破作用指数，一般取1.0~1.5。

岩塞爆破的药室在岩塞内呈“王”字形布置，药室开挖采用浅孔小炮，另钻少量超前孔。若发现渗水集中时，可用胶管将水排出洞外，当漏水量小而分散时，可进行灌浆处理。为控制进口形状，保证洞脸围岩稳定，岩塞周边宜采用预裂爆破减震防裂。一般取预裂孔距为30 cm，孔径为45~55 mm，孔深为3~8 m。连续装药，线装药密度为220~270 g/m，能保证进口爆破成型良好。

起爆网路采用复式并-串-并联，或增补一套传爆线起爆，能确保安全准爆。起爆体可放在塑料袋(管)中，封口后涂上黄油。炸药和雷管也需进行防水处理，毫秒雷管可放在橡皮球内，封闭后涂上黄油防湿、防水。

(三)拆除爆破

我国水利水电工程普遍采用混凝土、混凝土心墙及岩坎等结构形式的围堰。当它们完成挡水导流功能后，一般采用爆破法拆除。围堰拆除爆破按照岩渣的处理方式，可分为泄渣爆破和留渣(聚渣)爆破两类。

泄渣爆破是利用水流的力量将爆渣冲向下游河道的爆破方法，导流洞(导流明渠)出口围堰和基坑下游围堰一般采用泄渣爆破法。

留渣爆破是指围堰经爆破破碎后，再利用机械进行水下清渣的方法，上游围堰的拆除一般采用此法。

围堰和岩坎爆破施工一般是利用其顶面、非临水面及围堰内部廊道等无水区进行钻爆作业。其炮孔布置根据实际需要可采用铅直孔、水平孔、扇形孔、水平孔和铅直孔相结合等不同方式，采用钻孔爆破、洞室爆破或洞室和钻孔爆破相结合的方法进行爆破，在起爆网路上则广泛运用塑料导爆管双复式交叉接力起爆网路。

进行围堰和岩坎爆破设计时，必须确保一次爆破成功，满足过流条件，并确保邻近爆区各种已建水工建筑物的安全。

(四)定向爆破筑坝

定向爆破筑坝是利用陡峻的岸坡布药，定向松动崩塌或抛掷爆落岩石至预定位置，截断河道，然后通过人工修整达到坝体设计要求的筑坝技术。

1.适用条件

定向爆破筑坝，地形上要求河谷狭窄，岸坡陡峻(倾角在40°以上)，山高山厚应为设计坝高的2倍以上；地质上要求爆区岩性均匀、强度高、风化弱、结构简单、覆盖层薄、地下水位低、渗水量小；水工上对坝体有严格防渗要求的多采用斜墙防渗；对坝体防渗要求不甚严格的，可通过爆破控制粒度分布，抛成宽体堆石坝，不另筑防渗体。泄水和导流建筑物的进出口应在堆积范围以外，并满足防止爆破震动影响的安全要求；施工上要求爆破前完成导流建筑物、布药岸的交通道路、导洞药室的施工及引爆系统的铺设等。

2.药包布置

定向爆破筑坝的药包布置可以采用一岸布药或两岸布药。当河谷对称，两岸地形、地质、施工条件较好时，应采用两岸爆破，这样有利于缩短抛距，节约炸药，增加爆堆方量，减少人工加高工程量。当一岸不具备以上条件，或河谷非常窄，另一岸山体雄厚，爆落方量已能满足需要时，则一岸爆破也是可行的，如图2-9所示。定向爆破药包布置应在保证工程安全的前提下,尽量提高抛掷上坝方量。从维护工程安全的角度出发,要求药包位于正常水位以上,且大于铅直破坏半径。药包与坝肩的水平距离应大于水平破坏半径。药包布置应充分利用天然凹岸,在同一高程按坝轴线对称布置单排药包。若河段平直,则宜布置双排药包,利用前排的辅助药包创造人工临空面,利用后排的主药包保证上坝堆积方量。

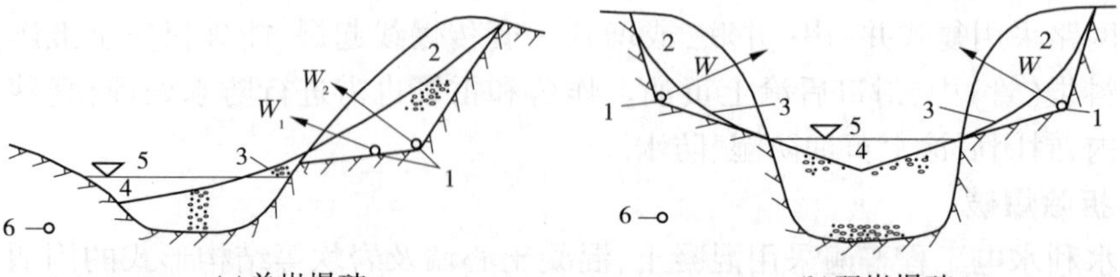

1—药包;2—爆破漏斗;3—爆堆顶部轮廓线;4—鞍点;5—坝顶高程;6—导流隧洞。

图 2-9　定向爆破筑坝药包布置图

我国定向爆破筑坝工程,采用的最小抵抗线范围为 5~40 m,爆破作用指数为 0.8~1.6。其中,1973 年石砭峪定向爆破筑坝工程,总装药量 1 589 t,上坝堆石 143.7 万 m^3,共布置 19 个药室,最大药室装药量 236.5 t,是我国规模最大的一次定向爆破筑坝工程。

三、改善爆破效果的方法和措施

改善爆破效果归根结底是提高爆破的有效能量利用率,并针对不同情况采取不同措施。

(1)合理利用和创造人工自由临空面。实践证明,充分利用多面临空的地形,或人工创造多面临空的自由面,有利于降低爆破的单位耗药量。当采用深孔爆破时,增加梯段高度或用斜孔爆破,均有利于提高爆破效果。平行坡面的斜孔爆破,由于爆破时沿坡面的阻抗大体相等,且反射拉力波的作用范围增大,通常可较铅直孔的能量利用率提高 50%。斜孔爆破后边坡稳定,块度均匀,还有利于提高装车效率。

(2)采用毫秒微差挤压爆破。毫秒微差挤压爆破是利用孔间雷管的微差迟发不断创造临空面,使岩体内的应力波与先期产生残留在岩体内的应力叠加,从而提高爆破的能量利用率。在深孔爆破中可降低 15%~25% 的单位耗药量,且使超径大块料降低到 1%以下。

(3)分段装药爆破。常规孔眼爆破,药包位于孔底,爆能集中,爆后块度不均。为改善爆破效果,可沿孔长分段装药,使爆能均匀分布,且延长爆压作用时间。

(4)采用不耦合装药。药包和孔壁(洞壁)间留一定空气间隙,形成不耦合装药结构。由于药包四周存在空隙,降低了爆炸的峰压,从而降低或避免了过度粉碎岩石,同时使爆压作用时间增长,增大了爆破冲量,提高了爆破能量利用率。

(5)保证堵塞长度和堵塞质量。实践证明,当其他条件相同时,堵塞良好情况下的爆破效果及能量利用率,较堵塞不良的可以成倍地提高。

第五节　钻孔机具

钻爆作业中,钻孔消耗的时间占爆破工程各工序总时间的50%以上,其费用能占到爆破工程总费用的70%以上。钻孔的效率和质量在很大程度上取决于钻孔机具。

一、风钻

风钻是一种风动冲击式凿岩机,使用压缩空气作为动力,使钻头产生冲击作用破岩成孔。浅孔作业多用轻型手提式风钻,其质量为20~25 kg,多用于向下钻铅直孔;向上及倾斜钻孔,则多采用重型支架式风钻,所用风压一般为$4\times10^5\sim6\times10^5$ Pa,耗风量一般为2~4 m^3/min。国内常用YT-23型、YT-25型、YT-30型及带腿的YTP-26型风钻。YT-23型自重轻、结构简单、操作方便、钻孔效率高,所以在采石场、基坑开挖、溢洪道开挖中广泛应用。

二、回转钻

由于钻杆回转钻进,当使用岩心管时,可取出整段岩心,故又称为岩心钻孔。钻杆端部可按钻孔孔径要求装大小不同的钻头,当钻一般硬度的岩石时,可用普通工具钢钻头,钻头与孔底间投放钢砂;当钻中等硬度岩石时,可用嵌有硬质合金的各型钻头;当钻坚硬岩石时,则宜用钻石钻头。钻进过程中为了排除岩粉,冷却钻头,由钻杆顶部通过空心钻杆向孔内注水。钻进松软岩石时,可向孔内注入泥浆,使岩屑悬浮至表面溢出孔外,泥浆还起到固护孔壁的作用。回转式钻机可钻斜孔,钻进速度快。常以最大钻孔深度表示钻机型号,例如国产XJ-100型和XJ-300型回转式钻机,其中100和300则分别表示最大钻孔深度(m),钻孔孔径一般为90 mm、100 mm,国产机钻孔深度可达150 m。

三、冲击钻

钻机安放在可移动的履带轮上,工作时只能钻铅直向下的孔,而不能像回转钻机一样钻斜孔。钻具悬挂在钢索上,借助偏心的传动机构完成向上提升、向下冲击的动作。钻具凭自重下落冲击岩石,因此钻具的自重和落高是机械类型的控制参数。国产CZ-20型钻机钻具质量为1 000 kg,用于钻松动软岩石。CZ-2型钻孔钻具质量为550~1 300 kg,用于钻坚硬岩石。钻孔直径,前者为150~500 mm,后者为150~300 mm。

冲击式钻机钻孔,每冲击一次,钻具提离孔底,钢索旋转带动钻具旋转一个角度,以保证钻具均匀破碎岩石,形成圆形钻孔。孔内岩渣用清渣筒清除。为了冷却钻头,钻进时应不断向孔内加水。

四、潜孔钻

潜孔钻较以上三种钻机有进一步改进,此机的冲击机构和钻头一起潜入孔底进行作业,靠冲击和回转破碎岩石,凿岩效率高、噪声低,可钻倾斜炮孔,钻孔效率很高。钻进坚固系数f=6~10的岩石,平均台班进尺达35~45 m。通常一根钻杆的有效钻孔深度为8

m,因此若孔深不超过8 m,可不接长钻杆,钻进效率更高。国内常用的YQ-150A型钻机,钻孔直径为170 mm,孔深达17.5 m,钻孔倾角有45°、60°、75°、90°四种。在钻进过程中,将粉尘吹出孔口,由设在孔口的捕尘罩借助抽风机将粉尘吸入集尘箱处理。潜孔钻结构简单、运行可靠、维修方便、钻孔效率高,是一种通用、功能良好的深孔作业的钻孔机械。

第六节　爆破器材

一、炸药

(一)炸药的性能指标

通常应根据岩石性质和爆破要求选择不同特性的炸药。反映炸药特性的基本性能指标如下:

(1)威力。分别以爆力和猛度表示。爆力又称静力威力,用定量炸药炸开规定尺寸铅柱体内空腔的容积(mL)来表示,它表征炸药膨胀介质的能力。猛度又称动力威力,用定量炸药炸塌规定尺寸铅柱体的高度(mm)来表示,它表征炸药粉碎介质的能力。

(2)氧平衡。它是反映炸药含氧量和氧化反应程度的指标。若炸药的含氧量恰好等于可燃物完全氧化所需要的氧量,则生成无毒CO_2和H_2O,并释放大量热能,称为零氧平衡。若含氧量大于需氧量,则生成有毒的NO_2,并释放较小的热量,称为正氧平衡。若含氧量不足,就会生成有毒的CO,释放能量也仅为正氧平衡的1/3左右,称为负氧平衡。不难看出,从充分发挥炸药化学反应的放热能力和有利于安全的角度出发,炸药最好是零氧平衡。考虑到炸药包装材料燃烧的需氧量,炸药通常配制成微量的正氧平衡。氧平衡可通过炸药的掺和来调节。例如,TNT炸药是负氧平衡,掺入正氧平衡的硝酸铵,使之达到微量的正氧平衡。对于正氧平衡的炸药药卷,也可增加包装纸爆炸燃烧达到零氧平衡。

(3)最佳密度。炸药能获得最大爆破效果的密度。凡高于和低于此密度,爆破效果都会降低。

(4)安定性。炸药在长期贮存中,具有保持自身性质稳定不变的能力。

(5)敏感度。炸药在外部能量激发下,引起爆炸反应的难易程度。

(6)殉爆距。炸药药包的爆炸引起相邻药包起爆的最大距离,以cm计。

(二)常用的工业炸药

(1)TNT(三硝基甲苯)。是一种烈性炸药,呈黄色粉末或鱼鳞片状,难溶于水,可用于水下爆破。由于此炸药威力大,常用来做副起爆药。爆炸后呈负氧平衡,产生有毒的CO,故不适于地下工程爆破。

(2)胶质炸药(硝化甘油炸药)。是一种烈性炸药,色黄、可塑、威力大、密度大、抗水性强,可做副起爆药,也可用于水下及地下爆破工程。它的冻结温度高达13.2 ℃,冻结后,敏感度高、安全性差。随着硝铵类含水炸药的出现,该类炸药的使用日趋减少。

(3)铵梯炸药,又称硝铵炸药。其主要是由硝酸铵加少量的TNT和木粉混合而成的。调整三种成分的百分比,可制成不同性能的铵梯炸药。这种炸药优点是敏感度低,使用安全;缺点是吸湿性强,易结块,使爆力和敏感度降低。

国产铵梯炸药有露天铵梯炸药、岩石铵梯炸药和煤矿铵梯炸药等主要品种。工程爆破中,2号岩石铵梯炸药得到广泛应用,并作为我国药量计算的标准炸药。其爆力为320 mL,猛度为12 mm,殉爆距为5 cm。炸药卷直径为32~35 mm,处于最佳密度时的药卷爆速约为3 600 m/s,贮存有效期为6个月。

(4)浆状炸药。这是以氧化剂的饱和水溶液、敏化剂及胶凝剂为基本成分的抗水硝铵类炸药。含有水溶性胶凝剂的浆状炸药又叫水胶炸药。具有抗水性强、密度高、爆炸威力较大、原料来源广泛和使用安全等优点,在露天有水的深孔爆破中应用广泛;主要缺点是贮存期短。

(5)铵油炸药。其主要成分是硝酸铵和柴油。为减少结块,可加入木粉。理论与实践表明,硝酸铵、柴油、木粉的最佳配比为92∶4∶4;当无木粉时,含油率以6%较好。铵油炸药成本低、使用安全、易于生产,但威力和敏感度较低。热加工拌和均匀的细粉状铵油炸药,可用8号雷管起爆;冷加工颗粒较粗、拌和较差的粗粉状铵油炸药需用中继药包才能起爆。铵油炸药的有效贮存期仅为7~15 d,一般在施工现场拌制。

(6)乳化炸药。这是以氧化剂(主要是硝酸铵)水溶液与油类经乳化而成的油包水型乳胶体作为爆炸基质,再添加少量敏化剂、稳定剂等添加剂而制成的一种乳脂状炸药。乳化炸药的爆速较高,且随药柱直径增大、炸药密度增大而提高。乳化炸药有抗水性强、爆炸性能好、原材料来源广、加工工艺简单、生产使用安全和环境污染小等优点。有效贮存期为4~6个月。

在水利水电工程建设中,较常见的工业炸药为铵梯炸药、乳化炸药和铵油炸药。

二、起爆器材

常用的起爆器材包括各种雷管、用来引爆雷管或传递爆轰波的各种材料。

(一)火雷管和电雷管

用来引爆炸药的器材(见图2-10),根据点火装置的不同,分为火雷管和电雷管。前者在帽孔前的插索腔内插入导火索点火引爆;后者由电器点火装置点火引爆正起爆药雷汞或迭氮铅,再激发副起爆药产生爆轰。正起爆药外用金属加强帽封盖。电雷管有即发、秒延迟和毫秒延迟三种。常用的即发雷管为6~8号。秒延迟雷管不同于即发雷管之处在于点火装置与加强帽之间多了一段缓燃剂,根据缓燃剂的特点控制延迟时间,国产的秒延迟雷管分7段,每段延迟时间为1 s。毫秒延迟电雷管的构造是在点火装置与加强帽之间增设毫秒延迟药,国产毫秒延迟雷管有五个系列产品,其中第五系列被广泛运用,共计20段,最大延迟时间可达2 000 ms。

(二)导火索

导火索用来激发火雷管。索芯为黑火药,外壳用棉线、纸条和防水材料等缠绕和涂抹而成。按使用场合不同,导火索有普通型、防水型和安全型三种。使用最多的是每米燃烧时间为100~125 s的普通型导火索。

(三)导爆索

导爆索可分为安全导爆索和露天导爆索。水利水电工程常用的为露天导爆索。导爆索构造类似于导火索,但其药芯为黑索金,外表涂成红色,以示区别。普通导爆索的爆速一般不低于 6 500 m/s,线装药密度为 12~14 g/m。合格的导爆索在 0.5 m 深的水中浸泡 24 h 后,其敏感度和传爆性能不变。

(四)导爆管

导爆管用于导爆管起爆网路中冲击波的传递,需用雷管引爆。它是一种聚乙烯空心软管,外径 3 mm,内径 1.4 mm,管内壁涂有以奥克托金或黑索金为主体的粉状炸药,线装药密度为 14~18 mg/m。导爆管的传爆速度为 1 900~2 000 m/s。

(五)导爆雷管

导爆雷管用于导爆管引爆炸药。导爆雷管构造如图 2-11 所示。在火雷管前端加装消爆室后,再用塑料卡口塞与导爆管连接即成导爆雷管。消爆室的主要作用在于降低导爆管口泄出的高温气流压力,防止在火雷管发火前卡口塞破裂或脱开。消爆室后无延迟药者为瞬发导爆雷管,有延迟药者为毫秒导爆雷管。秒延迟雷管的延迟时间也用精致导火索控制。

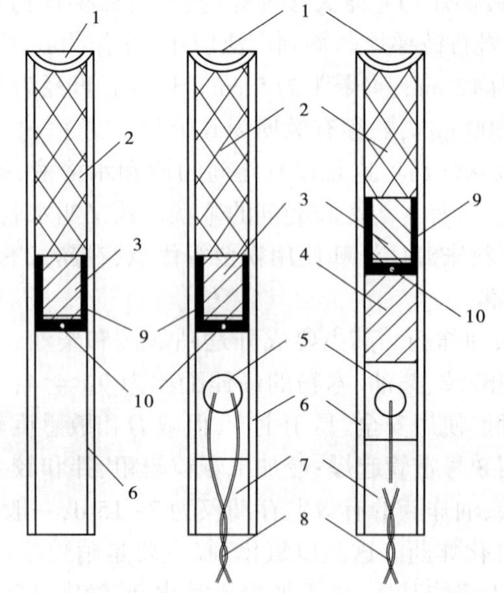

1—聚能穴;2—副起爆药;3—正起爆药;4—缓燃剂;5—点火桥丝;6—雷管外壳;7—密封胶;8—脚线;9—加强帽;10—帽孔。

图 2-10　各种雷管的构造

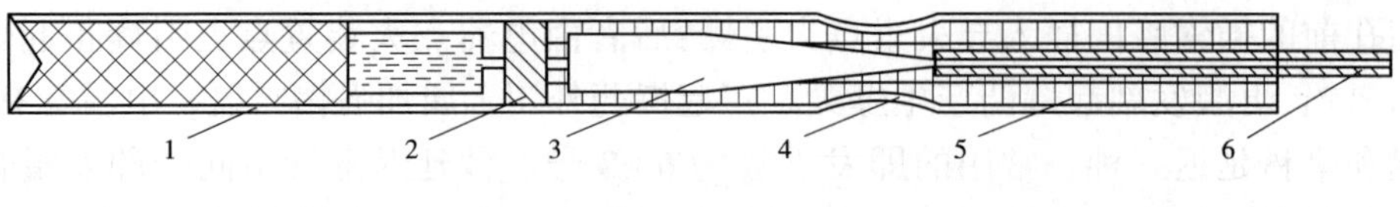

1—火雷管;2—延迟药;3—消爆室;4—卡痕;5—卡口塞;6—导爆管。

图 2-11　导爆雷管构造示意图

三、起爆方法和起爆网路

工程应用中应根据环境条件、爆破规模、技术和经济效果、安全标准和炮工技术水平合理选用起爆方法。炸药的基本起爆方法包括导火索起爆法、电力起爆法、导爆管起爆法和非电塑料导爆索起爆法。当采用群药包进行爆破时,为了取得理想的爆破效果,常用起爆材料将各药包按一定顺序连接起来,即爆破网路。

(一)起爆方法

常用的起爆方法有电力起爆和非电力起爆两大类,后者又包括火花起爆、导爆管起爆和导爆索起爆。

(1)火花起爆:是出现最早、最简单的一种起爆方法,具有技术简单、成本低等优点。但其传导速度低、误差大,目前仅用于小型工程的浅孔爆破和裸露爆破等。

(2)电力起爆:是电源通过电线输送电能激发电雷管,继而起爆炸药的方法。电力起爆可靠性高,一次可起爆多个药包,并有效控制起爆顺序和时间,且可实现远距离按时起爆,但技术复杂、成本高,有外来电流干扰时,容易引起早爆。

(3)导爆管起爆:是一种新型非电力起爆方法。工程上采用雷管,通过冲击激发源轴向激发导爆管,在管内形成稳定传播的爆轰波,导致末端的导爆雷管起爆进而引起药卷的起爆。

(4)导爆索起爆:是利用导爆索传递爆轰波并起爆炸药的方法。具有操作简单、传爆可靠、安全性好、爆速高等优点,但成本高、噪声大。

(二)起爆网路

工程爆破中采用的起爆网路可分为电力起爆网路、导爆索起爆网路、导爆管起爆网路、混合起爆网路及延时起爆网路等。

1. 电力起爆网路

电力起爆网路的基本连接方式有串联和并联,但单纯的串联网路或并联网路只适用于小规模爆破。在工程爆破中,为了准确起爆和减少电线消耗,常采用混合连接网路,有串并联、并串联和并串并联等五种电力起爆网路连接方式,如图 2-12 所示。

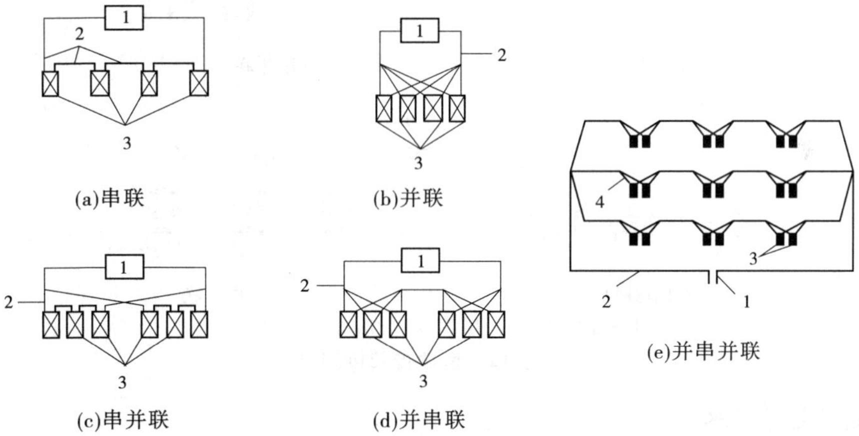

1—电源;2—网路干线;3—药包;4—网路支线。

图 2-12　电力起爆网路

串联的优点是施工操作简单,要求的电压大而电流小,导线损耗小,网路检测容易;缺点是只要有一处脚线或雷管断路,整个网路的雷管都将拒爆。

并联的优点是只要主线不断损,各支路的故障不会影响其他支路;缺点是要求较大的网路总电流,导线损耗大。

2. 导爆索起爆网路

基本的连接方式类似电力起爆网路,有串联、并联和混联网路,对起爆顺序要求较严格的爆破工程,可以采用分段并联网路,如图 2-13 所示。

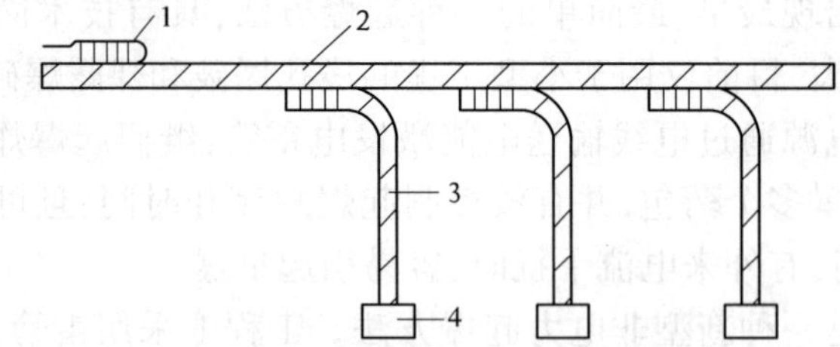

1—起爆雷管;2—主干索;3—支索;4—药包。

图 2-13　导爆索分段并联网路

3. 导爆管起爆网路

导爆管起爆网路即非电导爆管起爆系统,具有导爆索起爆网路的优点,又比其经济与安全。网路选择应考虑导爆管长度、药包数量、炮孔间距、雷管段别和延迟方法等诸多因素,其形式如图 2-14 所示。如隧洞开挖,采用孔内微差,当药包数量不多或一次爆破面积不是很大时,往往采用簇并联,见图 2-14(a);当药包数量很多,或开挖断面积很大时,可采用并并联,见图 2-14(b);对狭长爆区,可采用串并联,见图 2-14(c);大面积爆区则采用分段并串联,见图 2-14(d)。

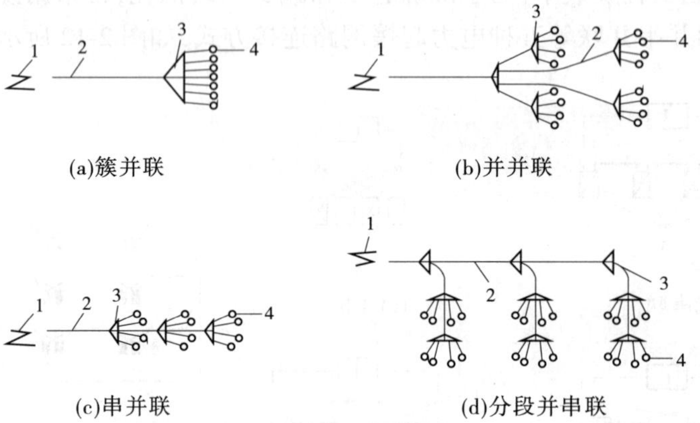

1—激发源;2—导爆管;3—导爆雷管;4—炮孔。

图 2-14　导爆管起爆网路

4. 延时起爆网路

采用各种延时起爆网路可增强爆破破碎效果和控制爆破震动强度,起爆网路的延时可通过以下几种方法实现,如图 2-15 所示。

图 2-15(a)为孔内延时网路,钻孔内药包按设计的起爆顺序放入相应段别的延时雷管,孔外传爆则全部采用即发雷管。此种网路的准爆可靠度最高,但要求有足够的雷管段别,延时雷管耗用量大,网路成本高。

图 2-15(b)为孔外延时网路,网路的起爆顺序由传爆雷管的段别控制,而孔内雷管则全部采用即发雷管。此种网路连接方便、网路成本低,但容易产生网路的超前破坏。

图 2-15(c)为孔内外延时网路,在孔内和孔(排)间均采用延时雷管,适用于大规模爆

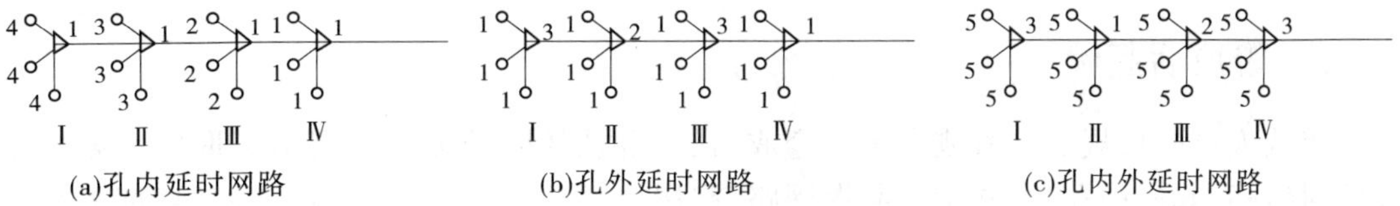

Ⅰ,Ⅱ,Ⅲ,Ⅳ—炮孔排号;1,2,3,4,5—雷管段别。

图 2-15　延时起爆网路

破网路。

第七节　爆破工序

爆破施工是把爆破设计付诸实施的一系列工序环节,包括装药、堵塞、起爆网路连接、警戒后起爆和处理爆破后可能出现的问题等。

一、装药

装药前应对炮孔参数进行检查验收,测量炮孔位置、炮孔深度是否符合设计要求。然后对钻孔进行清孔,可将风管通入孔底,利用压缩空气将孔内的岩渣和水分吹出。

确认炮孔合格后,即可进行装药工作。一定要严格按照预先计算好的每孔装药量和装药结构进行装药,如炮孔中有水或是潮湿,应采取防水措施或改用防水炸药。

装炸药时注意起爆药包的安放位置要符合设计要求。一般,在炮孔内放入起爆药包后,先接着放入一两个普通药包,再用炮棍轻轻压紧,不可用猛力去捣实起爆药包,防止早爆事故或将雷管脚线拉断造成拒爆。但当采用散装药时,应在装入药量的 80%~85%之后再放入起爆药包,这样做有利于防止静电等因素引起的早爆事故。

当采用导爆索起爆时,例如周边孔爆破,应该用胶布将导爆索与每个药卷紧密贴合,才能充分发挥导爆索的引爆作用。

二、堵塞

炮孔装药后孔口未装药部分应该用堵塞物进行堵塞。良好的堵塞能阻止爆轰气体产物过早地从孔门冲出,保证爆炸能量的利用率。

常用的堵塞材料有砂子、黏土、岩粉等。而小直径炮孔则常用炮泥,它是用砂子和黏土混合配制而成的,其质量比为 3:1,再加上 20%的水,混合均匀后再揉成直径稍小于炮孔直径的炮泥段。堵塞时将炮泥段送入炮孔,用炮棍适当挤压捣实。炮孔堵塞段应是连续的,中间不要间断。堵塞长度与抵抗线有关,一般来说,堵塞段长度不能小于最小抵抗线。

三、起爆网路连接

采用电雷管或塑料导爆雷管起爆系统时,应根据设计具体要求进行网路连接。连网方法参考本章第六节。

四、警戒后起爆

警戒人员应按规定在警戒点进行警戒,在未确认撤除警戒前不得擅离职守。要有专人核对装药、起爆炮孔数,并检查起爆网路、起爆电源开关及起爆主线。爆破指挥人员要确认周围的安全警戒和起爆准备工作完成,爆破信号已发布起效后,方可发出起爆命令。起爆中有专人观察起爆情况,起爆后,经检查确认炮孔全部起爆后,方可发出解除警戒信号、撤除警戒人员。如发现盲炮,要采取安全防范措施后,才能解除警戒信号。

五、盲炮处理

发生盲炮后,应立即封锁现场,由现场技术人员针对装药时的具体情况,找出拒爆原因,采取相应措施处理。电力起爆网路发生盲炮时,应立即切断电源,及时将盲炮电路短路。处理盲炮一般可采用二次爆破法、炸毁法及冲洗法等三种方法。属于漏起爆的拒爆药包,可再找出原来的导火索、塑料导爆管或雷管脚线,经检查确认完好后,进行二次起爆;对不防水的硝铵炸药,可用水冲洗炮孔中的装药,使其失去爆炸能力;对防水炸药装填的炮孔,可用掏勺细心地掏出堵塞物,再装入起爆药包将其炸毁。如果拒爆孔周围岩石尚未发生松动破碎,可以在距拒爆孔 30 cm 处钻一平行新孔,重新装药起爆,将拒爆孔引爆。应特别注意,严禁强行拉出炮孔中的起爆药包和雷管。

第八节　爆破安全控制

在完成岩石爆破破碎的同时,爆破作业必然会带来爆破飞石、地震波、空气冲击波和噪声等负面效应,即爆破公害。因此,需了解爆破公害的产生原因、公害强度的分布与衰减规律,通过科学的爆破设计采取有效的施工工艺措施,以确保保护对象(包括人员、设备及邻近的建筑物或构筑物等)的安全。

一、爆破地震

岩石爆破过程中,除对临近炮孔的岩石产生破碎、抛掷,爆炸能量的很大一部分将以地震波的形式向四周传播,导致地面振动。这种振动即为爆破地震,其强度的衡量参数为位移、速度和加速度等。

实践表明,质点峰值振动速度与建筑物的破坏程度具有较好的相关性,因此国内外普遍采用保护对象所在地基础质点峰值振动速度和主振频率作为爆破振动的安全判据。我国《爆破安全规程》(GB 6722—2014)对某些建(构)筑物的允许质点峰值振动速度做了如表 2-7 所示的规定。

依据爆破振动安全允许标准规定的安全允许质点振动速度,可按式(2-28)计算出爆破振动安全允许距离:

$$R = \left(\frac{K}{v}\right)^{1/a} \cdot Q^{1/3} \tag{2-28}$$

式中　R——爆破振动安全允许距离，m；

Q——炸药量，齐发爆破为总药量，延时爆破为最大单段药量，kg；

v——保护对象所在地安全允许质点振动速度，cm/s；

K、a——与爆破点至保护对象间的地形、地质条件有关的系数和衰减系数，应通过现场试验确定，在无试验数据的条件下，可参考表 2-8 选取。

表 2-7　爆破振动安全允许标准

序号	保护对象类别	安全允许质点振动速度 v/(cm/s)		
		$f\leqslant$10 Hz	10 Hz<$f\leqslant$50 Hz	f>50 Hz
1	土窑洞、土坯房、毛石房屋	0.15~0.45	0.45~0.9	0.9~1.5
2	一般民用建筑物	1.5~2.0	2.0~2.5	2.5~3.0
3	工业和商业建筑物	2.5~3.5	3.5~4.5	4.5~5.0
4	一般古建筑与古迹	0.1~0.2	0.2~0.3	0.3~0.5
5	运行中的水电站及发电厂中心控制室设备	0.5~0.6	0.6~0.7	0.7~0.9
6	水工隧洞	7~8	8~10	10~15
7	交通隧洞	10~12	12~15	15~20
8	矿山巷道	15~18	18~25	20~30
9	永久性岩石高边坡	5~9	8~12	10~15
10	新浇筑大体积混凝土(C20)： 龄期：初凝至 3 d 龄期：3~7 d 龄期：7~28 d	 1.5~2.0 3.0~4.0 7.0~8.0	 2.0~2.5 4.0~5.0 8.0~10.0	 2.5~3.0 5.0~7.0 10.0~12

注：1. 爆破振动监测应同时测定质点振动相互垂直的三个分量，表中质点振动速度为三个分量中的最大值。振动频率为主振频率(最大振幅所对应波的频率)。

2. 频率范围根据现场实测波形确定或按如下数据选取：洞室爆破 f 小于 20 Hz；露天深孔爆破 f 为 10~60 Hz，露天浅孔爆破 f 为 40~100 Hz；地下深孔爆破 f 为 30~100 Hz，地下浅孔爆破 f 为 60~300 Hz。

3. 选取建筑物安全允许质点振速时，应综合考虑建筑物的重要性、建筑质量、新旧程度、自振频率、地基条件等。

4. 省级以上(含省级)重点保护古建筑与古迹的安全允许质点振速应经专家论证后选取。

5. 选取隧道、巷道安全允许质点振速时，应综合考虑构筑物的重要性、围岩分类、支护状况、开挖跨度、埋深大小、爆源方向、周边环境等。

6. 永久性岩石高边坡，应综合考虑边坡的重要性、边坡的初始稳定性、支护状况、开挖高度等。

7. 非挡水新浇大体积混凝土的安全允许质点振速按本表给出的上限值选取。

表 2-8　爆区不同岩性的 K、a 值

岩性	K	a
坚硬岩石	50~150	1.3~1.5
中等坚硬岩石	150~250	1.5~1.8
软弱岩石	250~350	1.8~2.0

二、爆破空气冲击波和水中冲击波

炸药爆炸产生的高温高压气体,或直接压缩周围空气,或通过岩体裂缝及药室通道高速冲入大气并对其压缩形成空气冲击波。空气冲击波超压达到一定量值后,就会导致建筑物破坏和人体器官损伤。因此,在爆破作业中,需要根据被保护对象的允许超压确定爆炸空气冲击波安全距离。

《爆破安全规程》(GB 6722—2014)规定,为确保作业人员安全,露天地表爆破当一次爆破炸药量不超过 25 kg 时,按式(2-29)确定爆破空气冲击波对在掩体内避炮作业人员的安全允许距离:

$$R_K = 25Q^{1/3} \tag{2-29}$$

式中 R_K——空气冲击波对掩体内避炮作业人员的安全允许距离,m;

Q——一次爆破 TNT 炸药当量,秒延时爆破为最大一段药量,毫秒延时爆破为总药量,kg。

爆炸加工或特殊工程需要在地表进行大当量爆炸时,应核算不同保护对象所承受的空气冲击波超压值,并确定相应的安全允许距离。在平坦地形条件下爆破时,可按式(2-30)计算:

$$\Delta P = 14\frac{Q}{R^3} + 4.3\frac{Q^{2/3}}{R^2} + 1.1\frac{Q^{1/3}}{R} \tag{2-30}$$

式中 ΔP——空气冲击波超压值,10^5 Pa(空气冲击波超压的安全允许标准为:对不设防的非作业人员为 0.02×10^5 Pa,掩体内的作业人员为 0.1×10^5 Pa);

Q——一次爆破 TNT 炸药当量,秒延时爆破为最大一段药量,毫秒延时爆破为总药量,kg;

R——爆源至保护对象的距离,m。

进行水下爆破时,同样会在水中产生冲击波。因此,同样需要针对水中的人员及施工船舶等保护对象按有关规定确定最小安全距离。

三、爆破个别飞散物(爆破飞石)

(1)洞室爆破:洞室爆破个别飞散物安全距离按式(2-31)计算:

$$R_f = 20K_f n^2 W \tag{2-31}$$

式中 R_f——洞室爆破飞石安全距离,m;

K_f——安全系数,一般取 1.0~1.5;

n——爆破作用指数;

W——最小抵抗线,m。

应逐个药包进行计算,选取最大值为个别飞散物安全距离。

(2)钻孔爆破:目前尚无公式计算个别飞散物安全距离。《爆破安全规程》(GB 6722—2014)仅对一般工程爆破的个别飞散物对人员的安全距离最小值做了如表 2-9 所示的规定;对设备或建(构)筑物的安全允许距离,应由设计确定。

表 2-9　爆破个别飞散物对人员的安全允许距离

爆破类型和方法		个别飞散物的最小安全允许距离/m
露天岩土爆破	浅孔爆破法破大块	300
	浅孔台阶爆破	200(复杂地质条件下或未形成台阶工作面时不小于 300)
	深孔台阶爆破	按设计,但不小于 200
	洞室爆破	按设计,但不小于 300
水下爆破	水深小于 1.5 m	与露天岩土爆破相同
	水深大于 1.5 m	由设计确定
破冰工程	爆破薄冰凌	50
	爆破覆冰	100
	爆破阻塞的流冰	200
	爆破厚度大于 2 m 的冰层或爆破阻塞流冰一次用药量超过 300 kg	300
金属物爆破	在露天爆破场	1 500
	在装甲爆破坑中	150
	在厂区内的空场中	由设计确定
	爆破热凝结物和爆破压接	按设计,但不小于 30
	爆炸加工	由设计确定
拆除爆破、城镇浅孔爆破及复杂环境深孔爆破		由设计确定
地震勘探爆破	浅井或地表爆破	按设计,但不小于 100
	在深孔爆破中	按设计,但不小于 30
用爆破器扩大钻井		按设计,但不小于 50

注:沿山坡爆破时,下坡方向的个别飞散物安全允许距离应增大 50%。

四、爆破公害的控制与防护

爆破公害的控制与防护可以从爆源、公害传播途径及保护对象三方面采取措施。

(一)从爆源控制公害强度

(1)采用合理的爆破参数、炸药单耗和装药结构。

(2)采用深孔台阶微差爆破技术。

(3)合理布置岩石爆破中最小抵抗线方向。

(4)保证炮孔的堵塞长度与质量,针对不良地质条件采取相应的爆破控制措施削减爆破公害的强度。

(二)在传播途径上削弱公害强度

(1)在爆区的开挖轮廓线进行预裂爆破或开挖减震槽,可有效地降低传播至保护区岩体中的爆破地震波强度。

(2)对爆区临空面进行覆盖、架设防波屏可削弱空气冲击波强度,阻挡飞石。

(三)保护对象的防护

(1)对保护对象的直接防护措施有防震沟、防护屏及表面覆盖等。

(2)此外,严格爆破作业的规章制度,对施工人员进行安全教育也是保证安全施工的重要环节。

参考文献

[1] 张正宇.现代水利水电工程爆破[M].北京:中国水利水电出版社,2003.

[2] 颜宏亮,于雪峰.水利工程施工[M].郑州:黄河水利出版社,2009.

[3] 章仲虎.水利工程施工[M].北京:中国水利水电出版社,1998.

[4] 袁光裕,胡志根.水利工程施工[M].6版.北京:中国水利水电出版社,2016.

[5] 杨康宁.水利水电工程施工技术[M].北京:中国水利水电出版社,1996.

[6] 中华人民共和国水利部.水工建筑物岩石地基开挖施工技术规范:SL 47—2020[S].北京:中国水利水电出版社,2020.

[7] 国家能源局.水电水利工程爆破施工技术规范:DL/T 5135—2013[S].北京:中国电力出版社,2014.

[8] 中华人民共和国水利部.水工建筑物地下开挖工程施工规范:SL 378—2007[S].北京:中国水利水电出版社,2007.

[9] 国家能源局.水工建筑物地下工程开挖施工技术规范:DL/T 5099—2011[S].北京:中国电力出版社,2011.

[10] 中华人民共和国国家质量监督检验检疫总局.爆破安全规程:GB 6722—2014[S].北京:中国标准出版社,2015.

第三章　地基处理与基础工程施工

第一节　概　述

一、引言

通常,《水利水电概预算编制方法与计算标准》中的“基础工程”施工,实际包括了地基处理与基础工程施工。因为地基与基础的关系非常密切,在设计和施工时要一并考虑,所以习惯统称为基础工程,同时也有基础性工程的意思。但至今有人还分不清楚,常把地基称为基础。实际上两者的性质和材料是完全不同的。

严格地讲,承受建筑物荷载的岩土才是地基。按地质情况分类,有软基(也就是常说的覆盖层地基,包括土质地基及砂卵砾石地基)和岩石体地基(简称岩基);按设计施工情况分类,有天然地基和人工地基,不需人工处理并改善原来的物理力学性能,就能满足设计要求的地基称为天然地基,否则属于人工地基。承受所施加荷载的主要部分的地基层称为持力层,下伏的岩土层称为下卧层,持力层顶面称为建基面。

确切地讲,建筑物与岩土直接接触的部分(包括下部的、四周的)才能被称为基础。基础是建筑物的组成部分(底部、侧部支撑体),其作用是将上部结构传来的荷载比较均匀地扩散,减小应力强度并传给地基。所以,基础应该是人工的,不应有天然基础之说。

地基与基础的关系非常密切,建筑物的稳定取决于地基与基础的强度和稳定性,不仅仅取决于单方面,关键在于地基与基础对建筑物的适宜性,就是地基与基础相适应并适应建筑物的需要。地基处理与基础工程就是要根据建筑物的类型及对地基的不同要求、覆盖层地基和岩基各自的不同特点,合理选择最优的地基处理方案及基础形式,保证建造的基础和地基既满足运用要求又比较节省。这就需要勘察、设计和施工各方面的共同努力。

水工建筑物对地基有四方面的基本要求:①要求地基具有一定的强度,能够承受上部结构传递来的荷载;②要求地基具有一定的整体性,能够防止建筑物的滑动和不均匀沉陷;③要求地基具有一定的抗渗性,能够防止发生渗透破坏;④要求地基具有一定的耐久性,能够承受各种外界因素的作用。

二、内容提要

地基处理,就是为提高地基的承载、抗渗能力,防止过量或不均匀沉陷,以及处理地基的缺陷而采取的加固、改进措施。地基处理的方法因具体的地基情况和建筑物对地基的要求而不同,水工建筑物地基处理的目的主要是防渗和加固。

地基处理属隐蔽性工程,必须根据水工建筑物对地基的要求,认真分析地质条件,进行技术经济比较,选择技术可行、效果可靠、工期较短、经济合理的处理措施和施工方案。重要工程须通过现场试验验证,确定地基处理措施和施工方案的各种参数、施工工序和工艺(并非设计一锤定音)。研究地基处理施工方案时,应因地制宜地推广应用高压喷射灌浆法、振冲法、固化灰浆等新工艺、新技术、新材料。

经某种方法处理的地基部位,是属于人工地基还是属于基础,要看这种处理方法形成的结构是否成为建筑物基础的组成部分。例如,在地基内做的桩与作为建筑物基础的承台锚固在一起,就是桩基础,否则就应该视为桩地基。本章重点介绍常用人工地基处理的施工。

三、学习要求

本章的学习要求是:掌握地基处理与基础工程的施工技法、施工机械与工艺,能够结合工程具体情况编制施工方案。

第二节　清基处理

一切建筑物都要建在地基上。为了保证建筑物的安全和运用,设计的建筑物基础,一般将持力层选在深入地表以下,以便能利用到较好的地基。所以,必须将持力层以上的岩土清除,工程上称为清基。

清基处理,就是用开挖的方式清除不适应建筑物要求的地层,使建筑物基础落在符合设计要求的地层(建基面)上。清基处理必须按照设计文件、施工图纸和有关规范施工,但若发现实际情况与前期地质资料和结论有较大出入,或发现新的不良地质因素,应及时与建设、勘测、设计等单位协商,以便修改设计或采取补救措施。

清基需要开挖和运输,与开采土、砂、石等建筑材料的开挖和运输基本相同。开挖、开采的施工方法有人工开挖、机械开挖和爆破开挖,在施工中需要这些方法配合使用。第二章介绍了水利工程基岩开挖中广泛采用的爆破施工,而人工开挖、机械开挖和土石运输的施工方法,将在第四章土石坝工程施工中介绍。

清基处理施工的关键在于选用合适的开挖方法和施工方案,既要多、快、好、省,又不能欠挖,并尽量减少超挖。开挖方法及施工方案与岩土的开挖等级有关,岩土的开挖等级见第二章。此外,站在地基处理的角度,按覆盖层地基开挖和岩石体地基开挖分别加以介绍。

一、清基处理方法及施工方案

(一)覆盖层地基开挖

覆盖层地基开挖,过去采用人力开挖及运输,现在多采用机械开挖及运输(参阅第四章),但与开采料场土料的最大不同是要防止对建基面下持力层的扰动。开挖一般应自上而下分层进行,接近设计开挖线处,应预留一定厚度的保护层,待基础施工时仔细清除,对超挖部位不允许一般性回填,以保证持力层的均匀性。

(二)岩石体地基开挖

岩石体地基开挖,多采用钻孔爆破法施工(参阅第二章)。但与开采石料的最大不同是要保证建基面的形状和完整性。所以,严禁在设计建基面、设计边坡附近采用洞室爆破法或药壶爆破法施工,应严格按照《水工建筑物岩石地基开挖施工技术规范》(SL 47—2020)执行,具体要点如下:

(1)岸坡岩石的开挖,应采用预裂爆破方法。这一技术较成熟,能形成质量好的轮廓面,可减少超挖,避免欠挖,减轻梯段爆破对保留岩体的影响。

(2)基础下岩石(水平建基面)的开挖,应主要采用分层梯段爆破法(台阶爆破),具有爆破自由面多、爆破药量分散、单位耗药量少、起爆药量便于分段控制等优点。

(3)开挖应自上而下进行,严禁采用自下而上造成岩体倒悬的开挖方式。水平建基面宜采用预留保护层的开挖方法,以保证建基面的形状和完整性,保护层厚度主要与地质条件、爆破方式和规模、爆破器材性能、炮孔装药直径等有关。因各工程具体情况和条件不一,保护层厚度也有差异,故工程中应通过爆破试验加以确定;当无条件试验时,保护层厚度也可采用工程类比法参照表 3-1 进行确定,一般为台阶爆破主炮孔药卷直径的 25~40 倍。

表 3-1　保护层厚度参考

岩体特性	完整和坚硬的岩体	较完整、较破碎和较坚硬的岩体	破碎和较软的岩体
保护层厚度	$25d$	$30d$	$40d$

注:表中 d 为台阶爆破主炮孔的药卷直径。

(4)爆破开挖中,应控制单段起爆药量不得过大。预裂爆破的最大单段起爆药量不宜大于 50 kg,台阶爆破的最大单段起爆药量不应大于 300 kg,邻近设计建基面和设计边坡的台阶爆破以及缓冲爆破的最大单段起爆药量不应大于 100 kg。设计另有要求的爆破,其最大单段起爆药量应符合设计要求,或通过试验确定。水工建筑物岩石地基爆破开挖,除应按要求控制单段起爆药量外,还应控制一次爆破总装药量和起爆排数。

(5)保护层的开挖是保证基岩质量的关键。对基岩保护层进行分层爆破,必须遵守下述规定:①第一层:炮孔孔底距水平建基面不得小于 1.5 m,药卷直径应小于 40 mm。可采用浅孔台阶爆破法。②第二层:对于完整、较完整、较破碎和坚硬、较坚硬的岩体,炮孔孔底距水平建基面不得小于 0.5 m;对于破碎、极破碎和较软岩、软岩、极软岩,炮孔孔底距水平建基面不得小于 0.7 m。炮孔与水平建基面的夹角不要大于 60°,药卷直径不应大于 32 mm。可采用单孔起爆方法。③第三层:对于完整、较完整、较破碎和坚硬、较坚硬的岩体,炮孔不可穿过水平建基面;对于破碎、极破碎和较软岩、软岩、极软岩,炮孔不可穿入距水平建基面 0.2 m 的范围,剩余厚 0.2 m 的岩体可进行撬挖。炮孔角度、装药直径和起爆方法,均同第二层的规定。

以上分层开挖、梯段爆破、控制最大一段起爆药量、按药卷直径预留保护层的要求,目的就是减小上部爆破对建基面的破坏影响,保证开挖后的岩基质量。

此外,其他一些行之有效的减震措施,如延长药包、间隔装药、不耦合装药等,也都可以在岩基开挖中来提高开挖后的岩基质量。

对于廊道、截水墙和齿槽的开挖,由于部位特殊,应作专题论证进行爆破设计。一般要求对设计坡面先进行预裂爆破,再按留足竖向保护层的要求进行中部爆破开挖。

对于坐落在岩石地基上的土石坝防渗体处的基岩,可参照以上要求进行开挖。

在安排工程施工进度时,要避免在防洪工程设施附近、已浇筑或新浇筑混凝土附近、灌浆区与预应力锚固区、喷射混凝土施工区等处进行钻爆作业。如果确需在上述区域进行爆破施工的,其爆破振动安全允许标准应符合《水工建筑物岩石地基开挖施工技术规范》(SL 47—2020)附录C的规定,并经爆破试验论证后实施。

二、基坑开挖中还应注意的其他问题

基坑开挖与一般土石方开挖,在开挖方法上虽无本质区别,但由于基坑开挖的施工条件、施工质量等方面的特殊要求,必须从施工技术和组织措施上做到以下几个方面。

(一)开挖有序,措施有效

开挖前,必须有开挖施工计划和技术措施,必须做好开挖线外的危石清理、削坡和加固。开挖时设置排水沟槽、集水井(坑),及时排除地表水、渗水和施工弃水,尽量在干地施工。

(二)挖运协调,便于出渣

出渣运输道路的布置要与开挖分层相协调。开挖分层的高度与地形、地质、施工设备、施工强度、爆破方式等有关,一般范围为5~30 m。因此,运输道路也应分层布置,将各层的开挖工作面与堆渣场或运输干线相连。

出渣运输线路的规划应纳入施工总体布置,尽可能结合场内交通一并考虑,统筹开挖及后续的施工,节省临时道路的投资。

出渣运输工作的组织,对于开挖进度和费用的影响极大,宜按统筹规划的原理,将开挖、运输、利用和堆存作为一个系统,按照运输距离或运输费用最小的原则进行组织。

(三)利用弃渣,减少堆放

大中型工程土石方的开挖量往往很大,需要大片堆渣场地。如果能够尽量利用开挖的弃渣,不仅可以减少弃渣占地,而且可以节约建设资金。

对于可利用性较高的弃渣,可直接运至使用地点或暂存地点。许多工程利用基坑开挖的弃渣来修筑土石副坝或围堰,填塘补坑成为施工场地,修筑其他堆砌石工程或加工成混凝土骨料等。为此,需要进行土石方平衡。所谓土石方平衡,就是对整个工程的土石方开挖量和土石方堆筑量进行全面规划,做到开挖和利用相结合,就近利用有效开挖方量。通过平衡分析,合理确定弃渣的数量,规划弃渣的堆场和使用顺序。

在规划堆渣场时,要考虑施工和运行方面的要求,不能影响围堰防渗闭气,不能抬高尾水和堰前水位,不能阻滞河道水流,不能影响水电站、泄水建筑物和导流建筑物的正常运行,不能影响度汛安全等,尽量避免二次倒运。含有有害物质的废渣不得堆入河床,以免污染河流。

第三节　岩基灌浆施工

灌浆是利用灌浆泵或浆液自重,通过钻孔、预埋管道或其他方式把水泥浆等可凝结的浆液注入岩土体的裂隙、孔隙,混凝土裂缝、接缝或孔洞内的工程措施。灌浆的主要目的是提高强度、整体性和抗渗性能等。

一、灌浆的分类

(一)按灌浆作用不同分类

按灌浆的作用(灌浆类型)不同,灌浆一般可分为帷幕灌浆、固结灌浆、回填灌浆、接缝灌浆、接触灌浆。

(1)帷幕灌浆:是用灌浆方法充填地基内的缝隙形成阻水帷幕,以降低作用在建筑物底部的渗透压力或减小渗流量的工程措施。

(2)固结灌浆:是用灌浆方法加固有裂隙或破碎等地质缺陷的地基,以增强其整体性和承载能力的工程措施。

(3)回填灌浆:是用浆液填充混凝土结构物施工留下的空穴、孔洞或地下空腔,以增强结构物或地基密实性的灌浆工程,也称充填灌浆。

(4)接缝灌浆:是为使分块浇筑的坝体混凝土连成整体,对相邻坝块间的缝面进行灌浆的工程措施。

(5)接触灌浆:是用灌浆方法加强建筑物与地基或围岩间的接合能力,以提高其接触面上的物理力学性能的工程措施。

(二)按灌浆压力分类

根据灌浆压力 P 的不同,有低压灌浆($P<1.5$ MPa)、中压灌浆(P 为 1.5~3.0 MPa)、高压灌浆($P>3.0$ MPa)之分。

(三)按灌浆材料分类

根据配制灌浆浆液时所用胶凝材料种类的不同,有以下几种灌浆:

(1)水泥灌浆:是工程中运用最多的一类灌浆,广泛用于坝基岩体、混凝土坝体、隧洞等工程。

(2)黏土灌浆:主要用于土坝坝体和堤防的灌浆。

(3)化学灌浆:对 0.10 mm 以下的微细裂缝灌浆、动水下的灌浆,水利工程中常用水玻璃(硅酸钠)进行灌注。

(4)沥青灌浆:对混凝土大裂缝,有时会用灌注沥青的方式进行修复,但总体应用较少。

二、灌浆的施工流程及工艺

本节重点选取岩基帷幕灌浆为代表,详细介绍其施工工艺流程,具体为:钻孔→洗孔→压水试验→灌浆与封孔→质量检查。

为便于后续相关内容的理解,在此应先明确几个术语的含义。

“灌浆试验”:是在灌浆设计及施工前,为了解地基可灌性和灌浆可能取得的效果,从而论证确定灌浆孔布置、灌浆材料、灌浆方法和工艺参数,在灌浆区域现场进行的钻孔灌浆及测试等试验研究工作。

“先导孔”:是在灌浆工程中,用于查明验证或补充灌浆区域地质资料而最先施工的少数灌浆孔,它将作为指导灌浆施工的参考依据。在帷幕灌浆的先灌排或主帷幕灌浆孔中宜布置先导孔,先导孔应在一序孔中选取,其间距宜为16~24 m,或按该排孔数的10%布置。先导孔的深度宜深入帷幕底线以下1~2个灌浆段。先导孔应采取岩心样,绘制钻孔柱状图,必要时可进行孔内摄像,岩心应全部拍照或摄像。

“屏浆”:当灌浆工作达到设计压力,且注入率小于规定值后,延续进行的灌浆阶段。本阶段的目的是使已灌入的浆液加速泌水凝固、增强浆液结石强度。

(一)钻孔

灌浆孔是为使浆液进入灌浆部位而钻设的孔道,需要用钻孔机械进行钻孔。

1. 钻孔方法选择

常用的回转式和冲击式两类钻孔方法各有优缺点,回转式钻孔孔形较好,但钻进功效较低;冲击式钻孔的钻进功效高,但因其无岩心钻进,岩粉、岩屑较多,应加强对钻孔和裂隙的冲洗,而且冲击式钻孔的孔斜率通常高于回转式钻孔。

帷幕灌浆的钻孔方法应根据地质条件、灌浆方法与钻孔要求加以确定。当采用自上而下灌浆法、孔口封闭灌浆法时,宜采用回转式钻机和金刚石或硬质合金钻头钻进;当采用自下而上灌浆法时,可采用回转式钻机或冲击回转式钻机钻进。

2. 钻孔要求及施工控制

灌浆质量与钻孔质量密切相关。对于钻孔质量,总的要求是:确保孔位、孔向、孔深符合设计及误差要求;力求孔径上下均一,孔壁平顺;钻孔中产生的粉屑较少。

(1)孔位要统一编号,灌浆孔位与设计孔位的偏差应不大于10 cm。

(2)钻孔孔径以较小直径(如91 mm、75 mm、59 mm等。使用同一种方法钻孔,一般来说,孔径小的钻进快、成本低)为宜,具体应根据地质条件、钻孔深度、钻孔方法、钻孔要求和灌浆方法确定。帷幕灌浆孔一般采用一径到底的结构,对于变径的深孔,终孔孔径应满足以下要求:灌浆孔终孔孔径不宜小于56 mm;先导孔、检查孔的孔径应满足获取岩心和进行孔内测试的要求。

(3)钻机型号的选择应与钻孔孔径、孔深相适应。一般情况下,钻孔孔径为75~91 mm时,钻机采用150型;当终孔孔径大于91 mm或孔深超过70 m时,则改用300型钻机。

(4)孔向和孔深是保证灌浆质量的关键。孔深即钻杆的钻进深度,应不小于设计孔深,施工时易控制。孔向的控制比较困难,特别是钻进深孔、斜孔时,掌握钻孔方向更加困难,施工时应采用测斜仪分段进行孔斜测量(监测钻孔倾斜度),发现偏斜应及时纠偏。一般来说,钻孔开孔后,孔口20 m范围内的孔斜控制至关重要,一定要保证孔向准确,再往下继续使用较长的粗径钻具(钻头加岩心管)并适当控制压力,就不易偏斜了。具体控制时,对于垂直的或顶角小于5°的钻孔,其孔底的偏距不应大于表3-2的规定,若钻孔偏斜值超过设计要求,必要时应采取补救措施(通常可在灌浆孔旁布设一个检查孔,既可检查原灌浆孔的灌浆质量,又可作为补强孔,弥补原灌浆孔偏斜过大的缺陷)。

表 3-2　钻孔孔底允许偏距

孔深/m	20	30	40	50	60	80	100
允许偏距/m	0.25	0.50	0.80	1.15	1.50	2.00	2.50

注:①对于双排或多排帷幕灌浆孔或顶角大于5°的斜孔:孔底允许偏距值可适当放宽,但方位角的偏差值不应大于5°。

②孔深大于100 m时,孔底允许偏距值应根据工程实际情况确定。

③钻进过程中,应重点控制孔深20 m以内的偏距。

(二)洗孔

灌浆孔段或整个灌浆孔钻设完毕后,接着进入钻孔及裂隙冲洗阶段,以便保证灌浆效果。

1. 洗孔的工作内容

洗孔(见图3-1)就是钻孔及裂隙冲洗的统称。洗孔宜采用压水洗孔法进行,冲洗时要把钻具下到孔底,流量大于钻进供水量。

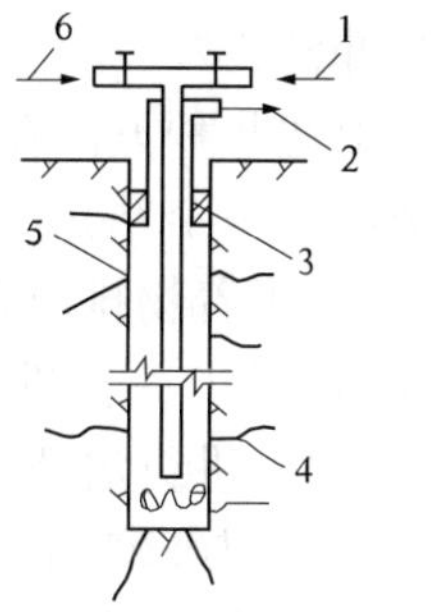

1—压力水进口;2—出口;3—阻塞器;4—岩石缝隙;5—灌浆孔;6—压缩空气进口。

图3-1　钻孔冲洗示意图

1)钻孔冲洗

钻孔冲洗是用压力水将黏附在孔壁及残存在孔底的钻渣、岩粉、铁屑等冲洗排出孔外。冲洗时,向孔底通入大流量水流,孔口敞开,让孔底钻渣和孔壁附着污物随水流冲出孔外,冲洗后,孔(段)底残留物厚度应不大于20 cm。

2)裂隙冲洗

裂隙冲洗是将钻孔四周一定范围内岩层裂隙中的充填物通过压力水冲洗排到孔外或推赶至离孔较远端(灌浆范围之外)。裂隙冲洗是在孔口或段顶安放灌浆塞(孔口封闭器),向孔内泵入压力水流,压力可为灌浆压力的80%,并不大于1 MPa,冲洗时间为孔口回水清洁时止或不大于20 min(注:回水很快清洁时,冲洗时间小于20 min;回水达不到很快清洁时,冲洗时间按20 min控制即可,过长时间的冲洗起不到作用,注入大量的水反而有害)。

2. 洗孔的要求

采用自上而下分段灌浆法、孔口封闭灌浆法时,各灌浆段在灌浆前应采用压力水进行钻孔及裂隙冲洗,即分段冲洗;采用自下而上分段灌浆法时,各灌浆孔可在灌浆前全孔进行一次钻孔及裂隙冲洗,即全孔一次性冲洗。

洗孔应至孔口回水清洁,肉眼观察无岩粉时方可结束。当孔口无回水时,洗孔时间不得少于15 min。

3. 洗孔的方法

1)高压水冲洗

高压水冲洗时,是整个冲洗过程中始终处于高压状态,以将裂隙中的充填物推移、压实。冲洗水的压力可采用同段灌浆压力的80%,并不大于1 MPa。

2)高压脉动冲洗

先用高压水冲洗(冲洗水的压力可采用同段灌浆压力的80%,并不大于1 MPa),经过5~10 min,将孔口压力在几秒钟内突然降到零,形成反向脉冲水流,将裂隙中的充填物吸出,此时孔口回水多呈浑浊;在回水由浑变清后,再升高到原来的水压力。如此一升一降、一压一放,反复冲洗。

3)压气扬水冲洗

对于地下水位较高、地下水补给条件好的钻孔,可采用压气扬水冲洗。将冲洗管下到孔底,通入压缩空气,孔中形成水气混合后,在地下水压力作用下,加之压缩空气的释压膨胀与返流作用,挟带孔隙内的碎屑喷出孔口。如果孔内水位恢复较慢,则可向孔内补水,间歇地扬水,直到裂隙冲洗干净。宁夏青铜峡工程曾用此法冲洗断层破碎带,其效果比高压水冲洗要好。

上述几种方法在具体洗孔工作实施中,可采用单孔冲洗方式或群孔冲洗方式。单孔冲洗就是一个钻孔一个钻孔地冲洗,将清水压入孔底,回水从孔口返出时挟带孔底沉淀物、孔壁附着物排出孔外,从而实现钻孔的清洗;群孔冲洗是将两个或两个以上的钻孔组成孔组,采用一孔进水(或压缩空气)另外的孔出水的方式,冲洗一定时间后,依次轮换进、出水孔进行清洗,直至孔口回水清洁。单孔冲洗适用于裂隙比较少的岩层;群孔冲洗适用于岩层破碎、节理裂隙比较发育且在钻孔之间互相串通的地层。

无论采用哪一种冲洗方法,都可以在冲洗液中加入适量的化学剂,如碳酸钠(Na_2CO_3)、苛性钠(NaOH)或碳酸氢钠($NaHCO_3$)等,以利于泥质充填物的溶解,提高冲洗效果。加入化学剂的品种和掺量,宜通过试验确定。

(三)压水试验

压水试验是用栓塞(将钻孔隔离出单独孔段的试验设备)将钻孔隔离出一定长度的孔段,并向该孔段压水,根据压力和流量的关系确定岩体渗透特性的一种原位试验。

压水试验的原理:是在一定水压力(P)作用下,通过一定钻孔长度(L)将水压入孔壁四周的缝隙中,根据单位时间压入的水量(Q)来计算代表岩层渗透特性的技术参数——透水率q。

压水试验的目的是确定钻孔周围岩体的渗透特性,据此为防渗工程设计、施工提供指导:①在地质勘探阶段,通过地质勘探孔的透水率大小,帮助设计人员确定有无必要进行防渗处理及防渗处理范围;②在灌浆施工中,根据灌浆孔(段)的透水率情况,可为帷幕灌浆施工提供基本技术资料(如选定灌浆方法、浆液配比及预估灌浆量等);③在灌浆后,根据检查孔的透水率值与设计防渗标准做对比,以评价灌浆效果和质量是否合格。

1. 压水试验方法及选择

1)压水试验方法

压水试验方法有五点法压水试验、单点法压水试验和简易压水试验三种。

(1)五点法压水试验:就是按三级压力(P_1、P_2、P_3)五个阶段($P_1 \nearrow P_2 \nearrow P_3 \searrow P_2 \searrow P_1$)进行的压水试验,三级压力$P_1$、$P_2$、$P_3$宜分别为0.3 MPa、0.6 MPa、1.0 MPa。

(2)单点法压水试验:就是按一级压力P进行的压水试验。当坝高≤100 m时,试验水压力P为灌浆压力的80%或坝前水头H(m),并不大于1 MPa;当坝高>100 m时,试验水压力P为1 MPa或坝前水头H(m),并不大于2 MPa。

(3)简易压水试验:是一种试验时间较短,不要求达到稳定水位,从而精确度较低的压水试验。其目的是大致了解灌浆施工过程中各孔段岩体的透水性。简易压水试验的试验压力为灌浆压力的 80%,并不大于 1 MPa。

2)压水试验方法的选择

压水试验方法的选择应按以下要求执行:

(1)在现场灌浆试验中,孔段内应自上而下分段做五点法压水试验。

(2)帷幕灌浆工程的先导孔、质量检查孔宜自上而下分段做单点法压水试验。

(3)对于其他帷幕灌浆孔,可采用简易压水试验。具体要求是:采用自上而下分段灌浆法、孔口封闭灌浆法进行帷幕灌浆时,各灌浆段可在灌浆前进行简易压水试验;采用自下而上分段灌浆法进行帷幕灌浆时,灌浆前可进行全孔一段简易压水试验和孔底段简易压水试验(注:采用自下而上分段灌浆法时,除在孔底段灌浆前进行一次全孔裂隙冲洗或简易压水试验外,其余各段在灌浆前不宜进行裂隙冲洗或简易压水试验,以免影响前一段灌注浆液的凝固,对灌浆质量不利)。

单点法压水试验、五点法压水试验应在裂隙冲洗后进行;简易压水试验可与裂隙冲洗合并进行。

2. 试段长度

钻孔压水试验应分段隔离进行,常用的试段隔离方法有单栓塞隔离和双栓塞隔离。当钻孔采用自上而下逐段钻进、逐段压水时,宜采用单栓塞隔离;对于岩石完整、孔壁稳定的孔段,或有必要单独进行试验的孔段,可采用双栓塞分段隔离进行压水试验。

在钻孔压水试验中,栓塞底部至孔底或两栓塞之间,试验时水可以进入岩体的孔段长度,称为试段长度。

灌浆工程中,压水试验的试段长度宜为 5 m。对于含断层破碎带、裂隙密集带、岩溶洞穴等的孔段,应根据具体情况确定试段长度。

相邻试段应互相衔接,可少量重叠,但不能漏段。残留岩心可计入试段长度之内。

3. 压入流量的稳定标准

单点法压水试验和五点法压水试验:在稳定的压力下每 3~5 min 测读一次压入流量,连续四次读数中最大值与最小值之差小于最终值的 10%,或最大值与最小值之差小于 1 L/min 时,本阶段试验即可结束,取最终值作为计算流量 Q。

简易压水试验:压水时间为 20 min,每 5 min 测读一次压入流量,取最后的流量值作为计算流量 Q。

4. 压水试验的成果计算及表示

单点法压水试验、简易压水试验的成果用透水率 q 表示。

五点法压水试验的成果用透水率 q 和 P–Q 曲线类型表示,即每个试段的压水试验成果应采用试段透水率和曲线的类型代号加括号表示,如 2.3(A)、12(B)、8.5(D)等。

透水率 q 按式(3-1)计算。其含义是:在 1 MPa 压力下,每米试段长度每分钟压入水量为 1 L 时,岩层透水率为 1 Lu(吕荣)。

P–Q 曲线是根据五个阶段压水试验资料进行绘制,并依据表 3-3 判断其属于层流型、紊流型、扩张型、冲蚀型、充填型中的哪一种曲线类型。

$$q = \frac{Q}{PL} \tag{3-1}$$

式中 q——透水率,Lu;

Q——压入流量,L/min;

P——试段压力,MPa;

L——试段长度,m。

表 3-3 五点法压水试验的 P-Q 曲线类型及特点

类型名称	A(层流)型	B(紊流)型	C(扩张)型	D(冲蚀)型	E(充填)型
P-Q 曲线	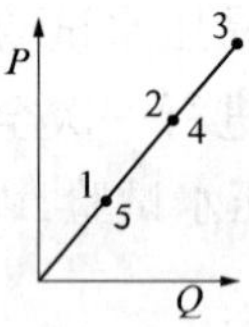	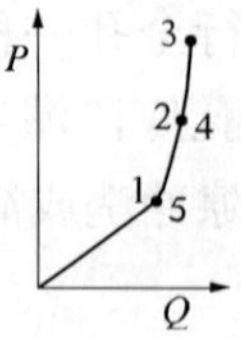	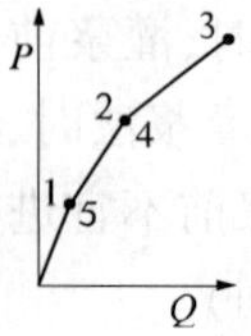	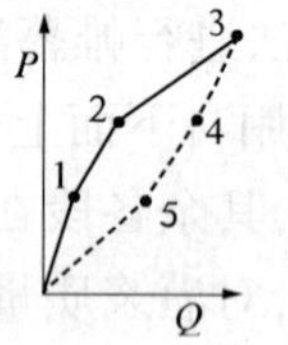	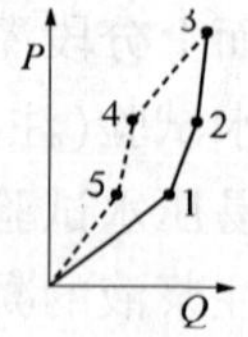
曲线特点	升压曲线为通过原点的直线,降压曲线与升压曲线基本重合	升压曲线凸向 Q 轴,降压曲线与升压曲线基本重合	升压曲线凸向 P 轴,降压曲线与升压曲线基本重合	升压曲线凸向 P 轴,降压曲线与升压曲线不重合,呈顺时针环状	升压曲线凸向 Q 轴,降压曲线与升压曲线不重合,呈逆时针环状
解释	渗流状态为层流。在整个试验期间,裂隙状态没有发生变化	渗流状态为紊流(压力-流量关系为非线性)。在整个试验期间,裂隙状态没有发生变化	在试验压力作用下,裂隙状态产生变化(原有裂隙加宽,隐裂隙被劈裂),岩体渗透性增大,但这种变化是暂时的、可逆的,随着试验压力的下降,裂隙又恢复到原来的状态	在试验压力作用下,裂隙状态产生变化,岩体渗透性增大,这种变化是永久的、不可逆的。流量显著增大且不能恢复到原状,多半是由于隐裂隙被劈裂且与原有的裂隙相通或裂隙中的充填物被冲蚀、移动造成的	在试验期间裂隙状态发生了变化,岩体渗透性减小。这种减小大多是由于裂隙被部分堵塞造成的;此外,若裂隙处于半封闭状态,当被水充满后,流量即逐渐减小,甚至趋近于零

应注意的是,对于五点法压水试验,应采用压水试验三级压力中的最大压力值(P_3)及相应的压入流量(Q_3)代入式(3-1)计算透水率 q;而其他压力级下的压入流量主要用于绘制 P-Q 曲线,绘制 P-Q 曲线时,应采用统一比例尺(横坐标 Q 轴 1 mm 代表 1 L/min,纵坐标 P 轴 1 mm 代表 0.01 MPa),曲线上各点应标明序号,并依次用直线相连,升压阶段用实线、降压阶段用虚线。

例如,某试段五点法压水试验的成果为2.3(A),表示该试段的透水率为2.3 Lu,$P-Q$曲线为A(层流)型。

(四)灌浆与封孔

1. 灌浆材料和浆液

1)灌浆浆液类型

岩基帷幕灌浆、岩基固结灌浆、隧洞灌浆、混凝土坝接缝灌浆和岸坡接触灌浆等一般使用纯水泥浆液。在特殊地质条件下或有特殊要求时,根据需要通过现场灌浆试验论证,可使用下述其他类型的浆液:

(1)水泥浆。常使用普通硅酸盐水泥浆液,当使用矿渣硅酸盐水泥浆液或火山灰质硅酸盐水泥浆液时,水灰比不宜大于1。

(2)细水泥浆液。包括干磨细水泥浆液、湿磨细水泥浆液、超细水泥浆液。它适用于岩体微细裂隙和张开度小于0.5 mm的坝体接缝、裂缝的灌浆。

(3)水泥基混合浆液。指掺入掺和料的水泥浆液,通常是在水泥浆液中加入砂子、黏土、粉煤灰等制成的水泥砂浆、黏土水泥浆、粉煤灰水泥浆等。它适用于注入量很大时的灌浆。

(4)稳定浆液。指掺有稳定剂,2 h析水率不大于5%的水泥浆液。一般是在水泥浆中加入3%~5%的膨润土和外加剂制成;若加入高塑性黏土,其掺量应通过室内配比试验确定。它适用于遇水性能易恶化的地层或注入量较大的地层的灌浆。

(5)膏状浆液。是在水泥浆液中加入较多的黏土(或膨润土)、增塑剂等制成的初始塑性屈服强度大于50 Pa的混合浆液。它适用于大孔隙地层(如岩体宽大裂隙、溶洞、堆石体等)。

(6)其他浆液。如化学浆液、沥青浆液等。

2)灌浆材料

(1)水泥。灌浆工程所用的水泥品种应根据灌浆目的、地质条件和环境水的侵蚀作用等因素确定。可采用硅酸盐水泥、普通硅酸盐水泥或复合硅酸盐水泥等,当有抗侵蚀或其他要求时,应使用特种水泥。各类灌浆所用水泥的强度等级可为42.5级或以上;水泥的细度宜为80 μm方孔筛的筛余量不大于5%。

(2)细水泥、超细水泥。细水泥的比表面积不小于500 m^2/kg,超细水泥的比表面积不小于800 m^2/kg。

(3)粉煤灰。根据工程需要可使用Ⅰ级粉煤灰或Ⅱ级粉煤灰,其品质指标应符合《用于水泥和混凝土中的粉煤灰》(GB/T 1596)的规定。

(4)膨润土。品质指标应符合《钻井液材料规范》(GB/T 5005)的规定。

(5)黏土或黏性土。塑性指数不宜小于14,黏粒(粒径<0.005 mm)含量不宜低于25%,含砂量不宜大于5%,有机物含量不宜大于3%。制备水泥黏土浆时,黏土宜先制成浓浆后再加入水泥浆中搅拌均匀。

(6)砂。采用质地坚硬的天然砂或人工砂,以细砂、中砂为宜。

(7)其他掺和料和外加剂。各类浆液中加入掺和料和外加剂的品种、性能及数量,应根据工程情况和灌浆目的通过室内浆材试验和现场灌浆试验确定。凡能溶于水的外加剂宜以水溶液状态加入。

2. 灌浆设备和机具

1)制浆机

制浆搅拌机和储浆搅拌机的技术性能应与所搅拌浆液的类型、特性相适应,保证能均匀、连续地拌制或搅动浆液。常用高速制浆机的搅拌转速应不小于1 200 r/min。

2)灌浆泵

灌浆泵可选用柱塞泵、活塞泵、螺杆泵等,其技术性能应与所灌注的浆液的类型、特性相适应。灌浆泵额定工作压力应大于灌浆压力的1.5倍,排浆量能满足灌浆最大注入率的要求。

3)灌浆管路

灌浆管路应保证浆液流动畅通,并应能承受1.5倍的最大灌浆压力。灌浆泵至灌浆孔口的输浆管长度不宜大于50 m。灌注膏状浆液等高黏聚力浆液时,灌浆管路直径宜大,长度宜短。

4)阀门

灌浆管路阀门应采用可承受高压浆液冲蚀的耐磨阀门。

5)压力表

灌浆泵出浆口和灌浆孔孔口处均应安设压力表,灌浆压力表的量程最大标值宜为最大灌浆压力的2~2.5倍。

6)灌浆塞

灌浆塞应与所采用的灌浆方法、灌浆压力、灌浆孔孔径及地质条件相适应,可选用挤压膨胀式橡胶灌浆塞或液(气)压式胶囊灌浆塞。灌浆塞应有良好的膨胀和耐压性能,在最大灌浆压力下能可靠地封闭灌浆孔段,并应易于安装和拆卸。

7)灌浆自动记录仪

灌浆自动记录仪应能实时连续自动测量、显示及记录单孔或多孔灌浆作业的灌浆时间、注入浆量、注入率、灌浆压力(记录间隔时段内的平均压力和最大压力)、浆液密度等数据,且应能适用于多种水灰比的水泥浆液和压水试验。

3. 浆液制备及输送

1)材料计量

制浆材料应按规定的浆液配比计量,计量误差应小于5%。水泥等固相材料宜采用质量(重量)称量法计量。

2)集中制浆

集中制浆站宜制备最浓一级(水灰比为0.5)的浆液。输送至各灌浆作业点后,在测定浆液密度的基础上,按所需浓度加水调制使用即可。

水泥浆液应采用高速制浆机进行搅拌,其拌制时间不宜少于30 s,并应满足以下要求:

(1)拌制水泥黏土浆液时,宜先加水再加水泥拌成水泥浆,后加黏土浆液共拌。加黏土浆液后的拌制时间不宜少于2 min。当使用黏土直接搅拌制浆时,应先制成黏土浆液再加入水泥充分搅拌。拌制水泥膨润土浆液的方法与此完全相同。

(2)细水泥浆液和稳定浆液应使用高速制浆机搅拌并加入减水剂,搅拌时间不宜少于 60 s。

(3)膏状浆液应使用大扭矩的搅拌机,搅拌时间应结合浆液配比通过试验确定。

各类浆液应搅拌均匀,使用前应过筛。拌制好的浆液不宜过长时间储存,浆液自制备至用完的时间:细水泥浆液不宜大于 2 h,普通水泥浆不宜大于 4 h,水泥黏土浆液(或水泥膨润土浆液)不宜大于 6 h,其他浆液的使用时间应根据浆液的性能试验确定。

3)浆液输送

集中制浆站拌制好的浆液,通过灌浆管路输送到各灌浆作业点使用,管道输送浆液的流速宜为 1.4~2.0 m/s。寒冷季节施工应做好机房和灌浆管路的防寒保暖工作,炎热季节施工应采取防晒和降温措施。浆液温度宜保持在 5~40 ℃。

4. 灌浆施工顺序

若某一地段的基岩设计要求既要进行固结灌浆又要进行帷幕灌浆,则施工应按先固结灌浆后帷幕灌浆的顺序进行。

帷幕灌浆应按分序加密的原则进行。由三排孔组成的帷幕,应先灌注下游排孔,再灌注上游排孔,最后灌注中间排孔,每排孔可分为二序;由两排孔组成的帷幕应先灌注下游排孔后灌注上游排孔,每排孔可分为二序或三序;单排孔帷幕应分为三序灌浆,如图 3-2 所示。

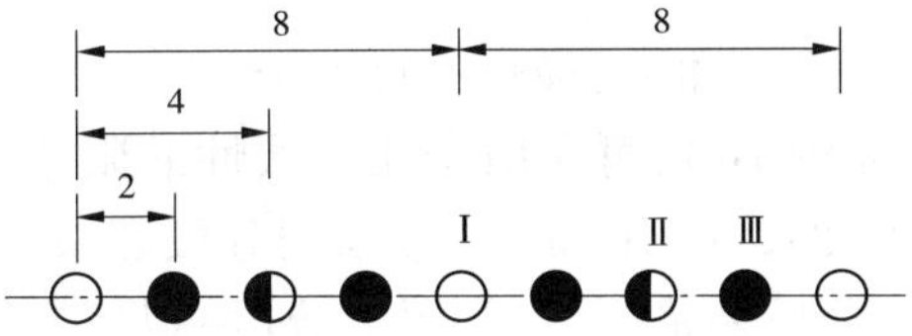

Ⅰ——序孔;Ⅱ—二序孔;Ⅲ—三序孔。

图 3-2　单排孔灌浆施工次序示意图　(单位:m)

相邻两个灌浆孔的施工,原则上应待先序孔施工完成并封孔待凝 24 h 后,后序孔方可开工。采用自上而下分段灌浆法或孔口封闭灌浆法进行帷幕灌浆,必要时相邻两个灌浆孔可同时施工,但先序孔与后序孔之间,在岩石中钻孔灌浆的高差应不小于 15 m;采用自下而上分段灌浆法进行帷幕灌浆时,相邻两序孔不得同时施工。

5. 灌浆方式和灌浆方法

1)灌浆方式

按照灌浆时浆液灌注和流动的特点,灌浆方式有纯压式和循环式两种。

(1)纯压式灌浆:通过管路将浆液注入孔段内和岩体裂隙中,浆液不再由孔段内返回的灌浆方式,如图 3-3(a)所示。这种方式设备简单,灌浆管不在灌浆段内,故不会发生灌浆管在孔内被水泥浆凝住的事故,操作也比较简便。缺点是灌浆段内的浆液单纯向岩层内压入,不能循环流动,灌注一段时间后,注入率逐渐减小,浆液易于沉淀,常会堵塞裂隙口,影响灌浆效果。所以,多用于吸浆量大、大裂隙、孔深不超过 12~15 m 的情况。

(2)循环式灌浆:通过射浆管将浆液注入孔段底部,部分浆液渗入岩体裂隙中,部分浆液通过回浆管返回,保持孔段内的浆液呈循环流动状态的灌浆方式,如图 3-3(b)所示。该灌浆法的射浆管出浆口距孔底不大于 50 cm,而且浆液处于循环流动状态,故不易沉淀;根据进浆与回浆的浆液密度差别,可以间接衡量岩层的灌浆程度。缺点是长时间灌注浓浆时,回浆管在孔内易被凝住。由于循环式灌浆对灌浆质量比较有保证,目前工程中都采用这种方式。

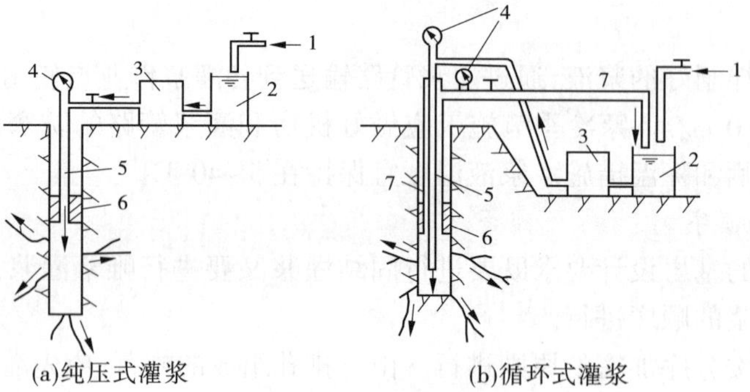

1—水;2—拌浆筒;3—灌浆泵;4—压力表;
5—灌浆管;6—灌浆塞;7—回浆管。

图 3-3　纯压式灌浆和循环式灌浆示意图

2)灌浆方法

帷幕灌浆的灌浆段长宜为 5~8 m,最长不宜大于 10 m。

当灌浆孔的灌浆段长度较小时,可采用全孔一次性灌浆法。一般工程的帷幕灌浆孔深都比较大,当灌浆段长度超过 8~10 m 时,应采用分段灌浆法,根据不同的地质条件和工程要求,可选用自上而下分段灌浆法、自下而上分段灌浆法、综合灌浆法及孔口封闭灌浆法。分段灌浆时,混凝土与基岩接触段宜先进行灌浆,灌浆塞宜安设在混凝土内,以下各段灌浆时灌浆塞应安设在灌浆段段顶以上 50 cm 处,防止漏灌。

(1)自上而下分段灌浆法。

自上而下分段灌浆法是自上而下逐段钻孔、逐段阻塞进行灌浆,直至孔底的灌浆方法,又称下行法。

该法的优点是:随着段深的增加,可以逐段增加灌浆压力,提高灌浆质量;由于上部岩层已经灌浆形成结石,下部岩层灌浆时不易产生岩层抬动和地面冒浆;分段钻灌、分段进行压水试验,压水试验成果比较准确,有利于分析灌浆效果、估算灌浆材料需用量。缺点是:钻孔与灌浆交替进行,钻孔工作效率低,设备搬移影响施工进度。

长期的施工实践证明,在自上而下分段灌浆法中,在灌浆正常结束的条件下,已经灌入岩石裂隙内的水泥浆液,不会在下一个灌浆段钻进时被循环水流冲洗出来,所以一般不需待凝;但遇灌浆前孔口涌水、灌浆后孔口返浆、不能正常结束灌浆、地质条件复杂,以及灌浆压力很低等情况时,待凝是必要的,待凝时间应根据工程具体情况确定。

(2)自下而上分段灌浆法。

自下而上分段灌浆法是将灌浆孔一次钻进到设计深度,然后自孔底开始往上逐段阻塞进行灌浆,直至孔口的灌浆方法,又称上行法。这种方法的优点、缺点与自上而下分段灌浆法刚好相反。

(3)综合灌浆法。

综合灌浆法是在钻孔的某些部位采用自上而下分段灌浆,另一些部位采用自下而上分段灌浆的方法。

在深孔灌浆时,采用综合灌浆法则可以兼取以上两种方法的优点。

(4)孔口封闭灌浆法。

孔口封闭灌浆法是在钻孔孔口安装孔口管,自上而下分段进行钻孔和灌浆,各段灌浆时都在孔口安装孔口封闭器下入射浆管进行循环式灌浆的方法。

孔口封闭灌浆法的作业程序是:孔口管段钻孔→孔口管段灌浆→镶铸孔口管(注:孔口管宜采用无缝钢管)→第二段钻孔、灌浆→第三段钻孔、灌浆……直至终孔→封孔。

该法的主要施工要求为:为避免浆液在钻孔中因流速太慢发生沉淀,故灌浆孔孔径宜小,通常采用56~76 mm,孔口管段的孔径应比下部灌浆段的孔径大1~2级;各孔孔口管段应先单独钻孔与灌浆,镶铸孔口管,并待凝48 h以上;孔口管埋入基岩的深度应根据最大灌浆压力和岩体特性参照表3-4确定;孔口管段以下2~3个灌浆段,段长宜短,灌浆压力逐段提升宜快,再以下各段段长宜为5~8 m,按设计最大灌浆压力灌注;各段灌浆时,灌浆管应深入灌浆段底部,管口离孔底的距离应不大于50 cm。

表3-4　孔口管埋入岩石中的深度

最大灌浆压力/MPa	3.0	4.0	5.0	6.0
孔口管埋入岩石中的深度/m	1.0~1.5	1.5~2.0	2.0	2.0~2.5

该法的优点为:孔内不需下入灌浆塞,施工简便、快捷,可以节省大量时间和人力;正常情况下,每段灌浆结束后,不需待凝,即可开始下一段的钻孔,加快了进度;上部孔段能够得到多次重复灌浆,而且使用孔口封闭器可比使用灌浆塞施加更大的灌浆压力,故有利于提高灌浆效果。经过许多工程实践的总结推广,孔口封闭灌浆法已成为水利水电灌浆工程施工中的主要工法,也是我国自主创新的国家级工法。

3)灌浆方法的选择

在实际工程中选择灌浆方法时,一般来说,地质条件较差、灌浆塞下设困难或工程防渗要求较高时,宜采用孔口封闭灌浆法、自上而下分段灌浆法;地质条件较好时,可采用自下而上分段灌浆法;地层变化大时,可采用自上而下和自下而上相结合的综合灌浆法。

在采用分次序、逐步加密法施工时,对于较差岩层,在做Ⅰ、Ⅱ序孔时通常需要采用自上而下分段灌浆法,在做Ⅲ序孔时,若岩层状况已被大大改善,也可改用自下而上分段灌浆法。

6. 灌浆压力和浆液变换

1)灌浆压力

灌浆压力是保证和控制灌浆质量的重要因素,对工程安全和造价也有重要影响。几十年来,工程界趋向于尽量采用较高的灌浆压力,以利于保证灌浆效果,但灌浆压力也不能太大,否则会导致岩体或建筑物抬动变形、劈裂破坏。工程中灌浆压力应根据工程等级、灌浆部位的地质条件、承受水头情况等进行分析计算并结合工程类比拟定;重要工程的灌浆压力应通过现场灌浆试验论证。施工过程中,灌浆压力可根据具体情况进行调整,灌浆压力的改变应征得设计方同意。

采用循环式灌浆时,灌浆压力表或记录仪的压力传感器应安装在灌浆孔孔口处回浆管路上;采用纯压式灌浆时,压力表或压力传感器应安装在孔口处进浆管路上。压力表或压力传感器与灌浆孔孔口间的管路长度不宜大于 5 m。

灌浆压力应保持平稳、减小波动(注:灌浆泵压力波动值宜小于 20%),宜监测记录压力的平均值(压力表指针摆动的中值),最大值(峰值)也应予以记录。为使灌浆压力保持平稳、减小波动,应重视灌浆泵的选择(尽量不用单缸泵,而使用双缸泵或三缸泵),并注意维护保养,使其保持良好的工作状态。

灌浆施工时,根据工程情况和地质条件,灌浆压力的提升可采用一次升压法或分级升压法。一般来说,在地质条件较好、注入率较小时,灌浆一开始应尽快达到设计压力;反之,在情况不甚明了时,应当分级提高灌浆压力。升压过程中应保持灌浆压力与注入率相适应,防止发生岩体或建筑物抬动变形破坏。从某种意义上说,灌浆是对地层做功,其功率(PQ 值)等于灌浆压力 P 与注入率 Q 的乘积。浆液在压力下流动,地层裂隙在压力下扩张,从而导致地基变位、建筑物抬动,皆源于灌浆做功,因此调控灌浆压力就是要调节好灌浆压力与注入率的关系,为了防止上抬力过大而引起岩体或建筑物抬动,应使 PQ 值在一个适当范围内而不能太大。国内一些工程在不同的灌浆压力下控制注入率的情况如表 3-5 所示,可供参考借鉴。

表 3-5　灌浆压力与注入率的关系

注入率/(L/min)	>30	30~20	20~10	<10
灌浆压力/MPa	<1.0	1.0~1.5	1.5~3.0	>3.0
PQ 值/[MPa·(L/min)]	<30	<30	<30	<30

在灌浆过程中,按灌浆压力与注入率对应关系控制压力的升降,这样做非常方便,也可以避免出现大的失误。目前,许多工程中都采用了这种方法。

2)浆液变换

帷幕灌浆时,应采用稀浆开路,浆液通常由稀至浓逐级变换。普通水泥浆液水灰比可采用 5、3、2、1、0.7、0.5 等六个比级,细水泥浆液水灰比可采用 3、2、1、0.5 等四个比级。开灌水灰比根据各工程地质情况和灌浆要求确定,采用循环式灌浆时,普通水泥浆水灰比可采用 5,细水泥浆水灰比可采用 3;采用纯压式灌浆时,开灌水灰比可采用 2 或单一比级的稳定浆液。

当采用多级水灰比浆液灌注时,浆液比级应按下列原则变换:

(1)当灌浆压力保持不变,注入率持续减小时,或注入率不变而灌浆压力持续升高时,不得改变水灰比。

(2)当某一比级浆液的注入量已达 300 L 以上,或灌浆时间已达 30 min,而灌浆压力和注入率均无改变或改变不显著时,应改浓一级水灰比。注:注入率“改变不显著”可量化理解为：某一比级浆液在灌注了一定数量（如 300 L）之后，其注入率仍大于变浆前注入率的 70%，就属于“改变不显著”。

（3）当注入率大于 30 L/min 时，可根据具体情况越级变浓。

灌浆过程中，当灌浆压力或注入率突然改变较大时，应立即查明原因，采取相应的措施处理。一般来说，出现灌浆压力突然升高和注入率减小，或灌浆压力突然降低和注入率增大的现象，这常常是一些施工事故的征兆：或设备系统发生故障，正常灌浆的通道突然被堵塞；或灌浆范围内某一裂隙、通道突然被打开，如岩体劈裂、混凝土结构出现抬动或裂缝等，则应高度警惕和重视。

20 世纪 90 年代初期，瑞士学者 G. 隆巴迪提出了一种新的设计和控制灌浆工程的方法——灌浆强度值（Grouting Intensity Number，简称 GIN）法，其要点是将灌浆压力 P 和灌入浆液体积 V 的乘积作为灌浆强度值（GIN），以 GIN 等于某一常数作为各个孔段灌浆过程的控制和结束条件。在此不再赘述，具体请参看《水工建筑物水泥灌浆施工技术规范》（SL/T 62—2020）。

7. 灌浆结束和封孔

1）灌浆结束标准

帷幕灌浆施工中，各灌浆段灌浆的结束条件应根据工程要求、地层和地下水条件、浆液性能、灌浆压力、浆液注入量和灌浆段长等综合确定。符合以下条件之一时可结束灌浆：

（1）当灌浆段在最大设计压力下，注入率降低至不大于 1 L/min 后，屏浆 30 min，且屏浆期间平均注入率不大于 1 L/min。

（2）当灌浆段在最大设计压力下，注入率降低至不大于 2 L/min 后，屏浆 40 min，且屏浆期间平均注入率不大于 2 L/min。

当地质条件复杂、岩体裂隙发育、地下水流速大、涌水、注入量较大、灌浆压力较低时，屏浆时间可适当延长；反之，岩体较完整，注入量较小时，屏浆时间可适当缩短。

2）封孔

全孔灌浆结束后，应对灌浆孔进行封孔。灌浆孔的封孔工作极为重要，灌浆孔如果封堵不严，等于增加了新的渗漏通道，孔内就会有水渗出，对灌入基岩裂隙中的浆液结石体产生冲刷溶蚀破坏作用。

封孔就是以水灰比为 0.5 的新鲜普通水泥浆液置换孔内稀浆或积水。应注意的是，采用细水泥浆液的灌浆工程，也应采用新鲜的普通水泥浆液封孔，而不得采用细水泥浆液封孔，否则封孔后易出现浆液不凝、缓凝或低强的现象。

目前，常用的封孔方法基本上可概括为以下两种：

（1）导管注浆法。全孔灌浆完毕后，将导管（灌浆铁管或胶管）下入到钻孔底部，用灌浆泵向导管内泵入水灰比为 0.5 的新鲜普通水泥浆，将孔内余浆或积水顶出孔外。在泵入浆液过程中，将导管徐徐上提，并注意务必使导管底出口始终保持在浓浆面以下。工程有专门要求时，也可注入砂浆。这种封孔方法适用于承受水头小的浅孔和灌浆后孔口没有涌水的钻孔。

（2）全孔灌浆法。全孔灌浆完毕后，先采用导管注浆法将孔内余浆置换成为水灰比

0.5的新鲜普通水泥浆,而后将灌浆塞阻塞在孔口,进行全孔纯压式灌浆封孔。封孔灌浆的压力可根据工程具体情况确定,以大一些为宜。

帷幕灌浆工程应采用全孔纯压式灌浆法封孔。封孔灌浆压力为:孔口封闭法可采用该孔最大灌浆压力;自上而下分段灌浆法和自下而上分段灌浆法可采用全孔平均灌浆压力或不大于孔口段最大灌浆压力。封孔灌浆时间宜为30~60 min,取值原则为:当基岩条件较好、灌浆孔不是很深时,封孔时间可以短一些,反之应长一些;当采用自下而上分段灌浆法时,全孔灌浆结束后,下部大部分孔段已成为固态或半凝固状的稠浆,这时只需置换上部稀浆后进行封孔灌浆即可,封孔时间也可短一些。

帷幕灌浆孔封孔后,应通过孔口封填外观检查和钻孔取芯抽样检查等方法检查封孔质量,封孔质量应符合设计要求。

(五)质量检查

岩基灌浆是隐蔽性工程,必须加强灌浆质量的检查和控制。帷幕灌浆工程的质量评价应以检查孔压水试验成果为主要依据,结合施工成果资料和其他检验测试资料,综合分析确定。为此,一方面要认真做好灌浆施工的原始记录,严格灌浆施工的工艺控制,防止违规操作;另一方面要在一个灌浆区灌浆结束以后,进行专门的质量检查,以做出灌浆质量的最后鉴定成果。

1. 施工记录、成果资料和检验测试资料

帷幕灌浆工程的施工记录、成果资料和检验测试资料应包括下列部分或全部内容。

1)施工记录

(1)钻孔记录。

(2)钻孔测斜记录。

(3)钻孔冲洗及裂隙冲洗记录。

(4)压水试验和简易压水记录。

(5)灌浆记录及封孔记录。

(6)抬动或变形观测记录。

(7)制浆记录。

(8)现场浆液试验记录等。

2)成果资料

(1)灌浆孔成果一览表。

(2)灌浆分序统计表。

(3)灌浆综合统计表。

(4)灌浆工程完成情况表。

(5)灌浆孔平面布置图和灌浆综合剖面图。

(6)各次序孔透水率频率曲线图。

(7)各次序孔单位注入量频率曲线图。

(8)灌浆孔测斜成果汇总表和孔斜平面投影图。

3)检验测试资料

(1)检查孔压水试验成果表。

(2)检查孔钻孔柱状图。

(3)灌浆材料检验报告。

(4)照片、录像和岩心实物。

(5)施工前后或施工过程中其他的检验、试验和测试资料。

2. 检查孔的检查要求

1)检查孔的布置位置

帷幕灌浆检查孔应在分析施工资料的基础上在下述部位布置:①帷幕中心线上;②基岩破碎、断层与裂隙发育、强岩溶等地质条件复杂的部位;③防渗要求高的重点部位;④末序孔(最后一序灌浆孔)注入量大的孔段附近;⑤钻孔偏斜过大、灌浆过程不正常等,经分析资料认为可能对帷幕质量有影响的部位。

上述部位均为灌浆工程质量问题易发部位,在这些地方布置检查孔,一是针对性强,二是可以利用检查孔进行补充灌浆。

2)检查孔的数量要求

帷幕灌浆检查孔的数量可按灌浆孔数的一定比例确定。单排孔帷幕时,检查孔数量可为灌浆孔总数的10%左右;多排孔帷幕时,检查孔的数量可为主排孔数的10%左右(注:主排孔是指多排孔帷幕中最深的那排孔,如果各排孔深度相同,则只按一排计)。应注意,一个坝段或一个单元工程内,至少应布置一个检查孔。

具体工程施工中,各工程可根据具体情况调整检查孔的数量,对于地质条件较好的工程可适当减少,对于灌浆困难、工艺复杂的地段可以增加。

3)检查孔的压水试验

帷幕灌浆质量检查孔的压水试验应在该部位灌浆结束14 d后进行。

检查孔应自上而下分段钻进,采取岩心,绘制钻孔柱状图,岩心应全部拍照或摄像,必要时可进行孔内摄像。检查孔压水试验应自上而下分段进行,试验宜采用单点法。

4)灌浆质量评定标准

帷幕灌浆工程的质量评定标准为:经检查孔压水试验检查,坝体混凝土与基岩接触段透水率的合格率为100%,其余各段的合格率不小于90%,不合格试段的透水率不超过设计规定值的15%且分布不集中(注:分布不集中是指检查孔中不合格试段不应两段或几段连续,也不应分布在相邻孔的同一高程上),其他施工或测试资料基本合理,则灌浆质量可评定为合格。

5)检查孔的灌浆和封孔

检查孔检查工作结束后,应按本节中前面所述的相关方法对检查孔进行灌浆和封孔。检查孔完成检查任务后的灌浆有两种做法:一是自上而下检查一段,灌浆一段;二是全孔检查完成后,自下而上分段灌浆。这两种做法都是可行的。检查孔的灌浆既是对帷幕的进一步检查,也是对帷幕的补强或对钻孔资源的合理利用。

检查不合格的孔段应根据工程要求和不合格程度确定该部位是否需加密钻孔补灌和扩大范围检查。

第四节 高压喷射灌浆施工

高压喷射灌(注)浆法始创于日本,我国20世纪70年代初期在水电、铁路、冶金、煤炭等领域相继引进,目前在水利工程中广泛用于解决坝基覆盖层及土坝坝体的防渗问题。

众所周知,有一种历史悠久的静压注浆法,是用压力将能凝固的浆液(如水泥浆、化学浆液等)注入岩土体的裂隙、孔隙中,进行地基的防渗、加固。这种方法在土质地基中应用时,往往由于土层和土性的因素,其加固效果不好人为控制,尤其是在沉积的分层地基和夹层多的地基中,浆液往往沿着层面流动,难以渗入细颗粒土的孔隙中,所以经常出现加固效果不明显的情况。

高压喷射灌(注)浆法克服了上述注浆法的缺点,将注浆形成高压喷射流,切削土体并与浆液混合,凝固后达到改良土质的目的。

所谓高压喷射灌浆,是一种采用高压水或高压浆液形成高速喷射流束,冲击、切割、破碎地层土体,并以水泥基质浆液充填、掺混其中,形成桩柱或板墙状的凝结体,用以提高地基防渗或承载能力的施工技术,简称高喷灌浆或高喷。

一、高喷灌浆的注浆方式及适用性

在垂直往上提升喷射灌浆管进行注浆的过程中,根据前端喷嘴运动状态的不同,可将高压喷射灌浆分为定喷、摆喷和旋喷三种注浆方式。

(1)高压定喷:是在垂直提升喷射管过程中,使喷嘴向某一方向定向喷射,在地层中形成一道薄板墙凝结体的高喷灌浆施工方法。

(2)高压摆喷:是在垂直提升喷射管过程中,喷嘴做一定角度的摆动喷射,在地层中形成扇形断面的桩柱凝结体的高喷灌浆施工方法。

(3)高压旋喷:是在垂直提升喷射管过程中,喷嘴做旋转喷射,在地层中形成圆柱形桩体凝结体的高喷灌浆施工方法。

定喷、小角度摆喷(摆角15°~30°)适用于粉土、砂土等松软地层。

大角度摆喷(摆角30°~90°)、旋喷适用于淤泥质土、粉质黏土等黏粒含量较高的地层,以及粉土、砂土、砾石含量小于50%的松散-中等密实地层。

二、高喷灌浆的结构布置形式及选择

高压喷射灌浆有定喷折接、摆喷折接、摆喷对接、旋喷定喷搭接、旋喷摆喷搭接、旋喷套接等结构布置形式,如图3-4所示。在工程中应按如下原则进行选用:深度小于20 m时,可采用定喷折接、摆喷对接、摆喷折接或旋喷定喷搭接形式;深度为20~30 m时,可采用单排或双排旋喷套接、旋喷摆喷搭接形式;深度大于30 m时,宜采用两排或三排旋喷套接形式。

承受水头较小的或运行期较短的高喷墙可采用摆喷对接、摆喷折接或定喷折接形式。

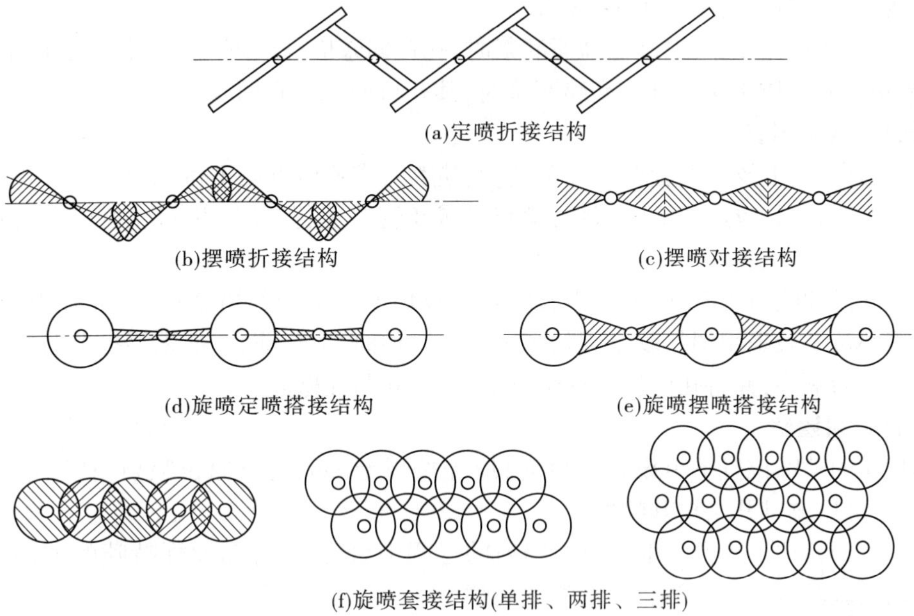

图 3-4　高喷灌浆结构布置形式

三、高喷灌浆的施工工艺流程

高喷灌浆的施工工艺流程为:钻孔→浆液制备→下放喷射管→喷射灌浆→充填→清洗管路。

(一)钻孔

高喷灌浆孔可采用回转钻进、冲击跟管钻进、振动钻进或射水钻进等方法,可采用泥浆护壁。

钻孔孔位与设计孔位偏差不得大于 50 mm,孔径应大于喷射管外径 20 mm,钻孔有效深度应超过设计墙底深度 0. 3 m。钻孔施工时应采取预防孔斜的措施,钻杆或喷射管的垂直度偏差不应超过 0. 5%,有条件时应进行孔斜测量,孔深小于 30 m 时,钻孔偏斜率不应超过 1%。

(二)浆液制备

高喷灌浆浆液宜使用水泥浆。所用水泥品种和强度等级应根据工程需要确定,宜采用普通硅酸盐水泥,其强度等级可为 42. 5 级或以上;有特殊要求时,可掺入膨润土、粉煤灰和塑性指数不小于 14 的黏土;根据需要,还可在水泥浆液中加入速凝剂、减水剂等外加剂。

高喷灌浆浆液的水灰比可为 0. 6~1. 5(密度为 1. 70~1. 35 g/cm^3)。制浆材料的称量误差不应大于 5%。水泥浆的搅拌时间:使用高速搅拌机时不应少于 30 s;使用普通搅拌机时不应少于 90 s。水泥浆自制备至用完的时间不应超过 4 h。储浆桶的容积应能满足连续供给高喷灌浆浆液的需要,且不宜少于 500 L,桶内应安设有低速搅拌装置,防止浆液沉淀。

低温季节施工应做好机房和输浆管路的防寒保暖工作,高温季节施工应采取防晒和降温措施。浆液温度应保持在 5~40 ℃。

在含黏粒较少的地层中进行高喷灌浆时,孔口回浆应经处理后方可使用;在黏性土或软塑-流塑状淤泥质土层中进行高喷灌浆时,其孔口回浆不宜回收。

(三)下放喷射管

钻孔结束后,下放喷射管至设计深度,使喷嘴对准喷射方向不得偏斜。

下放喷射管前,应进行地面试喷,检查机械及管路运行情况,并调准喷射方向和摆动角度。

下放或拆卸喷射管时,应采取措施防止喷嘴堵塞。常用的措施有:下放喷射管时,喷头的喷嘴部位一般采用塑料胶带等物包封密实;拆卸喷射管前,一般采用控制各喷射介质的停供的先后顺序,并将孔内注满浓浆,充填喷射管与孔壁间隙。

(四)喷射灌浆

当喷头的喷嘴位置下至设计深度时,应先按规定参数进行原位喷射,待浆液返出孔口、情况正常后方可开始提升喷射。

从孔底开始往上提升喷射管进行喷射的过程中,根据设计需要保持喷嘴方向不动或进行摆动或旋转,从而形成定喷、摆喷或旋喷。

高喷灌浆宜全孔自下而上连续作业。需中途拆卸喷射管时,搭接段应进行复喷,复喷搭接长度不得小于 0.2 m。因故施工中断(如大于 30 min)后恢复施工,应对搭接孔段进行复喷,复喷搭接长度不得小于 0.5 m;如果中断时间不长,复喷搭接长度按不得小于 0.2 m 控制即可。

高喷灌浆过程中,出现压力突降或骤增、孔口回浆浓度或回浆量异常等情况时,应分析查明原因,及时处理。一般来说,当输送喷射介质的喷射装置(送液器、喷射管及喷头)连接部位密封损坏、喷头上的喷嘴脱落,都会出现喷射压力突降;而喷嘴堵塞,则会出现压力骤增;施工参数、喷射加固地层的地质条件和地下水等因素,有可能影响孔口回浆浓度或回浆量出现异常。

高喷灌浆过程中,若孔内严重漏浆,则可采取如下措施处理:①降低提升速度;②降低喷射压力、流量,进行原位灌浆;③加大浆液密度或灌注水泥黏土浆、水泥砂浆等;④向孔内填入砂、土、速凝剂等堵漏材料。

供浆正常情况下,孔口回浆密度小、回浆量增大,应降低风压并加大进浆浆液密度或进浆量。

高喷灌浆过程中应采取必要措施保证孔内浆液上返畅通,在细颗粒地层中采用三管法施工时,有时会出现喷射管被埋住而孔口不能返浆,造成地层劈裂或地面抬动。喷射过程中,保持孔内浆液适当浓度和合理的供风参数,可较为有效地防止发生此类事故;若出现不能返浆、喷射管旋摆较大或提升受阻,则采取大幅度降低水压、风量,注入浓水泥浆充满钻孔等措施,可较为有效地缓解喷射管被卡埋。

高喷灌浆施工中宜采用自动记录仪记录提升速度、转(摆)速、水压、水量、气压、气量、浆压、浆量等施工过程参数。另外,应定期测量进、回浆的密度,进浆密度每搅拌一槽测量一次,回浆密度每 10 min 测量一次。

(五)充填

高喷灌浆结束,留在喷射孔上部的浆液较稀,因孔内浆液发生离析、沉淀和凝固收缩,其凝结体的顶部会产生凹穴,故需用浆液及时回灌填补,直至孔口浆面不再下降。回灌的浆液可用施工孔的孔口回浆,也可单独拌制新的水泥浆。

(六)清洗管路

在喷射灌浆管提升至孔口地面之后,应通入高压水进行及时清洗,避免浆液堵塞灌浆管和喷嘴。

四、高喷灌浆的施工方法

多排孔的高喷灌浆宜先施工下游排(背水面排),再施工上游排(迎水面排),后施工中间排。同一排内的高喷灌浆孔宜分两序施工。

高喷灌浆工程中的定喷、摆喷、旋喷三种形式均可采用单管法、二管法和三管法进行施工,如图 3-5 所示。其常用施工参数可按表 3-6 选择使用。

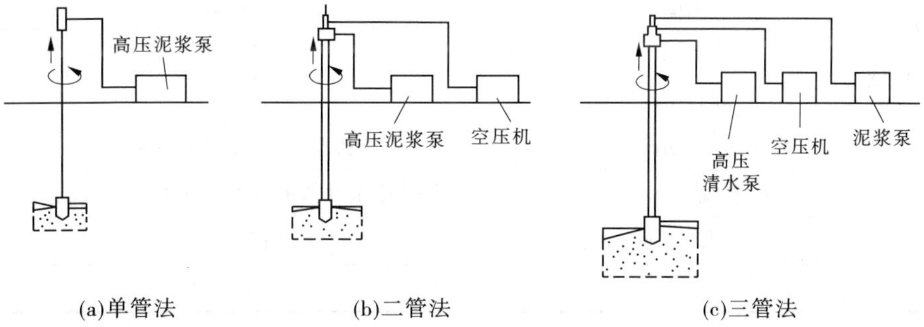

图 3-5 高喷灌浆施工方法

(一)单管法

单管法是喷射介质为单一水泥基质浆液的高喷灌浆方法。该法只有一根管路,接高压泥浆泵,以 25~40 MPa 的高压将浆液从喷嘴喷出,冲击、切割周围地层,并产生搅合、充填作用,硬化后形成凝结体。

(二)二管法

二管法是喷射介质为水泥基质浆液和压缩空气的高喷灌浆方法。该法有两根管路,分别将浆液和压缩空气直接射入地层,浆压达 25~40 MPa,气压达 0.6~1.2 MPa。

(三)三管法

三管法是喷射介质为水、水泥基质浆液和压缩空气的高喷灌浆方法。普通三管法采用高压水、低压水泥基质浆液进行高喷灌浆,双高压三管法采用高压水、高压水泥基质浆液进行高喷灌浆。该法用水管、气管和浆管等三根管路组成喷射杆,水、气的喷嘴在上,浆液的喷嘴在下,随着喷射杆的旋转和提升,先由高压水(35~40 MPa)和气(0.6~1.2 MPa)的射流冲击扰动地层,再注入浓浆进行掺混搅拌,普通三管法的浓浆压力为低压(0.2~1.0 MPa)、双高压三管法的浓浆压力则为高压(25~40 MPa)。

表 3-6　高喷灌浆常用施工参数

项目		单管法	二管法	三管法	
				普通三管法	双高压三管法
水	压力/MPa			35~40	35~40
	流量/(L/min)			70~80	70~80
气	压力/MPa		0.6~1.2	0.6~1.2	0.8~1.2
	流量/(m^3/min)		0.8~1.5	0.8~1.5	0.8~1.5
	气嘴环状间隙/mm		1.0~1.5	1.0~1.5	1.0~1.5
浆	压力/MPa	25~40	25~40	0.2~1.0	25~40
	流量/(L/min)	70~100	70~150	60~80	60~140
	密度/(g/cm^3)	1.4~1.5	1.4~1.5	1.6~1.7	1.4~1.5
	回浆密度/(g/cm^3)	≥1.3	≥1.3	≥1.2	≥1.2
提升速度/(cm/min)	粉土层	8~20			
	砂土层	10~25			
	砾石层	8~15			
旋喷	转速/(r/min)	为提升速度值的 80%~100%			
摆喷	摆速(次/min)	为提升速度值的 80%~100%,单程为一次			
	摆角 粉土、砂土层	15°~30°			
	摆角 砾石层	30°~90°			

第五节　混凝土防渗墙施工

一、概述

混凝土防渗墙是水工建设中较普遍采用的一种地下连续墙,是透水性土基防渗处理的一种有效措施。

混凝土防渗墙是利用专用的造槽机械设备成槽,并在槽孔内注满泥浆,以防孔壁坍塌,最后用导管在注满泥浆的槽孔中浇筑混凝土并置换出泥浆,筑成墙体。墙体既可以做成刚性的,也可以做成塑性的、柔性的。

混凝土防渗墙施工技术形成的历史较短,20 世纪 50 年代初取得专利权,先在意大利、法国等国应用,后在墨西哥、加拿大、日本等国有了发展。1957 年,我国从苏联引进该技术。1959 年先后在山东青岛月子口水库、湖北明山水库、北京密云水库大坝防渗体中采用。20 世纪 90 年代至今,混凝土防渗墙还广泛应用于病险水库高土石坝的防渗加固,而且随着科技的进步和发展,施工技术有了进一步的提高和创新。由较早的冲击挖掘式造孔技术发展到今天的多种锯槽式造孔等;防渗墙的厚度也因原来的设备条件限制而做得较厚,发展到现在可以做 30 cm 以下厚度的超薄连续墙,从而大大节省了工程投资;由于科学调整混凝土配合比和启用新的防渗材料,防渗墙体由不适应土坝坝体应力应变的刚性体,发展到现在可以根据不同的坝体应力应变要求而建造低弹模、塑性、柔性连续墙。

现如今,我国的防渗墙建造技术始终领跑世界。被誉为"西藏三峡"的旁多水利枢纽工程,成功破解了复杂恶劣地质条件下 200 m 级超深混凝土防渗墙建设世界级难题,创造了三项世界纪录:防渗墙墙体最深(201 m)、连接槽段拔管深度最深(158 m)和水下混凝土浇筑最深(201 m),极大地提升了防渗墙传统施工工艺,为超深防渗墙施工积累了宝贵的经验。在云南鲁甸"8·03"地震牛栏江红石岩崩塌堰塞体整治中,实现了在大孤石含量达 60%~70%的架空崩塌堆积体中成功建造 130 余 m 超深防渗墙,在国内外尚属首例。这些典型工程的成功实施正不断地以国际领先诠释着大国骄傲。

混凝土连续墙之所以能在世界范围内得到较广泛应用,主要是因为它具有如下几个方面的特点:

(1)适用性较广。它适用于各种地质条件,在砂土、砂壤土、粉土及砂砾石地基中都可以施工。

(2)实用性较强。它广泛应用于水利水电、工业与民用建筑、市政建设等各个领域。混凝土连续墙深可达上百米。

(3)施工条件要求较宽。地下连续墙施工时噪声低、震动小,可在较复杂的条件下施工,施工时几乎不受地下水位的影响,可昼夜施工,加快施工速度。

(4)安全可靠。地下连续墙技术自诞生以来有了较大发展,在接头的连接技术上有很大进步,其渗透系数可达 10^{-7} cm/s 以下。作为承重和挡土墙,它可以做成刚度较大的钢筋混凝土连续墙。

(5)存在问题。有些造孔成墙技术对槽孔之间的接头和墙体下部开叉问题难以彻底解决;相对来讲,施工速度较慢,成本较高。

二、混凝土防渗墙的类型

水工混凝土防渗墙的类型可按墙体结构形式、墙体材料、布置方式和成槽方法等分类。

(1)按墙体结构形式分:可分为槽孔型防渗墙、桩柱型防渗墙和混合型防渗墙三类,如图 3-6 所示。其中,槽孔型防渗墙使用最为广泛。

(2)按墙体材料分:可分为普通混凝土防渗墙、钢筋混凝土防渗墙、黏土混凝土防渗墙、塑性混凝土防渗墙、固化灰浆防渗墙、自凝灰浆防渗墙。

(3)按布置方式分:可分为悬挂式防渗墙、嵌入基岩的全封闭防渗墙。

(4)按成槽方法分:主要有钻挖法成槽防渗墙、锯槽法成槽防渗墙。

三、混凝土防渗墙的施工工艺

混凝土防渗墙结构布置示意图如图 3-7 所示,其施工工艺流程为:施工准备→槽孔建造→泥浆固壁→终孔检查→清孔换浆→【下入接头管】→成墙施工→【拔出接头管】→墙段连接→质量检测。

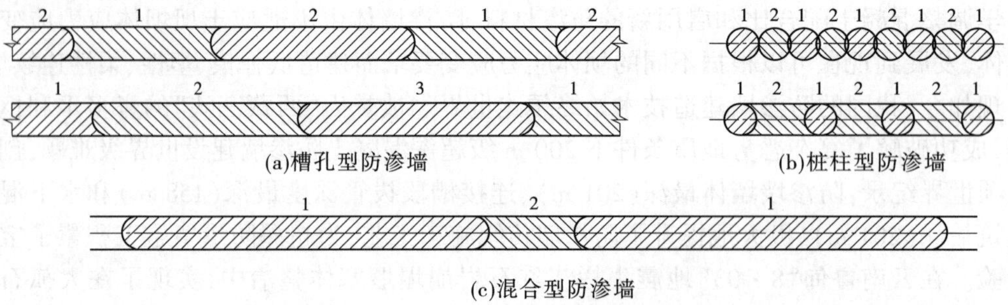

1、2、3—槽孔顺序编号。

图 3-6　混凝土防渗墙的结构形式

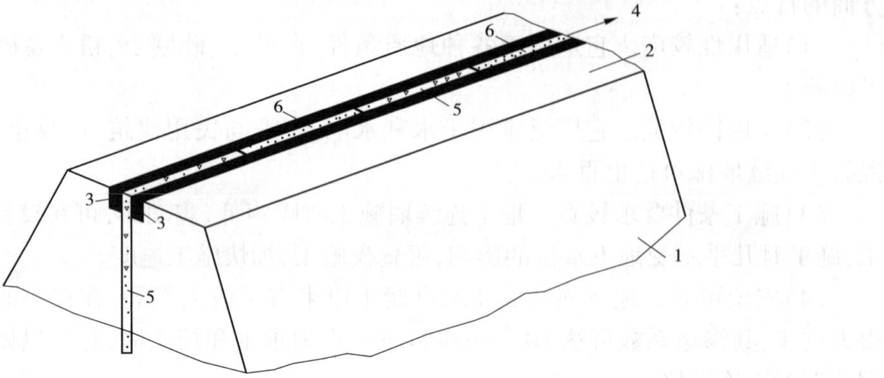

1—土质地基或坝(堰)体;2—施工平台;3—导墙;4—导向槽;5——期槽段;6—二期槽段。

图 3-7　混凝土防渗墙结构布置示意图

(一)施工准备

混凝土防渗墙的施工准备工作主要包括以下几方面:①场地平整、设导向槽;②铺设轨道、安装成槽机械设备;③布置动力系统、供水供浆管路、排水排浆系统;④确定施工配合比。

经场地平整后,混凝土防渗墙施工平台应坚固、平整,满足施工设备作业要求,且应高于施工期最高地下水位 2.0 m 以上。当施工现场处于斜坡状态时,应构筑满足防渗墙施工需要的水平施工平台。

在开挖槽孔之前,应先在施工平台 1.0~2.0 m 深度范围内建造导墙以形成具有导向作用、定位作用、泥浆液面保持作用、孔口保护作用的导向槽。导向槽是挖掘机具成槽灌注地下连续防渗墙施工中的重要内容,它是沿着防渗墙轴线方向设置的两堵平行导墙所构成的临时性构筑物(注:导墙是指在防渗墙施工平台的较浅深度内建造的,平行于防渗墙轴线的,起导向、保护槽口和承重作用的临时挡土墙)。

导向槽的导墙一般采用钢筋混凝土构筑,其常用的结构形式有矩形、L 形、倒 L 形、槽钢形等(见图 3-8)。导墙中心轴线宜与防渗墙轴线重合,其允许偏差为±15 mm;导墙内侧面竖直,其内间距为:当用抓斗、液压铣槽机建造槽孔时,一般大于混凝土防渗墙设计墙厚 5~10 cm;当用冲击钻机建造槽孔时,一般大于混凝土防渗墙设计墙厚 10~20 cm。导墙墙顶高程允许偏差±20 mm,导墙深度以1.0~2.0 m为宜,对于防渗墙设计深度超深的情况(孔深超过80 m),必要时可将导墙深度增加至2.5~3.0 m,具体应根据槽口土质条件、所承受的荷载和槽孔施工周期等因素综合考虑加以确定。

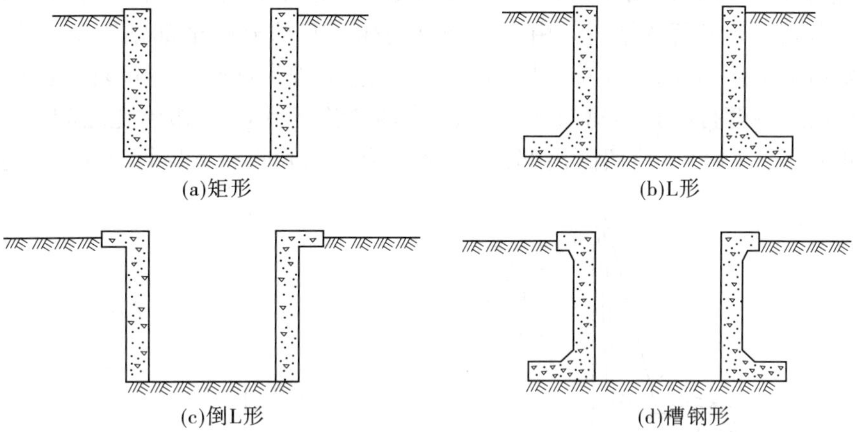

图3-8 导墙的几种常见形式

导向槽设置好后,在槽侧铺设钻机轨道,安装钻机,修筑运输道路,架设动力和照明线路及供水供浆管路,做好排水排浆系统。

在完成墙体材料施工配合比的试验和设计工作,以及上述各项准备工作的基础上,向导向槽内充灌泥浆,保持泥浆液面在导墙顶面以下30~50 cm,即可开始槽孔建造。

(二)槽孔建造

1. 槽段划分

混凝土防渗墙的槽孔建造和墙体混凝土浇筑宜采用间隔分序法施工,即沿着混凝土防渗墙的轴线走向分为两期槽段,先施工一期槽段,待一期槽段混凝土浇筑完后再施工二期槽段;各期槽段内的每个槽孔均先开挖主孔后开挖副孔,多个主、副孔相连成为一个槽孔,槽孔内浇筑混凝土后成为一个单元墙段,如图3-9所示(注:在防渗墙的每一个槽孔中,第一次序施工的孔为主孔;位于主孔之间,第二次序施工的孔为副孔)。

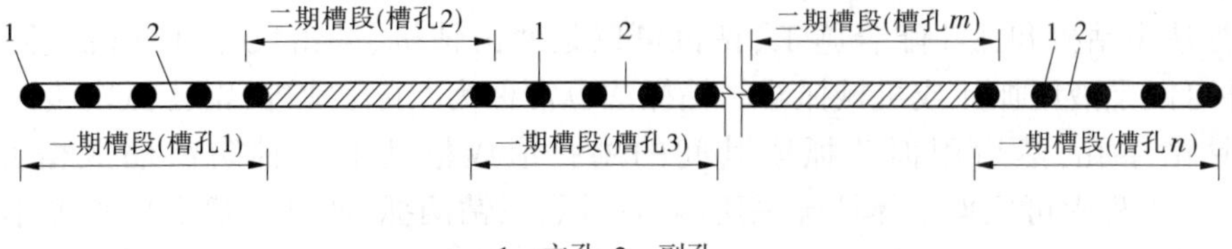

1—主孔;2—副孔。

图3-9 槽段划分及孔位布置示意图

2. 槽孔建造的方法

槽孔建造的常用设备有冲击钻机、冲击反循环钻机或回转钻机、钢绳抓斗、液压抓斗、液压铣槽机等,相应的成槽方法有钻劈法、钻抓法、抓取法、铣削法。其中,前三种是当前混凝土防渗墙槽孔建造的常用方法。具体工程中,应根据地层情况、墙体结构形式及设备性能进行选择,必要时可选用多种设备组合施工。

1)钻劈法成槽

钻劈法属于传统的槽孔建造方法,其设备是冲击钻机或冲击反循环钻机。钻劈法也常称为“主孔钻进、副孔劈打法”,就是利用冲击钻机或冲击反循环钻机“钻凿主孔、劈打副孔”形成槽孔的一种防渗墙成槽方法(见图 3-10)。劈打副孔时在相邻的两个主孔中放置接砂斗接出大部分劈落的钻渣。由于在劈打副孔时有部分或全部钻渣落入主孔内,因此需要重复钻凿主孔,此项作业称打回填。施工工艺流程为:施工准备→钻机就位→对准孔位→主孔钻入→劈打副孔→劈打小墙[注:小墙是指槽孔内相邻单孔之间及孔底的未钻(挖)尽的地基土(岩)体残留凸出部分]→清孔换浆和验收→下导管浇筑混凝土成墙。

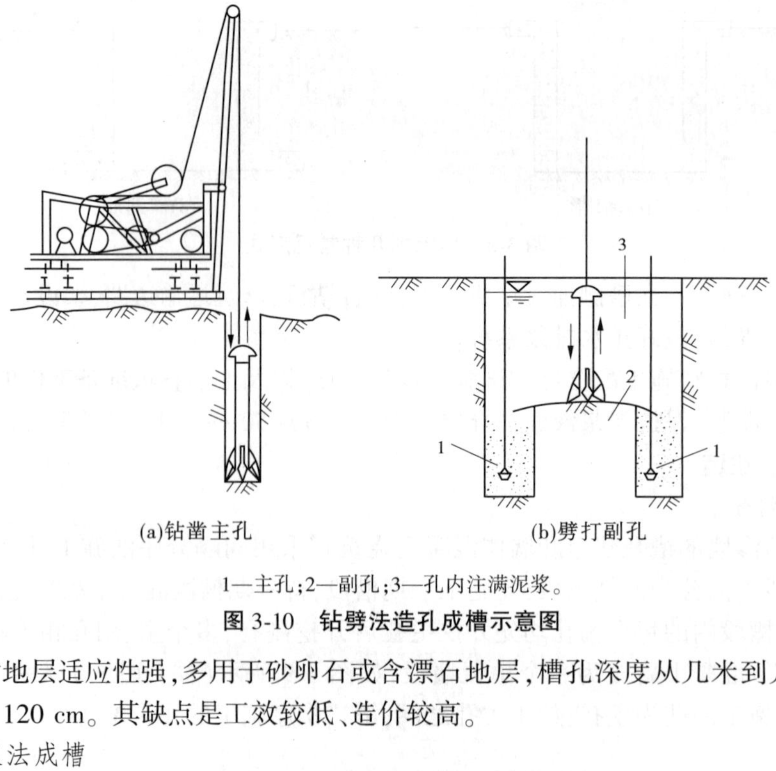

(a)钻凿主孔　　(b)劈打副孔

1—主孔;2—副孔;3—孔内注满泥浆。

图 3-10　钻劈法造孔成槽示意图

该法对地层适应性强,多用于砂卵石或含漂石地层,槽孔深度从几米到几十米,墙体厚度为 60~120 cm。其缺点是工效较低、造价较高。

2)钻抓法成槽

钻抓法由钻机和抓斗配合施工,钻机可以是冲击钻机、冲击反循环钻机或回转钻机等,抓斗可以是液压抓斗或机械抓斗。钻抓法也常称为“主孔钻进、副孔抓取法”,就是用钻机先钻凿主孔,然后用抓斗抓取其间的副孔形成槽孔的一种防渗墙成槽方法(见图 3-11)。工程中可根据具体情况采用两钻一抓、三钻两抓、四钻三抓形成长度不同的槽孔。应注意的是,该法副孔长度一定要小于抓斗的最大开度(一般要求不大于抓斗最大开度的 2/3),否则可能出现漏抓的部位。

该法能充分发挥两种机械的优势:钻机的凿岩能力较强,可钻进不同地层,先钻凿主孔为抓斗开路;抓斗抓取副孔的效率较高,所形成的孔壁较平整。抓斗在副孔施工中遇到坚硬地层时,随时可换上冲击钻机重凿加以克服。因此,该法总体工效高于钻劈法,能适应于多数复杂地层。钻抓法施工时,在抓斗的两端预先钻凿主孔,一方面起到导向作用,另一方面保证了槽段的连接质量。

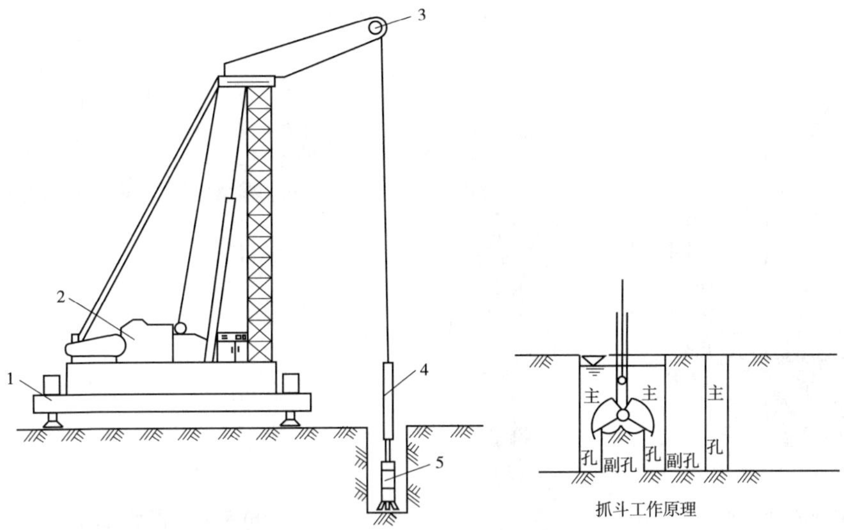

1—行走支撑机构；2—主电机；3—支撑滑轮；4—收放机构；5—冲抓机构。

图 3-11　钻抓法造孔成槽示意图

西藏旁多水利枢纽工程大坝基础防渗墙施工中，结合地层、施工强度、设备能力等综合考虑，采用了以钻抓法为主，局部结合钻劈法进行造孔成槽。主孔：采用 ZZ-6A（或 CZ-A）型冲击钻机钻凿成孔；副孔：孔深 100~110 m 以内覆盖层采用利勃海尔 HS843HD 钢丝绳抓斗或金泰 SG40 重型液压抓斗抓取，孔深 100~110 m 以下覆盖层采用利勃海尔 HS8475HD/HS885HD 重型钢丝绳抓斗抓取，入岩槽段采用 ZZ-6A 型冲击钻机钻凿。

3）抓取法成槽

抓取法也称为纯抓法，是单纯采用抓斗直接挖槽的一种防渗墙成槽方法，施工设备可以是液压抓斗或机械抓斗。可采用单抓成槽，也可以多抓成槽。

（1）单抓成槽：即一次抓一个槽孔。若抓斗最大开度为 B m，则一期槽段长度为 B m，二期槽段一般为（$B-2S$）m。S 为抓取二期槽段时把一期槽段已经浇筑的混凝土两端面切去的长度，以保证一、二期墙段的可靠连接，当端面为平面时，$S=0.1\sim0.2$ m，当端面为弧面时，$S=0.3\sim0.5$ m。

（2）多抓成槽：分主、副孔施工，每个槽孔由三抓或多抓形成。主孔的长度等于抓斗的最大开度，副孔的长度小于主孔的长度。

抓取法目前在国内属于较新的槽孔建造工艺，工效高于钻劈法和钻抓法，但成槽精度相对较低，多适用于细颗粒地层。

4）铣削法成槽

铣削法是采用液压铣槽机铣削轮旋转切削地层，并连续反循环排渣的槽孔建造方法（见图 3-12）。

液压铣槽机主要由主机和铣削头两大部分组成。主机为履带起重机。铣削头机体为一个钢制重型机架，它的功能除固定各工作部件外，还可以为铣削提供一定的进给力，并起导向作用。机体下端有两个铣削轮，铣削轮上安有铣齿（牙）或滚刀，它分别由两个潜水液压电动机驱动并绕水平轴向相互反向旋转，在旋转中铣齿不断铣削地层，并使铣削的

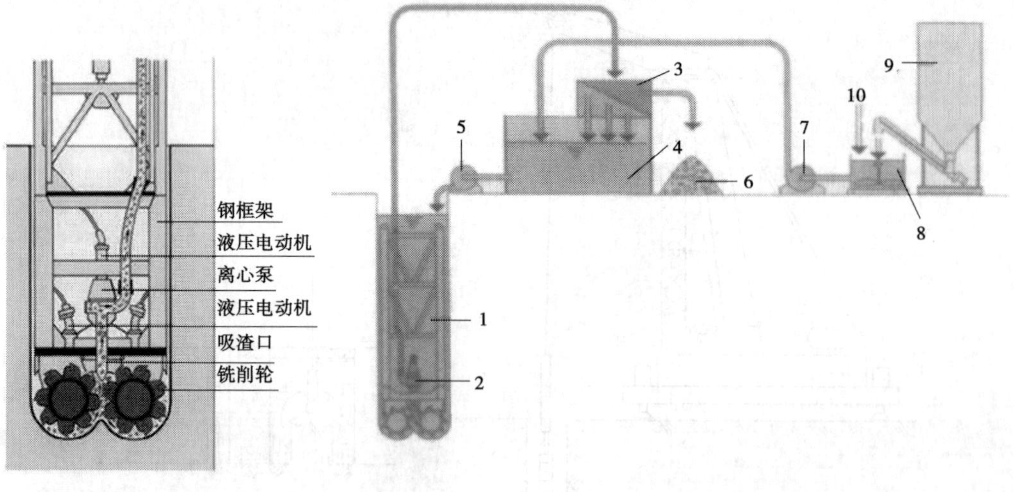

(a)铣削原理示意图　　(b)施工过程示意图

1—铣槽机;2—离心吸泥泵;3—除砂装置;4—泥浆箱;5—供浆泵;
6—分离出的钻渣;7—补浆泵;8—泥浆搅拌机;9—膨润土储料筒;10—水源。

图 3-12　铣削法成槽示意图

碎块与膨润土泥浆混合。安装在铣削轮上方的液压泥浆泵抽吸泥浆并挟带地层颗粒通过排渣管排出地面送至除砂装置,泥浆经除渣净化后又被送回槽孔循环使用,如此反复,直至终孔成槽。

铣削法施工时,先施工的一期槽段常以三铣成槽(先铣两端主孔,再铣中间的副孔形成一期槽段),槽段划分长度较长;后施工的二期槽段常以一铣成槽,槽段划分长度较短。有时,一期槽段也可一铣成槽。

铣削法是目前国内外最为先进的地下连续墙成槽方式,具有速度快、精度高、环保施工等优点,适用于在均匀的覆盖层和中低强度基岩中施工。日本利用铣槽机完成了大量超深基础工程,最深已达 150 m,厚度达 2.8~3.2 m,试验开挖深度已达 170 m。国内利用铣槽机已成功施工了三峡工程、深圳地铁车站、南京紫峰大厦、上海 500 kV 世博变电站等多个工程。

3. 槽孔建造中的主孔、副孔要求

(1)采用钻劈法、钻抓法建造槽孔时,钻头直径决定着墙体的厚度,也决定着主孔的长度。选择时应考虑地层特点,既能满足墙厚要求,又不加大扩孔系数,以免造成混凝土严重超方。一般开孔钻头直径应大于终孔钻头直径,终孔钻头直径应满足设计墙厚要求。

(2)钻劈法施工时,应选择合理的副孔长度,一般为主孔直径的 1.5 倍。施工中视地层的密实程度和墙体的厚度可做适当调整。

(3)钻抓法施工时,在槽孔的两端必须钻凿主孔,其目的主要是保证墙段连接质量;槽孔中间可根据地层情况决定是否再钻凿主孔,其目的是为抓斗导向,便于切割土体。钻抓法的主孔中心距离(副孔长度)不应大于抓斗的开度。

(4)采用抓取法和铣削法建造槽孔时,主孔长度应等于抓斗开度或铣头长度;副孔长度宜为主孔长度的1/2~2/3,以便施工副孔时便于切割土体,保证槽孔的连通。

4. 槽孔建造中的特殊情况处理

1)遇孤石或硬岩地层时的处理

建造槽孔时若遇孤石或硬岩,可采用重凿冲砸或爆破等方法处理。爆破时应保证槽壁安全。对于孤石密集地层,亦可在槽孔建造前采用钻孔预爆的方法处理,钻孔预爆在槽孔开挖前进行,其钻孔设备可采用岩心钻或各类快速跟管钻。

2)对漏失地层的处理

对漏失地层应采取堵漏预防措施(如黏土球、水泥、锯末等堵漏材料,也可在泥浆中加入单项压力封堵剂、复合堵漏剂等,或采用预灌浓浆的方法先行处理),发现泥浆漏失应立即堵漏和补浆。

5. 槽孔建造的质量控制

槽孔建造质量应按下列要求进行控制:

(1)孔位允许偏差不大于30 mm。

(2)槽壁应平整垂直,不应有梅花孔、小墙等。

(3)槽孔深度(包括入岩深度)应满足设计要求。

(4)孔斜率:成槽施工时不应大于4‰,遇含孤石地层及基岩陡坡等特殊情况,应控制在6‰以内。

(三)泥浆固壁

槽孔孔壁处于垂直的临空面状态,加之受地下水的渗流影响,极易产生孔壁坍塌,为此工程中常在槽孔建造的过程中,源源不断地往槽孔中注入泥浆,并使泥浆液面始终保持在导墙顶面以下30~50 cm,从而保证槽孔孔壁稳定而不坍塌,这一工艺措施常被称为泥浆固壁。

1. 泥浆的作用

1)稳固槽壁作用

泥浆体积质量较大,在泥浆面始终保持在导墙顶面以下30~50 cm的情况下,可以保证槽内的泥浆压力高于地下水压力,使泥浆渗入槽壁土体中,其中较细的颗粒进入空隙中,较粗的颗粒附着在孔壁上,形成“泥皮”。随着泥皮厚度的增加,对水的流动阻力也会增大,最终达到了平衡,水不再进入地层,泥浆与土体被泥皮隔开。泥浆所产生的侧压力通过泥皮作用在槽壁上,与槽壁的土压力及水压力抵消达到平衡,从而保证了槽壁的稳定。

2)悬浮挟渣作用

在成槽过程中,泥浆具有的黏度可以将成槽施工产生的钻渣悬浮起来,便于泥浆循环将其挟带排出槽孔外,同时避免钻渣沉积在工作面上影响成槽效率。

3)冷却润滑作用

泥浆既可降低造孔机具因作业而引起的温度升高,又具有润滑机具减轻磨损的作用,有利于延长机械的使用寿命和提高成槽效率。

2. 泥浆的要求

(1)泥浆应能在孔壁上形成密实泥皮,并且在泥浆自重作用下,孔壁上形成一定的静压力,保证孔壁不坍塌,但泥皮不宜太厚,以免孔径收缩。

(2)泥浆应具有一定的静切力,使钻渣呈悬浮状态,并且随循环泥浆带至地面,但黏滞性不宜太高,否则会影响泥浆泵的正常工作并给泥浆净化工作带来困难。

(3)泥浆应具有良好的触变性,流动时近于流体,静止时迅速转为凝胶状态,有足够大的静切力,能够避免砂粒的迅速沉淀。

(4)泥浆中砂粒含量应尽可能少,便于排渣,提高泥浆重复使用率,减少泥浆的损耗。

(5)泥浆应具有良好的稳定性,即处于静止状态的泥浆在重力作用下,不致离析沉淀而改变泥浆性能。

3. 泥浆的技术性能

固壁泥浆主要由水、天然黏土或膨润土、化学处理剂(纯碱 Na_2CO_3、钠羧甲基纤维素 Na-CMC 等)配制而成。常用的固壁泥浆有黏土浆液、膨润土浆液、黏土膨润土混合浆液,而西藏旁多水利枢纽工程为了解决超深防渗墙槽壁稳定固壁问题,研发了一种新型的正电胶泥浆,即正电胶 MMH-水-黏土颗粒复合体。

就一般工程而言,黏土浆液具有成本低、应用广的特点;膨润土浆液的性能优于黏土浆液,固壁效果大为改善,但成本也相对较高。施工时,应根据地质条件、成槽深度、成槽工艺、施工条件等进行合理的选用。

泥浆通过集中制浆站制浆后经管道输送至各施工槽孔。施工过程中,不得向施工槽孔内泥浆中倾注清水和废渣等。停止挖槽时,应经常搅拌槽孔内泥浆。返流到地面的泥浆应集中回收净化处理,重复使用。

新制泥浆的性能宜符合表 3-7、表 3-8 的要求,混凝土浇筑前泥浆的性能宜符合表 3-9 的要求。

表 3-7 新制黏土浆液性能指标(12 h)

项目	性能指标	试验仪器
密度/(g/cm^3)	1.15~1.25	泥浆比重秤
漏斗黏度/s	18~25	500/700 漏斗
含砂量/%	≤5	含砂量测定仪
胶体率/%	≥96	量筒
稳定性/(g/cm^3)	≤0.03	量筒、泥浆比重秤
失水量(mL/30 min)	<30	失水量仪
泥饼厚/mm	2~4	失水量仪
1 min 静切力/Pa	2.0~5.0	静切力计
pH 值	7.0~9.5	pH 试纸或电子 pH 计

表 3-8　膨润土浆液性能指标(12 h)

项目	各阶段性能指标		试验仪器
	新制	供重复使用	
密度/(g/cm³)	1.03~1.08	<1.15	泥浆比重秤
漏斗黏度/s	35~55	32~70	马氏漏斗
塑性黏度/(MPa·s)	≥8		旋转黏度计
动切力/Pa	≥6		旋转黏度计
静切力/Pa	≥9		旋转黏度计
失水量/(mL/30 min)	<18	<40	失水量仪
泥饼厚/mm	<2.5		失水量仪
10 min 静切力/Pa	1.4~10.0		静切力计
pH 值	7.5~10.5	8~11	pH 试纸或电子 pH 计

表 3-9　混凝土浇筑前槽孔中泥浆主要性能指标

项目	漏斗黏度/s	密度/(g/cm³)	含砂量/%
黏土泥浆	≤35(500/700 漏斗)	≤1.3	≤8
膨润土泥浆	32~50(马氏漏斗)	≤1.15	≤4

注:①泥浆取样位置距槽底 0.5~1.5 m。
②当墙体深度小于 40 m 时,可降低含砂量指标要求,其中黏土泥浆含砂量可降低为 10%,膨润土泥浆含砂量可降低为 6%。

(四)终孔检查

槽孔建造结束后,应进行终孔质量检查,合格后方可进行清孔。

终孔质量检查主要包括以下内容:

(1)孔深、槽孔中心偏差、孔斜率、槽宽和孔形。

(2)基岩岩样与槽孔嵌入基岩深度。

(3)一期、二期槽孔间接头的套接厚度。

(五)清孔换浆

1. 清孔换浆的目的

槽孔建造结束后,槽孔中的泥浆里仍然会混杂悬浮着一些砂粒及钻渣碎屑,有些钻渣还会沉淀淤积在孔底,在浇筑混凝土墙体之前,必须通过清孔换浆的方式将这些悬浮、淤积的钻渣清理干净,否则会给后续浇筑的混凝土墙体的质量带来危害。

清孔换浆就是将槽孔内含有大量砂粒及钻渣碎屑的泥浆置换成质量合格的泥浆,并减少孔底淤积,还要把一期槽段两端已浇混凝土的侧壁上附着的岩屑和泥皮刷洗干净,从而保证墙体混凝土、墙底与基岩接触带、相邻两墙段的竖直接缝等的质量。

2. 清孔换浆的方法

清孔换浆常用的机具有压缩空气吸泥器、砂石泵、钢丝刷子钻头等。

1)抽筒出渣法

抽筒出渣法是钢绳冲击式钻机成槽采用的出渣方式。该法操作简单,但泥浆损耗大,效率低,清渣效果较差,已逐步被其他方法取代。

2)泵吸排渣法

泵吸排渣法是用设置在地面的特制反循环砂石泵通过排渣管将沉积在孔底的沉渣吸出,经泥浆净化系统去除粒径 65 μm 以上颗粒后,再返回到槽内使用。该法节约泥浆,而且清渣效率高、效果好。

3)潜水泵排渣法

当孔深较小或槽孔内已下设钢筋笼时,可采用立式潜水砂石泵进行清孔换浆。潜水砂石泵安设在孔底,将混有钻渣的泥浆抽出孔外,经泥浆净化系统处理后再用。一般来说,多头钻机、液压铣槽机上均配置有潜水砂石泵,其清渣方式也属于潜水泵排渣法。

4)气举排渣法

该法是借助气举排渣器将液气混合,利用密度差来升扬排出孔底的沉渣。该法施工时,压缩空气从风管进入混合器,在排渣管内形成一种密度小于管外泥浆的液气混合物,在内外液体压力差和压缩空气动能的联合作用下沿着排渣管上升,从而使孔内泥浆挟带孔底沉渣跟随上升、排出孔外。

以上方法中,泵吸法和气举法相对于传统的抽筒法更能保证清孔质量,故工程中应采用它们。相比之下,孔深 50 m 内,泵吸排渣法效率优于气举排渣法,孔深 10 m 以内时气举排渣法效果很差,不宜采用;孔深超过 50 m 时,气举排渣法优于泵吸排渣法。

3. 清孔换浆的要求

清孔换浆完成 1 h 后应进行检验,并应达到下列质量要求:

(1)孔底淤积厚度不大于 10 cm。

(2)槽内新置换的泥浆的性能指标应满足表 3-9 的要求。

清孔检验合格后,应于 4 h 内开浇混凝土。有时由于下设钢筋笼时间过长或其他因素而造成不能在 4 h 内开浇混凝土的槽孔,孔底淤积量会增加,此时应当在浇筑混凝土前进行孔底淤积的复测,如超过 10 cm 则须再次清孔。

应注意的是,当墙段连接方式采用接头管法时,应在建造完成的一期槽孔清孔换浆后、混凝土浇筑之前,在其端孔处下入接头管。

(六)成墙施工

1. 墙体材料

1)混凝土墙体材料的技术指标要求

墙体浇筑混凝土的入孔坍落度应为 180~220 mm,扩散度应为 340~400 mm,坍落度保持在 150 mm 以上的时间应不小于 1 h;初凝时间应不小于 6 h,终凝时间不宜大于 24 h;混凝土的表观密度不宜大于 2 100 kg/m^3。当采用钻凿法施工接头孔时,一期槽段混凝土的早期强度不宜过高(7 d 强度不宜大于 10 MPa)。

2)粗、细骨料要求

配制混凝土的细骨料可采用天然砂或人工砂;粗骨料可采用天然卵石、砾石或人工碎石,最大粒径应不大于 40 mm,且不应大于钢筋净距的 1/4。

3)混凝土墙体材料的配比要求

普通混凝土的胶凝材料用量不宜少于 350 kg/m³,水胶比不宜大于 0.60,砂率不宜小于 40%。

黏土混凝土的胶凝材料用量不宜少于 350 kg/m³,水胶比不宜大于 0.65,黏土掺量不宜大于水泥和黏土总量的 25%,砂率不宜小于 36%。

塑性混凝土宜采用一级配混凝土,其胶凝材料用量不宜少于 240 kg/m³,其中水泥用量不宜少于 80 kg/m³,膨润土用量不宜少于 40 kg/m³,水泥与膨润土的合计用量不宜少于 160 kg/m³,砂率不宜小于 45%。在满足流动性要求的前提下,宜减少用水量。

当采用固化灰浆或自凝灰浆作为墙体材料时,应遵守《水利水电工程混凝土防渗墙施工技术规范》(SL 174—2014)的相关规定,在此不再赘述。

2. 直升导管法浇筑混凝土墙体

1)成墙工艺及施工流程

清孔检验合格后,应于 4 h 内开浇混凝土。

泥浆下的混凝土墙体,应采用直升导管法浇筑成墙(注:导管为内径不小于混凝土粗骨料最大粒径的 6 倍的钢管)。

成墙施工流程如图 3-13 所示:①先下放安有隔离塞球的导管(注:隔离塞球又称导注塞,是一种用橡胶做的能被泥浆浮起的小球,它能将混凝土和泥浆隔离开,避免混凝土受到污染,还能避免混凝土被泥浆水冲刷离析);②接着在导管中灌入适量的水泥砂浆,随即灌入足量的混凝土,将隔离塞球压到导管底部,并排出导管外进而上浮到槽孔泥浆表面(注:从导管排出的隔离塞球上浮至泥浆面后,可回收重复使用),此过程常称为压球;③挤出导管的水泥砂浆及混凝土迅速埋住导管底部出口,保证后续浇筑的混凝土不与固壁泥浆掺混;④不断运送混凝土灌入导管中,随着槽孔中混凝土面高程的逐步上升,逐步均匀提起导管,直至混凝土面浇筑到终浇高程、导管提升到槽孔口。

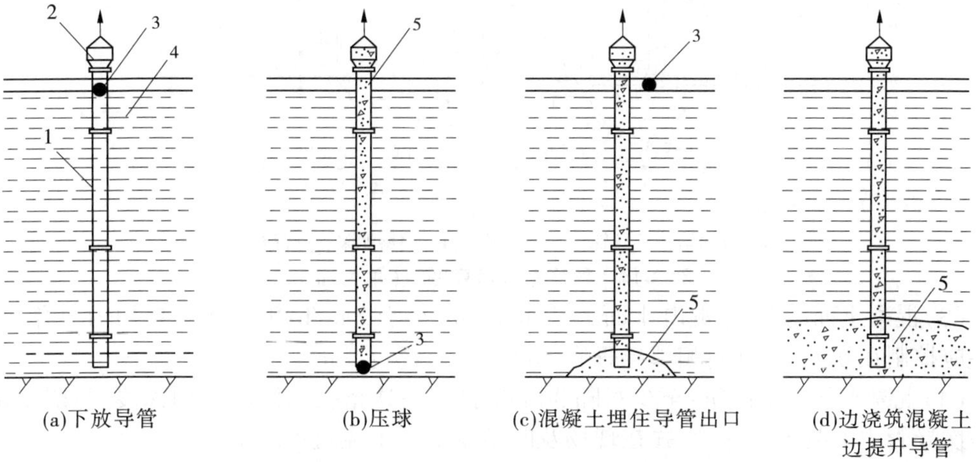

1—导管;2—接料漏斗;3—隔离塞球;4—泥浆;5—混凝土。

图 3-13　直升导管法成墙施工工艺流程

2)成墙施工技术规定

泥浆下混凝土防渗墙成墙施工,应遵守以下技术规定:

(1)导管管节及连接:导管由若干个钢管管节连接而成,各节导管之间应尽量采用丝扣连接以保障连接可靠,连接处应加设橡胶垫圈密封并进行封闭试验,确保灌注混凝土时导管不漏水。每套导管的顶部和底节管以上部位,应设置数节长度为0.3~1.0 m的短管。

(2)导管布置要求(见图3-14):①导管位置:导管中心距离槽孔两端头或接头管壁面的距离宜为1.0~1.5 m;当槽孔底部的高差大于25 cm时,导管应布置在其控制范围的最低处,并从最低处开始浇筑。②导管出口高度:开浇前,导管底部出口距槽底应控制在15~25 cm范围内(注意:此距离若小于15 cm不利于导管内泥浆排出,易发生堵管事故;若超过25 cm,在混凝土供应不上时,会造成返浆、混浆事故)。实际施工时所采用的操作方式是:先将导管放至槽底,然后向上提升15~25 cm,将导管安放在槽口的井架上即可。③导管间距:在同一槽孔内同时使用两套以上导管浇筑时,导管中心间距不宜大于4.0 m(当采用一级配混凝土时,中心间距可适当加大,但不得大于5.0 m)。④导管埋深:导管埋入混凝土的最小深度不宜小于2 m,最大深度不宜大于6 m。在混凝土面上升较快时可适当加大,但不宜超过8 m;当混凝土面接近孔口或设计墙顶高程时,为便于混凝土流动,导管埋深可适当减小,但不宜小于1 m。

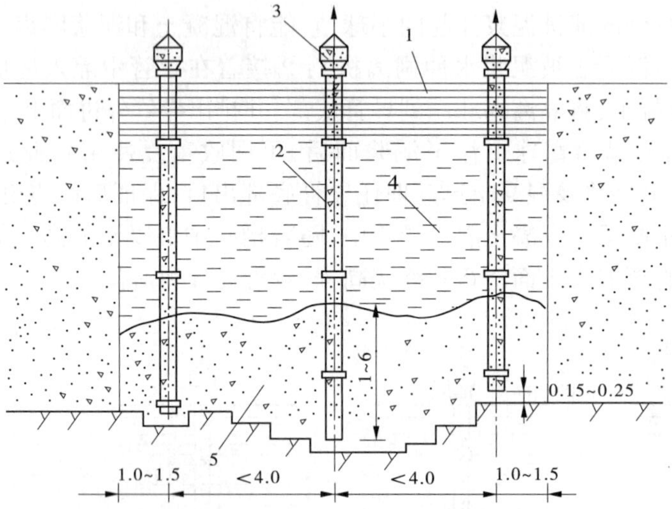

1—导向槽;2—导管;3—接料漏斗;4—固壁泥浆;5—混凝土。

图3-14　导管布置示意图　(单位:m)

(3)混凝土面的上升:混凝土面上升速度不应小于2 m/h;混凝土面要均匀上升,各处高差应控制在0.5 m以内;相邻导管底部高差不宜超过3 m。

(4)混凝土面深度测量:至少每隔30 min测量一次槽孔内混凝土面深度,每隔2 h测量一次导管内混凝土面深度,并在现场及时填绘混凝土浇筑指示图。

(5)槽孔口的保护措施:槽孔口应设置盖板,避免混凝土由导管外撒落到槽孔内。

(6)混凝土终浇高程:防渗墙墙体混凝土的终浇高程应高于设计规定的墙顶高程0.5 m。

(7)墙体质量要求：防渗墙墙体应均匀完整，不应有混浆、夹泥、断墙、孔洞等不良现象。

应注意的是，当墙段连接方式采用接头管法时，在一期槽孔混凝土初凝后，用专用机械将接头管拔出，则在一二期槽孔之间形成一定形状的曲面接头。因该法自然形成曲面接头，故不必再进行下道工序墙段连接的施工。

(七)墙段连接

采用间隔分序法施工的混凝土墙体，其各单元墙段(一、二期槽段的墙体)间的接缝是防渗墙的薄弱部分，故必须采取一定的墙段连接处理措施加以处理。

墙段连接也就是常说的接头处理，常见的墙段连接方法有以下几种。

1.接头管法连接

接头管法是在国内外使用最多的墙段连接方法。

该法是在建造完成的一期槽孔清孔换浆后、混凝土浇筑之前，在其端孔处下入专用的接头管；然后浇筑混凝土成墙；待混凝土初凝后，用专用的拔管机或吊车将接头管拔出并在此空间充填泥浆，从而在一期墙段的两端形成光滑的半圆柱面和便于二期槽孔施工的两个导孔，待二期槽段施工完成后，即在一二期槽段墙体之间形成一定形状的曲面接头。

正确确定开始起拔接头管的时间是该法成败的关键。过早不能成孔，过晚可能造成接头管铸管事故。按国内外的施工经验，接头管开始起拔应在混凝土初凝之前，一般控制在混凝土贯入阻力值在0.3~3.5 MPa进行。对某一具体工程而言，除依据混凝土初凝时间外，还要考虑气温、混凝土配比、混凝土面上升速度、接头管埋深等因素，通过试验来确定开始起拔接头管的时间。

拔出接头管后，应及时用泥浆充填接头孔，以防止一期槽孔混凝土强度太低导致塌孔，或接头孔周围的二期槽孔土体在地下水作用下塌入孔内。

2.钻凿法连接

钻凿法是一种我国最早并广泛采用的墙段连接方法。它是在已浇筑的一期槽孔混凝土终凝后，采用冲击式钻机在其两端主孔中套打一钻，重新钻凿成孔，并与二期槽孔同步浇筑混凝土，以在墙段间形成半圆形接头。

该法优点是工艺简单，不需专门的设备，形成的接头可靠；缺点是要损耗一定的墙体材料和工时。

该法的墙体深度一般不宜大于50 m。它适用于冲击式钻机造孔和墙体材料为低强度混凝土(<20 MPa)的条件；对于强度大于20 MPa的混凝土，可降低其早期强度，使接头处混凝土易于钻凿，以保证墙体连接厚度。

该法的关键是：钻凿接头孔应在混凝土终凝后进行，不得过早，否则会对已浇混凝土造成伤害；二期槽孔混凝土浇筑前，接头孔端面附着的泥皮及地层残留物应采用专用机具将其刷洗干净。

3.双反弧法连接

双反弧法是先行建造并浇筑一、二期槽段，然后用特制的双反弧钻头在各单元墙段之间钻凿形成双反弧桩柱孔，再用专用机具将其两端反弧面上附着的泥皮及地层残留物刷洗干净并清孔换浆，最后浇筑双反弧桩柱的混凝土，从而形成连续的墙体。

该法施工时,用于一、二期槽段连接的双反弧桩柱,其弧顶间距宜为墙厚的 80%~100%;钻凿双反弧桩柱孔时,钻头不得扭转,可采取的有效施工措施是选择冲击反循环钻机,其钻头由两根左、右旋的钢丝绳悬吊。

4. 铣削法连接

铣削法只适用于铣削法成槽施工的防渗墙工程。它是在两个一期墙段之间留出比液压铣槽机长度略小的位置作为二期槽段,该二期槽段铣削施工时,同时将一期墙段的端部铣出锯齿形的沟槽,形成两期槽段之间的榫形连接。

该法施工时,应将接缝位置准确标记在导墙上。

其他的还有止水带法,它是在接头防渗要求较高的防渗墙内使用的,在此不再详细讲解。

(八)质量检测

随着科技的不断进步,地质雷达、井下电视系统(超声电视、视频电视)、高密度弹性波 CT 和超声波速 CT 等无损检测技术在混凝土防渗墙检测上被广泛应用。

地质雷达检测法对内部缺陷情况可以进行定性解译,但定量测量不能满足要求;井下电视系统的优点是通过超声波成像、视频成像,成果形象、直观可靠,但需要造孔;高密度弹性波 CT 法可反映墙体介质分布的均匀性,但目前软件只能满足一般性数据处理;超声波速 CT 成像技术能在不同深度位置将不同声速用不同颜色显示出来,成果一目了然,但图像颜色比较单一,相邻声速范围呈现的色彩区分较困难。

第六节　振冲法施工

振冲法是振动水冲法的简称,它是利用机械振动和水力冲射加固土质地基的一种方法。振冲法于 20 世纪 30 年代始创于德国,1937 年首次用于处理柏林某大楼砂基,我国在 20 世纪 70 年代中期引进。振冲法最早用来振冲挤密松砂地基,提高其承载力,防止液化;后来应用于黏性土地基振冲,以碎石、砂砾置换成桩体,提高地基的承载力,减少其沉降。它们就是振冲法的两大分支——振冲挤密法和振冲置换法。

一、施工机具

振冲法施工的主要施工机具是振冲器、起吊设备和供水泵。振冲器的构造如图 3-15 所示。振冲器的原理是由水封的电机通过联轴器带动偏心块旋转,产生一定频率和振幅的水平振动。压力水(0.3~0.8 MPa)经过空心竖轴从振冲器下端喷口喷出,同时产生振动和冲射两种功能。工作

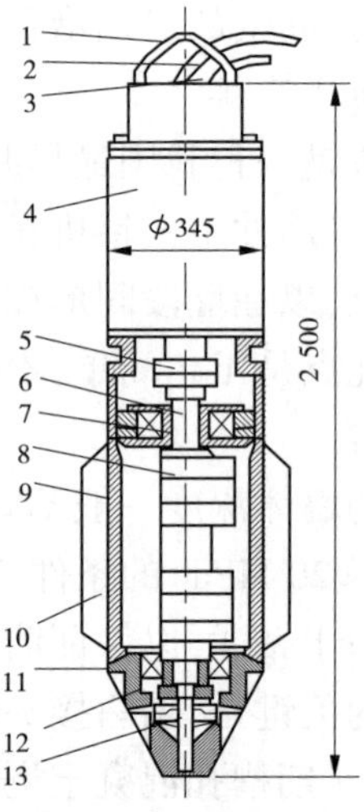

1—吊环;2—水管;3—电缆;4—电机;
5—联轴器;6—轴;7—轴承;
8—偏心块;9—壳体;10—翅片;
11—轴承;12—头部;13—喷口。

图 3-15　振冲器构造示意图　(单位:mm)

时,用起吊设备吊着振冲器,对准孔位,开启电机和水阀,一边振动、一边射水、一边贯入振冲器,直达设计深度,形成振冲孔。必要时可向孔中投放填料或置换料,再通过振冲使之密实。

国内常用振冲器的型号及技术参数见表 3-10,其中 75 kW、130 kW 的应用最为广泛。工程中的选用应根据地基处理设计要求、土的性质及施工工艺,通过现场试验确定。

表 3-10　常用振冲器技术参数

电动机额定功率/kW	额定电流/A	转数/(r/min)	振幅/mm	振动力/kN	质量/t	振冲器外径/mm	振冲器长度/mm
30	65	1 450	4. 2~6. 4	100	1. 38	375	1 954
45	98	1 450	4. 2~6. 4	100	1. 50	375	2 008
55	118	1 450	4. 2~6. 4	120	1. 60	375	2 017
75	158	1 450	12~14	160	2. 50	426	2 710
100	206	1 450	12~15	180	2. 55	426	2 810
130	267	1 450	14~16	200	2. 81	426	2 922

起吊设备采用汽车式起重机比较方便、灵活、功效较高。30 kW 振冲器(6 m 以内孔深)可选用 8 t 汽车式起重机;75 kW 振冲器宜选用 16 t 汽车式起重机;25~30 t 汽车式起重机可满足 20 m 以内孔深施工;20~30 m 孔深宜选用 30 t 及以上的汽车式起重机。此外,起吊设备还可考虑选用履带式起重机或桩机架等。

供水泵扬程不宜小于 80 m,流量不宜小于 15 m^3/h。

二、振冲加固原理

振冲法作为一种地基加固处理方法,有以下两种常用形式:

一是振冲挤密法:在振冲器水平振动和高压水或辅以高压空气的共同作用下,使松散碎石土、砂土、粉土、人工填土等土层振密,该法也常称振冲密实法。

二是振冲置换法:在碎石土、砂土、粉土、黏土、人工填土、淤泥土等地基土层中,先振冲成孔,再往其中回填碎石、砂砾等粗粒料形成振冲桩,振冲桩和周围地基原状土组成复合地基,该法也常称振冲碎石桩法。

(一)振冲挤密法的加固原理

振冲挤密法对砂土地基的加固原理可总结为:振密作用、挤密作用和预震作用三个方面。

(1)振密作用:依靠振冲器的强力振动使饱和砂层发生液化,砂粒重新排列,孔隙减小,表现为振冲过程中的地面下陷。

(2)挤密作用:依靠振冲器的水平振动力,在加填料的情况下通过填料使砂层挤压密实(注意:因加入的填料较少,不能形成完整的碎石桩体,故应与振冲置换法相区别)。

(3)预震作用:振冲施工过程会造成地基土的剧烈震动,从而会对液化砂土产生预震作用,对提高砂土地基的抗液化能力极为有利。

(二)振冲置换法的加固原理

振冲置换法对黏性土地基的加固原理可总结为:置换作用、垫层及加筋作用和排水作用三个方面。

(1)置换作用:碎石桩作为原地层的置换体,在提高复合地基承载力中占有主导地位,使桩体周围软土承担的荷载相应减小。

(2)垫层及加筋作用:若软弱土层较厚,桩体不可能穿透整个土层,则复合桩土层主要起到垫层作用(将荷载扩散,使其分布趋于均匀),从而提高地基的整体抵抗力,减小其沉降量;若软弱层较薄,碎石桩可穿透此层,则桩体起主要承载作用,相当于加筋。

(3)排水作用:天然饱和黏性土的排水方向以垂直方向为主(向下或向上排水),排水距离较长。振冲置换后,由于砂石桩的渗透性较强,会吸引周围地基中的水向砂石桩方向流动,以缩短排水距离,而且加快了排水速度,从而加快了地基的固结沉降速率。

三、振冲法的施工工艺流程

振冲法施工按图 3-16 所示的流程进行。

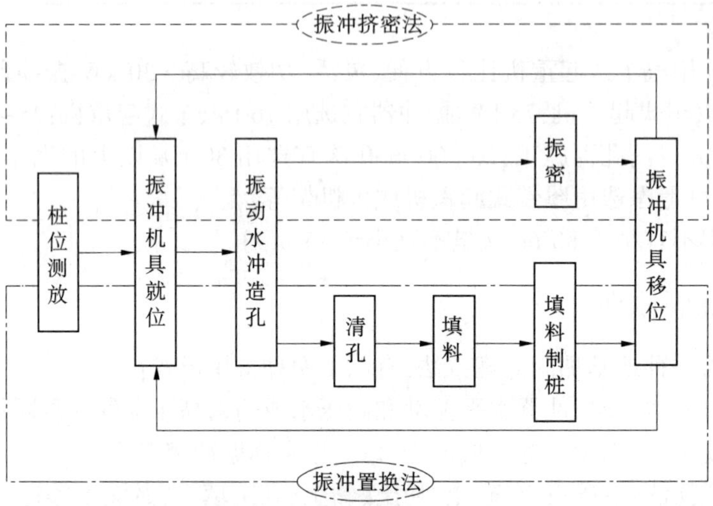

图 3-16 振冲法施工工艺流程

(一)振冲定位

桩位测放:根据振冲桩的设计桩位坐标,通过测量放样定出现场的具体桩位。

振冲机具就位:用吊车起吊振冲器对准桩位,其开孔定位允许偏差应不大于 100 mm。然后启动设备并进行检查:先开启供水泵,待振冲器下口出水后,再开动电源,启动振冲器,检查水压、电压、振冲器空载电流(空载电流是指振冲器启动后在贯入土层前运行的电流值)是否正常。

(二)造孔(振冲成孔)

采用振动水冲法造孔,即一边振动、一边射水、一边贯入振冲器,直到造孔至设计深度。成孔过程中,应控制好造孔速度,观察孔口返水是否正常,并密切监测电流变化情况。

1. 造孔速度

振冲置换法施工时,造孔速度不宜超过 2 m/min;振冲挤密法施工时,造孔速度不宜超过 6 m/min。施工时,启动起吊设备的卷扬机下放振冲器,使其以预定的速度徐徐贯入土层中。

2. 造孔水压

振冲置换法施工时,造孔水压宜控制在 0.3~0.8 MPa(水量可用 200~400 L/min);振冲挤密法施工时,造孔水压应根据地质条件确定,且满足施工要求。

3. 电流值监测

造孔的过程应保持振冲器呈悬垂状态,以保证垂直成孔,若发现桩孔偏斜应立即纠正。

注意在振冲器下沉过程中的电流不得超过电机的额定电流值,万一超过,须暂停或减缓振冲器的贯入,或向上提升一段距离,借助高压水冲击使土层松动、电流值下降到额定电流以内时,再进行贯入。

4. 观察孔口返水情况

振冲成孔过程中,必须保持孔口返水,并记录造孔的电流值、造孔的速度及返水的情况。若孔口不返水,应适当加大供水量。

5. 成孔深度

振冲碎石桩成孔深度宜小于设计处理深度 0.3~0.5 m。

(三)留振和上拔

1. 留振

留振时间就是指在振密土体或填料制桩过程中,振冲器电机维持加密电流所持续的时间。

当振冲达到设计深度后,对振冲挤密法,可在这一深度上留振 30 s,将水压和水量降至孔口有一定量回水但无大量细小颗粒带走的程度为宜。

2. 扩孔

成孔过程中,如遇中部硬夹层,应适当通孔,每深入 1 m 应停留扩孔 5~10 s,达到深度后,振冲器再上下往返 1~2 次进行扩孔。

3. 振冲器提升(上拔)

对于连续填料法,振冲器留在孔底以上 30~50 cm 处准备填料;对于间断填料法,可将振冲器提出孔口准备填料,提升速度可为 5~6 m/min。

(四)清孔

1. 清孔目的

成孔后,若返水中含泥量较高或孔口被泥堵塞,以及孔中有强度较高的黏性土导致桩孔出现缩颈现象时,一般需清孔。对振冲置换法,成孔后要留一定的清孔时间。

2. 清孔方法

把振冲器提出孔口(或提到需要清孔的位置),然后重复"造孔—留振—上拔"步骤 1~2 遍,以借助循环水使孔内泥浆变稀,清除孔内泥土,保证后续填料畅通。

(五)填料制桩或振密

该工序为振冲施工中最为关键的工序。振冲挤密法不加填料或仅加少量填料,主要依靠振冲器的高频激振力使饱和的砂层达到液化塌陷,从而提高砂层的密实度,如图 3-17 所示。振冲置换法要通过加入填料,并利用振冲器进行振动水冲使其形成密实度较高的碎石桩体,如图 3-18、图 3-19 所示。

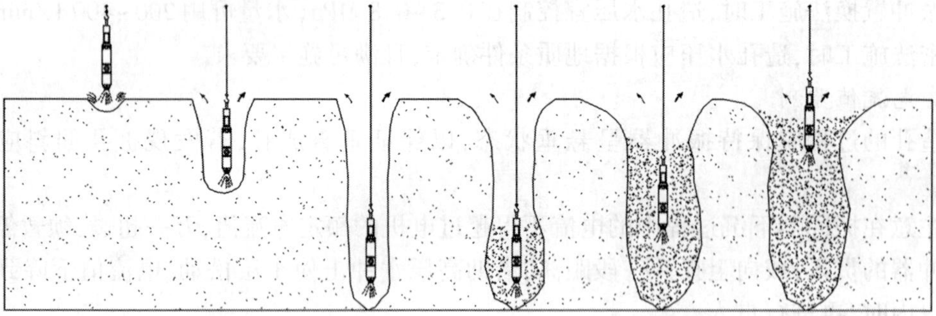

①　②　③　④　⑤　⑥

①—定位;②、③—自上而下造孔;④、⑤—自下而上分段振冲致密;⑥—振冲挤密施工完毕。

图 3-17　不加填料的振冲挤密法施工过程示意图

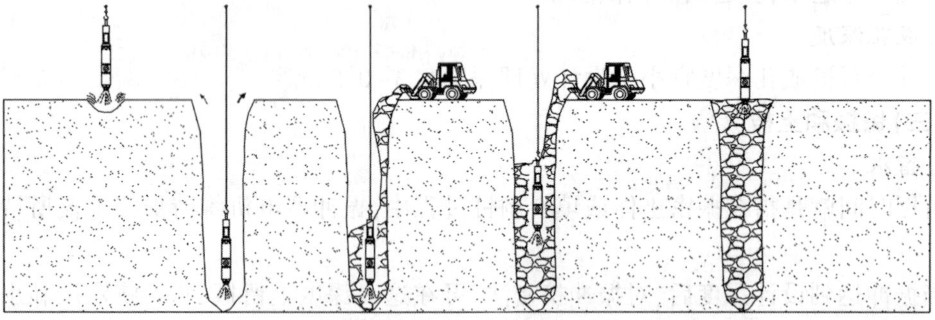

①　②　③　④　⑤

①—定位;②—振冲成孔;③—造孔至设计标高并开始填料;④—边振边下料、边上提;⑤—制桩完成。

图 3-18　连续填料法工艺振冲施工过程示意图

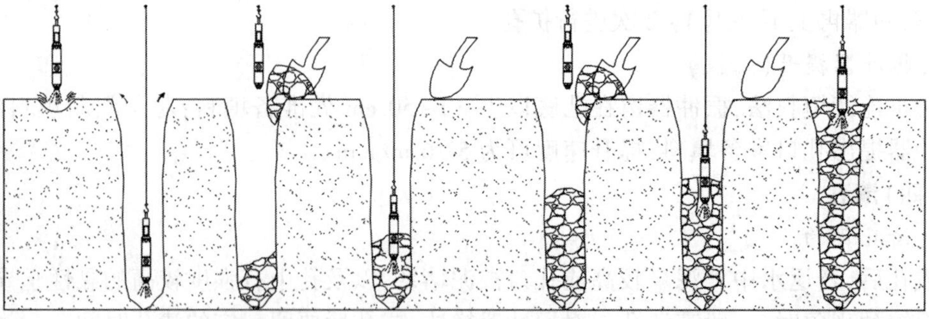

①　②　③　④　⑤　⑥　⑦

①—定位;②—振冲成孔;③—造孔至设计标高后,将振冲器提出孔外并开始填料;④—填料一段、振冲一段;⑤、⑥—继续分段填料(注:每段填料时,振冲器均需提出孔外)、分段振冲;⑦—制桩完成。

图 3-19　间断填料法工艺振冲施工过程示意图

1. 制桩顺序

振冲桩的施工顺序有排打、跳打、围打三种，具体特性对比分析如表 3-11 所示，同一施工场地可以采用不同打法或混合打法，具体应根据工程情况选用。

表 3-11　制桩顺序特性对比

制桩顺序	特性对比	
	施工步骤	优缺点
排打法	由一端开始，依次制桩到另一端结束	易于施工，但孔位较密时，后打的桩易倾斜
跳打法	隔排或隔孔制桩	桩之间影响小，但要防止漏桩和准确定桩位
围打法	先制外围桩，逐步向内施工	振密效果好，节约桩数，对于以消除地基液化为主的工程，可优先选用围打。但要防止漏桩和准确定桩位

2. 填料加入

振冲置换法施工时，往振冲孔中加入的填料一般数量大且集中，一般宜选用 0.5～2 m^3 装载机进行机械填料作业，水上施工时，可采用挖掘机或胶带输送机上料；对于振冲挤密法加少量填料的情形，填料的加入量一般都很少，可采用人工推胶轮车填料作业。

填料作业有孔口填料施工和底部出料施工两种方式，工程中一般多采用孔口填料施工。

孔口填料作业时，填料方式可采用强迫填料法、连续填料法或间断填料法。大功率振冲器宜采用强迫填料法；深孔宜采用连续填料法；在桩长小于 6 m 且孔壁稳定时，可采用间断填料法。

1）强迫填料法

强迫填料法是利用振冲器的自重和振动力将孔上部的填料挟带到孔下部的填料方式。该方法适用于孔内下料不畅的情况。由于振冲器挟带填料向下贯入，电机负荷比较大，特别要保护振冲器在填料满孔的情况下能贯入，要求振冲器电机的额定电流远大于加密电流，否则振冲器上提后再次向下贯入时，可能出现潜水电机的电流超过额定电流而不能贯入预定位置的问题，从而导致桩体漏振。因此，强迫填料法一般适用于大功率振冲器施工。

2）连续填料法

采用连续填料法时，在制桩过程中，振冲器留在孔内（振冲器成孔后停留在设计加固深度以上 30～50 cm 处），向孔内连续不断填料，并在整个制桩过程中填料均处于满孔状态。振冲挤密加填料或深孔振冲置换法宜采用连续填料法；该法尤其适用于填料入孔通畅及机械填料作业的情形。

3）间断填料法

间断填料法是在填料时将振冲器提出孔口，往孔内每次倒入少量的石料（一般为 0.2～0.3 m^3），紧接着将振冲器贯入孔中将石料振捣密实，如此反复，直到制桩完成的填料方法。该方法适用于人工推胶轮车填料作业的情形。由于每次要把振冲器提出孔口，深孔施工效率低,设备运行也不安全,因此间断填料法一般用于桩长小于6 m的浅孔。随着施工机械的普及,间断填料法已经很少采用。

3. 加密控制

孔口填料振冲置换法施工时,加密水压宜控制在0.1~0.5 MPa,一般采用加密电流(密实电流)、留振时间、加密段长度作为加密控制标准(通过现场试验和工艺试验确定),填料量作为参考。

不加填料的振冲挤密法施工时,一般采用留振时间、加密段长度作为加密控制标准,加密电流作为参考。

加密电流和留振时间应采用自动控制系统控制,并及时检查其准确性。

1) 加密电流

由于填料的不断挤入或松散砂层的不断振实,振冲孔孔壁的约束力逐渐增大,一旦约束力与振冲器产生的水平向振动力相平衡时,碎石桩桩径将不再扩大或砂层不再下沉,这时振冲器的电流值会迅速增大。

加密电流就是振密土体或填料制桩过程中,振冲器电机需达到的设计电流值。由于不同振冲器的机械性能存在一定差别,相应电机的空载电流值可能不完全一致,因此在施工中宜根据不同振冲器的空载电流对设计加密电流值做适当的增减,以利于降低不同机组施工效果的差异性。

在每一深度孔段的振冲施工中,若电流值达到加密电流,则认为该深度的桩体已经振密;如果电流达不到密实电流,则需要向孔内倒一批填料,然后继续振密……如此反复操作,直到该深度的电流达到密实电流。每倒一批填料进行振密,都必须记录深度、填料量、振密时间和振密时的电流。

2) 留振时间

留振时间就是振密土体或填料制桩过程中,振冲器电机维持加密电流所持续的时间。在规定留振时间内,电流值不得低于加密电流。

3) 加密段长度

加密段长度就是振冲器振密土体或填料制桩的段次长度,即前一次加密段结束位置与本次加密段结束位置之间的距离。在加密电流和留振时间一定的情况下,加密段长度大小对加密效果起着关键作用;加密段长度短,效果好些;加密段长度大,效果差些。振密应从底标高开始(振冲置换法从桩底标高开始,振冲挤密法从设计底标高开始),逐段向上进行,中间不得漏振,振冲置换法及振冲挤密法的加密段长度均不宜超过0.5 m。

4) 填料量

填料量就是每一加密段长度填入的填料数量。当加密标准采用加密电流、留振时间和加密段长度三个指标控制时,填料量将随之被自然确定,故不宜将其作为加密质量控制的主要标准,而作为参考。

因天然地基各土层的物理力学性质指标会存在差异,所以振冲碎石桩在各土层中的填料量也会随之出现一定的离散性,其结果有利于提高场地地基的均匀性,减小地基的不均匀沉降,故填料量反映了土的特性。对于以置换性质为主的加固,应对填料数量的多少予以充分的关注 。若填料数量与设计要求相差较大,应向设计、监理报告,共同分析研究

填料数量多少对地基加固质量的影响。当确实影响加固效果时,应通过设计变更及时调整加密技术参数,确保施工质量

四、施工质量检测

振冲施工结束后,根据设计要求和地基处理目的,应对桩的数量、桩径、桩位偏差、桩体密度、桩间土处理效果、复合地基承载力及变形模量等进行检测。

检测试验应在振冲施工结束并达到恢复期后进行,砂土恢复期不少于 7 d,粉土恢复期不少于 15 d,黏性土恢复期不少于 30 d。

参 考 文 献

[1] 颜宏亮,于雪峰. 水利工程施工[M]. 郑州:黄河水利出版社,2009.
[2] 中华人民共和国水利部. 水工建筑物岩石地基开挖施工技术规范:SL 47—2020[S]. 北京:中国水利水电出版社,2020.
[3] 中华人民共和国水利部. 水工建筑物地基处理设计规范:SL/T 792—2020[S]. 北京:中国水利水电出版社,2007.
[4] 中华人民共和国水利部. 水工建筑物水泥灌浆施工技术规范:SL/T 62—2020[S]. 北京:中国水利水电出版社,2020.
[5] 中华人民共和国水利部. 水利水电工程钻孔压水试验规程:SL 31—2003[S]. 北京:中国水利水电出版社,2003.
[6] 国家能源局. 水电工程钻孔压水试验规程:NB/T 35113—2018[S]. 北京:中国水利水电出版社,2018.
[7] 国家能源局. 水电水利工程高压喷射灌浆技术规范:DL/T 5200—2019[S]. 北京:中国电力出版社,2020.
[8] 中华人民共和国水利部. 水利水电工程混凝土防渗墙施工技术规范:SL 174—2014[S]. 北京:中国水利水电出版社,2014.
[9] 国家能源局. 水电水利工程振冲法地基处理技术规范:DL/T 5214—2016[S]. 北京:中国电力出版社,2017.
[10] 白永年,等. 中国堤坝防渗加固新技术[M]. 北京:中国水利水电出版社,2001.
[11] 高钟璞,等. 大坝基础防渗墙[M]. 北京:中国电力出版社,2000.

第四章　土石坝工程施工

第一节　概　述

一、引言

土石坝泛指由当地土料、石料或混合料,经过抛填、碾压等方法堆筑成的挡水坝。土石坝是历史最为悠久的一种坝型,也是世界大坝工程建设中应用最为广泛和发展最快的一种坝型。按照施工方法一般分为碾压式土石坝、抛填式堆石坝、定向爆破堆石坝、水力充填坝等。国内外均以碾压式土石坝最多。碾压式土石坝按防渗体形式一般又分为均质土坝、心墙土石坝、斜墙土石坝、面板堆石坝及复合土工材料防渗土石坝等。与其他坝型相比,土石坝具有以下鲜明的施工特点:

(1)筑坝所需土石可就地取材,还可以充分利用各种开挖料。与混凝土坝相比,土石坝所需钢材、水泥、木材比较少,可以减轻对外交通运输的工作量,是一种经济、安全、环保和工期短、适应性好、施工方便的坝型。由于岩土力学和试验技术的进步及施工技术的发展,筑坝材料的品种范围还在逐步扩大。

(2)土石坝工程量大,施工强度高。当前机械化施工水平已经可以在合理工期内完成大量土石方开挖和填筑。机械设备、运输线路和工程质量成为施工的关键因素。

(3)土石坝施工和自然条件关系极为密切。由于水文、地质、气象因素的不确定性和筑坝材料的千差万别,对土石坝的导流标准、拦洪度汛方式及有效工作时间要进行充分细致的综合研究,做好坝料的室内外试验研究工作和施工设计,并根据条件变化,及时调整施工参数和修正施工方案,实施动态施工管理。

(4)实践经验甚为重要。由于自然环境的不同,每座土石坝都有其特殊性,因此土石坝是一门实践性很强的工程门类,重视积累施工经验和借鉴他人经验,是提高施工水平的重要环节。

(5)原型观测具有特殊地位。由于设计参数和计算方法的局限及复杂多变的施工过程,原型观测对检验设计合理性和监测施工质量及运行安全具有特别重要的意义。

近代的土石坝筑坝技术自20世纪50年代以后得到发展,并促成了一批高坝的建设。我国已建成的土石坝超过8万座,坝高超过100 m的就有近百座。新时期,土石坝施工技术的发展以重型土石方机械及振动碾等大型施工设备的成功实践为主要标志,使土质心墙防渗体坝和混凝土面板堆石坝成为现代高土石坝的两种主导坝型。由于沥青混凝土具有防渗性能好、适应变形能力强、工作量较少等特点,近年来,沥青混凝土作为防渗体的土石坝也得到长足的发展。随着化学工业的发展,土工薄膜的物理力学性质和抗老化性能得到提高,开始被应用于低坝防渗,目前应用土工膜防渗的土石坝坝高已达百米级。具有代表性的大坝有糯扎渡工程（心墙堆石坝，坝高 261.5 m）、长河坝工程（砾石土心墙堆石坝，坝高 240 m，深厚覆盖层）、水布垭工程（混凝土面板堆石坝，坝高 233 m）、天生桥一级工程（混凝土面板堆石坝，坝高 178 m）、冶勒水电站工程（沥青混凝土心墙堆石坝，坝高 124.5 m）、两河口工程（黏土心墙堆石坝，坝高 295 m）和双江口工程（砾石土心墙堆石坝，坝高 314 m）等。

近年来，一批高土石坝的相继建成和动工修建，标志着我国的土石坝施工水平已经进入世界先进行列。这些工程使用的自卸汽车的吨位和挖掘机斗容随填筑规模的加大而增大，碾压设备都采用了大型自行式或牵引式振动碾，冲击式压实设备开始试验应用。测试手段和观测设备埋设技术都有了同步的发展。由于施工技术水平的提高和采用先进的施工设备与工艺，深覆盖层地基处理技术也取得了跨越式进步。

二、内容提要

坝料复查与规划，土石料挖运机械及生产率计算，土石料上坝路和坝内临时道路布置，土石料采运方案选择及挖运机械数量的确定，土石料压实原理、压实标准、压实试验及压实机械生产率计算，坝体各种土石料填筑工艺及结合部位施工要求，面板堆石坝施工工艺要求和土工膜防渗体施工技术要求等。

三、学习要求

了解碾压式土石坝施工工艺与施工机械，掌握碾压式土石坝的施工程序、施工方案及技术要求。具体归纳为以下几点：

（1）料场规划是要害，在施工之前一定要做好料场规划，不能因为料源的数量、质量等问题影响工程进展。

（2）土石料的开采运输是决定坝体填筑进度的重要环节，施工中必须根据料源的性质、运距的远近合理选择开挖、运输设备，以保证坝体填筑强度为原则。

（3）在坝体填筑施工中，防渗体是核心部位，是质量控制的重中之重，必须严格按照规范要求施工。

（4）坝料与地基、岸坡、建筑物的结合部位以及各种料之间的结合部位是施工的难点，也是土石坝最易出现质量问题的部位，一定要认真仔细地做好这些部位的施工。

（5）面板堆石坝和土工膜防渗技术现在已越来越成熟，是土石坝未来发展的方向，研究改进土石坝施工技术，必将推动土石坝的快速发展。

第二节　坝料复查与规划

一、坝料复查

坝料复查是在技术施工设计的基础上，在料场开采之前开展的工作，是为了更加准确地确定筑坝料场的数量、性质、分布、施工开采条件及其处理方法，保证作为料场规划、开采、运输道路布置等施工组织设计的主要依据，同时也是为了进一步核实筑坝材料设计的可靠性。这一工作应由施工单位完成。坝料复查是一项重要工作，若前期勘察工作不足，可能导致工程开工后,因坝料质量和数量不能满足工程要求,致使停工而拖延工期。因此,坝料复查是十分必要的。

施工单位对勘测设计单位所提供的各天然料场勘察报告和可供利用的枢纽建筑物开挖料的调查及试验资料应进行详细核查。对合同文件中选定的各种料源的储量和质量,应辅以适量的坑探和钻孔取样复核。当达不到现行《水利水电工程天然建筑材料勘察规程》(SL 251—2015)的要求时,应及时报告监理工程师。

施工期间如发现有更合适的料场可供使用,或因设计施工方案变更,需要新辟料源或扩大料源时,应进行补充调查。其调查试验的项目和精度应符合上述规程的有关规定。

(一)天然料源的复查内容

(1)覆盖层或剥离层厚度、料层的地质条件及夹层的分布情况。

(2)料场分布、开采、加工及运输条件。

(3)料场的水文地质条件与汛期水位的关系。

(4)料场的开采范围、占地面积、弃料数量及可用料层厚度和有效储量。

(5)坝料的物理力学性质及压实特性。

(6)料场地质灾害和环境问题的调查和分析。

(二)开挖利用料源的复查内容

对枢纽建筑物开挖料的复查或补充调查工作,应根据坝料可能填筑的顺序,在开始填筑前完成。其复查内容如下:

(1)可供利用的开挖料的分布、运输及堆存等回采条件。

(2)根据枢纽工程的地质、地形条件,复查主要可供利用的建筑物开挖料的工程特性。

(3)复查有效挖方的利用率。

坝料根据性质不同,有黏性土、砾质土、软岩、风化料、砂砾料和堆石料等类型,复查的具体要求和重点也不相同,应按《碾压式土石坝施工规范》(DL/T 5129—2013)和与施工项目有关的规范执行。

(三)料场复查报告的内容

料场复查报告的内容,应包括料场地形图、试坑与钻孔平面图、地质剖面图(当地质情况简单时可省略)、含水量、地下水位随季节变化情况、试验分析成果、代表性坝料样品、有效开采面积、实际可开采数量的计算书、料场全部或部分坝料与建筑物可利用开挖料、适用于填筑坝体某一部位的说明书与是否加工处理的结论,并说明开采和运输条件等。

二、坝料规划

坝料规划是在坝料复查的基础上,对各种料场在不同施工阶段中的使用程序、填筑部位及供求量的平衡等问题,做出从空间、时间、质与量诸方面的全面规划。

(一)空间规划

空间规划,是指对料场位置、高程的恰当选择,合理布置。土石料的上坝运距尽可能短些,高程上有利于重车下坡,减少运输机械功率的消耗。近料场不应因取料影响坝的防渗稳定和上坝运输,也不应使道路坡度过陡引起运输事故。坝的上下游、左右岸最好都有料场，这样有利于上下游、左右岸同时供料，减少施工干扰，保证坝体均衡上升。用料时原则上应低料低用、高料高用，当高料场储量有余裕时，亦可高料低用。同时，料场的位置应有利于布置开采设备、交通运输及排水通畅。对石料场尚应考虑与重要建筑物、构筑物、机械设备等保持足够的防爆、防震安全距离。

（二）时间规划

时间规划，就是要考虑施工强度和填筑部位的安排。随着季节及坝前蓄水情况的变化，料场的工作条件也在变化。在用料规划上应力求做到上坝强度高时用近料场，上坝强度低时用较远的料场，使运输任务比较均衡。对近料和上游易淹的坝料应先用，远料和下游不易淹的坝料后用；含水量高的料场旱季用，含水量低的料场雨季用。在料场使用规划中，还应保留一部分近料场供围堰合龙段填筑和拦洪度汛用料高峰强度时使用。

（三）质与量规划

质与量规划，是料场规划最基本的要求，也是决定料场取舍的重要因素。在选择和规划使用料场时，应对料场的地质成因、产状、埋深、储量及各种物理力学指标进行全面勘探和试验。勘探精度应随设计深度加深而提高。在施工组织设计中，进行用料规划，不仅应使料场的总储量满足坝体总方量的要求，而且应满足施工各个阶段最大上坝强度的要求。

施工前对料场的实际可开采总量进行规划时，应考虑料场调查精度、料场天然重度与坝面压实重度的差值，以及开挖与运输、雨后坝面清理、坝面返工及削坡等损失。实际可开采总量与坝体填筑量的比例一般为：土料 2.0~2.5（宽级配砾质土取上限）；砂砾料 1.5~2.0；水下砂砾料 2.0~2.5；堆石料 1.2~1.5；天然反滤料应根据筛取的有效方量确定，但一般不宜小于 3.0。

（四）其他方面

料尽其用，充分利用永久性建筑物和临时性建筑物基础开挖渣料是土石坝料场规划的又一重要原则。为此，应增加必要的施工技术组织措施，确保渣料的充分利用。例如，若导流建筑物和永久建筑物的地基开挖时间与上坝时间不一致，则可调整开挖进度和填筑进度，或增设堆料场储备渣料，供填筑时使用。

料场规划还应对主要料场和备用料场分别加以考虑。前者要求质好、量大、运距近，且有利于常年开采；后者通常在淹没区外，当前者被淹没或因库区水位抬高，土料过湿或其他原因不能供应时，则用备用料场保证坝体填筑不致中断。

另外，料场选择还应与施工总体布置结合考虑，应根据运输方式、填筑强度来研究运输线路的规划和装料作业面的布置。料场内装料作业面应保持合理的间距，间距太小会使道路频繁搬迁，影响工效；间距太大影响开采强度，通常装料作业面间距取 100 m 为宜。整个场地规划还应排水通畅，全面考虑出料、堆料、弃料的位置，力求避免干扰以加快采运速度。

第三节 土石料挖运机械

一、挖运机械

土石料挖运机械包括挖掘机械、铲运机械和运输机械三大类。

(一)挖掘机械

挖掘机械的种类繁多,就其构造及工作特点,有循环单斗式和连续多斗式之分。就其传动系统又有索式、链式和液压传动之分,挖掘机械的分类及用途见表 4-1。液压传动具有突出的优点,现代工程机械多采用液压传动。水利工程中常见的单斗式挖掘机械如图 4-1 所示。

表 4-1　挖掘机械的分类及用途

分类要素	形式	用途
工作装置	正向铲、反向铲、拉铲、抓铲	挖掘基坑,疏通河道、道路,清理废墟,挖掘水库和河道,剥离表土,挖装土石材料等
动力装置	电力驱动式、内燃机驱动式、混合动力等	
动力传递和控制方式	机械式、机械液压式、全液压式	
行走方式	履带式、轮胎式、拖挂式	
作业方式	循环作业式(单斗式挖掘机)、连续作业式(多斗式挖掘机)	

(a)正向铲挖掘机　(b)反向铲挖掘机

(c)拉铲挖掘机　(d)抓铲挖掘机

图 4-1　常用的单斗式挖掘机械

1. 单斗式挖掘机

单斗式挖掘机是只有一个铲土斗的挖掘机械,为了适应各种不同施工作业的需要,其工作装置有正向铲、反向铲、拉铲和抓铲四种。

1）正向铲挖掘机

电动正向铲挖掘机[见图4-1(a)]，是单斗式挖掘机中最主要的形式，其特点是铲斗前伸向上，强制铲土，挖掘力较大，主要用来挖掘停机面以上的土石方，需要相当数量的自卸汽车配合，一般用于开挖无地下水的大型基坑和料堆，适合挖掘Ⅰ～Ⅳ级土或爆破后的岩石渣。

履带式液压正向铲挖掘机的斗容量一般为0.5～40 m^3，常用的斗容量为4 m^3、10 m^3和16 m^3等，最大挖掘高度可达10 m以上。

正向铲挖掘机有两种作业方式：前向挖土，侧向卸土；前向挖土，后向卸土。

2）反向铲挖掘机

电动反向铲挖掘机[见图4-1(b)]，是正向铲更换工作装置后的工作形式，其特点是铲斗后扒向下，强制挖土。它主要用于挖掘停机面以下的土石方，需要相当数量的自卸汽车配合，一般用于开挖小型基坑或地下水位较高的土方，适合挖掘Ⅰ～Ⅲ级土或爆破后的岩石渣，硬土需要先行刨松。

履带式液压反向铲挖掘机的斗容量一般为0.5～40 m^3，其中1.0 m^3以下的称小型铲，1.0～5.0 m^3的称中型铲，5.0～15.0 m^3的称大型铲，15.0～40.0 m^3的称超大型铲。

反向铲挖掘机每一作业循环包括挖掘、回转、卸料和返回等四个过程。

3）拉铲挖掘机

电动拉铲挖掘机[见图4-1(c)]，用于刮铲停机面以下的土方。由于卸料是利用自重和离心力的作用在机身回转过程中进行的，湿黏土也能卸净，因此最适于开挖水下及含水量大的土料。但由于铲斗仅靠自重切入土中，铲土力小，一般只能挖掘Ⅰ～Ⅲ级土，不能开挖硬土。拉铲的臂杆较长，且可利用回转离心力快放钢索将铲斗抛至较远距离，所以它的挖掘半径、卸土半径和卸载高度较大，最适于直接向弃土区弃土。

常用的拉铲挖掘机斗容量一般为0.5～4.0 m^3。国外生产的步行式拉铲挖掘机，斗容量高达168.2 m^3。

4）抓铲挖掘机

电动抓铲挖掘机[见图4-1(d)]，利用其瓣式铲斗自由下落的冲力切入土中，而后抓取土料提升，回转后卸掉。抓铲挖掘深度较大，适于挖掘窄深基坑或沉井中的水下淤泥及砂卵石等松软土方，也可用于装卸散粒材料。

2. 多斗式挖掘机

多斗式挖掘机是一种由若干个挖斗依次连续循环进行挖掘的专用机械，生产效率和机械化程度较高，在大量土方开挖工程中运用。它的生产率从每小时几十立方米到上万立方米，主要用于挖掘不夹杂石块的Ⅰ～Ⅳ级土。多斗式挖掘机按工作装置不同，可分为链斗式和斗轮式两种。

链斗式挖掘机是多斗式挖掘机中最常用的形式，若干挖斗随着斗链依次运动，刮土带出掌子面，主要进行下采式工作。采砂船也是链斗式挖掘机的一种，移动在水面上挖取水下砂卵石，如图4-2所示。

斗轮式挖掘机(见图4-3)的斗轮装在可俯仰的臂杆上，斗轮上装有若干个铲斗随着斗轮一起转动,切土带出掌子面。当铲斗转到最高位置时,土料靠自重落下,经溜槽卸至皮带机,然后再卸至弃土堆或运输工具上。它的主要特点是斗轮转速较高,连续作业,臂杆的倾角可以改变,挖掘机上部机构安装在转台上,可作360°旋转,因此这种挖掘机的生产率高,能开挖停机面上下的土方。

图4-2　链斗式采砂船

图4-3　斗轮式挖掘机

(二)铲运机械

铲运机械是一种能独自连续完成挖、装、运等作业的施工机械,常用的有推土机、铲运机和装载机三种。

1. 推土机

推土机(见图4-4)是一种多用途的自行式土方工程施工机械,是水利水电建设中最常用、最基本的机械,可用来完成场地平整、基坑开挖、渠道开挖、推平填方、堆积土料、回填沟槽、清理场地等作业,还可以配装松土器、牵引振动碾、拖车等机械作业。它在推运作业中,距离不宜超过60~100 m,挖深不宜大于1.5~2.0 m,填高小于2~3 m。推运的经济运距一般为30~50 m。

推土机按推土板形式分为固定式和万能式,按操纵方式分为钢索和液压操纵,按行驶方式分为履带式和轮胎式。

图 4-4　履带式推土机

2. 铲运机

铲运机(见图 4-5)是一种利用铲斗在随机械一起行进中依次完成铲土、装土、运土、铺卸和整平等五个工序的铲土运输机械。它广泛用于大规模的土方施工作业中。

图 4-5　自行式铲运机

铲运机按行走装置,可分为牵引式和自行式两种。牵引式铲运机按铲斗的行走装置多为双轴轮胎式,一般由履带式拖拉机牵引,它的机动性能较差,只适用于短距土方转移工程;自行式铲运机按铲斗的行走装置可分为履带式和轮胎式两种。自行履带式铲运机适宜于运距不长、狭窄和沼泽地带使用。自行轮胎式铲运机机动灵活,在中长距离的土方转移工程中应用广泛。

铲运机按装载方式,可分为链板式和普通式两种。普通式铲运机利用牵引力让土屑挤入铲斗来实现装载过程。链板式铲运机则以链板装载结构代替普通的斗门,铲刀切出的土屑由该机构升送入斗。链板式铲运机与普通式铲运机相比,它能降低约 60% 的装斗阻力,从而能有效地利用动力实现自装,即没有助铲机械也能单独作业,效率高,能边转弯边装载,适宜在狭窄场地使用,由于链板的碎土作用,它铺土均匀,压实效果好;但它机重大,铲装时间长,造价高。

铲运机按斗容量可分为小型、中型、大型和特大型四种。小型的斗容量为 3~6 m^3,仅限于牵引式铲运机;中型的斗容量为 6~15 m^3;大型的斗容量为 15~30 m^3;特大型的斗容量在 30 m^3 以上。美国生产的铲运机斗容量已达 38 m^3 以上,功率大于 400 kW。

铲运机多用于平整大面积场地,开挖大型基坑、河渠和填筑堤坝等。铲运机可以用来直接完成Ⅰ～Ⅳ级土的铲挖,其中应对Ⅲ级以上较硬的土进行预先疏松后铲挖。要求铲土作业地区没有树根、树桩、大的石块和过多的杂草。普通装载式铲运机多用于含水量不大的土壤铲运作业,不适宜铲装湿黏土或干散砂土。链板式铲运机有更大的装载物料范围,除可装载普通土壤外,还可装载砂、砂砾石和级配均匀的小石渣,但不宜用于铲运大的卵石、石渣和湿黏土。

自行式铲运机的工作速度可以达到 40 km/h 以上,在中长距离作业中具有很高的生产效率和良好的经济效益。牵引式铲运机的经济运距一般为 300 m。自行式铲运机的经济运距与道路坡度大小、机械性能有关,一般为 200～300 m。

3. 装载机

装载机(见图 4-6)是一种可以挖、装、运、填连续作业的高效铲运机械。它主要用于铲装土壤、砂石等散状物料,也可对软岩、硬土等做轻度铲挖作业。换装不同的辅助工作装置还可进行推土、起重其他物料等作业。此外,还可进行推运土壤、平地和牵引其他机械等作业。由于装载机具有作业速度快、效率高、机动性好、操作轻便等优点,因此它成为工程建设中土石方施工的主要机种之一。

常用的单斗装载机按其装卸方式可分为前卸式、回转式和后卸式三种。前卸式的结构简单、便于观察、工作可靠,适合于各种作业场地,应用较广;回转式的工作装置安装在可回转 360°的转台上,侧面卸载不需要调头、作业效率高,但结构复杂、质量大、成本高、侧面稳定性较差,适用于较狭小的场地;后卸式采取前铲装、后翻卸,作业效率高,但安全性稍低。

图 4-6　轮胎式装载机

装载机按行走机构特点分为轮胎式和履带式两种。一般用“Z”表示装载机、“L”表示轮胎式、“C”表示履带式。以装载机额定载重量定型,如 ZL50,表示为轮胎式装载机额定载重量为 5 t。轮胎式装载机运距一般不超过 100～150 m,履带式装载机运距不超过 100 m。

(三)运输机械

土石坝施工中常用的土石方运输机械,主要有自卸汽车、带式运输机和有轨机车。自卸汽车和有轨机车属于周期性运输机械,带式运输机属于连续性运输机械。

1. 自卸汽车

自卸汽车装有金属制车厢,在举升机构的顶推作用下,可将厢载的物料倾卸干净。一般用于砂石料和散装物料等的运输,常与挖掘设备配套使用。自卸汽车有向后倾卸式、侧倾卸式、三面(后及两侧)倾卸式和底卸式四种。自卸汽车按燃料的种类分为汽油机式和柴油机式。自卸汽车常用载质量为 3.5～65 t,最大的载质量达 200 t。

2. 带式运输机

带式运输机(见图 4-7)是一种高效连续式运输设备,生产率高,机构简单轻便,造价低廉;可作水平运输,也可作倾斜运输,而且可以调转任一运输方向;可在运输中途任何地点卸料。当地形复杂,坡度较大,通过狭窄地带和跨越深沟时,采用带式运输机运输更为适宜。

图 4-7　移动带式运输机

带式运输机主要由胶带、驱动装置、传动滚筒、改向滚筒、承载托辊、上下托辊、拉紧装置、卸料装置、制动装置和清扫器等组成。胶带宽度为 500~2 400 mm,胶带的槽角通常选 30°或 35°,胶带的线速度为 1~4 m/s。带式运输机的长度可从几米到上千米。

带式运输机有固定式和移动式两种。固定式运输机没有行走装置,多用于运距较远且线路固定的情况。移动式运输机长 5~15 m,底部装有轮子可以移动,可手动调整它的上仰坡度。

3. 有轨机车

水利工程施工中所用的有轨机车,除巨型工程外,均为窄轨铁路。窄轨铁路的轨距有 1 000 mm、900 mm、762 mm、600 mm 四种。具有可倾翻的车厢,容量有 0.5~15 m^3 等多种,可用各种有轨动力机车牵引。

有轨机车具有机械结构简单、修配容易的优点。当料场集中、运输量大、运距较远(大于 10 km)时,可用有轨机车进行水平运输。有轨机车运输的临建工程量大,设备投资较高,对线路坡度、转弯半径和车距等的限制也较多。有轨机车不能直接上坝,要在坝脚经卸料装置至其他运输设备转运上坝。

二、挖运机械生产率计算

(一)挖掘机生产率计算

循环式单斗挖掘机或连续式多斗挖掘机的实际小时生产率可按下式确定:

$$P_c = 60nqk_{充}\ k_{松}\ k_{误}\ k_{时}\quad (m^3/h) \tag{4-1}$$

式中　n——对于单斗挖掘机是指每分钟循环工作次数,可根据表 4-2 进行换算;

q——铲斗的几何容量,m^3;

$k_{充}$——铲斗充盈系数,实际装料容积与铲斗几何容积的比值,见表 4-3;

$k_{松}$——土壤的可松性系数,见表 4-4;

$k_{误}$——联合作业延误系数,考虑运输工具影响挖掘机的工作时间,有运输工具配合时,可取 0.9,无运输工具配合时,应取 1.0;

$k_{时}$——时间利用系数,可取0.8~0.9。

表4-2　挖掘机一次挖掘循环的工作时间　单位:s

铲斗类型	挖掘机斗容量/m³						
	0.8	1.5	2.0	3.0	4.0	6.0	9.5
正向铲	16~28	16~28	18~28	18~28	20~30	24~34	28~36
反向铲	24~33	28~37	30~39	36~46	42~50	43~52	46~56

表4-3　挖掘机铲斗充盈系数

岩土名称	$k_{充}$	岩土名称	$k_{充}$
湿砂、壤土	1.0~1.1	中等密实含砾石黏土	0.6~0.8
小砾石、砂壤土	0.8~1.0	密实含砾石黏土	0.6~0.7
中等黏土	0.75~1.0	爆破好的岩石	0.6~0.75
密实黏土	0.6~0.8	爆破不好的岩石	0.5~0.7

表4-4　土壤的可松性系数

挖掘机斗容量/m³	土壤级别					
	Ⅰ	Ⅱ	Ⅲ	Ⅳ	爆破好的岩石	爆破不好的岩石
0.8~2.0	0.89	0.82	0.79	0.74	0.68	0.67
2.5~3.8	0.91	0.83	0.80	0.76	0.69	0.68
4.0~6.0	0.93	0.85	0.82	0.78	0.71	0.69
6.0~10.0	0.95	0.87	0.83	0.80	0.73	0.70

注:岩石爆破后分为块状、针状和片状爆破物,其最长对角线长度超过铲斗宽度60%以上或厚度超过铲斗口深度55%以上为爆破不好;最长对角线长度小于铲斗宽度30%以下或厚度小于铲斗口深度20%以下为爆破好;介于两者之间的为爆得一般的。

由式(4-1)可见,若要提高挖掘机械的实际生产率,必须提高循环式挖掘机的循环次数,即缩短每一挖掘循环的工作时间,如加长挖斗的中间斗齿以减小切土阻力和切土时间,减小挖与卸之间的转角等。此外,当挖掘松散土料时,可更换较大容积的挖斗;加强机械的现场维修;合理布置掌子面,协调并改善回车和错车场地;改善挖运设备的配合等,都有利于提高挖掘机械的实际生产率。

(二)推土机的生产率计算

推土机的实际生产率(直铲推送土石、散砾料的自然方),可按下式确定:

$$P=60qk_{坡}\ k_{时}/T \tag{4-2}$$

$$T=2L/v+0.5$$

式中　P——推土机生产率,m^3/h;

q——推土机一次推运土料的体积，m^3；

$k_{坡}$——坡度影响系数，下坡推土取 1.07~1.26，上坡推土取 0.41~0.86；

$k_{时}$——时间利用系数，可取 0.7~0.75；

T——推土机一次工作循环时间，min；

L——推土机一次行程距离，m；

v——推土机行进速度，m/min。

q 的确定方法：①根据推土机说明书推荐的性能参数确定；②根据推土板尺寸参数计算

$$q=h^2Bk_{松}\cot\varphi k_{损}/2 \tag{4-3}$$

式中　h——推土板高度，m；

B——推土板宽度，m；

$k_{松}$——土壤的可松性系数，一般取 0.70；

φ——推土板前方土壤的自然倾角，(°)；

$k_{损}$——土石推移时的损失系数，取 0.75~0.95（松散土壤和运距大时取小值）。

（三）铲运机的生产率计算

铲运机生产率为

$$P=60qk_{充}k_{松}/T \tag{4-4}$$

$$T=2L/v+2$$

式中　P——铲运机生产率（自然方），m^3/h；

q——铲斗的容量，m^3；

$k_{充}$——铲斗充盈系数，砂子取 0.75，其他土壤取 0.85~1.0，最高可达 1.3；

$k_{松}$——土壤的可松性系数，砂土取 0.56~0.93，亚黏土取 0.78~0.87，粉土取 0.77~0.81，黏土取 0.76~0.78；

T——铲运机一次工作循环时间，min；

L——铲运机一次行程距离，m；

v——铲运机行进速度，m/min。

（四）装载机生产率计算

装载机生产率为

$$P=60qk_{充}k_{松}k_{配}k_{时}/T \tag{4-5}$$

式中　P——装载机生产率（自然方），m^3/h；

q——装载机额定铲斗容量，m^3；

$k_{充}$——铲斗充盈系数，干砂土取 1.0~1.25，湿砂取 0.75~1.0，硬质土、小碎石取 0.65~0.75，块石、卵石取 0.45~0.65；

$k_{松}$——土壤的可松性系数，见表 4-4；

$k_{配}$——运输机械配合系数，取 0.8~0.9；

$k_{时}$——时间利用系数，可取 0.7~0.8；

T——装载机一次工作循环时间，min。

(五)自卸汽车的生产率计算

自卸汽车生产率为

$$P_{\mathrm{Q}}=\frac{8\times60}{T}Vk_{\text{时}} \tag{4-6}$$

$$T=t_1+t_2+t_3+t_4$$

$$t_1=\frac{V}{P}\times60$$

式中 P_{Q}——自卸汽车生产率(松方),m^3/台班;

V——每工作循环的载重量,一般以车厢堆装容量计,m^3;

$k_{\text{时}}$——挖掘机的时间利用系数;

T——工作循环时间,min;

t_1——装车时间,min;

t_2——包括重车运输和空车返回所需时间,min;

t_3——卸车时间和车辆倒车转向时间,min;

t_4——在装载机旁的调车时间,但不包括因等候装车耽误的时间,min;

P——装载机械的生产率(松方),m^3/h。

第四节　土石料运输道路

筑坝材料有多种运输方式。当今,由于机械制造业的发展和汽车运输的优越性,自卸汽车运输坝料直接上坝方式已成为普遍采用的方案。本节讲述汽车运输道路的布置。

一、运输道路布置原则及要求

(1)根据地形条件、枢纽布置、工程量大小、填筑强度、自卸汽车吨位,应用科学的规划方法进行运输网络优化,统筹布置场内施工道路。

(2)运输道路宜自成体系,并尽量与永久道路相结合。永久道路在坝体填筑施工以前完成。运输道路不要穿越居民点或工作区,尽量与公路分离。

(3)连接坝体上下游交通的主要干线,应布置在坝体轮廓线以外。干线与不同高程的上坝道路相连接,应避免穿越坝肩处岸坡,以避免对坝体填筑的干扰。

(4)坝面内的道路应结合坝体的分期填筑规划统一布置,在平面与立面上协调好不同高程的进坝道路的连接,使坝面内临时道路的形成与覆盖(或削除)满足坝体填筑要求。

(5)运输道路的标准应符合自卸汽车吨位和行车速度的要求。建议一级坝用Ⅱ级矿区道路标准、二级坝用Ⅲ级矿区道路标准。实践证明,用于高质量标准道路增加的投资,足以用降低的汽车维修费用及提高的生产率来补偿。要求路基坚实,路面平整,靠山坡一侧设置纵向排水沟,顺畅排除雨水和泥水,以避免雨天运输车辆将路面泥水带入坝面,污染坝料。

(6)道路沿线应有较好的照明设施,路面照明容量不少于3 kW/km,确保夜间行车安全。

(7)运输道路应经常维护和保养,及时清除路面上影响运输的杂物,并经常洒水养护,能减少运输车辆的磨损和维修费用。

二、上坝道路布置方式

坝料运输道路的布置方式有岸坡式、坝坡式和混合式三种,然后进入坝体轮廓线内,与坝体填筑范围内临时道路连接,组成到达坝料填筑区的运输体系。

上坝道路单车环形线路比双车往复线路行车效率高、更安全,应尽可能采用单车环形线路。一般干线多用往复双车道,尽量做到会车不减速;坝区及料场多用环形单车道。

岸坡式上坝道路宜布置在地形较为平缓的坡面,以减少开挖工程量。路的“级差”一般为20~30 m。

两岸陡峻,地质条件较差,沿岸坡修路困难,工程量大,可在坝下游坡面设计线以外布置临时或永久性的上坝道路,称为坝坡式。其中的临时道路在坝体填筑完成后削除。

在岸坡陡峻的狭窄河谷内,根据地形条件,有的工程用交通洞通向坝区。用竖井卸料以连接不同高程的道路,有时也是可行的。非单纯的岸坡式或坝坡式的上坝道路布置方式,称为混合式。

三、坝内临时道路布置

(1)堆石体内道路。根据坝体分期填筑的需要,除防渗体、反滤过渡层及相邻的要求平起填筑堆石体外,不限制堆石体内设置临时道路,其布置一般为“之”字形,道路随着坝体升高而逐步延伸,连接不同高程的两级上坝道路。为了减少上坝道路的长度,临时道路的纵坡一般较陡,为10%左右,局部可达12%~15%。

(2)过防渗体道路。心墙、斜墙防渗体应避免重型车辆频繁压过,以免破坏。如果上坝道路布置困难,而运输坝料的车辆必须压过防渗体,应调整防渗体填筑工艺,在防渗体局部布置通过的临时道路。一般采用在心墙或斜墙上铺50~80 m厚砂砾石作为临时道路,在下一层填筑前清除并进行处理合格。

第五节　土石料采运方案

一、综合机械化施工的基本原则

土石坝施工中,从料场的开采、运输,到坝面的铺料和压实各工序,优先考虑用机械施工,在大中型土石坝中,力争实现综合机械化。施工组织应遵循以下原则:

(1)确保主要机械发挥作用。主要机械是指在机械化生产线中起主导作用的机械,充分发挥它的生产效率,有利于加快施工进度,降低工程成本。如土方工程机械化施工中,施工机械组合为挖掘机、自卸汽车、推土机、振动碾;挖掘机为主要机械,其他为配套机械,挖掘机如出现故障或工效降低,会导致停产或施工强度下降。

(2)根据机械工作特点进行配套组合。连续式开挖机械和连续式运输机械配合,循环式开挖机械和循环式运输机械配合,形成连续生产线。否则,需要增加中间过渡设备。

(3)充分发挥配套机械作用。在选择配套机械,确定配套机械的型号、规格和数量时,其生产能力要略大于主要机械的生产能力,以保证主要机械的生产能力。

(4)便于机械使用维修管理。选择配套机械时,尽量选择一机多能型,减少衔接环节。同一种机械力求型号统一,便于维修管理。

(5)加强保养、合理布置、提高工效。严格执行机械保养制度,使机械处于最佳状态,合理布置流水作业工作面和运输道路,能极大地提高工效。

对于爆破开采石料的采运,已在第二、三章讲述。以下介绍与散砾料挖运方案有关的内容。

二、挖运方案选择

坝料的开挖与运输,是保证上坝强度的重要环节之一。开挖运输方案,主要根据坝体结构布置特点、坝料性质、填筑强度、料场特性、运距远近、可供选择的机械型号等因素,综合分析比较确定。坝料的开挖运输方案主要有以下几种。

(一)挖掘机开挖,自卸汽车运输上坝

正向铲挖掘机开挖、装车,自卸汽车运输直接上坝,适宜运距小于 10 km。自卸汽车可运各种坝料,通用性好,运输能力高,能直接铺料,转弯半径小,爬坡能力较强,机动灵活,使用管理方便,设备易于获得。

在施工布置上,正向铲挖掘机一般采用立面开挖,汽车运输道路可布置成循环路线,装料时停在挖掘机一侧的同一平面上,即汽车鱼贯式的装料与行驶,这种布置形式可避免汽车的倒车时间,正向铲挖掘机采用 60°~90°侧向卸料,回转角度小,生产率高,能充分发挥正向铲挖掘机与汽车的效率。

(二)挖掘机开挖,胶带机运输上坝

胶带机的爬坡能力强、架设简易,运输费用较低,与自卸汽车相比可降低 1/3~1/2 的费用,运输能力也较大,适宜运距小于 1 000 m,长距离输送可达十几千米,但设备投资大。胶带机可直接从料场运输上坝;也可与自卸汽车配合,在坝前经漏斗卸入汽车作长距离运输,转运上坝;或与有轨机车配合,转运上坝。

(三)采砂船开挖,机车运输,转胶带机上坝

国内一些大中型水利工程施工中,广泛采用采砂船开采水下的砂砾料,配合有轨机车运输。若料场集中,运输量大,运距大于 10 km,可用有轨机车进行水平运输。有轨机车不能直接上坝,要在坝脚经卸料装置转胶带机运输上坝。

(四)斗轮式挖掘机开挖,胶带机运输,转自卸汽车上坝

对填筑方量大、上坝强度高的土石坝,料场储量大而集中,可采用斗轮式挖掘机开挖。斗轮式挖掘机挖料转入移动式胶带机,其后接长距离的固定式胶带机至坝面或坝面附近经自卸汽车运至填筑面。这种布置方案,可使挖、装、运连续进行,简化了施工工艺,提高了机械化水平和生产率。

坝料的开挖运输方案很多,但无论采用何种方案,都应结合工程施工的具体条件,组织好挖、装、运、卸的机械化联合作业,提高机械利用率,减少坝料的转运次数,各种坝料的

铺筑方法及设备应尽量一致，减少辅助设施，充分利用地形条件，统筹规划和布置。

三、挖运强度与挖运机械数量的确定

坝料的挖运强度取决于土石坝的填筑强度需要，填筑强度又取决于施工中的气象水文条件、施工导流方式、施工分期、工作面的大小、劳动力、机械设备、燃料动力供应情况等因素。对于大中型工程，平均日填筑强度通常为 1 万~3 万 m^3，高的可达 10 万 m^3 左右。在施工组织设计中，一般根据施工进度计划的各个阶段要求完成的坝体方量，来确定填筑和挖运强度。合理的施工组织应有利于实现均衡生产，避免生产强度的大起大落，使人力、机械设备不能充分利用，造成不必要的浪费。

(1)坝体分期填筑强度 Q_d(m^3/h)可按式(4-7)计算：

$$Q_d = V_d k k_1 / (TN) \tag{4-7}$$

式中　V_d——坝体分期填筑方量，m^3；

k——施工不均匀系数，可取 1.2~1.3；

k_1——考虑沉陷、削坡、损失等影响系数，可取 1.15~1.2；

T——分期时段的有效工作日数，d，按分期时段的总日数，扣除节假日、降雨及气温影响可能的停工日数；

N——每日的工作小时数，以 20 h 计。

(2)分期施工运输强度 Q_a(m^3/h)可按式(4-8)计算：

$$Q_a = Q_d k_2 \gamma_d / \gamma_y \tag{4-8}$$

式中　k_2——土料运输损失系数，取 1.05~1.10；

γ_d——设计干密度，t/m^3；

γ_y——土料松散状态下干密度，t/m^3。

(3)坝体分期施工的开挖强度 Q_c(m^3/h)可按式(4-9)计算：

$$Q_c = Q_d k_3 \gamma_d / \gamma_n \tag{4-9}$$

式中　k_3——开挖及运输中的损失系数，可取 1.05~1.10；

γ_n——土料的天然干密度，t/m^3。

(4)满足上坝填筑强度要求的挖掘机数量 N_c 可按式(4-10)计算：

$$N_c = Q_c / P_c \tag{4-10}$$

式中　P_c——1 台挖掘机的生产率，m^3/h。

(5)满足上坝填筑强度要求的汽车数量 N_a 可按式(4-11)计算：

$$N_a = Q_a / P_a \tag{4-11}$$

式中　P_a——1 辆汽车的生产率，$P_a = P_Q/8$，m^3/h。

配合 1 台挖掘机所需的汽车数量，其总的生产率应略大于 1 台挖掘机的生产率，即 $nP_a \geqslant P_c$。

为了充分发挥自卸汽车的运输效能，应根据挖掘机械的斗容量选择具有适宜容量的汽车型号。挖掘机装满一车斗数的合理范围应为 3~5 斗，通常要求装满一车的时间不超过 3.5~4 min，卸车时间不超过 2 min。

第六节　土石料压实原理

一、土料压实基本理论

土是松散颗粒的集合体,其自身的稳定性主要取决于土体的内摩擦力和黏聚力。而土体的内摩擦力、黏聚力和抗渗性都与土的密实性有关,密实性越大,物理力学性能越好。例如,干密度为1.4 t/m^3 的砂壤土,压实后若提高到1.7 t/m^3,其抗压强度可提高4倍,渗透系数将降至原来的1/200。土料压实度高,可使坝坡较陡,减少填筑方量。

土料压实效果与土料的性质、颗粒组成与级配、含水量及压实功能有关。黏性土与非黏性土的压实有显著的不同。一般黏性土的黏聚力较大,内摩擦力较小,具有较大的压缩性,但由于它的透水性小,排水固结过程慢,所以压实困难。而非黏性土的黏聚力小,内摩擦力大,具有较小的压缩性,但由于它的透水性大,排水压缩过程快,所以压实容易。

土料颗粒级配也影响压实效果。颗粒越细,空隙比就越大,就越不容易压实。所以,黏性土压实干密度低于非黏性土压实干密度。颗粒级配不均匀的砂砾料,比颗粒级配均匀的砂砾料达到的干密度要大一些。

含水量是影响黏土压实效果的重要因素之一。当压实功能一定时,黏土的干密度随含水量增加而增大,并达到最大值,此时的含水量为最优,大于此含水量后,干密度会减小,因此时土料逐渐饱和,外力被土料内自由水抵消。非黏性土料的透水性大,排水容易,受含水量影响很小。

压实功能的大小也影响着土料干密度的大小。压实功能增加,干密度也随之增大,而最优含水量随之降低。说明同一种土料的最优含水量及最大干密度,随压实功能的改变而变化,这种特性对于含水量较低(小于最优含水量)的土料比对于含水量较高(大于最优含水量)的土料更为显著。

二、压实机械及生产率计算

(一)压实机械及压实方法

根据不同的压实机械产生的压实作用力的机制不同,可分为碾压、夯实和振动三种基本类型。

碾压的作用力是静压力,其大小不随作用时间而变化。

夯实的作用力为瞬时动力,有瞬时脉冲作用,其大小随时间和落高而变化。

振动的作用力为周期性的重复动力,其大小随时间呈周期性变化,振动周期的长短,随振动频率的大小而变化。

常用的压实机械有羊脚碾、振动碾、气胎碾、夯实机械。

1. 羊脚碾

羊脚碾的外形见图4-8,它是碾的碾筒表面设有交错排列的截头圆锥体,状如羊脚。

钢铁空心碾筒侧面设有加载孔，加入碾筒内的载荷大小根据压实需要确定，加载物料有铸铁块和砂砾石等。羊脚的长度一般为碾碾直径的1/6～1/7，随碾碾的重量增加而增加。若羊脚过长，其表面积过大，压实阻力增加，羊脚端部的接触应力减小，会影响压实效果。重型羊脚碾碾重可达30 t，羊脚相应长40 cm，图4-9为羊脚碾压实原理。碾压时，羊脚碾的羊脚插入土中，不仅使羊脚端部的土料受到压实，侧向土料也受到挤压，从而达到均匀压实的效果。在压实过程中，羊脚对表层土有翻松作用，无须刨毛就能保证土料良好的层间结合。

1—羊脚；2—加载孔；3—碾碾筒；4—杠辕框架。

图4-8　羊脚碾外形图

羊脚碾的开行方式有两种：进退错距法和转圈套压法。前者操作简便，碾压、铺土和质检等工序协调，便于分段流水作业，压实质量容易保证，其开行方式如图4-10(a)所示；后者要求开行的工作面较大，适用于多碾碾组合碾压。转圈套压法生产效率较高，但碾压中转弯套压交接处重压过多，容易超压；当转弯半径小时，容易引起土层扭曲，产生剪力破坏；在转弯的角部容易漏压，质量难以保证。转圈套压法的开行方式如图4-10(b)所示。

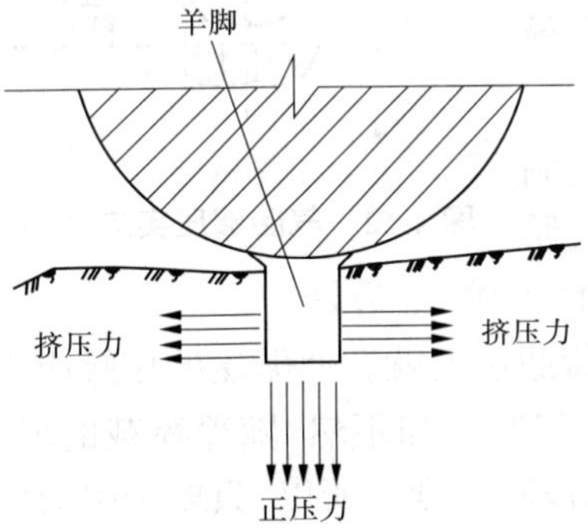

图4-9　羊脚碾压实原理

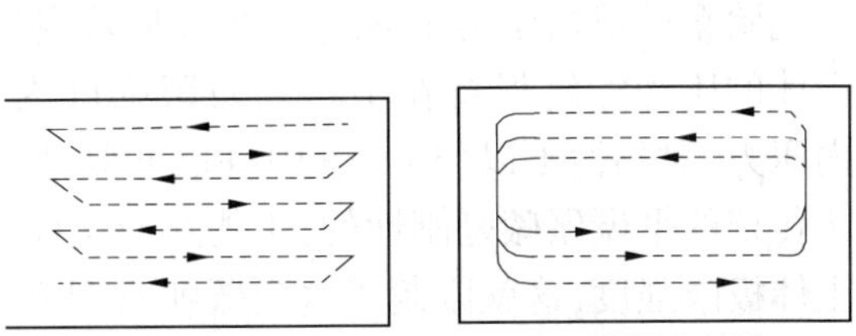

(a)进退错距法　(b)转圈套压法

图4-10　碾压机械开行方式

国内多采用进退错距法。用这种开行方式，为避免漏压，可在碾压带的两侧先往复压够遍数后，再进行错距碾压。错距宽度b(m)按下式计算：

$$b=B/n \tag{4-12}$$

式中　B——碾碾净宽，m；

n——现场试验确定的碾压遍数。

2. 振动碾

振动碾(见图 4-11)是一种具有静压和振动双重功能的复合型压实机械。常见的类型是振动平碾,也有振动变形碾(表面设凸块、肋形、羊脚等)。它是由起振柴油机带动碾磙内的偏心轴旋转,通过连接碾面的隔板,将振动力传至碾磙表面,然后以压力波的形式传入土体。非黏性土的颗粒比较粗,在这种小振幅、高频率的振动力的作用下,内摩擦力大大降低,由于颗粒不均匀,受惯性力大小不同而产生相对位移,细粒滑入粗粒空隙而使空隙体积减小,从而使土料达到密实。然而,黏性土颗粒间的黏结力是主要的,且土粒相对比较均匀,在振动作用下,不能取得像非黏性土那样的压实效果。

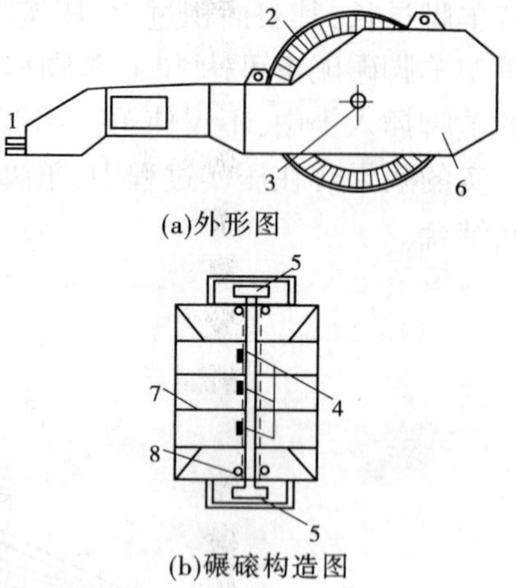

1—牵引挂钩;2—碾磙;3—轴;4—偏心块;5—轮;6—车架侧壁;7—隔板;8—弹簧悬架。

图 4-11　振动碾构造示意图

由于振动力的作用,土中的应力可提高 4~5 倍,压实层达 1 m 以上,有的高达 2 m,生产率很高。振动碾可以有效地压实堆石体、砂砾料和砾质土,也能压实黏性土,是土石坝砂壳、堆石坝碾压必不可少的工具,应用非常广泛。

3. 气胎碾

气胎碾利用充气轮胎作为碾子,在碾压土料时,气胎随土体的变形而变形。随着土体压实重度的增加,气胎的变形也相应增加,从而使气胎与土体的接触面积随之增大,始终能保持较为均匀的压实效果,如图 4-12 所示。它与刚性碾比较,气胎不仅对土体的接触压力分布均匀,而且作用时间长,压实效果好,压实土料厚度大,生产效率高。

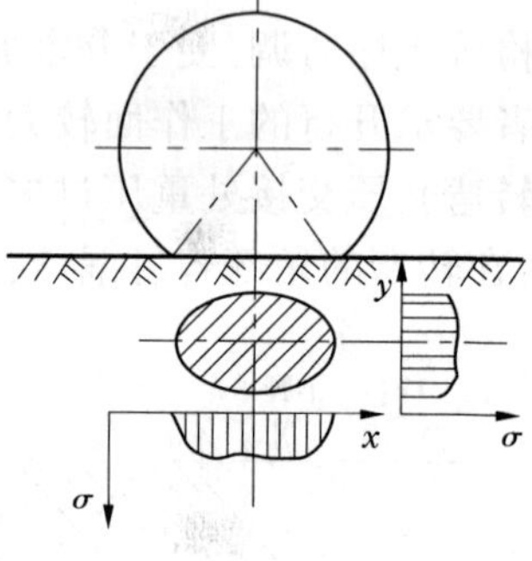

图 4-12　气胎碾压实应力分布

气胎碾可根据压实土料的特性调整其内压力,使气胎对土体的压力始终保持在土料的极限强度内。通常气胎的内压力,对黏性土以$(5\sim6)\times10^5$ Pa、非黏性土以$(2\sim4)\times10^5$ Pa 最好。

传统的平碾碾磙是刚性的,不能适应土体的变形,荷载过大就会使碾磙的接触应力超过土体极限强度,这就限制了这类碾朝重型方向发展。气胎碾却不然,随着荷载的增加,气胎与土体的接触面增大,接触应力仍不致超过土体的极限强度。所以,只要牵引力能满足要求,就不妨碍气胎碾朝重型高效方向发展。它既适用于黏性土的压实,也可以压实砂土、砂砾石、黏土与非黏性土的结合带等。能做到一机多用,有利于防渗土料与坝壳土料平起同时上升。与羊脚碾联合作业效果更佳,如气胎碾压实,用羊脚碾收面,有利于上下层结合;羊脚碾碾压,气胎碾收面,有利于防雨。

4. 夯实机械

夯实机械是一种利用冲击能来击实土料的机械,有强夯机、挖掘机夯板等,用于夯实砂砾料,也可以用于夯实黏性土。其适于在碾压机械难于施工的部位压实土料。

（1）挖掘机夯板。是一种用起重机械或正向铲挖掘机改装而成的夯实机械。其结构见图 4-13。夯板一般做成圆形或方形，面积约 1 m^2，质量为 1~2 t，提升高度为 3~4 m。主要优点是压实功能大、生产率高，有利于雨季、冬季施工。当被夯石块直径大于 50 cm 时，工效大大降低，压实黏土料时，表层容易发生剪力破坏，目前有逐渐被振动碾取代之势。

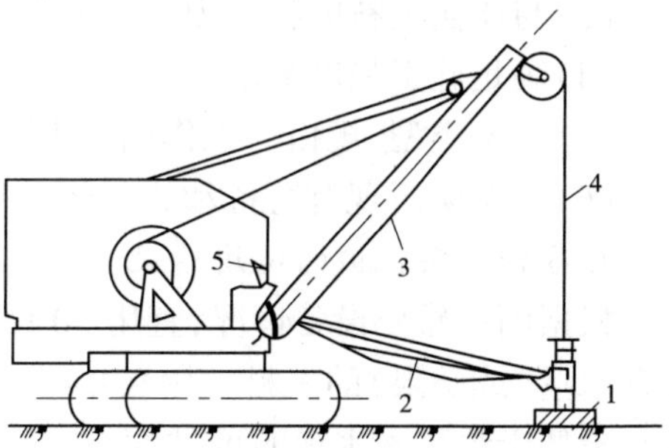

1—夯板；2—控制方向杆；3—支杆；
4—起重索；5—定位杆。
图 4-13　挖掘机夯板结构示意图

（2）强夯机。是一种发展很快的强力夯实机械。它是由高架起重机和铸铁块或钢筋混凝土块做成的夯砣组成的。夯砣的质量一般为 10~40 t，由起重机提升 10~40 m 高后自由下落冲击土层，击实机制与一般的夯实有很大的不同，影响深度达 4~5 m，击实效果好，生产率高，用于杂土填方、软基及水下地层特别有效。

（二）压实机械的生产率

由于碾压机械和夯实机械的工作特点不同，其生产率计算也不同，分别介绍如下。

1. 碾压机械的生产率计算

$$P=v(B-C)hk_{时}/n \tag{4-13}$$

式中　P——碾压机械生产率，压实方，m^3/h；
n——碾压遍数；
v——碾的行驶速度，m/h；
B——碾压带宽度，m；
C——碾压带搭接宽度，m；
h——碾压层厚度，m；
$k_{时}$——时间利用系数。

2. 夯实机械的生产率计算

$$P=60m(B-C)^2hk_{时}/n \tag{4-14}$$

式中　P——夯实机械生产率，击实方，m^3/h；
n——夯击遍数；
m——每分钟夯击次数；
B——夯板底宽，m；
C——夯迹重叠宽度，m；
h——夯实厚度，m；
$k_{时}$——时间利用系数。

（三）压实机械的选择

1. 选择压实机械的原则

（1）可能取得的设备类型。

（2）能够满足设计压实标准。

(3)与压实土料的物理力学性质相适应。

(4)满足施工强度要求。

(5)设备类型、规格与工作面的大小、压实部位相适应。

(6)施工队伍现有装备和施工经验等。

2. 各种压实机械的适用情况

根据国产碾压设备情况,宜用50 t气胎碾碾压黏性土、砾质土,压实含水量略高于最优含水量(或塑限)的土料。用9.0~16.4 t的双联羊脚碾压实黏性土,重型羊脚碾宜用于含水量低于最优含水量的重黏性土。对于含水量较高、压实标准较低的轻黏性土也可用肋型碾和平碾压实。13.5 t的振动碾可压实堆石与含有大于500 mm特大粒径的砂卵石。用直径110 cm、重2.5 t的夯板夯实砂砾料和狭窄场面的填土。对于刚性建筑物、岸坡等的接触带,边角、拐角等部位可用轻便夯夯实,例如采用HW-01型蛙式夯。

各种碾压机械的适应性归纳如表4-5所示。

表4-5　各种碾压机械的适用情况

碾压机械	堆石	砂、砂砾料		砾质土	黏性土	黏土		弱风化土石混合料
		级配优良	均匀级配			低中强度黏土	高强度黏土	
12~18 t振动平碾	△	○	○	○	△	△	△	
18~32 t振动平碾	○	○	○	○	△	△	△	
振动凸块碾			△	△	○	○	△	
振动羊脚碾				△	△	○	△	
气胎碾		○	○	○	○	○	○	
羊脚碾				△	○	○	○	
夯板		○	○	○	○	△	△	
尖齿碾								○

注:表中○表示适用,△表示可用。

振动平碾按自行碾考虑,采用拖式碾时分别为5~10 t、10~25 t。

三、压实标准与压实试验

(一)压实标准

土料压实得越好,物理力学性能指标就越高,坝体填筑质量就越有保证。但对土料过分压实,不仅提高了费用,还会产生剪切破坏。因此,应确定合理的压实标准。不同性质土石料,压实标准也各不相同。

1. 黏性土和砾质土

黏性土和砾质土的压实标准,主要以压实干密度和施工含水量这两个指标来控制。

1)压实干密度确定

压实干密度用击实试验来确定,土的击实试验分为轻型击实试验与重型击实试验,轻型击实试验适用于粒径小于5 mm的黏性土,重型击实试验适用于粒径不大于20 mm的土。根据击实试验测得的最大干密度 γ_{dmax}(g/cm^3)作为依据,按照式(4-15)确定设计干密度 γ_d(g/cm^3):

$$\gamma_d = D_c \cdot \gamma_{dmax} \tag{4-15}$$

式中　D_c——压实度,1 级坝、2 级坝和 3 级以下高坝不应低于 98%,3 级中坝、低坝及 3 级以下中坝不应低于 96%。

2)施工含水量确定

施工含水量是由标准击实条件时的最大干密度确定的,最大干密度对应的最优含水量 ω_{op}(下同)是一个点值,而实际天然含水量总是在某一个范围内变动。为适应施工的要求,必须围绕最优含水量规定一个范围,即含水量的上下限。在击实曲线上以设计干密度值 γ_d 作水平线与曲线相交的两点就是施工含水量的控制范围,如图 4-14 所示。A 型曲线较平缓,B 型曲线较陡,因此满足 γ_d 的含水量范围两者是不同的,前者比后者大得多。

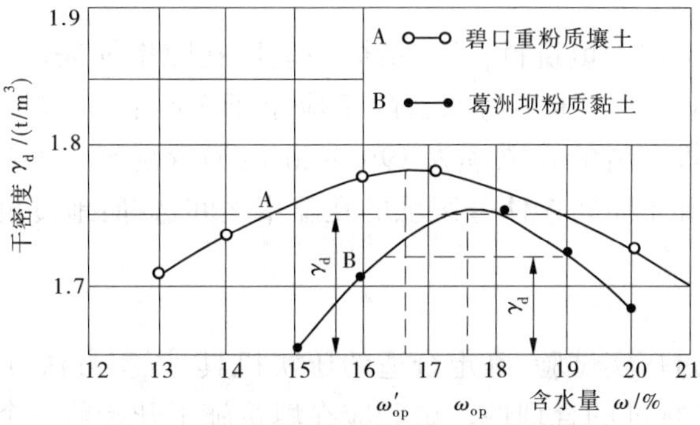

图 4-14　设计干密度与施工含水量范围

当含水量低于(ω_{op}-0.05)时,填筑土体容易发生裂缝;含水量从小于[ω_{op}(或 ω_p)-(0.02~0.03)]增加到接近 ω_{op} 时土的柔性大大增加。

此外,施工含水量的范围还要考虑到施工碾压的可能性,例如含水量超过(ω_{op}+0.02),羊脚碾碾压困难。

通常对压实标准要求较高的土石坝,施工含水量的上限一般不超过[ω_{op}(或 ω_p)+(0.02~0.03)],下限一般不低于[ω_{op}(或 ω_p)-0.02]。

较为理想的是用低于最优含水量 ω_{op} 的土料填筑心墙下部,以降低空隙压力和压缩性;而用高于最优含水量 ω_{op} 的土料填筑其上部及邻近坝肩的区段,以增加塑性和变形能力,从而减少开裂的可能性。

2. 砂土及砂砾石

砂土及砂砾石的压实程度,与颗粒级配及压实功能关系密切,一般用相对密实度 D_r 表示。

$$D_r = \frac{e_{max} - e}{e_{max} - e_{min}} \tag{4-16}$$

式中　e_{max}——最大孔隙比;

e_{min}——最小孔隙比;

e——设计孔隙比。

在施工现场,当使用相对密实度不方便时,可换算成相应的干密度 γ_d(t/m^3):

$$\gamma_d=\frac{\gamma_{dmax}\gamma_{dmin}}{\gamma_{dmax}-D_r(\gamma_{dmax}-\gamma_{dmin})} \tag{4-17}$$

式中 γ_{dmax}——最大干密度,t/m^3;

γ_{dmin}——最小干密度,t/m^3。

设计的相对密实度应符合要求,砂砾石的相对密实度不应低于0.75,砂的相对密实度不应低于0.70,反滤料相对密实度宜为0.70;抗震区的无黏性土压实,要求浸润线以上材料的相对密实度不低于0.75,浸润线以下材料的相对密实度则根据设计烈度大小选用0.75~0.85;砂砾料中大于5 mm的粗粒料含量小于50%时,应保证粒径小于5 mm的细粒的相对密实度也符合上述指标要求。对于砂性土,还要求颗粒不能太小和过于均匀,级配要适当,并有较高的密实度,防止产生液化。

3. 石渣及堆石体

石渣及堆石体作为坝壳填筑料,压实指标一般用孔隙率 n 表示。根据国内外的工程实践经验,碾压式堆石坝坝体压实后的孔隙率应小于30%;一般要求土质防渗体分区坝和沥青混凝土心墙坝堆石料的孔隙率为19%~26%;沥青混凝土面板坝堆石料的孔隙率在混凝土面板堆石坝和土质防渗体分区坝的孔隙率之间选择;地震设计烈度为Ⅷ度、Ⅸ度的坝,孔隙率取小值。

(二)压实试验

坝料填筑必须通过压实试验,确定合适的压实机具、压实方法、压实参数及其他处理措施,并核实设计填筑标准的合理性。试验应在填筑施工开始前一个月完成。

1. 压实参数

压实参数包括机械参数和施工参数两大类。当压实设备型号选定后,机械参数已基本确定。施工参数有铺料厚度、碾压遍数、开行速度、土料含水量、堆石料加水量等。

2. 试验组合

压实试验组合方法有经验确定法、循环法、淘汰法(逐步收敛法)和综合法。一般多采用逐步收敛法,压实参数组合可参照表4-6进行。先以室内试验确定的最优含水量进行现场试验,通过设计计算并参照已建类似工程的经验,初选几种压实机械和拟订几组压实参数。先固定其他参数,变动一个参数,通过试验得到该参数的最优值;然后固定此最优参数和其他参数,再变动另一个参数,用试验求得第二个最优参数值。其余依此类推,通过试验得到每个参数的最优值。最后用这组最优参数再进行一次复核试验。倘若试验结果满足设计、施工的技术经济要求,即可作为现场使用的施工压实参数。

黏性土料压实含水量可分别取 $\omega_1=\omega_p+2\%$;$\omega_2=\omega_p$;$\omega_3=\omega_p-2\%$ 三种进行试验。ω_p 为土料的塑限。

3. 试验分析整理

按不同压实遍数(n)、不同铺土厚度(h)和不同含水量(ω)进行压实、取样。每一个组合取样数量为:黏土、砂砾石10~15个;砂及砂砾6~8个;堆石料不少于3个。分别测定其干密度、含水量、颗粒级配,可作出不同铺土厚度时压实遍数与干密度、含水量曲线,如图4-15所示。根据上述关系曲线，再作铺土厚度h、压实遍数n、最大干密度γ_{dmax}、最优含水量ω_{op}关系曲线，如图4-16所示。

表4-6　各种压实设备的压实参数组合

碾压机械	凸块振动碾(压实黏性土及砾质土)	羊脚碾	气胎碾	夯板	振动平碾(压实堆石及砂砾料)
机械参数	选择1种碾重和凸块接触压力	选择3种碾重或羊脚接触压力	轮胎的气压、碾重各选择3种	夯板的自重、直径各选择3种	选择1种碾重
施工参数	1. 选3种铺土厚度； 2. 选3种碾压遍数； 3. 选3种含水量	1. 选3种铺土厚度； 2. 选3种碾压遍数； 3. 选3种含水量	1. 选3种铺土厚度； 2. 选3种碾压遍数； 3. 选3种含水量	1. 选3种铺土厚度； 2. 选3种夯实遍数； 3. 选3种夯板落距 4. 选3种含水量	1. 选3种铺土厚度； 2. 选3种碾压遍数； 3. 充分洒水①
复核试验参数	按最优参数试验	按最优参数试验	按最优参数试验	按最优参数试验	按最优参数试验
全部试验组数	10	13	16	19(16)②	10(7)③
每一参数试验单元大小/(m×m)	6×10	6×10	6×10	8×8	10×20

注：①表示堆石的洒水量为其体积的30%～50%，砂砾料为20%～40%。

②表示夯板直径通常是固定的，故一般只有16组。

③表示碾重通常是固定值，故一般只有7组。

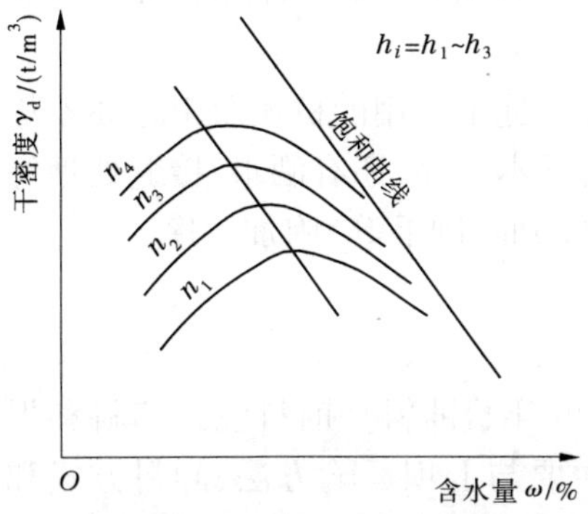

图4-15　铺土厚度、碾压遍数与干密度、含水量关系曲线

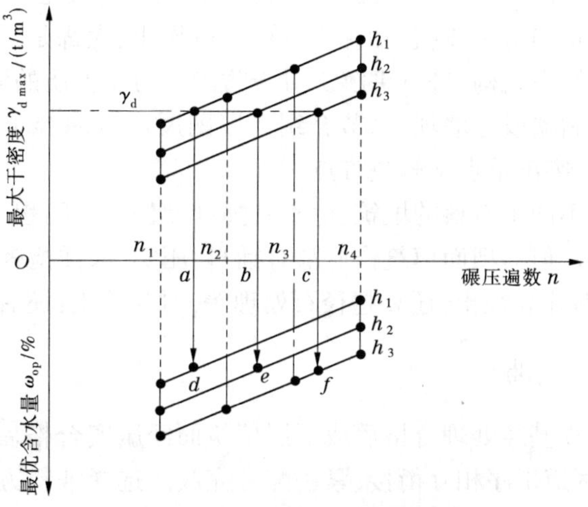

图4-16　铺土厚度、碾压遍数与最大干密度、最优含水量关系曲线

在图 4-16 曲线上,根据设计干密度 γ_d,分别查取不同铺土厚度所需的碾压遍数 a、b、c 及相应的最优含水量 d、e、f。然后计算铺土厚度与压实遍数比值,即 h_1/a、h_2/b、h_3/c,取最大者。因为单位碾压遍数的铺土厚度最大,需要压实功最少,最经济合理。确定了合理的碾压参数后,将选定的含水量控制范围与天然含水量比较,看是否便于施工控制。否则,适当改变含水量或其他参数再进行试验。

由于非黏性土料的碾压效果受含水量影响不显著,故只需作铺土厚度、碾压遍数和干密度的关系曲线,见图 4-17。根据设计要求的干密度 γ_d,求出不同铺土厚度对应的碾实遍数 a、b、c,然后仍以单位碾压遍数的碾压厚度进行比较,以 h_1/a、h_2/b、h_3/c 三值之中的最大者为最经济合理,其相应的碾压参数可选做现场施工的压实参数。

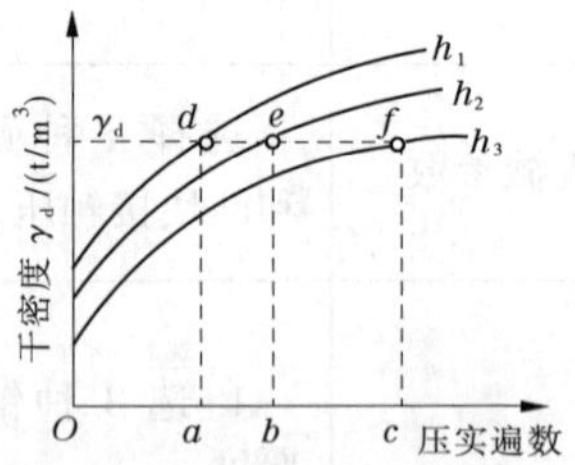

图 4-17　干密度、碾压遍数、铺土厚度关系曲线

在施工中选择合理的压实方式、铺土厚度及压实遍数,是综合各种因素试验确定的。有时对同一种土料采用两种压实机具、两种压实遍数是最经济合理的。例如,陕西省石头河工程心墙土料压实,铺土厚度 37 cm,先采用 8.5 t 羊脚碾碾压 6 遍,后用 25~35 t 气胎碾碾压 4 遍,取得了经济合理的压实效果。

第七节　土料防渗体坝填筑

碾压式土料防渗体坝,按坝体材料的不同可分为均质坝和分区坝。分区坝按土料组合和防渗设施的位置不同,可分为心墙坝、斜墙坝、多种土质坝,但都是由支撑体、防渗体和反滤过渡料构成的。只不过均质坝体的支撑体和防渗体融为一体,仅在于护坡和排水体之间需要反滤过渡料。所以,对于碾压式土料防渗体坝的填筑施工,这里按照因土石料物理力学性质不同而填筑施工采用的机械及工艺不同,但有普遍的共性和特殊的个性的规律,分为支撑体和反滤过渡料[包括堆石、风化料、砂砾(卵)石和砂,大都是非黏性土]的填筑和防渗体(包括黏土、壤土、砾质土,大都是黏性土)的填筑,采取共性为纲、对比个性的知识结构,进行讲解。对于防渗体为非土质的混凝土或沥青混凝土的面板堆石坝、土工膜斜墙或心墙坝,另节介绍。以图展示既内容丰富又节省篇幅,既全面讲解又体现要点,既突出重点又解决难点。

不同土石料的填筑,由于其强度、级配、湿陷程度不同,施工采用的机械及工艺亦不尽相同。但其坝面填筑作业都有铺料、压实、取样检查三道基本工序,还有洒水、接缝处理等项(对非黏性土,还有超径石处理等;对黏性土,还有清理坝面、刨毛等)附加工序。

一、铺料

坝基经处理合格后或下层填筑面经压实合格后,即可开始铺料。铺料包括卸料和平料,两道工序相互衔接、紧密配合完成。选择铺料方法主要与上坝运输方法、卸料方式和坝料的类型有关。

(一)自卸汽车卸料、推土机平料

铺料基本方法有进占法、后退法、混合法三种,其铺料特点及适用条件见表4-7。

表4-7　汽车运输不同铺料方法比较

铺料方法	图示	特点及适用条件
进占法		推土机平料容易控制层厚,坝面平整,石料容易分离,表层细粒多,下部大块石多,有利于减少施工机械磨损,堆石料铺填厚度1.0 m
后退法		可改善石料分离,推土机控制不便,多用于砂砾石和软岩,层厚一般小于1.0 m
混合法		适用铺料层厚大(1.0~ 2.0 m)的堆石料,可改善分离,减少推土机平整工作量

堆石料一般采用进占法铺料,堆石强度在60~80 MPa的中等硬度岩石,施工可操作性好。对于特硬岩(强度>200 MPa),由于岩块边棱锋利,施工机械的轮胎、链轨节等损坏严重,同时因硬岩堆石料往往级配不良,表面不平整影响振动碾压实质量,因此施工中要采取一定的措施,如在铺层表面增铺一薄层细料,以改善平整度。

级配较好的软岩堆石料(如强度30 MPa以下的)、砂砾(卵)石料等,宜用后退法铺料,以减少分离,有利于提高密度。

不管用何种铺料方法,卸料时要控制好料堆分布程度,使其摊铺后厚度符合设计要求,不要因过厚而不予处理。在后退法铺料时更需注意。

1. 支撑体料

心墙上下游或斜墙下游的支撑体(简称坝壳)各为独立的作业区,在区内各工序可进行流水作业。坝壳一般选用砂砾料或堆石料。由于堆石料往往含有大量的大粒径石料,不仅影响汽车在坝料堆上行驶和卸料,也影响推土机平料,并易损坏推土机履带和汽车轮胎。为此,必须采用进占法卸料,即自卸汽车在铺平的坝面上行驶和卸料,推土机在同一侧随时平料。这样,大粒径块石易被推至铺料的前沿下部,细料填入堆石料间空隙,使表面平整,便于车辆行驶。坝壳料的施工要点是防止坝料粗细颗粒分离和使铺层厚度均匀。堆石料的铺层厚度根据施工前现场碾压试验确定,一般可达2.0 m。

坝面超径石处理,对于振动碾压实,石料允许最大粒径可取稍小于压实层厚度;气胎碾可取层厚的1/2~2/3。超径石应在料场内解碎,少量运至坝面的大块石或漂石,在碾压前应做处理。一般是就地用反向铲挖坑将之掩埋在层面以下,或用推土机移至坝外坡附近,作护坡石料。少量超径石也可在坝面用冲击锤解碎。

2. 反滤料和过渡料

反滤层和过渡层常用砂砾料,铺料方法采用常规的后退法卸料。自卸汽车在压实面上卸料,推土机在松土堆上平料。这种方法的优点是可以避免平料造成的粗细颗粒分离,汽车行驶方便,可提高铺料效率。要控制上坝料的最大粒径,允许最大粒径不超过铺层厚度的 1/3~1/2,含有特大粒径的石料(如 0.5~1.0 m)时,应清除至填筑体以外,以免产生局部松散甚至空洞,造成隐患。砂砾料铺层厚度根据施工前现场碾压试验确定,一般不大于 1.0 m。

3. 防渗体土料

心、斜墙防渗体土料主要有黏性土和砾质土等,选择铺料方法主要考虑以下两点:一是坝面平整、铺料层厚均匀,不得超厚;二是对已压实合格土料不过压,防止产生剪切破坏。

铺料时应注意以下问题:

(1)采用进占法卸料。做法是推土机和汽车都在刚铺平的松土上行进,逐步向前推进。要避免所有的汽车行驶同一条道路,因为自卸汽车,特别是 10~15 t 以上的中重型汽车,若反复多次在压实土层上行驶,会使土体产生弹簧土、光面与剪切破坏,严重影响土层间结合质量。这种方法铺料不会影响洒水、刨毛作业。

(2)推土机功率必须与自卸汽车载重吨位相配。如果汽车斗容量过大,而推土机功率过小(刀片过小),则每一车料要经过推土机多次推运,才能将土料铺散、铺平,在推土机履带的反复碾压下,会将局部表层土压实,甚至出现弹簧土和剪切破坏,造成汽车卸料困难,更严重的是很易产生平土的厚薄不均。

(3)定量卸料。为了使推土机平料均匀,不致造成大面积过厚、过薄的现象,应根据每一填土区的面积,按铺土厚度定出所需的土方量(松方),从而定出所需卸料的车数,有计划地按车数卸料。

(4)沿坝轴线方向铺料。防渗体填筑面一般较窄,为了防止两侧坝料混入防渗体,杜绝因漏压而形成贯穿上下游的渗流通道,一般不允许车辆穿越防渗体,所以严禁垂直坝轴线方向铺料。特殊部位,如两岸接坡处、溢洪道边墙处及穿越坝体建筑物等结合部位,只能垂直坝轴线方向铺料时,在施工过程中,质检人员应现场监视,严禁坝料掺混。

(5)铺土厚度均匀,严禁超厚。保证措施是做到"随卸、随平、随检查"。汽车卸料后,应立即散铺,不能积压成堆。每一卸料地点只能允许卸一车料。推土机平料过程中,应及时检查铺土厚度,严禁超厚,发现厚薄不均的部位应及时处理。为了便于控制铺料厚度,防渗土料宜采用平地机平料。土料的铺层厚度根据施工前现场碾压试验确定,一般为 20~50 cm。

(6)后退法铺料。做法是汽车在已压实合格的坝面上行驶并卸料,此法卸料方便,但对已压实土料容易产生过压,对砾质土、掺和土、风化料可以选用。应采用轻型汽车(20 t 以下),在填土坝面重车行驶路线要尽量短,且不走同辙,控制土料含水量略低于最优值。

(二)移动式皮带机上坝卸料、推土机平料

皮带机上坝卸料,适用于黏性土、砂砾料和砾质土。利用皮带机直接上坝,配合推土机平料,或配合铲运机运料和平料。优点是不需专门道路,但随着坝体升高需要经常移动皮带机。为防止粗细颗粒分离,推土机采用分层平料,每次铺层厚度为要求的1/3~1/2,推距最好在20 m左右,最大推距不超过50 m。大伙房坝的坝壳砂砾料是用700~1 000 mm带式运输机运料上坝,60~75 kW推土机平料。

(三)铲运机上坝卸料和平料

铲运机是一种能综合完成挖、装、运、卸、平料等工序的施工机械,当料场位于距铺料区800~1 500 m,散料距离在300~600 m时,是经济有效的。铲运机铺料时,平行于坝轴线依次卸料,从填筑面边缘逐行向内铺料,空机从压实合格面上返回取土区。铺到填筑面中心线(约一半宽度)后,铲运机反向运行,接续已铺土料逐行向填筑面的另一半宽度的外缘铺料,空机从刚铺填好的松土层上返回取土区。

(四)坝面铺料的其他事项

(1)填筑区段划分,即施工缝划分。在坝面铺料时,应结合压实,将填筑面分成若干区段,以便坝体填筑的各工序流水作业,使机械和坝面得到充分利用,并避免相互干扰。坝面区段划分大小主要根据碾压机械的类型、坝体填筑面大小和上坝强度而定,一般取50~100 m为宜。

当坝面区段划分好后,如填筑面较宽,可半边铺料,半边压实;如填筑面较窄,则可采用几个区段间流水作业,以减少干扰和提高效率。

对于防渗体及均质坝的坝料,如黏性土、砾质土、风化料和掺和料,纵横向接坡不宜陡于1:3.0;随坝体填筑上升,接缝必须陆续削坡,做到合格面方可回填。对于砂砾料、堆石及其他坝壳料纵横结合部位,宜采用台阶收坡法,每层台阶宽度不小于1.0 m。

(2)边坡处预留削坡富裕宽度。坝体边坡部位的土和砂砾料,在无侧限的情况下难以压实,甚至在碾压机械的作用下产生裂缝。为保证设计断面,靠近上下游边坡铺料时,应多出一定的富裕宽度。富裕宽度与碾压机械的种类和铺土厚度有关,一般可取0.5 m。压实完成后再对富裕部分进行削坡处理。但碾压式堆石坝不应留削坡余量,宜边铺料、边整坡、护坡。

二、压实

(一)非黏性土的压实

非黏性土透水料和半透水料的主要压实机械有振动平碾、气胎碾等。

振动平碾适用于堆石与含有漂石的砂卵石、砂砾石和砾质土的压实。振动碾压实功能大,碾压遍数少(4~8遍),压实效果好,生产效率高,应优先选用。气胎碾可用于压实砂、砂砾料、砾质土。

1.非黏性土料压实要点

(1)除坝面特殊部位外,碾压方向应沿轴线方向进行。一般均采用进退错距法作业。在碾压遍数较少时,也可采用一次压够后再行错车的方法,即搭接法。

(2)铺料厚度、碾压遍数、加水量等主要施工参数要严格控制,还应控制振动碾的行驶速度,振动频率、振幅等参数符合规定要求。

(3)分段碾压时,相邻两段交接带的碾迹应彼此搭接,垂直碾压方向,搭接宽度应不小于0.3~0.5 m,顺碾压方向应不小于1.0~1.5 m。

2. 加水

适当加水能提高堆石、砂砾石料的压实效果,减少后期沉降量。但大量加水需增加工序和设施,影响填筑进度。

(1)加水的作用。堆石料加水的主要作用,除在颗粒间起润滑作用以便压实外,更重要的是软化石块接触点,压实中搓磨石块尖角和边棱,使堆石体更为密实,以减少坝体后期沉降量。砂砾料在洒水充分饱和条件下,才能达到有效的压实。

(2)加水量。堆石、砂砾料的加水量还不能给出一个明确的标准,一般依其岩性、细粒含量而异。对于软化系数大、吸水率低(饱和吸水率小于 2%)的硬岩,加水效果不明显,可经对比试验决定是否加水。对于软岩及风化岩石,其填筑含水量必须大于湿陷含水量,最好充分加水,但应视其当时含水量而定。当加水碾压将引起泥化现象时,其加水量应通过试验确定。堆石加水量依其岩性、风化程度而异,一般为填筑量的 10%~25%;砂砾料的加水量宜为填筑量的 10%~20%,对小于 5 mm 含量大于 30%及含泥量大于 5%的砂砾石,其加水量宜通过试验确定。

对砂砾料或细料较多的堆石,宜在碾压前洒水一次,然后边加水、边碾压,力求加水均匀。对含细粒较少的大块堆石,宜在碾压前洒水一次,以冲掉填料层面上的细粒料,改善层间结合。但碾压前洒水,大块石裸露会给振动碾碾压带来不利。对软岩堆石,由于振动碾压后表面产生一层岩粉,碾压后也应洒水,尽量冲掉表面岩粉,以利层间结合。

(二)黏性土的压实

1. 主要压实机械及施工特点

黏土心墙料压实机械主要用凸块振动碾,亦有采用气胎碾的。凸块振动碾因其良好的压实性能,国内外已广泛采用,成为防渗土料的主要压实机具。目前,国内常用的凸块振动碾碾的质量为 10~20 t,适用于黏性土料、砾质土及软弱风化土石混合料,压实功能大,厚度达 30~40 cm,一般碾压 4~8 遍可达到设计要求,生产效率高。压实后表层有 8~10 cm 的松土层,填土表面不需刨毛处理。国内目前使用的气胎碾碾的质量为 18~50 t,国外已采用 100 t 或更大的碾重,铺层厚度较大(20~50 cm),碾压遍数较少(6~15 遍),生产效率高,适用于高强度施工。

2. 压实方法

碾压机械压实方法已趋标准化,即均采用进退错距法,此法碾压与铺土、质检等工序分段作业,容易协调,便于组织平行流水作业。当要求的碾压遍数很少时,也可采用一次压够遍数再错距的方法。分段碾压的碾迹搭接宽度:垂直碾压方向的不小于 0.3~0.5 m,顺延碾压方向的应为 1.0~1.5 m。

碾压方向应沿坝轴方向进行。在特殊部位,如防渗体截水槽内或与岸坡结合处,应用专用设备在划定范围沿接坡方向碾压。

碾压行车速度一般取 2~3 km/h,不得超过 4 km/h。

3. 坝面土料含水量调整

土料含水量调整应在料场进行,仅在特殊情况下可考虑在坝面做少许调整。

(1)土料加水。当上坝土料的平均含水量与碾压施工含水量相差不大,仅需增加 1%~2%时,可采用在坝面直接洒水。

加水方式分为汽车喷雾洒水和管道洒水两种。汽车喷雾洒水均匀，施工干扰小，效率高，宜优先采用。管道洒水方式多用于施工场面小、施工强度较低的情况。

加水后的土料一般应以圆盘耙或犁使其含水均匀。

粗粒残积土在碾压过程中，随着粗粒被破碎，细粒含量不断地增多，压实最优含水量也在提高。碾压开始时比较湿润的土料随着碾压可能变得干燥，因此碾压过程中要适当地补充洒水。

在干燥和气温较高的天气时，为防止填土表面失水干燥，应做喷雾洒水养护。

(2)土料的干燥。当土料的含水量大于施工控制含水量上限的1%以内时，碾压前可用圆盘耙或犁在填筑面进行翻松晾晒。

4. 填土层结合面处理

当使用平碾、气胎碾及轮胎牵引凸块碾等机械碾压时，在坝面将形成光滑的表面。为保证土层之间结合良好，对中高坝黏土心墙或窄心墙，铺土前必须将已压实合格面洒水湿润并刨毛深1~2 cm，可采用刨毛机械或推土机快速开进的办法刨毛。对低坝，经试验论证后可以不刨毛，但仍须洒水湿润，严禁在表土干燥状态下，在其上铺填新土。

三、结合部位处理

(一)非黏性土结合部位

1. 坝壳与岸坡结合部位的施工

坝壳与岸坡或混凝土建筑物结合部位施工时，汽车卸料及推土机平料，易出现大块石集中、架空现象，且局部不易碾压。该部位宜采取如下措施：

(1)与岸坡结合处2 m宽范围内，可沿岸坡方向碾压。不易压实的边角部位应减薄铺料厚度，用轻型振动碾或平板振动器等压实机具压实。

(2)在结合部位可先填1~2 m宽的过渡料，再填堆石料。

(3)在结合部位铺料后出现的大块石集中、架空处，应予以换填。

2. 坝壳填料接缝处理

坝壳分期分段填筑时，在坝壳内部形成了横向接缝或纵向接缝。由于接缝处坡面临空，压实机械作业距坡面边缘留有0.5~1.0 m的安全距离，坡面上存在一定厚度的松散或半压实料层。另外，铺料过程中难免有部分填料沿坡面向下溜滑，这更增加了坡面较大粒径松料层的厚度，其宽度一般为1.0~2.5 m。所以，坝壳料填筑中应采取适当措施，将接缝部位压实，其处理方法见表4-8。

(二)黏性土结合部位

黏土防渗体与坝基(包括齿槽)、两岸岸坡、溢洪道边墙、坝下埋管及混凝土墙等结合部位的填筑，须采用专用机具、专门工艺进行施工，确保填筑质量。

1. 截水槽回填

(1)基槽处理完成后，排除渗水，从低洼处开始填土。不得在有水情况下填筑。

(2)槽内填土厚度在0.5 m以内时，可采用轻型机具(如蛙式夯等)薄层压实；填土厚度超过0.5 m时，可采用压实试验选定的压实机具和压实参数压实。

表 4-8　坝壳料接缝部位处理方法

施工方法		施工要点	适用条件
留台阶法(见图 4-18)		1. 先期铺料时,每层预留 1.0~1.5 m 的平台; 2. 新填料松坡接触; 3. 碾磙骑缝碾压	适用填筑面大;不需削坡处理,应优先选用
削坡法	推土机削坡(见图 4-19)	1. 推土机逐层削坡,其工作面比新铺料层面抬高一层; 2. 削除松料水平宽度为 1.5~2.0 m; 3. 新填料与削坡松料相接,共同碾压	削坡工序可在铺料以前平行作业,施工机动灵活,能适应不同的施工条件
	反铲或装载机削坡	1. 削坡工序须在铺新料前进行; 2. 新填料与压实料相接	
	人工		砂砾料等小粒径石料

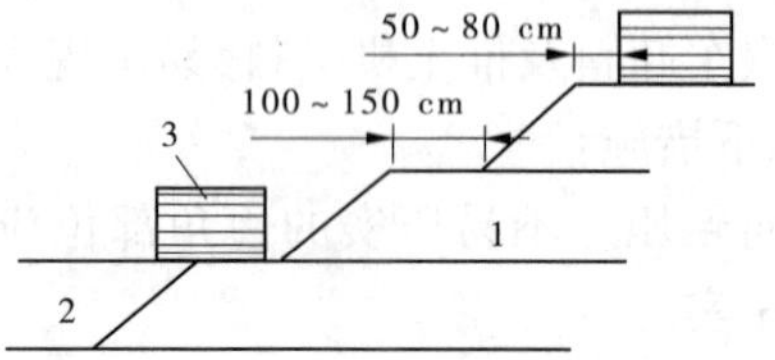

1—先期填料;2—后期填料;3—骑缝碾压。

图 4-18　坝壳料接缝留台阶示意图

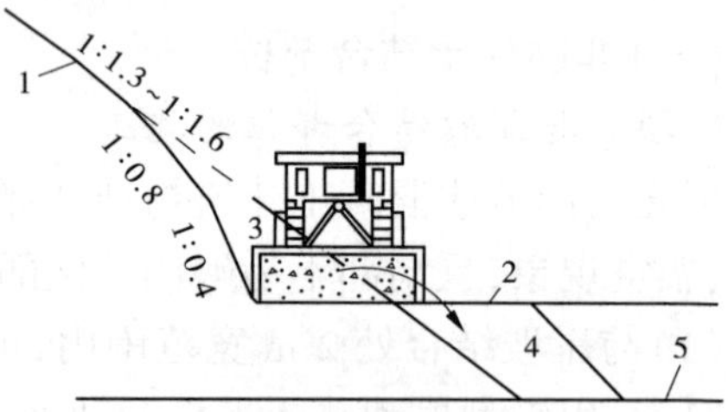

1—填料接坡;2—新铺料层面;3—削除坡料;
4—削坡料填放区;5—压实合格面。

图 4-19　推土机削坡示意图

2. 铺盖填筑

(1)铺盖在坝体内与心墙或斜墙连接部分,应与心墙或斜墙同时填筑,坝外铺盖的填筑,应于库内充水前完成。

(2)铺盖完成后,应及时铺设保护层。已建成铺盖上不允许打桩、挖坑等作业。

3. 黏土心墙与坝基结合部位填筑

(1)黏性土、砾质土坝基,应将表面含水量调至施工含水量上限,用与黏土心墙相同的压实参数压实,然后洒水刨毛铺填新土。

(2)无黏性土坝基铺土前,坝基应洒水压实,然后按设计要求回填反滤料和第一层土料。铺土厚度可适当减薄,土料含水量调节至施工含水量上限,宜用轻型压实机具压实。

(3)坚硬岩基或混凝土盖板上,开始几层填料可用轻型碾压机具直接压实,填筑至少 0.5 m 以上后才允许用凸块碾或重型气胎碾碾压。

4. 黏土心墙与岸坡或混凝土建筑物结合部位填筑

(1)填土前,必须清除混凝土表面的乳皮、粉尘等杂物;岩面上的泥土、污物、松动部分都必须清除干净。

(2)在混凝土或岩面上填土时,应洒水湿润,并边涂刷浓泥浆、边铺土、边压实,泥浆涂刷高度须与铺土厚度一致,并应与下部涂层衔接,严禁泥浆干涸后再铺土和压实。泥浆土与水质量比宜为1:2.5~1:3.0,涂层厚度为3~5 mm。

(3)裂隙岩面处填土时,应按设计要求对岩面进行妥善处理,再按先洒水,然后边涂刷浓水泥黏土浆或水泥砂浆、边铺土、边压实(砂浆初凝前必须碾压完毕)程序。涂层厚度可为5~10 mm。

(4)黏土心墙与岸坡结合部的填土,其含水量应调至施工含水量上限,选用轻型碾压机具薄层压实,不得使用凸块碾压实,黏土心墙与结合带碾压的搭接宽度不应小于1.0 m。局部碾压不到的边角部位,可使用小型机具压实。

(5)混凝土墙、坝下埋管两侧及顶部0.5 m范围内填土,必须用小型机具压实,其两侧填土应保持均衡上升。

(6)岸坡、混凝土建筑物与砾质土、掺和土结合处,应填筑宽1~2 m的塑性较高的黏土(黏粒含量和含水量都偏高)过渡,避免直接接触。

(7)应注意因岸坡过缓,结合处碾压造成因侧向位移出现的土料"爬坡、脱空"现象,应采取防治措施。

5. 填土接缝处理要求

黏性土的横向接坡不陡于1:3,高差不宜超过15 m。在接头段或其他特殊部位,需采用更陡的结合坡度与更大高差时,应提出论证。

(1)斜墙和窄心墙内一般不应留有纵向接缝。均质土坝可设置纵向接缝,宜采用不同高度的斜坡与平台相间形式,平台间高差不宜大于15 m。

(2)坝体接缝坡面可使用推土机自上而下削坡,适当留有保护层随坝体填筑上升,逐层清至合格层。结合面削坡合格后,要控制其含水量为施工含水量范围的上限。

四、反滤层施工

反滤层填筑与相邻的黏土心墙、坝壳料填筑密切相关。合理安排各种材料的填筑顺序,既可保证填料的施工质量,又不影响坝体施工速度,这是施工作业的重点。

(一)反滤层填筑次序及适用条件

反滤层填筑方法大体可分为削坡法、挡板法及土砂松坡接触平起法三种。削坡法和挡板法主要与人力施工相适应,现已不再采用。20世纪60年代以后,开始采用土砂松坡接触平起法,该法能适应机械化施工,已成为趋于规范化的施工方法。该方法一般分为先土后砂法、先砂后土法、土砂交替法三种,它允许反滤料与相邻土料"犬牙交错",跨缝碾压。

1. 先土后砂法

先土后砂法是先填压2~3层土料再铺一层反滤料与土料齐平,然后对反滤料的土砂边沿部分进行压实,如图4-20(a)所示。由于土料压实时,表面高于反滤料,土料的卸、铺、平、压都是在无侧向限制的条件下进行的,很容易形成超坡。在采用羊脚碾压实时,要预留30~50 cm宽松土带,避免土料被羊脚碾插入反滤层内。当连续晴天时,土料上升较快,应注意防止黏性土体干裂。

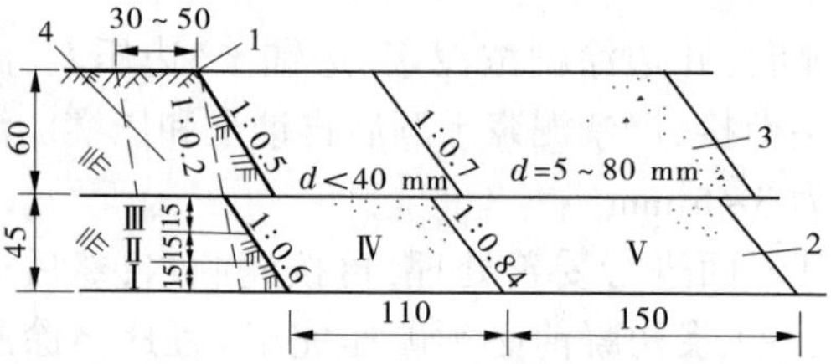

(a)先土后砂法

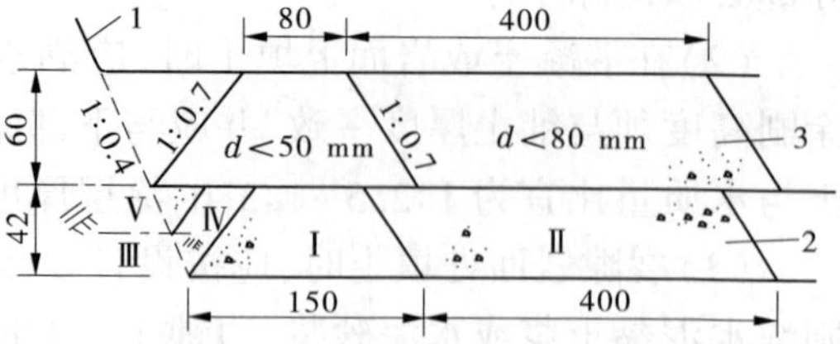

(b)先砂后土法

1—心墙设计线;2—已压实层;3—待压层;Ⅰ,Ⅱ,Ⅲ,Ⅳ,Ⅴ—填料次序。

图 4-20 土砂松坡接触平起法施工示意图 (单位:cm)

2. 先砂后土法

先砂后土法[见图 4-20(b)]是先在反滤料的控制边线内,用反滤料堆筑一小堤,再填筑 2~3 层土料与反滤料齐平,然后骑缝压实反滤料与土料的结合带。此法填土料时有反滤料做侧向限制,便于控制防渗土体边线。由于土料在有侧向限制情况下压实,松土边很少,故采用较多。

3. 土砂交替法

土砂交替法是先填筑一层土,再填筑一层砂料,然后两层土一层砂交替上升。填筑次序见图 4-21。

(二)反滤料铺填

反滤料填筑分为卸料、铺料、界面处理、压实四道工序。

1. 卸料

采用自卸汽车卸料,车型的大小应与铺料宽度相适应,卸料方式以尽量减少粗细料离析为原则。

当铺料宽度小于 2 m 时,宜选用侧卸车或 5 t 以下后卸式汽车运料。较大吨位自卸汽车运料时,可采用分次卸料或在车斗出口安装挡板,以缩窄卸料出口宽度。

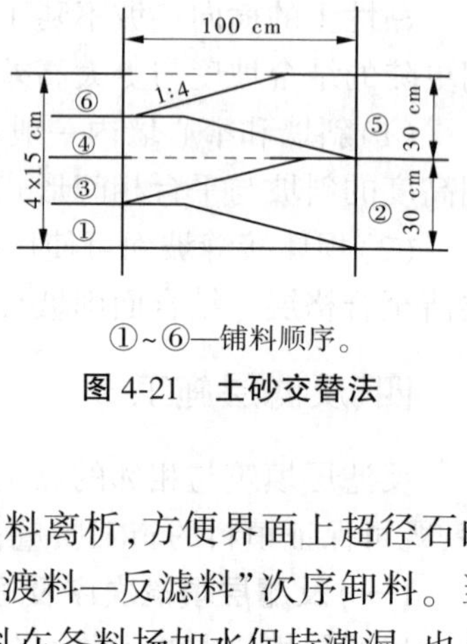

①~⑥—铺料顺序。

图 4-21 土砂交替法

为了减少反滤料在与土料、堆石料分区界面上的粗、细料离析,方便界面上超径石的清除,自卸汽车卸料次序应"先粗后细",即按"堆石料—过渡料—反滤料"次序卸料。当反滤料宽度大于 3 m 时,可沿反滤层以后退法卸料。反滤料在备料场加水保持潮湿,也是减少铺料分离的有效措施。

2. 铺料

一般较多采用小型反向铲(斗容量 1 m^3)铺料,也有使用装载机配合人工铺料的,当反滤料宽度大于 3 m 时,可采用推土机摊铺平整。

3. 界面处理

(1)反滤料填筑必须保证其设计宽度,填土与反滤料的"犬牙交错"带宽度一般不得大于填土层厚度的 1.5 倍。

(2)为了保证填料间的良好过渡,要避免界面上的超径石集中现象。采用"先粗后细"顺序铺料时,应在清除界面上的超径石后,再铺下一级料。使用小型反向铲将超径石移放至与本层相邻的粗料区或坝壳堆石区。

(三)反滤料压实

1. 压实机械

压实机械普遍采用的是振动平碾,压实效果好、效率高。反滤料压实可与坝壳堆石料压实使用同一种机械。因反滤料施工面狭小,应优先选用自行振动碾。

2. 反滤料碾压的一般要求

当黏土心墙料与反滤料、反滤料与过渡料或坝壳堆石料填筑齐平时,必须用平碾骑缝碾压,跨过界面至少 0.5 m。

五、质量控制

坝体压实质量应以压实参数和指标检测相结合进行控制。防渗体压实控制指标采用干密度、含水率或压实度,反滤料、过渡料、垫层料及砂砾料的压实控制指标采用干密度或相对密度,堆石料的压实控制指标采用孔隙率。过程压实参数应有检测记录;当采用实时质量监控系统进行质量控制时,抽样指标检测频次应减少,且宜布置在过程参数指标不满足要求的部位。不同坝料采用表 4-9 的检测方法检测密(密实)度、含水量。

表 4-9　坝料密(密实)度、含水率检测方法

坝料类别		现场密(密实)度检测方法	现场含水量检测方法
防渗土料	黏性土	挖坑灌水(砂)法、环刀法、三点击实法、核子水分-密度仪法	烘干法、烤干法、核子水分-密度仪法、酒精燃烧法、红外线烘干法、微波烘干法
	碎(砾)石土	挖坑灌水(砂)法、三点击实法、碎(砾)石土最大干密度拟合法、核子水分-密度仪法	烘干法、烤干法、核子水分-密度仪法、红外线烘干法
反滤料、过渡料、垫层料、排水层料、砂砾石料		挖坑灌水(砂)法、附加质量法、瑞雷波法、压沉值法	烘干法、烤干法
堆石料		挖坑灌水(砂)法、附加质量法、瑞雷波法、压沉值法	烘干法、烤干法

核子水分-密度仪法、附加质量法、瑞雷波法、压沉值法等快速检测方法宜与环刀法、灌水(砂)法等结合使用,应满足稳定性、准确性、精度要求。

质量控制中,经取样检查压实合格后方可继续防渗体铺土填筑,否则应补压,补压无效时,应处理;除按规定检查压实质量外,反滤料和过渡料还应控制颗粒级配,不符合设计要求的应返工处理;以施工参数为主对堆石料填筑质量进行控制,并按规定检查压实质量;可疑部位、设计指定的重要部位按要求取样检测数据作为记录,不作为数理统计和质量管理图的资料;坝体压实检测项目及取样检测频次按表 4-10 的要求执行,采用实时质量监控系统时,防渗土料、反滤料、过渡料抽样指标检测频次可减少为表 4-10 要求的 20%~50%或每层 1 次,堆石料可根据情况抽检或者按 1 次/(20 万~40 万 m^3)频次抽检,应按坝体填筑要求回填取样试坑后,方可继续填筑。

表 4-10　坝体压实检查次数

坝料类别及部位			检查项目	取样(检测)次数
防渗体	黏性土	边角夯实部位	干密度、含水量	2~3 次/层
		碾压面		1 次/(100~200 m^3)
		均质坝		1 次/(200~500 m^3)
	砾质土	边角夯实部位	干密度、含水量、大于 5 mm 砾石含量	2~3 次/层
		碾压面		1 次/(200~500 m^3)
反滤料			干密度、颗粒级配、含泥量	1 次/(200~500 m^3) 每层至少一次
过渡料			干密度、颗粒级配	1 次/(500~1 000 m^3) 每层至少一次
坝壳砂砾(卵)料			干密度、颗粒级配	1 次/(5 000~10 000 m^3)
坝壳砾质土			干密度、含水量、小于 5 mm 砾石含量	1 次/(3 000~6 000 m^3)
堆石料*			干密度、颗粒级配	1 次/(50 000~150 000 m^3)

注:* 堆石料颗粒级配组数可为干密度试验的 30%~50%。

质量检测中,环刀法测密度时,应取压实层的下部,挖坑灌水(砂)法应挖至层间结合面。堆石料、砂砾料干密度平均值不应小于设计值,标准差不应大于 0.10 g/cm^3。当样本数小于 20 组时,检测合格率不应小于 90%,不合格数值不得小于设计值的 95%。防渗土料干密度或压实度合格率不应小于 90%,不合格数值不得小于设计值的 98%。此外,应检查雨前防渗体表面松土是否已平整和压实、压光,雨后复工前填筑面土料是否合格。

第八节　面板堆石坝施工

面板堆石坝是以堆石料(含砂砾石)分层碾压成坝体,并以混凝土或沥青混凝土面板作为防渗斜墙的堆石坝,简称面板坝。这种坝型具有断面工程量小、安全性好、施工方便、适应性强、造价低等优点,受到坝工界的普遍重视。

一、堆石材料的质量要求和坝体材料分区

面板堆石坝上游面有薄层的防渗斜面板,面板可以是刚性钢筋混凝土的,也可以是柔性沥青混凝土的。坝身主要是堆石结构。要求良好的堆石材料以尽量减少堆石体的变形,为面板正常工作创造条件,是坝体安全运行的前提。

(一)面板堆石坝的坝体分区

堆石坝体应根据石料来源及对坝料的强度、渗透性、压缩性、施工方便和经济合理性等要求进行分区。在岩基上用硬岩堆石料填筑的坝体可按图4-22分区,从上游向下游依次分为垫层区、过渡区、主堆石区、下游堆石区,周边缝下部应设特殊垫层区。

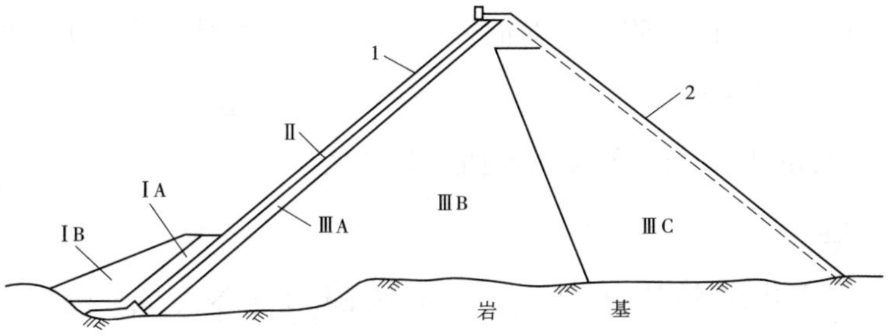

ⅠA—防渗土料;ⅠB—任意料;Ⅱ—垫层区;ⅢA—过渡区;
ⅢB—主堆石区;ⅢC—任意料区或下游堆石区;
1—面板;2—大块石护坡。

图4-22　岩基上硬岩堆石坝体分区示意图

坝体上游部分的堆石体要求:压缩性要低,防止沉陷危及防渗面板;防渗性高,防止渗流过大。各区坝料的透水性应按水力过渡要求,从上游向下游逐渐增加。下游堆石区在下游水位以上的坝料不受此限制。

垫层区的水平宽度应由坝高、地形、施工工艺和经济性比较确定。当用汽车直接卸料,推土机平料的方法施工时,垫层区水平宽度不宜小于3 m,有专门的铺料设备时,垫层区宽度可减小,并相应增大过渡区的面积。主堆石区用硬岩时,到垫层区之间应设过渡区,为方便施工,其宽度不小于3 m。

(二)堆石材料的质量要求

根据施工组织设计,查明各料场的储量和质量,如果利用施工中挖方石料,要按料场要求增做试验。1、2级高坝的坝料室内试验项目,应包括坝料的颗粒级配、相对密实度、抗剪强度和压缩模量,垫层料、砂砾料、软岩料的渗透和渗透变形试验。100 m以上的坝,还应测定坝料的应力应变参数。

1. 垫层料

要求有良好的级配,最大粒径为80~100 mm,小于5 mm的颗粒含量宜为35%~55%,小于0.075 mm的颗粒含量宜为4%~8%,中低坝可适当降低要求。用天然砂砾料做垫层料时,要求级配连续、内部结构稳定、压实后渗透系数宜为$1\times10^{-3}\sim1\times10^{-4}$ cm/s。寒冷地区垫层的颗粒级配要满足排水性要求。

2. 过渡料

过渡料要求级配连续,最大粒径不宜超过300 mm。可用人工细石料、经筛分加工的天然砂砾料等,压实后的过渡料要压缩性小、抗剪强度高、排水性好。

3. 主堆石料

主堆石料可用坝基开挖料或料场开采石料,要求级配良好,最大粒径不应超过压实层厚度,小于 5 mm 的含量不宜超过 20%,小于 0.075 mm 的颗粒含量不宜超过 5%。在开采前应做专门的碎度爆破试验。

4. 下游堆石区

该区起保护主堆石体及下游边坡稳定的作用。要求采用较大石料填筑,允许有少量分散的风化岩。由于该区的沉陷变形对面板已影响甚微,故对石质及重度要求有所放宽。下游坝坡面做干砌石护面。

二、堆石坝填筑工艺、压实参数和质量控制

(一)填筑工艺

坝体填筑应在坝基、岸坡处理完毕,面板底座混凝土浇筑完成后进行。垫层料、过渡料和一定宽度的主堆石料的填筑应平起施工,均衡上升。

主、次堆石区可分区、分期填筑,其纵、横坡面上均可布置临时施工道路,但必须设于填筑压实合格的坝段。主堆石区与岸坡、混凝土结构接触带要回填宽 1~2 m 过渡料。

垫层料、过渡料卸料铺筑时,要避免骨料离析,两者交界处避免大石集中,超径石应予剔除。垫层料铺筑时,上游侧超铺 20~30 mm。每升高 10~15 m,进行垫层坡面削坡修整和碾压,削坡修整后,坡面在法线方向应高于设计线 5~8 cm。有条件时宜用激光控制削坡的坡度。斜坡碾压可用振动碾。压实合格后,尽快进行护面,常用的有碾压水泥砂浆、喷乳化沥青、喷混凝土等。碾压砂浆表面、喷混凝土表面允许误差为±5 cm。

坝料铺筑采用进占法卸料,及时平料,保持填筑面平整。用测量方法检查厚度,超厚处及时处理。坝料填筑宜加水碾压,加水要均匀,控制加水量。采用振动平碾压实,碾重不小于 10 t。经常检测振动碾的工作参数。碾压应按坝料分区分段进行,各碾压段之间的搭接不应小于 1.0 m。坝体堆石区纵、横向接坡宜采用台阶收坡法施工,台阶宽度不宜小于 1.0 m,填筑高差不宜过大。

下游护坡宜与坝体填筑平起施工,护坡石宜选取大块石,机械整坡、堆码,或人工干砌,块石间嵌合要牢固。

(二)堆石体的压实参数和质量控制

1. 坝体填筑压实标准

坝高小于 150 m 的坝体填筑压实标准见表 4-11。压实参数需经压实试验确定。振动碾的压实参数可参考表 4-12。

表 4-11　坝体填筑压实标准

坝料	垫层料	砂砾石料	过渡料	主堆石料	下游堆石料
孔隙率/%	15~20		18~22	20~25	21~26
相对密实度		0.75~0.85			

表 4-12　振动碾的压实参数

土石料类型	碾重/t	铺料厚度/m	碾压遍数	说明
砂砾料	13.5	1.2~1.6	4~6	
风化料	13.5	1.0~1.5	4~6	
石渣料	13.5	1.0~1.5	4	
堆石料	13.5	1.0~1.5	4~6	堆石最大粒径应比铺料层厚小 10~20 cm
	10.0	0.6~0.8	4~6	

2. 堆石体的质量控制

坝体填筑的质量，一般要求：堆石材料、施工机械符合要求；负温下施工时，坝基已压实的砂砾石无冻结现象，填筑面上的冰雪已清除干净。坝面压实，应对压实参数和孔隙率进行控制，以碾压参数为主。铺料厚度、碾实遍数、加水量等符合要求，铺料误差不宜超过层厚的 10%，坝面保持平整。

坝料压实检查项目和取样次数见表 4-13。

表 4-13　坝料压实检查项目和取样次数

坝料		检查项目	检查次数
垫层料	坝面	干密度、颗粒级配	1 次/(500~1 000 m^3)，每单元不少于 3 次
	上游坡面	干密度、颗粒级配	1 次/(1 000~2 000 m^3)
	小区	干密度、颗粒级配	每 1~3 层 1 次
过渡料		干密度、颗粒级配	1 次/(1 000~5 000 m^3)
砂砾料		干密度、颗粒级配	1 次/(1 000~5 000 m^3) 每层测点不少于 10 个
堆石料		干密度、颗粒级配	1 次/(5 000~50 000 m^3)

注：渗透系数按设计要求进行检测。

垫层料、过渡料和堆石料压实干密度的检测方法，宜采用挖坑灌水(砂)法，或辅以表面波压实重度仪法。施工中可用压实计实施控制，垫层料可用核子重度计法。垫层料试坑直径应不小于最大粒径的 4 倍，过渡料试坑直径应为最大粒径的 3~4 倍，堆石料试坑直径为最大粒径的 2~3 倍，试坑直径最大不超过 2 m。以上三种料的试坑深度均为碾压层厚度。

三、钢筋混凝土面板的分块和浇筑

(一)钢筋混凝土面板的分块

混凝土防渗面板包括面板和趾板(面板底座)两部分。面板应满足强度、抗渗、抗侵蚀、抗冻要求。趾板设伸缩缝；面板设垂直伸缩缝、周边伸缩缝等永久缝和临时水平施工缝。混凝土防渗面板分缝分块见图 4-23。

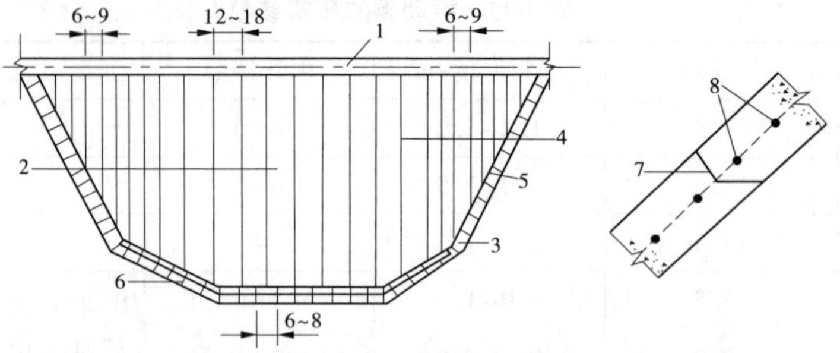

(a)分块示意图　　(b)施工缝

1—坝轴线;2—面板;3—趾板;4—垂直伸缩缝;5—周边伸缩缝;
6—趾板伸缩缝;7—水平伸缩缝;8—面板钢筋。

图 4-23　混凝土防渗面板分缝分块　(单位:m)

垂直伸缩缝从底到顶通缝布置,中部受压区,分缝间距一般为 12~18 m;两侧受拉区按 6~9 m 布置。受拉区设两道止水,受压区在底侧设一道止水,水平施工缝不设止水,但竖向钢筋必须相连。

(二)防渗面板混凝土浇筑

1. 趾板施工

趾板施工应在趾基开挖处理完毕,经验收合格后进行,按设计要求进行绑扎钢筋、设置锚筋、预埋灌浆导管、安装止水片及浇筑上游铺盖。混凝土浇筑中,应及时振实,注意止水片与混凝土的结合质量,结合面不平整度小于 5 mm。混凝土浇后 28 d 以内,20 m 之内不得进行爆破;20 m 之外的爆破要严格控制装药量。

2. 面板施工

面板施工在趾板施工完毕后进行。当坝高不大于 100 m 时,面板在堆石体填筑全部结束后施工,这主要考虑避免堆石体沉陷和位移对面板产生的不利影响。高于 100 m 的堆石坝,若考虑需拦洪度汛,提前蓄水,面板可分二期浇筑或三期浇筑,分期接缝应按施工缝处理。面板混凝土浇筑宜采用无轨滑模,起始三角块宜与主面板块一起浇筑。面板混凝土宜采用跳仓浇筑。滑模应具有安全措施,固定卷扬机的地锚应可靠,滑模应有制动装置。面板钢筋采用现场绑扎或焊接,也可用预制网片现场拼接。混凝土浇筑中,布料要均匀,每层铺料厚 250~300 mm。止水片周围需人工布料,防止分离。振捣混凝土时,要垂直插入,至下层混凝土内 50 mm,止水片周围用小振捣器仔细振捣。振捣过程中,防止振捣器触及滑模、钢筋、止水片。脱模后的混凝土,要及时修整和压面。

滑模滑升时,要保持两侧同步,每次滑升距离不大于 300 mm,滑升间隔时间不宜超过 30 min。面板浇筑的平均速度宜为 1.5~2.5 m/h。最大滑升速度不宜超过 3.5 m/h。

面板混凝土浇筑质量检查项目和技术要求,见表 4-14。

检查数量要求:①趾板浇筑。每浇一块或每 50~100 m^3 至少有一组抗压强度试件;每 200~2 500 m^3 成型一组抗冻、抗渗检验试件。②面板浇筑。每班每仓取一组抗压强度试件,抗渗检验试件每 500~1 000 m^3 成型一组,抗冻检验试件每 1 000~3 000 m^3 成型一组,不足以上数量者,也应取一组试件。

表 4-14　面板混凝土浇筑质量检测项目和技术要求

项目	质量要求	检测方法
混凝土表面	表面基本平整，局部不超过设计线±20 mm，无麻面、蜂窝、孔洞、露筋	2 m 直尺检查，观察检查
表面裂缝	宽度大于 0.2 mm 以上的裂缝已处理	观察测量
深层及贯穿裂缝	无或有裂缝已按要求处理	观察检查
抗压强度	符合设计要求	试验
均质性	按 SL 677 执行	统计分析
抗冻性	符合设计要求	试验
抗渗性	符合设计要求	试验

(三)挤压边墙

混凝土面板堆石坝施工中，对已压实合格的垫层料，为防止雨水冲刷流失，应采取措施以保护坡面稳定。传统的坡面保护措施有碾压水泥砂浆、喷乳化沥青、喷混凝土等。随着施工技术的不断发展，目前常用的垫层坡面保护新技术是挤压边墙。挤压边墙护坡技术是借鉴道路园林工程中道沿机的挤压滑模原理，创出的一种面板坝垫层料坡面施工的新技术。1999 年，首先在巴西埃塔(ITA)面板堆石坝施工中使用，并取得成功。该技术具有能保证垫层料压实质量、提高坡面防护能力及施工简便等特点，已经成为面板坝施工的一种新技术。在施工中具有以下特点：

(1)提高了大坝施工速度。挤压边墙施工速度可达 40~60 m/h，在边墙成型后 2~3 h 即可进行垫层料的铺填、碾压，两者衔接紧密、顺畅，几乎可同步上升。

(2)由于挤压边墙在上游坡面的限制作用，垫层料不需要超填，以水平碾压代替了斜坡碾压，既提高了施工的安全性又保证了垫层料的施工质量。

(3)挤压边墙护坡技术简化了工序、设备和机具，挤压机操作简单，施工方便、快速。

(4)挤压边墙在上游坝面形成了一个规则、平整、坚实的坡面，坡面整洁美观。

(5)提供了一个可抵御冲刷的坡面，降低了度汛的难度，提高了导流度汛的安全性，避免了雨水对垫层料的冲刷，省掉了上游坝面的修复工作，这对大型工程特别是导流标准较高的工程以及南方多雨地区修建混凝土面板堆石坝十分有利。

挤压边墙是将水泥、砂石混合料(最大粒径不宜超过 20 mm)、外加剂等加水拌和均匀，采用挤压成型的工艺施工而成的墙体，强度等级不宜大于 C5，水泥强度等级不宜高于 42.5 级，速凝剂宜选用性能稳定的产品，粗骨料最大粒径 20 mm，小于 5 mm 的颗粒含量宜为 30%~55%，含泥量小于 7%；形成的断面宜为梯形，高度应与垫层料压实厚度一致，宜为 40 cm，顶宽宜为 10 cm，迎水面坡度与垫层料上游设计边坡一致，背水面坡比宜为 8∶1。挤压边墙在挤压成型施工过程中，应在混凝土拌和物中添加速凝剂，成型的混凝土宜在 3 h 内满足垫层料碾压要求，且抗压强度宜不低于 1 MPa。挤压边墙宜采用专用挤压机成型，成型后应满足上游边坡法线方向偏差(-80~50 mm)、上游坡面平整度的要求

(2 m范围内误差为±25 mm,且平滑过渡、无突变)。

挤压边墙施工时,起始层施工长度宜大于15 m,小于15 m的部位可采用其他固坡方式施工;边墙挤压机就位后应调平,行走偏差宜为±20 mm,同时应根据挤压边墙施工工艺试验结果,加载配重;施工作业应按照启动挤压机、安装固定堵头板、向骨料槽供混凝土、均匀掺入速凝剂的程序进行,待边墙成型约2 m后,对轮迹线、断面尺寸、层间偏差、顶面平整度、设备行走导向灵敏度进行检查,符合要求后继续作业;速凝剂宜采用液态,掺量偏差应为±1%;挤压边墙成型速度宜为40~60 m/h;成型的挤压边墙应及时覆盖保湿养护,特殊气候条件下应采取必要的防雨、防晒、防冻等保护措施;挤压边墙施工时,不得损伤已安装好的止水及其防护设施;挤压边墙成型1 h后开始进行垫层料摊铺,强度满足要求后进行垫层料碾压施工;垫层料平整度宜控制在±25 mm;垫层料碾压应采用自行式振动平碾,碾压设备总质量不宜大于18 t,靠近边墙一定范围内采用机械液压平板振动夯或其他夯实机具辅助夯实;挤压边墙与趾板、岸坡连接段无法使用挤压机施工,可采用现场立模,人工填筑夯实,分层厚度不大于20 cm,轮廓尺寸与挤压边墙断面一致。

挤压边墙施工完成后,与垫层料结合部应进行脱空检查,检查可采用凿孔、钻孔等方式;挤压成型的边墙坡面应进行平整度检测;挤压边墙混凝土密度应均匀,渗透系数合格率不低于95%,混凝土强度超强率不应大于20%。

四、沥青混凝土面板施工

沥青混凝土由于抗渗性好、适应变形能力强、工程量小、施工速度快,正在广泛用于土石坝的防渗体。

(一)沥青混凝土施工方法分类

沥青混凝土的施工方法有碾压法、浇筑法、预制装配法和填石振压法四种。碾压法是将热拌沥青混合料摊铺后碾压成型的施工方法,用于土石坝的心墙和斜墙施工;浇筑法是将高温流动性热拌沥青混合材料灌注到防渗部位,一般用于土石坝心墙;预制装配法是把沥青混合料预制成板或块,在现场装配,目前使用尚少;填石振压法是先将热拌的细粒沥青混合材料摊铺好,填放块石,然后用巨型振动器将块石振入沥青混合料中。在我国应用较为普遍的是碾压施工法,本节以碾压式沥青混凝土施工作简要介绍。

(二)沥青混凝土防渗体的施工特点

(1)防渗体较薄,工程量小,机械化程度高,施工速度快。施工需专用施工设备和经过施工培训的专业人员完成。

(2)高温施工,施工顺序和相互协调要求严格。

(3)防渗体不需分缝分块,但与基础、岸坡及刚性建筑物的连接需谨慎施工。

(4)相对土防渗体而言,沥青混凝土防渗体不因开采土料而破坏植被,利于环保,需外购沥青。

(三)沥青混凝土的原材料

沥青是主要材料,品种和标号应根据设计要求而定,一般选用道路石油沥青60甲和100甲。粗骨料是指粒径大于2.5 mm的骨料,以碱性碎石为宜,其最大粒径一般为15~25 mm,且最大粒径小于铺筑层厚度的1/3,一般要求分成10~20 mm、5~10 mm和小于5

mm 三级；小于 5 mm 是否再分级取决于该级级配是否满足设计级配曲线要求和具体工程要求。细骨料是指粒径小于 2.5 mm 且大于 0.075 mm 的骨料，细骨料可以是碱性岩石加工的人工砂或小于 2.5 mm 的天然砂，也可以是两者的混合。填料是指粒径小于 0.075 mm 的用碱性岩石（石灰岩、白云岩等）磨细得到的岩粉，一般可从水泥厂购买。

（四）沥青混凝土的施工工艺

沥青混凝土施工工艺见图 4-24。

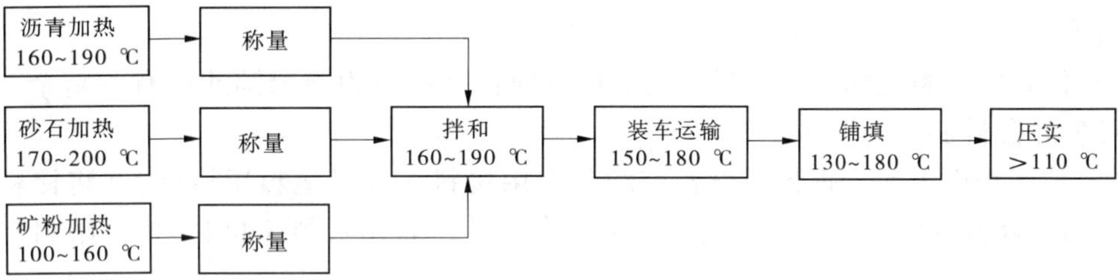

图 4-24　沥青混凝土施工工艺

施工中对温度要严加控制，其标准根据材料性质、施工地区和施工季节，由试验确定。在日平均气温高于 5 ℃和日降雨量小于 5 mm 时方可施工，日气温虽然在 5~15 ℃，但风速大于 4 级，也不能施工。

（五）沥青混凝土面板施工

1. 沥青混凝土面板施工的准备工作

（1）趾墩和岸墩是保证面板与坝基间可靠连接的重要部位，一定要按设计要求施工。岸墩与基岩连接，一般设有锚筋，并用做基础帷幕及固结灌浆的压盖。其周线应平顺，拐角处应曲线过渡，避免倒坡，以便于和沥青混凝土面板的连接。

（2）与沥青混凝土面板相连接的水泥混凝土趾墩、岸墩及刚性建筑物的表面在沥青混凝土面板铺筑之前必须进行处理。表面上的浮皮、浮渣必须清除，潮湿部位应用燃气或喷灯烤干，使混凝土表面保持清洁、干燥。然后在表面喷涂一层稀释沥青或乳化沥青，用量为 0.15~0.20 kg/m^2。待稀释沥青或乳化沥青完全干燥后，再在其上面敷设沥青胶或橡胶沥青胶。沥青胶涂层要平整均匀，不得流淌。如涂层较厚，可分层涂抹。

（3）与齿墙相连接的沥青砂浆或细粒沥青混凝土楔形体，一般可采用全断面一次浇筑施工，当楔形体尺寸较大时，也可分层浇筑施工，每层厚为 30~50 cm。与岸墩相连接的楔形体必须采用模板，从下向上施工。模板每次安装长度以 1 m 为宜。楔形体浇筑温度应控制在 140~160 ℃，边浇筑边用钢钎插捣。拆模时间视楔形体内部温度的降低程度而定，一般要求温度下降到沥青软化点以下方可拆模。

（4）对于土坝，在整修好的填筑土体或土基表面应先喷洒除草剂，然后铺设垫层。堆石坝体表面可直接铺设垫层。垫层料应分层填筑压实，并对坡面进行修整，使坡度、平整度和密实度等符合设计要求。垫层表面需用乳化沥青、稀释沥青或热沥青喷洒，乳化沥青喷洒量一般为 2.0~4.0 kg/m^2，热沥青喷洒量一般为 1.0~2.0 kg/m^2。

2. 沥青混合料运输

(1)热拌沥青混合料应采用自卸汽车或保温料罐运输。自卸汽车运输时应防止沥青与车厢黏结。车厢应清扫干净,车厢侧板和底板可涂一薄层油水混合液(柴油与水的比例可为1∶3)。从拌和机向自卸汽车上装料时,应防止粗、细骨料离析,每卸一斗混合料应挪动一下汽车位置。保温料罐运输时,底部卸料口应根据混合料的配合比和温度设计得略大一些,以保证出料顺畅。

(2)运料车应采取覆盖篷布等保温、防雨、防污染的措施,夏季运输时间较短时,也可不加覆盖。

(3)沥青混合料运输车或料罐运输的运量应比拌和能力或摊铺速度有所富余。保温料罐可装混合料1~2 m^3。

(4)位于坝面上的垂直起吊设备应配备专用接料斗或吊运料罐设施,并将接料斗或料罐中的混合料直接卸入摊铺机料斗或喂料车料斗。若用喂料车接料,再由喂料车将混合料运输到摊铺机。

(5)沥青混合料运至摊铺地点后应检查拌和质量。不符合规定或已经结成团块、已被雨淋湿的混合料不得用于铺筑。

3. 沥青混合料摊铺

沥青混合料的铺筑方向多采用沿最大坡度方向分成若干条幅,自下而上依次铺筑。当坝体轴线较长时,也有沿水平方向铺筑的,但多用于蓄水池和渠道衬砌工程。

碾压式沥青混凝土面板多采用一级铺筑。当坝坡较长或因拦洪度汛需要设置临时断面时,可采用二级或二级以上铺筑。一级斜坡铺筑长度通常不超过120~150 m。当采用多级铺筑时,临时断面顶宽应根据牵引设备的布置及运输车辆交通的要求确定,一般不小于10~15 m。

典型的沥青混凝土面板铺筑设备见图4-25。

4. 沥青混合料压实

(1)沥青混合料应采用振动碾碾压,待摊铺机从摊铺条幅上移出后,用2.5~8 t振动碾进行碾压。条幅之间接缝,铺设沥青混合料后应立即进行碾实以获得最佳的压实效果。

(2)振动碾碾压时,应在上行时振动、下行时不振动。

(3)振动碾在碾压过程中有沥青混合料粘轮现象时,可向碾压轮洒少量水或加洗衣粉的水,严禁涂洒柴油。

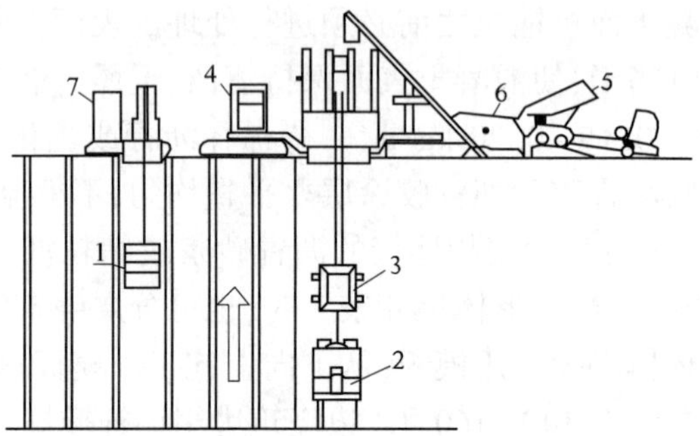

1—振动碾;2—摊铺机;3—喂料车;4—卷扬机台车;
5—沥青混合料运输车(保温料罐);6—吊车;
7—辅助卷扬机台车。

图4-25　沥青混凝土面板铺筑设备

(4)振动碾重量和碾压工艺的选择,应根据现场环境温度、风力、摊铺条幅的宽度和厚度、摊铺机的摊铺速度经现场试验确定。

(5)碾压的初始温度和终止温度及碾压遍数应根据现场试验确定。当没有试验资料时,可参考表4-15选用。

表 4-15　沥青混合料碾压温度　　单位:℃

项目	针入度(1/10 mm)		一般控制范围
	40~80	80~120	
碾压最佳温度	150~145	135	
碾压最低温度	125~120	110	140~110

5. 沥青混凝土面板接缝处理

(1)为提高整体性,接缝边缘通常由摊铺机铺筑成 45°。

(2)当接缝处沥青混合料温度较低(<60 ℃)时,对接缝处的松散料应予以清除,并用红外线或燃气加热器将接缝处 20~30 cm 加热到 100~110 ℃后再铺筑新的条幅进行碾压。有时在接缝处涂刷热沥青以增强防渗效果。

(3)对于防渗层铺筑后发现的薄弱接缝处,仍需用加热器加热并用小型夯实器压实。

6. 沥青混凝土面板封闭层施工

(1)封闭层一般由热沥青玛𤥣脂(30%沥青、70%矿粉)或冷沥青乳剂涂刷而成。

(2)热沥青玛𤥣脂封闭层厚约 2 mm,用带有橡胶刮板的涂刷机分两遍涂刷,涂刷第一遍的热沥青玛𤥣脂会使防渗层表面潮气气化产生气泡,涂刷第二遍沥青玛𤥣脂封堵气泡产生的针孔。

(3)热沥青玛𤥣脂一般在气温 10 ℃以上施工,温度控制在 170~200 ℃。

(4)为防止流淌,有时在沥青玛𤥣脂中掺入一些如纤维素等掺料做稳定剂。

第九节　土石坝的冬季和雨季施工

土石坝在冬季和雨季施工过程中,特别是黏性土料的冬雨季施工,常成为土石坝施工的障碍,它使施工的有效工作日大为减少,造成土石坝施工强度不均,增加施工过程中拦洪、度汛的难度,甚至延误工期。此外,在土石坝冬季施工中,气温降至 0 ℃以下,土料中发生水分迁移,结冰形成硬土层,难以压实;由于结冰体积膨胀,使土粒间的距离扩大,破坏了土层结构,化冻后的土料变得较疏松,降低了施工质量;雨季施工中,降雨导致填筑料含水量发生变化,特别是黏性土,对含水量反应敏感,降雨易降低施工质量。因此,需采取经济、合理、有效的措施进行冬季、雨季作业。

一、停工标准

土石坝在填筑施工过程中,应分析当地水文气象资料,确定雨季各种坝料施工天数,根据《水利水电工程施工组织设计规范》(SL 303—2017)的规定,土石方填筑采用一般防护措施的停工标准见表 4-16。

二、雨季施工措施

雨季进行土石坝填筑施工时,应分析当地水文气象资料,确定雨季各种坝料施工天

数,合理选择施工机械设备的数量,制订雨季施工措施,主要措施如下:

表4-16　土石方填筑采取一般防护措施的停工标准

序号	施工项目	停工标准										
		日降水量/mm					日蒸发量<4 mm	平均气温/℃				
		0~0.5	0.5~5	5~10	10~30	>30		>5	5~0	0~-5	-5~-10	<-10
1	土料翻晒	雨日停工	雨日停工	雨日停工	雨日停工、雨后停一日	雨日停工、雨后停一日	停工	照常施工	照常施工	防护施工	防护施工	停工
2	黏土料填筑	照常施工	雨日停工	雨日停工、雨后停半日	雨日停工、雨后停一日	雨日停工、雨后停两日	—	照常施工	照常施工	防护施工	防护施工	停工
3	砾质土、掺和土、风化土填筑	照常施工	照常施工	雨日停工	雨日停工、雨后停半日	雨日停工、雨后停一日	—	照常施工	照常施工	防护施工	防护施工	停工
4	反滤料填筑	照常施工	照常施工	照常施工	雨日停工	雨日停工	—	照常施工	照常施工	防护施工	防护施工	停工
5	石料填筑	照常施工	照常施工	照常施工	照常施工	雨日停工	—	照常施工	照常施工	防护施工	防护施工	停工
6	碾压式沥青混凝土铺筑	照常施工	照常施工	雨日停工	雨日停工	雨日停工	—	照常施工	照常施工	防护施工	停工	停工

注:法定假日停工,但不包含周六、周日。

(1)根据水文气象预报,合理安排填筑时段,提前做好防雨准备,把握好雨后复工时机。

(2)宜将心墙坝的心墙和两侧反滤料与部分坝壳料在晴天筑高,雨天继续填筑坝壳料,保持坝面稳定上升。

(3)心墙和斜墙的填筑面应向上游倾斜,宽心墙和均质坝填筑面应中央凸起并向上下游倾斜。

(4)应适当缩小防渗体填筑区域,土料应及时平整、压实。

(5)应将已平整但尚未碾压的松土在降雨前用振动平碾快速碾压形成光面,并将防渗体填筑面上的机械设备撤离停至坝壳区。

(6)做好下雨至复工前坝面保护,施工机械和人员不得穿越防渗体和反滤料。

(7)雨后复工应先排除防渗体表层积水,若防渗体未压实,表土含水量过大,可分别采用翻松、晾晒或清除处理;应将被泥土混杂和污染的反滤料予以清除,不得在有积水、泥泞的坝面上填土。

(8)砂砾料和堆石料雨天可以继续施工,但应防止料物被泥沙污染。

三、冬季施工措施

土石坝填筑施工在冬季负温下填筑时,应编制专项施工措施,并根据气象预报做好坝料选择、保温、防冻等措施,主要措施如下:

(1)应在坝基冻结前预先填筑 1.00~2.00 m 松土层或采取其他防冻措施,坝基冻结后无显著冰夹层和冻胀现象,可进行填筑。

(2)应缩小露天土料施工填筑区,并使铺土、碾压、取样作业快速连续,压实时上料温度应在-1 ℃以上。当日最低温度在-10 ℃以下或在 0 ℃以下且风速大于 10 m/s 时,应停止施工。

(3)黏性土含水量应不大于塑限的 90%,砂砾料中粒径小于 5 mm 的细料含水量应小于 4%。

(4)应做好压实土层的防冻保温工作,避免土层冻结。均质坝体及心墙、斜墙等防渗体冻结部分应挖除。砂砾料及堆石料压实层,冻结后干密度达到设计要求的可继续填筑。

(5)停止填筑时,防渗料表面应加以保护,防止冻结,在恢复填筑时清除。

(6)填土中不得夹有冰雪、冻块。

(7)砂、砂砾料与堆石不得加水,必要时采取减薄层厚、加大压实功能等措施,保证质量要求。

(8)如因下雪停工,复工前应清理坝面积雪,检查合格后复工。

参考文献

[1] 颜宏亮,于雪峰. 水利工程施工[M]. 郑州:黄河水利出版社,2009.

[2] 中华人民共和国水利部. 水利水电工程施工组织设计规范:SL 303—2017[S]. 北京:中国水利水电出版社,2017.

[3] 国家能源局. 碾压式土石坝施工规范:DL/T 5129—2013[S]. 北京:中国电力出版社,2014.

[4] 中华人民共和国水利部. 碾压式土石坝设计规范:SL 274—2020[S]. 北京:中国水利水电出版社,2020.

[5] 国家能源局. 混凝土面板堆石坝挤压边墙技术规范:DL/T 5297—2013[S]. 北京:中国电力出版社,2014.

[6] 中华人民共和国水利部. 水利水电工程天然建筑材料勘察规程:SL 251—2015[S]. 北京:中国水利水电出版社,2015.

[7] 中华人民共和国水利部. 混凝土面板堆石坝设计规范:SL 228—2013[S]. 北京:中国水利水电出版社,2013.

[8] 中华人民共和国水利部. 混凝土面板堆石坝施工规范:SL 49—2015[S]. 北京:中国水利水电出版社,2015.

第五章 混凝土工程施工

第一节 概 述

一、引言

混凝土是水利水电建设中最主要的建筑材料,使用范围几乎涉及所有的水工建筑物,如大坝、水闸、隧洞、渡槽、水电站、港口、桥梁、堤防、泵站、护岸和渠系建筑物等,尤其是在以混凝土坝为主体的水利枢纽工程中混凝土占有重要的地位。我国近50年来建成的大中型混凝土闸坝达数百座,混凝土工程量巨大。例如,三峡工程混凝土总量达2 800万m^3,其中三峡大坝混凝土量达1 600万m^3。施工高峰期混凝土一年浇筑量超过500万m^3,由此可见,混凝土的施工速度直接影响整个工程的建设工期,其施工质量直接关系到工程的安危,关系着国家和人民生命财产的安全。此外,用于混凝土工程施工的各种费用占混凝土坝(闸)枢纽工程总投资比例较大,为60%~70%,明显影响工程投资规模。

由于水利水电建设中的混凝土工程量大,修建需要消耗大量的水泥、木材、钢材,施工各个环节质量要求高,投资消耗大。其中,在混凝土坝施工中,大量砂石骨料的采集、加工,水泥和各种掺合料、外加剂的供应是基础,混凝土制备、运输和浇筑是施工的主体,模板和钢筋作业是必要的辅助。混凝土坝的施工工艺流程如图5-1所示。

混凝土坝具有许多优点,特别是建设高坝,在我国20世纪50年代以后修建的大中型水利水电工程的挡水建筑物中,混凝土坝占有较大的比例。混凝土坝通常建筑在深而窄的山谷中,可以分为混凝土重力坝、混凝土拱坝、混凝土支墩坝等,其主要特点是利用自身的重量来支撑水体压力,绝大多数为现场浇筑施工,预制装配法应用极少。混凝土坝所用混凝土,可分为常态混凝土和碾压混凝土。混凝土坝的施工方法有现场浇筑和预制装配两大类。现场分仓浇筑又可分为传统的分层分块浇筑和薄层碾压浇筑。

二、内容提要

本章介绍骨料料场规划与生产,模板与钢筋作业,混凝土生产系统的组成、运输系统的设置与布置、常态混凝土的施工工艺,碾压混凝土的施工工艺,大体积混凝土的温度控制与预防措施,坝体接缝灌浆,混凝土水闸施工、装配式钢筋混凝土渡槽施工等内容。

三、学习要求

了解混凝土筑坝的施工技法的施工机械与工艺;掌握混凝土筑坝的施工程序及施工方案与要求。具体归纳为:要求学习者掌握料场的规划和生产、加工的具体过程;熟悉混凝土工程的模板作业和钢筋作业;熟悉混凝土的生产和运输方式;掌握常态混凝土、碾压

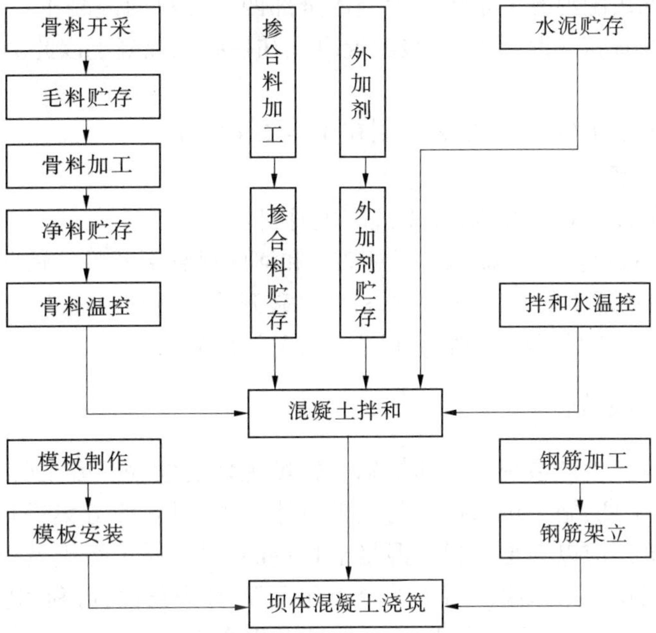

图 5-1　混凝土坝的施工工艺流程

混凝土的施工工艺;了解常用混凝土运输浇筑方案及其选择起重机数量的确定,混凝土温度控制,混凝土坝的分缝与分块,分缝原则及温度效应原理和防裂措施;了解混凝土水闸施工中的关键性工作;了解装配式钢筋混凝土渡槽的施工工艺。

第二节　骨料料场规划与生产

砂石骨料是混凝土工程的主要材料。在质量上,骨料的质量占混凝土质量的 80%左右;在体积上,每立方米密实混凝土需要使用 1.3~1.5 m^3 砂石骨料。大中型混凝土坝工程的混凝土用量大,砂石骨料的需求量也非常大。骨料质量的好坏直接影响混凝土强度、水泥用量和混凝土的温度控制,关系到坝体的建设质量,而骨料的开采运输加工费用直接影响工程的造价。所以,在混凝土坝的设计施工中应认真研究砂石料场骨料的储量、物理力学指标、杂质含量及骨料生产、运输、加工等,对各料场进行统筹规划。

一、骨料的种类、级配及来源

(一)骨料的种类

(1)天然骨料:成本低,需筛分分级以满足设计级配要求。

(2)人工骨料:质量好,但需要爆破开采原材料并进行破碎、筛分、冲洗等加工环节,故一般成本较高。

(3)组合骨料:天然骨料为主、人工骨料为辅。

(二)骨料的级配

1. 粗骨料

水工现浇混凝土粗骨料多用四级配,即 5~20 mm、20~40 mm、40~80 mm、80~120(或

150)mm。通常,四级配混凝土是指包含上述全部四级骨料的混凝土;三级配混凝土是指仅包含较小的三级骨料的混凝土;二级配混凝土和一级配混凝土以此类推。

2. 细骨料

一般宜采用Ⅱ区中砂,细度模数控制在 $M_x = 2.4 \sim 2.8$。

(三)骨料的来源

工程中可以从以下料源开采、加工混凝土骨料:

(1)天然砂砾石料:从陆地料场、河滩料场和河床料场中开采→筛洗获得。

(2)从岩石料场加工的人工骨料:石料场爆破开采→破碎→筛洗加工得到。

(3)工程开挖石渣料:利于降低工程造价、保护环境。

二、骨料料场规划

料场规划是骨料生产系统设计的基础。料场规划要根据混凝土骨料的来源、混凝土浇筑的手段、施工工期、施工机械设备与施工总体布置,对料源方案进行综合技术经济分析和论证。料场规划应以满足工程对混凝土骨料的数量、质量级配及供应能力的要求为指导原则。最佳料源方案取决于料场的分布和高程、开采条件、可利用料的储量、质量、天然级配、加工条件、弃料量、运输方式、运输距离及生产成本等因素。

砂石料场规划应遵循以下原则:

(1)满足水工混凝土对骨料的各项质量要求,其储量应满足各设计级配的需要,并有必要的富裕量。

(2)选用的料场应场地开阔、高程适宜、储量大、质量好。

(3)选择开采准备工作量小、施工简便、运距适宜的料场。

(4)分期使用料源时,前后期原料应统筹安排。

(5)受洪水或冰冻影响的料场应有备料、防洪或冬季开采等措施。

(6)合理配置采、挖、运设备,满足施工强度要求。

(7)人工料场应制订工程完工后的植被恢复计划,以防止水土流失。

(8)在不影响施工总进度计划的前提下,协调开挖和浇筑进度,以减少利用料的储量,提高利用率。

三、骨料生产

天然骨料需要经过开采、筛洗等加工环节,人工骨料需要经过开采、破碎、筛洗等加工环节,其生产流程如图5-2所示。

(一)毛料的开采

按照砂石料开采条件,天然砂砾料有陆地和水下两种开采方式,陆地开采与土料开采类似。水下开采,水深较大时,可采用采砂船或铲扬船开挖,在浅水或河漫滩区多采用索铲或液压反铲采挖。

人工骨料开采宜采用深孔微差挤压爆破,控制其块度大小。破碎加工块石,不仅应满足设计级配要求,且应以整个砂石系统的运输、加工及原料和半成品的总费用最低为目标,确定最佳方案。

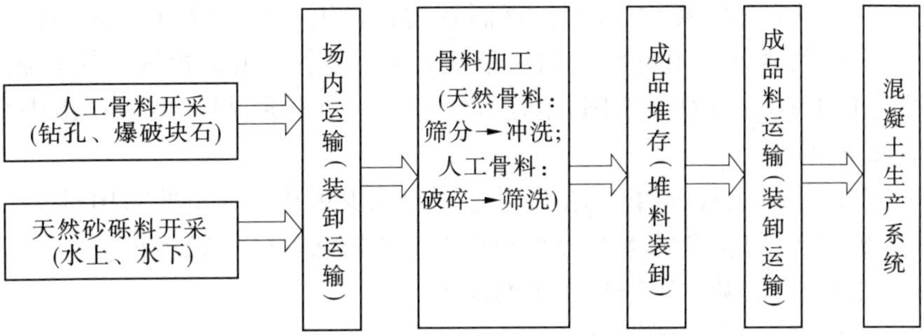

图 5-2　骨料加工的生产流程

(二)骨料开采量的确定

1. 天然骨料开采量

毛料开采量取决于混凝土中各种粒径骨料的需要量(与工程中混凝土的种类等级、各种混凝土的配合比有关)和天然砂砾料中各种粒径骨料的含量。

若某工程共有 j 种混凝土,每一种混凝土的工程量为 V_j。混凝土中共有几个骨料粒径组,各粒径组需要量为 e_{ij},则第 i 粒径组骨料总需要量(净量)q_i 为

$$q_i = (1 + k_c)\sum_j e_{ij}V_j \tag{5-1}$$

式中　q_i——第 i 粒径组骨料总需要量(净量),m^3,以松方计;

k_c——混凝土出机以后的损失系数,取 1%~2%。

为满足第 i 粒径组骨料总需要量(净量)q_i,要求开采的砂砾料总量 Q_i 为

$$Q_i = (1 + K)\frac{q_i}{K_p P_i} \tag{5-2}$$

式中　Q_i——开采的砂砾料总量,m^3,以天然方计;

K——骨料生产过程中的损耗系数,是各生产环节损耗系数的总和,即 $K=K_1+K_2+K_3+K_4$,见表 5-1;

K_p——砂砾料的松散系数,取 1.15~1.35;

P_i——天然砂砾料中第 i 粒径组骨料的含量百分数。

表 5-1　生产过程中骨料损耗系数

产生损耗的生产环节		K_i	骨料粒径		
			<5 mm	5~20 mm、20~40 mm	40~80 mm、80~120(150)mm
开采	水上	K_1	0.03	0.02	0.02
	水下		0.07	0.05	0.03
加工		K_2	0.07	0.02	0.01
运输堆存		K_3	0.05	0.03	0.02
混凝土生产		K_4	0.03	0.02	0.02

依据不同粒径组求得的天然砂砾料开采总量 Q_i 值互不相同。若按照最大值 Q_{max} 进行开采,所有各组骨料的需要均能满足,然而有的粒径组会有剩余而造成弃料;若按照最小值 Q_{min} 进行开采,则除一组骨料的需要能满足外,其余各组均短缺。实际施工中选择的开采量往往介于 Q_{max} 与 Q_{min} 之间,于是有些粒径组会短缺,另一些粒径组则会有弃料,此时可采取如下措施:

(1)调整混凝土的设计配合比,在许可范围内减少短缺粒径组的需用量。

(2)设置破碎机,将富余的大粒径组骨料加工成短缺的较小粒径组。

(3)改进生产工艺,减少短缺粒径组的损失。

(4)以人工骨料补充短缺粒径组。

2. 人工骨料开采量

$$V_r = (1 + K)\frac{eV}{\beta\gamma} \tag{5-3}$$

式中 V_r——采石场总开采量,m^3,以天然方计;

K——人工骨料损耗系数,对于碎石,加工损耗为 2%~6%,运输储存损耗为 2%~4%;对于人工砂,加工损耗为 8%~20%,运输储存损耗为 2%~6%;

e——每立方米混凝土中的骨料用量,t/m^3;

V——混凝土的总工程量,m^3;

β——块石开采成品获得率,取 0.8~0.9;

γ——块石表观密度,t/m^3。

若基础开挖的石料可以利用,在采石场开采量中应予扣除。

(三)骨料加工及加工设备

将采集的毛料加工,一般需经过破碎、筛分和冲洗,加工成需要的粒径。根据骨料的生产工艺流程,组成骨料加工厂。

1. 骨料的破碎

为了将开采的石料破碎到需要的粒径,往往要经过几次破碎才能完成。因此,通常将骨料破碎过程分为粗碎(将原石料破碎到 300~70 mm)、中碎(破碎到 70~20 mm)和细碎(20~1 mm)三种。

水利工程施工中常用的有颚式破碎机、圆锥破碎机、旋回破碎机、反击式破碎机、立轴式冲击破碎机和棒磨机。

1)颚式破碎机

如图 5-3 所示,它的破碎槽由两块颚板(一块固定,另一块可以摆动)构成,颚板上装有可以更换的齿状钢板。工作时,由传动装置带动偏心轮作用,使活动颚板左右摆动,破碎槽即可一开一合,将进入的石料轧碎,从下端出料口漏出。

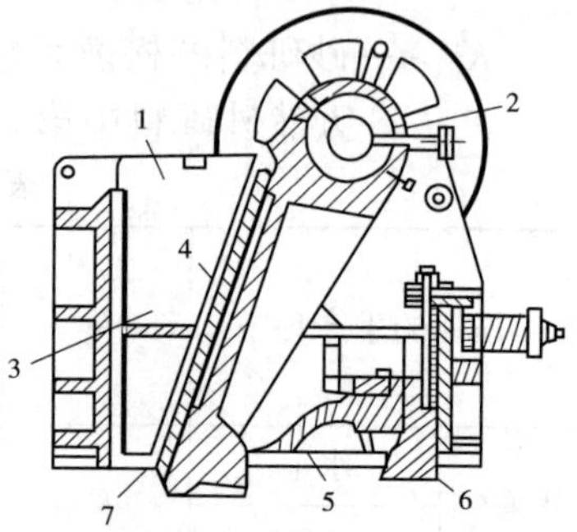

1—破碎槽进口;2—偏心轮;
3—固定颚板;4—活动颚板;
5—撑杆;6—楔形滑块;7—出料口。

图 5-3　颚式破碎机

颚式破碎机是最常用的粗碎设备,其优点是结构简单,自重较轻,价格便宜,外形尺寸小,配置高度低,进料尺寸大,排料口开度容易调整。缺点是衬板容易磨损,产品中针片状颗粒含量较高,处理能力较低,一般需配置给料设备。

2)圆锥破碎机

(1)传统圆锥破碎机是最常用的中碎和细碎设备,有标准、中型、短头三种腔型,弹簧和液压两种形式。它的破碎室由内、外锥体之间的空隙构成。活动的内锥体装在偏心主轴上,外锥体固定在机架上。工作时,由传动装置带动主轴旋转,使内锥体做偏心转动,将石料碾压破碎,并从破碎室下端出料槽滑出。

传统圆锥破碎机工作可靠,磨损轻,不易过度粉碎。但其结构和维修较复杂,机体高大,价格较高,破碎产品中针片状颗粒含量较高。

(2)高性能圆锥破碎机与传统圆锥破碎机相比,破碎能力大为提高,可挤满给料,产品粒形很好,有更多的腔形变化,以适应中碎、细碎、制砂等各工序及各种不同的生产要求,操控更为方便可靠,但价格高。我国二滩、三峡工程人工砂石料生产系统中,中碎、细碎均采用了这种高性能圆锥破碎机。目前,国际上具有代表性的制造厂家分别是瑞典的Svedala公司与美国的Nordberg公司。

3)反击式破碎机

反击式破碎机有单转子、双转子、联合式三种形式。我国主要生产和应用前两种形式,如图5-4、图5-5所示。

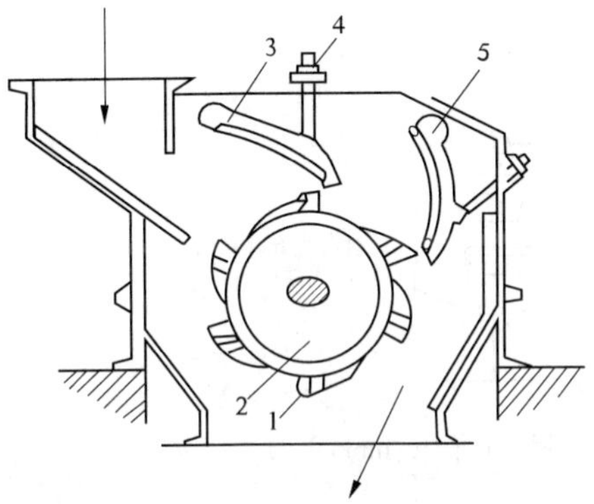

1—打击板;2—转子;3—第一道反击板;4—悬挂反击板的拉杆;5—第二道反击板。

图5-4　单转子反击式破碎机

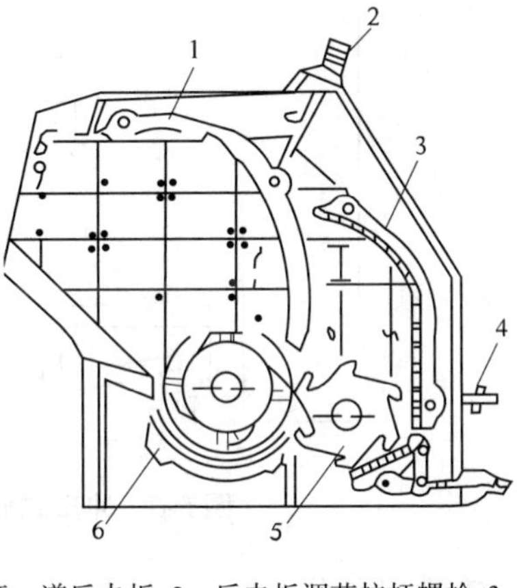

1—第一道反击板;2—反击板调节拉杆螺栓;3—第二道反击板;4—调节弹簧;5—第二级转子;6—第一级转子。

图5-5　双转子反击式破碎机

其破碎机制属于冲击破碎,主要借固定在转子上的打击板,高速冲击被破碎物料,使其沿薄弱部分(层理、节理等)进行选择性破碎,还通过被冲击料块,从打击处获得的动能,向反击板进行二次冲击,以及料块在破碎腔内的互击,经过打击破碎、反弹破碎、互撞破碎、铣削破碎四个主要过程的反复进行,直至物料粒度小于打击板与反击板间缝隙时被卸出。所以,其破碎比大(一般在20左右,最大达50~60),产品细,粒形好,产量高,能耗低,结构简单,适用于破碎中硬岩石,还可用于中细碎机制砂。缺点是板锤和衬板容易磨损,更换和维修工作量大,产品级配不易控制,容易产生过度粉碎。

4) 立轴式冲击破碎机

除具备反击式破碎机的一般特性外,它还具有一些显著的优点,即产品更细,机件磨损较反击式小,适合于细碎和制砂,但产品粒径组成不理想。

"石打石"立轴式冲击破碎机是我国从瑞典进口的新一代超细碎破碎机的代表,该破碎机的产品粒形优异,级配可调,结构简单,产品可根据岩石破碎工艺要求,进行成品骨料粒径的整形,也可专门用于人工砂的生产。我国在江垭、三峡、棉花滩等水利水电工程中使用成功。

5) 棒磨机

制砂用棒磨机通常采用两端轴向进料,中间边孔排料形式,产品粉粒较少。国内使用最多的规格为 ϕ 2 100 mm×3 600 mm,如乌江渡、二滩、东风、五强溪工程都是采用这种型号。

近年来,随着冲击式破碎机、旋盘式破碎机、立轴式破碎机等机型的出现,制砂工艺由单一棒磨机制砂方式,发展到多种类型及联合型的制砂方式。如三峡工程,采用了棒磨机、筛分石渣、"石打石"立轴式冲击破碎机制砂后混合的工艺。如图 5-6 为冲击式破碎机制砂工艺流程。

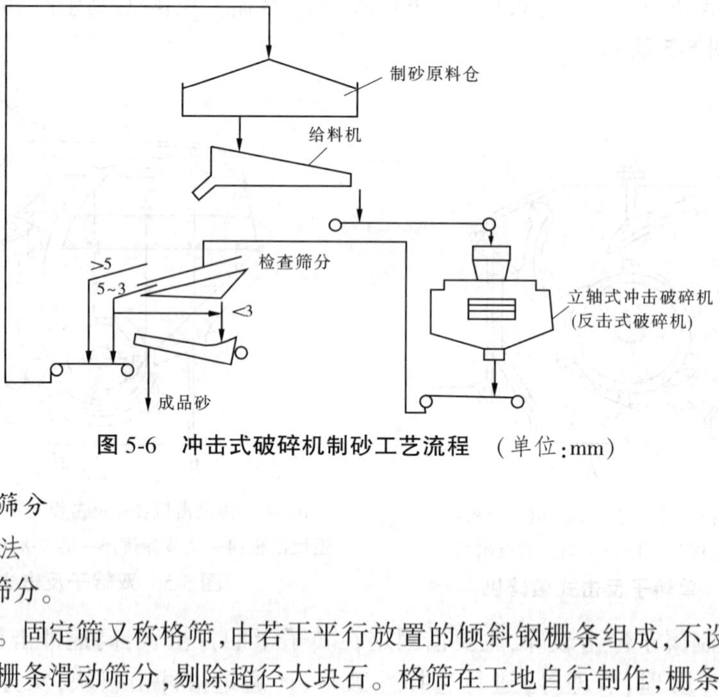

图 5-6　冲击式破碎机制砂工艺流程　(单位:mm)

2. 骨料的筛分

1) 筛分方法

(1) 机械筛分。

①固定筛。固定筛又称格筛,由若干平行放置的倾斜钢栅条组成,不设动力装置,石料靠自重沿钢栅条滑动筛分,剔除超径大块石。格筛在工地自行制作,栅条间距可根据需要设定。

②振动筛。振动筛由筛箱、筛架与支撑装置、振动器(激振器)、动力装置等组成。筛箱设有筛网,筛网层数有单层、双层、三层及四层,水利工程中多用双层,可筛分出三级不同粒径的骨料。筛架与支撑装置的连接,有吊式和座式两种。振动器(激振器)在动力装置的驱动下使筛网产生振动,使通过筛网的石料分离。按振动器(激振器)的工作特性,振动筛又分为偏心振动筛(见图 5-7)、惯性振动筛。偏心振动筛的工作原理是:偏心轴安

装在固定机架上,活动筛安装在偏心轴上,利用电机带动偏心轴转动,使活动筛网和活动机架振动。偏心振动筛(振幅为 3~6 mm,频率为 840~1 200 次/min),适合筛分粗、中粒径骨料。

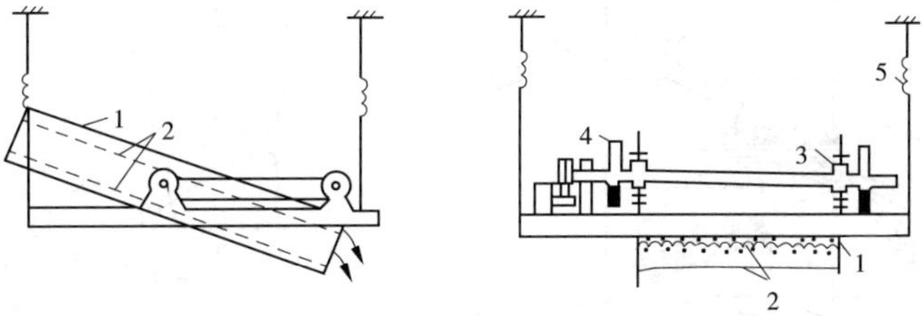

(a)侧视图　(b)横剖面图

1—活动筛架;2—筛网;3—偏心部位;4—平衡重;5—消振弹簧。

图 5-7　偏心振动筛

惯性振动筛工作原理是:偏心轴(或带偏心块的旋转轴)安装在活动筛架上,利用电机带动旋转轴上筛网下轮的偏心部位,产生离心力而引起筛网振动。惯性振动筛(振幅为 1.6~6 mm,频率为 1 200~2 000 次/min),适合筛分中、细粒径骨料。振动筛按筛网运行的轨迹又可分为圆运动振动筛、直线振动筛和复合振动筛。

③骨料冲洗。在骨料的整个筛分过程中,利用安放在筛网上方有孔眼的管道对下滑的骨料逆向喷水冲洗。

(2)水力筛分。

细骨料常用的筛分设备是螺旋式洗砂机,如图 5-8 所示。其主要部件组成及工作原理是在倾斜(18°~20°)安放的半圆形洗砂槽内,装有 1~2 根附有螺旋叶片的旋转主轴。工作时,低端进砂,高端进水,螺旋叶片旋转使被洗的砂受到搅拌,并移向高端出料口卸入运料皮带机,洗涤水则不断从高端通入,细泥污水从低端的溢水口排出。

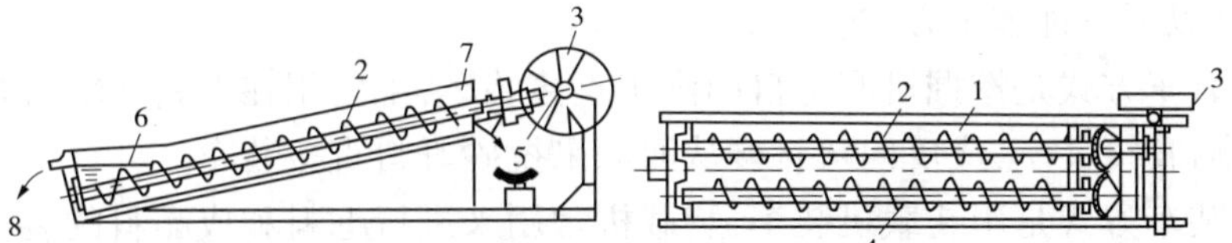

(a)　(b)

1—洗砂槽;2—带螺旋叶片的旋转轴;3—驱动机构;4—螺旋叶片;
5—皮带机;6—加料口;7—清水注入口;8—污水溢出口。

图 5-8　螺旋式洗砂机

经水力分级后的砂,含水率往往高达 17%~24%,必须经脱水后方可使用。根据《水工混凝土施工规范》(DL/T 5144—2015)的要求,成品砂的表面含水量应稳定在 6%以下。自然脱水的时间较长,必要时可采用机械脱水设备加速脱水。

2)筛分系统

天然骨料加工是以筛分为主,大规模的骨料加工一般要建造流水化作业的筛分系统,称为筛分楼,如图 5-9 所示。其采用分层布置,进料层布置在顶层,常用皮带机提升上楼,中间是筛分层,经两道振动筛筛分出五种级配骨料,底层出料。砂料经洗砂后为成品砂料。成品经由皮带机送入成品料堆,分级存储。

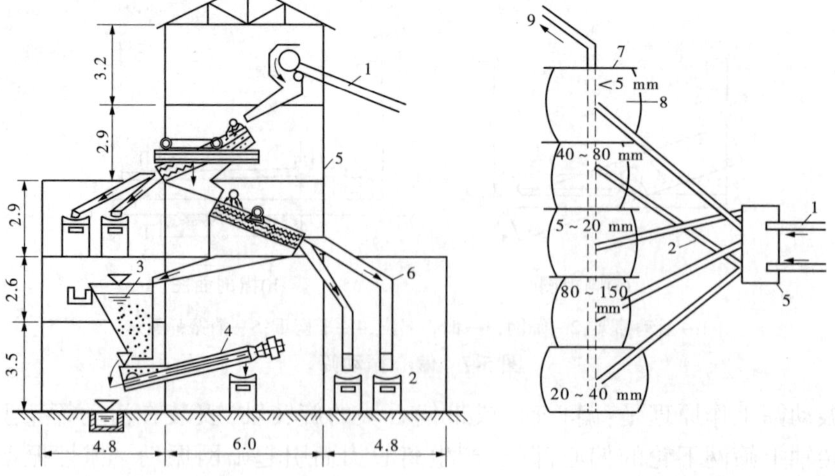

(a)筛分楼分层布置　　(b)进出料平面布置

1—进料皮带机;2—出料皮带机;3—沉砂箱;4—洗砂机;5—筛分楼;
6—溜槽;7—隔墙;8—成品料堆;9—成品运出。

图 5-9　筛分楼布置图　(单位:m)

3. 骨料的运输

骨料运输包括毛料运输和成品料运输,主要的运输方式有以下三种。

1)汽车运输

自卸汽车运输作为骨料运输的最主要形式之一,在 20 世纪 70 年代以来的我国大中型水电工程中得到了广泛的应用。自卸汽车作为骨料运输工具,需要装车设备与之相配合,常见的有以下三种装车方式:

第一种装车方式是挖掘机配合自卸汽车直接装车,主要用在毛料运输,包括正向铲在掌子面开挖后直接装车,或反向铲直接从河床采挖砂砾料直接装车。

第二种装车方式是用装载机装车,装载机常用来进行毛料和成品料的装车,由于装载机挖掘力较小,当用作毛料装车时,毛料必须先用正向铲、反向铲、推土机等骨料,再由装载机装料。

第三种装车方式是用装车楼装车,装车楼是由一组容积为几立方米到十几立方米的料斗组成的,在成品料运输中,由胶带机向料斗供料,装车时打开料斗下弧门,向汽车卸料。这样就加快了装车速度,缩短了运输时间。

2)火车运输

火车运输有窄轨和标准轨距火车运输。采用标准轨距运输的车辆,一般都使用各种型号的自卸矿石车,每节车皮的载重量有 50 t、60 t、70 t、100 t 等几种。

火车运输的优点是单次运输量大、运行可靠、运输的费用也比较低,所以 20 世纪 70 年代以前的一些大中型混凝土坝工程,特别是那些混凝土方量比较大、运距比较长的工程,多数都采用了火车运输。

火车运输骨料的缺点是对路基要求高，基建工程量大、基建时间长、基建费用高，受地形限制，布置困难等。所以，20 世纪 80 年代以后开工的工程，骨料的运输已较少采用火车运输方式。

另外，由于火车单次装车时间很长，因此火车运输骨料的关键在于如何加快装车的速度，缩短装车时间，为了解决这一矛盾，工程上可采用火车装车楼，利用胶带机向料斗供料，实现几节车皮同时装车。

3）胶带输送机运输

胶带输送机俗称皮带机，是一种能连续运输物料的运输机械，是骨料生产系统运输的主要方式之一。开采出的毛料向骨料加工厂的运输，骨料加工厂内骨料的转运，成品骨料向混凝土生产系统的运输，都可使用胶带输送机来完成。

4. 骨料的储存

1）骨料堆场的任务和种类

为了解决骨料生产与混凝土生产之间的不平衡，应设置骨料堆场。骨料储存一般分为毛料堆存、半成品料堆存和成品料堆存三种形式。一是由于受洪水等因素的影响，毛料开采不能均衡进行，为了解决毛料生产与骨料加工能力之间的矛盾，需要储备一定的毛料；二是半成品料（经过预筛分的砂石混合料或在人工骨料加工过程中的半成品料）堆存用于解决骨料加工各工序之间的不平衡；三是为了解决骨料加工能力和混凝土浇筑强度不均衡之间的矛盾，储备一些成品骨料，并起到降低和稳定骨料含水量（特别是砂料脱水）、降低或稳定骨料温度的作用。

砂石料的存储量多少取决于生产强度和管理水平。《水利水电工程施工组织设计规范》（SL 303—2017）规定，砂石料的总储量可按混凝土生产高峰时段月平均需要值的 50%～80%考虑，汛期、冰冻期骨料停采时，须按停采期骨料需要量外加 20%富裕度校核。

2）骨料堆场的形式

（1）台阶式。

如图 5-10 所示，利用地形的高差，将料仓布置在进料线路下方，由汽车或铁路矿车直接卸料。料仓底部设有出料廊道（又称地弄），砂石料通过卸料弧形闸门卸在皮带机上运出。为了扩大堆料容积，可用推土机集料或散料。这种料仓设备简单，但须有合适的地形条件。

（2）栈桥式。

如图 5-11 所示，在平地上架设栈桥，栈桥顶部安装有皮带机，经卸料小车向两侧卸料。料堆呈棱柱体，由廊道内的皮带机出料。这种堆料的方式，可以增大堆料高度（可达 9～15 m），减少料堆占地面积。但骨料跌落高度大，易造成逊径和离析，而且料堆自卸容积（位于骨料自然休止角斜线中间的容积）小，需要推土机协助出料。

（3）堆料机堆料。

堆料机是可以沿轨道移动，有悬臂扩大堆料范围的专用机械。双悬臂堆料机如图 5-12（a）所示。动臂堆料机如图 5-12（b）所示，动臂堆料机可以旋转和仰俯（变幅范围为±16°），能适应堆料位置和堆料高度的变化，避免骨料跌落过高，产生逊径。

为了增大堆料高度，常将其轨道安装在土堤顶部，出料廊道则设于土堤两侧。

3）骨料堆存中的质量控制

防止粗骨料跌碎和离析是骨料堆存质量控制的首要任务。卸料时，粒径大于 40 mm

骨料的自由落差大于3 m时,应设置缓降设施。皮带机接头处高差应控制在1.5 m以下。堆料时,应分层进行,逐层上升。储料仓除有足够的容积外,还应维持不小于6 m的堆料厚度。要重视堆存过程中的细骨料脱水,并保持洁净和一定的湿度。细骨料在进入拌和机前,其表面含水量应控制在5%以内,湿度以3%~8%为宜,过干容易离析。

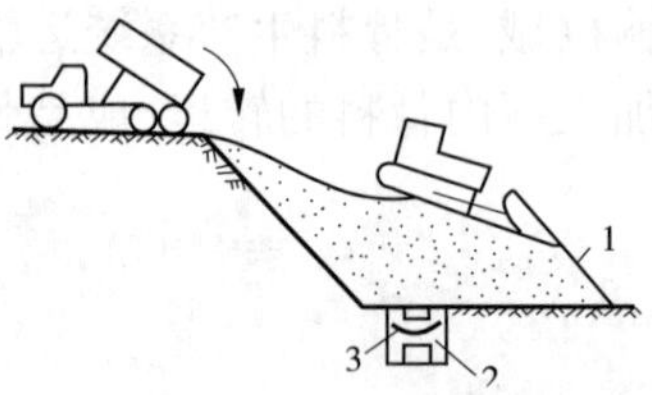

1—料堆;2—地弄;3—出料皮带机。

图5-10　台阶式骨料堆

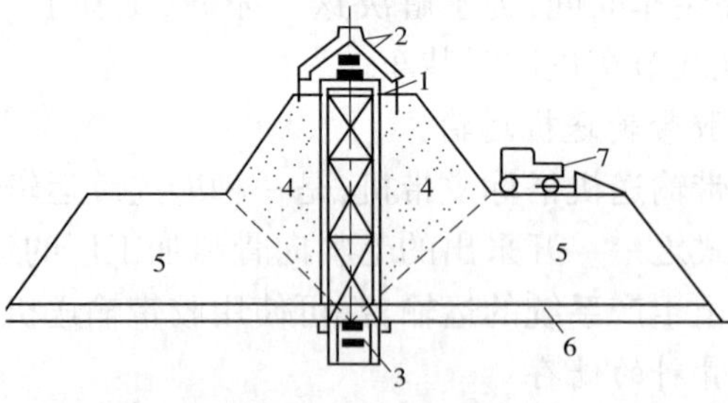

1—进料皮带机栈桥;2—卸料小车;3—出料皮带机;4—自卸容积;5—死容积;6—垫底损失容积;7—推土机。

图5-11　栈桥式骨料堆

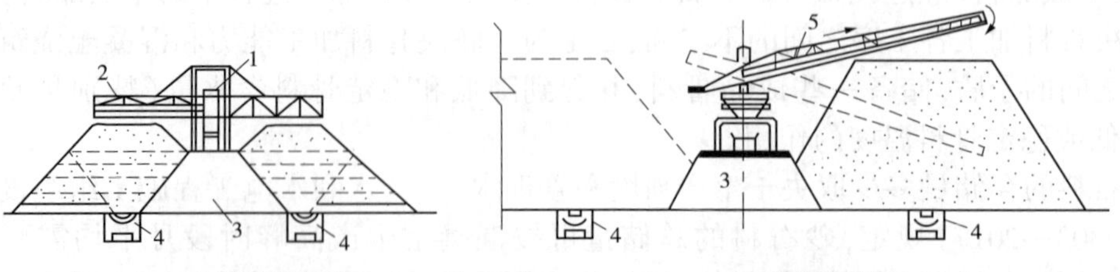

(a)双悬臂堆料机　　(b)动臂堆料机

1—进料皮带机;2—可两侧移动的梭式皮带机;3—路堤;4—出料皮带机廊道;5—动臂式皮带机。

图5-12　堆料机堆料

设计料仓时,料仓的位置和高程应在洪水位之上,周围应有良好的排水、排污设施,地下廊道内应布置集水井、排水沟和冲洗皮带机污泥的水枪。料仓有关结构设计要符合安全、经济和维修方便的要求,尽量减少骨料转运次数,防止栈桥排架变形和廊道不均匀沉陷。

成品料仓各级骨料的堆存,必须设置可靠的隔墙,以防止骨料混级。成品堆场容量,尚应考虑砂石料自然脱水过程的要求。

第三节　模板和钢筋作业

模板和钢筋作业是钢筋混凝土工程的重要辅助作业。合理组织模板和钢筋作业,不仅对保证施工安全和混凝土工作质量、加快施工进度具有重大意义,而且会带来明显的经济效益。

一、模板作业

模板的主要作用是对新浇混凝土起成型和支撑作用,同时具有保护和改善混凝土表面质量的作用。模板工程量大，材料和劳动力消耗多，正确选择模板类型和合理组织施工，对加快施工进度和降低工程造价意义重大。

(一)对模板的基本要求

(1)具有足够的刚度、强度和稳定性。

(2)能承受新浇混凝土的重力、侧压力及施工过程中可能产生的其他各种荷载。其变形在允许范围内，对于建筑物外表面模板，允许挠度为其计算跨度的1/400，内表面或隐蔽部位为1/250。

(3)保证结构物的形状尺寸和各部位相互位置的正确，符合设计要求。

(4)拼接缝紧密不漏浆，并能保证混凝土施工质量，达到平整光滑。

(5)制作简单，装拆方便，周转次数高，有利于快速、经济施工。

(6)选型选材应根据结构物的特点、质量要求及使用次数确定，但应尽可能选用钢、混凝土及钢筋混凝土等材料，少用或不用木材。

(7)力求考虑模板结构构件和尺寸的标准化及系列化，即使用一定规格品种的模板。

对于模板设计，除上述基本要求外，尚应提出对材料制作、安装和拆除工艺的具体要求，设计图纸应标明设计荷载及控制条件，如混凝土浇筑上升速度、施工荷载等。

(二)模板的基本类型

模板按使用材料可分为木模板、钢模板、钢木混合模板、预制混凝土模板和钢筋混凝土模板、铝合金模板，以及塑料、竹胶混合等材料制作的模板。

模板按形状可分为平面模板和曲面模板。

模板按受力条件可分为承重模板和侧面模板；侧面模板按其支撑受力方式又分为简支模板、悬臂模板和半悬臂模板。

模板按架立和工作特征可分为固定式、拆移式、移动式和滑动式。固定式模板多用于起伏的基础部位或特殊的异型结构，如蜗壳或扭曲面，因大小不等、形状各异，难以重复使用。拆移式模板、移动式模板、滑动式模板可重复或连续在形状一致或变化不大的部位使用，有利于实现标准化和系列化。

1. 模板使用的材料

在我国水利工程建设发展史上，随着施工技术的发展，模板使用的材料也在不断地发生着变化。在20世纪60年代以前，水利工程施工主要使用木模板，少量采用预制混凝土模板和钢筋混凝土模板。70年代以后，在混凝土高坝施工中采用了大型钢木混合模板，与此同时，在一些闸墩、竖井、拦污栅、溢流坝等部位还采用了滑动式模板。80年代以后，开始发展钢模板。现行《水电水利工程模板施工规范》(DL/T 5110—2013)中规定：模板的材料宜选用钢材、竹木材料、高分子材料等，模板支架的材料宜选用钢材等，尽量少用木材。所选用模板材料的质量应符合相应材料规范的有关规定。

1)木模板

木模板由木材面板、加劲肋和支架三个基本部分组成。加劲肋把面板连接起来，并由支架安装在混凝土浇筑块上，形成浇筑仓。对于应用在水电站的蜗壳、尾水管等因形状复杂、断面随结构形体曲线而变化的部位的模板，先按结构设计尺寸制作若干形状不同的排架，然后分段拼装成整体，表面用薄板覆盖，吊装就位，形成浇筑仓。

2) 钢模板

钢模板由面板和支撑体系两部分组成。工程上常用组合钢模板,其面板一般是以一定整倍数的标准化单块模板组成的,支撑体系由纵横联系梁及连接件组成。联系梁一般采用薄壁槽钢、薄壁矩形或圆形断面钢管;连接件包括U形卡、L形插销、钩头螺栓、蝶形扣件等。组合钢模板常用于水闸、混凝土坝、水电站厂房等工程。

3) 预制混凝土模板

预制混凝土模板及钢筋混凝土预埋式模板,既是模板,也可以浇筑后不予拆除作为建筑物的护面结构。通常采用的预制混凝土模板有如下几种。

(1) 素混凝土模板。

素混凝土模板靠自重稳定,可做直壁模板,如图5-13(a)所示;也可做倒悬模板,如图5-13(b)所示。

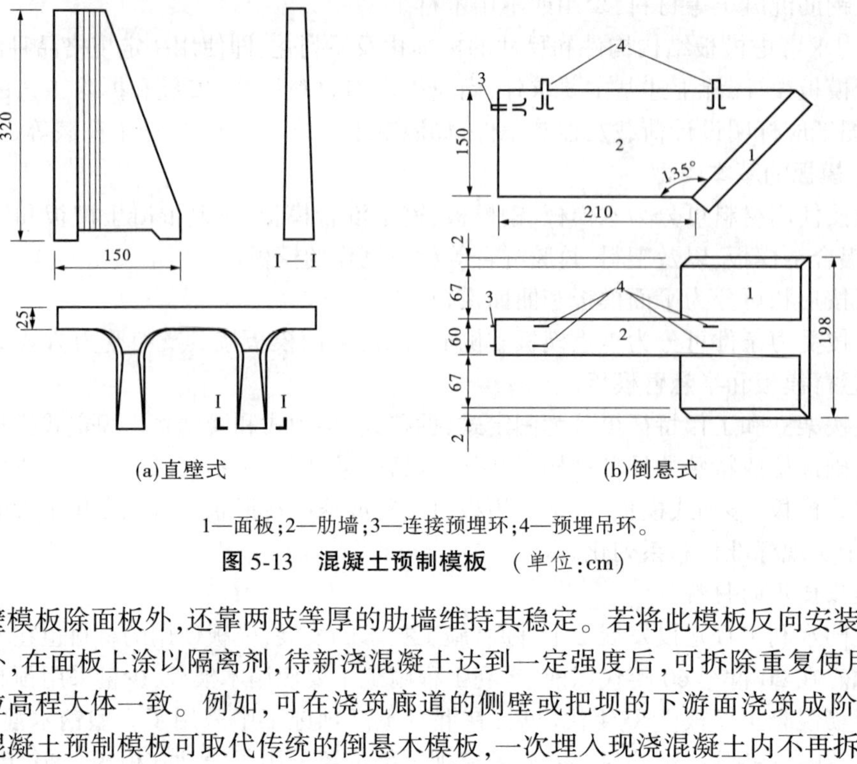

1—面板;2—肋墙;3—连接预埋环;4—预埋吊环。

图5-13　混凝土预制模板　(单位:cm)

直壁模板除面板外,还靠两肢等厚的肋墙维持其稳定。若将此模板反向安装,让助墙置于仓外,在面板上涂以隔离剂,待新浇混凝土达到一定强度后,可拆除重复使用,这时,相邻仓位高程大体一致。例如,可在浇筑廊道的侧壁或把坝的下游面浇筑成阶梯使用。倒悬式混凝土预制模板可取代传统的倒悬木模板,一次埋入现浇混凝土内不再拆除,既省工又省木材。

(2) 钢筋混凝土模板。

钢筋混凝土模板既可做建筑物表面的镶面,也可做厂房、空腹顶拱坝和廊道顶拱的承重模板,如图5-14所示。这样避免了高架立模,既有利于施工安全,又有利于加快施工进度、节约材料、降低成本。

预制混凝土模板和钢筋混凝土模板自重均较大,需要起重设备吊运就位,所以在模板预制时都应预埋吊环。对于不拆除的预制模板,对模板与新浇混凝土的结合面需进行凿毛处理。

(a)廊道顶拱　(b)廊道拱墙　(c)空腹顶拱坝

图 5-14　钢筋混凝土承重模板

2. 模板架立和工作特征

按架立和工作特征,模板可分为固定式、拆移式、移动式、自升悬臂式和滑动式。

1) 固定式模板

固定式模板是在混凝土浇筑后不拆除的模板,当固定式模板构成永久结构的一部分时,应经设计部门的同意。当混凝土重力式竖向模板被用作固定式模板时,规范对其设计和施工给出相应的参考指标:设计面板厚度大于 0. 2 m;单位面积的质量:G = 每块模板自重/面板面积≥1. 0 t/m^2;稳定特性值 X(混凝土模板的重心到前趾的水平距离):X = 自重产生的稳定力矩/每块模板自重≥0. 4 m;抗倾覆及抗滑安全系数均应大于 1. 2。

制作和安装混凝土、钢筋混凝土及预应力钢筋混凝土模板,应制订专门的技术措施和工艺操作规程。

当金属模板成为结构的整体部分被用作固定式模板时,其形状、标准高度、外形尺寸、物理性能和表面处理应符合设计要求。

固定式承重模板应正确地固定在支撑构件上或相邻的模板构件上,且搭接正确,接缝严密,防止漏浆。

2) 拆移式模板

(1) 悬臂模板。

悬臂模板由面板、支撑柱和预埋连接件组成。面板采用定型组合钢模板拼装或直接用钢板焊制。支撑模板的立柱有型钢梁和钢桁架,根据浇筑块高度及结构承载要求设计而定。预埋在下层混凝土内的连接件有螺栓式和插座式(U 形铁件)。

如图 5-15 所示为悬臂模板的一种结构形式。其支撑柱由型钢制作,下端伸出较长,并用两个接点锚固在预埋螺栓上,可视为固结。立柱上部不用拉条,以悬臂作用支撑混凝土侧压力及面板自重。

采用悬臂模板,可以仓内无拉条,模板整体拼装,为大体积混凝土机械化施工创造了有利条件,且模板本身的安装比较简单,重复使用次数高(可达 100 多次)。但模板质量大(每块模板质量 0. 5~2 t),需要小型起重机配合吊装。由于模板顶部容易变位,故浇筑高度受到限制,一般为 1. 5~2 m。用钢桁架做支撑柱时,高度也不宜超过 3 m。

(2) 半悬臂模板。

常用高度有 3. 2 m 和 2. 2 m 两种。半悬臂模板结构简单、装拆方便,但支撑柱下端固结程度不如悬臂模板,故仓内需要设置短拉条,对仓内作业有影响。

3) 移动式模板

对于定型的建筑物,根据建筑物外形轮廓特征,做一段定型模板,在支撑钢架下部装上行驶轮,沿建筑物长度方向铺设轨道分段移动,分段浇筑混凝土。移动时,只需将顶推

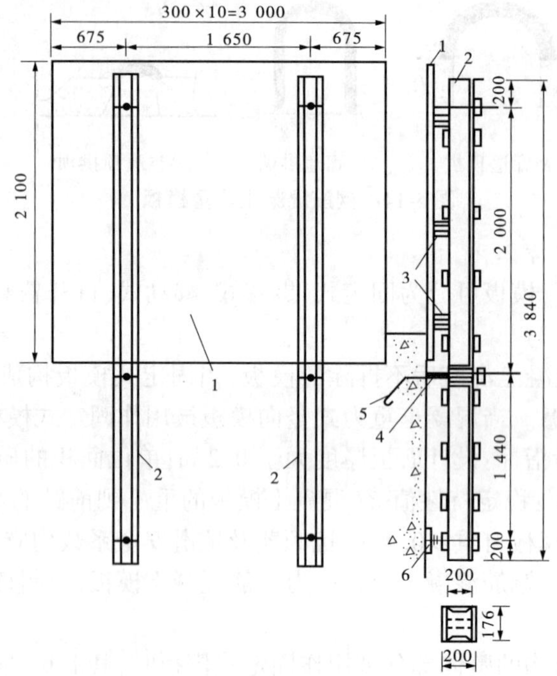

1—面板;2—支臂柱;3—横钢楞;4—紧固螺母;5—预埋螺栓;6—千斤顶螺栓。

图 5-15 悬臂模板 (单位:mm)

模板的花篮螺丝或千斤顶收缩,使模板与混凝土面脱开,模板可随同钢架移动到拟浇混凝土部位,再用花篮螺丝或千斤顶调整模板至设计浇筑尺寸,如图 5-16 所示。移动式模板多用钢模,作为浇筑混凝土墙和隧洞混凝土衬砌使用。

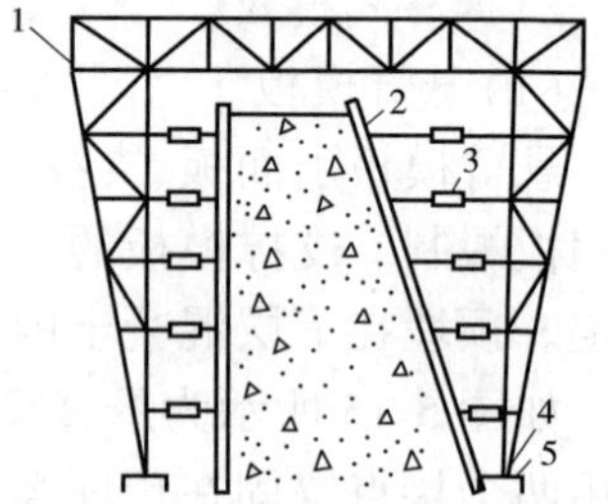

1—支撑钢架;2—钢模板;3—花篮螺丝;4—行驶轮;5—轨道。

图 5-16 移动式模板浇筑混凝土墙

4)自升悬臂式模板

自升悬臂式模板的面板,由组合钢模板组装而成,桁架、提升柱由型钢、钢管焊接而成,如图 5-17 所示。其自升过程如图 5-18 所示,图 5-18(a)是模板在浇筑位置;图 5-18(b)是提升柱向外移动 5 cm;图 5-18(c)是面板锚固螺栓松开,使面板脱离混凝土面 15 cm;图 5-18(d)是自升电动装置将提升柱提升到指定位置;图 5-18(e)是模板到位后,利用桁架上的调节丝杆调整模板位置,准备浇筑混凝土。这种模板的突出优点是自重轻,自升电动装置具有力矩限制与行程控制功能,运行安全可靠,升程准确。模板采用插挂式锚钩,简单实用,定位准,拆装快。

5)滑动式模板

滑动式模板是在混凝土浇筑过程中,随浇筑而滑移(滑升、拉升或水平滑移)的模板,简称滑模,以竖向滑升应用最广。

滑动式模板是先在地面上按照建筑物的平面轮廓组装一套 1.0~1.2 m 高的模板,随着浇筑层初凝后而不断上升,直至完成整个建筑物计划高度内的浇筑。

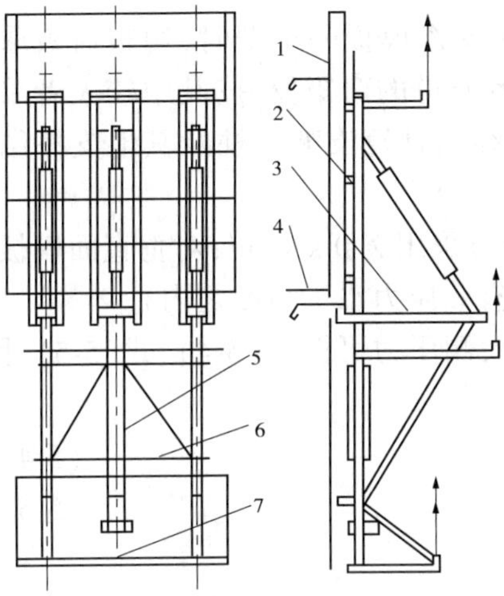

1—面板;2—围囹;3—支撑桁架;4—锚件;
5—爬杆;6—连接件;7—工作平台。

图 5-17　三桁架自升悬臂模板总体结构

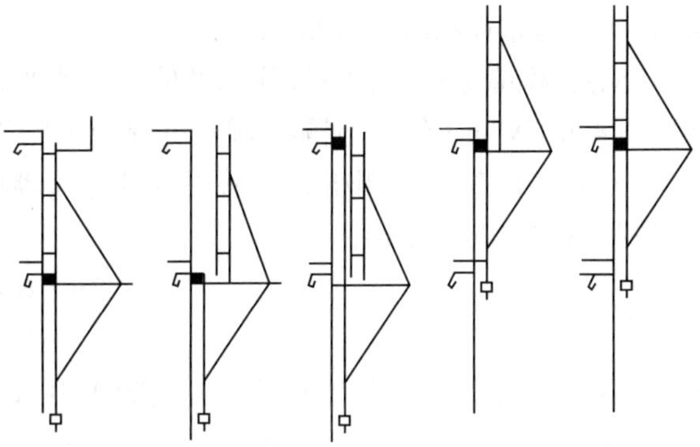

(a)　(b)　(c)　(d)　(e)

图 5-18　模板自升过程

滑模施工可以节约模板和支撑材料,加快施工进度,改善施工条件,保证结构的整体性,提高混凝土表面质量,降低工程造价。缺点是滑模系统一次性投资大,耗钢量大,且保温条件差,不宜于低温季节使用。

滑模施工最适用于断面形状、尺寸沿高度基本不变的高耸建筑物,如竖井、沉井、墩墙、烟囱、水塔、筒仓、框架结构等的现场浇筑,也可用于大坝溢流面、双曲线冷却塔及水平长条形规则结构、构件施工。

(三)模板的设计荷载及其组合

1. 设计荷载

模板及其支撑结构应具有足够的强度、刚度和稳定性,必须能承受施工中可能出现的各种荷载的最不利组合,其结构变形应在允许范围以内。模板设计时,应考虑下列各项荷载。

(1)模板自身的重力。应根据模板设计图纸确定,肋形楼板及无梁楼板模板的自重标准值,可按表 5-2 采用。

表 5-2　楼板模板自重标准值　单位:kN/m^3

模板构件名称	木模板	定型组合钢模板
平板的模板及小楞	0.3	0.5
楼板模板(其中包括梁的模板)	0.5	0.75
楼板模板(楼层高度为 4 m 以下)	0.75	1.1

(2)新浇混凝土的重力。对普通混凝土可采用 24 kN/m^3,对其他混凝土可根据实际重度确定。

(3)钢筋和预埋件重力。对一般梁板结构,每立方米钢筋混凝土中的钢筋自重标准值可采用数值:楼板1.1 kN,梁1.5 kN。

(4)施工人员和机具设备的重力。计算模板及直接支撑模板的小楞时,均布荷载取2.5 kN/m²,另应以集中荷载2.5 kN进行验算,比较两者所得的弯矩值,按其中较大者采用;计算直接支撑小楞结构构件时,均布荷载取1.5 kN/m²;计算支架立柱及其他支撑结构构件时,均布荷载取1.0 kN/m²。

(5)振捣混凝土产生的荷载标准值。对水平面模板可采用2.0 kN/m²;对垂直面模板可采用4.0 kN/m²(作用范围在新浇筑混凝土侧压力的有效压力水头高度之内)。

(6)新浇混凝土的侧压力。采用内部振捣器时,最大侧压力可按式(5-4)、式(5-5)计算,并取两式中的较小值。

$$F=0.22\gamma_c t_0\beta_1\beta_2 v/2 \tag{5-4}$$

$$F=\gamma_c H \tag{5-5}$$

式中 F——新浇混凝土对模板的最大侧压力,kN/m²;

γ_c——混凝土的重度,kN/m³;

t_0——新浇混凝土的初凝时间,h,可按实测确定,当缺乏试验资料时,可采用$t_0=200/(T+15)$计算(T为混凝土的浇筑温度,℃);

v——混凝土的浇筑上升速度,m/h;

H——混凝土侧压力计算位置处至新浇混凝土顶面的总高度,m;

β_1——外加剂影响修正系数,不掺外加剂时取1.0,掺具有缓凝作用的外加剂时取1.2;

β_2——混凝土坍落度影响修正系数,当坍落度小于30 mm时,取0.85,当坍落度为30~90 mm时,取1.0,当坍落度大于90 mm时,取1.15。

混凝土侧压力的计算分布图形,薄壁混凝土如图5-19所示;大体积混凝土如图5-20所示。图中h为有效压力水头高度,$h=F/\gamma_c$(m)。

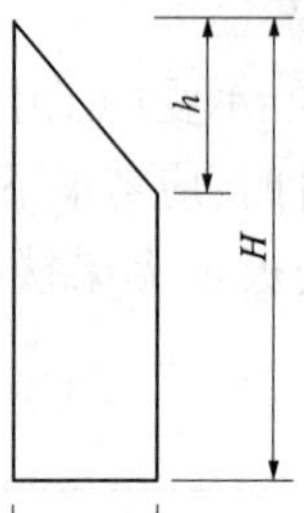

图5-19 薄壁混凝土侧压力分布图形

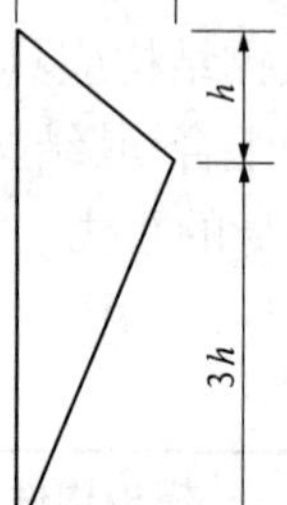

图5-20 大体积混凝土侧压力分布图形

重要部位的模板承受新浇筑混凝土的侧压力,应通过试验确定。

(7)新浇混凝土的浮托力。

(8)倾倒混凝土时产生的荷载。倾倒混凝土时对模板产生的冲击荷载,应通过实测确定。当没有实测资料时,对竖直面模板产生的水平荷载标准值可按表5-3采用。

表 5-3　倾倒混凝土时产生的水平荷载标准值　单位:kN/m^2

向板内供料方法	水平荷载
溜槽、溜筒或溜管	2
容量为小于 1 m^3 的运输器具	6
容量为 1~3 m^3 的运输器具	8
容量为大于 3 m^3 的运输器具	10

注:作用范围在有效压力水头高度以内。

(9)风荷载,按现行《建筑结构荷载规范》(GB 50009—2012)确定。

(10)除以上九项荷载外的其他荷载。

2. 荷载组合

在计算模板及支架的强度和刚度时,应根据模板的种类及施工具体情况,在表 5-4 的基本荷载组合中选择。特殊组合可按实际情况考虑核算,如平仓机、非模板工程的脚手架、工作平台、混凝土浇筑过程不对称的水平推力及重心偏移、超过规定堆放的材料等情况。

表 5-4　各种模板结构的基本荷载组合

模板类别	荷载组合	
	计算承载能力	验算刚度
薄板和薄壳的底模板	1、2、3、4	1、2、3、4
厚板、梁和拱的底模板	1、2、3、4、5	1、2、3、4、5
梁、拱、柱(边长≤300 mm)、墙(厚≤400 mm)的侧面垂直模板	5、6	6
大体积结构、厚板、柱(边长>300 mm)、墙(厚>400 mm)的垂直侧面模板	6、8	6、8
悬臂模板	1、2、3、4、5、8	1、2、3、4、5、8
隧洞衬砌模板台车		

注:当底模板承受倾倒混凝土产生的荷载对模板的承载能力和变形有较大影响时,应考虑荷载 8。

3. 设计要求

当验算模板刚度时,其最大变形值不得超过下列允许值:

(1)对结构表面外露的模板,为模板构件计算跨度的 1/400。

(2)对结构表面隐蔽的模板,为模板构件计算跨度的 1/250。

(3)支架的压缩变形值或弹性挠度,为相应的结构计算跨度的 1/1 000。

承重模板及支架的抗倾稳定性应按下列要求核算:

(1)倾覆力矩。应计算下列两项倾覆力矩,并采用其中的最大值。风荷载,按《建筑结构荷载规范》(GB 50009—2012)确定;作用于承重模板边缘 1 500 N/m 的水平力。

(2)稳定力矩。模板及支架的自重,折减系数为 0.8;如同时安装钢筋,应包括钢筋的重量。活荷载按其对抗倾覆稳定最不利的分布计算。

(3)抗倾稳定安全系数。抗倾稳定安全系数应大于 1.4。

(四)模板的制作、安装与拆除

1.模板的制作

大中型混凝土工程通常由专门的加工厂制作模板,可采用机械化流水作业,有利于提高模板的生产率和质量。模板制作的允许偏差,应符合表 5-5 的规定。

表 5-5　模板制作的允许偏差

项次	模板类型	偏差名称	允许偏差/mm
1	木模板	小型模板,长和宽	±2
2		大型模板(长、宽大于 3 m),长和宽	±3
		大型模板对角线	±3
3		模板面平整度(未经刨光): 相邻两板面高差 局部不平(用 2 m 直尺检查)	 0.5 3
4		面板缝隙	1
5	钢模、复合模板及胶木(竹)模板	小型模板:长和宽	±2
6		大型模板(长、宽大于 3 m),长和宽	±3
		大型模板对角线	±3
7		模板面局部不平(用 2 m 直尺检查)	2
		连接配件的孔眼位置	±1

注:1.异型模板(蜗壳、尾水管等)、永久性模板、滑动模板、移置模板、装饰混凝土模板等特种模板,其制作的允许偏差,按有关规定和要求执行。

2.定型组合钢模板制作的允许偏差,按有关标准执行。

3.表中木模板是指在面板上不覆盖隔层的木模板。用于混凝土非外露面的木模板和被用来制作复合模板的木模的制作偏差可比表中的允许偏差适当放宽。

4.复合模板是指在木模面板上覆盖隔层的模板。

2.模板的安装

模板的安装必须按设计图纸测量放样,对重要结构应多设控制点,以利检查校正。模板安装过程中,必须经常保持足够的临时固定设施,以防倾覆。模板与混凝土的接触面及各块模板接缝处必须平整、密合,以保证混凝土表面的平整度和混凝土的密实性。模板的面板应涂脱模剂,但应避免脱模剂污染或侵蚀钢筋和混凝土结合面。模板安装完成后,要进行质量检查,检查合格后,才能进行下一道工序。模板安装的允许偏差,应根据结构物的安全、运行条件、经济和美观等要求确定。一般大体积混凝土模板安装的允许偏差,应符合表 5-6 的规定。大体积混凝土以外的一般现浇结构模板安装的允许偏差和预制构件模板安装的允许偏差应按现行规范执行。

表 5-6　一般大体积混凝土模板安装的允许偏差　单位：mm

偏差项目		混凝土结构的部位	
		外露表面	隐蔽内面
模板平整度	相邻两面板高差	2	5
	局部不平(用 2 m 直尺检查)	5	10
板面缝隙		2	2
结构物边线与设计边线	外模板	0 -10	15
	内模板	+10 0	
结构物水平截面内部尺寸		±20	
承重模板标高		+5 0	
预留孔、洞尺寸	中心线位置	5	
	截面内部尺寸	+10 0	

3. 模板的拆除

拆模的早晚,影响着混凝土质量和模板的使用周转率。施工规范规定如下。

(1)现浇结构的模板拆除时的混凝土强度,应符合设计要求;当设计无具体要求时,应符合下列规定。

侧模:混凝土强度能保证其表面和棱角不因拆除模板而受损坏。

底模:混凝土强度应符合表 5-7 的规定。

表 5-7　现浇结构拆模时所需混凝土强度

结构类型	结构跨度/m	按设计的混凝土强度标准值的百分率计/%
板	≤2	50
	>2,≤8	75
	>8	100
梁、拱、壳	≤8	75
	>8	100
悬臂构件	≤2	75
	>2	100

注:"设计的混凝土强度标准值",是指与设计混凝土强度等级相应的混凝土立方体抗压强度标准值。

对于非承重侧面模板,相关规范中没有给出具体拆模时的混凝土强度,施工中可参照类似工程,一般情况下,混凝土强度应达到 2.5 MPa 以上,需 2~7 d(夏天 2~4 d,冬天 5~7 d)。混凝土表面质量要求高的部位,拆模时间宜晚一些。

(2)预制构件模板拆除时的混凝土强度,应符合设计要求;当设计无具体要求时,应符合下列规定。

侧模:在混凝土强度能保证构件不变形、棱角完整时,方可拆除。

心模或预留孔洞的内模:在混凝土强度能保证构件和孔洞表面不发生坍陷和裂缝后,方可拆除。

底模:当构件跨度不大于4 m时,在混凝土强度符合设计的混凝土强度标准值的50%的要求后,方可拆除;当构件跨度大于4 m时,在混凝土强度符合设计的混凝土强度标准值的75%的要求后,方可拆除。

(3)后张法预应力混凝土结构构件模板的拆除,除应符合表5-7和前条的规定外,侧模应在预应力张拉前拆除,底模应在结构构件建立预应力后拆除。

拆模程序和方法:拆模时按照在同一浇筑仓的模板"先装的后拆,后装的先拆"的原理,根据锚固情况,分批拆除锚固连接件,防止大片模板坠落。拆模应使用专门工具,以减少混凝土及模板的损坏。拆下的模板、支架及配件应及时清理、维修。暂时不用的模板应分类堆存,妥善保管;钢模应做好防锈,设置仓库存放。大型模板堆放时,应垫平放稳,并适当加固,以免翘曲变形。

二、钢筋作业

(一)材料要求

可用于水工混凝土结构的钢筋材料牌号为HPB300、HRB400、HRB500、KL400、CBR550和冷拉Ⅰ级钢筋等。

钢筋应按不同等级、牌号、规格及生产厂家分批验收,分别堆存,不应混杂,且应立牌标识。钢筋宜堆置在仓库或料棚内;露天堆置时,表面应遮盖,场地应夯实平整,并有良好的排水措施。钢筋存放时应将其垫高,离地高度不应小于20 cm,堆放高度以最下层钢筋不变形为宜。钢筋运输、贮存过程中应避免锈蚀,并不得被酸、盐、油等污染。

钢筋使用前应做冷拉、冷弯试验。需要焊接的钢筋还应做焊接工艺试验。

(二)钢筋配料

钢筋配料是根据结构或构件的配筋图,计算出所有钢筋的直线下料长度、总根数及钢筋的总重量,并编制钢筋配料单,绘出钢筋加工形状、尺寸,作为钢筋加工的依据。

直钢筋下料长度=构件长度-保护层厚度+弯钩增加长度

弯起钢筋下料长度=直段长度+斜段长度-弯曲调整值+弯钩增加长度

箍筋下料长度=直段长度+箍筋弯钩增加长度-弯曲调整值

钢筋若需搭接,还应增加钢筋搭接长度。其中:

(1)保护层厚度:按照设计要求进行扣减。

(2)弯钩增加长度:直钢筋或弯起钢筋两端头制作弯钩时,一个90°弯钩的增加长度为$3.5d_0$,一个135°弯钩的增加长度为$4.9d_0$,一个180°弯钩的增加长度为$6.25d_0$(注:d_0为钢筋的直径,下同)。

(3)弯曲调整值:也称量度差值。

钢筋弯起不同角度时,应按表5-8的规定扣除其弯曲调整值。

表 5-8　钢筋弯曲调整值

钢筋弯起角度	30°	45°	60°	90°	135°
弯曲调整值	$0.3d_0$	$0.5d_0$	$0.85d_0$	$2d_0$	$2.5d_0$

(4)箍筋弯钩增加长度：箍筋用 90°/90°弯钩时，两个弯钩增加值为 $11d_0$；箍筋用 90°/180°弯钩时，两个弯钩增加值为 $14d_0$；箍筋用 135°/135°弯钩时，两个弯钩增加值为 $14d_0$。

(三)钢筋加工

钢筋加工包括清污除锈、调直、切断、弯曲成型等工艺环节。

1. 钢筋清污除锈

钢筋表面应洁净，使用前应将表面油渍、漆污、锈皮、鳞锈等清除干净。

钢筋可在调直或冷拉过程中除锈，除锈方法有手工除锈、机械除锈、喷砂除锈和酸洗除锈等。

2. 钢筋调直

钢筋应平直无局部弯折，钢筋中心线同直线的偏差不得超过其全长的 1%，否则应做调直处理。钢筋在调直机上调直后，其表面不得有明显的伤痕。

钢筋的调直严禁采用氧气、乙炔焰烘烤取直，而宜采用机械调直和冷拉方法调直。机械调直就是采用钢筋调直机调直；冷拉调直常采用绞磨、卷扬机调直。

当采用冷拉调直时，HPB300 级钢筋的冷拉率不宜大于 4%；HRB400、HRB500、RRB400 级带肋钢筋的冷拉率不宜大于 1%。

3. 钢筋切断

钢筋切断应根据钢筋配料表中编号、直径、长度和数量、长短搭配。

钢筋接头的切割方式应符合下列规定：

(1)采用绑扎接头、帮条焊、搭接焊的接头宜采用钢筋切断机切割。

(2)采用电渣压力焊的接头，应采用砂轮锯切割或气焊切割。

(3)采用熔槽焊、窄间隙焊和气压焊连接的钢筋端头，宜采用砂轮锯切割。

(4)采用冷挤压连接和螺纹连接的机械连接钢筋端头，宜采用砂轮锯或钢锯片切割，不得采用电气焊切割。如切割后钢筋端头有毛边、弯折或纵肋尺寸过大者，应用砂轮机修磨。冷挤压接头不得打磨钢筋横肋。

4. 钢筋弯曲成型

所有钢筋的弯曲宜在气温为 5 ℃以上时进行，当环境温度低于-20 ℃时，不应对低合金钢筋进行冷弯加工。

钢筋的弯曲宜采用钢筋弯曲机加工，弯曲形状复杂的钢筋应画线、放样后进行。弯曲过程中，最小弯弧内直径、弯钩的弯后平直部分长度等应符合《水工混凝土钢筋施工规范》(DL/T 5169—2013)的规定。

(四)钢筋连接

钢筋的连接有焊接连接、绑扎连接和机械连接等三种连接方法。

加工厂钢筋连接宜采用手工电弧焊、闪光对焊和机械连接。钢筋的交叉连接宜采用接触点焊,不宜采用手工电弧焊。

现场施工钢筋连接宜采用绑扎连接、手工电弧焊、气压焊、竖向钢筋接触电渣焊和机械连接等。

1. 焊接连接

焊接连接是为了接长钢筋、成型网片、连接构件等。水利工程中钢筋常采用的焊接方法有闪光对焊、电弧焊、电渣压力焊、电阻点焊等。

各种焊接的技术要求应符合《水工混凝土钢筋施工规范》(DL/T 5169—2013)的规定。

1) 闪光对焊

钢筋的闪光对焊是利用对焊机使两段钢筋接触,通以低电压的强电流,把电能转化为热能,当钢筋加热到接近熔点时,施加压力顶锻,使两根钢筋的端部焊接在一起,形成对焊接头(见图 5-21)。

(1) 连续闪光对焊。

将钢筋夹紧在电极的两钳口上后,闭合电路,然后使两钢筋端面轻微接触。闪光一开始,就徐徐移动钢筋使其全面接触。如对焊机容量较大,足以将整个端面加热到熔化形成金属蒸气的温度,则可以形成连续闪光,待钢筋端头一定范围内处于熔融的白热状态时,随即轴向加压顶锻形成焊接接头。连续闪光对焊可获得较好的焊接质量。但对焊机的容量不能太小,如果采用中等容量(如 75 kVA)的对焊机,连续闪光对焊只能焊接直径 25 mm 以内的Ⅰ~Ⅲ级钢筋及直径 16 mm 以内的Ⅳ级钢筋。

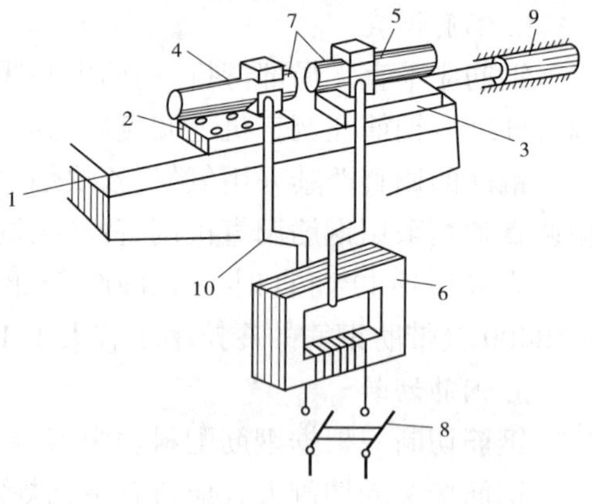

1—机身;2—固定平板;3—滑动平板;4—固定电极;5—活动电极;6—变压器;7—待焊钢筋;8—开关;9—加压机构;10—变压器次级线圈。

图 5-21　UN1 系列对焊机

(2) 预热闪光焊。

预热闪光焊是在连续闪光焊前,增加一个钢筋预热过程,即使两根钢筋端面交替地轻微接触和断开,发出断续闪光使钢筋预热,然后再进行闪光和顶锻。预热闪光焊适宜焊接直径大于 25 mm 并且端面比较平整的钢筋。

(3) 闪光—预热—闪光焊。

闪光—预热—闪光焊是在预热闪光焊之前再增加一次闪光过程,使不平整的钢筋端面闪成较平整的端面。此法适宜焊接直径大于 25 mm,并且端面不够平整的钢筋。

(4) 对焊注意事项。

①对焊钢筋端头如有弯曲,应予调直或切除,端头约 150 mm 内如有铁锈、污泥、油污等,应清除干净。

②夹紧钢筋时,应使两钢筋端面的凸出部分相接触,以利均匀加热和保证焊缝与钢筋轴线相垂直。

③钢筋焊接完毕后,应待接头处由白红色变为黑红色才能松开夹具,平稳地取出钢筋,以免引起接头弯曲。当焊接后张法的预应力钢筋时,应在焊后趁热将焊缝周围毛刺打掉,以便钢筋穿入预留孔道。

④焊接场地应有防风、防雨雪措施,以免焊接头骤然冷却发生脆裂。当气温较低时,接头部位可适当用保温材料予以保温。

2)电弧焊

电弧焊包括手工电弧焊、自动埋弧焊、半自动埋弧焊。这里主要介绍手工电弧焊。

手工电弧焊的设备由夹有焊条的焊把、电焊机、焊件和导线等组成。打火引弧后,在涂有药皮的焊条端和焊件间产生电弧,使焊条中的焊丝熔化,熔化在被电弧吹成的焊件熔池中,同时在熔池周围形成保护气体,在熔化的焊缝金属表面形成熔渣,使空气中的氧、氮等气体与熔池中的液体金属隔绝,避免形成易裂的脆性化合物,焊缝冷却后即把焊件连在一起。电弧焊广泛应用于钢筋搭接接长、焊接钢筋骨架、钢筋与钢板的连接及装配式结构接头焊接等处。

电弧焊的主要设备是弧焊机,工地上常用的主要是交流弧焊机。钢筋电弧焊接时焊条牌号见表 5-9。其中,“结”表示钢结构电焊条,后两位表示焊缝金属抗拉强度的最小值,第三位数字表示药皮类型。

表 5-9　钢筋电弧焊接时焊条牌号

项次	钢筋级别	搭接焊、帮条焊、熔槽帮条焊	坡口焊
1	Ⅰ级	结 42x	结 42x
2	Ⅱ级	结 50x	结 55x
3	Ⅲ级	结 50x	结 55x

(1)电弧焊接头的主要形式。

①搭接焊,主要适用于直径 10~40 mm 的Ⅰ~Ⅳ级钢筋及 5 号钢筋,其接头形式如图 5-22 所示。

②帮条焊,适用范围同搭接焊,其接头形式如图 5-23 所示。

③坡口焊接头多用于装配式框架结构现浇接头、直径 16~40 mm 的Ⅰ~Ⅲ级钢筋及 5 号钢筋。

(2)电弧焊注意事项。

①帮条尺寸、坡口角度、钢筋端头间隙及钢筋轴线等均应符合焊接规范要求。

②焊接接地线应与钢筋接触良好,防止因起弧而烧伤钢筋。

③带有垫板或帮条的接头,引弧应在钢板或帮条上进行,无钢板或无帮条的接头,引弧应在形成焊缝部

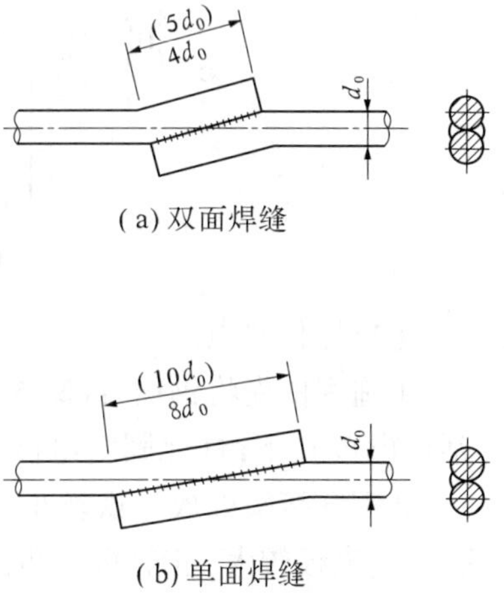

(a)双面焊缝

(b)单面焊缝

图 5-22　搭接接头

位,防止烧伤主筋。

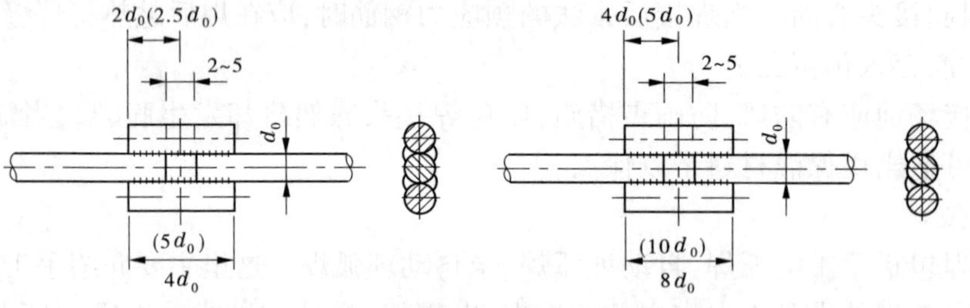

图 5-23 帮条接头 (单位:mm)

④根据钢筋级别、直径、接头形式和焊接位置,选择适宜的焊条直径和焊接电流,保证焊缝与钢筋熔合良好。

⑤焊接过程中及时清渣,保证焊缝表面光滑平整,加强焊缝时应平缓过渡,弧坑应填满。

3)电渣压力焊

(1)工作原理。

电渣压力焊是利用电流通过渣池的电阻热,将钢筋端部熔化后施加压力使钢筋焊接的,其工作原理如图 5-24 所示。电渣压力焊适用于现浇钢筋混凝土结构中竖向或斜向(倾斜度在 4:1的范围内)钢筋的连接。

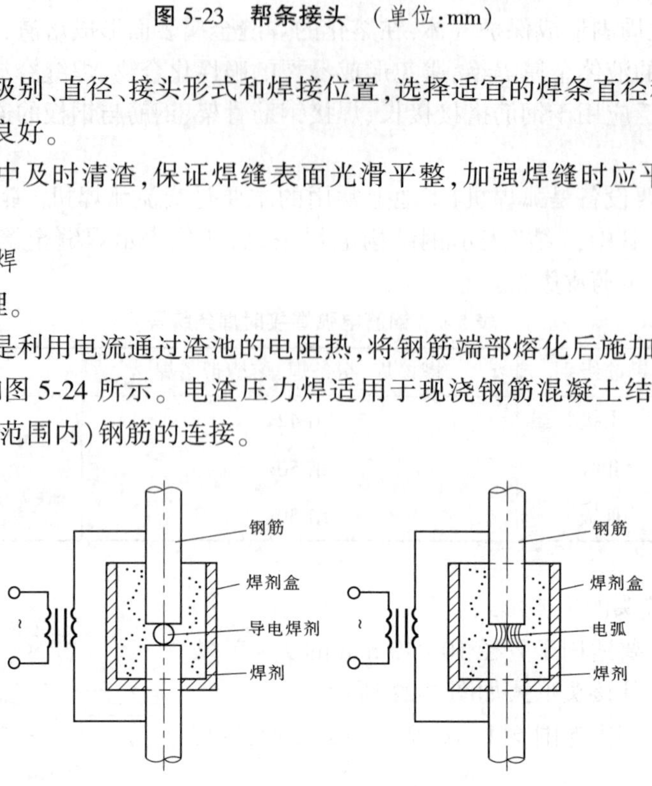

图 5-24 电渣压力焊工作原理

(2)操作要点。

①施焊前先将钢筋端部 150 mm 范围内的铁锈、杂质刷净,然后用焊接夹具的上钳口(活动电极)、下钳口(固定电极)分别将上下钢筋夹牢。

②钢筋接头处放一铁丝小球(钢筋端面较平整而焊机功率又较小时)或导电焊剂(钢筋较长、直径较大,且钢筋端部较平整时)或电弧(钢筋直径较小,而焊机功率较大,但钢筋端部较为粗糙时),然后在焊剂盒内装满焊剂。注意,钢筋端头应在焊剂盒中部,上下钢筋的轴线应处于一直线上。

③施焊时,接通电源使铁丝小球(或导电焊剂或电弧)、钢筋的端部及焊剂相继熔化,形成渣池,维持数秒后,方可用操纵压杆使钢筋缓缓下降,以免接头偏斜或结合不良,熔化

量达到规定数值(用标尺控制)后,切断电路,用力迅速顶压,挤出金属熔渣和熔化金属,形成坚实的焊接接头。待冷却 1~3 min 后打开熔剂盒,卸下夹具。

4)电阻点焊

电阻点焊适用于Ⅰ、Ⅱ级钢筋和冷拔低碳钢丝,可以采用点焊的方法加工钢筋网片和钢筋骨架。当焊接不同直径的钢筋,其较小钢筋的直径小于 10 mm 时,大小钢筋直径之比不宜大于 3;当较小钢筋的直径为 12~14 mm 时,大小钢筋直径之比不宜大于 2。点焊机的基本构造和手动点焊网片生产线如图 5-25 所示,点焊机整个工作过程为:接通电源,踏下脚踏板,带动压紧机构使上电极压紧被焊接钢筋,同时断路器接通电流,电流经变压器次级线圈引到电极,产生点焊作用。放松脚踏板,松开电极,断路器随着杠杆下降,断开电流,点焊焊接过程即结束。

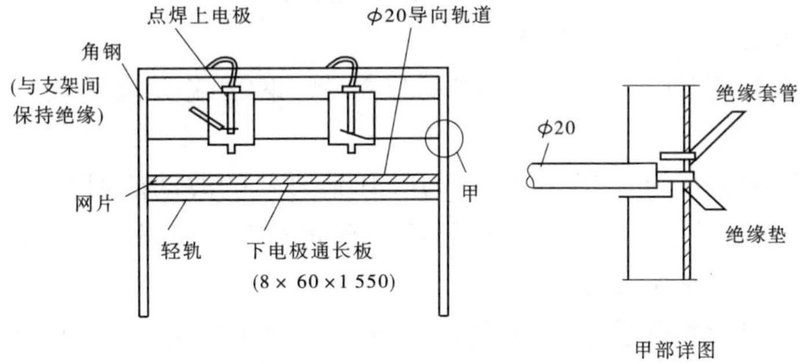

图 5-25 手动点焊网片生产线 (单位:mm)

2. 绑扎连接

钢筋绑扎连接主要用于:①交叉点的连接:钢筋网中钢筋交叉点的连接;梁、柱的钢筋中,主筋与箍筋交叉点的连接。②钢筋绑扎接长:工程中有时也用绑扎连接的方式搭接接长钢筋。

小于或等于 Φ22 的受拉钢筋、小于或等于 Φ32 的受压钢筋、小于或等于 Φ25 的其他钢筋可以采用绑扎连接;轴心受拉构件、小偏心受拉构件(如桁架和拱的拉杆)及直接承受动力荷载的构件,其纵向受力钢筋不得采用绑扎连接。

受拉区域内的光圆钢筋绑扎接头的末端应做弯钩;螺纹钢筋的绑扎接头末端不做弯钩。

钢筋搭接处,应在中心和两端用绑扎细铁丝扎牢,绑扎不少于 3 道。

3. 机械连接

钢筋的机械连接方法有套筒冷挤压连接、锥螺纹连接、直螺纹连接等几种。

钢筋套筒冷挤压连接时,套筒材质应采用低碳钢制作,厚度、长度应满足设计要求;接头部位的混凝土保护层可比混凝土设计规定的最小厚度小 5 mm,但不得小于 15 mm。钢筋间距不小于 50 mm。

钢筋锥螺纹或直螺纹连接时,接头应根据其性能等级和应用场合,对单项拉伸性能、高应力反复抗拉、大变形反复抗拉、抗疲劳等各项性能确定相应的检验项目。

(五)钢筋安装

根据建筑物结构尺寸、加工、运输、起重设备的能力,钢筋的安装可采用散装法和整装法两种方式。散装法是将在加工厂加工好的钢筋运到现场,再逐步安装;整装法是将钢筋骨架或网片在加工厂制好,再运到现场安装。

1. 钢筋绑扎要求

现场焊接或绑扎的钢筋网,其钢筋交叉点的连接应按设计文件的规定进行;设计文件未做规定时,钢筋交叉点的连接按 50%的间隔绑扎,但钢筋直径小于 25 mm 时,楼板和墙体外围钢筋网交叉点应逐点绑扎;板内双向受力钢筋网的全部交叉点都要逐点绑扎;梁与柱的钢筋,其主筋与箍筋交叉点在拐角处应全部逐点绑扎,中间部分可均匀间隔绑扎。

安装双层钢筋网时,在两层钢筋网之间应设置撑铁(钩)以固定两层钢筋网之间的间距。撑铁(钩)间距宜根据钢筋直径大小和安装位置确定。

2. 套筒冷挤压钢筋接头的安装要求

钢筋端部应有检查插入套筒深度的明显标记,钢筋端头离套筒长度中点不宜超过 10mm。

挤压应从套筒中央开始,依次向两端挤压,压痕直径的波动范围应控制在产品允许波动范围内,并提供专用量规进行检验。挤压后的套筒不得有肉眼可见的裂纹。

3. 直螺纹钢筋接头的安装要求

安装接头时可用管钳扳手拧紧,应使钢筋丝头在套筒中央位置相互顶紧。标准型接头安装后的外露螺纹不宜超过 $2p$(p 为螺距),加长型接头的外露丝扣不受限制,但应有明显标记,以检查进入套筒的丝头长度是否满足要求。

4. 锥螺纹钢筋接头的安装要求

安装接头时应保证钢筋与连接套的规格相一致。

钢筋安装中的其他相关要求应执行《水工混凝土钢筋施工规范》(DL/T 5169—2013)的规定。安装后的允许偏差见表 5-10。

表 5-10　钢筋安装允许偏差和检验方法

偏差名称	允许偏差	检验工具	检验频次
钢筋长度偏差	±1/2 净保护层厚	钢卷尺	每型号不少于 2 个断面
同一排受力钢筋间距的局部偏差	梁、柱±0.5d_0	钢卷尺	每型号不少于 2 处
	板、墙±10%间距	钢卷尺	每型号不少于 5 处
同一排分布钢筋间距偏差	±10%间距	钢卷尺	每排不少于 3 处
双排钢筋间距的局部偏差	±10%间距	钢卷尺	不少于 5 处
梁、柱箍筋间距偏差	±10%箍筋间距	钢卷尺	每梁柱不少于 3 处
保护层厚度的局部偏差	±1/4 净保护层厚	钢卷尺	每一构件不少于 5 处

第四节 混凝土生产系统

通常混凝土生产系统由拌和楼(站)、骨料储运设施、胶凝材料储运设施、外加剂车间、冲洗筛分车间、预冷热车间、空压站、实验室及其他辅助车间等组成。

一、混凝土生产系统的设置与布置

(一)混凝土生产系统的设置

根据工程规模、施工组织的不同,水利水电工程可集中设置一个混凝土生产系统,也可设置两个或两个以上的混凝土生产系统。混凝土生产系统又可采取集中设置、分散设置或分标段设置。混凝土建筑物较集中,混凝土运输线路短而流畅,全河床一次截流的水利水电工程多采用集中设置,如三门峡、新安江工程等。在河流流量大且宽阔的河段上,采用分期导流、分期施工方式时,一般按施工阶段分期设置混凝土生产系统,如葛洲坝、五强溪工程。而有些单独招标的水工建筑物,并在招标文件中要求中标单位规划建设相应混凝土生产系统时,可按不同标段设置,如二滩工程的大坝(Ⅰ标)和厂房(Ⅱ标)的混凝土生产系统。

(二)混凝土生产系统的布置要求

(1)在不受爆破威胁或施工现场干扰的情况下,混凝土生产系统应尽可能靠近浇筑地点,宜布置在浇筑部位同侧,距浇筑地点的距离应满足《水工混凝土施工规范》(DL/T 5144—2015)中混凝土运输时间的要求。如在混凝土生产系统建设和使用过程中,周围有爆破施工,其布置还要满足爆破安全距离的要求。

(2)厂址选择地质良好,合理利用地形,对拌和楼、水泥罐、制冷楼、堆料场及地弄等属于高层或重载建筑物的地基要求较高,应设在稳定、坚实、承载能力满足要求的地基上。

(3)主要建筑物地面高程应高出当地20年一遇的洪水位。混凝土生产系统设在沟口时,要保证不受山洪或泥石流的威胁;受料坑、地弄等地下建筑物不受地下水位影响。

(4)原材料进料方向与混凝土出料方向错开,厂区的位置和高程要适应混凝土运输和浇筑方案要求。

(5)高层建筑物或料堆与输变电设备及线路保持足够的安全距离。

二、混凝土拌和楼的选择

拌和楼是混凝土生产系统的主要组成部分,也是影响混凝土生产系统的关键设备。一般根据混凝土质量要求、浇筑强度、混凝土骨料最大粒径、混凝土品种和混凝土运输等要求选择拌和楼。

(一)混凝土的拌和设备及其生产能力的确定

混凝土制备,是按照混凝土配合比设计要求,将其各组成材料(砂石、水泥、水、外加剂及掺合料等)拌和成均匀的混凝土料,以满足浇筑的需要。

混凝土制备的过程包括储料、供料、配料和拌和。其中,配料和拌和是主要的生产环节,也是质量控制的关键。

1. 混凝土配料

配料是按混凝土配合比要求,称准每次拌和的各种材料用量。配料的精度直接影响混凝土质量。

按施工规范规定,混凝土组成材料的配料量均以重量计。称量的允许偏差是:水泥掺合料、水、外加剂溶液为±1%,砂石骨料为±2%。

配料器是用于称量混凝土原材料的专门设备,其基本原理是悬挂式的重量电子秤。按所称料物的不同,可分为骨料配料器、水泥配料器和量水器等。

在自动化配料器中,装料、称量和卸料的全部过程都是自动控制的。自动化配料器动作迅速,称量准确,在混凝土拌和楼中应用很广泛。

2. 拌和机械

混凝土拌和由混凝土拌和机进行,按照拌和机的工作原理,可分为强制式、自落式和涡流式三种。

(1)强制式拌和机利用固定在转动轴上的叶片旋转,从而搅动混凝土材料进行强制拌和,其特点是拌和时间短,混凝土拌和质量好,对水灰比和稠度的适应范围广。但当拌和大骨料、多级配、低坍落度碾压混凝土时,拌和机叶片、衬板磨损快、耗量大、维修困难。

(2)自落式拌和机的叶片固定在拌和筒内壁上,叶片和筒一起旋转,从而将材料带至筒顶,再靠材料自重跌落而拌和。其特点是结构简单,叶片和衬板磨损相对较小,单位混凝土生产成本低,可拌制骨料粒径较大的混凝土。自落式拌和机应用很普遍,按其外形又分为鼓形和双锥形两种。

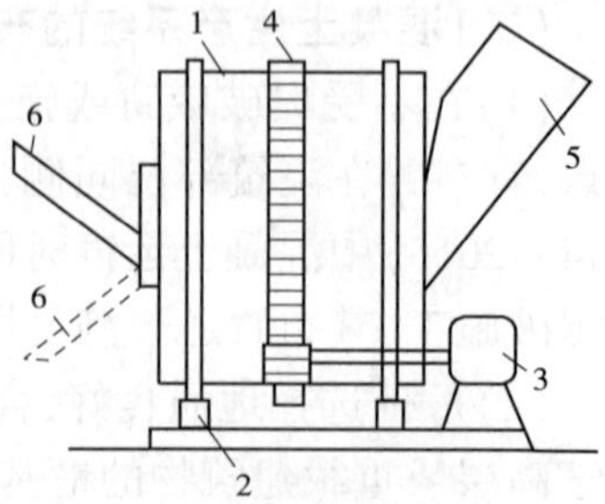

1—鼓筒;2—托辊;3—电动机;4—齿环;5—进料斗;6—出料斗。

图5-26　鼓形拌和机

①鼓形拌和机的构造如图5-26所示。鼓筒两侧开口,一侧开口用于装料,另一侧开口用于卸料。由于鼓筒只能旋转拌和,而不能倾翻卸料,故需利用插入筒内的卸料槽进行卸料。鼓形拌和机构造简单,装拆方便,使用灵活,如装上车轮便成为移动式拌和机,但容量较小(400~800 L)、生产率不高,多用于中小型工程或大型工程施工初期。

②双锥形拌和机的构造如图5-27所示。拌和筒一端开口,用于装料和卸料(也有两端开口,分别用于装料或卸料)。拌和时,拌和筒开口端微微向上翘起,大部分材料在筒的中、后部进行拌和。同时,叶片的形状能使材料交叉翻动,增强了拌和效果。卸料时,利用气顶或机械伸缩臂使拌和筒倾斜约60°,将拌和料迅速卸出。双锥形拌和机容量较大,有800 L、1 000 L、1 600 L、3 000 L等,拌和效果好、间歇时间短、生产率高,多用于大中型工程。

(3)涡流式拌和机具有自落式拌和机和强制式拌和机的优点,靠旋转的涡流搅拌筒,由侧面的搅拌叶片将骨料提升,然后沿着搅拌筒内侧将骨料运送到强搅拌区,中搅拌轴上的叶片在逆向流中,对骨料进行强烈的搅拌,而不至于在筒体内衬上摩擦。这种拌和机叶片与搅拌筒筒底及筒壁的间距较大,可防卡料,具有能耗低、磨损小、维修方便等优点,但混凝土拌和不够均匀,不适合搅拌大骨料,尚未广泛使用。

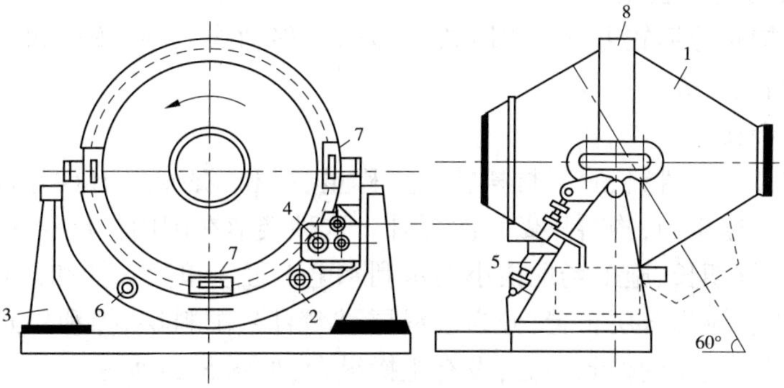

1—拌和鼓筒；2—曲梁；3—机架；4—电动机和减速装置；
5—伸缩臂；6—支撑滚轮；7—夹持滚轮；8—齿轮及轮箍。

图 5-27　双锥形拌和机

3. 拌和能力

拌和机是按照装料、拌和、卸料三个过程循环工作的，每循环工作一次就拌制出一罐新鲜混凝土，按拌和实方体积（L 或 m^3）确定拌和机的工作容量（又称出料体积）。

拌和机的装料体积，是指每拌和一次，装入拌和筒内各种松散体积之和。拌和机的出料系数，是出料体积与装料体积之比，为 0.6～0.7。

每台拌和机的生产率 P 可按下式计算：

$$P=NV=k_{时}\frac{3\ 600V}{t_1+t_2+t_3+t_4} \tag{5-6}$$

式中　P——单台拌和机生产率，m^3/h；

V——拌和机出料体积，m^3；

t_1——装料时间，自动化配料为 10～15 s，半自动化配料为 15～20 s；

t_2——拌和时间，与拌和机工作容量 V、最大骨料粒径及温度有关（见表 5-11）；

t_3——卸料时间，倾翻卸料为 15 s，非倾翻卸料为 25～30 s；

t_4——必要的技术间隙时间，双锥式拌和机为 3～5 s；

$k_{时}$——时间利用系数，视施工条件而定。

表 5-11　混凝土最少拌和时间

拌和机的进料容量 Q/m^3	最大骨料粒径/mm	最少拌和时间/s	
		自落式拌和机	强制式拌和机
$0.8 \leqslant Q \leqslant 1$	80	90	60
$1<Q \leqslant 3$	150	120	75
$Q>3$	150	150	90

注：1. 入机拌和量应在拌和机额定容量的 110%以内。

2. 加冰混凝土的拌和时间应延长 30 s（强制式 15 s），出机的混凝土拌和物中不应有冰块。

在混凝土拌和过程中，应采取措施保持砂、石、骨料含水量稳定，砂石含水量应控制在 6%以内。

(二)拌和楼形式的选择

拌和楼按结构布置形式可分为单阶式、双阶式、移动式三种,按拌和机配置可分为自落式、强制式及涡流式等。

1. 单阶式拌和楼

单阶式拌和楼是将骨料、胶凝材料、料仓、称量、拌和、混凝土出料等各工艺环节由上而下垂直布置在一座楼内,物料只做一次提升。这种楼形在国内外广泛采用,适用于混凝土工程量大、使用周期长、施工场地狭小的水利水电工程。单阶式拌和楼是集中布置的混凝土工厂,常按工艺流程分层布置,分为进料层、储料层、配料层、拌和层及出料层等共五层。其中,配料层是全楼的控制中心,设有主操纵台,如图 5-28 所示。

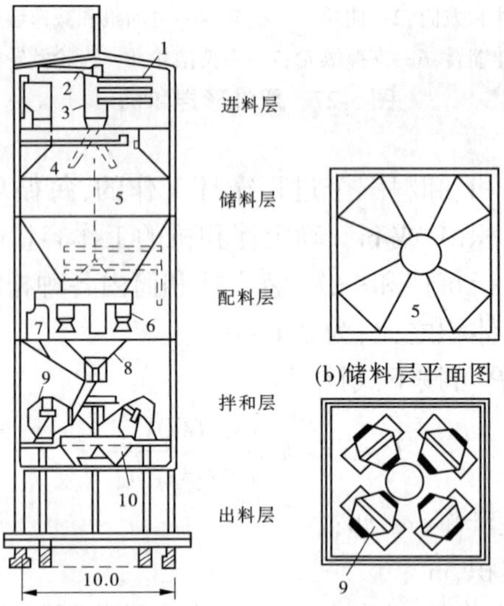

(a)立面图 (b)储料层平面图 (c)拌和层平面图

1—进料皮带机;2—水泥螺旋运输机;3—受料斗;4—分料器;5—储料仓;
6—配料斗;7—量水斗;8—骨料斗;9—拌和机;10—混凝土出料斗。

图 5-28 混凝土拌和楼 (单位:m)

骨料和水泥分别用皮带机和提升机送到储料层的分格仓内,料仓有 5~6 格分储各级粒径的骨料,有 2~3 格装水泥和掺和料。每格料仓装有配料斗和自动秤,称好的各种材料汇入骨料斗内,再用回转式给料器送入待料的拌和机内,拌和用水则由自动量水器量好后,适时注入拌和机。拌好的混凝土卸入储料层的料斗,待运输车辆就位后,开启气动弧门出料。各层设备可由电子传动系统操作。

一座拌和楼通常装 2~4 台 1 000 L 以上的锥形拌和机,呈巢形布置。拌和楼的生产容量有 4×3 000 L、2×1 600 L、3×1 000 L 等,国内外均有成套设备可供选用。为了控制骨料超逊径引起的质量问题,可以采用运送混合骨料至拌和楼顶进行二次筛分。我国研制的首台 4×3 000 L 楼顶带二次筛分拌和楼于 1989 年在五强溪工程安装,1990 年 6 月投入使用,是五强溪工程混凝土生产的主力设备。

2. 双阶式拌和楼

双阶式拌和楼是将直立式拌和楼分成两大部分:一部分是骨料进料、料仓储存及称量,另一部分是胶凝材料、拌和、混凝土出料控制等。两部分之间用皮带机沟通进料,一般布置在同一高程上,也可以利用地形高差布置在两个高程上。这种结构形式的拌和楼安装、拆迁方便,时间短,机动灵活。小浪底工程混凝土生产系统 4×3 000 L 拌和楼就采用这种结构形式。

3. 移动式拌和楼

移动式拌和楼又叫拌和站,一般用于小型水利水电工程,混凝土骨料粒径在 80 mm 以下。

(三)拌和设备容量的确定

需要的混凝土生产系统的生产能力,一般根据施工组织安排的高峰月混凝土浇筑强度,按下式计算混凝土生产系统小时生产能力:

$$P=\frac{Q_{\mathrm{m}}k_{\mathrm{h}}}{mn} \tag{5-7}$$

式中　P——混凝土生产系统小时生产能力,$\mathrm{m^3/h}$;

Q_{m}——高峰月混凝土浇筑强度,$\mathrm{m^3}$/月;

m——月工作日数,一般取 25 d;

n——日工作小时数,一般按 3 班工作制取 20 h;

k_{h}——小时不均匀系数,一般取 1. 5。

按设计浇筑安排的最大仓面面积、混凝土初凝时间、浇筑层厚度、浇筑方法等条件,校核按式(5-7)计算的拌和楼的小时生产能力,以及与拌和楼配套的辅助设备的生产能力等是否满足相应要求。

第五节　混凝土运输方式与方案

混凝土运输是混凝土施工中的一个重要环节,它运输量大、涉及面广,对工程质量和施工进度影响大。混凝土在运输过程中应保持原有的均匀性及和易性,不致发生分离、漏浆、严重泌水、过多温度回升和坍落度损失,无强度等级错误。混凝土运输应尽量缩短运输时间及减少转运次数。掺普通减水剂的混凝土,运输时间不宜超过施工规范规定的值,见表 5-12。因故停歇过久,混凝土已初凝或已失去塑性时,应作废料处理。严禁在运输途中和卸料时加水。混凝土运输包括两个运输过程:从拌和机出口到浇筑仓前,主要是水平运输;从浇筑仓前到仓内,主要是竖直运输。

表 5-12　混凝土运输时间

运输时段的平均气温/℃	混凝土运输时间/min
20~30	45
10~20	60
5~10	90

一、混凝土水平运输方式

(一)有轨运输

有轨运输一般为机车拖平板车立罐和机车拖侧卸罐车两种。

机车拖平板车立罐在我国水电建设工程中被广泛应用,这种运输方式运输能力大,运输过程中振动小,管理方便,特别适用于工程量大、浇筑强度高的工程。其主要缺点是:要求混凝土工厂与混凝土浇筑供料点之间高差小、线路的纵坡小、转弯的半径大,对复杂的地形变化适应性差,土建工程量大,修建工期长。

机车轨距主要取决于混凝土运输的强度、构件运输要求和现场布置条件。工程规模大、浇筑强度高,一般采用 1 435 mm 的准轨线路,中小型工程多用 1 000 mm 或 762 mm 窄轨线路。如果机车拖平板车在门、塔机的门架内穿过,机车及平板车与起重机门架之间,应有净空 1 m 以上的安全距离。

机车拖挂 3~5 节平台车,每节可放混凝土立式吊罐 2~4 个,直接到拌和楼装料。每节平台车上预留 1 个罐的空位,以备转运时放置起重机吊回的空罐。这种运输方法,有利于提高机车和起重机的效率,缩短混凝土运输时间。图 5-29 为大型平板车载运混凝土立罐的示意图,列车上有 3 个立罐和 1 个罐的空位。

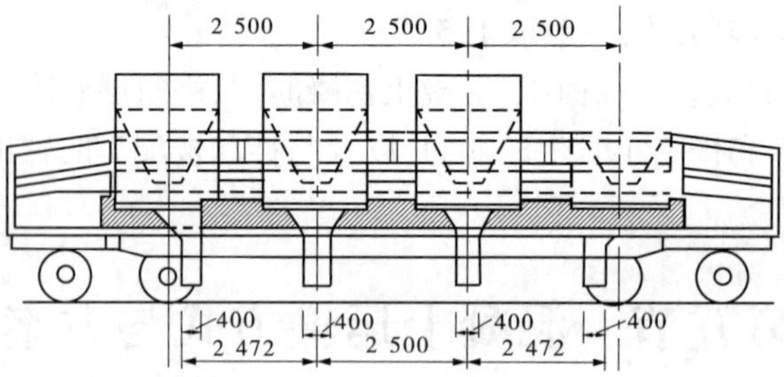

图 5-29　大型平板车载运混凝土立罐　(单位:mm)

立罐容积有 1 m^3、3 m^3、6 m^3、9 m^3 几种,容量大小应与拌和机及起重机的能力相匹配。立罐外壳为钢制品,装料口大,出料口小,并设弧门控制,用人力或气压启闭,如图 5-30 所示。

(二)无轨运输

无轨运输一般指汽车运输,主要有混凝土搅拌车、自卸汽车、汽车运立罐及无轨侧卸料罐车等。

汽车运输的优点是:机动灵活,载重量较大,卸料迅速,应用广泛。与铁路运输相比,它具有投资少,道路容易修建,适应工地场地狭窄、高差变化大的特点。汽车运输的缺点是:运费高,振动大,容易使混凝土料漏浆和离析,质量不如有轨平台列车,事故率较高。因此,汽车运输应遵守下列规定:

(1)运输混凝土的汽车应为专用,运输道路应保持平整。

(2)装载混凝土的厚度不应小于 40 cm,车厢应平滑密闭不漏浆。

(3)每次卸料,应将所载混凝土卸净,并应适时清洗车厢(料罐)。

(4)汽车运输混凝土直接入仓时,必须有确保混凝土施工质量的措施。

(三)皮带机运输

皮带机运输可将混凝土直接入仓，也可作为转料设备。直接入仓式皮带机主要有固定式和移动式两种。固定式皮带机即用钢排架支撑多条胶带通过仓面,每条胶带控制浇筑宽度5~6 m,每隔几米设置刮板,混凝土经过溜筒竖直下卸。移动式皮带机为仓面上的移动梭式胶带布料机与供应混凝土的固定胶带正交布置,混凝土经过梭式胶带布料机分料入仓。

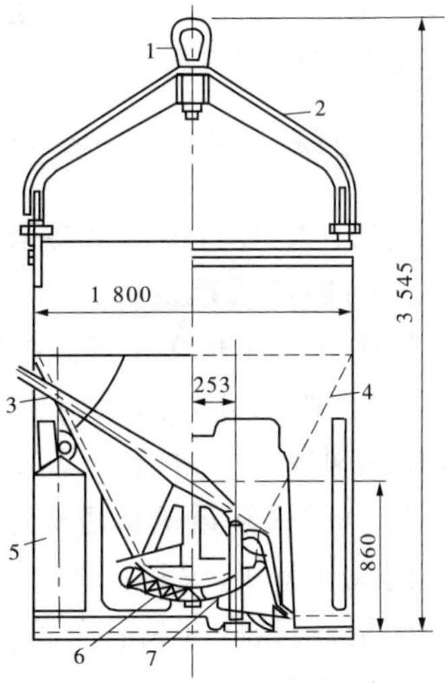

1—吊环;2—吊梁;3—操作杆;4—罐壁;5—贮气罐;6—斗门;7—支架。

图5-30　混凝土立罐结构图

(单位:mm)

皮带机设备简单,操作方便,成本低,生产率高,但运输流态混凝土时容易分层离析,砂浆损失较为严重;薄层运输与大气接触面大,容易改变料的温度和含水量,影响混凝土质量。所以用各类皮带机(包括塔带机、胎带机等)运输混凝土时,应遵守下列规定:

(1)混凝土运输中应避免砂浆损失,必要时适当增加配合比的砂率。

(2)当输送混凝土的最大骨料粒径大于80 mm时,应进行适应性试验,满足混凝土质量要求。

(3)皮带机卸料处应设置挡板、卸料导管和刮板,以防止混凝土离析,如图5-31所示。

(4)皮带机布料应均匀,堆料高度应小于1 m。

(5)应有冲洗设施及时清洗皮带上黏附的水泥砂浆,并应防止冲洗水流入仓内。

(6)露天皮带机上宜搭设盖棚,以免混凝土受日照、风、雨等影响;低温季节施工时,应有适当的保温措施。

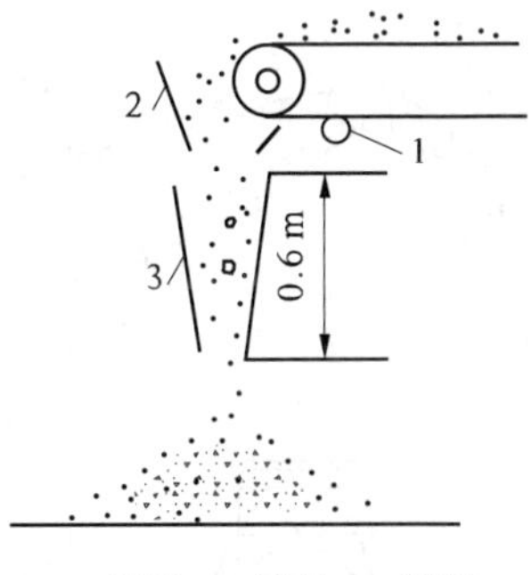

1—刮板;2—挡板;3—溜筒。

图5-31　皮带机的卸料装置

除以上应遵守的规定外,运送混凝土的皮带机的有关参数可参照表5-13。

表5-13　皮带机运输混凝土有关参数

皮带机类型	最大骨料粒径/mm	皮带机速度/(m/s)	最大向上倾角/(°)	最大向下倾角/(°)
常规皮带机	80	1.2以内	15	7
塔带机(或顶带机)	150	3.15~4	26	12
胎带机	150	2.8~4	22	10
深槽皮带机	150	3.4		

皮带机运输混凝土是一种连续工作,生产效率高,适用于地形高差大的工程部位,动力消耗小,操作管理人员少。但是,平仓振捣一定要跟上,且一旦发生全线停运故障,停留

在胶带上的大量混凝土难以处理。缺点是一次只能运送一种混凝土料,夏季使用时,预冷混凝土的温度回升大,满足设计要求难度大。

二、混凝土竖直运输方式

混凝土的竖直运输主要采用以下各类起重机械。

(一)履带式起重机

履带式起重机多由缆式挖掘机改装而成,直接在地面上开行,无须轨道。它的提升高度不大,但机动灵活,适用于工地狭窄的场地,在开工初期能及早使用,生产率高。其常与自卸汽车配合浇筑混凝土墩、墙或基础、护坦、护坡等。

(二)门式起重机和塔式起重机

门式起重机(又称门机)是一种大型移动式起重设备,如图 5-32 所示。它的下部为钢结构门架,门架底部装有车轮,可沿轨道移动。门架下可供运输车辆在同一高程上运行,具有结构简单、运行灵活、起重量大、控制范围较大、工作效率较高等优点,因此在大型水利工程中应用较广泛。

我国新产的 MQ2000 单臂架高架门机如图 5-33 所示,起重高度可达 80 m,适宜于浇筑高坝和大型厂房。

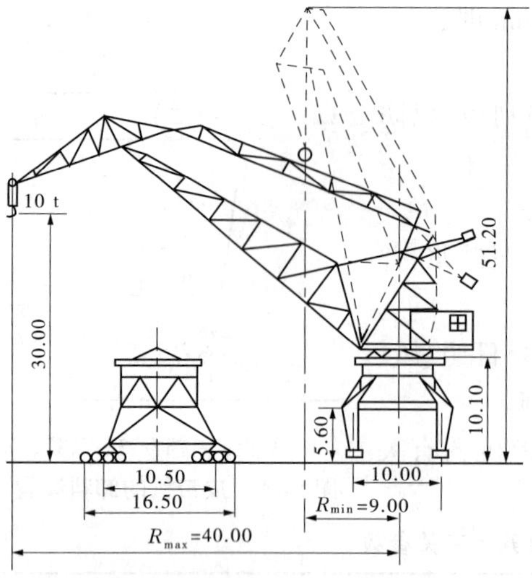

图 5-32　门机　(单位:m)

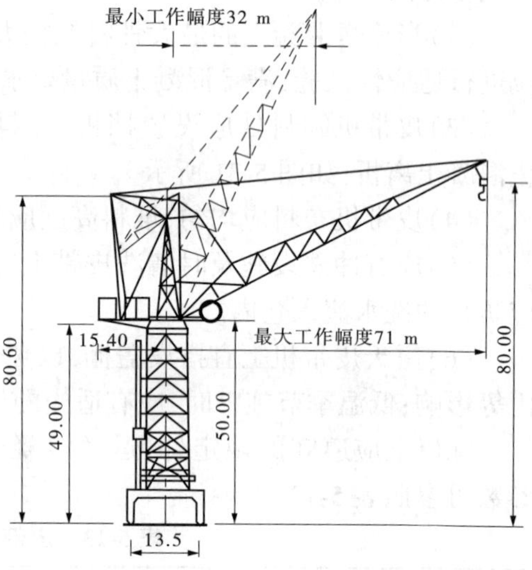

图 5-33　MQ2000 单臂架高架门机　(单位:m)

塔式起重机又称塔机或塔吊,是在门架上装置高达数十米的钢塔,用于增加起重高度。其起重臂多是水平的不能仰伏,靠起重小车(带有吊钩)沿起重臂水平移动,来改变起重幅度,如图 5-34 所示,所以控制范围是一个长方形的空间。塔机的稳定性和运行灵活性不如门机,当有 6 级以上大风时,必须停止工作。由于塔顶旋转是由钢绳牵引的,塔机只能向一个方向旋转 180°或 360°之后,再回转。而门机却可任意转动。相邻塔机运行时的安全距离要求大,相邻中心距不小于 34~85 m。塔机适用于浇筑高坝,若将多台塔机安装在不同的高程上,则可以发挥控制范围大的优点。

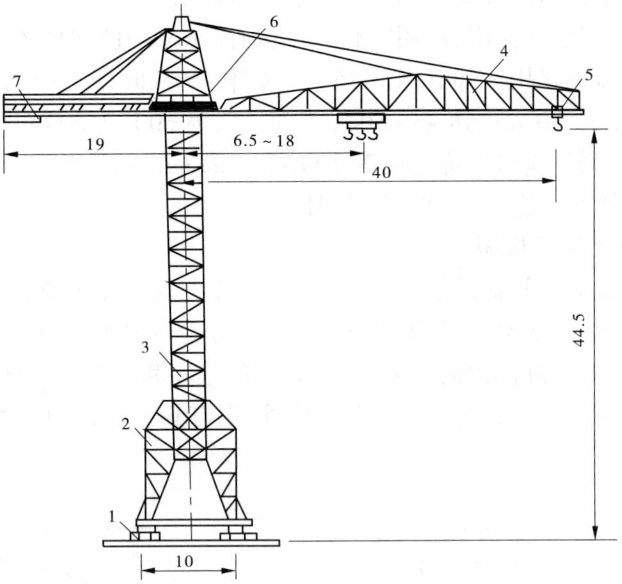

1—行驶装置;2—门架;3—塔身;4—起重臂;5—起重小车;6—回转塔架;7—平衡重。

图 5-34　10/25 t 塔式起重机　(单位:m)

(三)缆式起重机

缆式起重机(又称缆机)主要由一套凌空架设的缆索系统、起重小车、首塔架、尾塔架等组成,如图 5-35 所示,机房和操纵室一般设在首塔架内。

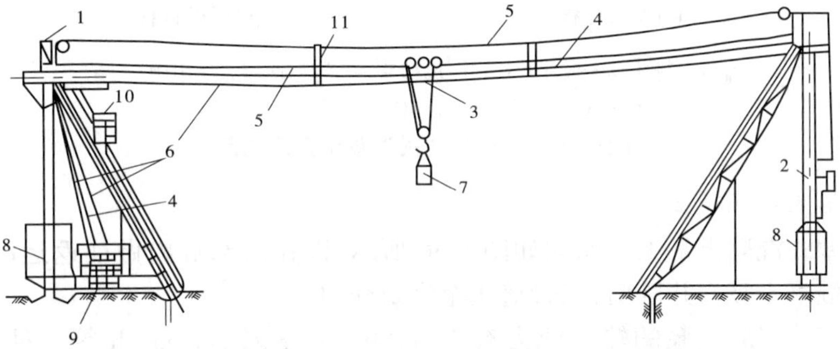

1—首塔架;2—尾塔架;3—起重小车;4—承重缆;5—牵引索;6—起重索;

7—重物;8—平衡重;9—机房;10—操纵室;11—索夹。

图 5-35　缆式起重机结构图

缆索系统为缆机的主要组成部分,它包括承重缆、起重索、牵引索和各种辅助缆索。承重缆两端是在首塔架和尾塔架顶部,承受很大的拉力,通常用光滑、耐磨、抗拉强度很高的钢丝绳制成,是缆索系统中的主缆。起重索用于垂直方向升降起吊钩。牵引索用于牵引起重小车沿承重缆移动。首、尾塔架为三角形空间结构,分别布置在两岸较高的地方。

缆机的类型,一般按首、尾塔架的移动情况划分,有固定式、平移式和辐射式三种。首、尾塔架都固定的,为固定式缆机;首、尾塔架都可移动的,为平移式缆机;尾塔架固定,首塔架沿弧形轨道移动的,为辐射式缆机。

缆机适用于狭窄河床的混凝土坝浇筑。它不仅具有控制范围大、起重量大、生产率高的特点,而且能提前安装和使用,使用期长,不受河流水文条件和坝体高的影响,对加快主体工程施工具有明显的作用。如五强溪、东江、安康、乌江渡等工程均采用缆机。缆机的起重量一般为 10~20 t,最大可达 45~50 t,跨度一般为 600~1 000 m,起重小车移动速度为 360~670 m/min,吊钩垂直升降速度为 100~290 m/min,每小时可吊运混凝土罐 8~12 次。20 t 缆机浇筑强度可达 5 万~8 万 m^3/月。

(四)泵送混凝土运输机械

采用混凝土泵及其导管输送混凝土,能够保持流态混凝土的性能,它既可水平,也可竖直输送,常用在工作面狭窄的部位,如隧洞衬砌、导流底孔封堵等。采用较多的是柱塞式混凝土泵,利用柱塞在缸体内的往复运动,将混凝土拌和物沿管道连续压送到浇筑工作面,图 5-36 为电动活塞式混凝土泵示意图。此外,还有其他形式的混凝土泵,如风动输送式混凝土泵等。

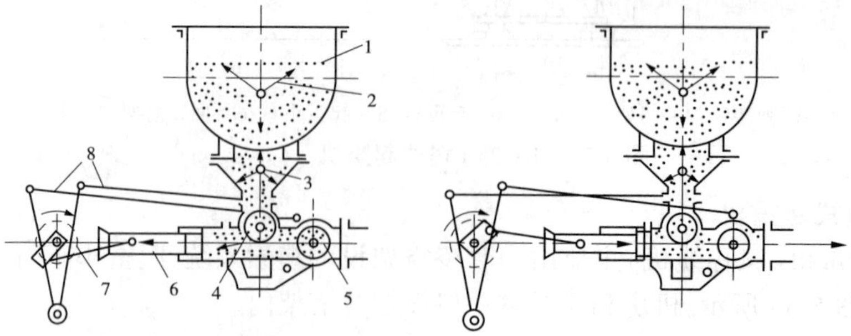

(a)吸入行程　　(b)压送行程

1—料斗;2—搅拌叶片;3—搅动器;4—吸入阀;5—压出阀;
6—柱塞;7—曲柄连杆机构;8—阀门控制杆。

图 5-36　电动活塞式混凝土泵示意图

1. 电动活塞式混凝土泵

电动活塞式混凝土泵工作原理如图 5-36 所示,即在活塞缸内做往返运动的柱塞,将盛料斗中的混凝土吸入并压出,经管道送至浇筑仓内。

电动活塞式混凝土泵的输送能力有 15 m^3/h、20 m^3/h、40 m^3/h 等几种。导管径为 150~200 mm,输送混凝土骨料最大粒径为 50~70 mm,最大水平运距可达 300 m,或竖直升距 40 m。

在使用活塞式混凝土泵的过程中,要注意泵送混凝土料的特殊要求和防止导管堵塞。一般在泵开始工作时,应先压送适量的水泥砂浆以润滑管壁;当工作中断时,应每隔 5 min 将泵运转 2~3 圈;如停工时间在 0.5~1 h 以上,应先清除泵及导管内的混凝土,并用水清洗。泵送混凝土最大骨料粒径不大于导管内径的 1/3,不允许有超逊径骨料,坍落度以 8~14 cm 为宜,含砂率应控制在 40%左右,每立方米混凝土的水泥用量不少于 250~300 kg。

2. 风动输送混凝土泵

以风动输送混凝土泵为主要设备的整套风动输送装置如图 5-37 所示。风动输送混凝土泵的压送器是由钢板焊成的梨形罐，可承受 15×10^5 Pa 的气压。工作时，利用压缩空气（气压为 $6.4\times10^5\sim8\times10^5$ Pa）将密闭在罐内的混凝土料压入输送管内，并沿管道吹送到终端的减压器，降低速度和压力，改变运动方向后喷出管口。

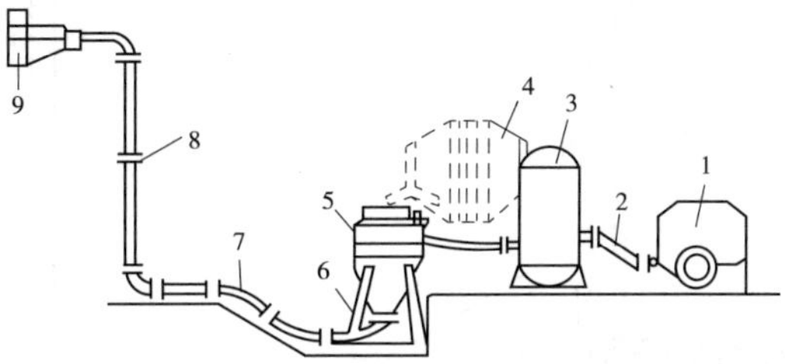

1—空压机；2—风管；3—储气管；4—拌和机；5—风泵；
6—出口弯管；7—输送管；8—快拆接头；9—减压器。

图 5-37　风动输送混凝土泵布置

风动输送是一种间歇性作业，每次装入罐内的混凝土量约为罐容积的 80%；其水平运距可达 350 m，或竖直运距 60 m，生产能力可达 50 m^3/h。整套风动装置可安装在固定的机架上或移动的车架上，风动输送混凝土泵对混凝土配合比的要求，基本上与活塞式混凝土泵相同。

（五）塔带机

皮带机浇筑混凝土往往在运输和卸料时容易产生离析及严重的砂浆损失现象，而难以满足混凝土质量要求，使其应用受到很大限制。近年美国罗泰克（ROTEC）公司对皮带机进行了较大改革，特别是在墨西哥惠特斯（TUITES）大坝第一次成功地应用以 3 台罗泰克塔带机为主浇筑混凝土，使皮带机浇筑混凝土进入一个新阶段。

塔带机（见图 5-38）是集水平运输与竖直运输为一体，将塔机与皮带机输送有机结合的专用皮带机，要求混凝土拌和、水平供料、竖直运输及仓面作业一条龙配套，以发挥高的效率。

塔带机是一种新型混凝土浇筑设备，一般布置在坝内，要求大坝坝基开挖完成后，快速进行塔带机系统的安装、调试和运行，使其尽早投入正常生产。它适用于混凝土工程量较大、浇筑强度较高的高大型闸、坝工程，可适应浇筑常态混凝土及碾压混凝土。运送两种以上的混凝土时，改变较困难，国内除三峡工程外较缺乏实践经验，所以塔带机的布置及选择要根据坝或厂房布置、混凝土系统布置，通过技术经济、工期分析比较后确定。

（六）溜槽、溜筒、溜管

溜槽、溜筒和溜管曾一度被作为运输混凝土的辅助设备，在混凝土的浇筑生产中得到了广泛的应用，主要用于高度不大的情况下输送混凝土，可以将皮带机、自卸汽车、吊罐等运输来料转运入仓，也曾是大型混凝土运输机械设备难以顾及部位的有效入仓手段。随着水利施工技术的不断发展，特别是由于水工大型竖井的高度高达几十米至上百米，斜管道长达几百米，大坝两岸陡坡高度达几十米甚至数百米，带来了常规浇筑手段入仓的困难，这使得溜槽和溜管作为这些部位混凝土浇筑的主要运送设备，正被工程上所采用。

使用溜槽、溜筒、溜管运输混凝土时，应遵守下列规定：

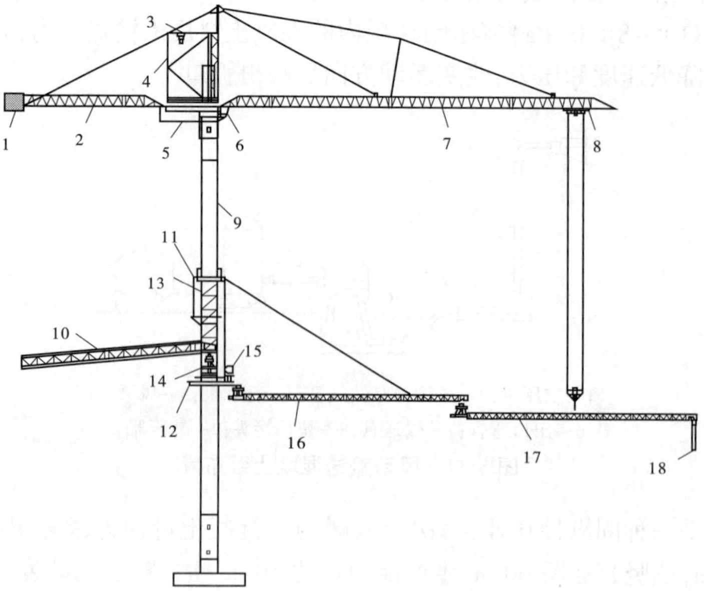

1—配重;2—平衡臂;3—辅助吊钩;4—A 形架;5—动力房;6—操作室;7—工作臂;8—牵引小车;
9—塔身;10—给料胶带机;11—爬升平台;12—转料平台;13—平台连接桁架;14—转料胶带机;15—卷扬机;
16—内布料胶带机;17—外布料胶带机;18—象鼻管。

图 5-38 塔带机总体结构示意图

(1)溜槽、溜筒、溜管内壁应光滑,开始浇筑前应用砂浆润滑溜槽、溜筒、溜管内壁;当用水润滑时应将水引出仓外,仓面必须有排水措施。

(2)使用溜槽、溜筒、溜管,应经过试验论证,确定溜槽、溜筒、溜管高度与合适的混凝土坍落度。

(3)溜槽、溜筒、溜管宜平顺,每节之间应连接牢固,应有防脱落保护措施。

(4)运输和卸料过程中,应避免混凝土分离,严禁向溜槽、溜筒、溜管内加水。

(5)当运输结束或溜槽、溜筒、溜管堵塞经处理后,应及时清洗,且应防止清洗水进入新浇混凝土仓内。

施工规范结合我国北京十三陵抽水蓄能电站施工经验给出参考数据,当混凝土坍落度为 5~7 cm 时,溜管竖直运距可在 150 m 以内,斜管运输倾角宜大于 30°,长度可在 250 m 以内。采用溜槽运输时,倾角为 30°~60°, 长度宜在 100 m 以内,当超过此长度应改用溜管。真空溜管的工作原理和施工布置,详见本章第七节。

三、混凝土浇筑的运输方案

混凝土供料运输和入仓运输的组合形式,称为混凝土运输方案。它是混凝土施工中的一个关键性环节,必须根据工程规模和施工条件,合理选择。

(一)自卸汽车结合履带式起重机运输方案

混凝土由自卸汽车卸入卧罐,再由履带式起重机吊运入仓。这种方案机动灵活,适用于工地狭窄的地形。但履带式起重机的臂架不能在负荷下变幅,兼受工作面与供料线路的影响,常需随工作面而移动机身,控制高度不大,仅适用于岸边溢洪道、护坦、厂房基础、低坝等混凝土工程。

(二)门、塔机结合栈桥运输方案

采用门机和塔机吊运混凝土浇筑方案,常在平行于坝轴线方向架设栈桥,并在栈桥上安设门、塔机。混凝土水平运输车辆常与门、塔机共用一个栈桥桥面,以便于向门、塔机供料。

1. 栈桥形式

施工栈桥是临时性建筑物,一般由桥墩、梁跨结构和桥面系统三部分组成,桥上行驶起重机(门机或塔机)、运输车辆(机车或汽车)。设置栈桥的目的有两个:一是为了扩大起重机的控制范围,增加浇筑高度;二是为起重机和混凝土运输提供开行线路,使之与浇筑工作面分开,避免相互干扰。常见栈桥的布置方式有以下几种。

1)单线栈桥

当建筑物的宽度不太大时,栈桥设于坝底宽度中部的上方,可控制大部分浇筑部位,栈桥可一次到顶,也可以分层加高。分层加高有利于及早投产,避免吊罐下放过深,能简化桥墩结构。但施工过程中要加高栈桥,改变运输线路,对主体工程施工有影响。如图5-39(a)所示。

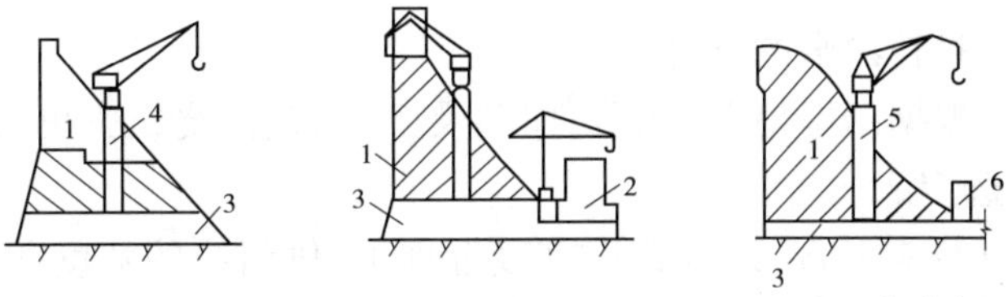

(a)单线栈桥　(b)双线栈桥　(c)主、辅栈桥

1—坝体;2—厂房;3—由辅助浇筑方案完成的部位;4—分两次升高的栈桥;5—主栈桥;6—辅栈桥。

图5-39　大坝施工栈桥布置方式

2)双线栈桥

对于较宽的建筑物,为了全面控制而布置双线栈桥,如图5-39(b)、(c)所示。双线栈桥常为一主一辅,主栈桥担任大部分浇筑任务,辅栈桥主要担任水平运输任务。这种布置方式,在坝后式厂房与河床式厂房应用较多。

3)多线栈桥

对于坝底宽度特大的高坝工程,常需架设多线多高程栈桥,如图5-40所示。近年来,由于高架门机和巨型塔机的应用,可简化这种布置方式。

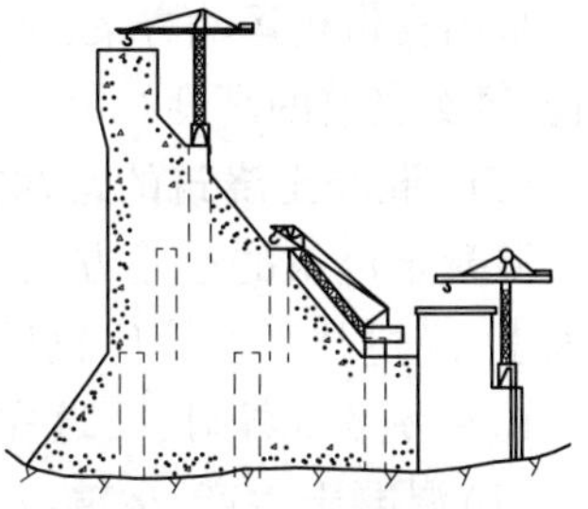

图5-40　多线多高程栈桥布置图

2. 门机、塔机布置要求

门机、塔机布置应考虑下列因素:

(1)栈桥布置应满足施工期防洪要求,栈桥高程与混凝土供料线高程相协调。

(2)栈桥宜平行坝轴线布置,在混凝土浇筑过程中避免拆迁。

(3)栈桥形式应通过技术经济比较和工期要求等因素分析确定。

在选择栈桥布置方式、确定栈桥位置和高程时,除要保证建筑物的控制范围和主要工程量外,还必须考虑与水平运输衔接、施工导流、防洪度汛等问题,并尽量减少门、塔机搬迁次数,避免或减少对主体工程的影响。对于兼有水平运输任务的栈桥,桥面高程应与拌和楼出料高程相协调。

门机、塔机结合栈桥方案的优点是布置比较灵活,控制范围大,运输强度高。而且门、塔机为定型设备,机械性能稳定,可多次拆装使用,所以它是大坝、厂房混凝土运输最常见的方案。这种方案的缺点是:修建栈桥和安装门、塔机需要占用一段工期,往往影响主体工程施工;而且栈桥下部形成浇筑盲区(称为栈桥压仓),需用溜管、溜槽等辅助运输设备方能浇筑,或待栈桥拆除后浇筑。此外,坝内栈桥在施工初期难以形成,坝外低栈桥控制范围又有限,且受导流方式的影响和汛期洪水的威胁。

(三)缆机运输方案

在河床狭窄的地段上修建混凝土坝多采用缆机。如东江、五强溪、隔河岩、万家寨等工程均采用缆机,三峡工程采用了两台跨度为 1 416 m、塔架高 125 m、起重量 20 t 的摆塔式缆机。

缆机布置,主要是根据枢纽建筑物外形尺寸和河谷两岸地形、地质条件,确定缆机跨度和缆塔架顶部高程。

缆机的布置应考虑下列因素:

(1)其适用于河谷较深窄的坝址。

(2)缆机的形式根据两岸地形、地质、坝型及工程布置、浇筑强度、设备布置等条件进行技术经济比较后选定。

(3)混凝土供料线应平直,设置高程宜接近坝顶,供料线的宽度和长度应满足混凝土施工及辅助作业的要求,不宜低于初期发电水位,不占压或少占压坝块。

(4)承重缆垂度可取跨度的 5%,缆索端头高差宜控制在跨度的 5%以内,供料点与塔顶水平距离不宜小于跨度的 10%。

缆机方案布置,有时由于地形地质条件限制,或者为了节约缆机平台工程量和设备投资,往往缩短缆机跨度和塔架高度,甚至将缆机平台降至坝顶高程。这时,需要其他运输设备配合施工,还可以采用缆机和门、塔机结合施工的方案。

(四)皮带机运输混凝土

采用皮带机运输方案,常用自卸汽车运料到浇筑地点,卸入转料斗后,再经皮带机转运入仓,每次浇筑的高度约 10 m,适用于基础部位的混凝土运输浇筑,如水闸底板、护坦等。

(五)混凝土浇筑的运输方案的选择

混凝土浇筑的运输方案对工程进度、质量、工程造价等产生直接影响,需综合各方面的因素,经过技术经济比较后进行选定。

1. 在方案选择时,应遵守的原则

(1)混凝土生产、运输、浇筑、养护和温度控制措施等各施工环节衔接合理。

(2)施工工艺先进,设备配套合理,综合生产效率高。

(3)运输过程的中转环节少,运距短,温度控制措施简易、可靠。

(4)初、中、后期浇筑强度协调平衡。

(5)混凝土施工与金属结构、机电安装之间干扰少。

(6)确定方案时还要考虑混凝土浇筑程序、各期浇筑部位和高程划分,应与供料线路、起吊设备布置和机电安装进度相协调,并符合相邻块高差及温度控制等有关规定。各期工程形象进度应能适应截流、拦洪度汛、封孔蓄水等要求。

上述各种因素互相依存、互相制约。因此,必须结合工程实际,拟出几个可行方案进行全面的技术经济比较,最后选定技术上先进、经济上合理、设备供应现实的方案。

2. 在选择运输方案时,设备选择上应遵守的原则

(1)起吊设备能控制整个平面和高程上的浇筑部位。

(2)主要设备性能良好,生产率高,配套设备能发挥主要设备的生产能力。

(3)在固定的工作范围内能连续工作,设备利用率高。

(4)浇筑间歇能承担模板、金属构件及仓面小型设备吊运等辅助工作。

(5)不压浇筑块,或不因压块而延长浇筑工期。

(6)生产能力在保证工程质量前提下能满足高峰时段浇筑强度要求。

(7)混凝土宜直接起吊入仓,混凝土浇筑、运输宜选用先进、高效、可靠的设备。

(8)当混凝土运距超过表 5-12 的混凝土运输时间要求时,宜用混凝土搅拌运输车。

3. 在选择运输方案时,还可参考以下工程经验

(1)高度较大的建筑物,其工程规模和混凝土浇筑强度较大,混凝土竖直运输占主要地位。常以门机、塔机-栈桥、缆机、塔带机为主要方案,以履带式起重机及其他较小机械设备为辅助措施。在较宽河谷上的高坝施工,常采用缆机与门、塔机(或塔带机)相结合的混凝土浇筑的运输方案。

(2)高度较低的建筑物,如低坝、水闸、船闸、厂房、护坦及各种导墙等,可选用门机、塔机、履带式起重机、皮带机等作为主要方案。

(3)工作面狭窄部位,如隧洞衬砌、导流底孔封堵、厂房二期混凝土部分回填等,可选择混凝土泵、溜管、溜槽、皮带机等运输方案。

(六)起重机数量的确定

混凝土起吊设备数量可根据月高峰浇筑强度、吊罐容量、设备小时循环次数、可供浇筑的仓面数和辅助吊运工作量等经计算或用工程类比法确定,其中辅助吊运工作量可按吊运混凝土当量时间的百分比计算,可在下列范围内取值:重力坝为 10%~20%,轻型坝为 20%~30%,厂房为 30%~50%。

1. 起重机的浇筑能力计算

起重机吊运混凝土的生产率 P(m³/h)为

$$P = k_{时} nq \tag{5-8}$$

式中　q——每次吊运的混凝土方量,m³,通常以所配吊罐的容量计算;

n——起重机每小时循环吊运次数,与机械性能、工作条件和操作技术等情况有关,在正常情况下,缆机可按每小时 8~10 次考虑,门机和塔机可按每小时 11~12 次考虑;

$k_{时}$——时间利用系数,可取 0.75~0.90。

单台起重机的月浇筑量 P_m 为

$$P_m = kk_2 n_1 mP \tag{5-9}$$

式中 n_1——每月工作天数,可取 25 d;

m——每天工作小时数,可取 20 h;

k_2——月的小时利用系数,可取 0.75~0.90;

k——综合作业影响系数,即计入辅助吊运工作对混凝土浇筑时间的影响,重力坝一般为 0.8~0.9,轻型坝一般为 0.7~0.8。

2.起重机数量的确定

根据混凝土最高月浇筑强度确定起重机台数,计算公式为

$$N = \frac{Q}{P_m} \tag{5-10}$$

式中 N——起重机台数,取整数;

Q——混凝土最高月浇筑强度,m^3/月;

P_m——单台起重机的月浇筑量,m^3/月。

起重机数量确定后,再结合工程结构的特点、外型尺寸、地形地质等条件进行布置,并从施工方法上论证实现总进度的可能性。必须指出,大中型工程各施工阶段的浇筑部位和浇筑强度差别较大,因此应按施工阶段分段进行设备选择和布置,并注意各阶段的衔接。

第六节 常态混凝土筑坝技术

一、混凝土坝的分缝与分块

为控制坝体施工期混凝土温度应力并适应施工机械设备的浇筑能力,需要用垂直于坝轴线的横缝面和平行于坝轴线的纵缝面及水平施工缝面,将坝体划分为许多浇筑块进行浇筑。浇筑块的划分应根据坝基地形地质条件、坝体布置、坝体断面尺寸、温度应力和施工条件等因素通过技术经济比较确定。

横缝间距一般为 15~20 m。横缝间距超过 22 m 或小于 12 m 时,应作论证。

纵缝间距一般为 15~30 m。块长超过 30 m 应严格温度控制。高坝通仓浇筑应有专门论证,应注意防止施工期和蓄水以后上游面产生深层裂缝。

混凝土坝分块的基本形式有四种,如图 5-41 所示。

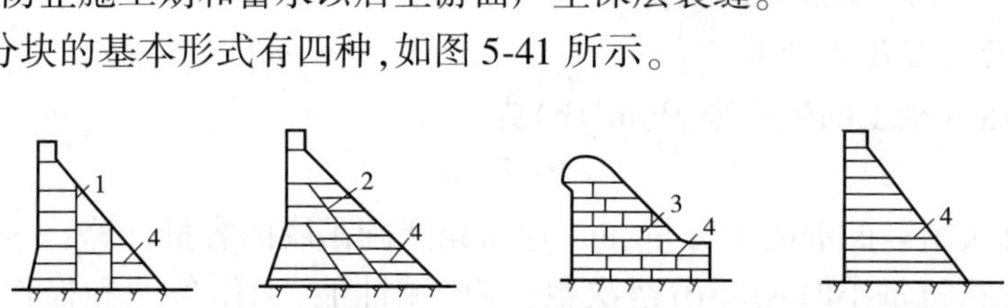

(a)纵缝分块法 (b)斜缝分块法 (c)错缝分块法 (d)通仓浇筑法

1—纵缝;2—斜缝;3—错缝;4—水平缝。

图 5-41 大坝浇筑分缝分块的基本形式

(一)纵缝分块法

纵缝平行坝轴线,可采用竖缝形式,缝面应设置键槽,并需埋设灌浆系统进行灌浆。纵缝也可在某个高程进行并缝,如延伸至坝面,应与坝面垂直相交。设置纵缝的目的,为避免产生基础约束裂缝。纵缝分块的优点是:温度控制比较有把握,将坝段分成独立的柱状体可以分别上升,相互干扰小,混凝土浇筑工艺比较简单,施工安排灵活。缺点是:纵缝将仓面分得较窄小,使模板工作量增加,且不便于大型机械化施工;为了恢复坝的整体性,后期需要对纵缝进行接缝灌浆处理,坝体蓄水兴利受到灌浆冷却工期的限制。

竖缝形式的纵缝,在纵缝面上应设键槽以增加纵缝灌浆后的抗剪能力。键槽常为直角三角形,其短边和长边应分别与坝的大、小主应力正交,使键槽面承压而不承剪,键槽布置如图5-42所示。

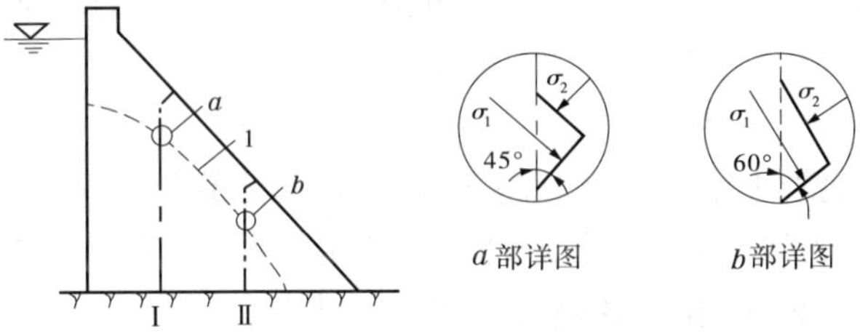

Ⅰ,Ⅱ—纵缝编号;1—大应力轨迹线。

图5-42　坝体主应力与键槽布置

(二)斜缝分块法

斜缝一般往上游倾斜,其缝面与坝体大主应力方向大体一致,从而使缝面上基本不承受剪应力。所以,斜缝面只需要设置梯形键槽、加插筋和凿毛处理,不必进行斜缝灌浆。为了坝体防渗的需要,斜缝的上端应在离迎水面一定距离处终止,并在终点顶部加设并缝钢筋或并缝廊道。

斜缝适用于中、低坝,可不灌浆;用于高坝时应经论证。

(三)错缝分块法

分块时将块间纵缝错开,互不贯通,错距等于层厚的1/3~1/2,故坝的整体性好,也不需要进行纵缝灌浆。但错缝分块高差要求严格,由于浇筑块相互搭接,浇筑次序需按一定规律安排,施工干扰很大,施工进度较慢,同时在纵缝上下端因应力集中容易开裂。

(四)通仓浇筑法

坝段内不设纵缝,逐层往上浇筑,不存在接缝灌浆问题。由于浇筑仓面大,可节省大量模板,便于大型机械化施工,有利于加快施工进度,提高坝的整体性。但是,大面积浇筑,受基岩和老混凝土的约束大,容易产生温度裂缝。为此,温度控制要求很严格,除采用薄层浇筑、充分利用自然散热外,还必须采取多种预冷措施,允许温差控制在15~18 ℃。

上述四种分块方法,以竖缝形式的纵缝法最为普遍;中低坝可采用错缝法或不灌浆的斜缝;如采用通仓浇筑,应有专门论证和全面的温控设计。

二、混凝土的浇筑工艺

混凝土坝的混凝土浇筑工艺流程为:浇筑前的准备,入仓铺料,平仓,振捣,养护。

(一)浇筑前的准备

浇筑前的准备工作有:地基面的处理,施工缝和结构缝的处理,设置卸料入仓的辅助设施(如栈桥、溜槽、溜管等),立模、钢筋架设,预埋构件、冷却水管、观测仪器,人员配备,浇捣设备、风水电设施的布置,浇筑前的质量检查等。

1. 地基面处理

为了保证所浇筑的混凝土和地基紧密结合,浇捣前必须按设计要求对地基面进行妥善的处理。

对岩基面的处理,详见第三章的有关内容。对砂砾石地基,应先清除杂物,将地面整平,再洒水浸湿,使其湿度与最优强度时的湿度相符,并浇厚 10~20 cm 的低强度等级混凝土做垫层,以防漏浆。对土基,应避免破坏或扰动原状土壤,可先用碎石(厚 10~20 cm)垫底,上盖湿砂(厚约 5 cm),加以压实,再浇厚 10~20 cm 的低强度等级混凝土做垫层,以防漏浆。

2. 施工缝的处理

浇筑块间的新老混凝土结合面就是施工缝。在新混凝土浇筑前,必须对老混凝土表面加以处理,将其表面的软弱乳皮(含游离石灰的水泥膜)清除干净,使其表面成为干净的有一定石子半露的麻面,以利新老混凝土的紧密结合。

当用纵缝分块时,纵缝面上则不需凿毛,但需冲洗清扫,以利灌浆。

1) 施工缝的处理措施

(1) 风砂枪喷毛。将经过筛选的粗砂和水装入密封的砂箱,并通入压缩空气。压缩空气混合砂粒,用喷枪射出,把混凝土表面喷毛。

喷毛时间视气温和混凝土强度增长情况而定,一般在浇后 24~46 h 后进行喷毛。

(2) 高压水冲毛。浇后 5~20 h,开始可用压力 10~25 kN/cm^2 的高压水冲毛,对龄期稍长的可用更高的水压,有时配合以钢丝刷刷毛。高压水冲毛效率高,使用方便,关键是掌握冲毛时机,以免冲不动或冲毛过深。但冬季冰冻时不便使用。

(3) 风镐凿毛和人工凿毛。对坚硬混凝土可利用风镐或人工锤钎进行凿毛。

(4) 钢刷机刷毛。在大而平坦的仓面上,可用钢刷机刷毛。钢刷机装有旋转的粗钢丝刷和吸收浮渣的装置,又称刷毛机。

2) 仓面清扫

仓面清扫应在即将浇筑前进行,以清除施工缝上的垃圾、浮渣和灰尘,并用风水枪或压力水冲洗,也不能有积水。

施工缝的处理质量,对建筑物的抗滑稳定及整体性、抗渗性、抗冻性等都有重要影响,必须予以高度重视。

3. 模板、钢筋和预埋件的安设

这道工序应做到规格、数量无误,定位准确,连接牢靠。详见第八章中的介绍。

4. 开仓前全面检查

仓面准备就绪,风、水、电及照明布置妥当后,经质检部门全面检查,发给准浇证后,才允许开仓浇筑。一经开仓则应连续浇筑,避免因中断而出现冷缝。

(二)入仓铺料

浇筑混凝土前,基面的浇筑仓和先浇混凝土上的迎水面浇筑仓,在浇筑第一层混凝土前必须先铺一层厚 2~3 cm 的强度等级高的水泥砂浆,砂浆的水灰比应较混凝土的水灰比低 0.03~0.05。

1. 平层铺料法

沿仓面长边逐层水平铺筑,第一层铺筑并振捣密实后,再铺筑振捣第二层,依次达到计划的浇筑高程为止,如图 5-43 所示。铺料层厚与振捣性能、气温高低、混凝土稠度、混凝土初凝时间和来料强度等因素有关。在一般情况下,层厚多为 30~60 cm,当采用振捣器组振捣时,层厚可达 70~80 cm。

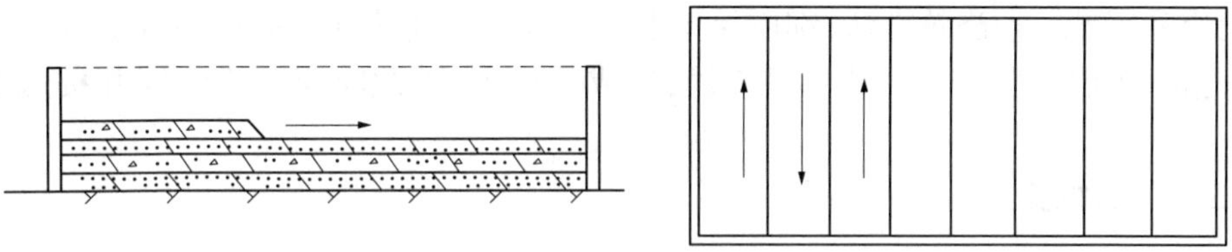

图 5-43　平层铺料法

层间间歇超过混凝土初凝时间会出现冷缝,使层间的抗渗、抗剪和抗拉能力明显降低。为了避免出现冷缝,应满足以下条件:

$$Q(t_2-t_1)k \geqslant Ah \tag{5-11}$$

或

$$A \leqslant \frac{Q(t_2-t_1)}{h}k \tag{5-12}$$

式中　A——混凝土仓面面积,m^2;

k——时间延误系数,可取 0.8~0.85;

Q——所浇仓位混凝土的实际生产能力,m^3/h;

t_2——混凝土初凝时间,h;

t_1——混凝土运输、浇筑所占的时间,h;

h——混凝土铺料层厚度,m。

2. 斜层铺料法

当浇筑仓面大,混凝土初凝时间短,混凝土拌和、运输浇筑能力不足时,可采用斜层铺料法,如图 5-44(a)所示。斜层铺料法由于平仓和振捣使砂浆容易流动和分离。为此,应使用低流态混凝土,浇筑块高度一般限制在 1~1.5 m。同时,应控制斜层法的层面斜度不大于 10°。

3. 阶梯铺料法

阶梯铺料法的铺料顺序是从仓位的一端开始,向另一端推进,并以台阶形式,边向前推进,边向上铺筑,直至浇到规定的厚度,把全仓浇完,如图 5-44(b)所示。阶梯铺料法的最大优点是缩短了混凝土上、下层的间歇时间;在铺料层数一定的情况下,浇筑块的长度可不受限制。既适用大面积仓位的浇筑,也适用于通仓浇筑。阶梯铺料法的层数不超过 3~5 层,阶梯长度不小于 2.8 m。

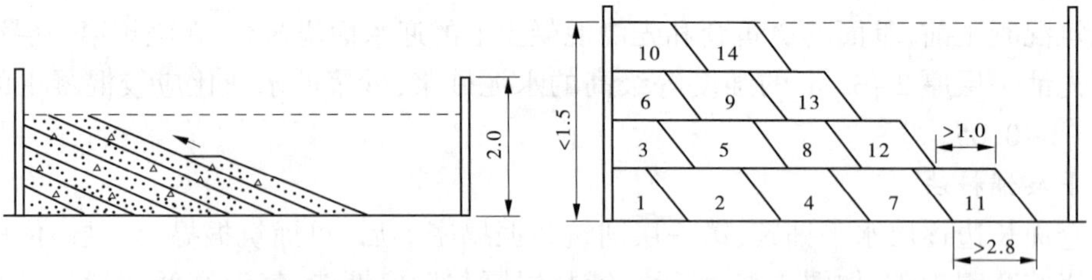

(a)斜层铺料法　　(b)阶梯铺料法

1,2,3,4,…,14—阶梯浇筑顺序。

图 5-44　斜层铺料法和阶梯铺料法　(单位:m)

无论采用哪一种浇筑方法,都应保持混凝土浇筑的连续性。如相邻两层浇筑的间歇时间超过混凝土的初凝时间,将出现冷缝,造成质量事故,此时应停止浇筑并按施工缝进行处理。

(三)平仓、振捣

1. 平仓

平仓就是把卸入仓内成堆的混凝土铺平到要求的均匀厚度。可采用振捣器平仓。振捣器先斜插入料堆下部,然后再一次一次地插向上部,使流态混凝土在振捣器作用下自行摊平。但必须注意,使用振捣器平仓,不能代替下一个工序的振捣密实。在平仓振捣时不应造成砂浆与骨料离析。近年来,在大型水利水电工程的混凝土施工中,已逐渐推广使用平仓机(或湿地推土机)进行混凝土平仓作业,大大提高了工作效率,减轻了劳动强度;但要求仓面大,仓内无拉条等障碍物。

2. 振捣

振捣的目的是使混凝土密实,并使混凝土与模板、钢筋及预埋件紧密结合。振捣是混凝土施工中最关键的工序,应在混凝土平仓后立即进行。

混凝土振捣主要采用振捣器进行。其原理是利用振捣器产生的高频率、小振幅的振动作用,减小混凝土拌和物的内摩擦力和黏结力,从而使塑态混凝土液化、骨料相互滑动而紧密排列、砂浆充满空隙、空气被排出,以保证混凝土密实,并使液化后的混凝土填满模板内部的空间,且与钢筋紧密结合。

1)振捣器的类型和应用

混凝土振捣器的类型,按振捣方式的不同,分为插入式、外部式、表面式和振动台等,如图 5-45 所示。其中,外部式振捣器只适用于柱、墙等结构尺寸小且钢筋密的构件;表面式振捣器只适用于薄层混凝土的捣实(如渠道衬砌、道路、薄板等);振动台振捣器多用于实验室。

插入式振捣器在水利水电工程混凝土施工中使用最多。它的主要形式有电动软轴插入式、电动硬轴插入式和风动插入式三种,其中以电动硬轴插入式振捣器应用最普遍。电动软轴插入式振捣器则用于钢筋密、断面比较小的部位;风动插入式振捣器的适用范围与电动硬轴插入式的基本相同,但耗风量大,振动频率不稳定,已逐渐被淘汰。

(1)电动软轴插入式振捣器，如图 5-46 所示。它的电动机和机械增速器(齿轮机构)安装在底盘上,通过软轴(由钢丝股制成)带动振动棒内的偏心轴高速旋转而产生振动。由于偏心轴旋转的振动频率受到制造上的限制,故振动频率不高,应用在钢筋密集、结构单薄的部位,有 B-50 型、φ63 型等。

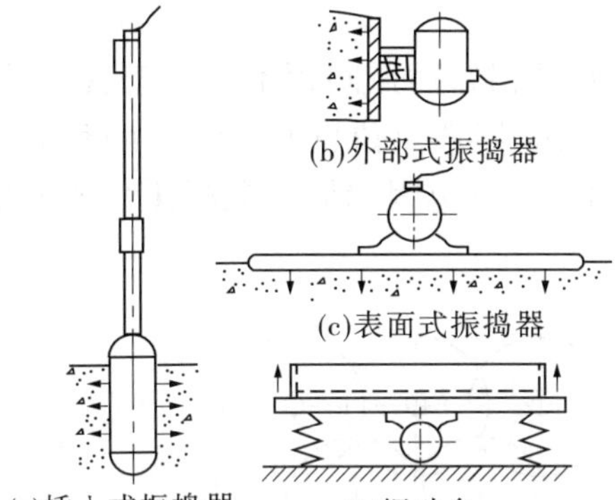

图 5-45　混凝土振捣器

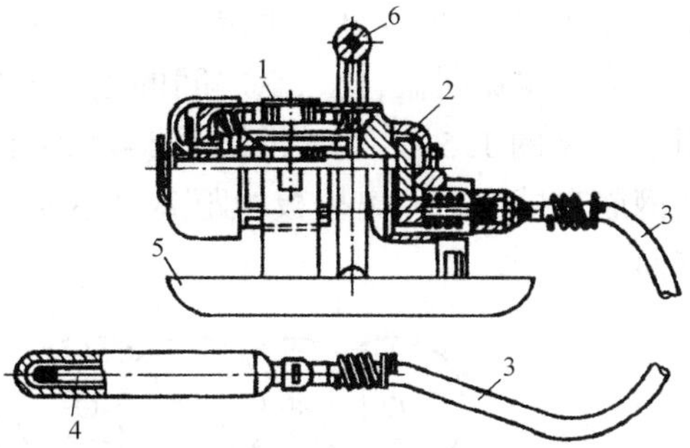

1—电动机;2—机械增速器;3—软轴;
4—振动棒;5—底盘;6—手柄。

图 5-46　电动软轴插入式振捣器

(2)电动硬轴插入式振捣器。它的构造特点是电动机装在振动棒内部,直接与偏心块振动机构相连,如图 5-47 所示。同时,采用低压变频装置代替机械增速器,以保证工人安全操作和提高振捣器的振动频率。

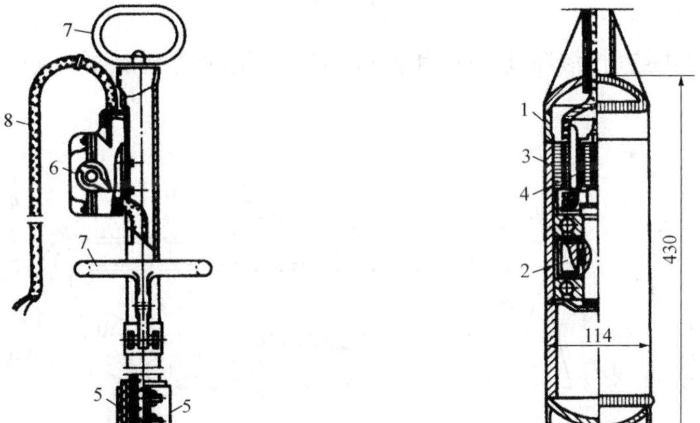

1—振动棒外壳;2—偏心块;3—电动机定子;4—电动机转子;
5—橡皮弹性连接器;6—电路开关;7—把手;8—外接电源。

图 5-47　电动硬轴插入式振捣器　(单位:mm)

电动硬轴插入式振捣器构造比较简单,使用方便,振动影响半径大(35~60 cm),振捣效果好,故在大体积混凝土浇筑中应用最普遍。常见型号有国产 HZ_6P-800、HZ_6X-30 型,电动机电压为 30~42 V。

2)振捣器的使用与振实判断

用振捣器振捣混凝土,应在仓面上按一定顺序和间距,逐点插入进行振捣。每个插点振捣时间一般需要 20~30 s,实际操作的振实标准是根据以下一些现象来判断的:混凝土表面不再显著下沉,不再出现气泡;并在表面出现一层薄而均匀的水泥浆。如振捣时间不够,则达不到振实要求;过振则骨料下沉、砂浆上翻,产生离析。

振捣器的有效振动范围,用振动作用半径 R 表示。R 值的大小与混凝土坍落度和振捣器性能有关,可经试验确定,一般为 30~50 cm。

为了避免漏振,插入点之间的距离不能过大。要求相邻插点间距不应大于其振动作用半径 R 的 1.5~1.75 倍,如图 5-48 所示。在布置振捣器插点位置时,还应注意不要碰到钢筋和模板。但离模板的距离也不要大于 20~30 cm,以免因漏振使混凝土出现蜂窝、麻面。

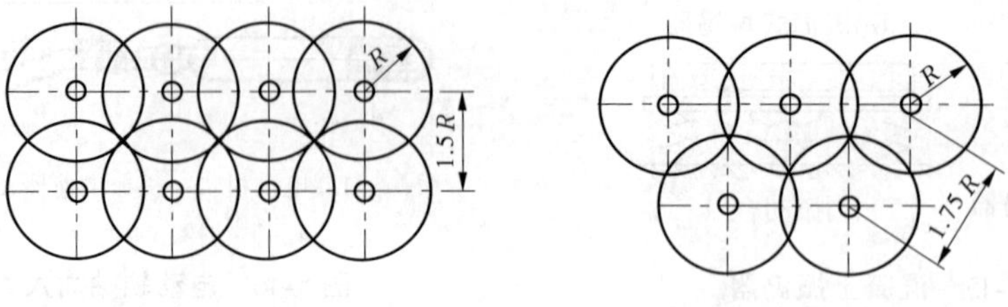

(a)正方形排列 (b)三角形排列

图 5-48 振捣器插入点排列示意图

在每个插点进行振捣时,振捣器要垂直插入,快插慢拔,并插入下层先浇混凝土内 5~10 cm,以保证上、下层混凝土的良好结合。

3)混凝土平仓振捣机

它是一种能同时进行混凝土平仓和振捣两项作业的新型混凝土施工机械,如图 5-49 所示。

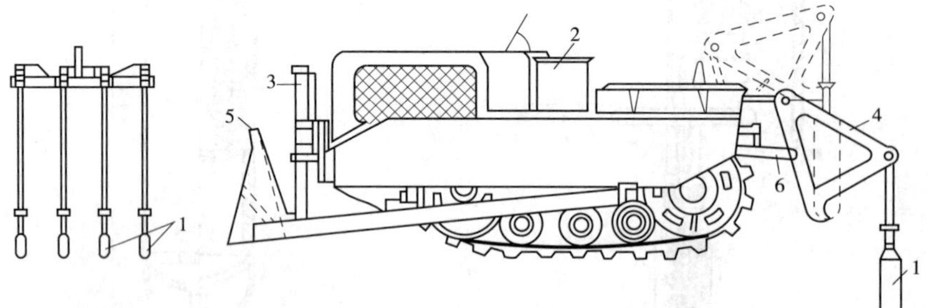

(a)振捣器组 (b)平仓振捣机

1—振捣器;2—推土机;3—液压缸;4—吊架;5—推土刀片;6—悬吊机构。

图 5-49 振捣器组和平仓振捣机

平仓振捣机,能代替繁重的劳动,提高振实效果和生产率,适用于大体积混凝土机械化施工。但要求仓面大、无模板拉条、履带压力小,还需要起重机吊运入仓。

根据行走底盘的形式,平仓振捣机主要有履带推土机式和液压臂式两种基本类型。

(四)养护

养护就是在混凝土浇筑完毕后的一段时间内,保持适当的温度和足够的湿度,形成良好的混凝土硬化条件。养护是保证混凝土强度增长,不发生开裂的必要措施。

养护有洒水养护和养护剂养护两种方法。洒水养护就是在混凝土表面覆盖上草袋或麻袋,并用带有多孔的水管不间断地洒水。养护剂养护,就是在混凝土表面喷一层养护剂,等其干燥成膜后再覆盖上保温材料。

塑性混凝土应在浇筑完毕后 6~18 h 内开始洒水养护,低塑性混凝土应在浇筑完毕后立即喷雾养护,并及早开始洒水养护,而且应连续养护,养护期内始终保持混凝土表面的湿润。养护持续期应符合《水工混凝土施工规范》(DL/T 5144—2015)的要求,一般不少于 28 d,有特殊要求的部位宜适当延长养护时间。

三、混凝土的温度控制

(一)混凝土的温度变化过程

混凝土在凝固过程中,由于水泥水化,释放大量水化热,使混凝土内部温度逐步上升。对尺寸小的结构,由于散热较快、温升不高,不致引起严重后果;但对大体积混凝土,最小尺寸也常在 3~5 m 以上,而混凝土导热性能随热传导距离呈非线性衰减,大部分水化热将积蓄在浇筑块内,使块内温度达 30~50 ℃,甚至更高。由于内外温差的存在,随着时间的推移,坝内温度逐渐下降而趋于稳定,与多年平均气温接近。大体积混凝土的温度变化过程,可分为如图 5-50 所示的三个阶段,即温升期、冷却期(或降温期)和稳定期。显然,混凝土内的最高温度 T_{max} 等于混凝土浇筑入仓 T_p 与水化热温升值 T_r 之和。由 T_p 到 T_{max} 是温升期,由 T_{max} 到稳定温度 T_f 是降温期,之后混凝土体内温度围绕稳定温度随外界气温略有起伏。T_{max} 与 T_f 之差称混凝土体的最大温差,记为 ΔT。

很明显,要确定 T_{max},需先根据水泥品种和用量,确定水泥水化热引起的温升 T_r,同时还需确定混凝土的入仓温度 T_p,计算公式为

$$T_p = T_b + \Delta t \tag{5-13}$$

式中　Δt——混凝土自出拌和机到入仓的温度变化值,℃;

T_b——混凝土的拌和温度,℃。

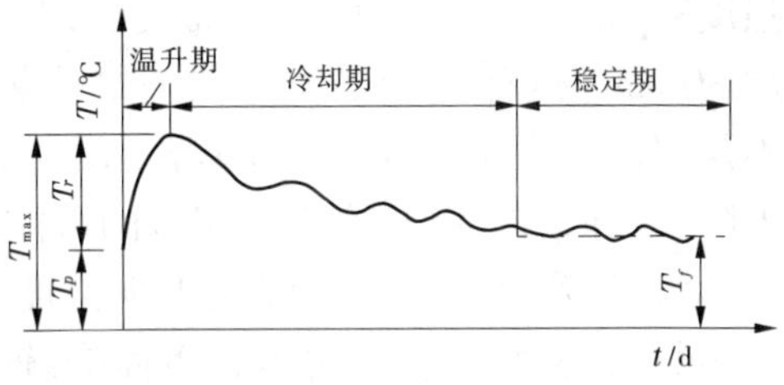

图 5-50　大体积混凝土的温度变化过程线

当拌和温度与气温相近时,可取 $\Delta t=0$;当气温高于拌和温度时,温度有回升,Δt 取正值;当气温低于拌和温度,有热量损失,Δt 取负值。Δt 绝对值的大小主要取决于混凝土拌和温度与气温的差值,以及盛料容器的隔热措施、运输时间和转运次数。其值约为拌和温度与气温差绝对值的 15%~40%。混凝土拌和料的热量应为各组成材料热量的总和。所以,拌和温度 T_b 为

$$T_b = \frac{\sum C_i G_i T_i}{\sum C_i G_i} \tag{5-14}$$

式中　i——混凝土组成材料的编号;

C_i——混凝土中材料 i 的比热,kJ/(kg · ℃),水和水泥的比热分别为 4 和 0.8,骨料的比热为 0.8~0.96;

G_i——每立方米混凝土中材料 i 的用量,kg/m³;

T_i——拌和混凝土时材料 i 的温度,℃,水温可用当地月平均水温,水泥温度视运输和储存条件而定,可取 30~60 ℃,骨料温度通常接近月平均气温,当使用前数周内受阳光照射时,其温度比月平均气温高 3~5 ℃。

(二)温度应力与温度裂缝

大体积混凝土的温度应力,是由于变形受约束而产生的,包括新混凝土在降温过程中受基岩或老混凝土的约束;由非线性温度场引起各单元体之间变形不一致的内部约束;以及在气温骤降情况下,表层混凝土的急剧收缩变形受内部热胀混凝土的约束等。由于混凝土的抗拉强度远低于抗压强度,在温度压应力作用下不致破坏的混凝土,当受到温度拉应力作用时,常因抗拉强度不足而产生裂缝。随着约束情况的不同,大体积混凝土温度裂缝有以下两种。

1. 表面裂缝

混凝土浇筑后,其内部由于水化热温升,体积膨胀,如受到岩石或老混凝土约束,在初期将产生较小的压应力,当后期出现较小的降温时,即可将压应力抵消。而当混凝土温度继续下降时,混凝土块内将出现较大的拉应力,但混凝土的强度和弹性模量随龄期而增长,只要对新块混凝土进行适当的温度控制即可防止开裂。但最危险的情况是遭遇寒潮,气温骤降,表层降温收缩,内胀外缩,在混凝土内部产生压应力,表层产生拉应力。各点温度应力的大小,取决于该点温度梯度的大小。在混凝土内处于内外温度平均值的点应力为零,高于平均值的点承受压应力,低于平均值的点承受拉应力,如图 5-51 所示。

当表层温度拉应力超过混凝土的允许抗拉强度时,将产生裂缝,形成表面裂缝,其深度不超过 30 cm。这种裂缝多发生在浇筑块侧壁,方向不定,短而浅,数量较多。随着混凝土内部温度下降,外部气温回升,有重新闭合的可能。

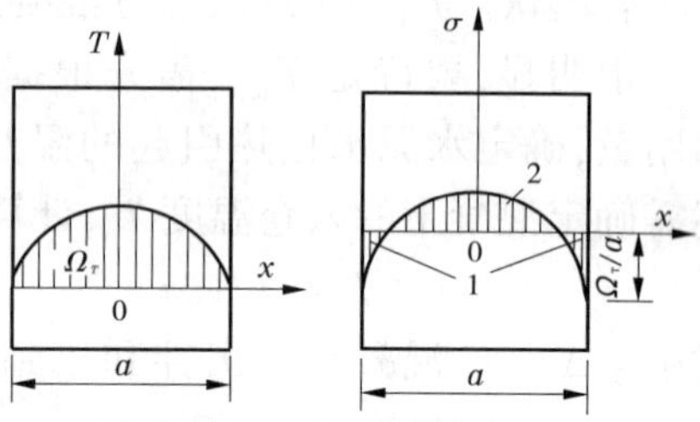

(a)温度分布　　(b)温度应力分布

1—拉力区;2—压力区。

图 5-51　混凝土浇筑块自身约束的温度应力

大量工程实践表明,混凝土坝温度裂缝中绝大多数为表面裂缝,且大多数表面裂缝是在混凝土浇筑初期遇气温骤降等原因引起的,少数表面裂缝是由于中后期受年变化气温或水温影响,内外温差过大造成的。而表面保护是防止表面裂缝的最有效措施,特别是混凝土浇筑初期内部温度较高时,尤其要注意表面保护。

2. 贯穿裂缝和深层裂缝

变形和约束是产生应力的两个必要条件。由于混凝土浇筑温度过高,加上混凝土的水化热温升,形成混凝土的最高温度,当降到施工期的最低温度或降到水库运行期的稳定温度时,即产生基础温差,由这种均匀降温产生混凝土裂缝,这种裂缝是混凝土的变形受外界约束而发生的,所以它整个端面均匀受拉应力,一旦发生,就形成贯穿裂缝。由温度变化引起温度变形是普遍存在的,有无温度应力出现的关键在于有无约束。人们不仅把基岩视为刚性基础,也把已凝固、弹模较大的下部老混凝土视为刚性基础。这种基础对新浇不久的混凝土产生温度变形所施加的约束作用,称为基础约束,如图 5-52 所示。

这种约束在混凝土升温膨胀期引起压应力，在降温收缩时引起拉应力，当此拉应力超过混凝土的极限抗拉强度时，就会产生裂缝，称为基础约束裂缝。由于这种裂缝自基础面向上开展，严重时可能贯穿整个坝段，故又称为贯穿裂缝，如图 5-53 所示。此种裂缝宽度随气温变化很敏感；表面宽度沿延伸方向的变化也是很明显的。此外，裂缝在接近基岩部位和顶端，都是逐渐尖灭的。切割的深度可达 3~5 m 以上，故又称为深层裂缝。裂缝的宽度可达 1~3 mm，且多垂直基面向上延伸，既可能平行纵缝贯穿，也可能沿流向贯穿。

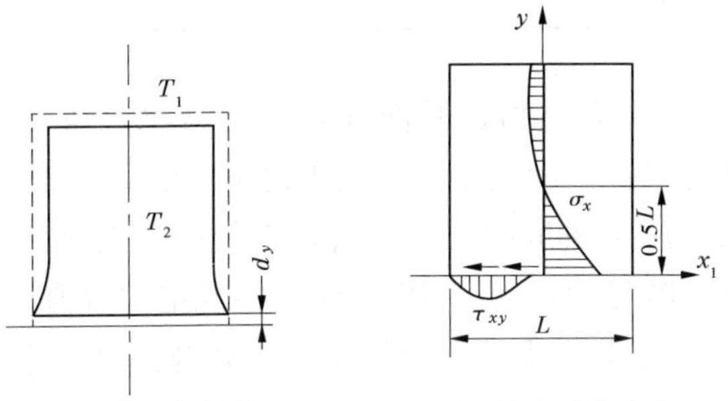

(a)基础约束变形　(b)基础约束应力

图 5-52　混凝土浇筑块的温度变形和基础约束应力

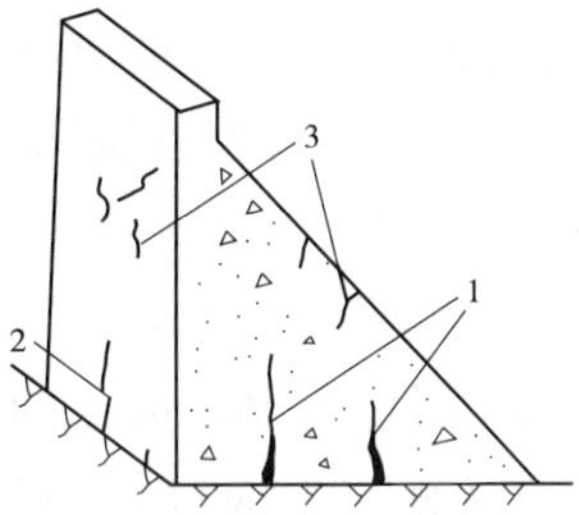

1—贯穿裂缝；2—深层裂缝；3—表面裂缝。

图 5-53　混凝土坝温度裂缝

（三）大体积混凝土温度控制的任务

大体积混凝土紧靠基础产生的贯穿裂缝，无论对坝的整体受力还是防渗效果的影响比浅层表面裂缝的危害都大得多。表面裂缝虽然可能成为深层裂缝的诱发因素，对坝的抗风化能力和耐久性有一定影响，但毕竟其深度浅、长度短，如图 5-53 所示，一般不至于成为危害坝体安全的主要因素。

大体积混凝土温度控制的任务，首先是通过控制混凝土的拌和温度来控制混凝土的入仓温度，再通过一期冷却来降低混凝土内部的水化热温升，从而降低混凝土内部的最高温升，使温差降低到允许范围；其次是通过二期冷却，使坝体温度从最高温度降到接近稳定温度，以便在达到灌浆温度后及时进行纵缝灌浆。

众所周知，为了施工方便和满足温控散热要求，坝体所设的纵缝在坝体完建时，应通过接缝灌浆使之结合成为整体，方能蓄水安全运行。倘若坝体内部的温度未达到稳定温度就进行灌浆，灌浆后坝体温度进一步下降，又会将胶结的缝重新拉开。因此，将坝体温度尽快降低到接近稳定温度的灌浆温度，是进行接缝灌浆和坝体蓄水受益的重要前提。

需要采取人工冷却降低坝体混凝土温度的另一个重要原因，是由于大体积混凝土散热条件差，单靠自然冷却使混凝土内部温度降低到稳定温度需要的时间太长，少则十几年，多则几十年、上百年，从工程及早受益的要求来看，也必须采取人工冷却措施。

（四）大体积混凝土温度控制标准

温度控制标准，实质上就是对大体积混凝土内部与刚性基础之间的温差控制值，使基础约束应力 σ 小于混凝土允许抗拉强度。容许基础温差 ΔT 的控制标准可参考《混凝土重力坝设计规范》（SL 319—2018），给出的基础约束区混凝土容许温差见表 5-14，并结合工程的实际情况确定。

表 5-14　基础约束区混凝土容许温差　　单位:℃

距离基础面高度 h	浇筑块长边的长度 L/m				
	<17	17~20	20~30	30~40	40至通仓
(0~0.2)L	26~25	25~22	22~19	19~16	16~14
(0.2~0.4)L	28~27	27~25	25~22	22~19	19~17

使用表 5-14 的数据应注意:基础约束区温差是指建基面 0.4L(L 为浇筑块长边尺寸)高度范围内混凝土的最高温度和该部位稳定温度之差。当基础约束区混凝土 28 d 龄期的极限拉伸值不低于 0.85×10^{-4} 时,对于施工质量均匀、良好,基岩与混凝土的变形模量相近,短间歇均匀上升浇筑的浇筑块,基础容许温差可采用表 5-14 中规定的数值。

实践证明,控制混凝土的极限拉伸值,对于防止大体积混凝土产生裂缝具有同等重要的意义。设计部门对施工单位提出基础温差控制标准的同时,也提出了混凝土允许的极限拉伸值的限制。

确定灌浆温度是温控的又一标准。由于坝体内部混凝土的稳定温度因具体部位而异,一般情况下,灌浆温度并不恰好等于稳定温度。通常在确定灌浆温度时,将坝体断面的稳定温度场进行分区,对灌浆温度进行分区处理,各区的灌浆温度取各区稳定温度的平均值。但对某些特殊部位,例如底孔周围、空腹坝的空腹顶部,灌浆后可能出现自然超冷,灌浆温度宜低于稳定温度。在严寒地区,经论证,灌浆温度可高于稳定温度一定值。

由此可见,无论灌浆温度如何选定,都以稳定温度为依据,都必须首先确定坝体内的稳定温度场。坝体稳定温度场是指混凝土坝经长期散热后,浇筑时的初始温差和水化热影响趋于消失,坝内各点温度趋于稳定,基本上不再随时间有大的变化。一般当混凝土的温度变幅小于外部水温或气温变幅的 10%时,即可视为温度场基本稳定,坝内温度场由变温场转变为常温场——稳定温度场。

在确定灌浆温度时,为了施工方便,常对稳定温度场进行分区简化。分区时既要考虑浇筑分块和纵缝位置,也应考虑工作特征高程,如死水位、底孔高程、正常水位等,如图 5-54 所示,大体上取各区稳定温度的平均值作为分区灌浆温度。

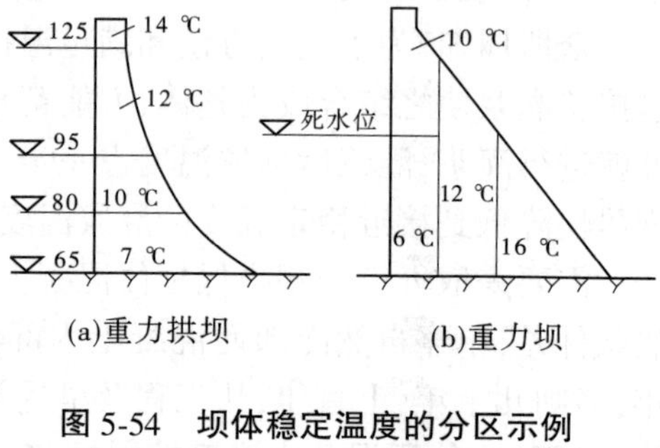

图 5-54　坝体稳定温度的分区示例

(五)混凝土的温度控制措施

混凝土温度控制的具体措施,主要是降低入仓浇筑温度 T_p 和减少混凝土的水化热温升 T_r,以降低混凝土可能达到的最高温度 T_{max}。此外,降低坝体内外温差和表面保护也是混凝土温度控制的主要措施。

1. 降低混凝土的入仓温度

1）合理安排浇筑时间

在施工组织上，安排春、秋季多浇，夏季晨夜浇、中午不浇，这是最经济有效的降低入仓温度的措施。在高温季节施工时，应根据具体情况，采取下列措施，减少混凝土的温度回升：

（1）缩短混凝土运输及等待卸料时间，入仓后及时进行平仓振捣，加快覆盖速度，缩短混凝土的暴露时间。

（2）混凝土运输工具有隔热遮阳措施。

（3）采用喷雾等方法降低仓面气温。

（4）当浇筑块尺寸较大时，可采用台阶式浇筑法，浇筑分层厚度小于 1.5 m。

（5）混凝土平仓振捣后，采用隔热材料及时覆盖。

基础部位混凝土，应在有利季节进行浇筑。如需在高温季节浇筑，必须经过论证，并采取有效的温度控制措施，经批准后进行。

2）加冰或加冷水拌和混凝土

混凝土拌和时，将部分拌和水改为冰屑，利用冰的低温和冰融解时吸收潜热的作用。实践证明，混凝土拌和水温降低 1 ℃，可使混凝土出机口温度降低 0.2 ℃左右。但加冰后，混凝土拌和时间要适当延长，相应会影响生产能力。若采用冰水拌和或地下低温水拌和，则可避免这一弊端。

3）降低骨料温度

（1）成品料仓骨料的堆料高度不宜低于 6 m，并应有足够的储备。

（2）搭盖凉棚，用喷雾机喷雾降温（砂子除外），水温 2~5 ℃，可使骨料温度降低 2~3 ℃。

（3）通过地弄取料，防止骨料运输过程中温度回升，运输设备均应有防晒隔热措施。

（4）粗骨料预冷可采用风冷、浸水、喷洒冷水等措施。采用水冷法时，应有脱水措施，使骨料含水量保持稳定。采用风冷法时，应采取措施防止骨料（尤其是小石）冻仓。

（5）真空气化冷却，利用真空气化吸热原理，将放入密闭容器的骨料，利用真空装置抽气并保持真空状态约 30 min，使骨料气化降温冷却。

2. 降低混凝土水化热温升

减少混凝土的水化热温升，最根本的措施是使用水化热较低的水泥，掺用活性掺合料，合理降低水泥用量。其他措施有加大骨料粒径、改善骨料级配、使用外加剂和降低混凝土坍落度等。近年来，我国水工混凝土在掺用粉煤灰和外加剂方面取得了显著的效果，使单位水泥用量较大幅度地减少，应推广应用。

1）减少每立方米混凝土的水泥用量主要措施

（1）根据坝体的应力场对坝体进行分区，不同区位采用不同强度等级的混凝土。

（2）采用低流态或无坍落度干硬性贫混凝土。

（3）改善骨料级配，选取最优级配，减少砂率，优化配合比设计，采取综合措施，以减少每立方米水泥用量。

（4）掺用混合材料。粉煤灰、掺合料的用量可达水泥用量的 25%~40%。

（5）采用高效减水剂，不仅能节约水泥用量约 20%，使 28 d 龄期混凝土的发热量减少

25%~30%,且能提高混凝土早期强度和极限拉伸值。

2)采用低发热量的水泥

在满足混凝土各项设计指标的前提下,应采用水化热低的水泥。过去多用中热和低热硅酸盐水泥,但低热硅酸盐水泥,因早期强度低、成本高,已逐步被淘汰。近年来,已开始生产低热微膨胀水泥,它不仅水化热低,且有微膨胀作用,对降温收缩还可以起到补偿作用,减小收缩引起的拉应力,有利于防止裂缝的发生。

3. 加速混凝土散热

1)采用自然散热冷却降温

采用低块薄层浇筑,并适当延长散热时间,即适当增长间歇时间。基础混凝土和老混凝土约束部位浇筑层厚1~2 m为宜,上下层浇筑间歇时间宜为5~10 d。在高温季节,可采用表面洒水养护混凝土,有利于表面散热。

2)在混凝土内预埋水管通水冷却

若在浇筑层中埋设冷却水管,分层厚度可采用3 m,层间间歇时间可适当延长。坝体混凝土通水冷却一般分为初期、中期、后期。初期即一期通水冷却,其作用主要是削减早期混凝土最高温度峰值,高温季节一般采用制冷水,其他季节可采用低温河水。中期、后期即二期通水冷却,中期通水一般用于削减越冬期间可能出现的过大内外温差,于冬季来临前进行,一般采用河水;后期通水主要是满足坝体接缝灌浆要求,使坝体达到接缝灌浆温度,通水时间较紧、坝体接缝灌浆温度较低时采用制冷水,否则可采用河水。由于通水冷却期间,如果坝体混凝土温度与冷却水温之间的温差过大、坝体降温速度过快,可能引起混凝土裂缝,《水工混凝土施工规范》(DL/T 5144—2015)对此提出相应要求。

采用冷却水管进行初期冷却,通水时间由计算确定,一般为15~20 d。混凝土温度与水温之差,不宜超过25 ℃,管中水的流速以0.6 m/s为宜。水流方向应每24 h调换1次,每天降温不宜超过1 ℃。因为当混凝土内部温降梯度过大时,会引起混凝土温度应力不平衡而产生裂缝。

采用坝体中期通水冷却,通水冷却时间由计算确定,一般为2个月左右。通水水温与混凝土内部温度之差,不应超过20 ℃,日降温速度不超过1 ℃。通常中期冷却应保证至少有10~15 ℃的混凝土内部温降,使接缝张开0.5 mm以上,以满足接缝灌浆对灌缝宽度的要求。

通水的进出口一般设于廊道内、坝面上、宽缝坝的宽缝中或空腹坝的空腹中。

在混凝土内预埋蛇形冷却水管,通循环冷水进行降温冷却。在国内以往的工程中,多采用内径约为2.54 cm的黑铁管进行通水冷却,该种水管施工经验较多,施工方法成熟,水管导热性能好,但水管需要在工地附属加工厂进行加工制作,制作安装均不方便,且费时较多。此外,接头渗漏或堵管时有发生,材料及制安费用也较高。目前,应用较多的是塑料水管。如二滩工程采用ϕ28 mm高密聚乙烯冷却水管,管中流速0.5~1.0 m/s,已成功地应用了这项技术,并将浇筑块厚提高到3 m。在使用塑料冷却水管时,如果下料前充水,即可提前发现漏水情况,又可避免管子被压扁。另外,二滩工程的实践证明,下料前充水,还可减少管子被砸破的概率。

四、特殊季节施工

(一)冬季混凝土施工

1. 施工准备

(1)原材料的储存、加热、输送和混凝土的拌和、运输、浇筑仓面,均应根据气候条件通过热工计算,选择适宜的保温措施。

(2)骨料宜在进入低温季节前筛洗完毕。成品料应有足够的储备和堆高,并要有防止冰雪和冻结的措施。

(3)低温季节混凝土拌和宜先加热水。当日平均气温稳定在-5 ℃以下时,宜加热骨料。骨料加热方法,宜采用蒸汽排管法,粗骨料可以直接用蒸汽加热, 但不得影响混凝土的水灰比。骨料不需加热时,应注意不能结冰,也不应混入冰雪。

(4)拌和混凝土之前,应用热水或蒸汽冲洗拌和机,并将积水排除。

(5)在岩基或老混凝土上浇筑混凝土前,应检测其温度,如为负温,应加热至正温,加热深度不小于 10 cm 或以浇筑仓面边角(最冷处)表面测温为正温(大于 0 ℃)为准,经检验合格后方可浇筑混凝土。

(6)仓面清理宜采用热风枪或机械方法,不宜用水枪或风水枪。

(7)在土基上浇筑第一层基础混凝土时,基土不能受冻。

2. 施工方法、保温措施

(1)低温季节混凝土的施工方法宜符合下列要求:①在温和地区宜采用蓄热法,风沙大的地区应采取防风设施。②在严寒和寒冷地区预计日平均气温-10 ℃以上时,宜采用蓄热法;预计日平均气温-15~-10 ℃时可采用综合蓄热法或暖棚法;对风沙大,不宜搭设暖棚的仓面,可采用覆盖保温被下布置供暖设备的办法;对特别严寒地区(最热月与最冷月平均温度差大于 42 ℃),在进入低温季节施工时要认真研究确定施工方法。③除工程特殊需要,日平均气温-20 ℃以下不宜施工。④混凝土的浇筑温度应符合设计要求,但温和地区不宜低于 3 ℃;严寒和寒冷地区采用蓄热法不应低于 5 ℃,采用暖棚法不应低于 3 ℃。

(2)温和地区和寒冷地区采用蓄热法施工,应遵守下列规定:①保温模板应严密,保温层应搭接牢靠,尤其在孔洞和接头处,应保证施工质量;②有孔洞和迎风面的部位,应增设挡风保温设施;③浇筑完毕后应立即覆盖保温;④使用不易吸潮的保温材料。

(3)外挂保温层必须牢固地固定在模板上。模板内贴保温层表面应平整,并有可靠措施,保证在拆模后能固定在混凝土表面。

(4)混凝土拌和时间应比常温季节适当延长,具体通过试验确定。已加热的骨料和混凝土,应尽量缩短运距,减少倒运次数。

(5)在施工过程中,应注意控制并及时调节混凝土的机口温度,尽量减少波动,保持浇筑温度均匀。控制方法以调节拌和水的温度为宜。提高混凝土拌和物温度的方法:首先应考虑加热拌和用水;当加热拌和用水尚不能满足浇筑温度要求时,要加热骨料。水泥不得直接加热。

(6)拌和用水加热超过 60 ℃时,应改变加料顺序,将骨料与水先拌和,再加入水泥,以免假凝。

(7)混凝土浇筑完毕后,外露表面应及时保温。新老混凝土结合处和边角应加强保温,保温层厚度应是其他面保温层厚度的 2 倍,保温层搭接长度不应小于 30 cm。

(8)在低温季节浇筑的混凝土,拆除模板必须遵守下列规定:①非承重模板拆除时,混凝土强度必须大于允许受冻的临界强度或成熟度值;②承重模板拆除应经计算确定;③拆模时间及拆模后的保护,应满足温控防裂要求,并遵守内外温差不大于 20 ℃或 2~3 d 内混凝土表面温降不超过 6 ℃。

(9)混凝土质量检查除按规定成型试件检测外,还可采取无损检测手段或用成熟度法,随时检查混凝土早期强度。

(二)夏季混凝土施工

当气温超过 30 ℃时,混凝土在生产、运输、浇筑等各个环节按夏季降温作业施工。在混凝土中,水泥水化反应的速度与环境的温度有关。当环境的温度超过 30 ℃时,水泥水化反应加剧,产生的水化热导致混凝土内部温度急剧上升。待混凝土冷却收缩时,已硬化的混凝土将产生裂缝。前后温差愈大,产生裂缝的可能性就愈大。大体积混凝土水泥水化反应放出的热量巨大,在混凝土夏季施工时采取降温措施尤为重要。另外,应当采取适当措施减少混凝土的水分过度蒸发,以防止混凝土产生塑性收缩裂缝。

五、坝体接缝灌浆

对于分缝分块进行浇筑的混凝土坝,重力坝的横缝一般为永久温度沉陷缝;纵缝、拱坝和重力拱坝的横缝,都属于临时施工缝,其需要进行接缝灌浆。蓄水前应完成蓄水初期低库水位以下各灌浆区的接缝灌浆及其验收工作。蓄水后,各灌浆区的接缝灌浆应在库水位低于灌浆区底部高程时进行。

(一)灌浆缝的缝面结构

根据缝的面积大小,将缝面从下而上划分为若干灌浆区。每一灌浆区高 9~12 m,面积 200~300 m^2,四周用止浆片封闭,自成一套灌浆系统。每个灌浆区由循环管路、止浆片、键槽、出浆盒、排气槽及排气管等组成。灌浆时利用预埋在坝体内的进浆管、回浆管、支管及出浆盒向缝面压送水泥浆,迫使缝中空气(包括缝面上的部分水泥浆)从排气槽、排气管排出,直至缝面灌满设计稠度的水泥浆。图 5-55 为接缝灌浆布置示意图。

1. 止浆片

沿每一灌浆区四周埋设,其作用是阻止接缝透水及灌浆时水与浆液的外露。止水片过去多采用 1.2 mm 厚的镀锌铁片,这类材料易于锈蚀,或因形状不好而与混凝土结合不良,常引起止浆片失效。近年来,已广泛应用塑料止水带。止水带宽度采用 250~300 mm 为宜。

竖直及水平止浆片距坝块表面的距离应不小于 30 cm,如止浆片距坝面的距离过小,混凝土不易振捣密实,容易出现架空或漏振,影响止浆效果。

2. 灌浆管路

灌浆管路由进浆管、回浆管、支管、出浆盒、排气槽、排气管等组成。目前,国内形成灌浆系统有两种方式:一种是传统的钢管盒式灌浆管路系统(埋管式),支管间距 2 m,支管上每隔 2~3 m 有一孔洞,其上安装出浆盒。出浆盒由喇叭形出浆孔(采用木制圆锥或铁皮制成)与盒盖(采用预制砂浆盖板或铁皮制成)组成,分别位于缝面两侧浇筑块中,如图5-56所示。在进行后浇块施工时,盒盖要盖紧出浆孔,并在孔边钉上铁钉,以防止浇筑时堵塞。待以后接缝张开,盒盖也相应张开以保证出浆。一种是20世纪70年代革新成功的骑缝式拔管灌浆管路系统。两者比较,骑缝式拔管灌浆管路系统具有结构简单,省工省料,出浆顺畅,进、回浆压力小等优点。乌江渡工程坝体灌浆就是采用的骑缝式拔管灌浆管路系统。

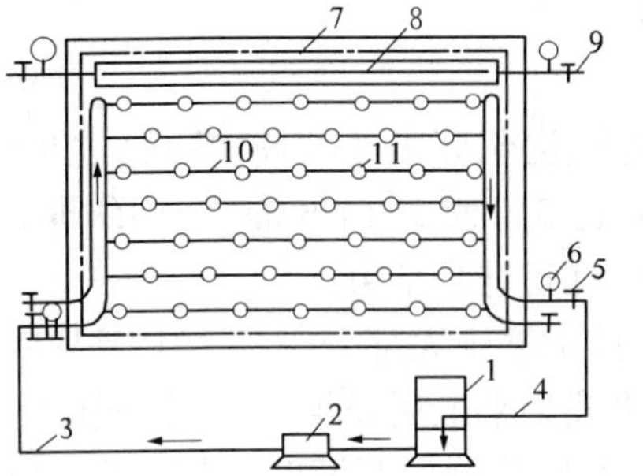

1—拌浆筒;2—灌浆机;3—进浆管;4—回浆管;
5—阀门;6—压力表;7—止浆片;8—排气槽;
9—排气管;10—支管;11—出浆盒。

图5-55　接缝灌浆布置示意图

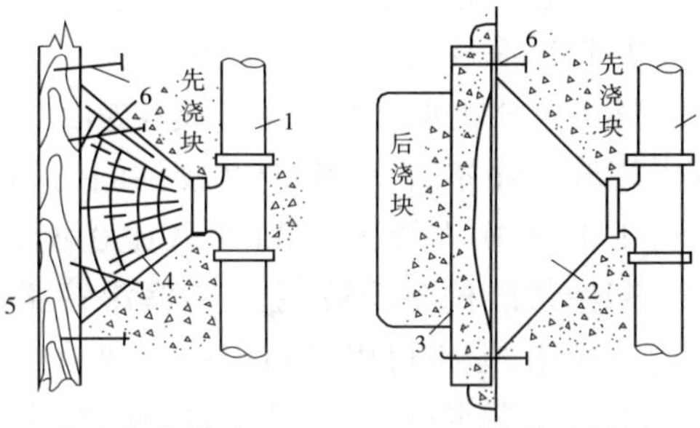

(a)先浇块浇筑时　(b)后浇块浇筑时

1—升浆管;2—出浆口;3—预制砂浆盒盖;
4—喇叭形出浆孔;5—模板;6—铁钉。

图5-56　出浆盒的构造与安装

3. 键槽

为保持坝体的整体稳定性,灌浆缝面需设置键槽,键槽(见图5-42)分纵缝键槽及横缝键槽两种。纵缝键槽设计成不等边三角形,其短边及长边尽量垂直于大、小主应力,使斜面上的剪应力等于零或接近于零。当先浇块在上游时,键槽的短边应在上,长边在下(见图5-42的a部详图);先浇块在下游时,则短边在下,长边在上(见图5-42的b部详图)。

4. 出浆盒

钢管盒式灌浆系统中,位于键槽上的出浆盒是灌浆时浆液从灌浆管道进入缝面的通道,为了使浆液在进入缝面时易于扩散,出浆盒一般设计成圆锥形。施工时先浇块上预埋截头圆锥体铁(木)模,大头紧贴键槽模板,小头通过短管或直接与支管相接,先浇块拆模时,将铁(木)模取出。在后浇块浇筑前,盖上预制混凝土或金属盖板,并在盖板周围涂抹水泥砂浆,形成缝面出浆盒。

出浆盒应放在键槽易拉开的一面,如放在三角形键槽的上部斜面及梯形键槽的凹直面。

每个出浆盒担负的灌浆面积以5 m^2为宜,应呈梅花形布置,灌浆区底部的一排出浆盒,间距可适当加密为1.5 m。

5. 排气槽和排气管

排气槽断面为三角形,水平设于每一灌浆区的顶端,并通过排气槽与灌浆廊道相通。其作用是:在灌浆过程中排出缝中空气;排出部分缝面浆液,判断接缝灌浆情况;从排气管倒灌水泥砂浆,保证接缝灌浆质量。

(二)接缝灌浆的施工顺序、程序、方法和步骤

1. 接缝灌浆的施工顺序

(1)应按高程自下而上分层进行。

(2)拱坝横缝灌浆宜从大坝中部向两岸推进。重力坝的纵缝灌浆宜从下游向上游推进,或先灌上游第一道纵缝后,再从下游向上游顺次灌浆。当既有横缝灌浆又有纵缝灌浆时,施工顺序应按工程具体情况确定。一般是先灌横缝,后灌纵缝。

(3)处于陡坡基岩上的坝段,施工顺序另行确定。

2. 接缝灌浆的程序、方法和步骤

接缝灌浆的整个施工程序是:缝面冲洗、压水检查、灌浆区事故处理、灌浆、进浆结束。其中灌浆工序本身,是由稠度较稀的初始浆液(水灰比3:1或2:1)开灌,经中级浆液(水灰比1:1)变换为最终浆液(水灰比0.6:1或0.5:1),直到进浆结束。

初始浆液稠度较稀,主要为润湿管路及缝面,并排出缝中大部分空气。中级浆液主要起过渡作用,但也可以充填一些较细的裂缝。最终浆液用来最后充填接缝,保证设计要求的稠度。在灌浆过程中,各级浆液的变换,可由排气管口控制。开灌时,最先灌入初始浆液;当排气管口出浆后,即可改换中级浆液;当排气管口出浆稠度与注入浆液稠度接近时,即可改换最终浆液。由此可知,排气管间断放浆是为了变换浆液的需要,即排出空气和稀浆,并保持缝面畅通。在此阶段,还应适当地采取沉淀措施,即暂时关闭进浆阀门,停止向缝内进浆5~30 min,使缝内浆液变浓,并消除可能形成的气泡。这种沉淀措施,在施工中又称为间断进浆。

同一接缝的上、下层灌浆区的间隙时间,不应少于14 d,并要求下层灌浆后的水泥石具有70%的强度后,才能进行上层灌浆区的灌浆。同一高程的相邻纵缝或横缝的间隙时间应不少于7 d。同一块同一高程的纵、横缝间隙时间,如果属于水平键槽的纵缝先灌浆,须待14 d后方可灌注横缝。

灌浆转入结束阶段的标准,是排气管出浆稠度达到最终浆液稠度,排气管口压力或缝面张开度达到设计规定值,注入率不大于0.4 L/min,再持续灌浆20 min后结束。

接缝灌浆的压力必须慎重选择,过小不易保证灌浆质量,过大可能影响坝的安全。一般采用的控制标准,是进浆管压力$(3.5\sim4.5)\times10^5$ Pa,回浆管压力$(2\sim2.5)\times10^5$ Pa。

第七节　碾压混凝土筑坝技术

碾压混凝土是水泥用量和用水量都较少的干硬性混凝土,通常掺入一定比例的粉煤灰等粉状掺合料。碾压混凝土筑坝是用拌和机拌和,自卸汽车、皮带运输机等设备运输,用摊铺机将混凝土薄层摊铺,用振动碾压实的方法筑坝。

一、碾压混凝土筑坝技术发展概况

1964年,意大利阿尔卑惹拉坝采用了类似土坝的不分块施工方法,使用汽车运送混凝土料,推土机平仓,振捣器振捣,通仓薄层浇筑。这种新的筑坝方式,不仅改善了坝体分缝分块浇筑的施工方法和结构形式,而且节约了大量模板材料及安装工程量,为机械化作

业创造了更方便、更有效的操作条件。这种变革不仅加快了筑坝速度、降低了成本，还通过切缝形成横缝，在上游面采用专用防渗面板等，为大坝分缝及防渗结构设计开拓出新的思路。然后，瑞士在大狄克逊坝工程中采用了坍落度仅 1~3 cm 的低流态混凝土和大型强力振捣器浇筑胶凝材料和用水量较低的干贫混凝土，不但节省了水泥用量，改善了坝体温度控制条件，而且提高了坝体混凝土的质量。

1970 年，美国工程师学会召开了“混凝土快速施工”会议，拉裴尔提出在砂石毛料中加水泥作为填筑材料，用高效率的土石方机械运输和压实方法筑坝的概念。1972 年，美国土木工程学会召开了“混凝土坝经济施工会议”，坎农发表论文《用土料压实方法建造混凝土坝》，从此在理论上初步形成了碾压混凝土筑坝的设想。

1974 年，巴基斯坦塔贝拉坝的泄洪隧洞出水口被洪水冲垮，修复工作必须在春季融雪之前完成，工期要求十分紧张，施工速度必须极其快速。于是采用开挖骨料和低水泥用量拌和的碾压混凝土进行修复，在 42 d 时间里浇筑了 35 万 m^3 碾压混凝土，证明了碾压混凝土快速施工是可行的。

碾压混凝土坝从设想到成为现实，历时十分短暂。1980 年，出现了世界上第一座碾压混凝土坝——日本岛地川重力坝。该坝高 89 m，上游面用 3 m 厚的常态混凝土起防渗作用，坝体碾压混凝土的胶凝材料用量为 120 kg/m^3，其中粉煤灰占 30%，碾压层厚 50 cm 和 75 cm，每一碾压层碾压完毕后，停歇 1~3 d 再继续浇筑上升，用切缝机切缝形成坝体横缝。这就是世界上第一代可实用的碾压混凝土筑坝工法——RCD 工法（Roller Compacted Dam-Concrete Method）。这种新工法与传统的柱状浇筑法相比，在建坝速度、降低造价、改善坝体温度场状况和简化温度控制措施等方面均具有明显的优越性，因而在日本很快取得了共识，并得到推广应用。

1982 年，美国建成了世界上第一座全断面碾压混凝土重力坝——柳溪坝。该坝高 52 m，坝长 543 m，不设纵横缝；内部碾压混凝土的胶凝材料用量仅 66 kg/m^3；碾压层厚 30 cm，连续浇筑上升。在实践中逐渐形成了以美国为代表的 RCC 工法（Roller Compacted Concrete）。由于 RCC 工法是连续碾压上升，节省了碾压层之间的间歇时间，施工速度远比日本的 RCD 工法更为快捷，使大型施工机械在大仓面施工中得以充分发挥，大坝混凝土省却了所有温度控制措施，造价降低更为显著。但施工中由于混凝土胶凝材料用量过低，施工工艺也比较粗放，坝体的混凝土质量和均质性存在不少缺陷。

中国自 1979 年考察了日本的岛地川重力坝和大川坝的碾压混凝土（RCD 工法）建坝技术后，相继从坝工设计、温度控制、混凝土材料与配合比到混凝土施工工艺展开了全面的试验研究和探索工作，并参照国外碾压混凝土筑坝的经验，对碾压混凝土筑坝技术有了新认识，提出了一系列新方法和新措施。

1986 年，在福建成功地建成了中国第一座碾压混凝土重力坝——坑口电站混凝土重力坝。该坝高 58.6 m，坝顶长 122.5 m，不分缝，全断面碾压连续浇筑上升，碾压层厚度在坝体下部 56 cm，上部 33 cm。胶凝材料用量为 140 kg/m^3，其中粉煤灰占 57%，坝体上游面用 6 cm 的沥青砂浆做防渗层。自坑口电站混凝土重力坝建成以后，碾压混凝土坝在我国获得迅速发展，并形成了一套具有中国特点的碾压混凝土筑坝技术，即“高掺粉煤灰、中胶凝材料用量、大仓面薄层铺筑、连续碾压上升”的技术模式。这种模式是吸取了 RCD

工法和 RCC 工法的若干优点,以确保必要的混凝土质量,减少水泥用量以简化温度控制,连续浇筑以加快浇筑上升速度,同时力求避免 RCD、RCC 两种工法中的缺点。近 40 年来沿着这一技术方向,在工程建设中不断改进提高,混凝土质量已能完全满足各种设计指标的要求,整套技术已日臻成熟。

二、碾压混凝土筑坝技术的特点

(一)采用低稠度干硬混凝土

碾压混凝土的稠度用 V_c 值来表示,即在规定的振动台上将碾压混凝土振动达到表面液化所需时间(以 s 计)。V_c 值是检测碾压混凝土的可碾性,并用来控制碾压混凝土相对压实度。V_c 值的大小应兼顾既要压实混凝土,又不至于使碾压机具陷车。国内 V_c 值通常控制在(10±5)s。较低的 V_c 值便于施工,可提高碾压混凝土的层间结合和抗渗性能,随着混凝土制备技术和浇筑作业技术的改进,碾压混凝土施工的稠度也在向降低方向发展。

(二)掺粉煤灰并简化温控措施

由于碾压混凝土是干贫混凝土,要求掺水量少,水泥用量也很少。为保持混凝土有必要的胶凝材料,必须掺入大量粉煤灰。这样不仅可以减少混凝土的初期发热量,增加混凝土的后期强度,简化混凝土的温控措施,而且有利于降低工程成本。当前我国碾压混凝土坝广泛采用中等胶凝材料用量(低水泥用量,高掺量粉煤灰)的干硬混凝土,胶凝材料一般在 150 kg/m^3 左右,粉煤灰的掺量占总胶凝材料的 50%~70%,而且选用的粉煤灰要求达到Ⅱ级以上。中等胶凝材料用量使得层面泛浆较多,有利于改善层面自我结合,但对于较低重力坝而言,可能会造成混凝土强度的过度富裕,可以考虑使用较低胶凝材料用量。日本 RCD 工法粉煤灰掺量较少,少于或等于胶凝材料总量的 30%。美国 RCC 工法粉煤灰掺量较高,一般为胶凝材料总量的 70%左右。

(三)采用通仓薄层浇筑

碾压混凝土坝不采用传统的块状浇筑法,而采用通仓薄层浇筑。这样可增加散热效果,取消冷却水管,减少模板工程量,简化仓面作业,有利于加快施工进度。碾压层的厚度不仅与碾压机械性能有关,而且与采用的设计准则和施工方法密切相关。RCD 工法碾压层厚度通常为 50 cm、75 cm、100 cm,间歇浇筑上升,层面需做处理;而 RCC 工法则采用碾压层厚 30 cm 左右,层间不做处理,连续浇筑上升。

(四)大坝横缝采用切缝法形成诱导缝

混凝土坝一般都设横缝,分成若干坝段以防止横向裂缝。碾压混凝土坝也是如此,但碾压混凝土坝是若干个坝段一起施工,所以横缝要采用振动切缝机切缝,或设置诱导孔等方法形成横缝。坝段横缝填缝材料一般采用塑料膜、铁片或干砂等。

(五)靠振动压实机械使混凝土达到密实

普通流态混凝土靠振捣器械使混凝土达到密实,而碾压混凝土靠振动碾碾压使混凝土达到密实。碾压机械的振动力是一个重要指标,在正式使用之前,应通过碾压试验来检验碾压机械的碾压性能、确定碾压遍数及行走的速度。

三、碾压混凝土原材料及配合比

(一)胶凝材料

碾压混凝土一般采用硅酸盐水泥或矿渣硅酸盐水泥,掺30%~65%粉煤灰,胶凝材料用量一般为120~160 kg/m^3,《水工碾压混凝土施工规范》(SL 53—94)中规定,大体积建筑物内部,碾压混凝土的胶凝材料用量不宜低于130 kg/m^3,其中水泥熟料用量不宜低于45 kg/m^3。

(二)骨料

与常态混凝土一样,可采用天然骨料或人工骨料,骨料最大粒径一般为80 mm。迎水面用碾压混凝土自身作为防渗体时,一般在一定宽度范围内采用二级配碾压混凝土。碾压混凝土砂率比一般常态混凝土高,二级配砂率范围为32%~37%,三级配砂率范围为28%~32%。对砂的含水量的控制要求比常态混凝土严格,砂的含水量不稳定时,碾压混凝土施工层面易出现局部集中泌水现象。砂的含水量在混凝土拌和前应控制在6%以下。砂的细度模数控制为2.4~3.0。各种骨料级配可参照表5-15选取。

表5-15　骨料粒径级配

最大粒径 D_{max}/mm	各级骨料粒径百分率/%			
	120~80 mm	80~40 mm	40~20 mm	20~5 mm
120	20~35	20~32	20~30	20~40
80		20~40	20~40	25~60
40			40~55	45~60
20				100

(三)外加剂

一般应掺用缓凝减水剂,并掺用引气剂,增强碾压混凝土的抗冻性。

(四)碾压混凝土配合比

碾压混凝土配合比应满足工程设计的各项指标及施工工艺要求,包括:

(1)混凝土质量均匀,施工过程中粗骨料不易发生离析。如减小骨料最大粒径,增加胶凝材料总量,选用适当的外加剂,增大砂率等都是有效防止骨料分离的措施。

(2)工作度(稠度)适当,拌和物较易碾压密实,混凝土重度较大。一般来说,碾压混凝土愈软(V_c值愈小),压实愈容易,但是碾压混凝土过软,会出现陷碾现象。

(3)拌和物初凝时间较长,易于保证碾压混凝土施工层面的良好黏结,层面物理力学性能好。可采用拌和物中掺入缓凝剂,以延长混凝土保塑时间。

(4)混凝土的力学强度、抗渗性能等满足设计要求,具有较高的拉伸应变能力。由于碾压混凝土不同于常态混凝土的工艺特点,所以与常态混凝土配合比设计有如下差异:常态混凝土配合比设计强度是以出机口随机取样平均值为其设计强度,使用常规的通用计算公式。而碾压混凝土由于受到混凝土出机至混凝土碾压结束工艺条件的制约,往往产生骨料离析、出机到碾压结束时间过长、稠度丧失过多、碾压不实等不利因素影响,以致坝体碾压混凝土实际质量要低于出机口取样质量,为此在配合比设计中应适当考虑这一情况,并留有一定余地。

(5)对于位于坝体外部的碾压混凝土,要求具有适应建筑物环境条件的耐久性。一般通过对胶凝材料总量及砂子细颗粒含量的最低用量(小于 0.15 mm 颗粒含量占 8%~12%)作为必要限制,来确保碾压混凝土的耐久性。

(6)碾压混凝土配合比要经现场试验后调整确定。

四、碾压混凝土施工工艺

碾压混凝土施工,由于摊铺、振动压实等方法不同于常规混凝土施工,其工艺流程如图 5-57 和图 5-58 所示。

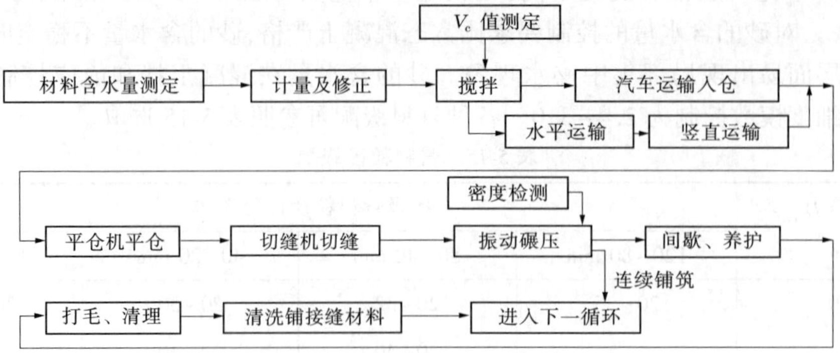

图 5-57　碾压混凝土工艺流程

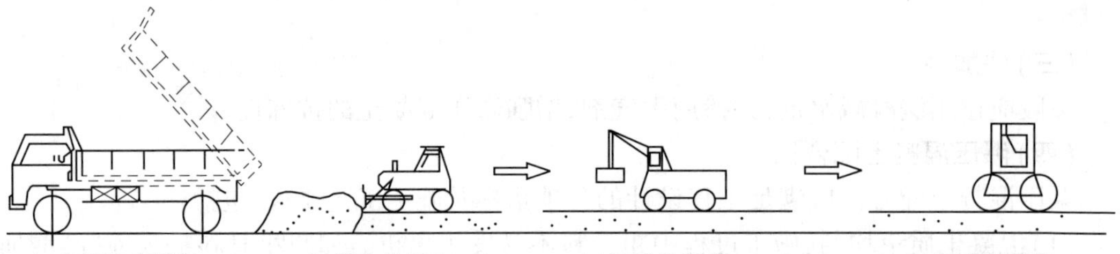

图 5-58　碾压混凝土施工作业流程

(一)现场碾压试验

在完成室内碾压混凝土配合比设计所提供的初试值的基础上,应进行现场碾压试验。试验场地一般是利用临时围堰、护坦或大型临时设备基础等。其试验目的如下:

(1)校核与修正碾压混凝土配合比设计各项参数。

(2)确认碾压混凝土施工工艺各项参数。如碾压混凝土入仓与收仓方式,混凝土运输卸料、摊铺及预压,横缝施工,碾压混凝土压实厚度及遍数,碾压混凝土放置时间及其质量变化,模板结构物周边部位混凝土施工措施等。

(3)检验、检测欲使用的碾压混凝土施工设备的适用性、工作效率,以便确认施工设备配置数量,确定碾压混凝土条带摊铺厚度、宽度与长度。

(4)实地操作并熟悉碾压混凝土筑坝技术的施工工艺,解决施工中可能发生的问题,确认碾压混凝土可能达到的质量指标。

(5)制定适合本工程的碾压混凝土施工规程。

实践证明,在现场碾压试验之前,用砂石料进行工艺模拟演练,可以收到良好的培训效果。

(二)拌制混凝土

拌制碾压混凝土宜优先选用强制式搅拌设备,也可采用自落式等其他类型搅拌设备。无论采用哪种搅拌设备,必须保证搅拌混凝土的均匀性和混凝土的填筑能力。

碾压混凝土的拌制时间,应通过现场混凝土拌和均匀性试验确定,一般不宜少于 60 s。各种原材料的投料顺序一般为:砂→水泥→粉煤灰→水→石子。不能实现如上投料顺序,也可允许砂石一起投入拌和机,但胶凝材料和水必须滞后于砂石投放,以免胶凝材料粘罐和水分的损失。

(三)运输碾压混凝土

运输碾压混凝土要选择适合坝址场地特性的运输方式,尽可能做到少转运、速度快。宜采用自卸汽车、皮带机、真空溜管,必要时缆机、门机、塔机等机具也可采用。无论采用哪种运输设备,都要防止骨料离析及水和水泥浆的超量损失。

采用自卸汽车运输混凝土直接入仓时,在入仓前应将轮胎清洗干净,洗车槽距仓口的距离应有不小于 20 m 的脱水距离,并铺设钢板,防止泥土、水等污物带入仓内。车辆在仓内的行驶速度不应大于 10 km/h,应避免急刹车、急转弯等有损混凝土质量的动作。洗车槽结构如图 5-59 所示。

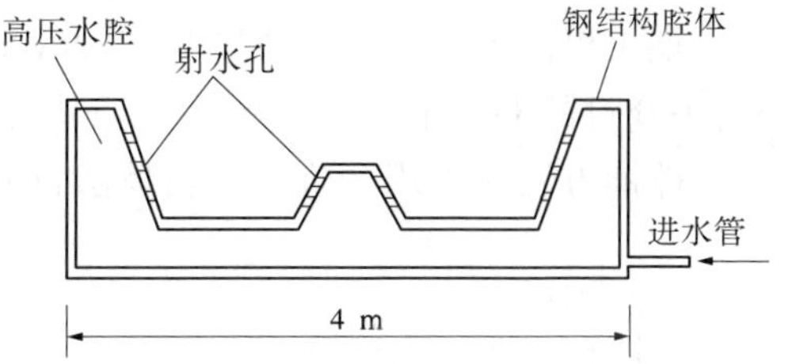

图 5-59　自动洗车槽结构示意图

真空溜管是靠溜管内负压,控制混凝土下滑速度。用真空溜管竖直输送混凝土,应保证溜管的真空度。真空溜管的坡度和防止骨料离析措施应通过现场试验确定。真空溜管的工作原理及施工布置如图 5-60 和图 5-61 所示。

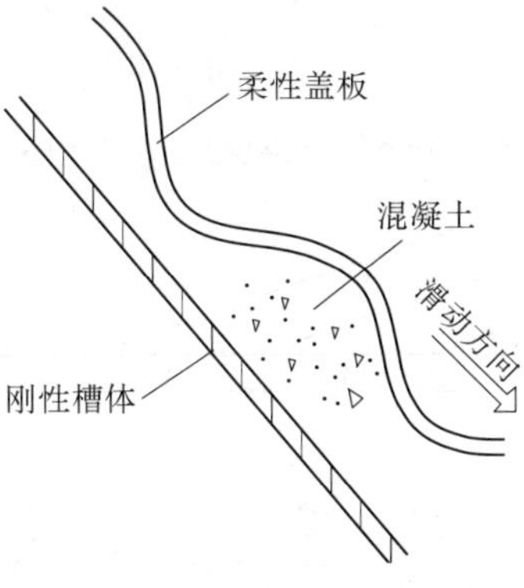

图 5-60　真空溜管工作原理

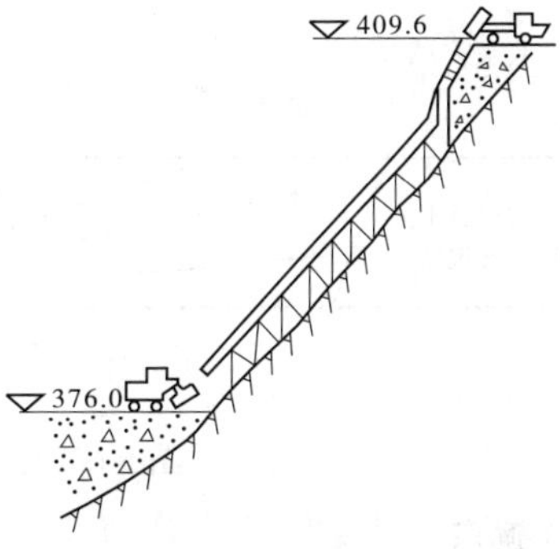

图 5-61　真空溜管施工布置

(四)卸料

碾压混凝土施工宜采用薄层连续铺筑。汽车卸料时,宜采用退铺法依次卸料,且宜按梅花形依次堆放,先卸 1/3,移动 1 m 左右,再卸 2/3,卸料应尽可能均匀,料堆旁出现的离析骨料,应用人工或其他机械将其均匀分散到尚未碾压的混凝土面上。为减少骨料离析,应采取"一堆三推",即先从料堆的两个坡角推出,后推中间部分。只要摊铺层的表面积能容以摊铺机和自卸汽车作业,就应将料卸在已摊铺层上,由摊铺机全部推移原位,形成新的摊铺面,这样可起到摊匀作用,如图 5-62 所示。

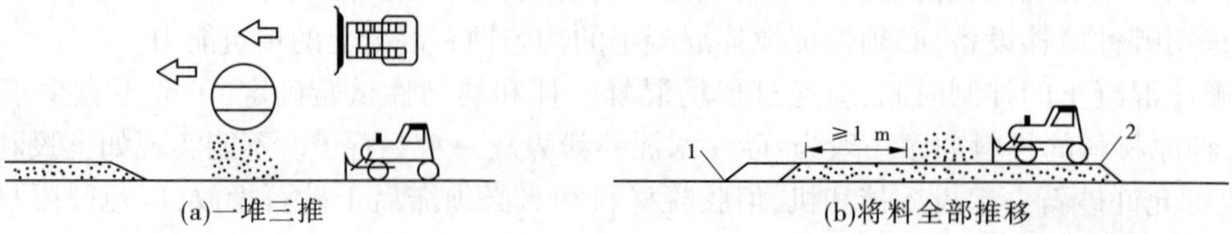

1—已铺砂浆;2—条带起始点。

图 5-62　碾压混凝土摊铺示意图

(五)平仓摊铺

碾压混凝土填筑时一般按条带摊铺,条带宽度根据施工强度确定,一般为 4~12 m(取为碾宽的倍数)。铺料后常采用湿地推土机平仓,但不得破坏已碾压完成的混凝土层面。推土机的平仓方向一般应与坝轴线平行,分条带平仓,摊铺要均匀,每层厚 20 cm 左右,平仓过的混凝土表面应平整、无凹坑,不允许出现向下游倾斜的平仓面。

摊铺方法宜采用台阶法和斜坡法,如图 5-63 所示。

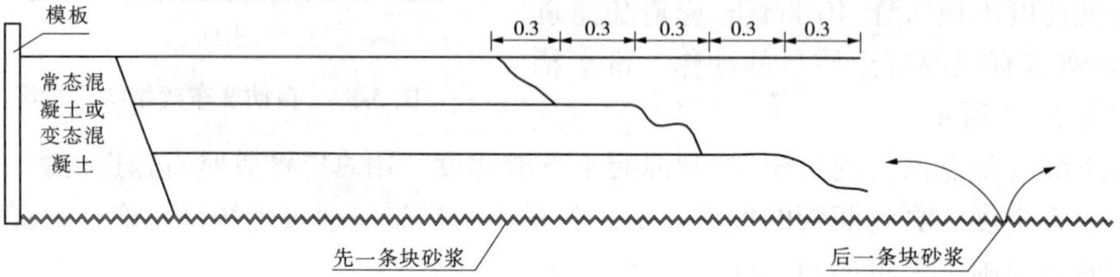

(a)台阶法摊铺

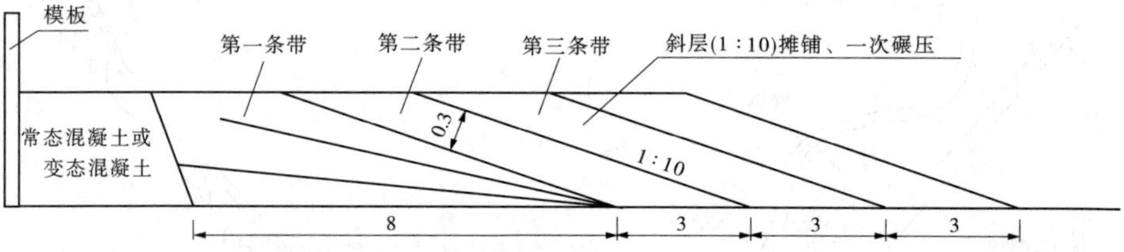

(b)斜坡法摊铺

图 5-63　摊铺方法示意图　(单位:m)

(六)碾压

一个条带平仓完成后立即开始碾压,一般选用自重大于 10 t 的大型滚筒自行式振动碾,作业时行走速度为 1～1.5 km/h,碾压遍数通过现场碾压试验确定,一般为无振 2 遍,再有振 6～8 遍。碾压条带间交错碾压宽度大于 20 cm,端头部位搭接宽度宜大于 100～150 cm。条带从摊铺到碾压完成时间宜控制在 2 h 左右,边角部位用小型振动碾压实。碾压作业完成,用核子密度仪按每 100 m^2 一个点的要求检测其密度,达到设计要求后再进行下一层碾压作业。若未达到设计要求(一般要求相对压实度不小于 97%),立即重碾至设计要求。模板周边无法碾压部位也可采用常态混凝土或变态混凝土施工(变态混凝土是在碾压混凝土拌和物铺料前后和中间喷洒同水灰比的水泥粉煤灰净浆,采用插入式振捣器振捣密实的混凝土)。

(七)成缝及层间处理

碾压混凝土施工,通常采用大面积通仓铺筑,坝体的横向伸缩缝可采用"振动切缝机造缝"或"设置诱导孔成缝"等方法形成。造缝一般采用"先切后碾"的施工方法,成缝面积不应小于设计横缝面积的 60%,填缝材料一般采用塑料膜、金属片或干砂。诱导孔成缝即是碾压混凝土浇筑完一个升程后,沿分缝线用手风钻钻排孔并填砂诱导成缝。

每个碾压层面均要求在混凝土初凝之前,进行上层碾压覆盖。超过初凝时间未加覆盖的层面,应刮摊 1.5～2.0 cm 厚水泥砂浆或喷洒净浆层面以利层间黏结。超过终凝时间的层面应进行冲毛,再刮摊 1.5～2.0 cm 厚水泥砂浆以利层间黏结。重要的防渗部位(如上游 3 m 宽范围),要求在每一个碾压层面均进行喷洒净浆的变态混凝土施工。

(八)异种混凝土结合部位施工

异种混凝土结合部位,是指不同类别两种混凝土相结合的部位,如碾压混凝土与常态混凝土结合部位、碾压混凝土与变态混凝土的结合部位等。

1. 碾压混凝土与常态混凝土结合部位

在碾压混凝土坝中使用常态混凝土的部位有:当采用"金包银"结构时,大坝上、下游表面,坝体电梯井和廊道周边,大坝岸坡基础找平层等部位。为了保证常态混凝土和碾压混凝土交界面的结合质量,要求两种混凝土同步浇筑,即无论是大坝上、下游面的常态混凝土防渗体,还是大坝岸坡基岩面的常态混凝土垫层,都要求与主体碾压混凝土同步进行浇筑。

对于碾压混凝土与常态混凝土结合部位的施工,有"先常态后碾压"和"先碾压后常态"两种方法,如图 5-64、图 5-65 所示。在工程实践中,一般倾向于"先碾压后常态"的施工方法,因为常态混凝土在振捣时易流淌,难以成型,且在同等条件下,常态混凝土的初凝时间比碾压混凝土的初凝时间短。不论采用哪种施工方法,都应在常态混凝土初凝前振捣或碾压完毕。在结合部位振捣完毕后,再用大型振动碾进行骑缝碾压 2～3 遍或小型振动碾碾压 25～28 遍。

2. 碾压混凝土与变态混凝土的结合部位

在碾压混凝土中加入水泥净浆或水泥掺粉煤灰净浆,并用插入式振捣器振捣密实的混凝土称为变态混凝土。变态混凝土施工技术是由我国首创,并不断发展完善的碾压混凝土坝施工新技术。这种施工技术不仅能有效解决靠近模板部位的碾压混凝土碾压操作不便的问题,而且具有良好的防渗效果。在近年来的碾压混凝土工程中,变态混凝土已越来越多地代替了原来需采用常态混凝土的部位,其应用范围已由主要用于大坝上、下游模板内侧,上、下游止水材料埋设处,推广到电梯井和廊道周边、大坝岸坡基础找平层等部位。

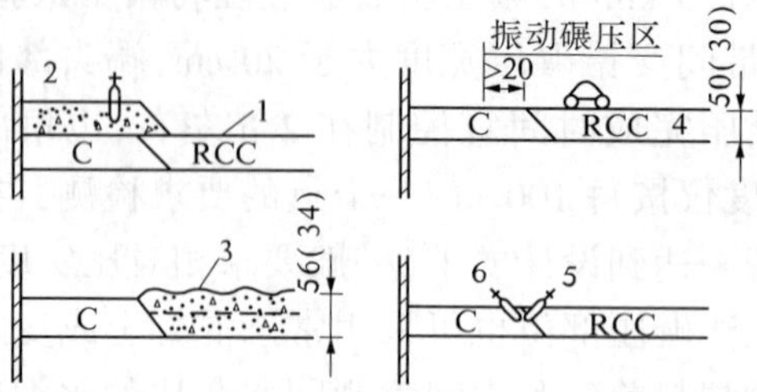

1—铺砂浆;2—浇筑常态混凝土;3—铺碾压混凝土; 4—压实碾压混凝土;5,6—振捣交界处。

图 5-64　先常态后碾压施工方法　(单位:cm)

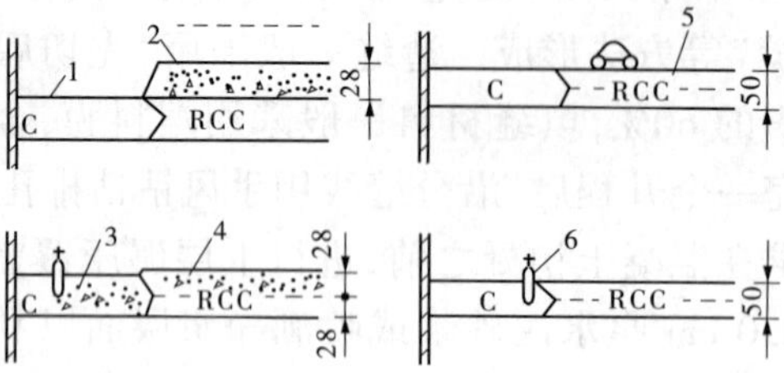

1—铺砂浆;2—铺第一层碾压混凝土;3—浇筑常态混凝土;

4—铺第二层碾压混凝土;5—压实碾压混凝土;6—振捣交界处。

图 5-65　先碾压后常态施工方法　(单位:cm)

1)加浆

变态混凝土的加浆量应根据试验确定,一般为施工部位碾压混凝土体积的 4%~10%。变态混凝土的加浆方式主要有底部加浆和顶部加浆两种。

底部加浆方式就是在下一层变态混凝土层面上加浆,在其上面摊铺碾压混凝土后再用插入式振捣器进行振捣,利用激振力使浆液向上渗透,直到顶面出浆。这种加浆方式的优点是均匀性好,但振捣非常困难,现在已很少采用。

顶部加浆方式则是在摊铺好的碾压混凝土面上铺洒水泥浆,然后用插入式振捣器进行振捣。这种加浆方式使混凝土振捣容易,但浆液向下渗透较困难。这种加浆方式在工程上应用较为广泛。一般采用人工手提桶舀水泥浆,铺洒到摊铺的碾压混凝土表面的作业方式。铺洒水泥浆的范围一般在模板内侧 50 cm 左右。

棉花滩碾压混凝土坝施工中,对传统的加浆工艺进行了改进,设计了插孔器,将水平加浆方式改为竖直加浆方式。铺浆前先在铺摊好的碾压混凝土面上用 ϕ 10 cm 的造孔器进行造孔,插孔按梅花形布置,孔距一般为 30 cm,孔深 20 cm。然后采用人工手提桶(有计量)铺洒水泥浆。

2)振捣

加浆 10~15 min 后即可对变态混凝土进行振捣。一般采用插入式振捣器进行振捣,也可采用平仓振捣机进行振捣。江垭工程对模板附近的变态混凝土,先采用平仓振捣机振实,再用人工插入式振捣棒振匀。而对止水片附近的变态混凝土则直接采用人工插入式振捣棒振捣,以确保止水片不发生变位。振捣次序为:先振变态混凝土,再振与碾压混凝土的搭接部位,搭接宽度一般控制在10~20 cm。在振捣上层变态混凝土时,将振捣器插入下层混凝土5 cm,以加强上下混凝土的层面结合;振捣时间控制在25~30 s。

3)变态混凝土与碾压混凝土结合部位的碾压

在对变态混凝土注浆前,先将其相邻部位的碾压混凝土压实,以免变态混凝土内的水泥浆流到碾压混凝土内。在变态混凝土振捣完成后,用大型振动碾将变态混凝土与碾压混凝土搭接部位碾平。

(九)碾压混凝土的养护和防护

碾压混凝土是干贫混凝土,掺水量少且受外界条件的影响很大。在大风、干燥、高温气候条件下施工,要避免混凝土表面水分散失,应采取喷雾补偿等措施,在仓面造成局部湿润环境,同时在混凝土拌和时适当将 V_c 值调小。

但是,没有凝固的混凝土遇水又会严重降低强度,特别是表层混凝土几乎没有强度,所以在混凝土终凝前,严禁外来水流入。刚碾压完的混凝土不能洒水养护,可用毯子或麻袋覆盖防止表面水分蒸发,且起到养护作用。当降雨强度超时3 mm/h时,应停止拌和,并迅速完成进行中的卸料、平仓和碾压作业。刚碾压完的仓面应采取防雨保护和排水措施。

碾压混凝土终凝后立即开始洒水养护。对于水平施工缝和冷缝,洒水养护应持续至上一层碾压混凝土开始铺筑;对永久外露面,宜养护28 d以上。

低温季节应对混凝土的外露面进行保温养护,特别在温度骤降的时候,更应加强混凝土的保温措施。

五、碾压混凝土坝防渗结构设计

碾压混凝土施工的RCC工法与RCD工法很重要的一个区别是防渗体结构不同。RCD一般采用常态混凝土防渗,即"金包银"的结构形式[见图5-66(a)]。

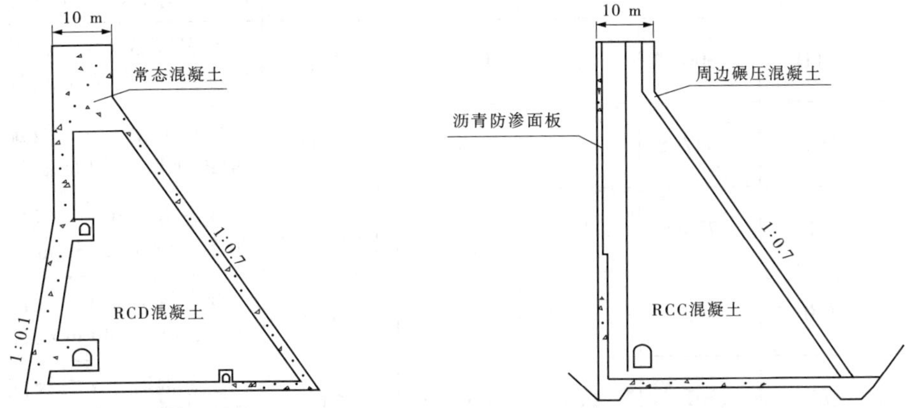

(a)RCD碾压混凝土坝断面　(b)RCC碾压混凝土坝断面

图5-66　RCD与RCC的断面结构形式

RCC 防渗体的结构形式较多,如在上游面设 0.3~0.9 m 厚的二级配碾压混凝土防渗层,6 cm 厚的沥青面板做防渗层[见图 5-66(b)],6 cm 厚钢筋混凝土面板防渗层,PVC 膜防渗,碾压混凝土表面喷涂防渗材料等。目前,很多大坝采用变态混凝土作为上游防渗体,并取得了很好的效果。

我国几座碾压混凝土重力坝和碾压混凝土拱坝技术特征见表 5-16 和表 5-17。

表 5-16　几座 70 m 以上坝高的碾压混凝土重力坝技术特征

工程名称	坝高/m	顶长/m	顶宽/m	下游坝坡	上游坝坡	构造特点
铜街子	88	1 029	14	1:0.75	下部 1:0.2	金包银,坝段 30 m 左右
水口	101	792	20	1:0.75	竖直	金包银,坝段 24 m 左右
岩滩	111	525	20	1:0.65	竖直	金包银,坝段 20 m 左右
观音阁	82	1 040	10.3	1:0.70	竖直	金包银,坝段 20 m 左右
桃林口	82	524	10.3	1:0.63	竖直	金包银,坝段 20 m 左右
碗窑	83	390	8.5	1:0.70	竖直	金包银,坝段 24 m 左右
花滩	85.3	173	8	1:0.75	竖直	金包银,坝段 24 m 左右
涌溪Ⅲ	81	180	8	1:0.73	竖直	二级配 RCC 防渗,不设横缝
石板水	83	445	12	1:0.70	竖直	二级配 RCC 防渗,坝段长 20 m 左右
江垭	131	327	12	1:0.80	竖直	变态混凝土+二级配,RCC 防渗,坝段长 35 m 左右
汾河	87	250	15	1:0.75	竖直	变态混凝土+二级配,RCC 防渗,坝段长 20 m 左右
大朝山	115	480	16	1:0.70	竖直	变态混凝土+二级配,RCC 防渗,坝段长 18 m 左右
棉花滩	111	300	7	1:0.75	竖直	变态混凝土+二级配,RCC 防渗,坝段长 50 m 左右
通口	73.5	347	7	1:0.75	竖直	变态混凝土+二级配,RCC 防渗,坝段长 50 m 左右
百色	130	734	12	1:0.77	下部 1:0.2	变态混凝土+二级配,RCC 防渗,坝段长 2×30 m 左右
索风营	120	250	12	1:0.70	下部 1:0.25	变态混凝土+二级配,RCC 防渗,坝段长 40 m 左右
周宁	73	201	6.5	1:0.70	竖直	变态混凝土+二级配,RCC 防渗,坝段长 40 m 左右
龙滩	196	736	37	1:0.70	下部 1:0.25	变态混凝土+二级配,RCC 防渗,坝段长 20 m 左右

表 5-17　碾压混凝土拱坝技术特征

工程名称	坝高 H/m	顶长 L/m	顶宽 B_1/m	底宽 B_2/m	$\frac{B_2}{H}$	$\frac{L}{H}$	混凝土体积 RCC/VCC/m^3	完建或开工年份	防渗结构
普定	75	197	4.5	28	0.37	2.6	103 000/137 000	1993	二级配碾压混凝土
温泉堡	48	187	5.0	14	0.29	3.9	55 000/62 000	1994	PVC 膜面层
溪柄	64	95.5	4.0	12	0.19	1.5	26 000/29 000	1996	二级配 RCC+变态混凝土+防渗涂层
红坡	55.2	244	4.5	26	0.47	4.4	70 000/80 000	1998	二级配 RCC+变态混凝土
石门子	110	171	5.0	30	0.27	1.6	190 000/205 000	2001	二级配混凝土+变态混凝土+防渗涂层+RCC 掺用 MgO
龙首*	80	141	5.0	13.5	0.17	1.76	176 000/32 000	2000	二级配混凝土+变态混凝土+防渗涂层+RCC 掺用 MgO
沙牌	132	250	9.5	28	0.21	1.8	349 000/372 000	2002	二级配混凝土+变态混凝土+防渗涂层+RCC 掺用 MgO
蔺河口	100	311	6.0	28	0.28	3.11	223 000/320 000	2000 开工	二级配混凝土+变态混凝土+防渗涂层+下部 RCC 掺用 MgO
招徕河*	107	205.5	6.0	18.5	0.17	1.92	180 000/210 000	2002 开工	二级配混凝土+变态混凝土+防渗涂层+下部 RCC 掺用 MgO

注：表中 * 为双曲拱坝，VCC 为常规混凝土。

第八节　混凝土水闸施工

水闸通常分为开敞式和涵洞式两种，本节着重介绍开敞式水闸的施工。开敞式水闸一般由闸室（底板、闸墩、边墩或岸墙、胸墙、工作桥、交通桥、闸门）、上游连接段（铺盖、护底、上游防冲槽）和下游连接段（护坦、海漫、下游防冲槽等）、两岸工程（上下游翼墙、上下游护坡、刺墙等)组成。涵洞式水闸则由闸室与涵洞组成。水闸施工主要包括基坑开挖与排水设施施工、基础处理及防渗设施施工、闸室施工、上下游连接段工程施工及闸门和启闭设备的安装等五项内容。混凝土水闸施工必须做好以下关键性工作。

一、闸基开挖与处理

水闸多建于软基河床之上,软基开挖可采用人工降低地下水位法(管井法、轻型井点法等)排除基坑内积水,并用滤水拦砂法(苇捆叠砌、柴枕、砂石护面层等)稳定基坑边坡。为避免对地基土的扰动,基坑底部 50 cm 厚的基础面保护层必须采用人工开挖。

为保证土基的承载能力和湿度要求,通常应进行地基基础面的处理。砂砾地基基础面的处理步骤是,在地面平整后,将土基面层洒水浸湿 15 cm 以上,再浇筑一层 10~20 cm 厚的贫混凝土垫层。软黏土地基基础面则应先铺一层 10~20 cm 厚的碎石垫层,上铺一层 5 cm 厚的湿砂,经压实后再浇混凝土垫层。若原河床开挖后暴露的软基承载力不能满足工程要求时,可视具体情况分别采用以砂土或重粉质壤土置换软弱土并分层夯实的方法、打砂井或在地层插埋塑料排水板从而加速软基土排水固结的方法、用振冲器成孔后填以碎砾石桩从而加固地基的方法、用爆破法振密饱和砂层的方法、将预制沉井沉入地基的方法、打入石灰桩或混凝土预制柱以挤密松软地基的方法、钻孔灌注钢筋混凝土桩以提高地基承载力和建筑物抗滑稳定性等方法,因地制宜地进行必要的软基处理。

二、混凝土水闸的施工

(一)浇筑混凝土水闸应遵循的施工原则

1. 先深后浅

先浇深基础,再浇浅基础,以免浅基混凝土因遭扰动而破坏(沉降、滑动、断裂)。

2. 先重后轻

先浇筑自重大的部分,经过一定的预沉时间,再浇筑荷重较小的部分,可以减少沉陷差。

3. 先高后矮

先浇闸室段,后浇上下游连接段,可平衡施工力量,并减少彼此间的施工干扰。

4. 先主后次

确定施工程序,要分清轻重缓急,抓住主要矛盾,在保证重点部位建设的前提下,穿插安排一些次要、零星的浇筑项目,以便流水作业。

总之,水闸施工应遵循以闸室为主、两岸翼墙为辅、连接段工程穿插进行的规律,以加快施工进程。

(二)水闸底板混凝土的浇筑

水闸底板有平底板与反拱底板两种。目前,平底板较为常用。

1. 平底板施工

闸室地基处理完成后,对软基宜先铺筑 8~10 cm 的素混凝土垫层,以保护地基,找平基面。垫层达到一定强度后,可进行绑扎钢筋、立模、搭设脚手架、清仓等工作。

底板浇筑时,混凝土入仓方式很多。可选择自卸汽车配合卧罐(载重汽车运立罐)水平运输，起重机吊运入仓和泵送混凝土入仓，不需要在仓面搭设脚手架。在中小型工程中，采用架子车或机动翻斗车等小型运输机具直接入仓时，需搭设仓面脚手架，其布置如图 5-67 所示。

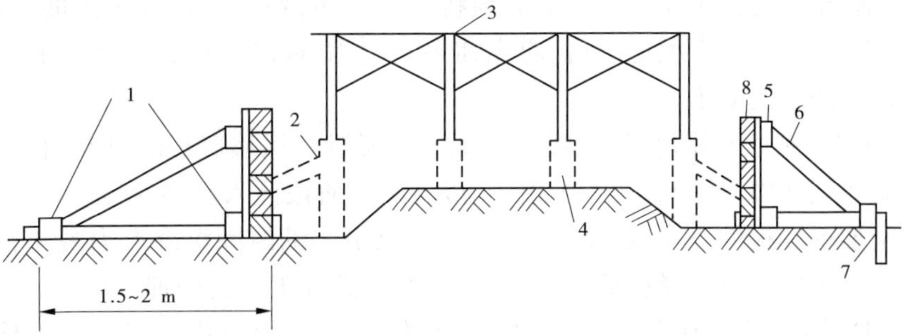

1—地龙木；2—内撑；3—仓面脚手架；4—混凝土柱；5—横围囹；6—斜撑；
7—木桩；8—模板。

图 5-67　底板立模与仓面脚手架(剖面图)

在搭设脚手架之前，应先预制混凝土支柱（断面约为 15 cm×15 cm，高度略大于底板厚度，表面应凿毛洗净），间距视横梁的跨度而定。然后在混凝土柱顶上架立短木柱、斜撑、横梁等以组成脚手架。当底板浇筑接近完成时，可将脚手架拆除，并立即对混凝土表面进行抹面。

水闸平底板混凝土的浇筑一般采用逐层浇筑法。但当底板厚度不大、拌和站生产能力受到限制时，混凝土可采用斜层浇筑法。底板混凝土的浇筑，一般均先浇上下游齿墙，然后从一端向另一端浇筑。当底板混凝土方量较大，且底板顺水流向长度在 12 m 以内时，可安排两个作业组分层浇筑。首先两组同时浇筑下游齿墙，待齿墙浇平后，将第二组调至上游齿墙，第一组则从下游向上游浇第一坯混凝土，浇到底板中间时，第二组上游齿墙基本浇平，并立即转入自下游向上游的第二坯混凝土浇筑，当第一组浇到上游底板边缘时，第二组浇到底板中间，这样第一组又转入自下游往上游的第三坯混凝土浇筑，如此连续浇筑，可缩短浇筑时间，避免产生冷缝，保证施工质量。当底板浇筑接近完成时，可将脚手架拆除，并立即把混凝土表面抹平，混凝土柱则埋入浇筑块内作为底板的一部分。

2. 反拱底板施工

1）施工程序

反拱底板对地基的不均匀沉降反应敏感，因此必须注意施工程序，通常采用以下两种施工程序：

（1）先浇闸墩及岸墙，后浇底板。为减少闸室各部分在自重作用下的不均匀沉降，改善底板的受力状态，在基底不产生塑性变形的前提下，将自重较大的闸墩、岸墙等先行浇筑，岸墙后的还土尽量回填到一定高程，使墩墙地基预压沉实，然后浇反拱底板。在不影响施工总进度的前提下，将预沉的墩墙与底板之间的预留接缝的时间尽可能延长。此法目前采用较多，适用于黏性土或砂性土，对于砂土、粉砂地基，由于土模较难成型，适宜于较平坦的矢跨比。

（2）反拱底板与闸墩岸墙底板同时浇筑。此法适用于地基较好的水闸，对于反拱底板的受力状态较为不利,但保证了建筑物的整体性,同时减少了施工工序,加快了进度。

2)施工技术要点

(1)反拱底板一般采用土模,必须先做好基坑排水工作,降低地下水位,使基土干燥,对于砂土地基,排水尤为重要。挖模前必须将基土夯实,然后按设计圆弧曲线放样挖模,严格控制曲线的准确性,土模挖出后,应先铺垫一层 10 cm 厚砂浆,待其具有一定强度后加盖保护,以待浇筑混凝土。

(2)采用先浇闸墩和岸墙,后浇反拱底板,在浇筑岸、墩墙底板时,应将接缝钢筋一头埋在岸、墩墙底板之内,另一头插入土模中,以备下一阶段浇入反拱底板。岸、墩墙浇筑完毕后,应尽量推迟底板的浇筑,以便岸、墩墙基础有更多的时间沉降。为减小混凝土的温度收缩应力,浇筑应尽量选择在低温季节进行,并注意施工缝的处理。

(3)采用反拱底板与闸墩岸墙底板同时浇筑,为了减少不均匀沉降对整体浇筑反拱底板的不利影响,可在拱脚处预留一缝,缝底设临时铁皮止水,缝顶设"假铰",待大部分上部结构荷载施加以后,便在低温期浇二期混凝土。

(三)水闸闸墩混凝土的浇筑

闸墩施工特点是高度大、厚度薄、门槽处钢筋稠密、预埋件多、工作面狭窄、模板易变形且闸墩相对位置要求严格等。所以,闸墩施工中主要工作是立模和混凝土浇筑。

1. 模板安装

1)"对销螺栓、铁板螺栓、对拉撑木"支模法

该法虽需耗用大量木材、钢材,工序繁多,但对中小型水闸施工仍较为方便。立模时应先立墩侧的平面模板,后立墩头曲面模板。应注意两点:一是要保证闸墩的厚度,二是要保证闸墩的垂直度。闸墩浇筑时,一般多采用对销螺栓固定模板,斜撑和缆风固定整个闸墩模板;多墩同时浇筑时,则采用对销螺栓、铁板螺栓、对拉撑木固定。

2)钢组合模板翻模法

钢组合模板在闸墩施工中应用广泛,常采用翻模法施工。立模时一次至少立三层,当第二层模板内混凝土浇至腰箍下缘时,第一层模板内腰箍以下部分的混凝土须达到脱模强度(以 98 kPa 为宜),这样便可拆掉第一层模板用于第四层支模,并绑扎钢筋。以此类推,以避免产生冷缝,保持混凝土浇筑的连续性。

2. 混凝土浇筑

闸墩模板立好后,即可进行清仓,用压力水冲洗模板内侧和闸墩底面,污水由底层模板上的预留孔排出,清仓完毕堵塞预留孔,经检验合格后,方可进行混凝土浇筑。

闸墩混凝土的浇筑主要是解决好两个问题:一是每块底板上闸墩混凝土均衡上升;二是流态混凝土的入仓及仓内混凝土的铺筑。为了保证混凝土均衡上升,运送混凝土入仓时应很好地组织,使在同一时间运到同一底块各闸墩的混凝土量大致相同。为防止流态混凝土在 8~10 m 高度下落时产生离析,应在仓内设置溜管,可每隔 2~3 m 设置一组。由于仓内工作面窄,浇捣人员走动困难,可把仓内浇筑面划分成几个区段,每区段内固定浇捣工人,这样可提高工效。每坯混凝土厚度可控制在 30 cm 左右。小型水闸闸墩浇筑时,工人一般在模板外侧,施工组织较为简单。

(四)止水与填料施工

为适应地基的不均匀沉降和伸缩变形,在水闸设计中均设置有结构缝(包括温度缝与沉陷缝)。凡位于防渗范围内的缝,都设有止水设施,止水设施分为垂直止水和水平止水两种,所有缝内均应有填料。

1. 填料施工

填充材料常用的有沥青油毛毡、沥青杉板及沥青芦席等。其安装方法有以下两种:

(1)将填充材料用铁钉固定在模板内侧,铁钉不能完全钉入,至少要留有 1/3,再浇混凝土,拆模后填充材料即可贴在混凝土上。

(2)先在缝的一侧立模浇混凝土,并在根板内侧预先钉好安装填充材料的铁钉数排,并将铁钉的 1/3 留在混凝土外面;然后安装填料、敲弯钉尖,使填料固定在混凝土面上。缝墩处的填缝材料可借固定模板用的预制混凝土块和对销螺栓夹紧,使填充材料竖立平直。

2. 止水施工

1)水平止水

水闸水平止水大多利用塑料止水带或橡皮止水带,其安装与沉陷缝填料的安装方法一样,也有两种,见图 5-68。

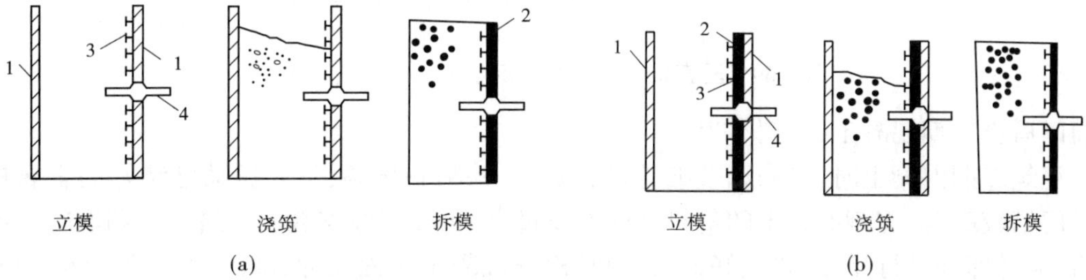

1—模板;2—填料;3—铁钉;4—止水带。

图 5-68　水平止水安装示意图

2)垂直止水

垂直止水可以用止水带或金属止水片(铝片、镀锌或镀铜铁皮、不锈钢片、紫铜片)。对于重要结构,要求止水片与沥青井联合使用,其施工方法见图 5-69。

(五)门槽二期混凝土的浇筑

采用平面闸门水闸,在闸墩部位都设有门槽。为了减小启闭门力及防止闸门漏水,门槽部分的混凝土中埋有导轨等铁件,如滑动导轨,主轮、侧轮及反轮导轨,止水座等。这些铁件的埋设可采取预埋及留槽后浇两种办法。小型闸门的导轨铁件较小,可在闸墩立模时将其预埋固定在模板的内侧,闸墩混凝土浇筑时,导轨等铁件即浇入混凝土中。由于大中型闸门的导轨较大、较重,在模板上固定较为困难,宜采用预留凹槽,再浇二期混凝土的施工方法。在闸墩立模时,门槽部位留出较门槽尺寸大的凹槽。闸墩浇筑时,预先将导轨基础螺栓按设计要求固定于凹槽的侧壁及正壁模板,模板拆除后露出埋入混凝土中基础螺栓供导轨安装使用,如图 5-70 所示。导轨安装前,要对基础螺栓进行校正,安装过程中必须随时用铅垂进行校正,使其铅直无误。导轨就位后即可立模浇筑二期混凝土。

闸门底槛设在闸底板上,在施工初期浇筑底板时,若铁件不能完成,亦可在闸底板上

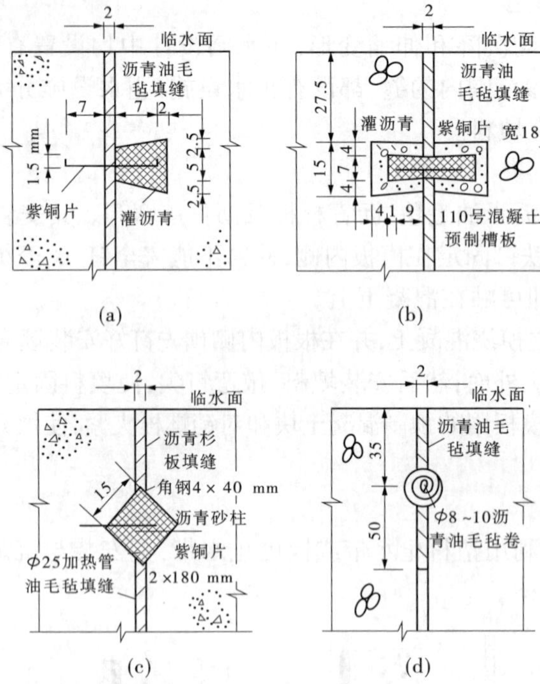

图 5-69　垂直止水施工方法示意图　(单位:cm)

留槽以后浇二期混凝土,见图 5-71。

浇筑二期混凝土时,应采用较细骨料混凝土,并细心振捣,不要振动已装好的金属构件。门槽较高时,浇筑混凝土的落料高度不要过大,可以分段安装和浇筑。二期混凝土拆模后,应对埋件进行复测,并做好记录,同时检查混凝土表面尺寸,清除遗留的杂物、钢筋头,以免影响闸门启闭。

弧形闸门不设门槽,但为了减小启闭力,在闸门两侧亦设置转轮或滑块,因此也有导轨的安装及二期混凝土施工。为了便于导轨安装,在浇筑闸墩时,根据导轨的设计位置预留 20 cm×80 cm 的凹槽,槽内埋设两排钢筋,以便用焊接方法固定导轨。安装前应对预埋钢筋进行校正,并在预留凹槽两侧,设立垂直闸墩侧面并能控制导轨安装垂直度的若干对称控制点。安装时,先将校正好的导轨分段与预埋的钢筋临时点焊结数点,待按设计坐标位置逐一校正无误,并根据垂直平面控制点,用样尺检验调整导轨垂直度后,再电焊牢固,最后浇筑二期混凝土,见图 5-72。

三、不利气候条件下的水闸混凝土施工

施工期间要留意天气预报,避免在暴风骤雨等恶劣气候条件下浇筑混凝土。因工期紧需要在雨天施工时,应在墩、墙、桥梁的浇筑仓面上搭设临时防雨棚。当小雨又无防雨棚施工时,要及时做好顶面的抹面和新浇混凝土面的保护工作。雨后及时排除仓内积水,并清除表面软弱层。

热天浇筑的混凝土,其出机口温度需低于 30 ℃。要采取降低混凝土浇筑温度的一系列措施,适当加大砂率和坍落度,并适量掺用缓凝减水剂。浇筑完毕后要及早覆盖养护。

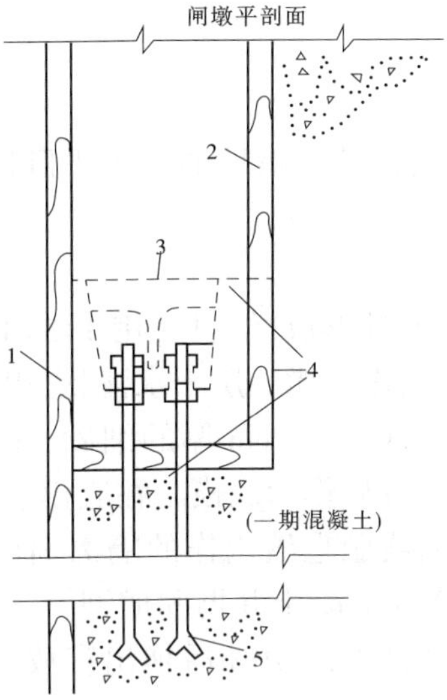

1—闸墩模板;2—门槽模板(撑头未标示);3—导轨横剖面;4—二期混凝土边线;5—基础螺栓(预埋于一期混凝土中)。

图 5-70　导轨后装,然后浇筑二期混凝土

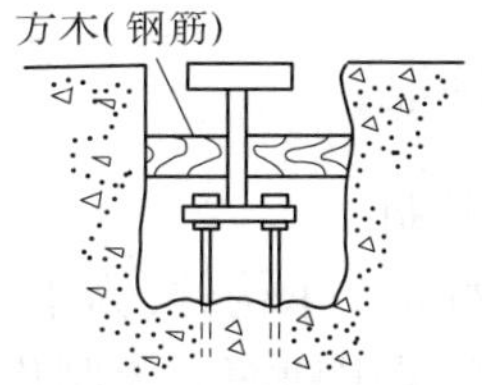

图 5-71　底槛的安装

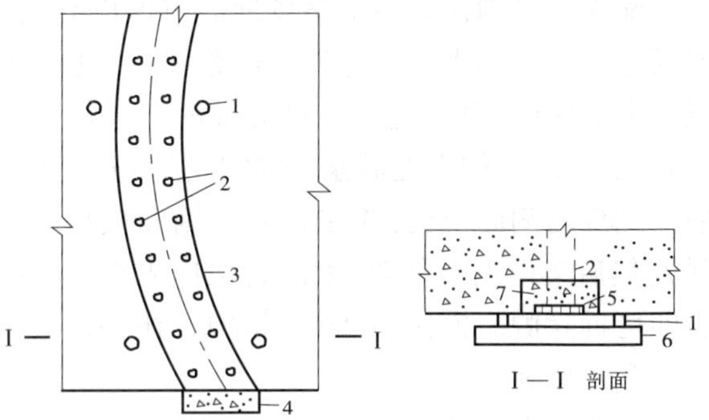

1—垂直平面控制点;2—预埋钢筋;3—预留槽;4—底槛;5—侧轨;6—样尺;7—门槽二期混凝土。

图 5-72　弧形闸门侧轨安装示意图

冬季混凝土施工,要防止遭受风雪、霜冻和寒流的袭击,要备足加热、保温和防冻材料,并采取蓄热保温措施。当日最低气温低于-10 ℃时,闸底板、消力池等重要开敞部位的混凝土,不宜露天浇筑。

第九节　装配式钢筋混凝土渡槽施工

渡槽又称过水桥,是输送渠道水流跨越河渠、道路、山冲、谷口等的架空建筑物。人类应用渡槽已有 2 700 多年的历史,早在公元前 700 余年亚美尼亚人就用石块砌造渡槽。水泥发明以后,高强度、抗渗漏的钢筋混凝土渡槽便应运而生。混凝土渡槽的形式不断演变,从单一的梁式、拱式(板拱、肋拱、双曲拱、箱形拱、折线拱)、斜拉式、悬吊式,发展到组合式(拱梁和斜撑梁组合式等)。渡槽面也造型各异,有矩形、箱形和 U 形等多种形式。

钢筋混凝土渡槽的施工分为预制装配和现场浇筑两种,而应用最广的是预制装配式渡槽,其优点在于质量好、工期短,并且节省劳力、木材和资金。当槽身自重大、整体预制与吊装确有困难时,才采用现场直接浇筑法施工。现浇混凝土渡槽一般需要搭设临时施工栈桥,采用满堂支架法浇筑槽身,该方法劳动强度高,搭支架与立模工作量大。大型现浇渡槽采用先进的大桥施工技术,可摆脱地面条件的限制,具有施工简便、工效高、施工质量好的特点。

限于篇幅,本节仅介绍装配式钢筋混凝土渡槽的施工工艺,其主要包括预制和吊装两个施工过程。

一、构件预制

(一)槽架预制

槽架是渡槽的支承构件,为了便于吊装,槽架预制时选择就近槽址的场地平卧制作。构件制作方式多采用地面立模制作和阴胎成模制作。

1. 地面立模制作

地面立模制作应在平整场地后将地面夯实整平,按槽架外形放样定位,用 1∶3∶8的水泥∶黏土∶砂子和水混合拌匀的砂浆抹面,其厚 0.5~1.0 cm,面上撒一层干水泥粉,用镘子压光即成底模;也有先铲平表层耕植土进行夯实,然后铺 1.0~1.5 cm 厚的细砂,抹一层 1.5~2.0 cm 厚的水泥砂浆,待砂浆强度达到设计强度的50%后作为底模。在底模上架立槽架构件的侧面模板,并在底模及侧面模板上预涂废机油或肥皂液制作的隔离剂(脱模剂),然后架设钢筋骨架(钢筋骨架应先在工厂绑扎好),浇筑混凝土并捣固成型。一两天后即可拆除侧面模板,并洒水养护。在构件强度达到设计强度的 70%后拖出存放,以便重复利用场地。

2. 阴胎成模制作

阴胎成模制作是采用砌砖或夯实土料制作的阴胎,与构件接触的部分均用水泥黏土砂浆抹面并涂上隔离剂。模内混凝土的浇筑方式与普通钢筋混凝土相同。构件养护到一定强度后即可把模型挖开,清除构件表面灰土,便可进行吊装。阴胎成模制作可以节省模板,但生产效率低,构件外观质量差。

(二)槽身预制

槽身预制应结合现场布置及吊装设备的性能,确定预制位置和浇制方式。对于非 U 形槽身,一般可以整体预制,也可分片预制,而 U 形槽身则应整体预制。

槽身混凝土浇筑方式分正置与反置两种。正置浇筑方式是在浇筑时保持槽口向上,其主要优点是内模拆卸方便,吊装时不需要翻转槽身;缺点是浇筑 U 形渡槽时,在 45°圆心角的弧段处混凝土不易捣实;适用于大型渡槽,或槽身翻转不够安全及现场狭窄不便翻转槽身的工程。反置浇筑时槽口向下,其优点是插入捣实较容易,混凝土质量容易得到保证,拆模时间短,模板周转快;缺点是增加了翻槽的工序。对于反置槽身,需先布置架立筋或放置混凝土小垫块,用以承托主筋,并借以控制主筋的位置与尺寸。然后立横向钢筋,布置纵向钢筋。在纵、横向钢筋相交处用铅丝绑扎或点焊。

矩形槽身的整体预制与 U 形槽身基本相同。但矩形槽身的预制可分块进行,通常可分成三块或两块浇制。分块预制的优点是吊装质量轻,预制方便;缺点是吊装拼接后接头处需用水泥砂浆填充,多一道工序,并且影响渡槽的整体性和防渗性能。分块预制适用于吊装设备起重能力不够大的大中型渡槽的施工。对于分两块预制的槽身,应使 $B \geqslant 2H_0$(B 为槽身的宽度,H_0 为槽身的净高),以维持 L 形构件的稳定性,如图 5-73 所示。

二、构件吊装

装配式渡槽的吊装工作是渡槽施工中的主要环节,必须根据渡槽的形式、尺寸、构件质量、吊装设备能力、地形和自然条件、施工队伍的素质及进度要求等因素,进行具体分析

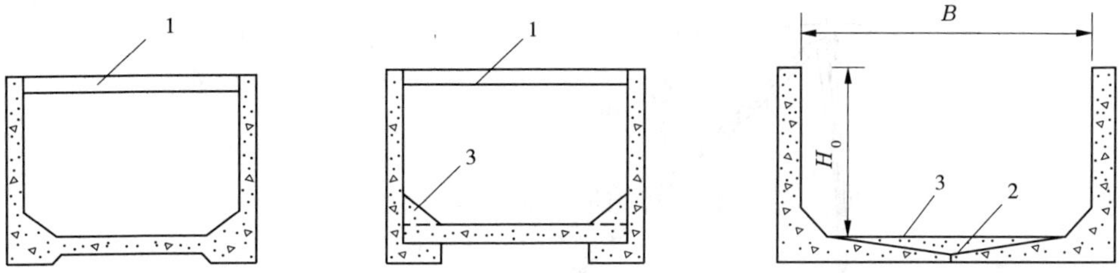

(a)整体预制 (b)分三块预制 (c)分两块预制

1—拉杆; 2—钢筋接头点焊;3—填水泥砂浆补角。

图 5-73 矩形槽身的预制

比较,选定快速简便、经济合理和安全可靠的吊装方案。

(一)槽架吊装

槽架吊装通常有拖滑竖直吊插法和就地旋转立装法两种。

拖滑竖直吊插法(见图 5-74),是用吊装机械将整个槽架拖滑、竖直吊离地面,再对准并插入基础预留的杯形孔穴中,校正槽架后即可按设计要求做好槽架与基础的接头。

就地旋转立装法(见图 5-75),是设旋转轴于架脚,槽架与基础铰接好后用吊装机械拉吊槽架顶部,使槽架旋转立于基础中。这种方法比较省力,但基础孔穴一侧需要有缺口,并预埋铰圈,槽架预制时,必须对准基础孔穴缺口,槽架脚处亦应预埋铰圈。槽架吊装,随着采用不同的机械(如独脚扒杆、人字扒杆等)和不同的机械数量(如 1 台、2 台、3 台等),可以有不同的吊装方法,实际工程中应结合具体情况拟订恰当的方案。

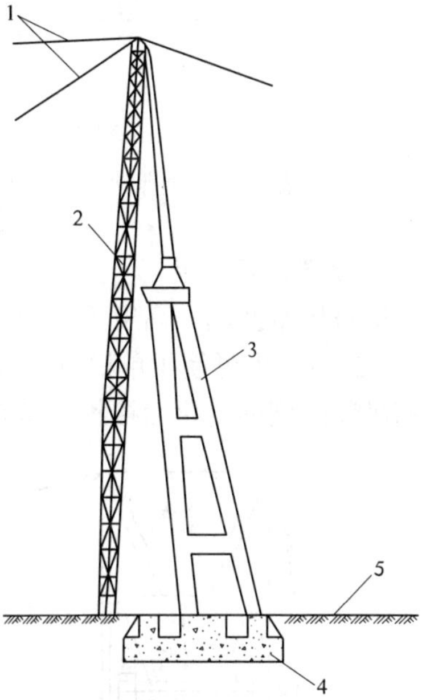

1—风缆;2—独脚扒杆;3—槽架;
4—杯形基础;5—地面。

图 5-74 拖滑竖直吊插槽架

(二)槽身吊装

渡槽槽身的吊装方法很多,按起重设备布置位置的不同,可分为起重设备架立于地面进行吊装和起重设备架立于槽架或槽身上进行吊装两大类。每类方法中又因起重设备的形式不同,而分成多种吊装方式。下面仅就水利工程中常见的或较典型的吊装方式,做一简要介绍。

1. 起重设备立于地面进行吊装

起重设备立于地面进行吊装工作比较方便,起重设备的组装和拆除比较容易;但起重设备的高度大,且易受地形限制。因此,这种吊装方法只适用于起重高度不大和地势比较平坦的工程。

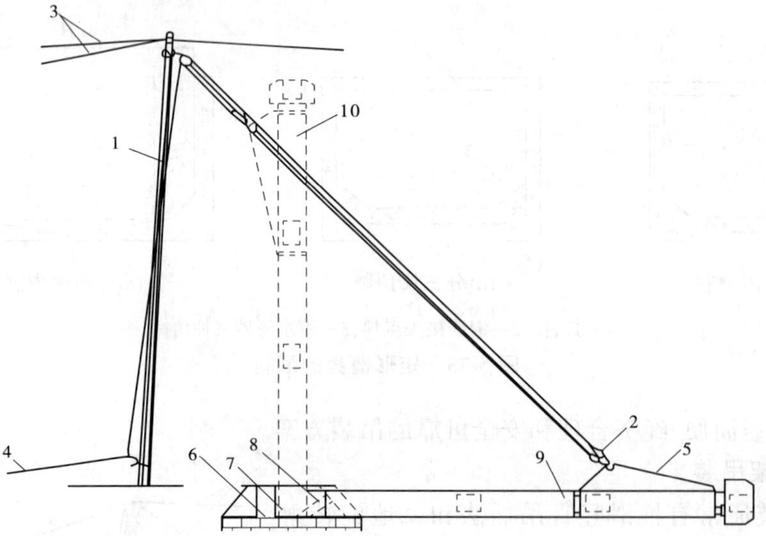

1—扒杆;2—滑车组;3—风缆;4—引向绞车起重索;5—吊索;6—带缺口的基础;
7—预埋在基础的铰;8—预埋在槽架的铰;9—起吊前的槽架;10—吊装就位后的槽架。

图 5-75　就地旋转立装槽架

1)独脚扒杆吊装

槽身质量及起吊高度不大时,采用两台或四台木制或钢管制独脚扒杆抬吊比较合适(见图5-76),也可使用单根可摆动独脚扒杆吊装(见图5-77),中心扒杆采用螺栓连接,扒杆随吊装高度的变化而接长或减短;扒杆与底座之间采用双向铰,使扒杆能前后左右动作

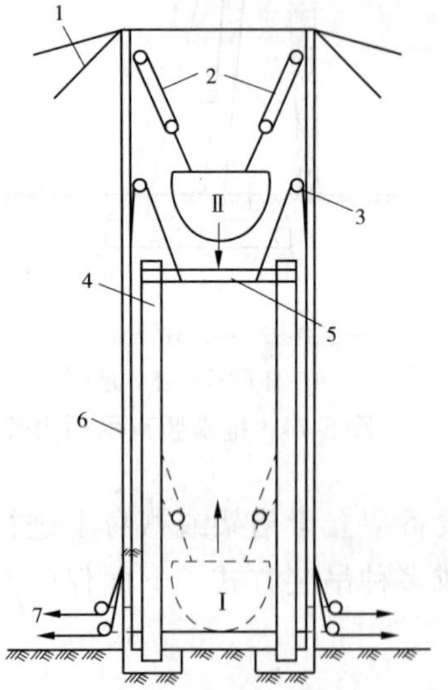

1—风缆;2—主滑车组;3—副滑车组;4—排架;5—枕头梁;6—独脚扒杆;7—引向绞车的起重索;Ⅰ—槽身预制位置;Ⅱ—槽身吊至空中准备下落的位置。

图 5-76　独脚扒杆抬吊槽身

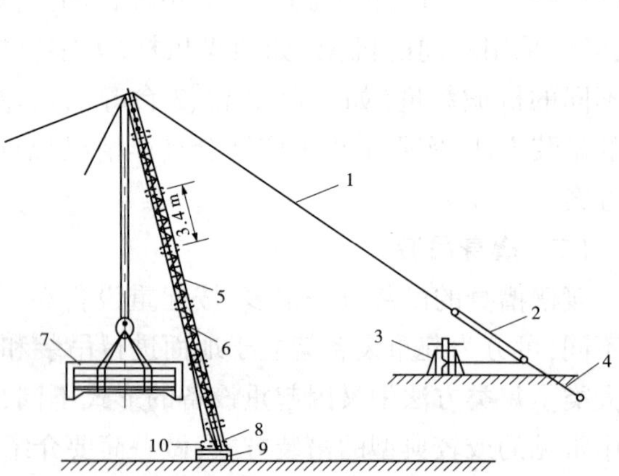

1—风缆;2—滑车组;3—绞磨;4—地锚;5—∠80×80×10角钢;6—∠45×45×5角钢;7—槽身;8—双向铰;9—木底板;10—引向绞车的起重索。

图 5-77　钢结构独脚扒杆吊装槽身

以扩大控制范围，便于槽身起吊和就位。扒杆顶端至少应设四根风缆绳，以维持扒杆的稳定，并在吊装时通过收放风缆绳来调整扒杆倾角（一般为 5°~10°）。

2）龙门架吊装

采用两台钢结构龙门架吊装槽身时（见图 5-78），可在龙门架顶部设置横梁和轨道，并装上行车，使槽身铅直起吊，平移就位。为使槽身平稳上升，可采用带蝴蝶铰的吊具，使槽身四个吊点受力均匀；为使行车易于平移，横梁轨道顶面应有一定坡度，行车能在自重作用下顺坡滑动，方便槽身平移到排架之上降落就位。

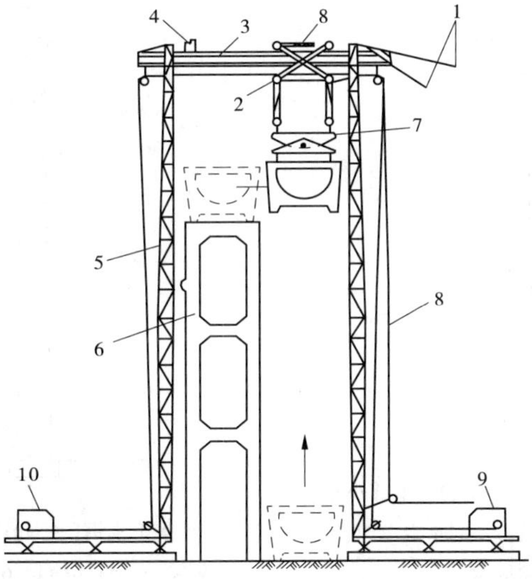

1—风缆；2—行车；3—横梁；4—行车止动块；5—龙门架；6—排架；
7—蝴蝶铰吊具；8—控制行车的拉绳；9，10—卷扬机。

图 5-78　龙门架顶设置横梁轨道吊装槽身

3）其他方式吊装

起重设备架立于地面进行槽身吊装，还可采用悬臂扒杆、摇臂扒杆及简易缆索吊装等方式。除简易缆索吊装将在后文叙述外，悬臂扒杆、摇臂扒杆的吊装方式的基本特点与独脚扒杆立于地面进行吊装的方式类似，在实际使用时，可结合各类扒杆的性能和工程具体情况加以考虑选用。此外，履带式和汽车式起重机吊装槽身，也都属于这一类的施工方式。

2. 起重设备架立于槽架或槽身上进行吊装

起重设备架立于槽架或槽身上进行吊装不受地形条件限制，起重设备的高度不大，故适应性较强，采用较为广泛，但起重设备的组装和拆除需在高空进行，且移动较麻烦。有些吊装方法，还会使已架立的槽架承受较大的偏心荷载，必须对槽架结构进行加强，这类吊装方法有下列几种。

1) 槽墩(架)上设置钢塔架进行吊装

图 5-79 所示的渡槽采用设置于槽墩顶上的 T 形钢塔架抬吊渡槽侧墙构件(每片重 20 t),为使侧墙平移就位,钢塔顶部设置横梁(工字钢)和平移小车。如果布置合适也可吊装整体槽身。

另外,可采用设置于四个排架柱顶的两副门形钢塔,抬吊整体槽身(见图 5-80),槽身在墩柱中间预制,起吊后在枕头梁上落座就位。

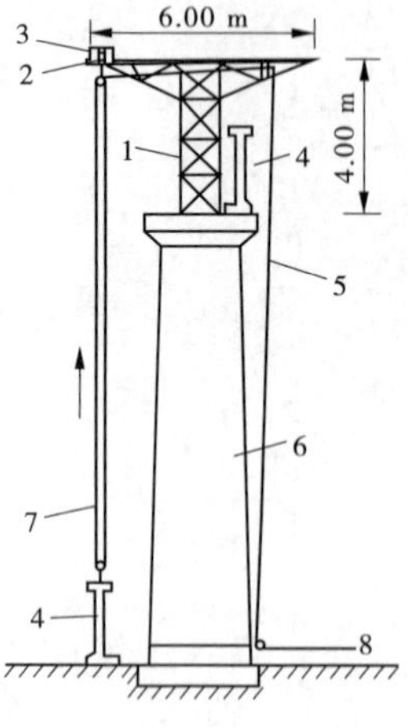

1—T 形钢塔(每节长 1 m);2—工字钢;3—平移小车;4—侧墙;5—平衡绳;6—槽墩;7—起重滑车组;8—引向绞车的起重索。

图 5-79　用 T 形钢塔抬吊渡槽侧墙

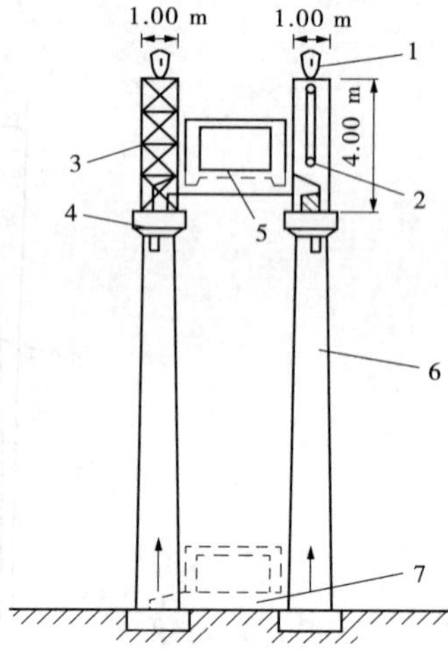

1—承重工字钢;2—起重滑车组;3—门形塔架;4—枕头梁;5—整体槽身;6—墩柱;7—预制槽身位置。

图 5-80　用门形钢塔抬吊整体槽身

2) 槽身上设置摇臂扒杆进行吊装

在已吊装就位的槽身上设置摇臂扒杆吊装邻跨槽身时,可采用端进法从一岸向另一岸推进,也可由两岸向中间推进,同时还可以吊装排架。这种吊装方法,不受起重设备高度和地形变化的限制,可以利用已安装好的槽身重量来平衡起吊重量,而不用或少用风缆绳,简化了吊装设备又减少了设置地锚的工作量,具有施工速度快、吊装设备少、操作简便等特点。韶山灌区采用摇臂扒杆,在已吊起的槽身上起吊 120 t 整体矩形槽身的布置方式如图 5-81 所示。扒杆的移动,借助于装设在底座下的滑移装置,并利用装在渡槽轴线上的前后绞车驱使扒杆前移。摇臂扒杆自重 30 余 t,起吊重量达 120 t,因此是较为经济的。但吊装时,扒杆对排架产生 3 kN 多的垂直压力,使排架偏心受压,故需要对排架进行相应加固,同时还要采用临时钢板支座以减小偏心力矩。

3. 缆索吊装

缆索吊装也是一种将吊装设备置于地面进行吊装的方法。当渡槽横跨峡谷、两岸地形陡峻、谷底较深,一般的扒杆长度难以达到吊装高度要求,且构件无法在河谷内制作时,采用缆索吊装较为适合。图 5-82 所示为渡槽缆索吊装布置图。

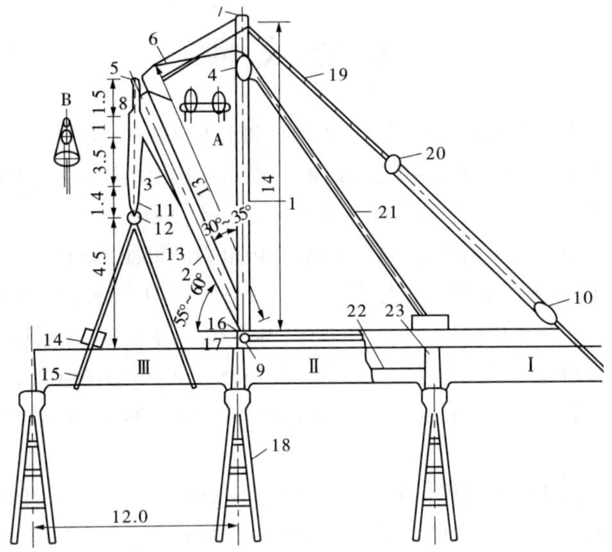

1—立杆(组合断面 60 cm×60 cm);2—斜臂(组合断面 70 cm×70 cm);3—起重绳;4—变幅导向轮;5—变幅动滑车;6—变幅索;7—变幅定滑车;8—横梁;9—导向滑轮;10—拉紧索定滑车;11—起重动滑车;12—环形吊具;13—上段千斤索;14—水平撑;15—下段千斤索;16—底轴;17—支座;18—A 型排架;19—拉紧索;20—拉紧索动滑车;21—斜杆;22—行走系统(30 号槽钢下铺 11 kg 重钢轨);23—平衡重(木笼堆石块,约 5 t);

A—双轮平衡轮;B—三轮平衡滑车;

Ⅰ,Ⅱ,Ⅲ—施工顺序号。

图 5-81　韶山灌区采用摇臂扒杆整体吊装槽身的布置方式　(单位:m)

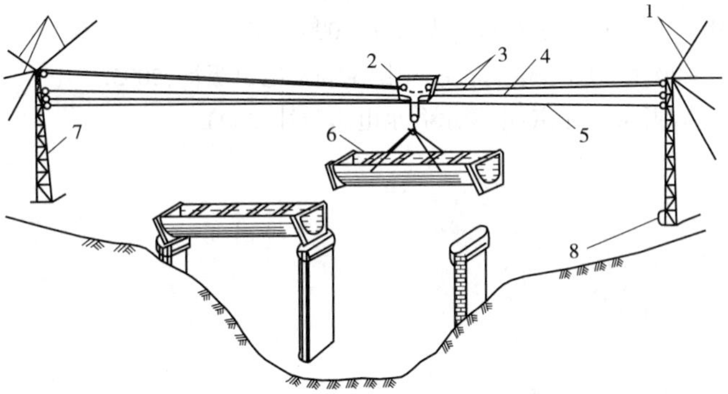

1—风缆;2—行车;3—承重索;4—起重索;5—牵引索;6—槽身;7—钢塔架;8—引向绞车的起重索。

图 5-82　渡槽缆索吊装布置

缆索吊装具有以下特点:①吊装控制长度大,300~400 m 跨度内一次架立缆架就可全部吊装,且受地形限制小,特别适用于深山峡谷地区;②可以沿建筑物轴线设置缆索,适用于长条形建筑物的吊装;③机动性较强,全部设备拆卸、搬运和组装都比较方便;④设备操作比较简单,准备工作量不大。但是,对于分布面积较小,布置比较集中的建筑物,其不如扒杆吊装方便。同时,缆索吊装还有较多的高空作业,需用人力也较多。

参 考 文 献

[1] 司兆乐. 水利水电枢纽施工技术[M]. 北京:中国水利水电出版社,2002.

[2] 朱伯芳. 大体积混凝土温度应力与温度控制[M]. 北京:中国电力出版社,1999.

[3] 李冬升. 混凝土冬季施工[M]. 北京:中国水利水电出版社,2001.

[4] 谭靖夷. 中国水力发电工程 · 施工卷[M]. 北京:中国电力出版社,2000.

[5] 王永鹏. 严寒地区 RCD 碾压混凝土坝设计与施工[M]. 北京:中国水利水电出版社,2002.

[6] 顾志刚,张东成,罗红卫. 碾压混凝土坝施工技术[M]. 北京:中国电力出版社,2007.

[7] 国家能源局. 水工混凝土施工规范:DL/T 5144—2015[S]. 北京:中国电力出版社,2015.

[8] 中华人民共和国水利部. 混凝土重力坝设计规范:SL 319—2018[S]. 北京:中国水利水电出版社,2018.

[9] 国家能源局. 水电水利工程模板施工规范:DL/T 5110—2013[S]. 北京:中国电力出版社,2013.

[10] 中华人民共和国水利部. 水利水电工程施工组织设计规范:SL 303—2017[S]. 北京:中国水利水电出版社,2017.

[11] 中华人民共和国水利部. 水闸设计规范:SL 265—2016[S]. 北京:中国水利水电出版社,2016.

[12] 中华人民共和国水利部. 水闸施工规范:SL 27—2014[S]. 北京:中国水利水电出版社,2014.

[13] 颜宏亮,于雪峰. 水利工程施工[M]. 郑州:黄河水利出版社,2009.

[14] 袁光裕,胡志根. 水利工程施工[M]. 6 版. 北京:中国水利水电出版社,2016.

[15] 肖焕雄,巫世晶,胡志根. 中国水利百科全书:水利工程施工分册[M]. 北京:中国水利水电出版社,2004.

[16] 仇力. 水闸运行与管理[M]. 南京:河海大学出版社,2006.

[17] 白美凌. 渡槽[M]. 北京:中国水利水电出版社,2000.

[18] 竺慧珠,陈德亮,管枫年. 渡槽[M]. 北京:中国水利水电出版社,2005.

[19] 陈宝华,张世儒. 水闸[M]. 北京:中国水利水电出版社,2003.

第六章　地下工程施工

第一节　概　述

一、引言

水利水电地下工程建筑物包括引水隧洞、尾水隧洞、导流洞、泄洪洞、放空洞、排砂洞、调压井、地下主副厂房、主变压器室、尾水闸室、交通洞、排风洞(井)、出线洞(井)、排水洞和施工支洞等。水利水电地下洞室的分类方法如下：

(1)按其工作性质可分为过水和不过水两大类。

(2)按其结构特性可分为不衬砌结构、柔性支护结构(喷锚支护)、混凝土衬砌结构和钢衬结构等。

(3)按体形及布置形式可分为平洞、斜井、竖井、大型洞室等。

水利水电工程地下洞室按其使用功能根据不同地质条件、地形条件进行布置。其洞室断面大小不一,断面形状各异,多洞并列或纵横交错,相互贯通,空间形态较为复杂。其施工特点如下：

(1)由于地质条件的不可预见性,施工方法直接受到工程地质、水文地质和施工条件的制约,因此施工中强调随机应变的能力。

(2)地下工程主要采用钻爆法开挖,在同一工作面表现为周期性的循环,也会遇到不良地质地段而发生塌方、有害气体逸出及地下涌水等突发事件。因此,施工中必须备有充分的应急措施。

(3)施工环境和条件相对较差,作业空间狭小,工序交叉多、干扰大,通风散烟和地下排水困难,安全问题比较突出。

(4)对于地下工程施工,岩石既是开挖的对象,又是成洞的介质。这就需要充分了解围岩性质和合理运用洞室体形特征,以发挥围岩自承稳定能力,既可保证施工安全,又可节省支护工程量。

(5)地下工程的过水建筑物要求开挖质量必须严格控制。

目前,地下洞室工程施工主要有两类方法：一是传统的钻爆法施工,二是掘进机(土体中采用盾构机)施工。本章针对水工隧洞施工的特点,介绍洞室钻爆法施工、掘进法施工、盾构法施工、新奥法与喷锚支护施工、混凝土衬砌、辅助作业。

二、内容提要

地下洞室的施工程序,平洞施工工作面、开挖方法,竖井和斜井开挖等,岩体中的钻孔爆破法开挖(炮孔种类及做法、隧洞爆破的参数设计、钻爆作业顺序)、掘进机开挖岩体中隧洞的施工、盾构机开挖土体中隧洞的施工等,新奥法与喷锚支护,混凝土衬砌施工,地下洞室施工的辅助作业等。

三、学习要求

掌握水工地下洞室施工技法的施工机械与工艺。

明确水工地下洞室施工程序及施工方案与要求。

第二节　地下洞室的开挖方法

一、地下洞室的施工程序

施工程序是施工中各工序的先后顺序和相互关系,应在总体规划的基础上合理安排,以保证均衡、连续、有节奏地完成各个工序。地下洞室的施工程序见图 6-1。

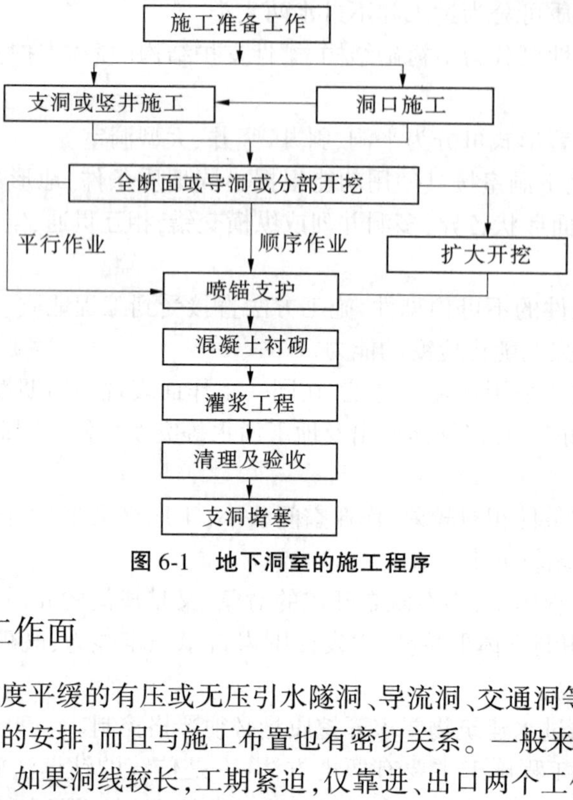

图 6-1　地下洞室的施工程序

二、平洞施工工作面

平洞一般是指坡度平缓的有压或无压引水隧洞、导流洞、交通洞等。平洞施工工作面不仅影响到施工进度的安排,而且与施工布置也有密切关系。一般来说,平洞开挖至少有进、出口两个工作面。如果洞线较长,工期紧迫,仅靠进、出口两个工作面不能按期完工,则应考虑开挖施工支洞或竖井以增加工作面。

工作面的数目可按式(6-1)进行估算:

$$\frac{L}{NV}+\frac{l_{\max}}{v}\leqslant[T] \tag{6-1}$$

式中　$[T]$——平洞施工的限定工期,月;

L——平洞的全长，m；

N——工作面的数目，个；

V——平洞施工的综合进度指标，m/月；

l_{max}——施工支洞（或竖井）的最大长度（或高度），m；

v——施工支洞（或竖井）的综合进度指标，m/月。

在选择工作面的数目和位置时，还应结合平洞沿线的地形地质条件、洞内外运输道路和施工场地布置、支洞或竖井的工程量和造价，通过技术经济比较来确定。当有永久性支洞或竖井（如交通洞、通风洞、调压井）可以利用时，应优先考虑，以节省临时工程的费用。对于临时性的支洞与竖井，应尽量选在施工、运用比较方便的位置。

三、平洞开挖

平洞开挖方法有全断面开挖、断面分部开挖和导洞扩大法开挖等。开挖方法的选定主要依据工程地质条件、断面大小、施工机械的作业高度和范围、平洞长度及施工期限等因素综合考虑。各开挖方法的主要特征和适用条件如下所述。

（一）全断面开挖

全断面开挖是按整个开挖断面向前开挖的方法（见图6-2），衬砌或支护视围岩允许暴露时间和总的施工安排，在全洞贯通以后或者掘进相当距离以后进行。

这种方法适用于围岩坚固稳定，岩石坚固系数$f \geq 8 \sim 10$，有大型开挖、衬砌设备，设备开挖能力与开挖断面相适应，平洞轴线不过长的情况。采用这种方法，洞内工作场面比较大，施工组织因工作面宽而比较容易安排，施工干扰也较易解决，有利于提高平洞施工速度。

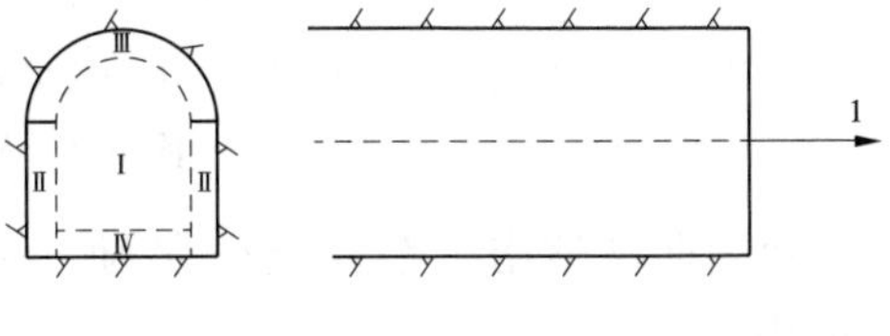

Ⅰ—设计净断面；Ⅱ，Ⅲ，Ⅳ—衬砌顺序；1—开挖方向。

图6-2　全断面开挖

（二）断面分部开挖

断面分部开挖是将整个断面分成若干层（多为两层或三层，层数太多出渣运输不方便），分层向前推进。

断面分部开挖适用于岩质较差，洞径过大的平洞开挖。当隧洞高度大于8 m，断面面积大于130 m^2时，常采用这种方法。断面分部开挖又称台阶法，可分为正台阶法和反台阶法。

1. 正台阶法

当隧洞断面较高时，常把断面分成1~3个台阶，自上而下施工。一般顶部第一层最小高度应不小于3 m，超前掘进的距离，应保证人员和设备安全，一般为3~4 m。如果超前过大，上部爆破堆渣过多，清渣不方便（见图6-3）。

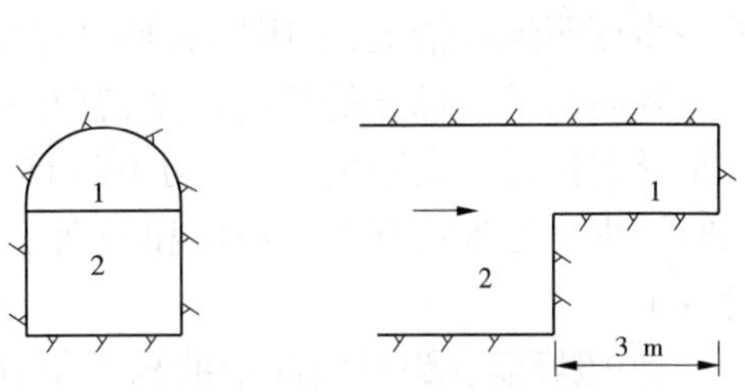

1，2—开挖顺序。

图6-3　正台阶法

正台阶法施工的特点是变高洞为若干个中低洞，可利用小型钻孔机械进行大断面洞室的施工，在台阶上钻上部炮孔而一般不需搭设脚手架。上部钻孔与下部出渣可以平行作业,施工机动灵活,能适应地质条件的变化,但施工干扰较大,施工组织复杂。

2. 反台阶法

反台阶法是一种自下而上的分部开挖法,在形态上与正台阶法相反。反台阶法下部断面的开挖与全断面法基本相同,上部反台阶因有多个倒悬临空面,可提高钻爆效果。

反台阶法施工的特点是工作面较宽敞,排水条件好,施工布置方便,可利用爆破料堆钻上部台阶孔,无须搭设或少搭设作业平台,临空面多,爆破效率较高,施工速度快。

反台阶法应注意防止上部台阶崩落的石渣堵塞下部已掘进的坑道,从而影响其他作业。主要处理措施有:①在上部台阶开挖段下沿设置漏斗棚架,使上部台阶的石渣堆集在棚架上,通过漏斗溜入底层运输工具运至洞外;②将下部断面延伸到施工支洞处,或全部打通下部断面,从另一洞口出渣,如图6-4所示。

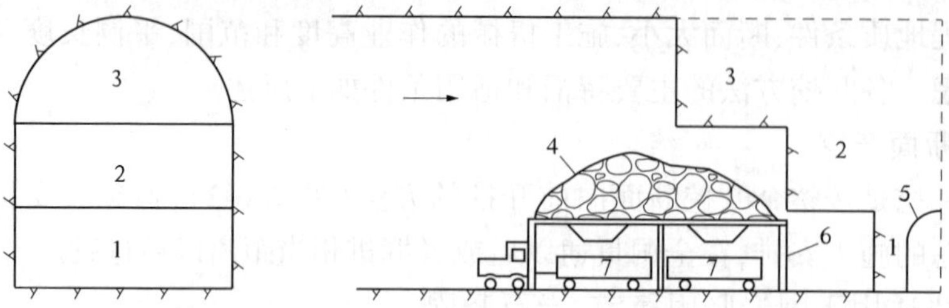

1,2,3—台阶序号;4—上台阶堆渣;5—施工支洞;6—漏斗棚架;7—运渣工具。

图6-4　反台阶法施工示意图

反台阶法适用于在岩质较坚硬、完整的地层中开挖隧洞,在松软的岩层中应不用或慎用。

(三)导洞扩大法开挖

导洞扩大法开挖是在隧洞断面中先开挖一个导洞,然后在导洞的基础上扩大至全断面的爆破开挖法。

导洞的形状和尺寸应根据导洞的位置、山岩压力及开挖工作需要,如出渣运输、通风、排水等要求来确定。由于导洞的断面较小,一般在10 m^2 左右,有利于围岩的稳定,其灵活性比分部开挖更大。因此,这种方法除具有分部开挖的特点外,还可以通过导洞的开挖进一步探明地质情况,利用导洞解决排水问题。导洞挖通后,还可以改善洞内通风条件。

导洞与扩大部分的开挖次序,有专进法和并进法两种。前者是导洞贯通后再扩大;后者是导洞掘进一定距离(一般为10~15 m)后,进行扩大部分开挖,然后导洞与扩大部分同时并进。专进法有利于通风和全面了解地质情况,但洞内施工设施一般要二次铺设,费时费工。

按照导洞在设计断面中的相对位置,导洞扩大法可分为上导洞法、下导洞法、中导洞法、双导洞法。

1. 上导洞法

上导洞法又称拱顶掘进，其开挖程序如图 6-5 所示。它适用于地质条件不好，但地下水不严重，机械化程度不高的情况。其优点是先开挖顶部，可及时进行支护，安全问题比较容易解决，顶部开挖易于控制，下部扩大施工方便；缺点是导洞上部石渣要翻运出洞，施工排水也不方便。在不良地质条件下，要组织开挖与衬砌交叉作业，施工干扰大，施工组织复杂。

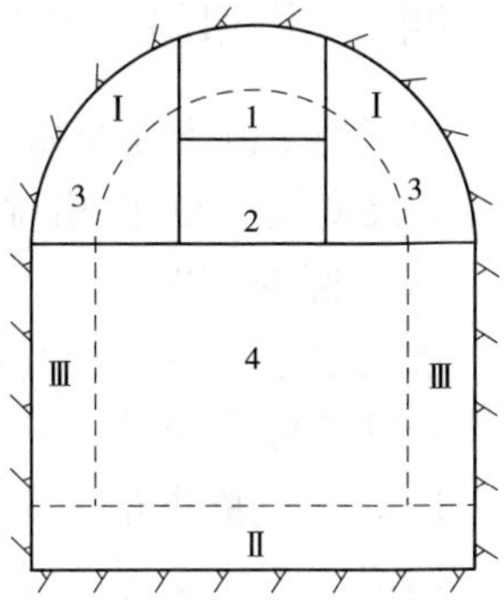

1—上导洞；1，2，3，4—开挖顺序；Ⅰ，Ⅱ，Ⅲ—衬砌顺序。

图 6-5　上导洞开挖

2. 下导洞法

下导洞法又称拱下掘进，其开挖程序如图 6-6 所示。它适用于地质条件好、洞线较长、断面不大、机械化程度不高的场合。其优点是洞内施工设施可以一次铺设，出渣道路不必翻修，地下水严重时排水方便，扩大开挖时利用岩石自重提高爆破效果，出渣方便；缺点是顶部扩大时施工困难，自重爆落，岩石块度不易控制。

3. 中导洞法

导洞在断面中部，导洞开挖后向四周全面扩大。其开挖程序如图 6-7 所示。这种方法适用于岩石坚硬，不需要临时支撑，洞径大于 5 m 且有柱架式钻机的场合。其优点是扩大钻孔，可以和出渣平行作业；缺点是辅助钻孔爆破难以控制周边轮廓形状，对周边岩石扰动较大。

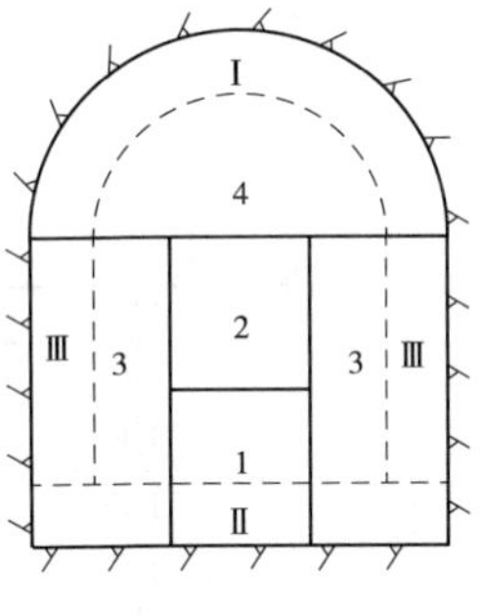

1—下导洞；1，2，3，4—开挖顺序；Ⅰ，Ⅱ，Ⅲ—衬砌顺序。

图 6-6　下导洞开挖

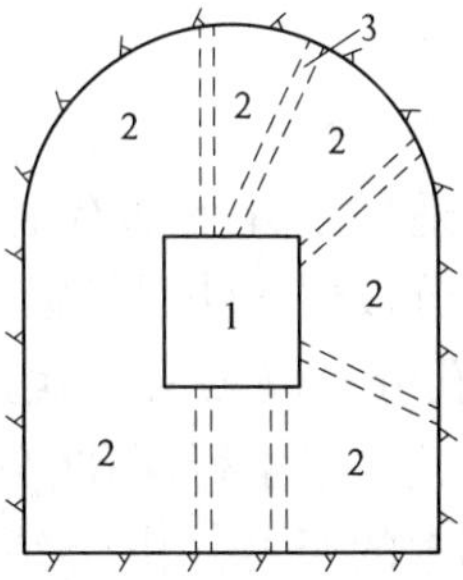

1—中导洞；2—扩大部分；3—辐射钻孔。

图 6-7　中导洞开挖

4. 双导洞法

双导洞开挖有双侧导洞和上下导洞两种方式。图 6-8 所示为双侧导洞施工顺序适用于岩层松软破碎，地下水严重，断面较大，需要边开挖边衬砌的情况。图 6-9 所示为上下导洞施工顺序适用于断面很大，缺少大型开挖设备，地下水严重的情况，其上导洞用来向四周扩大，下导洞用来出渣和排水，上下导洞用斜井或直井连通。

四、竖井和斜井开挖

水工地下洞室建筑物除平洞、地下厂房外,尚有竖井、斜井等。竖井的高度大,而断面相对较小,斜井是指倾角为6°~48°的斜洞。

(一)竖井开挖

水利水电工程中竖井主要有闸门井、高压管道井、通风井、进水口竖井及施工竖井。

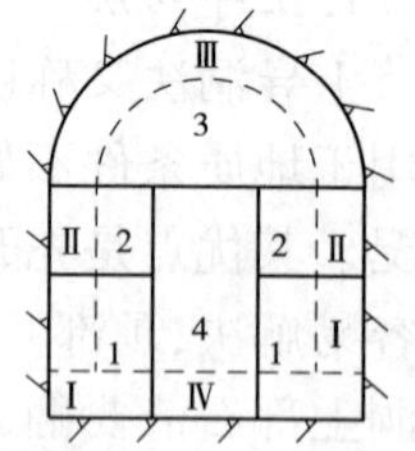

1,2,3,4—开挖顺序;

Ⅰ,Ⅱ,Ⅲ,Ⅳ—衬砌顺序。

图 6-8　双侧导洞开挖

1. 小断面竖井开挖方法

1)自上而下钻爆法开挖

该方法适用于井深在50 m以内或井下部无通道的深井开挖。因人员、设备、出渣等均需通过井口竖直运输,施工干扰大,较深的井施工条件差,且不安全。

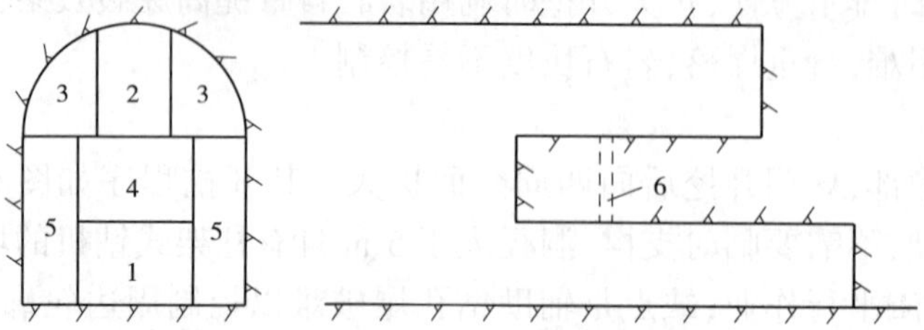

(a)横断面　　(b)纵断面

1,2,3,4,5—开挖顺序;6—溜渣井。

图 6-9　上下导洞开挖

2)自下而上钻爆法开挖

该方法适用于井下部有通道的竖井,其施工方法又可分为深孔分段爆破法、吊罐钻爆法和爬罐钻爆法。

(1)深孔分段爆破法。就是利用深孔钻机自上而下沿竖井全高钻一组平行深孔,分段自下而上爆破,形成所需断面和深度的竖井。由于钻孔的偏斜误差,很难使每个深孔平行,随着孔深增加,深孔底部不是相差很远,就是太近,有的甚至贯通,给施工带来很大困难。因此,根据目前钻孔精度水平,该法主要适用于井深小于50 m的竖井。

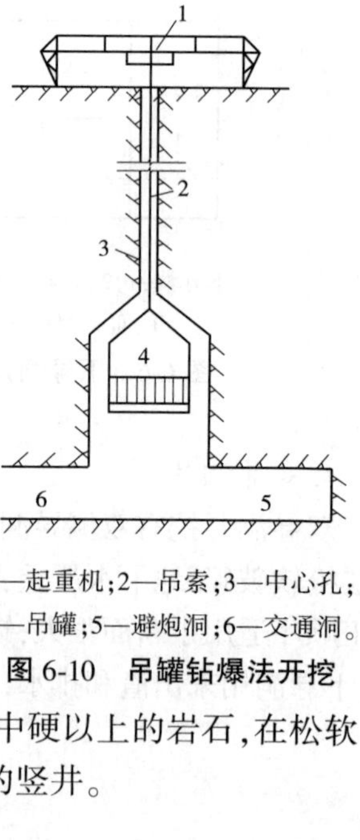

1—起重机;2—吊索;3—中心孔;4—吊罐;5—避炮洞;6—交通洞。

图 6-10　吊罐钻爆法开挖

(2)吊罐钻爆法。如图6-10所示,先在竖井井口沿竖井中心线钻一个直径为100~150 mm的钻孔,在竖井上部安放绞车,绞车上的钢丝绳沿中心钻孔下放,钢丝绳的下端系一个吊罐,施工人员利用吊罐进行钻爆作业,爆破时将吊罐下放至竖井下部的避炮洞。吊罐钻爆法只适用于中硬以上的岩石,在松软、破碎的岩石条件下不宜采用。不适宜打盲竖井和倾角小于65°的竖井。

(3)爬罐钻爆法。自下而上利用爬罐机械钻爆作业,浅孔爆破,下部出渣(见图6-11)。该法适用于上部没有通道的盲井或深度大于80 m的竖井,还可用于倾角较小的斜井。开挖过程中可利用爬罐进行支护作业,该法较吊罐钻爆法安全,机械化程度高,适用性广。缺点是设备投资大,维修较复杂,开挖准备工程量大。

3)天井钻非爆破向下开挖

天井钻开挖即利用大型钻机开挖。国外生产的天井钻机开挖最大直径可达7.0 m,开挖深度为600~900 m,开挖倾角为45°~90°;我国生产的天井钻机开挖最大直径为2.0 m,开挖深度为90 m。

2. 大、中断面竖井开挖方法

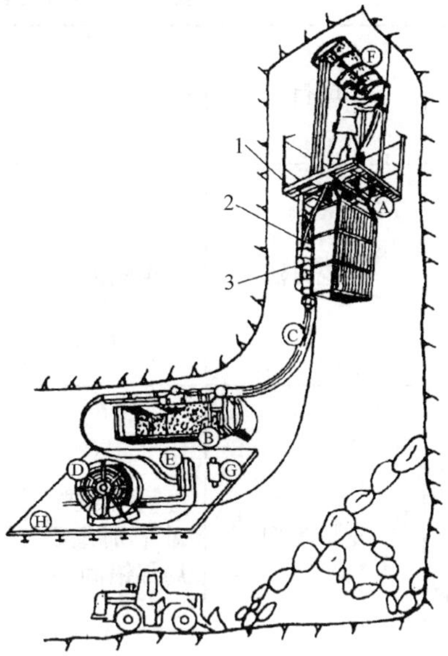

1—作业平台;2—驱动机构;3—吊笼;
A—爬罐工作状态;B—爬罐避炮位置;C—轨道;
D—电缆盘;E—风水阀门;F—安全护盖;
G—信号装置;H—井脚平台(亦为爬罐避炮段,
其水平轨道长为10~20 m,以保证安全)。

图6-11　爬罐钻爆法开挖

大、中断面竖井开挖一般采用先导井后扩挖的施工方法。导井施工方法同小断面竖井开挖方法。当地质条件好时,一般采用自下而上,在导井内钻辐射孔,分段爆破,井底出渣的开挖方法;当地质条件较差时,一般采用自上而下分段爆破,利用导井溜渣至井底出渣,边开挖边衬砌。

(二)斜井开挖

随斜井倾角及工作面大小不同,其开挖及出渣方法也不同。当斜井倾角大于48°时,其开挖方法与竖井开挖基本相同。当斜井倾角小于48°时,可参考下列方法。

1. 小断面斜井开挖

小断面斜井一般采用自上而下分段钻爆全断面方法开挖,当坡度不大于25°时,可采用斗车出渣;当坡度不小于25°时,采用箕斗出渣。

2. 大、中断面斜井开挖

大、中断面斜井一般采用导井扩大法施工。当坡度在45°左右可以自行溜渣时,可自上而下分段钻孔爆破,利用导井溜渣从底部出渣;当坡度在35°左右不能自行溜渣时,可采取自下而上分段钻孔爆破,边开挖边铺设钢板或钢轨进行溜渣,从井底出渣的方法。

在竖井及斜井的开挖中应注意进行井口的加固,井口边坡较高时,还应按边坡稳定要求加固井台边坡。井台周围应设排水设施,防止地表水进入井内。大型竖井上部开挖一定深度后,应及时进行临时支护或永久支护,以保证上部围岩稳定。不同围岩中建议的开挖方法及注意事项见表6-1。

表 6-1　不同围岩中建议的开挖方法及注意事项

断面	项目	围岩类型				
		Ⅰ	Ⅱ	Ⅲ	Ⅳ	Ⅴ
小断面	开挖方法	全断面	全断面	全断面	全断面或分台阶开挖	全断面或分台阶开挖,必要时先衬顶拱
	支护类型	不需要,对个别危石局部锚固	一般不需要,必要时局部锚固	局部和系统锚固,加强检查及观测	喷混凝土、系统锚固	喷混凝土、系统锚固,必要时加设可缩性钢支撑或超前加固围岩
	支护与开挖面间距/m	视爆破安全及施工组织而定	不限	<20~30	<10	支护紧跟或超前加固
	每次循环进尺/m	视爆破安全及施工组织而定	不限	≤3.0	≤1.5	≤0.5~1.0
中断面	开挖方法	全断面	全断面	全断面正、反台阶法	正、反台阶法或支撑拱法	支撑拱法或核心支撑法
	支护类型	不需要,对个别危石局部锚固	一般不需要,必要时局部锚固,加强检查	全断面或顶拱系统锚固,局部喷混凝土	系统锚固,必要时及时封闭底拱	系统锚固、钢支撑或混凝土衬砌,必要时超前加固
	支护与开挖面间距/m	视爆破安全及施工组织而定	不限	<20~30	<10~15	支护紧跟或超前加固
	每次循环进尺/m	视爆破安全及施工组织而定	一般≤3,若支护及时可适当加大	全断面≤1~2	顶拱≤1~2	顶拱≤0.5~1.0

续表 6-1

断面	项目	围岩类型				
		Ⅰ	Ⅱ	Ⅲ	Ⅳ	Ⅴ
大断面	开挖方法	全断面,中心导洞辐射孔法,台阶法	全断面,中心导洞辐射孔法,台阶法,下导洞辐射孔法	全断面,台阶法,下导洞辐射孔法	台阶法,下导洞辐射孔法,支撑拱法	支撑拱法,核心支撑法,下导洞辐射孔法
	支护类型	一般不需要对危石锚固,加强检查	顶拱系统锚固,必要时加钢筋网	系统锚固,顶拱加钢筋网、喷混凝土或混凝土衬砌	系统喷锚,必要时加钢筋网、喷锚或顶拱衬砌混凝土	全断面加钢筋网,喷锚,混凝土衬砌,必要时超前加固
	支护与开挖面间距/m	视爆破安全及施工组织而定	≤20	≤10	支护紧跟开挖面	支护紧跟或超前加固
	每次循环进尺/m	视爆破安全及施工组织而定	全断面≤3.0	全断面≤1~1.5,导洞≤3.0	导洞≤1.5	导洞≤0.5~1.0

第三节　岩体中的钻孔爆破法开挖

地下洞室开挖最常用的方法仍是钻孔爆破法,在已学习过第二章爆破工程施工中主要介绍露天开阔空间的台阶钻孔爆破法的基础上,本节补充介绍在地下狭窄空间的爆破施工方法——洞室钻孔爆破法。其主要工序有钻孔、装药、堵塞、起爆、通风散烟、安全检查、支护、出渣等。每一次钻孔到完成爆破出渣,通常称为一个作业循环。施工前,要根据设计图纸、地质条件、爆破器材性能及凿岩机械设备性能等条件进行钻爆设计。设计内容包括钻孔作业布置及设备、炮孔种类及布置、单位耗药量及装药量、炮孔数目及钻孔深度的确定、有关钻爆参数的选择、起爆方式及网路设计等。其中,钻孔作业是钻爆施工中的关键工作,其作业时间通常约占一个作业循环的1/2,费用约占总费用的25%。

一、炮孔种类及做法

钻爆法的炮孔按其所在的位置、爆破作用、布置方式和有关参数的不同可分为掏槽孔、周边孔和崩落孔(或称辅助孔)。

(一)掏槽孔

针对隧洞开挖爆破一般只有一个自由面的特点,为提高爆破效率,通常在开挖面的中央布置几个炮孔,爆破时首先起爆,在开挖面上炸出一个槽腔,为后续炮孔的爆破创造新的自由面。这些首先起爆的炮孔称为掏槽孔。

掏槽孔按其布孔形式的不同,一般可分为斜掏槽孔、直掏槽孔和混合掏槽孔三类。

1. 斜孔掏槽

斜孔掏槽是指掏槽孔方向与工作面斜交的掏槽方法,斜孔掏槽方式有楔形掏槽和锥形掏槽。

1)楔形掏槽

通常由两排相对称的倾斜炮孔组成,爆破后形成楔形槽[见图6-12(a)]。楔形掏槽可分为垂直楔形掏槽和水平楔形掏槽两种。楔形掏槽孔的倾角一般为55°~80°,孔底距离一般为0.1~0.3 m。

2)锥形掏槽

各掏槽孔以相等或近似相等的角度向工作面中心轴线倾斜,孔底趋于集中,但互相并不贯通,爆后形成锥形槽。炮孔倾角(炮孔与开挖掌子面的最小夹角)一般为60°~70°,孔底距离为0.2~0.4 m,孔数3~6个,通常呈三角锥形、正锥形和圆锥形[见图6-12(b)]。

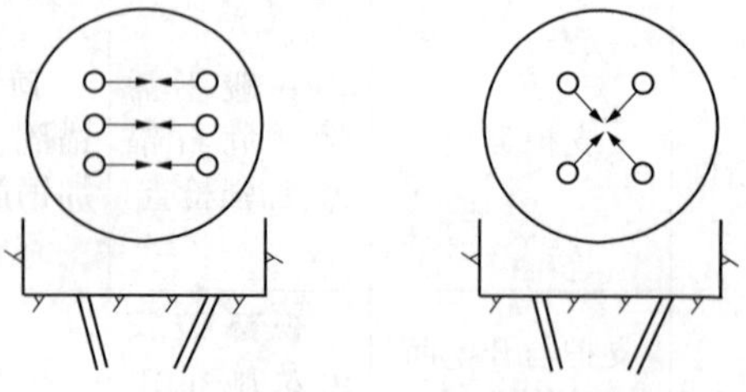

(a)楔形掏槽 (b)锥形掏槽

图6-12 各种斜孔掏槽示意图

2. 直孔掏槽

直孔掏槽是指所有掏槽孔均垂直于工作面,炮孔之间相距较近且保持互相平行,其中有一个或数个不装药的空孔作为装药炮孔爆破时的辅助自由面。直孔掏槽方式主要有龟裂(一字形)掏槽、桶形掏槽和螺旋形掏槽。表6-2为部分工程直孔掏槽主要参数。

表6-2 部分工程直孔掏槽主要参数

工程名称	岩性	孔深/m	炮孔直径/mm	药卷直径/mm	炮孔间距/m	装药量/(kg/孔)	平均循环进尺/m	炮孔利用系数/%
隔河岩引水隧洞	石灰岩、页岩	4.5	45	32	0.25~0.3	3.0	3.7	82
三峡茅坪溪泄水隧洞	花岗岩	4.0	45	32	0.2	2.7	3.3	82
天生桥一级引水隧洞	泥岩、砂岩	3.0	50	32	0.3	2.4~2.5	2.0	67
广蓄引水隧洞	花岗岩、片麻岩	4.5	48	43	0.2	5.25	4.0	89

1)龟裂掏槽

掏槽孔布置在一条直线上,彼此间严格平行,装药孔与空孔间隔布置,爆破后形成一条横缝,为崩落孔创造自由面。龟裂掏槽一般由5~9个炮孔组成,间距为10~20 cm。

2)桶形掏槽

桶形掏槽又称角柱形掏槽,各掏槽孔互相平行且呈对称形式(有些也可布置成非对称形式),空孔直径可与装药孔相同,也可采用直径为75~100 mm的大直径空孔,以增大自由面的作用[见图6-13(a)]。桶形掏槽装药孔的装药长度一般不小于炮孔深度的90%,第一响炮孔到空孔的距离应不大于1.5倍空孔直径。

3）螺旋形掏槽

螺旋形掏槽是由桶形掏槽发展而来的，其特点是各装药孔至空孔的距离依次递增，呈螺旋线布置，并由近及远顺序起爆［见图6-13（b）］。它能充分利用自由面，扩大掏槽效果。在此基础上又发展了双螺旋形掏槽。

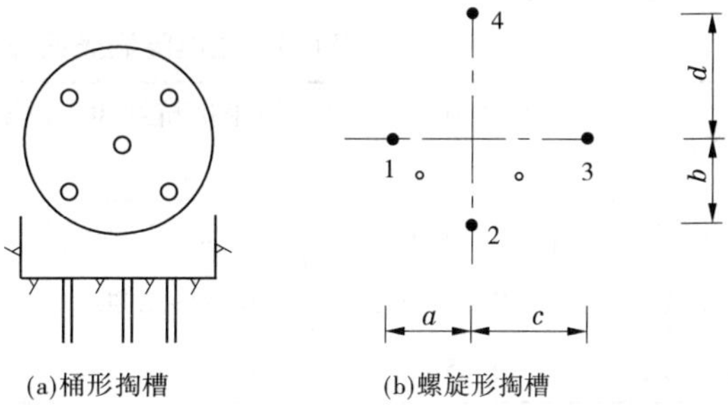

•—装药孔；1，2，3，4—起爆顺序；
◦—空孔；a,b,c,d—数值依次递增。

图6-13　直孔掏槽示意图

斜孔掏槽的优点是所需掏槽孔数少，掏槽体积大，易将岩石抛出，有利于其他炮孔的爆破；缺点是掏槽孔深度受到隧洞断面限制，因而影响到每个掘进循环的进尺。

直孔掏槽的优点是孔深不受隧洞断面限制，可进行较深炮孔的爆破，加大一个掘进循环的进尺，便于凿岩台车钻孔或多台风钻同时钻孔，钻孔方向好掌握，操作方便；缺点是掏槽体积小，需掏槽孔数较多。

（二）周边孔

沿隧洞设计轮廓布置的炮孔称为周边孔。其作用是炸出较平整的隧洞断面轮廓，减少超欠挖。具体方法有预裂爆破和光面爆破（原理见第二章）。

1. 预裂爆破

先行的预裂爆破可以降低崩落孔爆破对围岩的破坏，适用于稳定性较差、控制要求较严的软弱围岩开挖，如大断面洞室分台阶的下部岩体开挖和有特殊轮廓要求的关键部位开挖。但预裂爆破孔距比光面爆破的小，要相应地增加炮孔数量，增大钻孔工程量，且较难控制。

2. 光面爆破

光面爆破是一种控制岩体开挖轮廓的爆破技术。其特点是密孔小药量、滞后于掏槽孔和崩落孔起爆。光面爆破易于掌握、技术成熟，故广泛应用于地下建筑物开挖爆破中。下面介绍常用的周边孔光面爆破。

光面爆破的爆破参数包括周边孔间距 a、最小抵抗线 W、炮孔密集系数 m、不耦合系数 k、炸药类型和装药结构等。

1）周边孔间距 a（m）

周边孔间距 a 是控制开挖轮廓面平整程度的基本因素，根据工程经验，光面爆破的炮孔间距 a 与炮孔直径 d（m）的关系为

$$a=(10\sim18)d \tag{6-2}$$

2）炮孔密集系数 m 和最小抵抗线 W（m）

炮孔密集系数 m 为周边孔间距 a 与最小抵抗线 W 的比值，即

$$m=\frac{a}{W} \tag{6-3}$$

瑞典隧洞光面爆破参数一般参考值见表6-3。朗格福尔斯建议取 $m=0.5\sim0.8$ 时得

到的平整度较好。

表 6-3　瑞典隧洞光面爆破参数一般参考值

围岩条件	周边孔间距 a/m	最小抵抗线 W/m	线装药密度 Q_x/(kg/m)	适用条件
坚硬岩	0.55~0.70	0.60~0.80	0.30~0.35	炮孔直径 d 为 40~50 mm,药卷直径为 20~50 mm,炮孔深度为 1.0~3.5 m
中硬岩	0.45~0.65	0.60~0.80	0.20~0.30	
软岩	0.35~0.50	0.40~0.60	0.08~0.12	

(三)崩落孔

布置在掏槽孔与周边孔之间的炮孔称为崩落孔。其作用是扩大掏槽孔炸出的槽腔,崩落开挖面上的大部分岩石,同时为周边孔光面爆破创造自由面。崩落孔的布置主要是确定炮孔间距和最小抵抗线。炮孔间距和最小抵抗线根据岩石强度和炸药爆炸性能,由现场生产试验确定。若使用国产 2 号岩石硝铵炸药,崩落孔间距的经验值见表 6-4。

表 6-4　崩落孔间距经验值　　单位:cm

岩性	软岩	中硬岩	坚硬岩	特硬岩
孔间距	100~120	80~100	60~80	50~60

二、隧洞爆破的参数设计

(一)炮孔直径

炮孔直径对凿岩生产率、炮孔数目、单位体积耗药量和洞壁的平整程度均有影响。必须根据岩性、凿岩设备和工具、炸药性能等综合分析,合理选用孔径。一般隧洞开挖爆破的炮孔直径为 32~50 mm,药卷与孔壁之间的间隙一般为炮孔直径的 10%~15%。

(二)炮孔深度

合适的炮孔深度有助于提高掘进速度和炮孔利用率。炮孔深度一般根据下列因素确定:

(1)围岩的岩性;

(2)凿岩机允许钻孔长度、操作技术条件和钻孔技术水平;

(3)循环施工的要求。

一般可根据经验和工程类比确定钻孔深度。对于大中断面水工隧洞开挖,Ⅰ~Ⅱ类围岩条件下,钻孔深度为 3~4.5 m,Ⅲ~Ⅳ类围岩条件下,钻孔深度为 2~3 m。对于小断面隧洞,钻孔深度一般为 1.2~2.0 m。

(三)单位体积耗药量

爆破单位体积岩体耗用炸药量取决于岩性、开挖断面面积、炮孔直径和炮孔深度等各种因素,目前尚无完善的理论计算方法。一般可根据工程类比进行初步估算。表 6-5、表 6-6 给出了隧洞开挖爆破所需的单位耗药量参考值和国内部分水工隧洞开挖爆破参数。

表 6-5　隧洞开挖爆破所需的单位耗药量参考值　单位:kg/m³

开挖断面面积/m^2	围岩类型			
	Ⅰ	Ⅱ～Ⅲ	Ⅲ～Ⅳ	Ⅳ～Ⅴ
4～6	2.9	2.3	1.8	1.6
7～9	2.5	2.0	1.6	1.3
10～12	2.25	1.8	1.5	1.2
13～15	2.1	1.7	1.4	1.2
16～20	2.0	1.6	1.3	1.1
40～43	1.4	1.1		

表 6-6　国内部分水工隧洞开挖爆破参数

项目	隔河岩电站引水洞	三峡茅坪溪泄水洞	广蓄电站引水洞	广蓄电站尾水洞	广蓄电站交通洞
围岩岩性	石灰岩、页岩	花岗岩	花岗片麻岩	花岗片麻岩	花岗片麻岩
断面面积/m^2	100	68(上半部)	81.7	83.8	48.3
开挖方式	全断面	全断面	全断面	全断面	全断面
炮孔个数/个	200～220	149	197	166	118
炮孔密度/(个/m^2)	2.0～2.2	2.2	2.4	2.0	2.48
单位耗药量/(kg/m^3)	1.35～1.5	1.25	1.8	1.2	1.43

(四)每一循环总装药量

每一循环总装药量目前多采用体积公式计算,即

$$Q=qLs \tag{6-4}$$

式中　Q——一个循环的总装药量,kg;

q——爆破每立方米岩石所需的炸药量,kg/m^3;

L——炮孔深度,m;

s——开挖断面面积,m^2。

(五)炮孔数量确定

炮孔数量主要与开挖断面、炮孔直径、岩石性质和炸药性能有关。炮孔数量过少会影响爆破效果;过多会增加钻孔工作量,从而影响掘进速度。其确定原则应是炮孔数量正好容纳一次爆破循环的总装药量,用公式表示为

$$N=\frac{qLs}{L\alpha Q_x}=\frac{qs}{\alpha Q_x} \tag{6-5}$$

式中　N——炮孔数量,个,不包括不装药的掏槽部位的空孔数;

L——炮孔长度,m;

s——开挖断面面积,m^2;

α——炮孔装药系数,即装药长度与炮孔全长的比值,可参考表 6-7 取值;

Q_x——炸药的线装药密度,kg/m,可参考表 6-8 取值。

表 6-7　炮孔装药系数 α 值

炮孔名称	围岩类型			
	Ⅰ	Ⅱ	Ⅲ	Ⅳ、Ⅴ
掏槽孔	0.65~0.80	0.60	0.55	0.50
周边孔	0.60~0.75	0.55	0.45	0.40
崩落孔	0.55~0.70	0.50	0.45	0.40

表 6-8　2 号岩石铵梯炸药的线装药密度值

药卷直径/mm	32	35	38	40	45	50
Q_x/(kg/m)	0.78	0.96	1.10	1.25	1.59	1.90

(六)总装药量的分配

每一循环总装药量计算出来后,即可进行分配。根据炮孔不同的分区位置,不同的作用,需要不同的装药量。

1. 掏槽孔装药量

$$q_{cut}=(1.15\sim1.25)\frac{Q}{N} \tag{6-6}$$

式中　q_{cut}——掏槽孔平均每孔装药量,kg/孔;

Q——每一循环进尺的炸药用量,kg;

N——开挖断面上的总装药孔数,个。

2. 周边孔装药量

$$q_p=(0.5\sim0.9)aWL_pq \tag{6-7}$$

式中　q_p——周边孔平均每孔装药量,kg/孔;

a——周边孔间距,m;

W——周边孔的最小抵抗线,m;

L_p——周边孔的孔深,m;

q——单位耗药量,kg/m³。

3. 崩落孔装药量

$$q_n=\frac{Q-(q_{cut}N_{cut}+q_pN_p)}{N-(N_{cut}+N_p)} \tag{6-8}$$

式中　q_n——崩落孔平均每孔装药量,kg/孔;

N_{cut}——掏槽孔数,个;

N_p——周边孔数,个;

其他符号意义同前。

三、钻孔爆破法作业顺序

(一)准备工作

钻孔前应做好充分准备，钻孔机械一旦投入工作，就要连续运转，直到钻孔结束。钻孔准备工作包括工作面清理、风水电干线的延长及钻孔机械零部件的配备等。

(二)炮孔布置

一般按先布置掏槽孔，再布置周边孔，最后布置崩落孔的顺序布置炮孔。

掏槽孔一般应布置在开挖面中央偏下部位，其深度应比其他孔深 15~20 cm。为爆出平整的开挖面，除掏槽孔和底板炮孔外，所有掘进孔底应落在同一平面上。底板炮孔深度一般与掏槽孔相同。

周边孔应严格按照设计位置布置。断面拐角处应布置炮孔。为满足机械钻孔需要和减少超欠挖，周边孔设计位置应考虑 0.03~0.05 的外插斜率，并应使前后两循环炮孔的衔接锯齿形的齿高最小。锯齿高一般不应大于 15 cm。

崩落孔应在整个断面上均匀布置，一般其抵抗线为炮孔间距的 60%~80%。当炮孔深度超过 2.5 cm 时，靠近周边孔的内圈崩落孔应与周边孔有相同的倾角。

(三)钻孔

钻孔应尽可能地选用高效率的钻孔机械和设备来完成。近 20 年来，钻孔机械发展迅速，特别是液压凿岩台车已得到普及。我国除小型隧洞仍采用手风钻钻孔开挖外，大、中型隧洞大部分已采用液压凿岩台车钻孔(见图 6-14)。液压凿岩台车操作方便，钻孔速度快，每分钟进尺 1.8~2.0 m，大大提高了隧洞开挖速度，改善了钻孔作业环境。

图 6-14　液压凿岩台车

(四)装药起爆

钻孔结束，按钻爆设计的要求装药、堵塞和连接引爆线路。这些工作应由专业炮工来完成，以确保质量和安全。通过检查确认引爆线路连接正确，人员设备已撤离到安全区域以后，方可起爆。

只有采用正确的起爆顺序才能达到理想的爆破效果。正确的起爆顺序是先爆的炮孔应为后爆的炮孔减小岩石的夹制作用和增大自由面创造更好的爆破条件。即应先爆掏槽孔，后爆崩落孔，再爆底板孔、侧墙孔、顶拱孔。目前，在无瓦斯与煤尘爆炸危险的水工洞室中进行爆破开挖，多采用塑料导爆管起爆系统起爆。

(五)出渣运输

出渣运输作业约占洞室开挖作业循环时间的 50%。组织好高效有序的出渣运输作业,对地下工程快速施工十分重要。

平洞出渣可分为有轨(轨道式)和无轨(轮胎式或履带式)两大类。表 6-9 为出渣工作主要配套设备。

表 6-9　出渣工作主要配套设备

类别	装载设备	运输设备	
		运输设备	牵引设备
有轨	(1)铲斗式装载机(电动或风动); (2)带运输机的铲斗装载机(电动或风动); (3)立爪式装载机、耙渣机(电动或风动)	(1)矿车:V 形斗车,侧卸矿车,底卸矿车; (2)梭车; (3)槽式列车	(1)蓄电池式电动机车; (2)架线电动车; (3)内燃机车
无轨	(1)轮胎式铲斗装载机(电动或风动); (2)轮胎式立爪装载机(内燃、电动、风动); (3)轮胎式或履带式装载机(内燃、前卸、后卸、三向卸); (4)缆索或液压式短臂挖掘机(自行或驮行,内燃或电动); (5)轮胎式自行装岩运输机(内燃、后卸、双向行驶)	(1)装运机(风动),双向短距离自行; (2)轮胎式梭车(内燃),双向自行; (3)自卸汽车(内燃,刚性底盘或铰接式底盘)后卸、倒卸或底卸,单向行驶或双向行驶	

出渣运输设备常见的配套方式有以下几种:

(1)棚架漏斗装渣,机车牵引斗车出渣(见图 6-15)。该法适用于机械化程度不高的场合。

(2)装岩机装渣,机车牵引斗车或矿车出渣。该法适用于小断面的平洞、施工支洞、导洞或大断面分部开挖的平洞。

图 6-15　棚架漏斗出渣井

采用有轨运输出渣,洞内宜设双车道;当用单车道时,应设错车线,其有效长度应符合最长车组的要求。线路要求和行车规则详见窄轨道的有关规定。表 6-10 的资料可供参考。

道路的要求应符合矿山道路的规定,行车密度小于 25 辆/h,行车速度一般为 25 km/h,在作业区范围内为 10 km/h。

(六)临时支护

洞室开挖以后,应避免围岩出现有害的松弛。为了预防塌方或松动掉块,发生事故,应根据地质条件、洞室断面、开挖方法和暴露时间等因素,对开挖出来的空间进行必要的临时性支护。只有当岩层坚硬完整,经地质鉴定后,才可以不设临时支护。

表 6-10　窄轨运输线路和行车要求

项目	要求
曲线半径	洞内≥7d,洞外≥10d(d 为机车的轴距,m)
纵坡	线路 2‰~3‰,会车编组站≤5‰,卸渣线终端上坡道≤10‰
安全净距	双车道两列车间距≥20 cm,与洞壁或支撑间净距≥20 cm
人行道宽度	单车道≥70 cm,乘人车停车处≥100 cm
行车速度	洞内≤10 km/h,通过弯道、道岔≤8 km/h,调车或人员稠密地段 3 km/h(人行速度)
同向列车间距	≥50 m

临时支护与开挖面之间的距离和时间间隔取决于地质条件和施工方法等因素,一般要求在开挖之后,围岩变形松动到足以破坏之前安设完毕,尽可能做到随开挖随支护。在松软岩层中,支护应尽量靠近开挖面;在良好的岩层中,支护距开挖面可以远一些。

临时支护的形式很多,有木支护、钢支护、预制混凝土或钢筋混凝土支护、喷混凝土和锚杆支护等。可根据地质条件、材料来源、安全经济等要求进行选择。

临时支护应具有足够的强度和稳定性,能适应围岩松动变形、掉块,爆破振动等情况。

此外,临时支护要结构简单,便于就地安装和拆除,不过分占用洞室和空间。预计难以拆除的支护,应采用喷锚支护或钢支撑,且安设在衬砌断面以外,不影响永久衬砌的施工。

第四节　掘进机开挖岩体中隧洞的施工

掘进机又称全断面岩石掘进机(TBM),被称为“世界工程机械之王”、工程机械中的“航空母舰”,它是集隧洞掘进、出渣、拼装、衬砌、导向纠偏功能于一体的综合机械,广泛应用于引水隧洞工程的特大型专用工程设备。全断面岩石掘进机具有安全、快速、高效、不受气候影响、有利于环境保护和降低劳动强度等特点,可实现绿色施工,且安全保障程度高,成为隧洞施工的主流技术和发展方向。

一、掘进机的发展与应用

全断面岩石掘进机是 20 世纪 50 年代初在美国发展起来的地下工程施工机械,70 年代日趋成熟,至今已成为一种具有高科技水平的隧洞施工机械。在国外使用 TBM 掘进隧洞已很普遍,多用于 3 km 以上的长洞。例如,连接英法两国的英吉利海峡隧道,三条洞总长 150 km(单洞长 50 km),采用 11 台掘进机施工,只用了三年半便全部贯通,创造了月掘进 1 487 m 的纪录。

我国从 20 世纪 60 年代起开始研制掘进机,1966 年制造出第一台全断面硬岩 TBM,直径 3. 5 m。20 世纪 90 年代,我国将 TBM 推广应用到引水隧道、铁路隧道及交通隧道等隧道工程中。2002 年我国首个国家级盾构产业化基地在河南新乡落成,正式掀开了我国掘进机产业研发的新篇章。2014 年,国产首台大直径全断面硬岩隧道掘进机(敞开式

TBM)在长沙下线,标志着我国在大型高端装备制造领域已取得了重大突破。2015年,国产首台单护盾岩石隧道掘进机(TBM)"领航一号"在重庆成功始发;我国首台双护盾硬岩全断面隧道掘进机(TBM)"新水源一号"在长沙下线,填补我国双护盾硬岩TBM研制的空白。2016年,我国首台双X撑靴式TBM在郑州下线,标志着我国隧道掘进机研制和产业化水平已经达到世界领先水平。掘进机在我国广泛应用于水利、电力、铁路、煤炭、矿山、交通及城市地下工程等。例如,引大入秦、引黄入晋、滇中引水工程均采用了TBM施工,并创造了月最高进尺1 637 m的纪录。

二、掘进机的基本结构及工作原理

全断面隧洞掘进机可按用户不同的要求,针对不同的地质条件设计不同形式及不同断面尺寸的掘进机。它是按不同断面尺寸,将刀具布置在切割机构(刀盘)上,通过刀具的公转与自转破碎岩石,并实现装渣、出渣、支护、衬砌、回填灌浆等工序的平行连续流水作业的综合机械设备。其施工工艺见图6-16。

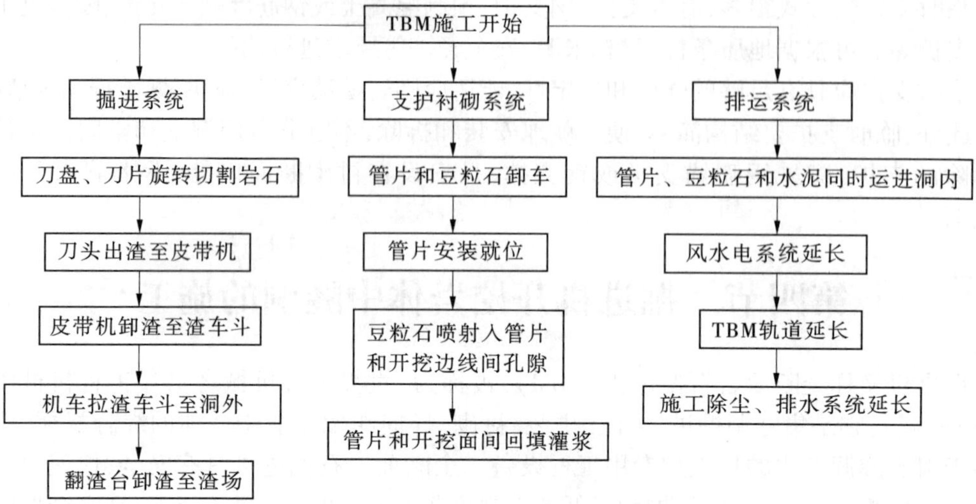

图6-16　TBM施工工艺

(一)基本结构

掘进机由主机和配套系统两大部分组成。主机用于破岩、装载、转载;配套系统用于出渣、支护、衬砌、回填、灌浆等。

主机由切割机构(刀盘)、传动系统、支撑和掘进机构、机架、出渣运输机构和操作室组成。

配套系统主要包括运渣运料系统、支护装置、激光导向系统、供电系统、安全装置、供水系统、通风防尘系统、排水系统、注浆系统等。

(二)基本工作原理

根据破碎岩石的基本工作原理,掘进机可分为滚压式和切削式两类。

(1)滚压式。主要靠机械推动力,使装在刀盘上的滚刀旋转和顶推,用挤压和切割的联合作用破碎岩体。

(2)切削式。借助于安装在刀盘上若干个削刀的剪切作用破碎岩石。

现以上海水工机械厂制造的直径为 5.5 m 的滚压式掘进机为例,说明其构造与工作情况(见图 6-17)。

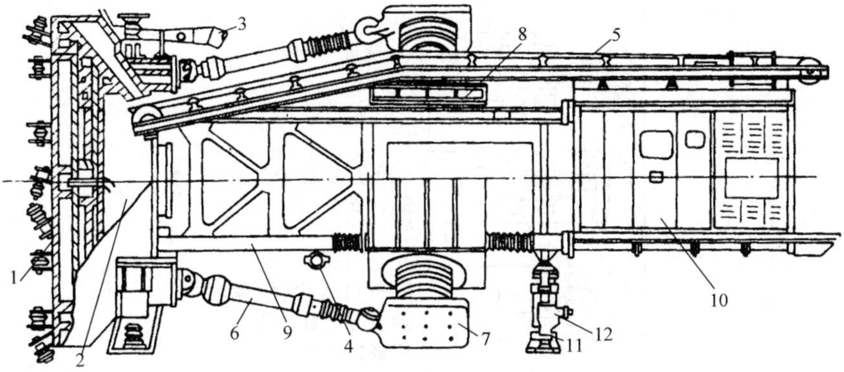

1—刀盘;2—传动导向机构;3—吸尘及水路系统;4—齿轮箱润滑系统;5—出料皮带机;6—推进液压机;7—支撑铰座;8—套架;9—机架;10—机房;11—后支撑液压缸;12—辅助千斤顶。

图 6-17　直径 5.5 m 液压式掘进机构造

掘进机由刀盘、机架、推进缸、套架、支撑缸、皮带机及机房等组成。

刀盘上装有中心刀 3 把、正刀 33 把和边刀 8 把,三种刀共计 44 把,按不同圆心距装在刀盘上。滚刀的刀刃由九铬二钼合金钢制成,装在用钢板制成的刀架上。刀盘通过固定在机架上的三台同步电机和变速箱驱动,机架通过轴承与刀盘相连。掘进时,推进缸给刀盘施加压力,缸体的另一端铰接在支撑脚座上,刀盘前进时带动全部机架一起在套架中间向前滑动。

套架外部有四个液压缸支撑脚座,通过油泵向缸内打油,使脚座与岩壁撑紧,以保证掘进机正常工作。推进缸的最大行程为 1.0 m,但一般工作时,推进缸每推进 0.92 m,即完成一个循环行程。每个行程结束后需将机架尾部下面的支撑缸打油顶起,以保证机架稳定不动,再将四个支撑缸回油,收回支撑脚座,同时将推进缸反向打油(此时刀盘和机架固定不动),驱使套架带动四个支撑缸在机架导轨上向前平稳滑动。套架完成 0.92 m 行程后,再向支撑缸重新压油,使脚座和洞壁撑紧,松开机架尾部的支撑后,继续使掘进机向前推进,进行下一个循环掘进。

滚刀破碎的片状石渣,由安装在刀盘上的铲斗铲起,转至顶部通过骨料斗卸在皮带机上,将石渣运至机尾,卸入其他运输设备,送至洞外。为了避免粉尘危害,掘进机头部装有喷水及吸尘设备,在掘进过程中连续喷水、吸尘。

掘进机的型号很多,但工作循环则大同小异。图 6-18 为掘进机的工作循环示意图。

三、掘进机的分类

TBM 掘进技术经过近半个世纪的发展完善,目前已成熟。掘进机按不同功能、要求划分的种类繁多,其分类如下。

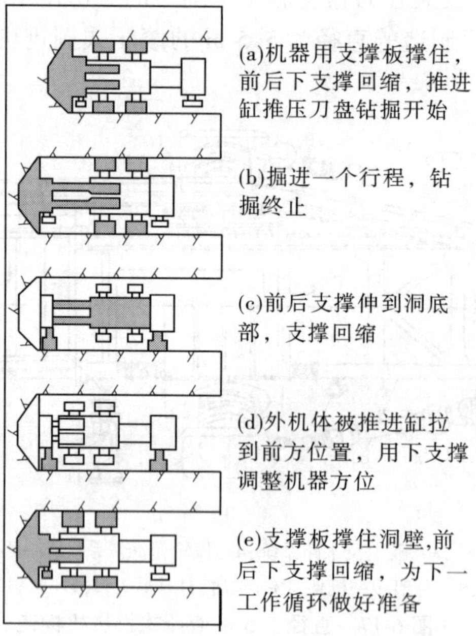

图 6-18　掘进机的工作循环示意图

(一) 以围岩地质条件划分

1. 硬岩掘进机

硬岩掘进机也叫开敞式掘进机,掘进机的各种设备直接暴露在围岩当中。横向支撑作用于围岩上,岩壁提供前进的支撑力,依靠滚刀的滚压来破碎岩石。其适用于比较完整的岩石。

2. 软岩掘进机

软岩掘进机适用于松软及含水地层,整个机器设备处在坚固的钢筒(护盾)和衬砌内。盾构机则是典型的软岩掘进机。

3. 复合掘进机

由于长隧洞岩层地质条件比较复杂,要求掘进机既适应软岩,又适合硬岩,典型的就是双护盾掘进机。

(二) 以护盾形式划分

以护盾形式划分为开敞式掘进机、单护盾掘进机、双护盾掘进机、多护盾掘进机、盾构掘进机。

(三) 以掘进机直径大小划分

以掘进机直径大小划分为微型掘进机(0.3~1.0 m)、小型掘进机(1.0~3.0 m)、中型掘进机(3.0~8.0 m)、大型掘进机(>8.0 m)。

(四) 以开挖断面形状划分

以开挖断面形状划分为单圆形断面的掘进机、双圆形断面的掘进机、多圆形断面的掘进机、不规则断面的掘进机。

(五)以隧洞底坡坡度划分

以隧洞底坡坡度划分为平洞掘进机、竖井掘进机、斜井掘进机。

四、掘进机的优缺点

(一)掘进机的优点

(1)快速。掘进机可以实施连续掘进,能同时完成破岩、出渣、支护(衬砌)等作业,对围岩的适应性强,在抗压强度5~300 MPa的岩体中掘进速度比钻爆法快50%左右。

(2)优质。掘进机实施机械破岩,避免了爆破作业,成洞周围岩层不受爆破振动而破坏,洞壁完整光滑,开挖后糙率一般为0.019,而钻爆法$n=0.333$;超挖量小,一般小于开挖断面面积的5%,而钻爆法常大于20%。分析表明,与钻爆法相比,由于糙率小,水头损失也小,过水断面可减少30%左右;超挖量小,可节省支护衬砌量50%左右。

(3)经济。掘进机施工长隧洞,减少了用钻爆法进行长洞开挖所需的支洞,相应地减少了各种临时建筑设施,交通道路,风、水、电设施等投资;由于超挖量小,可节省大量衬砌费用;掘进机施工速度快,缩短了工期,极大地提高了经济效益和社会效益。

(4)安全。由于掘进机开挖与衬砌完全在局部或整体护盾内进行,杜绝了围岩掉块、塌方引起的安全事故,避免了爆破施工可能造成的人员伤亡,事故大大减少。对围岩扰动小,抑制了岩爆。

(5)改善劳动条件。掘进机采用电力驱动,无爆破后的烟尘废气,而且掘进机自身具有完善的通风除尘系统,解决了长隧洞施工通风的困难问题。工作区环境良好,对人体健康无不良影响,改善了劳动条件,减轻了体力劳动量。

(二)掘进机的缺点

(1)设备较贵,初期投资大。当洞长较短时,采用掘进机施工并不经济。美国和挪威等国的实践经验表明,长度大于直径600倍的长隧洞使用掘进机比较经济合理。

例如,美国路易斯水工隧洞,洞径2.4 m,在相同施工条件下掘进机的施工费用约为钻爆法的88%,而设备费用却为钻爆法的3~4倍。

(2)不适于变洞径施工。掘进机直径目前可由1.2 m到12 m,对于一定的掘进机设备,其洞径变化范围不能超过±10%。

(3)要求隧洞转弯半径大。因为整套掘进机机身较长,一般为16~20 m,加之机后连接的辅助设备,限制了转弯半径不能低于150~450 m。

(4)不适于地质条件复杂、变化大的岩层。有大规模岩溶、涌水、断层等,掘进机难以发挥其优势;坚硬多节理的岩体对掘进机工作不利,速度减慢,刀具磨损严重。

(5)运输及维修工作复杂。掘进机设备大、长、重,运输安装要有大型设备配合,刀具更换、电缆延伸、机器调整等辅助工作占时较长,机械的使用率只有50%左右,而且一旦机器发生故障,就会影响全部工程施工。

五、TBM施工准备工作

(1)建成场内主要交通道路,平整掘进机的组装场,修建检修间。

(2)掘进机运输和组装。因掘进机重达数百吨,需拆开运输,一般采用大型拖车可满足大件运输要求。每组装一台掘进机需 30~60 d。

(3)准备掘进机工作面。通常要用钻爆法开挖洞口,并向前开挖一段隧洞,开挖出的这段隧洞长度要大于掘进机刀盘到支撑板后缘的距离。修平掌子面,并将隧洞边墙和底板衬砌好,作为支撑掘进机的支撑板。若洞口有条件浇筑相同长度的混凝土导墙,可以不开挖这段隧洞。

(4)建立风、水、电系统。①供水。设备冷却水一般要求水压为 0.15~0.2 MPa,刀盘要求高压喷水为 0.6~1.0 MPa。耗水量按机械性能或按单位时间最大破岩体积的 10%~20%估计。②供电。掘进机本身附有变压器,供应主机、出渣带式输送机、排水泵、除尘等辅助设备动力,以及作业区的照明用电。主机的供电电压一般为 6 kV。其他供电与一般隧洞施工方法相同。③通风除尘。通风可采用吸出式、压入式或混合式。

掘进机刀盘上开挖产生的粉尘主要靠喷水,使掌子面粉尘湿润沉降。另外,利用橡胶密封的挡尘板,将工作面与人的活动区域分开,减少粉尘浓度,并采取通风使空气中有害物质浓度降低至允许范围。

通风量按式(6-9)计算:

$$Q_0 = Av \tag{6-9}$$

式中 Q_0——通风量,m^3/s;

A——隧洞断面面积,m^2;

v——排尘风速,0.5~1.0 m/s。

采用压入式通风方式时,风量应大于吸出式通风量的 20%。

(5)筹建混凝土管片预制厂(仅对盾构掘进机)。需要时可选择靠洞口附近布置管片预制厂,内设混凝土拌和厂、水泥库、钢筋加工厂、空压站、锅炉房和蒸汽养护室等。

六、掘进机掘进技术的发展趋势

从钻爆法技术发展到 TBM 掘进技术,其发展的动力是源于人们对快速、安全、文明隧洞施工的追求。同样,TBM 掘进技术的未来也将以此为动力而得到发展。因此,未来的掘进机应该在功能、造价、自动化程度及使用灵活性等方面优于目前的掘进机。

从目前的发展趋势来看,TBM 掘进机可能走向两极化:一是造价低廉、功能单一,适用于单一地质条件的掘进机;二是造价昂贵,适用于复杂地质条件的多功能掘进机。

从隧洞衬砌方面来看,目前与 TBM 掘进技术(仅对盾构掘进机)相配套的主要是预制混凝土管片衬砌技术,这是目前在隧洞需要加强支护条件下保证掘进机快速掘进的主要手段。但是,管片支护中存在接缝多、错台大等问题,虽然通过增加导向杆、连接销等辅助件,能在很大程度上限制错台,但接缝问题很难从根本上得到解决。将来除在解决接缝问题上想办法外,还可能从挤压混凝土技术上有所突破,也就是在混凝土中掺入钢纤维,采用泵送混凝土的办法,将钢纤维混凝土直接送到围岩与模板之间,从而将 TBM 掘进技术与现浇混凝土技术相结合,最终从根本上解决管片接缝问题。

第五节　盾构机开挖土体中隧洞的施工

一、盾构施工法

盾构施工法是在土体中暗挖隧洞的一种施工方法,它使用盾构机在地下掘进,在防止软基开挖面崩塌或保持开挖面稳定的同时,在机内安全地进行隧洞的开挖和衬砌作业。其施工过程需先在隧洞某段的一端开挖竖井或基坑,将盾构机吊入安装,盾构机从竖井或基坑的墙壁开孔处开始掘进,并沿设计洞线推进直至到达洞线中的另一竖井或隧洞的端点。

选择盾构施工法时,详细地比较各种盾构施工法的特征是关键。其中,选择适合土质条件并确保工作面稳定的盾构机种及合理辅助施工法最重要。所以,盾构机的选型原则是因地制宜,尽量提高机械化程度,减少对环境的影响。

盾构是盾构机的简称,全名叫盾构隧道掘进机(Tunnel Boring Machine),是一种隧道掘进的专用工程机械,是一个横断面外形与隧道横断面外形相同、尺寸稍大、利用回旋刀具开挖、内藏排土机具、自身设有保护外壳,用于暗挖隧道的机械。

二、盾构机的原理

盾构机的基本工作原理,就是一个圆柱体的钢结构组件沿隧洞轴线边向前推进边对土壤进行挖掘。该圆柱体组件的壳体即护盾,它对挖掘出的还未衬砌的隧洞段起着临时支撑的作用,承受周围土层的压力,有时还承受地下水压及将地下水挡在外面。挖掘、排土、衬砌等作业在护盾的掩护下进行。

三、盾构机的特点

用盾构机进行隧洞施工具有自动化程度高、节省人力、施工速度快、一次成洞、不受气候影响、开挖时可控制地面沉降、减少对地面建筑物的影响和在水下开挖时不影响水面交通等特点,在隧洞洞线较长、埋深较大的情况下,用盾构机施工更为经济合理。现代盾构掘进机集光、机、电、液、传感、信息技术于一体,具有开挖切削土体、输送土渣、拼装隧道衬砌、测量导向纠偏等功能,而且可按照不同的地质进行"量体裁衣"式的设计制造,可靠性要求极高。其广泛应用于地铁、铁路、公路、市政、水电等隧道工程。

四、盾构机的种类

盾构机可按盾构切削面的形状,盾构自身构造的特征、尺寸的大小、功能,挖掘土体的方式,掘削面的挡土形式,稳定掘削面的加压方式,施工方法,适用土质的状况等进行多种方式分类。下面我们按照盾构组合命名分类阐述。

(一)全敞开式盾构机

全敞开式盾构机的特点是掘削面敞露,故挖掘状态是干态状,所以出土效率高。适用于掘削面稳定性好的地层,对于自身稳定性差的冲积地层应辅以压气、降水、注浆加固等措施。

1. 手掘式盾构机

手掘式盾构机(手工掘削盾构机)的前面是敞开的,所以盾构的顶部装有防止掘削面顶端坍塌的活动前檐和使其伸缩的千斤顶。掘削面上每隔2~3 m设有一道工作平台,即分割间隔为2~3 m。另外,在支撑环柱上安装有正面支撑千斤顶。掘削面从上往下,掘削时按顺序调换正面支撑千斤顶,掘削下来的砂土从下部通过皮带传输机传输给出土台车。掘削工具多用鹤嘴锄、风镐、铁锹等。

2. 半机械式盾构机

半机械式盾构机是在手掘式盾构机的基础上安装掘土机械和出土装置,以代替人工作业。掘土装置有铲斗、掘削头及两者兼备三种形式。具体装备形式有:①铲斗、掘削头等装置设在掘削面的下部;②铲斗装在掘削面的上半部,掘削头装在下半部;③掘削头装在掘削面的中心;④铲斗装在掘削面的中心。

3. 机械式盾构机

机械式盾构机前部装有旋转刀盘,故掘削能力大增。掘削下来的砂土由装在掘削刀盘上的旋转铲斗经过斜槽送到输送机。由于掘削和排土连续进行,故工期缩短,作业人员减少。

(二)部分开放式盾构机

部分开放式盾构机即挤压式盾构机,构造简单、造价低。挤压式盾构机适用于流塑性高、无自立性的软黏土层和粉砂层。

1. 半挤压式盾构机

半挤压式盾构机(局部挤压式盾构机),在盾构的前端用胸板封闭以挡住土体,不致发生地层坍塌和水土涌入盾构内部的危险。盾构向前推进时,胸板挤压土层,土体从胸板上的局部开口处挤入盾构内,因此可不必开挖,使掘进效率提高,劳动条件改善。半挤压式盾构机又称为局部挤压式盾构机。

2. 全挤压式盾构机

在特殊条件下,可将胸板全部封闭而不开口放土,构成全挤压式盾构机。

3. 网格式盾构机

在挤压式盾构机的基础上加以改进,可形成一种胸板为网格的网格式盾构机。其构造是在盾构切口环的前端设置网格梁,与隔板组成许多小格子的胸板,借土的黏聚力,用网格胸板对开挖面土体起支撑作用。当盾构推进时,土体克服网格阻力从网格内挤入,把土体切成许多条状土块,在网格的后面设有提土转盘,将土块提升到盾构中心的刮板运输机上并运出盾构,然后装箱外运。

(三)封闭式盾构机

1. 泥水式盾构机

泥水式盾构机是通过加压泥水或泥浆(通常为膨润土悬浮液)来稳定开挖面,其刀盘后面有一个密封隔板,与开挖面之间形成泥水室,里面充满了泥浆,开挖土料与泥浆混合由泥浆泵输送到洞外分离厂,经分离后泥浆重复使用。

2. 土压式盾构机

土压式盾构机是把土料(必要时添加泡沫等对土壤进行改良)作为稳定开挖面的介质,刀盘后隔板与开挖面之间形成泥土室,刀盘旋转开挖使泥土料增加,再由螺旋输料器旋转将土料运出,泥土室内土压可由刀盘旋转开挖速度和螺旋输料器出土量(旋转速度)进行调节。它又可细分为削土加压盾构、加水土压盾构、加泥土压盾构和复合土压盾构。

五、盾构机的发展历程

盾构机问世至今已有 180 多年的历史,始于英国,发展于日本、德国。近 30 年来,通过对泥水式、土压式盾构机中的关键技术,如盾构机的有效密封,确保开挖面的稳定、控制地表隆起及塌陷在规定范围之内,刀具的使用寿命以及在密封条件下的刀具更换,一些恶劣地质如高水压条件的处理技术等方面的研究,使盾构机有了很快的发展。但盾构机技术仍有巨大的发展潜力。现在的盾构机几乎全是针对具体项目规范和地质条件而量身定做的。希望在不久的将来,能够实现盾构机设计的神圣目标:一台全球通用的机器,功能强大足以应付任何项目。这将从两个方面大大地降低费用:一是设计制造的标准化,二是推进二手机市场。材料科学的发展将能够制造功能更强、缺陷更少的切割刀具,使得机器可以运行数千米而无须更换刀具。最后,已经实现的对机器的地面遥控将普及在一些小型隧道上,从而节省为保证隧道内人员安全而采取的各种措施的费用。

第六节 新奥法与喷锚支护

一、新奥法

(一)新奥法的特点

新奥法是奥地利隧道工程新方法(New Austrian Tunneling Method,简称 NATM)的简称。新奥法以其突出的优越性,在其提出的 60 多年来,在理论研究和应用推广中获得了很大的发展。我国在 20 世纪 70 年代末引进该技术并在应用中取得了显著的成就。

传统的隧洞工程是采用刚度大的厚壁衬砌结构来承受围岩压力,开挖过程中采用木支撑或钢木支撑作为临时支护,从开挖到永久衬砌结束,需要经过较长的过程。新奥法则视岩体为具有弹性、塑性及黏性的连续介质,研究开挖过程中围岩的本构关系及与支护结构的相互作用。利用围岩的残余强度,发挥围岩自身及支护结构的联合稳定作用,注意开挖过程中支护的时间与空间效应,强调在适当时机支护的意义。

新奥法的支护结构一般包括一次支护及二次支护。一次支护一般为喷锚临时支护,二次支护一般为现浇混凝土衬砌,一次支护及二次支护构成永久支护。

新奥法的设计包括结构设计和施工设计两部分,两者又是紧密结合的。新奥法的设计主要采用工程类比法,在设计中将本工程的地质条件等情况与类似的已建工程进行对比分析,初步确定设计方案。在施工的全过程中,自始至终通过对围岩动态的量测监控,监视围岩是否安全稳定,确定适时的支护时间,并通过现场量测验证及修改完善设计方案。

(二)新奥法的基本原则

新奥法施工应符合岩石力学的原理,遵从岩体应力分布和变化的规律。现归纳如下:

(1)在隧洞开挖过程中,应尽量避免过多地破坏、扰动围岩,防止围岩松动。开挖后应适时地封闭开挖表面及支护,最佳时间是开挖后岩体产生了一定的变形,完成了初期的应力重分布。此时支护,将使支护承受较小的压力,进而可以简化支护结构。支护应该力求与围岩紧密联结,因此常用喷射混凝土的方法。

(2)围岩在未开挖时处于三维应力状态,在三维应力状态下围岩是稳定的。开挖使围岩成为二维应力状态,而在二维应力状态下的围岩强度是很低的,因此应尽量避免出现这种不利的应力状态。开挖后适时的支护可使开挖面受到侧向约束,恢复与保持围岩原来的三维应力状态,并在围岩内形成一个较小的支撑圈,与支护结构联合作用,使围岩达到新的稳定平衡。

(3)支护结构尺寸及支护时间通常需通过施工现场变形量测来确定。一般采用多点伸长法量测不同部位的围岩变位,并观测混凝土内部及混凝土与围岩接触面的应力,以及锚杆所承受的拉力等。通过观测可以确定洞室是否趋于稳定。

(4)选择合理的开挖方法并注意排水。

(三)新奥法的设计与施工

1. 设计

新奥法是利用黏性、弹性、塑性理论的研究成果,着眼于围岩变位的稳定来设计支护结构的。由于围岩条件及地质情况的复杂性,以及围岩稳定的多因素影响,目前对支护结构设计尚没有成熟的理论计算方法。工程中用工程类比法确定初选方案,然后通过现场变形量测进行完善和调整。

设计的内容主要包括根据隧洞的断面形状及尺寸,确定隧洞开挖的方式方法及主要机械设备、喷锚支护和现浇混凝土衬砌结构尺寸及施工方法、现场量测项目及实施方法。

2. 施工

(1)开挖。开挖可与支护交叉进行。

(2)一次支护。一次支护为喷锚支护,包括初喷混凝土、打锚杆、设置钢筋网、立钢拱架及复喷混凝土等工序。初喷混凝土厚度一般为3~5 cm,如设计的一次支护喷混凝土较厚,可采用多次复喷,每次复喷混凝土厚度为5~8 cm。

(3)二次支护。二次支护通常为现浇混凝土衬砌。二次支护一般不应承受围岩变位的荷载,因此应在一次支护基本稳定后实施,一般在完成一次支护3~6个月后进行。多数采用新奥法施工的水工隧洞,尤其是比较重要的永久工程都有二次支护。二次支护可以提高安全度、减小糙率,并起到防渗作用。

3. 现场量测

现场量测是新奥法确保工程安全、指导施工、修改完善设计的一个重要手段。

现场量测项目分为必测项目及选测项目。必测项目是新奥法的重点量测项目,包括隧洞内目测观察、内空变位量测、锚杆拉拔抗力量测、顶板下陷量测等,主要用以判断围岩稳定状态、判断支护结构的工作状态及指导设计施工,这类量测方法简单、费用少、作用很大。选测项目是有特殊需要时进行的补充量测,包括围岩内变位、锚杆轴向力、支护层应力、围岩压力及围岩物理力学性能等，主要用以判断围岩松动状态及喷锚支护效果，这类量测项目多而复杂、费用大，除有特殊量测任务的地段外，一般只选其中一些必不可少的项目进行，如锚杆轴向力量测，主要是了解锚杆中的应力分布状态，判断是否需要修改锚杆的设计长度及数量。

二、喷锚支护

喷锚支护的目的是维护围岩的稳定。喷混凝土的作用是封闭岩面和裂隙、防止岩体的风化、提高表层岩石的整体性；锚杆的作用则是提高深层岩石的整体性。表 6-11 为隧洞喷锚支护的类型及设计参数，可供设计参考。

表 6-11 隧洞喷锚支护类型及设计参数

围岩类型	隧洞跨度 B/m	
	$B\leq 5$	$5<B\leq 10$
Ⅰ	不支护	5 cm 厚喷射混凝土
Ⅱ	5 cm 厚喷射混凝土	(1)8~10 cm 厚喷射混凝土； (2)5 cm 厚喷射混凝土，设置 1.5~2.0 m 长的锚杆
Ⅲ	(1)8~10 cm 厚喷射混凝土； (2)5 cm 厚喷射混凝土，设置 1.5~2.0 m 长的锚杆	(1)12~15 cm 厚喷射混凝土，必要时配置钢筋网； (2)8~10 cm 厚喷射混凝土，设置 2.0~2.5 m 长的锚杆，必要时配置钢筋网
Ⅳ	8~10 cm 厚喷射混凝土，设置 1.5~2.0 m 长的锚杆	10~15 cm 厚钢筋网喷射混凝土，设置 2.0~2.5 m 长的锚杆，必要时采用仰拱
Ⅴ	12~15 cm 厚钢筋网喷射混凝土，设置 1.5~2.0 m 长的锚杆，必要时采用仰拱	15~20 cm 厚钢筋网喷射混凝土，设置 2.0~3.0 m 长的锚杆，采用仰拱，必要时加设钢架

三、锚杆与钢筋网支护

(一)锚杆的种类与形式

按照锚固机能，锚杆大致可分为以下几类：

(1)全黏结式
- 水泥浆全黏结式锚杆
- 水泥砂浆全黏式锚杆(砂浆锚杆)
- 树脂全黏结式锚杆

(2)端头锚固式
- 机械式内锚头锚杆
  - 楔缝式锚杆
  - 楔头式锚杆
  - 胀壳式锚杆
- 黏结式内锚头锚杆
  - 水泥砂浆内锚头锚杆
  - 快硬水泥卷内锚头锚杆
  - 树脂内锚头锚杆

(3)摩擦式
- 缝管式锚杆
- 楔管式锚杆

(4)预应力式
- 先张拉后灌浆预应力锚杆
- 先灌浆后张拉预应力锚杆

(5)混合式——同时具有上述四种形式中两种以上功能的锚杆。

各种类型锚杆构造如图 6-19 所示。

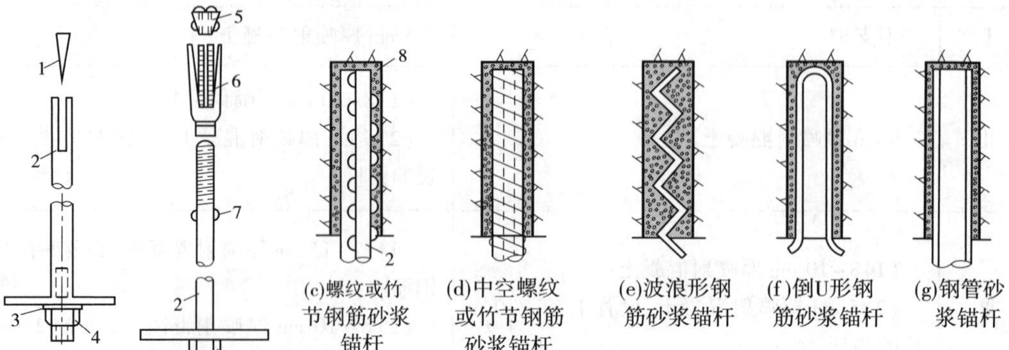

(a)楔缝式锚杆　(b)胀壳式锚杆　(c)螺纹或竹节钢筋砂浆锚杆　(d)中空螺纹或竹节钢筋砂浆锚杆　(e)波浪形钢筋砂浆锚杆　(f)倒U形钢筋砂浆锚杆　(g)钢管砂浆锚杆

1—楔块;2—锚杆;3—垫板;4—螺帽;5—锥形螺帽;6—胀圈;7—突头;8—水泥砂浆或树脂。

图 6-19　锚杆形式

(二)锚杆的布置及参数选择

洞室中锚杆的布置和锚杆参数的选择,应根据围岩特性和洞室跨度通过试验确定。

锚杆材料以选用高强度的螺纹钢或其他变截面钢筋为宜,其直径一般为 16~25 mm。锚杆的安装方向是在有明显节理的岩层里,应尽可能地垂直于节理面;若节理面不明显,则应垂直于洞壁表面。

锚杆的布置有局部锚杆和系统锚杆两种。

(1)局部锚杆。锚杆嵌入岩层,把可能塌落的岩块拴定在内部稳定的岩体上,起到悬吊作用,保证洞顶围岩的稳定。若按悬吊作用考虑,楔缝式锚杆的有效长度应使锚头穿过可能松动坍落的岩层,锚固在稳定的岩层中,锚入稳定围岩的长度一般为 40~50 倍锚杆直径。普通砂浆锚杆也应有一小段嵌入稳定岩层中的锚固长度。

(2)系统锚杆。锚杆将裂隙发育的岩体串联在一起,阻止了岩块沿裂隙转动或滑移,保持了裂隙间的挤压结合,形成拱形的连续压缩带,构成一个承受山岩压力的岩石承重拱。系统锚杆不一定要求达到不松动的围岩。锚杆长度可采用节理岩块厚度的 3 倍,使锚杆锚固到头两层之后的节理岩块上,将一组组岩块构成整体结构。

通常锚杆的长度采用1.5~2.5 m。考虑到靠近洞壁表面的岩层可能松动,锚杆的最小长度不宜小于1 m。锚杆间距与围岩节理裂隙的间距及锚杆长度有关。为了保证锚固效果,锚杆间距应小于平均裂隙间距的3倍,同时锚杆间距也不宜大于其锚固深度的1/2。Ⅳ、Ⅴ类围岩中锚杆间距宜为0.5~1.0 m,并不得大于1.25 m,一般以每平方米一根锚杆为宜,呈梅花形均匀交错布置,横向(垂直于洞轴)间距可较纵向(顺洞轴)间距略小些。

(三)钢筋网支护

当隧洞跨度较大或围岩较破碎时,可采用钢筋网支护。钢筋网除可在混凝土喷射以前防止锚杆间松动岩块的脱落外,还可以提高喷混凝土的整体性,防止喷混凝土产生收缩并提高抗振动的能力。

钢筋网的纵向钢筋直径一般为6~10 mm,环向钢筋直径一般为6~12 mm,不宜采用过粗的钢筋。网格间距一般为20~30 cm,最小不应小于10 cm。钢筋网的喷混凝土保护层厚度不应小于5 cm,钢筋网与锚杆宜用电焊连接,钢筋网的交叉点应绑扎牢固,最好隔点焊接,隔点绑扎,施工中应保证钢筋网和岩面紧密相贴。

四、喷混凝土施工

喷混凝土是将水泥、砂、石和外加剂(速凝剂)等材料,按照一定比例拌和后装入喷射机中,用压缩空气将混合料压送到喷头处,与水混合后高速喷到作业面上,快速凝固而成一种薄层支护结构。喷混凝土机械如图6-20所示。

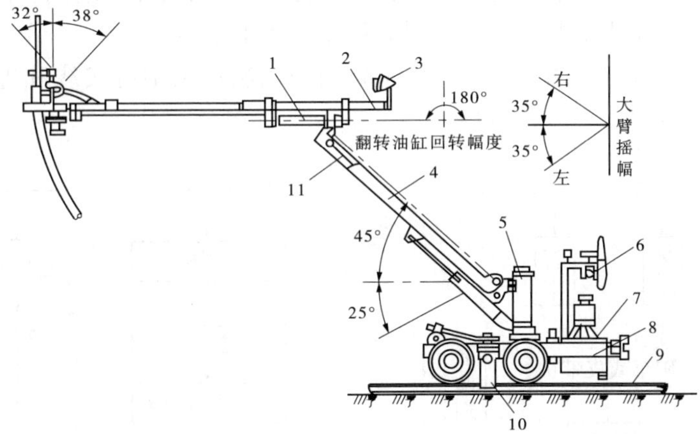

1—翻转油罐;2—伸缩油罐;3—探照灯;4—大臂;5—转筒;6—风水系统;
7—液压系统;8—车架;9—钢轨;10—卡轨器;11—拉杆。

图6-20 喷混凝土机械

这种支护结构在凝固初期有一定的强度和柔性,能适应围岩的松弛变形,减小围岩的变形压力。喷混凝土不但与围岩的表面有一定黏结力,而且能充填围岩的缝隙,将分离的岩面黏结成整体,提高围岩的自身强度,增强围岩抵抗位移和松动的能力;还能封闭围岩、防止风化、缓和应力集中,是一种高效、早强、经济的轻型支护结构。

(一)喷混凝土原材料

1. 水泥

喷混凝土所用的水泥,应优先选用不低于 32.5 MPa 的通用硅酸盐水泥,以使喷射混凝土掺入速凝剂后凝结快,保水性好,早期强度增长快,收缩小。

2. 砂石料

应优先选用磨圆度较好的天然砂和卵石,也可采用机制的砂石料。砂的细度模数宜控制在 2.5~3.0,砂子过细会使混凝土干缩增大,过粗则会增加回弹;石料的最大粒径宜控制在 20 mm 以内,且大于 15 mm 的颗粒应控制在 20%以下,以减少反弹。

3. 水

一般能供饮用的自来水和清洁的天然水都可使用。隧洞中的混浊水和一切含有影响水泥正常凝结、硬化,有杂质的水不能使用。

4. 速凝剂

为加快喷混凝土硬化过程,提高早期强度,增加一次喷射的厚度,提高喷混凝土在潮湿含水地段的适应能力,宜在喷混凝土中掺入速凝剂,其掺量为 2%~4%。

(二)喷混凝土施工工艺及参数确定

喷混凝土的施工方法有干喷法和湿喷法两种。

干喷法是将水、砂、石和速凝剂加微量水干拌后,用压缩空气输送到喷嘴处,再与适量水混合,喷射到岩石表面;也可以将干混合料压送到喷嘴处,再加液体速凝剂和水进行喷射。这种施工方法便于调节加水量,控制水灰比,但喷射时粉尘较大。

湿喷法是将混合料和水拌匀以后送到喷嘴处,再掺入液体速凝剂,并用压缩空气补给能量进行喷射。湿喷法主要改善了喷射时粉尘较大的缺点。

喷混凝土工艺流程如图 6-21 所示,速凝剂的加法在图中有实线和虚线两种,但以实线流程为好。

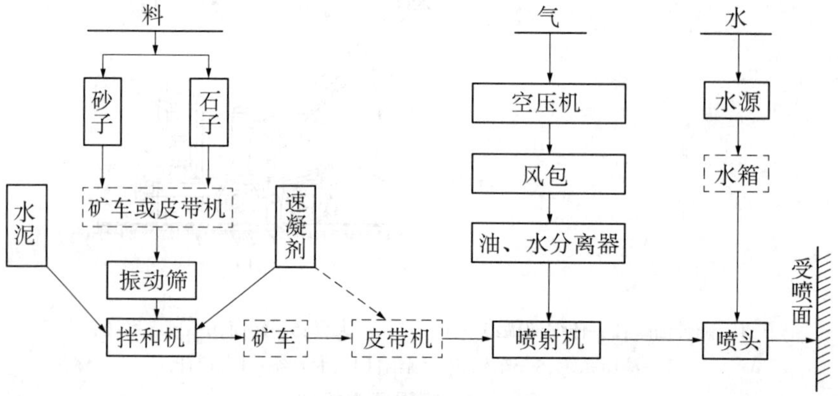

图 6-21　喷混凝土工艺流程

为了保证喷混凝土的质量,必须注意控制有关的施工参数,主要有以下几项。

1. 工作风压

工作风压是指喷射机正常作业时喷射机工作室内的压力。风压大,喷射速度高,混凝土回弹量大,粉尘多,水泥耗量大;风压小,则混凝土不密实,易发生堵塞。

加料前或加料后的风压可用以下公式估算:

$$P_1 = 0.001L \tag{6-10}$$

$$P_2 = 1+0.0013L \tag{6-11}$$

式中　P_1——加料前空载压力,MPa;

P_2——加料后工作压力,MPa;

L——输料管水平长度,m。

垂直向下输料时,风压与运距的关系与水平输料相近;垂直向上输料时,由于克服重力,一般每增高 10 m,风压要加大 0.02~0.03 MPa。

2. 工作水压

喷头处的水压必须比该处风压高 0.1~0.5 MPa,并要求水压稳定,保证射水具有较强的穿透混合料的能力,混合料充分湿润,掺和均匀。

3. 喷混凝土料配比

选择喷混凝土料配合比,既要考虑混凝土强度和其他物理力学性能的要求,又要考虑施工工艺的要求。一般情况下,当采用干喷法时,水泥与骨料之比宜为 1∶4.0~1∶4.5;当采用湿喷法时,水泥与骨料之比宜为 1∶3.5~1∶4.0。原始配合比中水泥用量为 450~500 kg/m³,砂率为 50%~60%,水灰比为 0.4~0.5。

4. 喷射角度与方向

喷射时,喷嘴一般应垂直于岩面,并稍微向刚喷射的部位倾斜,效果比较好(见图 6-22)。

当喷射方向与岩面垂直时,粗骨料与岩石或混凝土面相接后,总有一部分按垂直的相反方向弹回,这时回弹物刚好受到喷射料束的约束,抵消了部分回弹能量,有利于嵌入混凝土层中。喷头微向刚喷射的部位倾斜,可使喷出的料束有相当部分直接冲入黏塑状态的混凝土中,减少与岩石撞击,减少回弹。

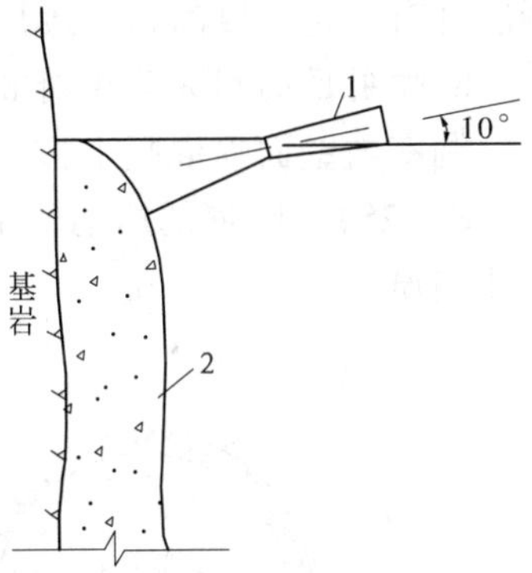

1—喷嘴;2—喷射混凝土。

图 6-22　喷射方向与受喷面夹角

5. 喷射距离

最优距离以能看清喷射情况、料束集中、回弹最小、混凝土强度最高为准。一般为 1.0 m 左右。图 6-23 为喷射距离与回弹率和混凝土抗压强度的关系示意图。

6. 一次喷射厚度

一次喷射厚度主要由混凝土粒料间的黏聚力和喷射层与受喷面之间的黏结力而定,并与喷射方向与水平面的夹角有关。在不掺速凝剂的情况下,其关系如图 6-24 所示。喷边墙时,夹角为 0°,一次喷射厚度为 7~8 cm;喷顶拱时,夹角为 90°,一次喷射厚度为 3~4 cm。掺速凝剂时,一次喷射厚度可增加 1 倍左右。工程中一次喷射厚度,边墙一般不超过 10 cm,顶部一般不超过 5 cm。具体计算可参照式(6-12),即

$$D = k+4\cos\alpha \tag{6-12}$$

式中　D——一次喷射厚度,cm;

k——常量,cm,取 3~4 cm;

α——喷射方向与水平面的夹角,(°)。

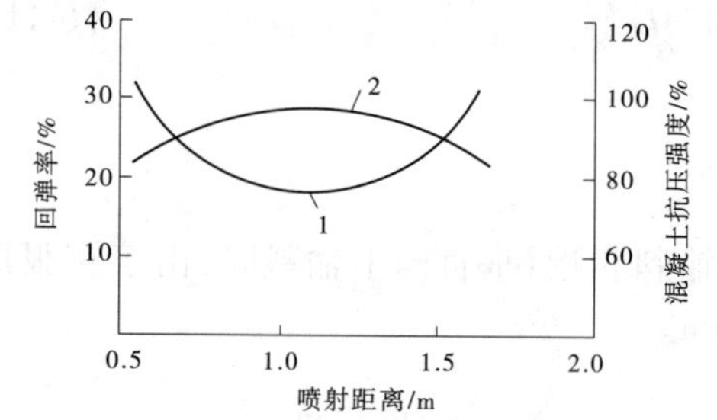

1—喷射距离与回弹率的关系；
2—喷射距离与混凝土抗压强度的关系。

图 6-23　喷射距离与回弹率和混凝土抗压强度关系

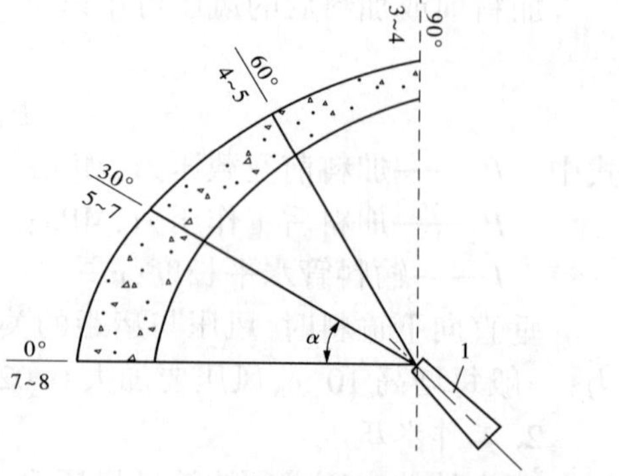

1—喷嘴；$\frac{0°}{7\sim8}$，$\frac{30°}{5\sim7}$，$\frac{60°}{4\sim5}$，$\frac{90°}{3\sim4}$——$\frac{喷射方向与水平面的夹角/°}{喷射厚度/cm}$

图 6-24　一次喷射厚度与喷射方向关系

7. 分层喷射的间歇时间

分层喷射时,层间的间歇时间与水泥品种、速凝剂型号、掺量和施工温度等因素有关。间歇时间太长影响施工进度,间歇时间太短喷层容易脱落。一般应掌握在前层混凝土终凝后并有一定强度时再喷续层为好。

8. 喷射区的划分与喷射顺序

洞室内壁面喷混凝土施工,一般是先墙后拱,自下而上,先凹后凸,分区段顺序进行(见图 6-25)。喷嘴的运动要呈螺旋形画圈,画圈直径 30 cm 左右,并一圈套半圈地前进,不能漏喷。

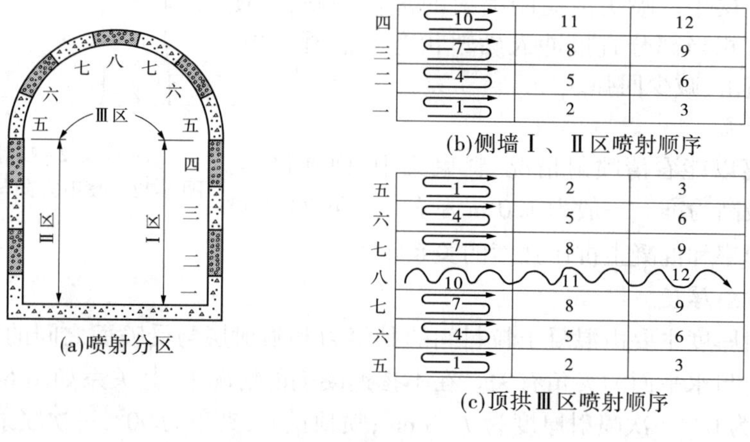

(a)喷射分区

(b)侧墙Ⅰ、Ⅱ区喷射顺序

(c)顶拱Ⅲ区喷射顺序

Ⅰ,Ⅱ,Ⅲ—分区号;一至八—顺序号;1~12—分段号。

图 6-25　喷射区段和喷射顺序

9. 喷射混凝土的养护

喷射混凝土的水泥含量高,凝结速度快,为保证其强度增长,防止混凝土收缩开裂,一般在喷完后 2~4 h 开始洒水养护,并保持混凝土的湿润状态,养护时间不少于 14 d。

第七节　混凝土衬砌的施工

地下洞室开挖成型临时(一次)支护之后,为了永久承受山岩压力或其他形式的作用力,保持围岩稳定,防止风化,封堵洞壁渗漏水,形成整齐平顺的洞室轮廓,保证建筑物的正常使用,还要进行二次支护。混凝土衬砌是常用的二次支护形式。一次支护及二次支护构成永久支护。洞室混凝土衬砌施工有现浇混凝土、预填骨料压浆和预制构件安装等方法,现浇混凝土衬砌施工与一般混凝土及钢筋混凝土施工基本相同。本节结合洞室混凝土衬砌施工的特点进行介绍。

一、平洞衬砌的分缝分块

平洞一般较长,由于结构设计要求和施工能力的限制,一般沿洞长方向分段和沿洞周边方向分块进行混凝土浇筑,这就需要分缝、分块。

(一)平洞衬砌的分段及浇筑顺序

纵向通常要分段进行浇筑。当结构上设有永久伸缩缝时,可以利用永久缝分段;当永久缝间距过大或无永久缝时,则应设施工缝分段。分段长度一般为4~18 m,视平洞断面大小,围岩约束特性及施工浇筑能力而定。

分段确定后,为争取分段浇筑混凝土的连续性,常采用的浇筑顺序有以下几种。

1. 跳仓浇筑

如图6-26(a)所示按分段编号,先浇①,③,⑤…段,后浇②,④,⑥…段。

2. 分段流水浇筑

如图6-26(b)所示,将全洞分成若干个大段(Ⅰ,Ⅱ,Ⅲ…),每个大段又分成若干个小段(①,②,③…),按照一定的次序组织流水施工。如先浇①,④,⑦…段,再浇②,⑤,⑧…段,最后浇③,⑥,⑨…段。

3. 分段留空当浇筑

如图6-26(c)所示在浇筑段之间预留空当,宽1 m左右,相邻浇筑段的施工互不干扰,有利于及时进行大面积衬砌,可防止围岩风化、掉块和塌落。缺点是增加了施工缝面的处理工作,以后回填施工比较困难。这种方法一般只在地质条件不好时才采用。

(二)平洞衬砌的分块

衬砌施工在横断面上可以一次浇筑,也可分块浇筑,主要取决于施工设备、技术条件和断面大小。若分块浇筑,一般分成底拱(底板)、边拱(边墙)和顶拱。分缝界面常设在衬砌结构的转折点附近,或结构内力较小的部位(见图6-27)。

浇筑的顺序是先底拱(底板),后边拱(边墙)和顶拱。在地质条件较差时,要求先浇顶拱,后浇边拱和底拱。有时为了满足开挖与衬砌平行作业的要求,在洞底还未清理成型以前,先浇好边拱和顶拱,最后浇筑底拱。采取后两种浇筑顺序,由于在浇筑完顶拱、边拱时,下方无支撑的混凝土体,应注意防止衬砌的位移和变形,在下方应设有足够刚度的模板及支撑,并做好分块接头处反缝的处理,必要时应做灌浆处理,以确保缝面结合良好。

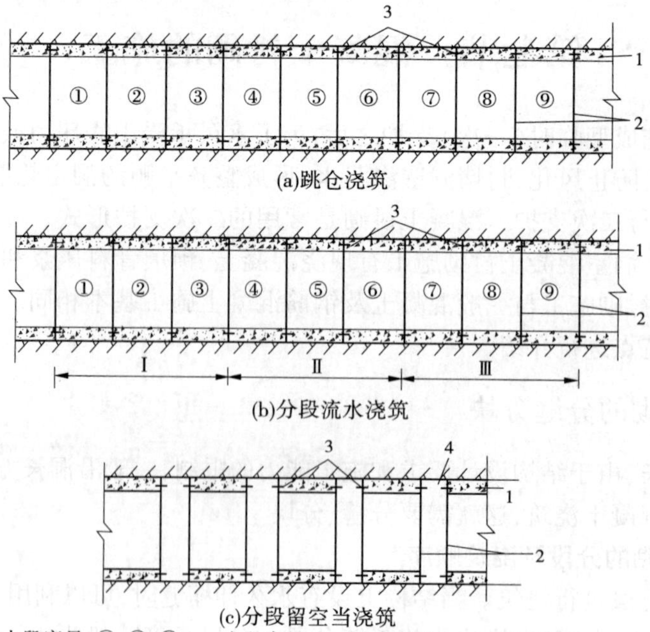

Ⅰ,Ⅱ,Ⅲ—大段序号;①,②,③…—小段序号;1—衬砌混凝土;2—段间分缝;3—止水;4—空当。

图 6-26　平洞衬砌分段浇筑顺序

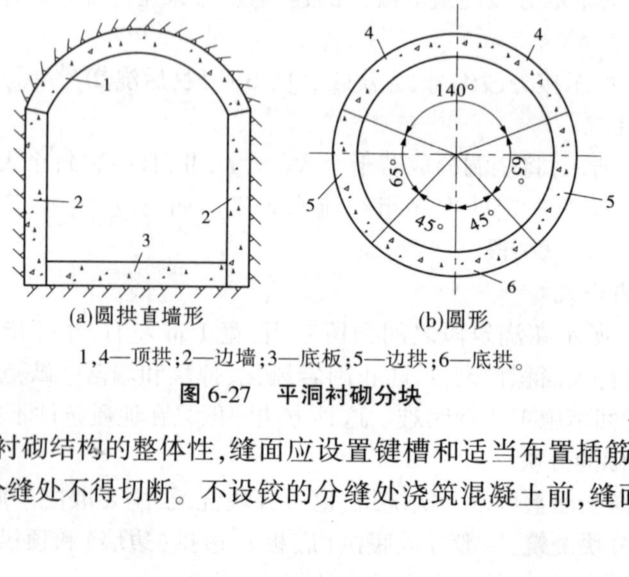

1,4—顶拱;2—边墙;3—底板;5—边拱;6—底拱。

图 6-27　平洞衬砌分块

为保证横断面衬砌结构的整体性,缝面应设置键槽和适当布置插筋。受力钢筋应直接通过缝面,且在分缝处不得切断。不设铰的分缝处浇筑混凝土前,缝面应凿毛清洗,以利结合。

二、平洞衬砌混凝土的模具

(一)组合模板架立

在模板架立和混凝土浇筑之前,要做好一切准备工作,如修帮、清渣、搭设脚手架、预埋仪器、钢筋绑扎等。

1. 底板(底拱)立模

当底拱中心角不大,比较平缓时,可只架设两边端头模板,不用表面模板,在混凝土浇筑后,用弧形板将表面刮成圆弧即可。当中心角较大时,一般采用悬撑模板(见图6-28),施工时先立端部模板,再立弧形模板的桁架,然后随着混凝土的浇筑,逐渐自中间向两旁安装悬撑模板。混凝土运输的支撑一般不能和模板桁架连在一起,以免仓面振动引起模板移动。

2. 边拱(边墙)、顶拱立模

边拱(边墙)、顶拱立模常用桁架式模板,桁架材料常用木结构或钢结构。钢模板适合多次重复使用,也可制成可移动的钢模台车。木模板可以修建成各种形状特殊的曲面,如渐变段、岔道段等,但大多数只能使用一次,周转率低、耗材多。地下工程中比较常用的是钢木混合模板(见图6-29)。

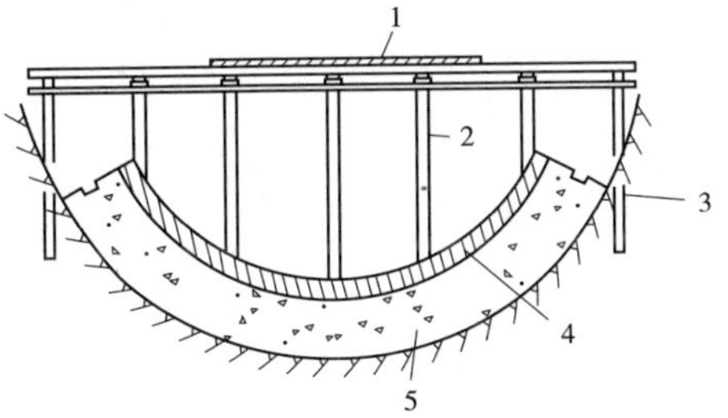

1—仓面板;2—模板桁架;3—桁架支柱;
4—弧形模板;5—已浇混凝土。

图6-28　底拱悬撑模板

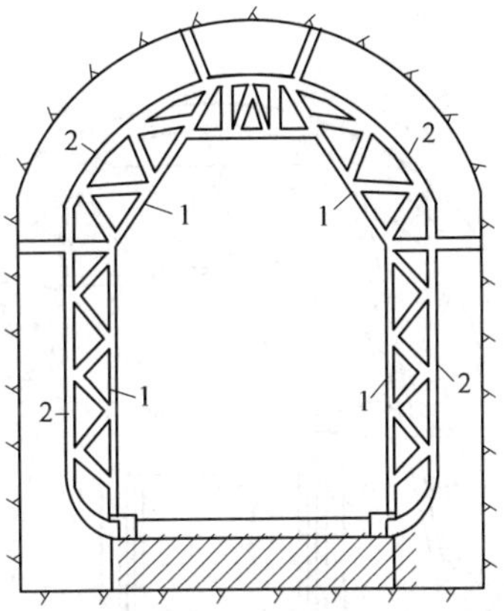

1—钢桁架;2—木模板。

图6-29　地下洞室普通模板

(二)隧洞钢模台车

钢模台车是一种可移动的多功能隧洞衬砌模板车(见图6-30)。根据需要它可作为顶拱钢模、边拱(墙)钢模及全断面钢模使用。按其机动形式可分为:①轨道门架式(自行或非自行);②轮胎式(包括汽车底盘式、轮胎门架式)。按操作方式分为:①全手动(手动螺杆垂直千斤顶和水平撑杆);②电动及手动(电动螺杆垂直千斤顶和手动水平撑杆);③全液压(液压垂直千斤顶和水平撑杆)。

三、衬砌混凝土浇筑

(一)泵送混凝土浇筑

衬砌混凝土浇筑的有效工具是混凝土泵,比较适应洞内狭窄的施工条件,方便混凝土的运输和浇筑。混凝土泵浇筑多用于顶拱和边拱(边墙)。混凝土泵的导管可铺设在地面或工作平台上,在进入浇筑段时才升高到模板上面。依靠混凝土泵的连续压送,将混凝土浇入仓内。

为保证泵送混凝土施工的正常进行,须注意:

(1)泵送混凝土的骨料最大粒径一般不超过导管内径的40%,宜选用二级配骨料。

(2)坍落度宜采用10~18 cm,中途停泵时间不得超过40 min,若停泵时间超过了40 min,应每隔5 min启动活塞往复2~3次,以避免管道由于混凝土凝结而阻塞。

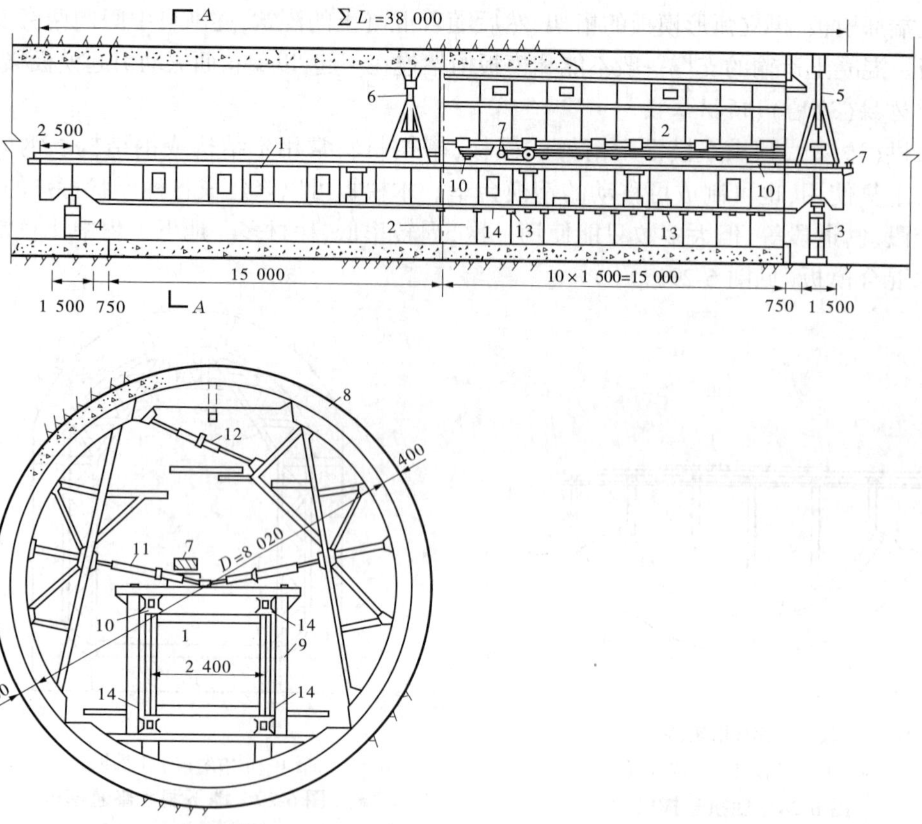

A—A 剖视

1—针梁;2—钢模;3—前支座液压千斤顶;4—后支座液压千斤顶;5—前抗浮液压千斤顶平台;
6—后抗浮液压千斤顶平台;7—行走装置系统;8—混凝土衬砌;9—针梁的梁框;
10—装在梁框上的轮子,供钢模行走用;11—手动螺栓千斤顶,供伸缩边模用;
12—手动螺栓千斤顶,供伸缩顶模用;13—千斤顶定位螺栓;
14—针梁下钢轨,供针梁行走用。

图 6-30　针梁式钢模台车示意图　(单位:mm)

(3)管道端部应尽量布置在高处,以便增加浇筑范围,但要估算垂直管的折合长度(相当于水平管段运送长度)。折算值如下:垂直升高 1 m 管段相当于 8 m 水平管;1 个 90°弯头相当于 12 m 水平管;1 个 45°弯头相当于 6 m 水平管;一段长 5~8 m 的橡胶软管相当于 30 m 水平钢管。

(4)混凝土浇筑完后应泵送清水冲洗管路及混凝土泵缸体与活塞等处。

平洞的衬砌封拱就是在混凝土浇筑即将完毕前将拱顶未充满混凝土的空隙和预留的进人孔予以封堵回填。工程上多采用混凝土泵尾管封拱(见图 6-31)。在混凝土泵导管末端接上端的冲天尾管,垂直穿过模板伸入仓内。冲天尾管间距一般为 4~6 m,离浇筑段端部 1.5 m 左右;冲天尾管口距岩面的距离应保证压出的混凝土能自由扩散,一般为 20 cm 左右;在仓内岩面最高处设置排气管。

混凝土泵尾管封拱的施工程序是:①当混凝土浇至顶拱仓面时,撤出仓内各种器材,尽量筑高两端混凝土;②当混凝土上升到与进人孔齐平时,仓内人员全部撤离,封闭进人孔,同时增大混凝土的坍落度(达 14~16 cm),加快混凝土泵的压送速度,并连续压送混凝土;③当通气管开始漏浆或压入的混凝土量已超过预计方量时,停止压送混凝土;④去掉冲天尾管上的包住预留孔眼的铁箍,从孔眼中插入防止混凝土下落的钢筋;⑤拆除导管,只留下冲天尾管;⑥待顶拱混凝土凝固后,将外伸的尾管割除,并用灰浆抹平(见图 6-32)。

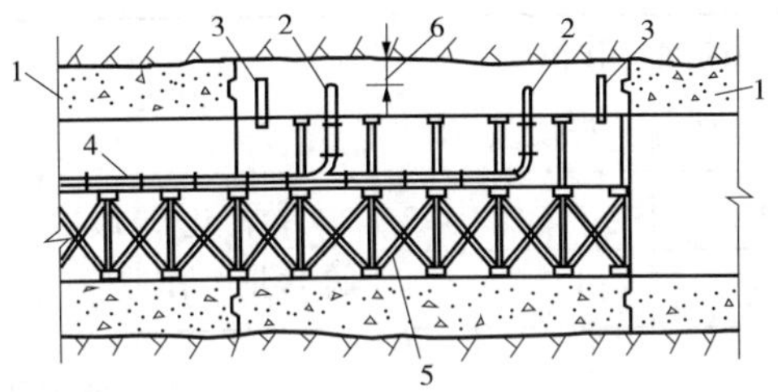

1—已浇段;2—冲天尾管;3—通气管;4—导管;
5—脚手架;6—冲天尾管出口与岩面距离。

图 6-31 混凝土泵尾管封拱示意图

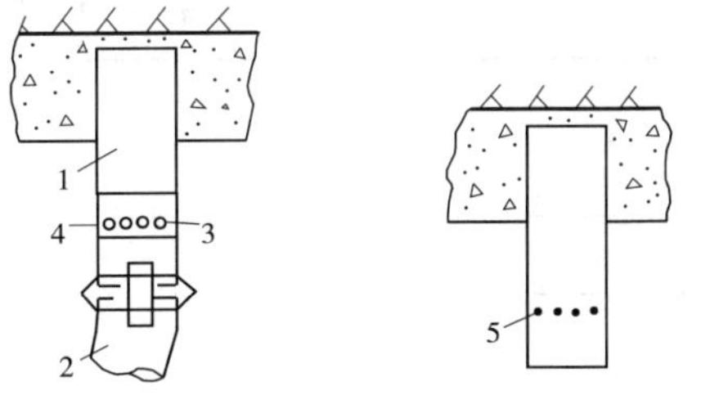

(a)浇筑混凝土时的情况 (b)导管拆除时的情况

1—尾管;2—导管;3—直径 2~3 cm 孔眼;
4—薄铁皮铁箍;5—插入孔眼的钢筋。

图 6-32 尾管孔眼布置图

(二)压浆混凝土施工

压浆混凝土又称预填骨料压浆混凝土,是将组成混凝土的粗骨料预先填入立好的模板中,尽可能振实以后,再利用灌浆泵把水泥砂浆压入,凝固成结石。这种方法适用于钢筋密集、预埋件复杂,不容易浇筑和振捣的部位。洞室衬砌封拱或钢板衬砌回填混凝土时,用这种方法施工,可以明显减轻仓内作业的工作强度和干扰。

四、回填灌浆与固结灌浆

衬砌混凝土达到一定强度并得到充分收缩后,一般都需要进行灌浆处理,以起到衬砌的作用。根据目的不同,可分回填灌浆和固结灌浆。

回填灌浆主要是利用水泥浆料填充混凝土与岩壁或与钢板之间的空隙,以改善传力条件和减少渗漏,灌浆范围为拱顶 90°~180°。一般回填灌浆孔深入岩石 0.2~0.3 m,孔排距 2~4 m,通常在衬砌强度达 70%以上时进行。

固结灌浆主要是加固围岩。固结灌浆一般深入岩体 2~5 m,孔排距 2~4 m,通常在回填灌浆完成 7~14 d 后进行。这两种灌浆范围、孔距、孔深和灌浆压力应根据地质条件、衬砌结构形式、内外水压力大小、围岩防渗和加固要求及施工条件等因素,通过灌浆试验确定。

有关灌浆的施工方法,详见第三章中的有关内容。

第八节 地下洞室施工的辅助作业

通风、消烟、除尘、排水、照明和风水电供应等,是地下洞室施工中的辅助作业。做好这些辅助作业可以改善施工人员的作业环境,为加快地下工程施工创造良好的条件。

一、通风、消烟及除尘

洞室空气和外界空气不易对流,洞内温度、湿度和二氧化碳气体含量会增高;若钻孔爆破,粉尘和有毒气体、烟雾难以消散,影响身体健康和施工安全。洞室通风以后的空气质量应符合洞内作业卫生标准。表 6-12 为洞内空气和粉尘的卫生要求。

表 6-12　洞内空气和粉尘的卫生要求

<table>
<tr><th colspan="2" rowspan="2">项目</th><th colspan="2">最高允许含量</th><th colspan="2" rowspan="2">说明</th></tr>
<tr><th>按体积计/%</th><th>按质量/%</th></tr>
<tr><td colspan="2">氧气(O_2)</td><td>>20</td><td rowspan="3"></td><td colspan="2" rowspan="2">一氧化碳最高允许含量与作业时间</td></tr>
<tr><td colspan="2">二氧化碳(CO_2)</td><td><0.5</td></tr>
<tr><td colspan="2">甲烷(CH_4)</td><td><1</td><td>作业时间</td><td>最高允许含量/(mg/m^3)</td></tr>
<tr><td rowspan="5">有害气体单独存在</td><td>一氧化碳(CO)</td><td><0.002 4</td><td>30</td><td rowspan="3">1 h 内
30 min 以内
15～20 min</td><td rowspan="3">50
100
200</td></tr>
<tr><td>二氧化氮(NO_2)</td><td><0.000 25</td><td>8</td></tr>
<tr><td>二氧化硫(SO_2)</td><td><0.000 50</td><td>15</td></tr>
<tr><td>硫化氢(H_2S)</td><td><0.000 66</td><td>10</td><td colspan="2" rowspan="2">反复作业的间隔时间应在 2 h 以上</td></tr>
<tr><td>醛类(丙烯醛)</td><td></td><td>0.3</td></tr>
<tr><td colspan="2">含 10%以上游离二氧化硅的粉尘</td><td></td><td>2</td><td colspan="2" rowspan="3">含 80%以上游离二氧化硅的粉尘不宜超过 1 mg/m^3</td></tr>
<tr><td colspan="2">含 10%以下游离二氧化硅的水泥粉尘</td><td></td><td>6</td></tr>
<tr><td colspan="2">含 10%以下游离二氧化硅的其他粉尘</td><td></td><td>10</td></tr>
</table>

(一)通风方式

洞内通风,除洞长小于 40 m 可采用自然通风外,工程中多采用机械通风,机械通风的基本形式有压入式、吸出式和混合式三种。

1. 压入式通风

压入式通风是通过通风管将新鲜空气直接送到工作面附近,将污浊空气冲淡,并经由洞身排至洞外。风管的端部与工作面的距离一般不宜超过 $6\sqrt{S}$ m,S 为以平方米计的开挖断面面积。

此法的优点是施工人员比较集中的工作面附近能够很快地获得新鲜的空气,缺点是污浊空气容易扩散到整个洞室。它适用于大于 200 m 长的隧洞和竖井。

2. 吸出式通风

吸出式通风是通过风管将工作面前的污浊空气吸走并排至洞外,新鲜空气由洞口流入洞内。此法的优点是工作面处的污浊空气能在较短时间内经由管路吸出,避免了沿整个洞室流通扩散；缺点是新鲜空气流到工作面比较缓慢，且易遭污染，对较长的平洞尤为明显。它适用于小于 200 m 隧洞和深 300 m 以上的竖井，但易形成炮烟停滞区，一般不单独使用。

为保证风管的吸出效果，其端部又不被爆破的飞石所破坏，应使风管端部至工作面的距离保持为 $3\sqrt{S}$ m，一般不大于 10 m。

3. 混合式通风

混合式通风是在经常性供风时采用压入式通风，爆破后进行定期通风时采用吸出式通风，将上述两种方式结合起来使用，以充分发挥它们各自的优点。

有时为了充分发挥风机效能，加快换气速度，施工中常利用帆布、塑料布或麻袋等制成帘幕，防止炮烟扩散，使排除污浊气体的范围缩小。帘幕设在靠近工作面处，但要有一定的防爆距离，一般为 12~15 m。掘进时，随着开挖面推进，帘幕亦需相应地向前移动。有条件时也可以设置水幕或压气水幕来代替帆布一类的帘幕。它适用于长洞、井的通风，是长洞、井快速通风的常用方式。

在改善通风的同时，还要重视粉尘和有害气体的控制。湿钻凿岩、爆破后喷雾降尘、出渣前对石渣喷水防尘等，都是降低空气中粉尘含量的行之有效的措施。洞内施工严禁使用汽油发动机，使用柴油机时，宜加设废气净化装置以减少洞内空气的污染。

（二）通风量计算

通风量的计算可根据下列三种情况分别计算，取其中最大者，并应根据通风方式和长度考虑漏风增加值，漏风系数一般取 1.2~1.45，洞室位于海拔 1 000 m 以上时，还应进行高程修正。

1. 按工作面同时工作的最多人数计算

通风量按工作面同时工作的最多人数计算时的计算公式为

$$Q=mq \tag{6-13}$$

式中　Q——通风量，m^3/min；

m——同时在工作面工作的最多人数，人；

q——每人所需的通风量，可采用 3 m^3/min。

2. 按爆破炸药量计算

通风量按爆破炸药量计算时的计算公式为

$$Q=\frac{AB}{1\ 000\times 0.02\%t}=\frac{5AB}{t}=10A \tag{6-14}$$

式中　A——工作面上一次爆破的最大炸药量，kg；

B——每千克炸药产生的一氧化碳气体量，L，可按 40 L 计算；

1 000——1 m^3 等于 1 000 L；

0.02%——爆破后连续通风使一氧化碳浓度降至 0.02%时，即可进入工作面工作；

t——通风时间，可采用 20 min。

3. 按洞内最小风速计算

通风量按洞内最小风速计算时的计算公式为

$$Q=60vS \tag{6-15}$$

式中 S——洞室断面面积,m^2;

v——洞内允许最小风速,大断面隧洞不小于 0.15 m/s,小断面隧洞不小于 0.25 m/s;

其他符号意义同前。

二、风水电及排水

在洞室开挖过程中,关于供风、供水、供电、照明及排水等辅助作业,虽不像钻孔爆破、出渣运输等工作那样直接影响开挖掘进速度、质量和安全,但它们对于保证钻爆和运输作业的正常进行都有影响。在整个开挖循环作业中,必须统筹考虑,不能疏漏。

对所有必要的辅助作业,不仅在循环作业图表中要安排一定的时间,使风水电管线的延续或拆移有切实的保证,而且在制定开挖施工技术规程和措施计划时,对于各项辅助作业都要提出相应的技术标准和要求。

所有辅助作业都应与掘进工作密切配合。输送到工作面的压缩空气,不仅风量要充足,而且风压不应低于 0.5 MPa;施工用水的数量、质量和压力,应满足钻孔、喷水、喷锚作业、混凝土衬砌、灌浆、消防和卫生等方面的要求;洞内的供电线路应按动力、照明、电力起爆的不同需要分别架设,并注意防水和绝缘的要求;洞内照明,为安全考虑应采用 36 V 或 24 V 的低压电,保证洞室沿线和工作面的照明亮度;洞内排水系统必须畅通,保证工作面和路面没有积水。

参 考 文 献

[1] 司兆乐. 水利水电枢纽施工技术[M]. 北京:中国水利水电出版社,2001.
[2] 张正宜. 现代水利水电工程爆破[M]. 北京:中国水利水电出版社,2003.
[3] 袁光裕. 水利工程施工[M]. 4 版. 北京:中国水利水电出版社,2005.
[4] 熊启钧. 隧洞[M]. 北京:中国水利水电出版社,2002.
[5] 魏璇. 水利水电工程施工组织设计指南(上、下册)[M]. 北京:中国水利水电出版社,2001.
[6] 侍克斌. 水利工程施工[M]. 北京:中国农业出版社,2005.
[7] 中华人民共和国水利部. 水工建筑物地下开挖工程施工规范:SL 378—2007[S]. 北京:中国水利水电出版社,2007.

第七章　施工组织与计划

第一节　概　述

一、引言

本书在绪论中就已讲明，水利工程施工是研究水利水电工程建设的施工方法、管理方法的学科。水利工程施工的任务是：①在项目建议书、可行性研究报告、初步设计、施工准备和施工阶段，根据其不同要求，工程结构的特点及工程所在地区的自然条件，社会经济状况，设备、材料、人力等资源供应情况，编制施工组织设计；②建立现代项目管理体系，按照施工组织设计，科学地使用人力、物力、财力，组织施工，按期完成工程建设，保证施工质量，降低工程成本，多快好省地全面完成施工任务；③在施工过程中开展观测、试验和研究工作，推动水利水电建设科学技术的进步；④在生产准备、竣工验收和后评价阶段，完善工程附属设施及施工缺陷部位，并完成相应的施工报告和验收文件。

就水利工程建设项目而言，其工程规模庞大、枢纽建筑布局复杂、涉及施工工种繁多，会使工程的施工不可避免地产生较大干扰；复杂的水文、气象、地形、地质等条件，会给整个施工过程带来许多不确定的因素，进而造成施工难度加大；工程建设期间涉及建设单位、设计单位、施工单位、监理单位等众多部门，相互间的工作组织协调工作量大。若不事先规划、统筹安排、精心组织，根本不可能保证工程的顺利实施和建设目标的如期实现。因此，要求从规划开始就应考虑各个施工环节在与时间、空间、技术、经济、人力、物力、自然、社会等方面协调的措施，并随着建设阶段的深入而逐步细化，这就是施工组织设计。施工组织设计是对工程的各个施工环节所做的系统的综合性计划，是在工程建设的可行性研究、初步设计、招标投标及施工等各个阶段都要考虑和编制的重要内容。所以说，施工组织与计划是工程规划设计和施工的一项重要工作，是运用系统控制理论的基本方法，在工程建设的不同阶段对工程实施的各个环节的所有工作，所做出的多个但构成同一个系统的综合性计划，主要包括施工方案设计、施工进度计划和施工总体布置等重要内容。

在工程建设程序中的不同阶段，施工组织与计划以整个建设项目或单项工程作为研究对象，根据可行性研究或初步设计的图纸及现场施工条件等相关资料，由设计单位或施工单位的专业技术人员进行编制，形成对项目上报立项、投标施工等工程建设全过程的各项施工活动，提供技术经济指导的综合性文件。它的作用主要体现在以下几个方面：

(1)为确定设计方案的施工可行性和经济合理性提供依据。

(2)为建设单位编制工程建设计划提供依据。

(3)为建设项目或单项工程的施工做出全局性的战略部署。

(4)为施工单位编制工程项目生产计划和单位工程的施工组织设计提供依据。

(5)为做好施工准备工作、保证资源供应提供依据。

(6)为组织全工地的施工业务,提供科学实施方案和具体实施步骤。

设计单位对施工组织设计的编制是按常规施工方法编制的,并且决定着招标标底或招标控制价。施工单位对施工组织设计的编制是根据自己的施工方法编制的,并且决定着投标报价,影响到中标的竞争力。所以说,施工组织科学是高等专业人才有别于一般技术人员,而必须学习的重要知识。

二、内容提要

(1)建筑安装工程施工的组织方式,流水施工的含义、意义、分级、设计、参数、案例。

(2)施工组织设计的作用、种类,施工组织设计编制的依据、内容、方法等。

(3)施工进度计划的类型、主要内容、编制原则、编制步骤、成果表达等。

(4)施工总体布置的设计原则、步骤与方法,施工总布置图的绘制等。

三、学习要求

掌握施工组织与计划编制的原理与方法,具备编制施工组织设计并进行施工组织管理的能力。

第二节　流水施工概述

实践证明,在所有的生产领域中,流水作业法是组织产品生产的理想方法。同样,流水施工也是建筑安装工程施工的最有效的科学组织方法,但由于建筑产品及其生产的特点不同,流水施工的概念、特点和效果与其他工业产品的流水作业也有所不同。在此予以重点介绍。

一、建筑安装工程施工的组织方式

在建筑安装工程施工中,可以采用依次施工、平行施工和流水施工等组织方式。

(一)依次施工组织方式

依次施工组织方式是将拟建工程的整个建造过程分解成若干个施工过程,按照一定的施工顺序,前一个施工过程完成后,后一个施工过程才开始施工。这种组织方式的特点是单位时间内消耗的人力、材料和机械设备少,但总工期长,它是一种最基本、最原始的施工组织方式。

例如,某工程可以分为甲、乙、丙三段施工,每段工程的施工可以分为五个施工过程:①,②,③,④,⑤,每段工程的施工工人数为 N。其中,各施工过程的作业时间依次为:①2 d,②2 d,③4 d,④2 d,⑤3 d,即每段需要 13 d、13 N 个工日。其依次施工组织方式如图 7-1 所示,共需要 39 d、39N 个工日。

(二)平行施工组织方式

在拟建工程任务十分紧迫、工作面允许及资源能保证供应的条件下,可以组织几个相同的工作队,在同一时间、不同的空间上进行施工,这样的施工组织方式称为平行施工组织方式。这种组织方式的特点是总工期大大缩短,但在单位时间内消耗的人力、材料和机械设备增多。

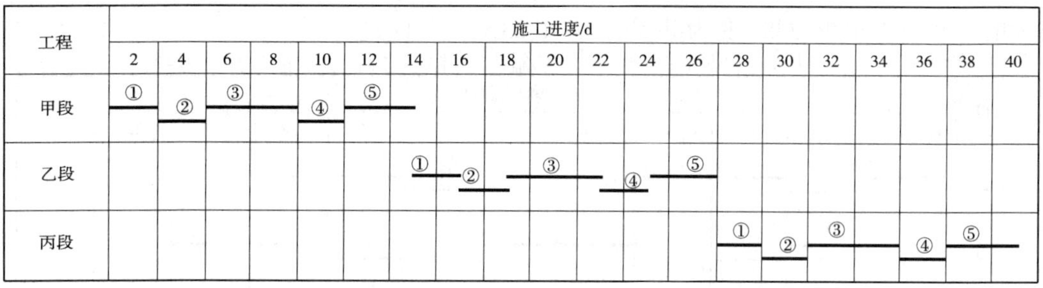

①,②,③,④,⑤—施工过程。

图 7-1　依次施工组织方式

如在上例中,若采用平行施工,工期缩短 2/3,工人数增加了 2 倍(为 3N),材料消耗比较集中,现场临时设施也相应增加。如图 7-2 所示,共需要 13 d、39N 个工日。

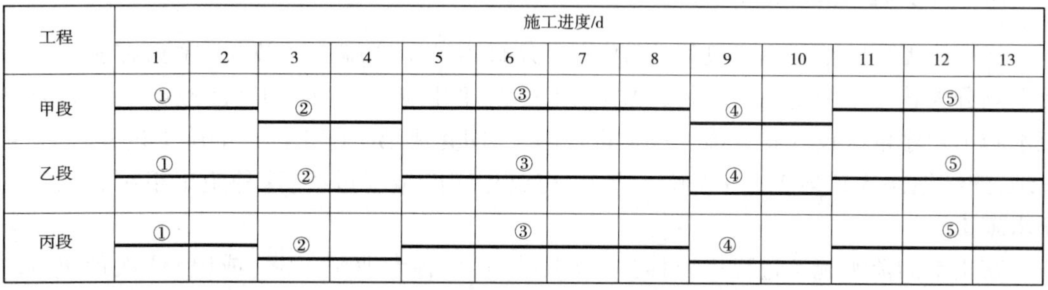

①,②,③,④,⑤—施工过程。

图 7-2　平行施工组织方式

(三)流水施工组织方式

流水施工组织方式是建立在分工协作的基础上,由依次施工和平行施工发展而来的。它将拟建工程的全部建造过程,在工艺上分解为若干个施工过程,在平面上划分成若干个施工段,在竖向上划分为若干个施工层,然后按照施工过程组建专业工作队(或组),按规定的施工顺序投入施工,完成第 1 施工段上的相应施工过程之后,专业工作人数、使用材料和机械设备不变,依次地、连续地投入到第 2,3…施工段,完成相同的施工过程,并使相邻两个专业工作队,在开工时间上最大限度地、合理地搭接起来。若分层施工,当第 1 施工层各个施工段的相应施工过程全部完成后,专业工程队依次地、连续地投入到第 2,3…施工层,保证工程施工全过程在时间和空间上有节奏、均衡、连续地进行下去,直到完成全部工程任务。这种施工组织方式称为流水施工组织方式。

同样,还以上例为例,如果采用流水施工,组织不同的专业队伍(5 个施工过程,5 个专业队伍)分别承担各施工过程的施工任务,其工人数 N 同图 7-1 依次施工一样,而工期仅为 23 d,缩短了 16 d;与图 7-2 平行施工相比,工期虽然比 13 d 增加了 10 d,但工人数却比 3N 少了 2/3;如图 7-3 所示流水施工共需要 23 d、23N 个工日。图 7-3 中,各施工队伍是连续作业的,而各段施工过程却不连续,原因是各段施工过程的劳动量不等,所需完成的时间不同。如果在不影响正常施工条件下,将第③施工过程的工人增加 1 倍,第⑤施工过程的工人增加 50%,这样所有过程均能在 2 d 内完成,从而可以得到理想的施工过程和连续的流水施工组织效果(变为共需要 14 d、23*N* 个工日)。

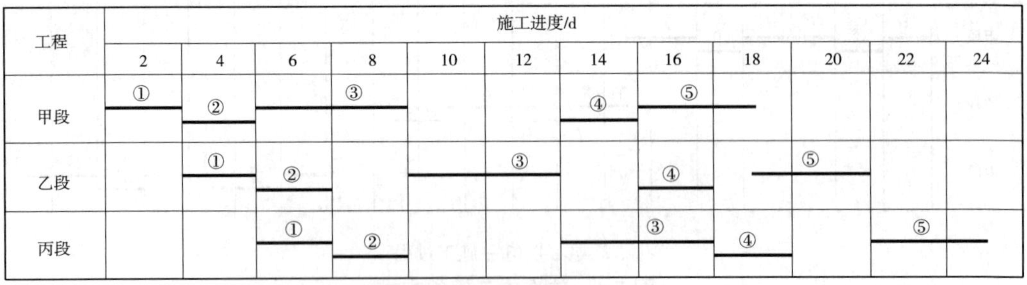

①,②,③,④,⑤—施工过程。

图 7-3　流水施工组织方式

二、流水施工的含义

将拟建工程的整个施工过程,在工艺上分解为若干个施工环节(工序),在施工作业面上划分为若干个施工段;然后按照施工工序组建相应的专业施工队(或组),按设计的流水施工顺序依次投入到各施工段上进行施工,即完成第 1 施工段上的施工过程之后,依次地、连续地投入到第 2,3…个施工段上,完成相同的施工过程,这种施工组织方式称为流水施工。

在正常的流水施工过程中,对同一施工段而言,各专业施工队(或组)依次地进入并进行相应施工;对各专业施工队(或组)而言,其人员、机械设备则不停地轮流在各施工段上完成本工序的施工工作。

三、流水施工的意义

水利工程具有工程量大、施工项目多、建设周期长等诸多特点,科学制订经济、合理的施工方案,精心安排施工计划,高速度、高质量、低成本地开展施工就显得尤为重要。流水施工法无疑是一种科学的施工组织方法,它可以对施工中的人力、物力、时间、空间、技术和组织等各方面做出全面而合理的安排,以保证施工目标全面实现。

(1)流水作业施工能够合理地、充分地利用施工工作面,从而争取时间、加速工程的施工进度,故有利于缩短施工工期,可使工程项目能尽早竣工、交付使用。

(2)相关施工作业队伍实施专业化的施工,可提高施工操作的熟练程度,从而有利于加快施工进度和提高施工质量。

(3)有利于机械设备的充分利用和劳动力合理安排。

(4)使资源消耗均衡,从而降低了工程费用,有利于提高施工单位的经济效益。

四、流水施工的分级

(一)分项工程流水施工

分项工程流水施工也称为细部流水施工,即在一个专业工程内部组织的流水作业。

(二)分部工程流水施工

分部工程流水施工也称为专业流水施工,是在一个分部工程内部、各分项工程之间组织的流水作业。

(三)单位工程流水施工

单位工程流水施工也称综合流水施工,是一个单位工程内部、各分部工程之间组织的流水作业。

(四)群体工程流水施工

群体工程流水施工也称大流水作业施工。它是在若干个单位工程之间组织的流水作业。

五、流水施工的设计

水利工程流水施工的设计,大致可以归纳为以下几个步骤:

(1)设计确定流水线中应包含的工序及其施工顺序,并根据各工序的工程量确定相应的作业时间。

(2)划分施工段。划分施工段的目的在于保证不同工种能在不同工作面上同时工作,为流水施工创造条件。划分施工段时,首先,要保证工程质量,段与段的交接处最好落在建筑物的界限(如伸缩缝、沉降缝)上;其次,施工段数目应满足流水施工的组织要求,即施工段数目应大于或等于流水线中所包含的工序(专业施工队伍)数目;最后,施工段的大小应尽可能与主要机械设备的使用效率相适应。

(3)按专业分工的原则,合理组织各工序的专业施工队伍。一般每个施工队伍的人数和机械设备,应根据最小施工段上的工作面情况,保证每一个工人和每一台机械设备至少能够具有为充分发挥其劳动效率所必需的最小工作面,同时人数和机械设备还应满足合理劳动组织的要求,否则会导致劳动生产率的降低。

(4)确定每段作业时间,并组织连续施工。施工队伍人数和机械设备数量确定后,就可以分别计算各专业施工队伍依次在每段上的作业时间,即流水节拍。为避免施工队伍的转移耽误时间,流水节拍最好等于半个工作班或其的整数倍。流水节拍确定后,就可把各施工段的施工时间依次排列起来,使其连续完成各段的工作。

(5)计算流水步距,组织各专业施工队伍先后插入施工,形成施工流水线。即把它们合理地搭接起来,使各专业施工队伍先后插入平行的连续施工,组成一条流水线。合理搭接,首先,要做到各专业施工队伍都有必要的工作面,各在一个不同的施工段上工作;其次,保证流水线中各专业施工队伍都能连续施工;最后,能充分利用工作面,使后一施工队伍能尽早插入施工,合理缩短工期。

(6)把各条流水线搭接起来,编制整个工程的综合施工进度计划,使拟建工程能够在施工总进度计划或合同工期规定的期限内,有条不紊地完成施工。

六、流水施工的参数

流水施工的参数是组织流水施工时,在时间和空间上需要加以确定的各项数据。流水参数之间是紧密联系、相互制约的。主要流水参数有以下几个。

(一)施工过程数 n(工艺数或工序数或施工队伍数)

施工过程数的确定,与工程复杂程度、施工方法、计划粗细等有关,施工过程数应适当,过多、过细,不仅会给计划编制带来重点不突出、主次不分明的缺点,而且会给计算工作增添麻烦;过少、过粗,又会使进度计划太笼统而失去指导施工的作用。

(二)施工段数 *m*

为了使工程能在较短的工期内完成,可以将工程划分成劳动量大致相等的若干段落,这些段落叫作施工段(工作面)。

因为一般情况下,一个施工段内只安排一个施工过程的施工队伍工作,即在一个施工段上,只有前一施工过程的施工队伍完工,腾出工作面后,后一施工过程的施工队伍才能进入该段从事下一施工过程的工作。因此,施工段数划分亦应适当,若施工段数过少,势必要减少人机数而延长工期;若施工段数过多,又会引起资源供应过分集中,不便于组织流水施工。

(三)流水节拍 t_i

施工队伍在某一施工段(工作面)上的作业时间称为流水节拍。它取决于两个因素:每段的工程量和施工队伍的劳动效率(或每段的劳动量和施工队组的人机数)。流水节拍由式(7-1)求得:

$$t_i = \frac{Q}{SR} \quad \text{或} \quad t_i = \frac{P}{R} \tag{7-1}$$

式中 t_i——流水节拍;

Q——某施工段的工程量;

S——某一工日的计划产量;

R——施工队伍的人机数;

P——某施工段所需的劳动量。

为了不降低劳动效率,不浪费工作时间,流水节拍应为半个工作班或其的整数倍。

(四)流水步距 K_j

流水步距是指相邻两个施工过程或相邻两个专业队伍相继投入同一施工段开始工作的时间间隔。如图 7-4 所示的某基础工程的流水施工,挖土与垫层相继投入第一段开始的时间相隔 2 d,即流水步距 $K=2$。其他相邻两个施工过程的流水步距均为 2 d。由图 7-4 可知,当施工段确定后,流水步距的大小直接影响工期。当施工段数不变,流水步距越小则工期越短。流水步距的个数取决于施工过程数(或施工队组数)。当施工过程数(或施工队组数)为 n 个时,则流水步距总个数为 $n-1$。

流水步距大小又与流水节拍大小保持一定关系。例如,有甲、乙两个施工过程,分两段,流水节拍均为 2 d。情况一:如果工作面允许,各增加一倍人机数使流水节拍缩到最短,这样,流水步距也相应缩短;情况二:如果不增加人机数而增加施工段数,使每段人数达到饱和,也可缩短流水节拍(每段作业时间之和仍维持不变),达到流水步距最小,但这样因段数增加,总工期比增加人机数的情况要长。

确定流水步距的基本要求是:始终保持相邻两个施工过程的先后顺序,保持各专业施工队伍的连续作业,尽量使前后两个施工过程能最大限度地搭接。

流水步距一般至少为一个工作班或半个工作班的整数倍。

综上所述,流水施工的主要参数说明了流水施工过程的工艺关系,反映了它们在时间和空间的开展情况。它们的相互关系可集中反映在施工工期的计算式(7-2)中。

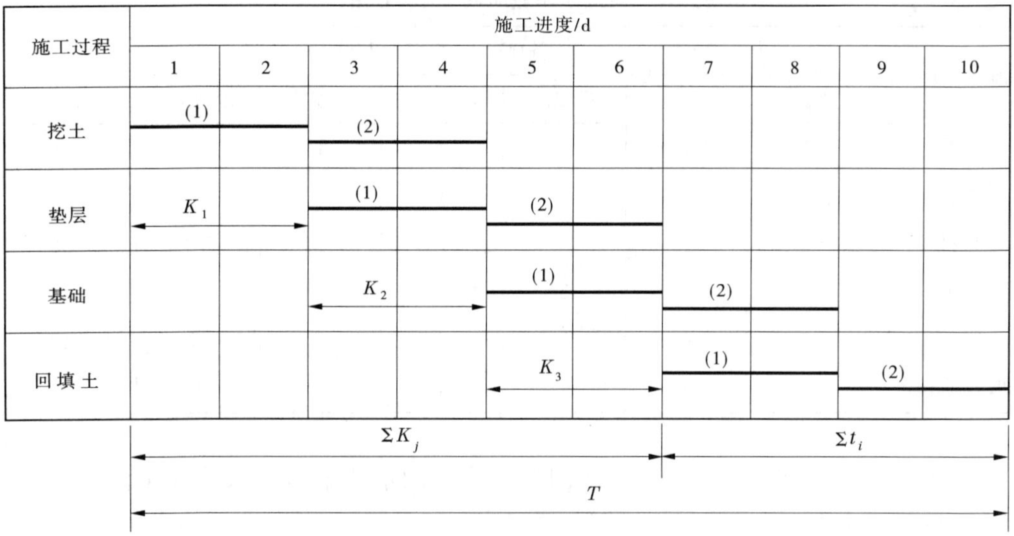

(1),(2)—施工段。

图 7-4　某基础工程的流水施工

$$T = \sum_{j=1}^{n-1} K_j + \sum Z + \sum_{i=1}^{m} t_i \tag{7-2}$$

式中　T——总工期；

K_j——流水步距，$j=1,2,3,\cdots,n-1$；

n——施工过程数(或施工队组总数)；

$\sum Z$——某些施工过程要求的技术间歇时间总和；

m——最后一个施工过程(或施工队组)完成的施工段数；

t_i——最后施工队组的流水节拍，$i=1,2,3,\cdots,m$。

七、流水施工的案例

某水库大坝加固工程中，对原斜墙顶部续接填筑的黏土斜墙的工程量为 41 607 m^3，整个坝面工作范围尺寸为长 1 540 m、平均宽度 7 m。为了提高工作效率、加强质量控制，沿大坝轴线方向划分为 6 个施工段，进行流水施工。大坝每填筑一层，各工序所需的作业时间如表 7-1 所示。要求按流水作业法来组织安排施工进度。

(1)施工顺序。刨毛→层间洒水→卸料→平土→压实→取样质检。

(2)流水步距的确定。相邻流水线的最小流水步距，采用比较简单的潘特考夫斯基法进行计算，其办法是采用累加数列错位相减取其最大差值。

例如，刨毛与层间洒水两施工队的流水步距计算步骤是先求刨毛流水线上各施工段的流水节拍累加数为 1,2,3,4,5,6，再求层间洒水流水线上各施工段的流水节拍累加数 1,2,3,4,5,6，然后按下式方法错位相减，得出另一数列：

$$\begin{array}{rl} 1,2,3,4,5,6 & (\text{刨毛}) \\ -\quad1,2,3,4,5,6 & (\text{层间洒水}) \\ \hline 1,1,1,1,1,1,-6 & \end{array}$$

表 7-1 各工序作业时间(流水节拍)

流水工序	各施工段的作业时间/h						
	1#坝段	2#坝段	3#坝段	4#坝段	5#坝段	6#坝段	合计
刨毛	1	1	1	1	1	1	6
层间洒水	1	1	1	1	1	1	6
卸料	2	3	3	3	3	4	18
平土	2	3	3	3	3	3	17
压实	2	2	2	2	2	2	12
取样质检	1	1	1	1	1	1	6

从这个数列中,取出正值最大值,即刨毛和层间洒水两个施工队的最小流水步距为 1,即 $K_1=\max\{1,1,1,1,1,1,-6\}=1(\mathrm{h})$。

按同样的方法计算得出层间洒水与卸料两施工队的最小流水步距 $K_2=\max\{1,0,-2,-4,-6,-8,-18\}=1(\mathrm{h})$,卸料与平土的最小流水步距 $K_3=\max\{2,3,3,3,3,4,-17\}=4(\mathrm{h})$,平土与压实的最小流水步距 $K_4=\max\{2,3,4,5,6,7,-12\}=7(\mathrm{h})$,压实与取样质检的最小流水步距 $K_5=\max\{2,3,4,5,6,7,-6\}=7(\mathrm{h})$。

(3)将黏土斜墙填筑流水线的进度安排标示在横道图中,如图 7-5 所示。

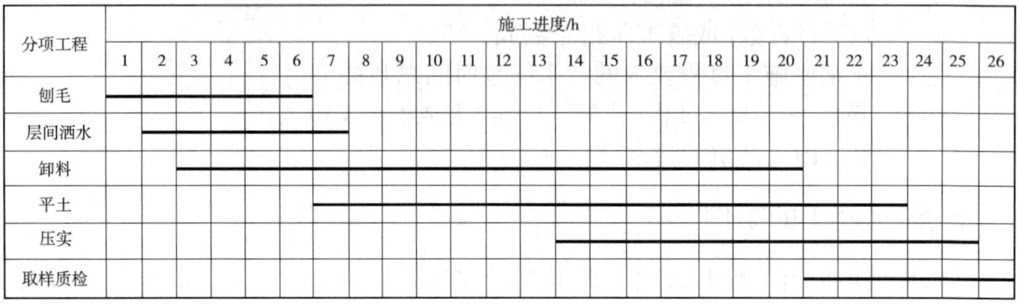

图 7-5 流水施工进度安排横道图

由图 7-5 知,整个坝面填筑一层需要 26 h。按式(7-2)也可计算得整个坝面填筑一层的流水工期 $T=(1+1+4+7+7)+0+6=26(\mathrm{h})$。

(4)把多条流水线搭接起来,成为初步进度计划。搭接方法与确定流水步距相同,只是把各相邻流水线,在前施工的最后一个施工队伍与在后施工流水线的最先施工队伍搭接即可,各流水线内各施工队伍相对间隔时间不变。

(5)调整进度计划。检查进度计划是否符合工期要求,如果不符合则要进行调整,一般可以通过加强关键线路上的施工资源投入来缩短工期。

第三节　施工组织设计

一、施工组织设计的作用

施工组织设计是工程设计文件的重要组成部分，是研究施工条件、选择施工方案，对工程施工全过程实施组织和管理的指导性文件，是编制工程投资概（估）算的主要依据和编制招标、投标文件的主要参照。

二、施工组织设计的种类

（一）按编制部门不同划分

（1）可行性研究、初步设计等环节由负责建设项目主体工程设计的单位编制，是工程设计文件的重要组成部分，是项目申报立项、进行施工准备工作的重要依据。

（2）在招标投标活动过程中由投标单位进行编制，是施工投标文件中的技术性文件，是评标专家进行评标考察的重要内容之一。

（3）在施工任务落实后、主体工程开工前由中标施工单位进行修编，是施工文件的重要组成部分，是对工程施工进行统筹协调、综合平衡，保证工程质量、有效控制工期的先决条件。

（二）按编制阶段不同划分

在基建程序中的不同阶段，所研究的施工组织设计，在内容深度和侧重点方面存在一定的差异：

（1）在可行性研究中，根据工程施工条件，主要从施工角度出发，对方案提出可行性论证。

（2）在初步设计中，通过编制施工组织设计，对推荐建设方案的施工技术可行性和经济合理性进行全面论证。

（3）在招标投标活动中，拟投标单位要结合自身实际，在分析施工条件的基础上，研究施工方案，提出质量、工期、施工布置等方面的要求，提出合理的投标报价，参与投标竞争。

（4）在工程施工过程中，要针对各具体工程的具体条件，编制具体工程的施工措施设计，从技术、组织措施上具体落实施工组织设计的要求。

三、施工组织设计的编制依据

施工组织设计的编制依据主要包括以下几个方面：

（1）可行性研究报告及审批意见，上级单位对本工程建设的要求或批复文件。

（2）工程所在地区有关基本建设的法规或条例，地方政府、建设单位对本工程建设的要求。

（3）国民经济各有关部门（铁道、交通、林业、灌溉、城镇供水、旅游、环境保护等）在本工程建设期间对河道综合利用的相关要求及协议。

(4)当前水利工程建设的施工装备、管理水平和技术特点。

(5)工程所在地区和河流的自然特点(地形、地质、水文、气象特征和当地建筑材料情况等)、施工电源、水源及水质、交通、防洪、灌溉、供水、航运、旅游、环境保护等现状和近期发展规划。

(6)当地城镇现有修配、加工能力,生产、生活物资和劳动力供应条件,居民生活习惯、卫生习惯等。

(7)施工导流及通航等水工模型试验、重要结构模型试验、各种原材料性能试验、岩土物理力学性质试验、混凝土配合比试验等成果资料。

(8)工程有关工艺试验或生产性试验的相关成果。

(9)勘测、设计等专业的有关成果。

四、施工组织设计的编制内容

不同阶段的施工组织设计,在内容、深度和侧重点方面存在一定的差异,这里主要就初步设计阶段的施工组织设计进行详细阐述。

水利工程初步设计中施工组织一章的内容一般包括施工条件、施工导流、料场的规划与开采、主体工程施工、施工交通运输、施工工厂设施、施工总布置、施工总进度、主要技术供应及附图等十个方面。

(一)施工条件分析

施工条件分析的主要目的是判断它们对工程施工的作用和可能造成的影响,以充分利用有利条件,避免或减小不利因素的影响。

施工条件主要包括自然条件与工程条件两个方面。

1. 自然条件

工程所在河段水文资料、洪水特性、各种频率下的流量过程及洪峰流量、水位与流量关系、冬季冰凌情况(北方河流)、施工区各支沟各种频率洪水、泥石流及上下游水利水电工程对本工程施工的影响;枢纽工程区的地形、地质、水文地质条件等资料;枢纽工程区的气温、水温、地温、降水、风力及风速、冰情和雾等气象资料。

2. 工程条件

枢纽建筑物的组成、结构形式、主要尺寸和工程量;泄流能力曲线、水库特征水位及主要水能指标、水库蓄水分析计算、库区淹没及移民安置条件等规划设计资料;工程所在地的对外交通运输条件、上下游可利用的场地面积及分布情况;工程的施工特点及与其他有关部门的施工协调;施工期间的供水、环保及大江大河上的通航、过木、鱼群洄游等特殊要求;主要天然建筑材料及工程施工中所用大宗材料的来源和供应条件;当地水源、电源、通信的基础条件;国家、地区或部门对本工程施工准备、工期等的要求;承包(建)市场的情况;有关社会经济调查和其他资料等。

(二)施工导流

施工导流的目的是妥善解决施工全过程中的建筑物干地施工和水资源综合利用的水流控制问题,通过对各期导流特点和相互关系进行系统分析、全面规划、周密安排,选择技术上可行、经济上合理的导流方案,保证主体工程的正常安全施工,并使工程尽早发挥效益,主要包括以下几个方面(对第一章内容的应用)。

1. 导流标准

导流建筑物的级别、各期施工导流的洪水频率及流量、坝体拦洪度汛的洪水频率及流量。

2. 导流方式及导流程序

导流方式及选定方案的各期导流工程布置及防洪度汛,下游供水措施,大江大河上的通航、过木和鱼群洄游措施,北方河流上的排冰措施;水利计算的主要成果;必要时对一些导流方案进行模型试验的成果资料。

3. 导流建筑物设计

导流挡水、泄水建筑物布置形式的方案比较及选定方案的建筑物布置、结构形式及尺寸、工程量、稳定分析等主要成果;导流建筑物与永久建筑物结合的可能性,以及结合方式和具体措施。

4. 导流工程施工

导流建筑物的施工程序、施工方法、施工布置、施工进度,选定围堰的用料来源、施工程序、施工方法、施工进度及围堰的拆除方案,基坑的排水方式、抽水量及所需设备。

5. 截流

截流时段和截流设计流量,选定截流方案的施工布置、备料计划、施工程序、施工方法及措施,必要时所进行的截流试验的成果资料。

6. 下闸蓄水

蓄水计划,封堵时段、封堵方案及下闸流量。

7. 施工期间的通航和过木等

在大江大河上,有关部门对施工期(包括蓄水期)通航、过木等的要求;施工期间过闸(坝)通航船只、木筏的数量、吨位、尺寸及年运量、设计运量等;分析可通航的天数和运输能力;分析可能碍航、断航的时段及其影响,并研究解决措施;经方案比较,提出施工期各导流阶段通航及过木的措施、设施、结构布置和工程量;论证施工期间通航与蓄水期永久通航的过闸(坝)设施相结合的可能性及相互间的衔接关系。

(三)料场的选择、规划与开采(对第二、四、五章相应内容的应用)

1. 料场选择

分析块石料、反滤料与垫层料、混凝土骨料、土料等各种用料的料场分布、质量、储量、开采加工条件及运输条件、剥采比、开挖弃渣利用率及其主要技术参数,通过试验成果及技术经济比较选定料场。

2. 料场规划

根据建筑物各部位、不同高程的用料数量及技术要求,各料场的分布高程、储量及质量、开采加工及运输条件、受洪水和冰冻等影响的情况,拦洪蓄水和环境保护,占地及迁建赔偿,以及施工机械化程度、施工强度、施工方法、施工进度等条件,对选定料场进行综合平衡和开采规划。

3. 料场开采

对用料的开采方式、加工工艺、废料处理与环境保护,开采、运输设备选择,储存系统布置等进行设计。

(四)主体工程施工

主体工程的施工包括建筑工程和金属结构及机电设备安装工程两大部分。通过分析研究,确定完整可行的施工方法,使主体工程设计方案能够经济、合理,在满足总进度要求的条件下如期建成,并保证工程质量和施工安全。同时,提出对水工枢纽布置和建筑物形式等的修改意见,并为编制工程概算奠定基础。

1. 闸、坝等挡水建筑物施工

闸、坝等挡水建筑物施工包括土石方开挖及地基处理的施工程序、方法、布置及进度;各分区混凝土的浇筑程序、方法、布置、进度及所需准备工作;混凝土温控措施的设计;碾压混凝土坝上游防渗面板的施工方案、分缝分块及通仓碾压的施工措施;土石坝的备料、运输、上坝卸料、填筑碾压等的施工程序、工艺方法、机械设备、布置、进度及拦洪度汛、蓄水的计划措施;土石坝各施工期的物料开采、加工、运输、填筑的平衡及施工强度和进度安排,开挖弃渣的利用计划;施工质量控制的要求及冬雨季施工的措施(对第二、三、四、五章相应内容的应用)。

2. 输(排)水、泄(引)水建筑物施工

输水、排水及泄水、引水等建筑物的开挖等地基处理与基础工程,浆砌石或混凝土衬砌的施工程序、方法、布置及进度,预防坍塌、滑坡的安全保护措施(对第二、五章相应内容的应用)。

3. 发电站厂房、泵房、开关站、变电站等建筑物施工

应主要分析论述上述建筑物中地面工程的基坑开挖方法、排水,保护边坡稳定的措施;地下工程的开挖程序和方法、施工支洞布置、通风散烟、钻孔爆破、衬砌支护、排水、照明及预防坍塌的安全保护措施;开挖等地基处理和混凝土浇筑的施工程序、平行流水作业方式,以及与金属结构、机电设备安装工程之间的衔接与协调;支洞的堵塞、回填灌浆及固结灌浆的施工技术措施和进度安排(对第二、三、五、六章相应内容的应用)。

4. 河道工程施工

土石方开挖及岸坡防护的施工程序、工艺方法、机械设备、布置及进度;开挖料的利用、堆渣地点及运输方案(对第二、五章相应内容的应用)。

5. 渠系建筑物施工

渠道、渡槽等渠系建筑物的施工,可参照上述相关主体工程施工的相关内容。

6. 金属结构及机电设备安装工程施工

主要金属结构及机电设备的施工技术要求、安装工程量、安装进度、分期投入运行和度汛对安装施工的要求;主要金属结构的堆存、制作加工、运输、吊装总体规划及与土建工程协作配合的要求;施工风、水、电负荷。

(五)施工交通运输

施工交通运输分对外交通运输和场内交通运输两部分。

1. 对外交通运输

原有对外水陆交通情况,包括对外交通线路布局、线路标准、运输能力、水陆联运条件等;本工程机械设备、物资等的外来运输总量、运输强度及重大部件的运输要求;转运站、

渡口、码头、桥涵、隧洞、仓库和装卸设施的规划布置；施工期间过坝运输方案。

2. 场内交通运输

场内主要交通干线的运输量和运输强度，场内主要交通线路（各枢纽建筑物施工的连接道路、开挖出渣道路、上坝运输道路等）的规划、布置、等级标准及工程量。

选择交通运输路线时，应将场内交通与场外交通统一考虑，以使内外交通顺畅连接。对外交通运输应进行技术经济比较，选定技术可靠、经济合理、运行方便、干扰较少、施工期短及便于与场内交通衔接的方案；场内交通运输应根据运输量和施工进度确定运输强度，结合施工总布置进行统筹规划，选定便于主体工程施工运输、干扰较小的线路方案。

（六）施工工厂设施

1. 砂石加工系统

砂石加工系统的布置、生产能力与主要设备、工艺布置设计及要求，除尘、降噪、废水排放等的方案措施（对第五章相应内容的应用）。

2. 混凝土生产系统

混凝土总用量、不同强度等级及不同品种混凝土的需用量，混凝土拌和系统的布置、工艺、生产能力及主要设备，建厂计划安排和分期投产措施（对第五章相应内容的应用）。

3. 混凝土制冷、制热系统

制冷、加冰、供热系统的容量、技术和进度要求。

4. 风水电的供应和通信系统

集中或分散供应压缩空气的方式、压气站位置及规模；工地施工生产用水、生活用水、消防用水的水质和水压要求，施工用水量及水源选择；供水设备及容量的确定；各施工阶段用电最高负荷及当地电力供应情况，自备电源容量的选择；通信系统的组成、规模及布置。

5. 机械修配厂、加工厂

施工期间所投入的主要施工机械、主要材料的加工及运输设备，金属结构等的种类与数量，修配加工能力，机械修配厂、汽车修配厂、综合加工厂（包括钢筋、模板、木材和混凝土预制构件加工制作）及其他施工工厂设施（包括制氧厂、钢管制作加工厂等）的厂址、布置和生产规模，选定场地和生产建筑面积，建厂土建、安装工程量；修配加工所需的主要设备。

本部分最好配以附表，即列出施工工厂设施项目、生产规模、主要机械设备一览表。

（七）施工总布置

（1）施工总布置的规划原则。

（2）选定方案的分区布置，包括施工工厂、施工临时设施（包括施工人员的办公、居住和生活福利用房，以及施工生产必需的附属设施）、交通运输等，绘制施工总布置图和列出房屋分区布置一览表。

（3）场地平整土石方量，土石方平衡利用规划及弃渣处理。

（4）施工永久占地面积和临时占地面积，分区分期施工的征地计划。

（八）施工总进度

1. 设计依据

国家或建设单位对本工程投入运行期限的要求，主体工程、施工导流与截流、对外交通、场内交通及其他施工临建工程、施工工厂设施等建筑安装任务及控制进度因素。

2. 施工分期

工程筹建期、工程准备期、主体工程施工期、工程完建期四个阶段的控制性关键项目、进度安排、工程量及工期。

3. 工程准备期进度

阐述工程准备期的内容与任务,拟订准备工程的控制性施工进度。

4. 施工总进度

施工总进度的安排应使主体工程施工进度计划协调、施工强度均衡、投入运行(蓄水、通水、第一台机组发电等)日期及总工期满足要求。根据分阶段工程形象进度的要求,提前发电的措施计划,导截流工程、基坑抽排水、拦洪度汛、下闸蓄水及主体工程控制进度的影响因素及条件,编制施工总进度图表(横道图、网络图等);通过附表,说明主体工程及主要临建工程量、逐年(月)计划完成主要工程量、逐年最高月强度、逐年(月)劳动力需用量、施工最高峰人数、平均高峰人数及总工日数。

(九)主要技术供应

1. 主要建筑材料

对主体工程和临建工程,按分项列出所需钢材、木材、水泥、砂石料、油料、火工材料等主要建筑材料需用量和分年度(月)供应期限及数量。

2. 主要施工机械设备

对施工所需主要机械设备,按名称、规格型号、数量列出汇总表,并提出分年度(月)供应期限及数量。

(十)附图

在以上设计内容的基础上,还应结合工程实际情况选择性地绘制以下附图:

(1)施工场区内外交通图。

(2)施工转运站规划布置图。

(3)施工征地规划范围图。

(4)施工导流方案图。

(5)施工导流分期布置图。

(6)导流建筑物结构布置图。

(7)导流建筑物施工方法示意图。

(8)施工期通航布置图。

(9)主要建筑物土石方开挖施工程序及地基处理示意图。

(10)主要建筑物土石方填筑施工程序、施工方法及施工布置示意图。

(11)主要建筑物混凝土施工程序、施工方法及施工布置示意图。

(12)地下工程开挖、衬砌的施工程序、施工方法及施工布置示意图。

(13)机电设备、金属结构安装施工示意图。

(14)当地建筑材料开采、加工及运输路线布置图。

(15)砂石料系统生产工艺布置图。

(16)混凝土拌和系统及制冷系统布置图。

(17)施工总布置图。
(18)施工总进度表及施工关键路线图。

五、施工组织设计的编制步骤

(1)进行施工组织设计前的资料准备。
(2)进行施工导流、截流设计。
(3)分析研究并确定主体工程施工方案。
(4)施工交通运输设计。
(5)施工工厂设施设计。
(6)进行施工总体布置。
(7)编制施工进度计划。

六、施工组织设计的编制原则

(1)执行国家有关政策、法令、规程、规范、标准和条例。
(2)结合工程实际,做到因地制宜。
(3)统筹安排、综合平衡,妥善协调各单位工程、分部工程的施工作业。
(4)结合我国国情推广新材料、新技术、新工艺和新设备的应用。凡经实践证明认为技术经济效益显著的科研成果,应尽量采用。

第四节 施工进度计划

施工进度计划是施工组织设计的主要组成部分,是根据工程项目建设工期的要求,对其中的各个施工环节在时间上所做的统一计划安排。通过规定各项目施工的开工时间、完成时间、施工顺序等,来综合平衡人力、技术、设备、资金、时间、空间等施工资源,使施工活动均衡、连续、有序地进行,以确保施工质量和施工安全。

一、施工进度计划的类型

根据拟编制施工进度计划的对象不同,可将施工进度计划划分为以下三种类型。

(一)施工总进度计划

施工总进度计划是针对一个水利水电工程枢纽(建设项目)编制的。要求定出整个工程中各个单项工程的施工顺序及起止时间,以及准备工作、扫尾工作的施工期限。

(二)单项(或单位)工程进度计划

单项(或单位)工程进度计划是针对枢纽中的单项(或单位)工程进行编制的。应根据总进度中规定的工期,确定该单项(或单位)工程中各分部工程和准备工作的顺序及起止日期,为此要进一步从施工技术、施工措施等方面论证该进度的合理性,组织平行或流水作业的可行性。

(三)施工作业计划

针对实际施工,施工单位根据各单位工程进度计划,进一步编制出的具体施工作业计划,即具体安排各工种、各工序间的施工作业顺序和起止日期。

无论是哪种类型的施工进度计划,其编制的原理、方法都是类似的,以下主要针对施工总进度计划进行详细阐述。

二、施工总进度计划的主要内容

施工总进度计划的主要内容一般包括列出主要工程项目一览表并估算其实物工程量,确定各单项工程的施工期限,以及各单项工程的开工、完工时间和相互搭接关系,编制施工总进度计划图表。

三、施工总进度计划的编制原则

(1)遵守基本建设程序,并认真贯彻执行党的方针政策、国家法令法规、上级主管部门对本工程建设的指示和要求。

(2)重视各项准备工作的施工进度安排,在主体工程开工前,准备工作应基本完成,为主体工程开工创造条件。

(3)比照国内平均先进的施工水平,合理安排工期。

(4)采用合理的施工组织方法,使建设项目的施工保持连续、均衡、有节奏,从而加快施工速度,降低工程成本。

(5)合理安排各工程项目的施工顺序,确保拟建工程在劳动力、物资及资金消耗量最少的情况下,按规定的施工工期完成,并能较早地发挥投资效益。

(6)科学地安排全年各季度的施工任务,尽可能做到按季度均衡分配基本建设投资,力争实现全年施工的均衡性。

(7)对库容大、装机容量大、建设周期长的工程,还应保证满足分批投产运行的要求,以获得工程的最大效益。

四、施工总进度计划的编制步骤

水利工程施工总进度计划的编制,一般可按图 7-6 所示的程序进行。

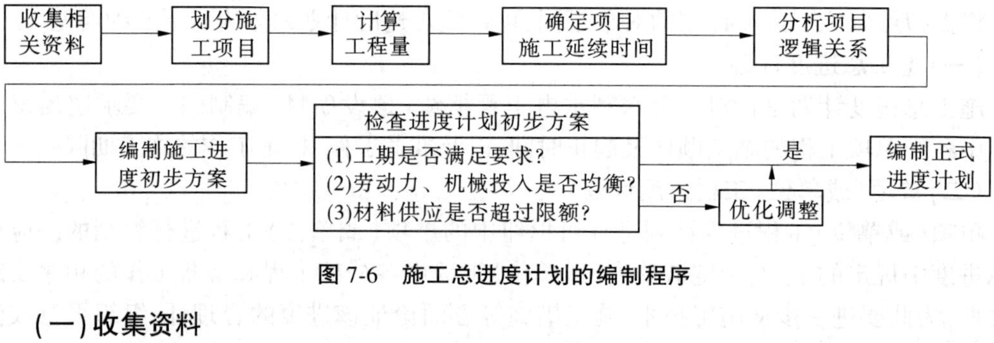

图 7-6 施工总进度计划的编制程序

(一)收集资料

(1)上级主管部门对工程建设开工、竣工投产的指示和要求,有关工程建设的合同协议。

(2)工程勘测和技术经济调查的资料,如水文、气象、地形、地质、水文地质和当地建筑材料等,以及工程所在地区和库区的工矿企业、矿产资源、水库淹没和移民安置等资料。

(3)工程规划设计和概预算方面的资料,包括工程规划设计的文件和图纸,主管部门关于投资和定额的要求等资料。

(4)国民经济各部门对施工期间防洪、灌溉、航运、放木、供水等方面的要求。

(5)施工组织设计其他部分对施工进度的限制和要求,如交通运输能力、技术供应条件、分期施工强度限制等。

(6)施工单位施工能力方面的资料等。

(二)列出工程项目

项目列项的通常做法是先根据建设项目的特点,参照绪论所述的项目划分方法将其划分成若干个工程项目,然后按施工先后顺序和相互关联密切程度,依次将主要工程项目一一列出,并填入工程项目一览表中。

施工总进度计划主要是起控制总工期的作用,因此工程项目划分不宜过细、过多,应突出主要的工程项目,一些附属的工程项目和小型项目可以合并列项,但要注意防止漏项。例如,针对一个水电站工程建设项目而言,在施工总进度计划编制中,一般按单项工程列出准备工作、导流工程、拦河坝工程、溢洪道工程、引水工程、电站厂房工程、升压变电站工程、水库清理工程、结束工作等。

(三)计算工程量

工程量的计算应根据设计图纸、所选定的施工方法和《水利水电工程工程量计算规定》,按工程性质考虑工程分期和施工顺序等因素,分别按土方、石方、水上、水下、开挖、回填、混凝土等进行计算。

计算工程量时,应注意以下几个问题:

(1)工程量的计量单位要与概预算定额一致。施工总进度计划中,为了便于计算劳动量和材料、构配件及施工机械设备的需要量,工程量的计量单位必须与概预算定额的单位一致。

(2)要依据实际采用的施工方法计算工程量。如土方工程施工中是否放坡和留出工作面及其坡度大小与工作面的尺寸,是采用柱坑单独开挖还是采用条形开挖或整片开挖,都直接影响工程量的大小。因此,必须依据实际采用的施工方法计算工程量,以便与施工的实际情况相符合,使施工进度计划真正起到指导施工的作用。

(3)要依据施工组织的要求计算工程量。有时为了满足分期、分段组织施工的需要,要计算不同高程(如对拦河坝)、不同桩号(如对渠道)的工程量,并作出累积曲线。

(四)计算施工持续时间

1. 定额计算法

根据计算的工程量,采用相应的定额资料,可以按式(7-3)计算或估算各项目的施工持续时间,即

$$D_i=\frac{V}{kmnN} \tag{7-3}$$

式中　D_i——项目的施工持续时间,d;

V——项目工程量,m^3、m^2、m、t 等;

m——日工作时数,h,实行一班制时,$m=8\times1=8$ (h);

n——每小时工作人数或机械设备数量;

N——人工工时产量定额或机械台时产量定额;

k——考虑不确定因素而计入的系数,$k<1$。

定额资料的选用应视工作深度而定,并与工程列项相一致。一般来说,对于施工总进度计划可用概算定额,对于单项工程进度计划可用预算定额,对于施工作业计划可用施工定额或生产定额。

2. 三时估算法

这种方法是根据以往的施工经验进行估算的,适用于采用新材料、新技术、新工艺、新结构等无定额可查的施工过程。为了提高估算的精确性,通常采用三时估算法,即先估算出该施工项目的最短时间 D_a、最长时间 D_b 和最可能时间 D_m 等三个施工持续时间,然后按式(7-4)计算出该施工项目的施工持续时间 D_i,即

$$D_i=\frac{D_a+4D_m+D_b}{6} \tag{7-4}$$

式中 D_a——最短时间,d,即最乐观的估计时间,或称最紧凑的估算时间,亦称项目的紧缩工期;

D_b——最长时间,d,即最悲观的估计时间,或称最松动的估算时间;

D_m——最可能的估计时间,d。

3. 工期推算法

目前,水利工程施工广泛采用招标投标制,并在中标后签订施工承包合同,一般已在施工承包合同中规定了工程的施工工期 T_r。因此,安排施工进度计划必须以合同规定工期 T_r 为主要依据进行倒推,称为工期推算法(又称倒排计划法)。

根据拟定的各项目的施工持续时间 D_i 及流水施工法的施工组织情况,施工单位制定出的完成该工程施工任务的计划工期 T_p 应小于或等于合同工期 T_r,即 $T_p\leq T_r$。

(五)分析确定项目之间的逻辑关系

项目之间的逻辑关系,通常又称依从关系,取决于施工组织、施工技术等许多因素,概括起来可分为两类。

1. 工艺关系

工艺关系,即由施工工艺上要求的先后顺序关系。在施工内容、施工技术方案确定的情况下,这种项目间的逻辑关系是确定的。

如先土建,后安装,再调试;先地下,后地上;先基础,后上部结构;先开挖,后衬砌等。它们在施工工艺上都有必须遵循的逻辑关系,违反这种关系,将导致项目无法正常施工,最终造成不必要的损失。

2. 组织关系

组织关系,即对于工艺上没有明确规定先后顺序关系的项目,但由于考虑到其他因素(如工期、施工机械、资源限制、施工强度均衡等)的影响而在施工组织上编排的施工先后顺序。

如由导流方案所形成的导流程序,决定了各控制环节所控制的工程项目,从而也就决定了这些项目的衔接顺序。采用全段围堰法隧洞导流的导流方案,就截流这个控制环节来说,通常要求在截流以前完成隧洞施工、库区清理、截流备料等工作,由此形成了相应的衔接关系。又如,由于劳动力的调配、施工机械的转移、建筑材料的供应和分配、机电设备进场等原因,安排一些项目在先,另一些项目在后,均属组织关系所决定的顺序关系。

由组织关系所决定的衔接关系一般是可以改变的,只要改变相应的组织安排,有关项目的衔接顺序就会有相应的变化。

如表 7-2 所示,列出了一个截流专项工程中各施工项目间的逻辑关系。

表 7-2　某截流工程施工项目逻辑关系

序号	工作项目	代号	工程量		施工延续时间/d	紧后工作
			单位	数量		
1	施工道路Ⅰ	A_1			25	A_2、B、C_1
2	施工道路Ⅱ	A_2			50	D
3	临时房屋	B			25	D、F
4	辅助企业Ⅰ	C_1			50	C_2、D
5	辅助企业Ⅱ	C_2			50	E、G
6	隧洞开挖	D			110	E
7	隧洞衬砌	E			125	H
8	水库清理	F			175	H
9	截流备料	G			175	H
10	围堰预进占	H			75	I
11	截流	I			10	

注:A_1 是施工进场道路;A_2 是为导流隧洞施工服务的道路;C_1 是砂石料加工系统、机械修配厂等;C_2 是混凝土生产系统、综合加工厂等。

(六)初拟施工进度

通过项目之间逻辑关系的分析,掌握了工程进度的特点,厘清了工程进度的脉络,就可以初步拟订出一个施工进度方案。

对于堤坝式水利水电枢纽工程的施工总进度计划来说,其关键项目一般位于河床,故常以导流程序为主要线索,首先将施工导流、围堰进占、截流、基坑排水、基坑开挖、地基处理、施工度汛、坝体拦洪、下闸蓄水、机组安装和引水发电等关键控制性进度安排好,然后将相应的准备工作、收尾工作和配套辅助工程的进度进行合理安排,便可构成总的轮廓进度;最后分配和安排不受水文条件控制的其他工程项目,则形成整个枢纽工程施工总进度计划草案。

对于引水式水电工程,有时引水建筑物的施工期限会成为控制总进度的关键,则应按此特点进行安排。

(七)优化、调整和修改

初拟施工进度以后,要配合施工组织设计其他部分的分析,对一些控制环节、关键项目的施工强度、资源需用量、投资过程等重大问题,进行分析计算、优化论证,以对初拟的进度计划做必要的修改和调整,使之更加完善合理。

施工进度的优化调整不可能一次达到目的,往往需要反复进行。

(八)提出施工进度成果

经过优化调整修改之后的施工进度计划,可以作为设计成果,整理以后提交审核。

五、施工进度计划的成果表达

施工进度计划的成果,可根据情况采用横道图、网络图、工程进度曲线和形象进度图等一些形式进行反映表达。

(一)横道图

施工进度横道图也称施工进度计划表,国外常称为甘特图。它是应用范围最广、应用时间最长的进度计划表现形式,图表上标有工程中主要项目的工程量、施工时段、施工工期。针对表 7-2 所列的某截流专项工程,其进度计划横道图如图 7-7 所示。

序号	工作项目	代号	工程量		施工延续时间/d
			单位	数量	
1	施工道路Ⅰ	A_1			25
2	施工道路Ⅱ	A_2			50
3	临时房屋	B			25
4	辅助企业Ⅰ	C_1			50
5	辅助企业Ⅱ	C_2			50
6	隧洞开挖	D			110
7	隧洞衬砌	E			125
8	水库清理	F			175
9	截流备料	G			175
10	围堰预进占	H			75
11	截流	I			10

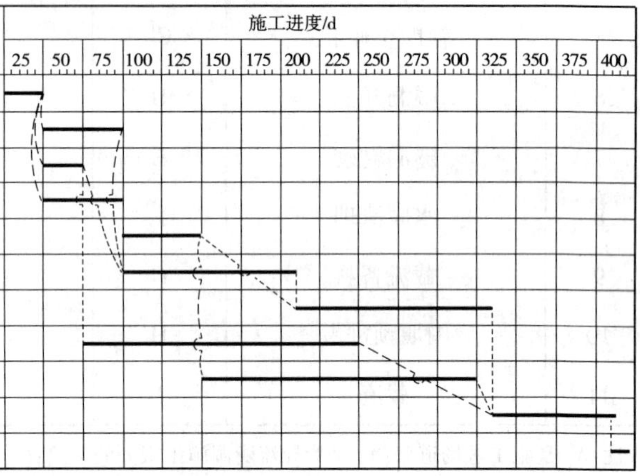

图 7-7 某截流工程施工进度计划横道图

施工进度计划横道图的优点是:简单、方便、适应性强,且易于编制和理解,能形象、直观地获取各工作的最早开始时间、最早完成时间及工程总工期等信息。缺点是:各项工作的逻辑关系可以设法表达,但不易表达清楚;不能明确反映出计划的关键工作、关键线路,因而不便于进度控制人员抓住主要矛盾,而且当某些工作的进度由于某种因素产生拖延或提前时,也不便于分析它对其他工作及总工期的影响程度,不利于建设工程进度的动态控制;不能反映工作是否具有机动时间,看不到计划的潜力所在,无法进行最合理的组织和指挥;计划的变动调整比较复杂。

不论工程项目和施工内容多么错综复杂,总可以用横道图逐一表示出来,因此尽管进度计划的技术和形式已不断改进,但横道图进度计划目前仍作为一种常见的进度计划表示形式而被继续沿用。

(二)网络图

施工进度网络图是20世纪50年代开始在横道图进度计划基础上发展起来的,它是系统工程在编制施工进度中的应用。

1. 网络图的分类

施工进度网络图是用节点和箭线的连接来表示各项工作的施工顺序及其彼此间的相互逻辑关系,以形成表示一项工程或任务的工作流程图,可分为双代号网络图、双代号时标网络计划和单代号网络图。

以箭线及其两端的两个节点来表示工作的网络图,称为双代号网络图。在此基础上,目前还进一步结合施工进度计划横道图的直观易懂优点,新发展形成双代号时标网络计划(简称时标网络计划),它是以时间坐标为尺度编制的网络计划。

每一个工作由一个节点来表示,箭头仅表示工作间逻辑关系的网络图,称为单代号网络图。

2. 网络图的相关概念

1)工作

工作是指计划任务按需要的粗细程度划分而成的一个子项目或子任务。根据计划编制的粗细不同,工作既可以是一个单项工程,也可以是一个分项工程乃至一个工序。

在实际工程中,工作一般有两类:一类是既需要消耗时间,又需要消耗资源的工作(如开挖、混凝土浇筑等);另一类是仅需要消耗时间,而不需要消耗资源的工作(如混凝土硬化、抹灰干燥等技术间歇)。

在双代号网络图或双代号时标网络计划中,除上述两种工作外,还有一种既不需要消耗时间也不需要消耗资源的工作称为虚工作(或称虚拟项目)。虚工作在实际工程中是不存在的,在双代号网络图或双代号时标网络计划中引入使用,主要是为了准确而清楚地表达各工作间的相互逻辑关系,虚工作一般采用虚箭线来表示,其持续时间为零。

2)节点

网络图中箭线端部的圆圈或其他形状的封闭图形称为节点。在双代号网络图或双代号时标网络计划中,它表示工作之间的逻辑关系;在单代号网络图中,它表示一项工作。

(1)双代号网络图或双代号时标网络计划中的节点。通常采用两个节点及节点间的箭线一起表示一项工作。此时的节点表示一项工作开始或结束的瞬间,箭线出发的节点称为工作的开始节点,箭头指向的节点称为工作的结束节点。

双代号网络图或双代号时标网络计划中,节点的重要特性是在于它的瞬时性,即它只表示工作开始或结束的瞬间,本身不占用时间。一个节点的实现时刻,就是以该节点为结束节点的所有工作结束的时刻,也是以该节点为开始节点的所有工作可以开始的时刻。

(2)单代号网络图中的节点。用来表示工作,即一个节点表示一项工作,箭线仅表示工作之间的逻辑关系。

无论在双代号网络图、双代号时标网络计划中,还是在单代号网络图中,对一个节点来说,可能有很多箭线指向该节点,这些箭线就称为内向箭线(或称内向工作);同样也可能有很多箭线由同一个节点出发,这些箭线就称为外向箭线(或称外向工作)。网络图中

第一个节点叫起点节点(或称源节点),它意味着一个工程项目的开工,起点节点只有外向工作,没有内向工作;网络图中最后一个节点叫终点节点,它意味着一个工程项目的完工,终点节点只有内向工作,没有外向工作。

3) 网络逻辑

一个工程项目往往包括很多工作,工作间的逻辑关系比较复杂,可采用紧前工作与紧后工作把这种逻辑关系简单、准确地表达出来,以便于网络图的绘制和时间参数的计算。就前面所述的截流专项工程而言,列举说明如下:

(1) 紧前工作。紧排在本工作之前的工作称为本工作的紧前工作。对工作 E(隧洞衬砌)来说,只有工作 D(隧洞开挖)结束后才能开始,且工作 D、E 之间没有其他工作,则工作 D 称为工作 E 的紧前工作。

(2) 紧后工作。紧排在本工作之后的工作称为本工作的紧后工作。紧后工作与紧前工作是一对相对应的概念,如上所述 D 是 E 的紧前工作,则 E 就是 D 的紧后工作。

4) 线路

网络图中从起点节点开始,沿箭线方向顺序通过一系列箭线(包括虚箭线)和节点,最后达到终点节点所形成的每一条通路称为一条线路。一条线路上的各项工作所持续时间的累加之和,称为该线路的长度,它表示完成该线路上的所有工作需花费的时间。

3. 网络图的绘图规则

1) 双代号网络图的绘图规则

绘制双代号网络图的最基本规则是能明确地表达出工作的内容,准确地表达出工作之间的逻辑关系,并且使所绘制出的图易于识读和操作。具体绘制时应注意以下几个方面的问题:

(1) 双代号网络中,工作应以箭线表示,虚工作应以虚箭线表示。

(2) 双代号网络图的节点应用圆圈表示,并应在圆圈内编号。节点编号顺序应从左到右由大到小编排,可不连续,但严禁重复。

(3) 一项工作应只有唯一的一条箭线和相应的一对节点编号构成,箭尾的节点编号应小于箭头的节点编号(箭头应从小编号节点指向大编号节点)。

(4) 双代号网络图中应只有一个起点节点;在不分期完成任务的网络图中,应只有一个终点节点。

(5) 在网络图中严禁出现循环回路。

(6) 双代号网络图中严禁出现没有箭头节点或没有箭尾节点的箭线,也不得出现带双箭头或无箭头的连线。

(7) 绘制网络图时,宜避免箭线交叉。

(8) 对平行搭接进行的工作,在双代号网络图中,应分段表达。

(9) 网络图应条理清楚,布局合理。

(10) 分段绘制。对于一些大的建设项目,由于工序多、施工周期长,网络图可能很大,为使绘图方便,可将网络图划分成几个部分,分别绘制。

2) 单代号网络图的绘图规则

同双代号网络图的绘制一样,绘制单代号网络图也必须遵循一定的绘图规则。当违背这些规则时,就可能出现逻辑关系混乱,无法判别各工作之间的直接后继关系、无法进行网络图的时间参数计算。这些基本规则主要是:

(1)有时需在网络图的开始和结束增加虚拟的起点节点和终点节点。这是为了保证单代号网络计划只有一个起点和一个终点,这也是单代号网络图所特有的。

(2)网络图中不允许出现循环回路。

(3)网络图中不允许出现有重复编号的工作,一个编号只能代表一项工作。

(4)在网络图中除起点节点和终点节点外,不允许出现其他没有内向箭线的工作节点和没有外向箭线的工作节点。

(5)单代号网络图中,不允许出现没有箭尾节点的箭线和没有箭头节点的箭线。

(6)为了计算方便,网络图的编号应是后继节点编号大于前导节点编号(顺着箭线方向,节点编号应由小到大编排)。

3)双代号时标网络计划的绘图规则

双代号时标网络计划结合了横道图和双代号网络图的优点,更适应于用计算机软件绘制。在 P6、Project 等项目管理软件不断深入应用的今天,双代号时标网络计划应用得越来越普遍。

绘制双代号时标网络计划时,除遵守双代号网络图的上述绘图规则外,还应遵守以下规定:

(1)双代号时标网络计划的箭线应画成水平直线、垂直直线或折线,不得画成斜线。水平直线投影的方向应自左向右。

(2)双代号时标网络计划宜按最早时间绘制。绘制时应以水平时间坐标为尺度表示工作时间,时标的时间单位应根据需要在编制网络计划之前确定,可以为小时、天、周、旬、月、季或年等。

(3)双代号时标网络计划应以实箭线表示工作(实箭线的长度应根据工作的持续时间长短按比例绘制),以虚箭线表示虚工作,以波形线表示工作的自由时差。

(4)双代号时标网络计划中所有符号在时间坐标上的水平投影位置,都必须与其时间参数相对应。节点中心必须对准相应的时标位置。虚工作必须以垂直方向的虚箭线表示,有自由时差时应用水平波形线表示。

根据表 7-2 所列截流工程的工作划分和工作间的逻辑关系,分别绘制双代号网络图、单代号网络图和双代号时标网络计划,如图 7-8~图 7-10 所示。

4. 网络图的时间参数及计算

1)网络图的时间参数

a. 最早开始时间 ES(Earliest Start Time)

各紧前工作全部完成后,本工作有可能开始的最早时刻称为最早开始时间。

b. 最早完成时间 EF(Earliest Finish Time)

各紧前工作全部完成后,本工作有可能完成的最早时刻称为最早完成时间。

c. 最迟完成时间 LF(Latest Finish Time)

在不影响整个任务按期完成(指不致延误计划工期 T_p)的前提下,工作必须完成的最迟时刻称为最迟完成时间。

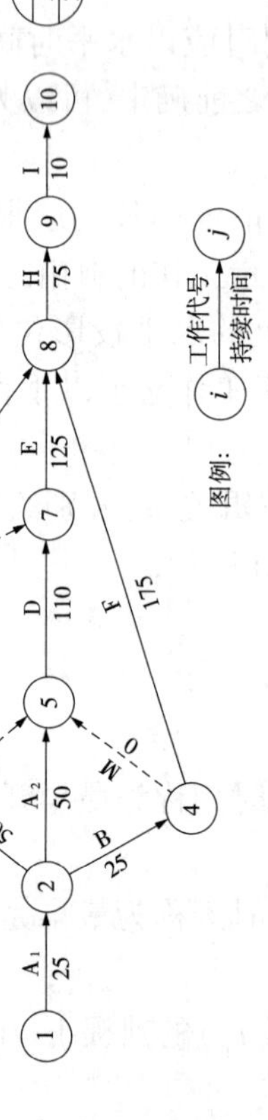

图 7-8　某载流工程双代号网络图

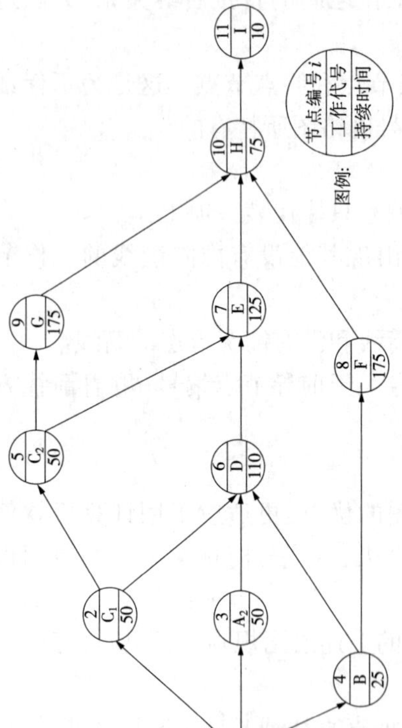

图 7-9　某载流工程单代号网络图

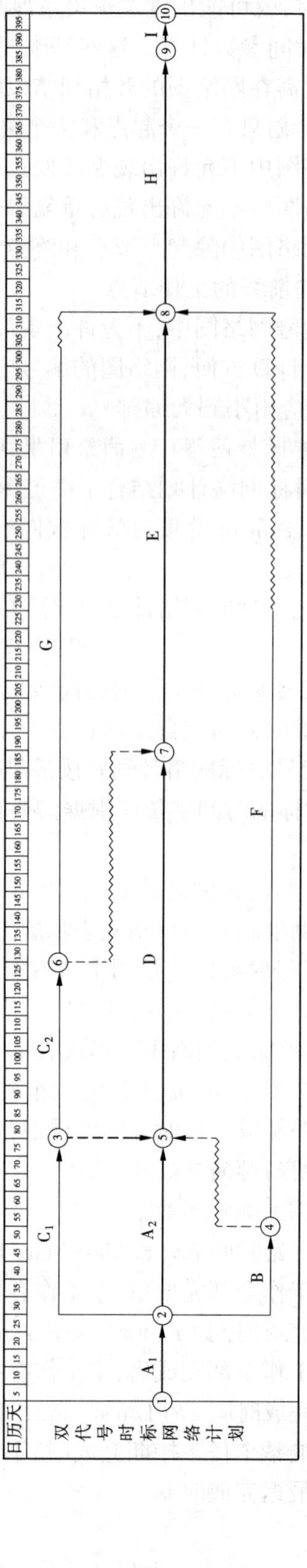

图 7-10　某载流工程双代号时标网络计划

d. 最迟开始时间 LS(Latest Start Time)

在不影响整个任务按期完成(指不致延误计划工期 T_p)的前提下,工作必须开始的最迟时刻称为最迟开始时间。

e. 工作总时差 TF(Total Float)

在不影响总工期的前提下,本工作可以利用的机动时间称为工作总时差。

f. 自由时差 FF(Free Float)

在不影响其紧后工作最早开始时间的前提下,本工作可以利用的机动时间称为自由时差。

2)双代号网络图时间参数的计算

双代号网络图时间参数的计算方法有两种,即按工作计算法计算和按节点计算法计算。在此仅对按工作计算法计算进行介绍。

a. 最早开始时间 ES 的计算

工作 $i—j$ 的最早开始时间 ES_{i-j},应从网络计划的起点节点开始,顺着箭线方向依次逐项计算。

(1)以起点节点($i=1$)为箭尾节点的工作 $i—j$,当未规定其最早开始时间 ES_{i-j} 时,其值取为零,即

$$ES_{i-j}=0 \quad (i=1) \tag{7-5}$$

(2)其他工作的最早开始时间 ES_{i-j} 应为

$$ES_{i-j}=\max\{ES_{h-i}+D_{h-i}\}=\max\{EF_{h-i}\} \tag{7-6}$$

式中　ES_{h-i}——工作 $i—j$ 的各项紧前工作 $h—i$ 的最早开始时间;

D_{h-i}——工作 $i—j$ 的各项紧前工作 $h—i$ 的施工持续时间;

EF_{h-i}——工作 $i—j$ 的各项紧前工作 $h—i$ 的最早完成时间。

b. 最早完成时间 EF 的计算

任一项工作的最早完成时间等于本工作的最早开始时间与它的施工持续时间之和,即

$$EF_{i-j}=ES_{i-j}+D_{i-j} \tag{7-7}$$

c. 网络计划的计算工期 T_c 和计划工期 T_p

当网络图中各工作的最早完成时间计算完后,便可按式(7-8)计算网络计划的计算工期 T_c,即

$$T_c=\max\{EF_{i-n}\} \tag{7-8}$$

式中　EF_{i-n}——以终点节点($j=n$)为箭头节点的工作 $i—n$ 的最早完成时间。

网络计划的计划工期 T_p 的计算,应分以下两种情况分别确定:

(1)当已规定了要求工期 T_r(合同工期)时

$$T_p \leqslant T_r \tag{7-9}$$

若 $T_c>T_r$,则取 $T_p=T_r$;若 $T_c \leqslant T_r$,则取 $T_p=T_c$ 或 $T_p=T_r$ 均可。

(2)当未规定要求工期时

$$T_p=T_c \tag{7-10}$$

d. 最迟完成时间 LF 的计算

工作 $i—j$ 的最迟完成时间 LF_{i-j},应从网络计划的终点节点开始,逆着箭线方向依次

逐项计算。

(1)以终点节点($j=n$)为箭头节点的工作 $i—n$ 的最迟完成时间 LF_{i-n},应按网络计划的计划工期确定,即

$$LF_{i-n}=T_p \tag{7-11}$$

(2)其他工作 $i—j$ 的最迟完成时间 LF_{i-j} 则按下式计算:

$$LF_{i-j}=\min\{LF_{j-k}-D_{j-k}\}=\min\{LS_{j-k}\} \tag{7-12}$$

式中　LF_{j-k}——工作 $i—j$ 的各项紧后工作 $j—k$ 的最迟完成时间;

D_{j-k}——工作 $i—j$ 的各项紧后工作 $j—k$ 的施工持续时间;

LS_{j-k}——工作 $i—j$ 的各项紧后工作 $j—k$ 的最迟开始时间。

e. 最迟开始时间 LS 的计算

任一项工作的最迟开始时间等于它的最迟完成时间与它的施工持续时间之差,即

$$LS_{i-j}=LF_{i-j}-D_{i-j} \tag{7-13}$$

f. 工作总时差 TF 的计算

任一项工作的总时差等于本工作的最迟开始时间与它的最早开始时间之差,或等于本工作的最迟完成时间与它的最早完成时间之差。计算公式为

$$TF_{i-j}=LS_{i-j}-ES_{i-j}=LF_{i-j}-EF_{i-j} \tag{7-14}$$

g. 自由时差 FF 的计算

自由时差的计算,应从网络图的终点节点开始,逆着箭线方向依次逐项计算。

(1)以终点节点($j=n$)为箭头节点的工作 $i—n$,其自由时差 FF_{i-n} 应按网络计划的计划工期 T_p 与本工作的最早完成时间 EF_{i-n} 之差确定,即

$$FF_{i-n}=T_p-EF_{i-n} \tag{7-15}$$

(2)当工作 $i—j$ 有紧后工作 $j—k$ 时,其自由时差应按式(7-16)计算,即

$$FF_{i-j}=\min\{ES_{j-k}\}-EF_{i-j} \tag{7-16}$$

式中　ES_{j-k}——工作 $i—j$ 的各项紧后工作 $j—k$ 的最早开始时间。

对图 7-8 所示的某截流工程双代号网络图,其时间参数的计算结果见图 7-11。

3)单代号网络图时间参数的计算

a. 最早开始时间 ES 的计算

工作 i 的最早开始时间 ES_i,应从网络计划的起点节点开始,顺着箭线方向依次逐项计算。

(1)当起点节点($i=1$)的最早开始时间无规定时,其值应取为零,即

$$ES_i=0\quad(i=1) \tag{7-17}$$

(2)其他工作的最早开始时间 ES_i 应按式(7-18)计算,即

$$ES_i=\max\{ES_h+D_h\}=\max\{EF_h\} \tag{7-18}$$

式中　EF_h——工作 i 的各项紧前工作 h 的最早完成时间;

ES_h——工作 i 的各项紧前工作 h 的最早开始时间;

D_h——工作 i 的各项紧前工作 h 的施工持续时间。

b. 最早完成时间 EF 的计算

工作 i 的最早完成时间 EF_i 应按式(7-19)计算,即

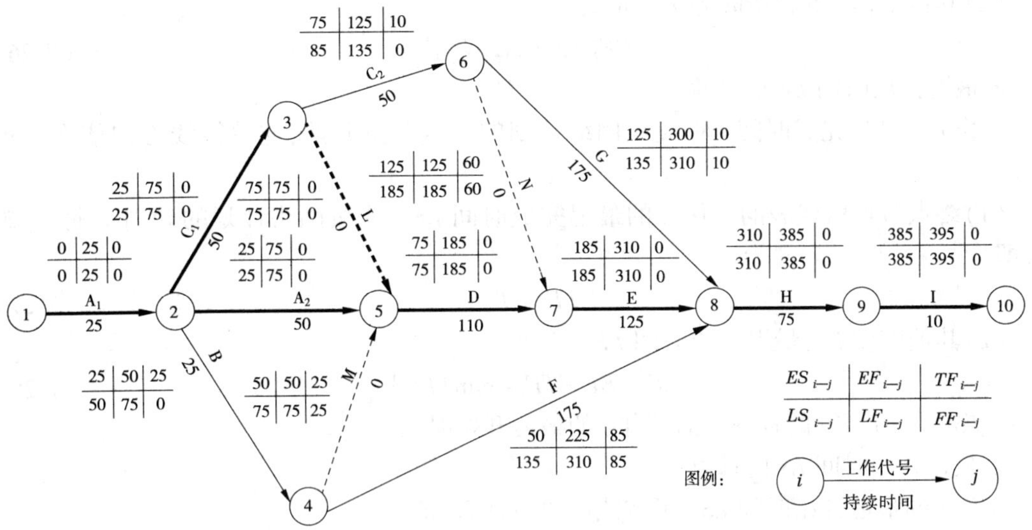

图 7-11　某截流工程施工进度双代号网络图时间参数计算结果

$$EF_i = ES_i + D_i \tag{7-19}$$

c. 网络计划的计算工期 T_c 和计划工期 T_p

网络计划计算工期 T_c 应按式(7-20)计算,即

$$T_c = EF_n \tag{7-20}$$

式中　EF_n——终点节点($i=n$)的最早完成时间。

单代号网络图计划工期 T_p 的计算,与前面所述双代号网络图的方法相同。

d. 时间间隔 LAG 的计算

相邻两项工作($i=n$)和 j(注:工作 i 在前,工作 j 在后)之间的时间间隔 $LAG_{i,j}$,按以下规定进行计算:

(1)当终点节点($i=n$)为虚拟节点时,其时间间隔应为

$$LAG_{i,n} = T_p - EF_i \tag{7-21}$$

(2)其他节点之间的时间间隔应为

$$LAG_{i,j} = ES_j - EF_i \tag{7-22}$$

e. 总时差 TF 的计算

工作 i 的总时差 TF_i 应从网络计划的终点节点开始,逆着箭线方向依次逐项计算。

(1)终点节点所代表工作 n 的总时差值 TF_n 应为

$$TF_n = T_p - EF_n \tag{7-23}$$

(2)其他工作 i 的总时差 TF_i 应为

$$TF_i = \min\{TF_j + LAG_{i,j}\} \tag{7-24}$$

f. 自由时差 FF 的计算

工作 i 的自由时差 FF_i 应从网络计划的终点节点开始,逆着箭线方向依次逐项计算。

(1)终点节点所代表工作 n 的自由时差 FF_n 应为

$$FF_n = T_p - EF_n \tag{7-25}$$

(2)其他工作 i 的自由时差 FF_i 应为

$$FF_i = \min\{LAG_{i,j}\} \tag{7-26}$$

g. 最迟完成时间 LF 的计算

工作 i 的最迟完成时间 LF_i 应从网络计划的终点节点开始,逆着箭线方向依次逐项计算。

(1)终点节点所代表的工作 n 的最迟完成时间 LF_n,应按网络计划的计划工期 T_p 确定,即

$$LF_n = T_p \tag{7-27}$$

(2)其他工作 i 的最迟完成时间 LF_i 应为

$$LF_i = EF_i + TF_i = \min\{LS_j\} \tag{7-28}$$

式中　LS_j——工作 i 的各项紧后工作 j 的最迟开始时间。

h. 最迟开始时间 LS 的计算

工作 i 的最迟开始时间 LS_i,可按式(7-29)计算,即

$$LS_i = ES_i + TF_i = LF_i - D_i \tag{7-29}$$

对图 7-8 所示的某截流工程单代号网络图,其时间参数的计算结果见图 7-12。

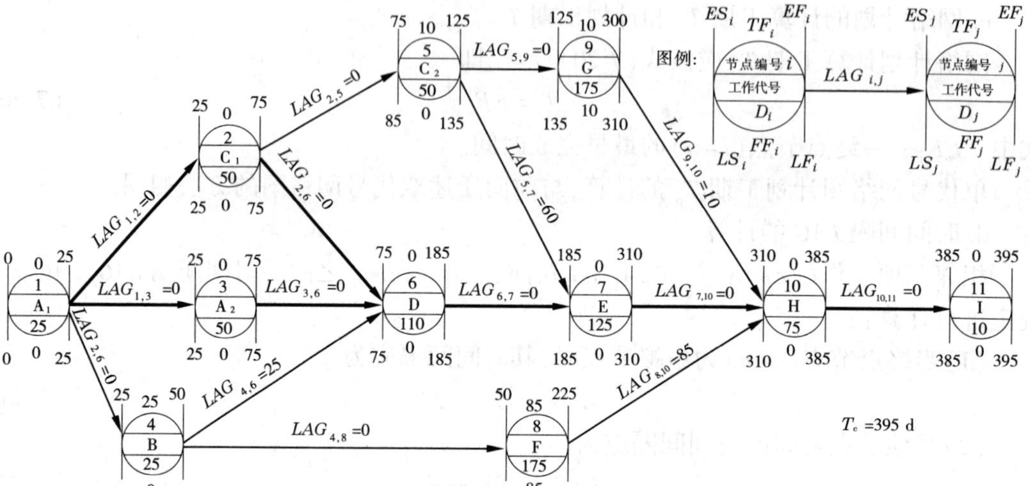

图 7-12　某截流工程施工进度单代号网络图时间参数计算结果

4)双代号时标网络计划时间参数的计算

a. 计划工期 T_p 的计算

双代号时标网络计划的计划工期,应为计算坐标体系中终点节点与起点节点所在位置的时标值之差。一般来说,双代号时标网络计划以时标值 0 作为起点节点进行绘制,此时终点节点对应的时标值即为计划工期 T_p。

b. 最早开始时间 ES 的计算

双代号时标网络计划一般都按最早时间绘制,故箭尾节点中心所对应的时标值即为工作的最早开始时间。

c. 最早完成时间 EF 的计算

当箭线不存在波形线时，箭头节点中心所对应的时标值为工作的最早完成时间；当箭线存在波形线时，箭线实线部分的右端点所对应的时标值为工作的最早完成时间。

d. 自由时差 FF 的计算

工作的自由时差应为工作的箭线中波形线部分在坐标轴上的水平投影长度。

e. 总时差 TF 的计算

双代号时标网络计划工作总时差的计算应从右向左逆着箭线方向依次逐项进行。

(1) 以终点节点($j=n$)为箭头节点的工作，总时差应按式(7-30)计算：

$$TF_{i-n} = T_{\mathrm{p}} - EF_{i-n} \tag{7-30}$$

(2) 其他工作 i—j 的总时差，应按式(7-31)计算：

$$TF_{i-j} = \min\{TF_{j-k} + FF_{i-j}\} \tag{7-31}$$

式中　TF_{j-k}——工作 i—j 的各项紧后工作 j—k 的总时差。

f. 最迟开始时间 LS、最迟完成时间 LF 的计算

双代号时标网络计划中工作的最迟开始时间、最迟完成时间，应按式(7-32)、式(7-33)计算：

$$LS_{i-j} = ES_{i-j} + TF_{i-j} \tag{7-32}$$

$$LF_{i-j} = EF_{i-j} + TF_{i-j} \tag{7-33}$$

5. 网络图中关键工作和关键线路的确定

当计划工期等于计算工期时，凡是总时差和自由时差均等于零的工作，说明毫无机动能力，称为关键工作，这些工作如果拖延时间，势必影响总工期和紧后工作的开工。

总时差不等于零的工作，称为非关键工作，其施工持续时间可在时差范围内调整。其中，总时差不等于零且自由时差也不等于零的工作，其施工持续时间若在自由时差范围内调整，则既不影响总工期，也不影响紧后工作的开工；总时差不等于零而自由时差等于零的工作，其施工持续时间若在总时差范围内进行调整，则虽然不会影响总工期，但会影响紧后工作的开工。

将关键工作按箭线顺序连接起来，所形成的从网络起点节点到终点节点的贯通线路（网络中最长的线路），称为关键线路。双代号时标网络计划中，自起点节点到终点节点不出现波形线的线路，即确定为关键线路。关键线路的总持续时间等于总工期，故关键线路又称紧急线路，它是施工中项目经理部和监理工程师进行进度控制的重点，在网络图中，通常采用双箭线或粗箭线或彩色箭线着重标示出来，以突出其重要性。

6. 施工进度的调整

施工进度计划的优化调整，应在时间参数计算的基础上进行，其目的在于使工期、资源（人力、物资、器材、设备等）和资金取得一定程度的协调和平衡。

1) 资源冲突的调整

所谓资源冲突是指在计划时段内，某些资源的需用量过大，超出了可能供应的限度。为了解决这类矛盾，可以增加资源的供应量，但往往要花费额外的开支；也可以调整导致资源冲突的某些项目的施工时间，使冲突缓解，但这可能会引起总工期的延长。如何取舍，要权衡得失而定。

2)工期压缩的调整

当网络计划的计算总工期 T_c 与限定的总工期 T_r 不符时,或计划执行过程中实际进度与计划进度不一致时,需要进行工期调整。

工期调整分压缩调整和延长调整。工程实践中经常要处理的是工期压缩问题。

当 $T_c<T_r$ 或计划执行超前时,说明提前完成施工项目,有利于工程经济效益的实现。这时,只要不打乱施工秩序,不造成资源供应方面的困难,一般可不必考虑调整问题。

当 $T_c>T_r$ 或计划执行拖延时,为了挽回延期的影响,需进行后续关键工作施工持续时间的压缩调整或施工方案调整。但在压缩调整施工持续时间时,应注意可能引起关键线路的转移。

(三)工程进度曲线

以时间为横轴,以单位时间完成的数量或完成数量的累计为纵轴建立坐标系,将有关的数据点绘于坐标系内,顺次形成的一条光滑曲线,就是工程施工进度曲线。工程进度曲线上任意点的切线斜率表示相应时间点的施工速度。

(1)在固定的施工机械、劳动力投入的条件下,若对施工进行适当的管理控制,无任何偶发的时间损失,能以正常的速度进行施工,则工程每天完成的数量保持一定,施工进度曲线呈直线形状,如图 7-13 所示。

(2)在一般情况下的施工中,施工初期由于临时设施的布置、工作的安排等原因,施工后期又由于清理、扫尾等原因,其施工速度一般都较中期要小,即每天完成的数量通常自初期至中期呈递增变化趋势,由中期至末期呈递减变化趋势,施工进度曲线近似呈 S 形,其拐点对应的时间点表示每天完成数量的高峰期,如图 7-14 所示。

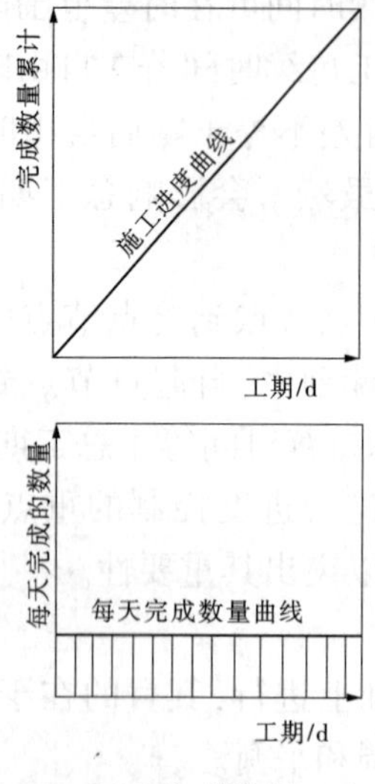

图 7-13　每天完成数量一定时的施工进度曲线

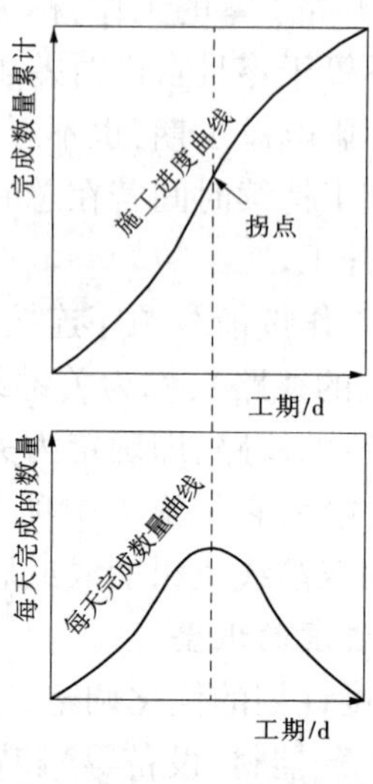

图 7-14　每天完成数量随进度而改变的施工进度曲线

(四)工程形象进度图

工程形象进度图是把工程进度计划以建筑物的形象进程来表达的一种方法。这种方法直接将工程项目的进度目标和控制工期标注在工程形象图的相应部位,直观明了,特别适合在施工阶段使用。此法修改调整进度计划也极为方便，只需修改相应项目的日期、进程，而形象进度图不用更换。

图 7-15 所示为我国某水库碾压混凝土坝 1993 年形象进度计划。该坝沿坝轴线方向共划分为 65 个坝段，在 1993 年 4～10 月施工期内，各坝段施工进度计划均形象而直观地表示在图中。

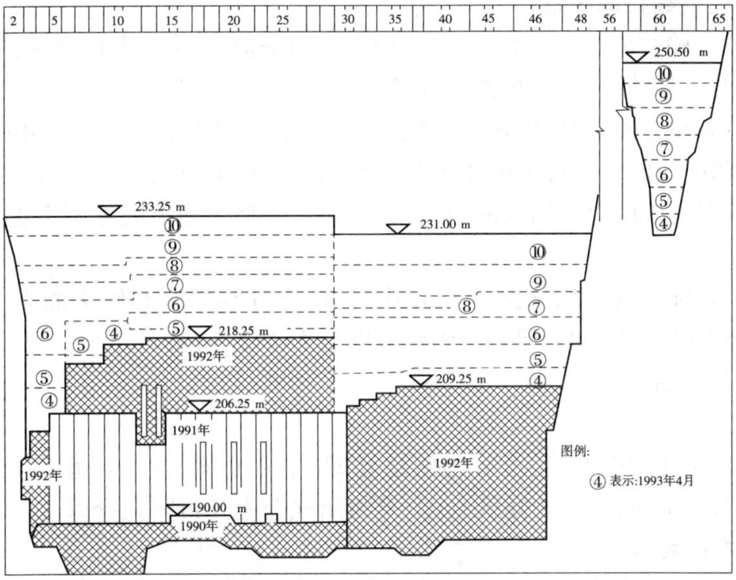

图 7-15　某水库大坝混凝土施工 1993 年形象进度图

第五节　施工总体布置

施工总体布置是在施工期间对施工场区进行的空间组织规划。它是根据施工场区的地形地貌、枢纽布置和各项临时设施布置的要求，研究施工场地的分期、分区、分标布置方案，对施工期间所需的交通运输、施工工厂设施、仓库、房屋、动力供应、给水排水管线等在平面上进行总体规划、布置，以做到尽量减小施工相互干扰，并使各项临时设施最有效地为主体工程施工服务，为施工安全、工程质量、加快施工进度提供保证。

对上述设施，在施工现场平面上，按不同施工阶段进行合理布置而形成的平面布置图，即为施工总布置图。

一、施工总体布置的设计原则

(1) 各项临时设施在平面上的布置应紧凑、合理，尽量减少施工用地，且不占或少占农田。

(2) 合理布置施工场区内各项临时设施的位置，在确保场内运输方便、畅通的前提下，尽量缩短运距、减少运量，避免或减少二次搬运，以节约运输成本、提高运输效率。

(3) 尽量减少一切临时设施的修建量，节约临时设施费用。为此，要充分利用原有的建筑物、运输道路、给水排水系统、电力动力系统等设施为施工服务。

(4)各种生产、生活福利设施均要考虑便于工人的生产、生活。

(5)要满足安全生产、防火、环保,符合当地生产、生活习惯等方面的要求。

二、施工总体布置的步骤与方法

(一)场外运输线路的布置

(1)当场外运输主要采用公路运输方式时,由于汽车线路布置比较灵活,场外公路的布置应结合场内仓库、加工厂的布置综合考虑。

(2)当场外运输主要采用铁路运输方式时,要考虑铁路的转弯半径和坡度的限制,确定铁路的起点和进场位置。对于拟建永久性铁路的大型工业、企业工地,一般应提前修建铁路专用线,并宜从工地的一侧或两侧引入,以便更好地为施工服务而不影响工地内部的交通运输。

(3)当场外运输主要采用水路运输方式时,应充分利用原有码头的吞吐能力。若需增设码头,则卸货码头应不少于两个,码头宽度应大于2.5 m。

(二)仓库的布置

1. 仓库的类型

按仓库的性质和用途不同,可分为转运仓库、中心仓库、加工厂仓库及现场仓库等。按仓库的结构形式不同,可分为露天仓库、半封闭式仓库和封闭式仓库。

2. 仓库的布置要求

(1)应尽量将某些原有建筑物和拟建的永久性房屋作为临时库房,为现场施工服务。

(2)仓库应布置于平坦、开阔、交通方便的地方,并有一定的装卸场地。装卸时间较长的仓库还应留出装卸货物时的停车位置,以防较长时间占用道路而影响通行。仓库的设置应符合有关技术方面的规定。

(3)当场外运输采用铁路运输方式引至施工现场时,应沿铁路线布置转运仓库和中心仓库;而施工现场仓库应尽量靠近施工区域,并接近使用地点。例如,钢筋、木材仓库应布置在其加工厂附近,水泥库和砂石堆场应布置在拌和站附近。

(4)仓库的布置还应考虑安全、方便等方面的要求。例如,氧气、炸药等易燃易爆物资的仓库应布置在工地边缘、人员较少的地点,油料等易挥发、易燃物资的仓库应设置在拟建工程的下风方向。

3. 仓库物资储备量的计算

仓库物资储备量的确定原则是既要确保工程施工连续、顺利进行,又要避免因物资大量积压而使仓库面积过大、积压资金、增加投资。

仓库物资储备量的大小通常根据现场条件、供应条件和运输条件而定。

对于经常或连续使用的水泥、砂石、钢材、预制构件和砖等材料,可按储备期计算其储备量,计算公式为

$$P=\frac{K_1QT_i}{T} \tag{7-34}$$

式中 P——仓库某种物资的储备量,m^3 或 t;

Q——某项工程所需某种物资材料或成品、半成品等的总需要量，m^3 或 t；

T——某项工程所需的该种物资连续使用的日期，d；

T_i——该种物资的储备期，d，根据材料来源、供应季节、运输条件等确定；

K_1——物资使用的不均衡系数，一般取 1.2~1.5。

4. 仓库面积的计算

1）按物资储备量计算仓库面积

按物资储备量计算仓库面积的计算公式为

$$A=\frac{P}{K_2q}=\frac{K_1QT_i}{K_2Tq} \tag{7-35}$$

式中　A——仓库或堆场的总建筑面积，m^2；

q——每平方米面积上的物资储存定额；

K_2——仓库建筑面积的有效利用系数，一般取 0.6~0.8；

其他符号意义同前。

2）按系数估算仓库面积

按系数估算仓库面积的计算公式为

$$A=\varphi f \tag{7-36}$$

式中　A——仓库的建筑面积，m^2；

f——计算基数；

φ——系数，见表 7-3。

表 7-3　仓库面积计算时的系数 φ 值取值

序号	仓库名称	计算基数 f	单位	系数 φ
1	水泥仓库	按当年水泥用量的 40%~50%	m^2/t	0.7
2	脚手架、模板等工具仓库	按在建建筑面积 按年建安工作量	$m^2/100\ m^2$ m^2/万元	1~2 0.5~1
3	土建工具库	按高峰年（季）平均人数	m^2/人	0.1~0.2
4	五金杂品库	按在建建筑面积 按年建安工作量	$m^2/100\ m^2$ m^2/万元	0.5~1 0.2~0.3
5	电器器材库	按在建建筑面积	$m^2/100\ m^2$	0.3~0.5
6	水暖器材库	按在建建筑面积	$m^2/100\ m^2$	0.2~0.4
7	化工油漆危险品库	按年建安工作量	m^2/万元	0.1~0.15
8	其他仓库	按当年工作量	m^2/万元	2~3

3）按分期分批进料次数计算仓库面积

施工现场的仓库、堆场，一般根据现场施工条件、施工进度要求及物资的供应、运输状况，实行分期分批进场，按该法的仓库估算面积为

$$A=\frac{P}{K_2q}=\frac{K_1Q/n}{K_2q}=\frac{K_1Q}{K_2qn} \tag{7-37}$$

式中　n——分期分批进场次数,可由施工的组织管理者酌情自定;

其他符号意义同前。

(三)加工厂的布置

1. 工地加工厂的类型

由于工程的性质、规模和施工方法不同,工地临时加工厂的种类也不相同。通常有砂石加工系统、混凝土生产系统、综合加工厂(木材加工厂)、模板加工厂(钢筋加工厂、混凝土预制构件厂)、金属结构加工厂和机械修理厂等。工地加工厂的结构形式有露天加工厂、半封闭式加工棚和封闭式加工车间等。

2. 工地加工厂的布置要求

总的布置要求是使加工用的原材料和加工后的成品、半成品的总运输费用最小,并使加工厂有良好的生产条件,做到加工厂生产与工程施工互不干扰。

各类加工厂的具体布置要求如下:

(1)砂石加工系统。砂石加工系统的厂址宜设在料场附近,并远离城镇和居民生活区。砂石利用率高、运距近,且场地许可时,厂址可设在混凝土生产系统附近,并与混凝土生产系统共用成品料堆;料场分散、料场或混凝土生产系统附近不具备建厂条件时,厂址也可在料场和混凝土生产系统之间选择。

(2)混凝土生产系统(工地混凝土拌和站)。有集中布置、分散布置、集中与分散相结合布置三种方式。当运输条件较好时,以集中布置较好;当运输条件较差时,以分散布置在各使用地点并靠近井架或布置在塔吊工作范围内为宜;也可根据工地的具体情况,采用集中布置与分散布置相结合的方式。若利用就近的商品混凝土,只要商品混凝土的供应能力和输送设备能够满足施工要求,可不设置工地拌和站。

(3)工地混凝土预制构件厂。一般宜布置在工地边缘、铁路专用线转弯处的扇形地带或场外邻近工地处。

(4)钢筋加工厂。宜布置在接近混凝土预制构件厂或使用钢筋加工品数量较大的施工对象附近。

(5)木材及模板加工厂。原木、锯材的堆场应靠近公路、铁路或水路等主要运输方式的沿线,锯木、成材、粗细木及模板等加工车间和成品堆场应按生产工艺流程布置。

(6)金属结构加工厂、锻工和机修等车间。因为这些加工厂或车间之间在生产上相互联系比较密切,应尽可能布置在一起。

(7)产生有害气体和污染环境的加工厂。如沥青熬制、石灰熟化、石棉加工等加工厂,除应尽量减少毒害和污染外,还应布置在施工现场的下风方向,以便减少对现场施工人员的伤害。

3. 工地加工厂所需面积的确定

(1)对于钢筋加工厂、模板加工厂、混凝土预制构件厂、锯木车间等,其建筑面积可按式(7-38)计算确定:

$$A=\frac{K_1Q}{K_2TS}=\frac{K_1Qf}{K_2} \tag{7-38}$$

式中　A——加工厂的建筑面积，m^2；

K_1——加工量的不均衡系数，一般取 1.3~1.5；

K_2——加工厂建筑面积或占地面积的有效利用系数，一般取 0.6~0.7；

Q——加工总量，m^3 或 t；

T——加工总时间，月；

S——每平方米加工厂面积上的月平均加工量定额，$m^3/(m^2 \cdot 月)$ 或 $t/(m^2 \cdot 月)$，可根据生产加工经验确定；

f——加工厂完成单位加工产量所需的建筑面积定额，m^2/m^3 或 m^2/t，$f=1/(TS)$，可参照表 7-4 取值。

表 7-4　临时加工厂所需面积参考指标

序号	加工厂名称	年产量		单位产量所需建筑面积		占地面积/m^2	说明
		单位	数量	单位	数量		
1	混凝土拌和站	m^3	3 200	m^2/m^3	0.022	按砂石堆料场考虑	400 L 搅拌机 2 台
		m^3	4 800	m^2/m^3	0.021		400 L 搅拌机 3 台
		m^3	6 400	m^2/m^3	0.020		400 L 搅拌机 4 台
2	木材加工厂	m^3	15 000	m^2/m^3	0.024 4	1 800~3 600	进行原木、木枋加工
		m^3	24 000	m^2/m^3	0.019 9	2 200~4 800	
		m^3	30 000	m^2/m^3	0.018 1	3 000~5 500	
	综合木工加工厂	m^3	200	m^2/m^3	0.30	100	加工模板、屋架等
		m^3	500	m^2/m^3	0.25	200	
		m^3	1 000	m^2/m^3	0.20	300	
		m^3	2 000	m^2/m^3	0.15	420	
3	钢筋加工厂	t	200	m^2/t	0.35	280~560	加工、成型、焊接
		t	500	m^2/t	0.25	380~750	
		t	1 000	m^2/t	0.20	400~800	
		t	2 000	m^2/t	0.15	450~900	
	现场钢筋调直场	长 70~80 m×宽 3~4 m					包括材料和成品堆放
	冷拉拉直场	15~20 m^2					
	钢筋对焊 对于焊场地 对于焊棚	长 30~40 m×宽 4~5 m 15~25 m^2					包括材料和成品堆放
	钢筋加工	所需场地/(m^2/台)					按一批加工数量确定冷拔机
	冷拔机	40~50					
	截断机	30~40					
	弯曲机(Φ 12 以下)	50~60					
	弯曲机(Φ 12~Φ 40)	60~70					

续表 7-4

序号	加工厂名称	年产量		单位产量所需建筑面积		占地面积/m^2	说明
		单位	数量	单位	数量		
4	金属结构加工 (包括一般铁件)	所需场地(m^2/t) 年产 500 t,取 10 年产 1 000 t,取 8 年产 2 000 t,取 6 年产 3 000 t,取 5					一批加工 数量确定

(2)现场作业棚所需面积参照表 7-5。

表 7-5 现场作业棚所需面积参考指标

序号	现场作业棚名称	所需建筑面积		说明
		单位	数量	
1	搅拌棚	m^2/台	10~18	
2	木工作业棚	m^2/人	9	占地面积为建筑面积的 2~3 倍
3	钢筋作业棚	m^2/人	3	占地面积为建筑面积的 3~4 倍
4	电锯房	m^2	40 80	小圆锯 1 台 86~92 cm 圆锯 1 台
5	焊工房	m^2	20~40	
6	电工房	m^2	15	
7	机工、钳工修理房	m^2	20	
8	发电机房	m^2/kW	0.2~0.3	
9	抽水泵房	m^2/台	3~8	
10	空压机房(固定式) 空压机房(移动式)	m^2/台 m^2/台	9~15 18~30	

(3)机械停放场、机修车间等所需面积参照表 7-6。

(四)场内运输道路的布置

场内运输道路总的布置要求如下:

(1)首先应根据仓库、加工厂和施工对象的相互位置,研究施工物资周转运输量的大小,确定主要道路和次要道路,然后进行场内运输道路的规划。

(2)在规划施工道路中,既要考虑车辆行驶安全、运输方便、连接畅通,又要尽量减少道路的修筑费用。为此,应尽量利用拟建的永久性道路,可提前修建永久性道路的路基作为临时道路使用,待工程完工后再铺路面,避免工程施工时损坏永久性路面。

表 7-6　机械停放场、机修车间所需面积参考指标

序号	施工机械名称	机械停放场地所需面积/(m^2/台)	存放方式	检修间所需建筑面积	
				内容	数量/m^2
一	起重机械类			10~20 台设 1 个检修台位（每增加 20 台增设 1 个检修台位）	200（增加 150）
1	汽车式起重机	20~30	露天或室内		
2	轮胎式起重机	75~100	露天		
3	履带式起重机	100~125	露天		
4	塔式起重机	200~300	露天		
二	土石方机械类			10~20 台设 1 个检修台位（每增加 20 台增设 1 个检修台位）	200（增加 150）
1	推土机、拖拉机、压路机	25~35	露天		
2	正铲式、反铲式挖掘机，铲运机	75~100	露天		
三	运输机械类			每 20 辆设 1 个检修台位	170
1	汽车	20~30 40~60	室内 露天		
2	平板拖车	100~150	露天		
四	其他机械类			每 50 台设 1 个检修台位	50
	搅拌机、卷扬机 电焊机、电动机 空压机、小型吊车、水泵、油泵等	4~6	一般情况下，室内占 30%，露天占 70%		

(3)连接仓库、加工厂等的主要道路一般应按双行、循环形道路布置；循环形道路的各段尽量设计成直线段，以便提高车速；次要道路可按单行支线布置，但在路端应设置回车场地。

(五)临时生活设施的布置

1. 临时生活设施的种类

(1)行政管理用房屋。主要包括工地办公室、传达室、警卫室、消防站、汽车库及各类行政管理用仓库、维修间等。

(2)居住生活用房。主要包括单身职工宿舍、家属宿舍、食堂、开水房、招待所、医务室、浴室、理发室、小卖部和厕所等。

(3)文化生活福利用房。主要包括娱乐部、子弟小学、托儿所、图书馆和邮局等。

现场临时生活设施的设置，应视工程规模、施工周期的不同而具体考虑。

2. 临时生活设施的布置要求

(1)工地所需的临时生活设施，应尽量利用原有的准备拆除的或拟建的永久性房屋，其数量不足的部分再临时新建。工地附近若有合适的民房可供租用，也可考虑租用，以减少现场临时设施的修建。

(2)工地行政管理用房,宜设置在工地入口处或中心地区,现场办公室应靠近施工地点布置。

(3)居住和文化生活福利用房,一般宜建在生活基地或附近村寨内,其中食堂、浴室、开水房、医务室等也可建在工地之内,工地小卖部、厕所等某些生活设施应布置在工人比较集中的地方或出入的必经之路旁。

3. 临时生活设施所需面积的确定

常用的固定式临时生活设施的建筑面积参考指标见表7-7。

表7-7　固定式临时生活设施的建筑面积参考指标

序号	临时设施名称	单位	建筑面积指标	说明
1	办公室	m^2/人	3~4	按技职人数的70%计算
2	集体宿舍			扣除不在工地住宿人数
	单层通铺	m^2/人	2.5~3	
	双层床	m^2/人	2.0~2.5	
	单层床	m^2/人	3.5~4	
3	家属宿舍	m^2/户	16~25	按职工年平均人数的10%~30%计算
4	食堂	m^2/人	0.5~0.8	包括厨房和库房
5	其他合计(综合考虑)	m^2/人	0.5~0.6	
	医务室	m^2/人	0.05~0.07	不小于30 m^2
	娱乐部	m^2/人	0.1	
	小卖部	m^2/人	0.03	不小于40 m^2
	招待所	m^2/人	0.06	
	托儿所	m^2/人	0.03~0.06	
	子弟小学	m^2/人	0.06~0.08	视带眷属人数计算
	理发室	m^2/人	0.01~0.03	
	浴室	m^2/人	0.07~0.1	
	其他公用设施	m^2/人	0.06~0.1	
6	现场小型临时设施			
	开水房	m^2	10~40	
	厕所	m^2/人	0.02~0.07	
	工人休息室	m^2/人	0.15	
	自行车棚	m^2/人	0.8~1.0	按骑自行车通勤人数计算

(六)临时供水系统的布置

1. 工地总用水量的计算

施工现场用水主要包括施工用水、生活用水和消防用水三部分。

1)施工用水量 q_1 的计算

施工用水是指现场施工用水、机械用水和附属生产企业用水的总和。施工用水量按式(7-39)计算：

$$q_1 = K\sum K_1 \frac{Q_1 N_1}{8\times 3\ 600} \tag{7-39}$$

式中　q_1——施工用水量，即施工用水的流量，L/s；

Q_1——最大用水日情况下，白天一个班所完成的实物工程量、附属企业的产量或施工机械、动力设备的台数；

N_1——现场施工、附属企业生产的用水定额，L/m^3，或机械用水定额，L/台班；

K——未预见的施工用水系数，一般取 $K=1.05\sim1.15$；

K_1——施工用水的不均衡系数，现场施工用水取 $K_1=1.5$，附属生产企业用水取 $K_1=1.25$，施工机械和运输工具用水取 $K_1=2.0$，动力设备用水取 $K_1=1.1$。

2)生活用水量 q_2 的计算

生活用水主要包括现场生活用水和居住区生活用水两部分。生活用水量可按式(7-40)计算：

$$q_2 = K_2\frac{Q_2 N_2}{8\times 3\ 600}+K_3\frac{Q_3 N_3}{24\times 3\ 600} \tag{7-40}$$

式中　q_2——生活用水量，L/s；

Q_2——现场施工最高峰时期白班施工人数；

N_2——现场生活用水定额，L/人，每人每天上班时期的用水量大小主要视当地天气情况而定，一般取 20~60 L/人；

K_2——现场生活用水不均衡系数，一般取 $K_2=1.3\sim1.5$；

Q_3——居住区最高峰时期职工和家属的居住人数；

N_3——居住区昼夜生活用水定额，L/(人·昼夜)，每人每昼夜的平均用水量一般随地区的不同和有无室内卫生设施而有所变化，一般取 100~120 L/(人·昼夜)；

K_3——居住区生活用水不均衡系数，一般取 $K_3=2.0\sim2.5$。

3)消防用水量 q_3 的确定

消防用水主要是满足发生火灾时消防栓用水的要求，其用水量 q_3 可按有关规定选取。

4)工地实际总用水量的计算

a. 理论总用水量 Q 的计算

当 $q_1+q_2=q_3$ 时，一般取

$$Q=\frac{1}{2}(q_1+q_2)+q_3 \tag{7-41}$$

当 $q_1+q_2<q_3$，且工地面积小于 5 hm^2 时，取

$$Q=q_3 \tag{7-42}$$

当 $q_1+q_2>q_3$ 时，取

$$Q=q_1+q_2+q_3 \tag{7-43}$$

b. 实际总用水量 $Q_{总}$ 的确定

当计算出理论总用水量后,还应增加10%的用水量,以便补偿因不可避免的水管漏水而造成的水量损失。因此,工地实际总用水量应为

$$Q_{总}=1.1Q \tag{7-44}$$

2. 供水管内径的确定

计算出用水量后,可根据式(7-45)计算某一管段的供水管内径,即

$$D=\sqrt{\frac{4\,000Q_i}{\pi v}} \tag{7-45}$$

式中　D——某一管段的供水管内径,mm;

Q_i——该管段的用水量,L/s;

v——管网中水流速度,m/s,一般取经济流速1.5~2.0 m/s。

根据某一管段的最大用水量 Q_i,再将 $v=1.5$ m/s 和 $v=2.0$ m/s 分别代入式(7-45),可得出供水管道管径的两个计算值,选择两个计算管径中的标准规格供水管即可。

3. 供水管网的布置

1)供水管网的布置方式

供水管网的布置方式有环状管网、枝状管网和混合管网等三种方式。

环状管网的供水可靠性强,即使管网某处发生故障,仍能保障供水不断。但其管线长、造价高。它适用于对供水的可靠性要求高的建设项目或重要的用水区域。

枝状管网的供水可靠性差,但其管线短,造价低,适用于一般中小型工程。

混合管网是指主要用水区及供水干管采用环状管网,其他用水区和支管采用枝状管网的一种综合供水方式。它兼有环状管网和枝状管网的优点,一般适用于大型工程。

2)供水管网的铺设方式

供水管网的铺设方式有明铺和暗铺两种。

由于暗铺是埋在地下,所以不会影响地面上的交通运输,因此多采用暗铺,但要增加铺设费用。寒冷地区冬期施工时,暗铺的供水管应埋设在冰冻线以下。

明铺是置于地面上,在严寒地区应对其采取必要的保暖防冻措施。

3)供水管网的布置要求

(1)应尽量提前修建并充分利用拟建的永久性供水管网作为工地临时供水系统,节约修建费用;在保证供水要求的前提下,新建供水管线的长度越短越好,并应适当采用胶皮管、塑料管作为支管,使其具有可移动性,以便于施工。

(2)供水管网的铺设要与场地平整规划协调一致,以防重复开挖;管网的布置要避开拟建工程和室外管沟的位置,以防二次拆迁改建。

(3)临时水塔或蓄水池应设置在地势较高处。

(4)供水管网应按防火要求布置室外消防栓。室外消防栓应靠近十字路口、工地出入口,并沿道路布置,距路边应不大于2 m,距建筑物的外墙应不小于5 m;为兼顾拟建工程防火而设置的室外消防栓,与拟建工程的距离也不应大于25 m;工地室外消防栓必须设有明显标志,消防栓周围3 m范围内不准堆放建筑材料、停放机械设备和搭建临时房屋

等;消防栓供水干管的直径不得小于 100 mm。

(七)工地临时供电系统的布置

1. 总用电量计算

施工现场用电主要包括各种机械、动力设备用电和室内外照明用电两部分,其总需要的用电容量可按式(7-46)计算:

$$P_{总}=P_{动}+P_{照} \tag{7-46}$$

式中　$P_{总}$——施工现场用电的总需要容量,kVA;

$P_{动}$——施工机械、动力设备和其他施工电器用电总容量,kVA;

$P_{照}$——室内外照明用电总需要容量,kVA。

施工机械、动力设备和其他施工电器用电总需要容量可按式(7-47)计算:

$$P_{动}=(1.05\sim1.10)\left(\frac{K_1\sum P_1}{\cos\varphi}+K_2\sum P_2\right) \tag{7-47}$$

式中　$\sum P_1$——各种施工机械、动力设备上的电动机额定功率之和,kW;

$\cos\varphi$——工地上所有电动机的平均功率因数,施工现场最高为 0.75~0.78,一般为 0.65~0.75,临时电网系统可取 0.70~0.75;

$\sum P_1/\cos\varphi$——所有电动机所需要的总用电容量,kVA;

K_1——各种电动机同时满负荷使用的需要系数;

K_2——各种电焊机、电热器等其他施工电器同时使用的需要系数;

$\sum P_2$——各种电焊机、电热器等其他施工电器平均用电额定容量之和,kVA。

由于照明用电所占的比例与机械设备等用电相比要少得多,为了简化计算,一般可取机械设备等动力用电的10%作为照明用电容量。因此,施工现场用电的总需要容量可按式(7-48)计算:

$$P_{总}=1.1P_{动} \tag{7-48}$$

施工现场所需变压器的规格应满足式(7-49)的要求,即

$$P_{变}\geqslant P_{总} \tag{7-49}$$

式中　$P_{变}$——所选择的变压器容量,kVA。

其他符号意义同前。

2. 配电导线截面的计算与选择

1)按机械强度要求选择导线截面

配电导线必须具有足够的机械强度,以防止受拉或机械损伤时折断。在各种不同敷设方式下,导线按机械强度要求所必须达到的最小截面面积应符合相关规定。

2)按允许电流强度选择导线截面

配电导线必须能承受负荷电流长时间通过,而其最高温升不超过规定值。

三相四线制线路上的电流强度可按式(7-50)或式(7-51)计算:

$$I=\frac{1\,000P_{总}}{\sqrt{3}V} \tag{7-50}$$

或

$$I=\frac{1\,000P}{\sqrt{3}V\cos\varphi} \tag{7-51}$$

式中 I——某一段线路上的电流强度,A;

$P_{总}$——该段线路上的总用电量,kVA;

P——该段线路所有负荷的电动机额定功率总和,kW;

V——线路的额定电压,V;

$\cos\varphi$——功率因数,临时电路系统取 0.7~0.75。

根据计算的导线电流强度,查《电工手册》的相关表格来选择导线截面。

3)按允许电压降选择导线截面

配电导线上的电压降必须限制在一定限度之内,否则距变压器较远的机械设备会因电压不足而难以启动,或经常停机而无法正常使用;即使能够使用,也由于电动机长期处在低压运转状态,会造成电动机电流过大、升温过高而过早地损坏或烧毁。按允许电压降选择导线截面的计算公式如式(7-52),即

$$S = \frac{\sum (PL)}{C[\varepsilon]} = \frac{\sum M}{C[\varepsilon]} \tag{7-52}$$

式中 S——配电导线的截面面积,mm^2;

P——线路上所负荷的电功率(即电动机额定功率之和)或线路上所输送的电功率(用电量),kW;

L——用电负荷至电源(变压器)之间的送电线路长度,m;

M——每一处用电设备的负荷距,kW·m;

C——系数,是由导线材料、线路电压和输电方式等因素决定的输电系数;

$[\varepsilon]$——配电线路上允许的相对电压降(以线路电压的百分数表示的允许电压降),一般为 2.5%~5%。

所选择的配电导线截面面积必须同时满足以上三项要求,即以求得的三个导线截面面积中最大者为准,选择配电导线截面面积。

实际上,配电导线截面面积计算与选择的通常方法是:①当配电线路比较长、线路上的负荷比较大时,往往以允许电压降为主确定导线截面;②当配电线路比较短时,往往以允许电流强度为主确定导线截面;③当配电线路上的负荷比较小时,往往以导线机械强度要求为主选择导线截面。当然,无论以哪一种为主选择导线截面,都要同时复核其他两种要求,以保证满足使用要求。

3. 变压器及供电线路的布置

1)变压器的选择与布置要求

(1)当施工现场只需设置一台变压器时,供电线路可按枝状布置,变压器应设置在引入电源的安全区域内。

(2)当工地较大,需要设置多台变压器时,应先用一台主降压变压器,将工地附近的110 kV 或 35 kV 的高压电网上的电压降至 10 kV 或 6 kV,然后通过若干个分变压器将电压降至 380/220 V。主变压器与各分变压器之间采用环状连接布置;每个分变压器到该变压器负担的各用电点的线路可采用枝状布置,分变压器应设置在用电设备集中、用电量大的地方或该变压器所负担区域的中心地带,以尽量缩短供电线路的长度;低压变电器的有效供电半径一般为 400~500 m。

2)供电线路的布置要求

(1)工地上的 3 kV、6 kV 或 10 kV 高压线路,可采用架空裸线,其电杆距离为 40~60 m,也可用地下电缆。户外 380/220 V 的低压线路,也可采用架空裸线,与建筑物、脚手架等相近时必须采用绝缘架空线,其电杆距离为 25~40 m。分支线或引入线均必须从电杆处连接,不得从两杆之间的线路上直接连接。电杆一般采用钢筋混凝土电杆,低压线路也可采用木电杆。

(2)配电线路宜沿道路的一侧布置,高出地面的距离一般为 4~6 m,要保持线路平直;离开建筑物的安全距离为 6 m,跨越铁路或公路时的高度应不小于 7.5 m;在任何情况下,各供电线路均不得妨碍交通运输和施工机械的进场、退场、装拆及吊装等;同时要避开堆场、临时设施、开挖的沟槽或后期拟建工程的位置,以免二次拆迁。

(3)各用电点必须配备与用电设备功率相匹配的,由闸刀开关、熔断保险、漏电保护器和插座等组成的配电箱,其高度与安装位置应以操作方便、安全为准;每台用电机械或设备均应分设闸刀开关和熔断器,实行单机单闸,严禁一闸多机。

(4)设置在室外的配电箱应有防雨措施,严防漏电、短路及触电事故的发生。

三、施工总布置图的绘制

(一)施工总布置图的内容构成

(1)原有地形、地物。

(2)一切已建和拟建的地上及地下的永久性建筑物及其他设施。

(3)施工用的一切临时设施,主要包括:①施工道路、铁路、港口或码头;②料场位置及弃渣堆放点;③砂石加工厂、混凝土拌和站、综合加工厂(木材加工厂、模板加工厂、钢筋加工厂、混凝土预制构件厂)、机械汽车修配及保养厂等;④各种建筑材料、预制构件和加工品的堆存仓库或堆场,机械设备停放场;⑤水源、电源、变压器、配电室、供电线路、给排水系统和动力设施;⑥安全消防设施;⑦行政管理及生活福利所用房屋和设施;⑧测量放线用的永久性定位标志桩和水准点等。

(二)施工总布置图绘制的步骤与要求

1. 确定图幅的大小和绘图比例

图幅大小和绘图比例应根据工地大小及布置的内容多少来确定。图幅一般可选用 1 号图纸(841 mm×594 mm)或 2 号图纸(594 mm×420 mm),比例一般采用 1∶1 000 或 1∶2 000。

2. 合理规划和设计图面

施工总布置图除要反映施工现场的平面布置外,还要反映现场周边的环境与现状(如原有的道路、建筑物等),故要合理地规划和设计图面,并要留出一定的图面绘制指北针、图例、标注和书写说明文字等。

3. 绘制枢纽总平面布置图中的有关内容

将现场测量的方格网,现场原有的并将保留的及设计新建的建筑物、构筑物和运输道路等其他设施按比例准确地绘制在图面上。

4. 绘制各种临时设施

根据施工平面布置要求和面积计算的结果,将所确定的施工道路、仓库堆场、加工厂、施工机械停放场、拌和站等的位置,水电管网及动力设施等的布置,按比例准确地绘制在枢纽总平面布置图上。

5. 绘制正式的施工总布置图

在完成各项布置后,经过分析、比较、优化、调整修改,形成施工总布置图草图;然后按规范规定的线型、线条、图例等对草图进行加工、修饰,标上指北针、图例等,并做必要的文字说明,成为正式的施工总布置图。

四、施工总体布置设计中应注意的问题

上述内容全面总结了施工总体布置设计的一般规律和方法,但在实际布置时,若只按上述规律死搬硬套地进行设计显然是不行的,必须结合具体工程的特点和各项条件,综合规划各项内容、反复修改,才可能得到一个较好的布置方案。有时还要设计出多个不同的布置方案,并通过分析比较后方可确定出最佳布置方案。

五、工程案例:三峡工程施工总体布置设计

三峡工程是非常有代表性的水利水电工程,其规模巨大,工期较长(总工期 17 年),施工项目繁多,施工总体布置极其复杂:在考虑总体布局的同时,还需考虑分期施工、标段划分的要求(注:工程施工分 3 期进行,一期工程 5 年,二期工程 6 年,三期工程 6 年)。现以长江水利委员会设计院朱卫军、张孝军、张晓平编制的《三峡工程施工总体布置设计》作为工程案例,阐述其进行施工总体布置设计的思路、方法,以对读者有所启迪。

三峡工程的混凝土重力坝坝址位于湖北省宜昌市三斗坪,在已建成的葛洲坝水利枢纽的上游约 40 km。在三峡工程建设时,葛洲坝水利枢纽已建成运行多年,其已有铁路、公路和水运与外地相通,交通运输便利。为此,在三峡工程施工工区布置中,宜充分利用葛洲坝已建成的生产、生活设施作为后方基地,在此基础上根据地形条件、分期施工需要,于左、右岸共计约 15 km^2 的可利用施工场地范围内进行生产企业、生活设施、施工道路及排水系统的全面规划和布置。

三峡工程施工总体布置遵循以下原则进行规划设计:①充分利用葛洲坝水利枢纽已建的施工企业、仓库、车站、码头、生活系统,对外交通采用“公路为主、水运为辅”的运输方案(其中,对外公路从宜昌市的夜明珠至坝址区的左岸电站安装场),在此基础上,于坝址附近合理布置生产生活设施(以左岸为主、右岸为辅,生产区、生活区相对分开。西陵大桥以上布置施工区,主要包括混凝土系统、弃渣、综合加工厂、临时营地等;江峡大道以右布置仓储区及辅助工厂;西陵大桥以下,江峡大道与江峡一路间布置办公、生活服务设施。右岸高家溪以上布置施工区,高家溪以下布置办公生活区及仓储、服务设施等)。②主要施工场地、交通道路应布置在 20 年一遇洪水位 77 m 高程以上。③基于“两岸均布置有主体建筑物且以左岸尤为集中”的枢纽布置特点,施工企业宜采用两岸布置并以左岸为主的方式,而且后期施工场地布置应充分利用前期已有施工场地;雨水与污水排放系统布置应考虑近期与远期相结合。其设计成果见表 7-8 和图 7-16。

表 7-8　三峡工程分期施工总体布置

序号	施工分期	主要施工项目	施工总体布置		
			施工场地布置	主要施工道路布置	排水系统布置
1	一期工程	一期土石围堰填筑、导流明渠开挖、混凝土纵向围堰浇筑；茅坪溪防护工程的泄水箱涵、临时船闸和下游引航道、永久船闸、左岸厂房 1～5 号坝段及其对应的电站厂房、左岸非溢流坝的开挖等；左岸陈家冲 220 kV 变电所；两岸主干道和办公生活区	一期工程主要施工项目位于右岸，施工场地布置以右岸为主、左岸为辅。 右岸：在三斗坪至高家冲区主要布置了高程 85 m 混凝土系统，担负右岸混凝土浇筑；风箱沟布置砂石净料堆场；高家冲口布置天然砂砾料加工系统；原茅坪溪出口布置一期围堰备料场；大沱布置西陵长江大桥右岸施工营地；白庙子布置生产、生活水厂；三斗坪布置汽车及施工机械停放场；东岳庙布置办公生活中心营地；坝上游徐家冲至茅坪区为工程弃渣场。 左岸：布置高程 98.7 m 混凝土系统及汽车、施工机械停放场，办公生活中心营地布置在瓦窑坪至坝河口区；望家坝布置在西陵长江大桥左岸施工营地；左岸坝上游五相庙一带为弃渣场	右岸：布置西陵大道、三让路，在导流明渠边坡加宽马道以沟通坝址上、下游交通。 左岸：布置江峡大道、苏罩一路、金罩路、孙许路、陈坛路，作为左岸交通及开挖弃渣道路	按整个坝区的排水规划，一期工程完成左、右岸的主干涵施工，以暗排为主，管网结构为箱涵或管涵。 左岸：布置以许家冲、陈家冲、黎家湾及坝河口为主干涵的暗排系统。 右岸：布置 17 条排水主干涵穿越西陵大道。 办公生活区一次性建成雨、污水管网。施工期雨、污水暂时合流，枢纽工程建成后逐步完善污水处理等环保工程。一期工程期间建成的所有排水系统均按施工总布置规划预留足够的接入口
2	二期工程	二期围堰施工；混凝土纵向围堰坝身段、下航道隔流堤、河床溢流坝段、左岸厂房坝段、左岸非溢流坝段、茅坪溪防护坝（一标）、左岸电站厂房、永久船闸；杨家湾港区、坝河口港区等	二期工程是混凝土浇筑及金属结构安装的高峰期，机械、汽车需用数量多。主要施工项目位于左岸，因此施工场地也主要布置在左岸。 左岸布置五大混凝土系统（坝轴线上游的混凝土系统布置在围堰内高程 90 m 处，在覃家沱布置高程 82 m 混凝土系统，下游围堰布置高程 79 m 混凝土系统，坝下游苏覃一路边布置高程 120 m 混凝土系统以及原高程 98.7 m 混凝土系统）；在江峡大道、平湖路和桥北路所围成的三角形区域布置机械、汽车修理厂及钢管金结拼装厂。由承包商在其营地内布置 3 处综合加工厂分别位于覃家沱长堤路左侧，覃家沱高程 115 m 平台西陵大桥左岸桥头下游侧及神女路、桥北路、江峡大道所围成的区域。办公生活区利用瓦窑坪—坝河口区的办公生活设施。永久船闸左侧的许家冲和陈家冲布置开挖块石利用料堆场；坝上游五相庙一带为弃渣场	二期工程施工时，场内已初步形成交通网络：左岸江峡大道、苏覃路、苏覃一路、栈桥路、左岸上坝公路、孙许路、陈坛路和右岸西陵大道、大沱路、右岸上坝公路等均已建成通车，左、右两岸利用西陵长江大桥连通。位于右岸下游工区的杨家湾港区、左岸重件码头为水运物资中转站	

续表 7-8

序号	施工分期	主要施工项目	施工总体布置		
			施工场地布置	主要施工道路布置	排水系统布置
3	三期工程	三期土石围堰和碾压混凝土围堰、三期截流；茅坪溪防护坝(二标)；右岸地下电站进水口预建工程、右岸厂房坝段、右岸非溢流坝段和右岸电站厂房混凝土浇筑及金属结构安装；河流溢流坝段22个导流底孔的回填等	三期工程主要施工项目位于右岸，因此施工场地也主要布置在右岸。在右岸布置高程84 m及150 m两个混凝土系统，担负右岸混凝土浇筑。砂石料主要由下岸溪加工系统供应，砂石料堆场布置在高家溪口。沿西陵大道及右岸上坝公路布置机械、汽车修理厂及钢管金结拼装厂、综合加工厂等施工场地。原茅坪溪口至让水坪布置弃渣场(三期围堰上游备料场)。东岳庙布置办公生活中心营地，前方只设简易工棚	三期工程可充分利用左、右岸场内已形成的交通网络，根据施工需要，增加右岸120栈桥路，在风箱沟一带形成环线	

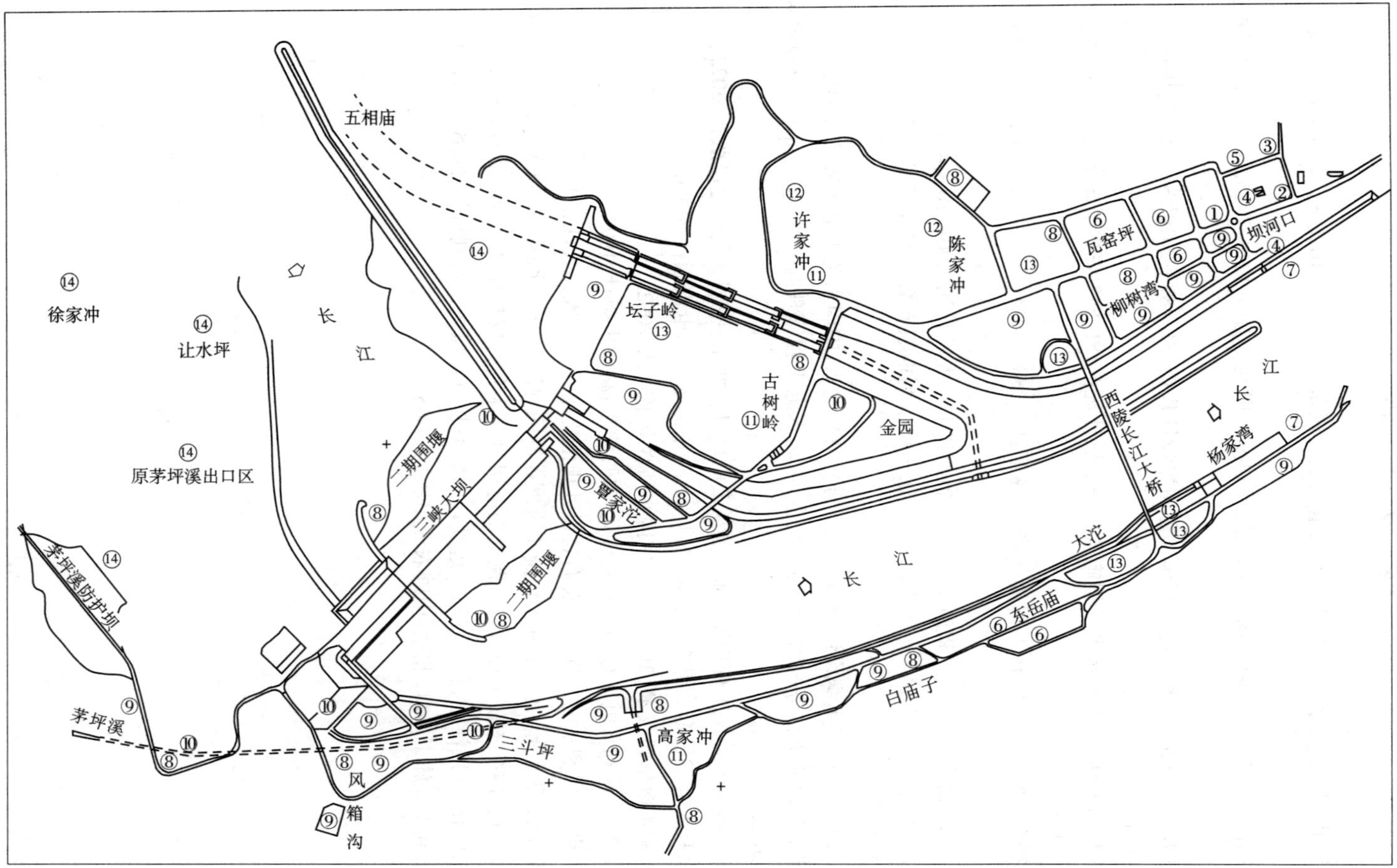

①—建设指挥中心；②—接待中心；③—培训中心；④—体育设施；⑤—急救中心；⑥—办公生活区；⑦—港口码头；⑧—变电所；⑨—生产区；⑩—混凝土拌和系统；⑪—混凝土骨料加工系统；⑫—利用料堆场；⑬—绿化区；⑭—弃渣场。

图 7-16 三峡工程施工总体布置及功能分区

参考文献

[1] 中华人民共和国水利部. 水利水电工程施工组织设计规范:SL 303—2017[S]. 北京:中国水利水电出版社,2017.

[2] 中华人民共和国住房和城乡建设部. 工程网络计划技术规程:JGJ/T 121—2015[S]. 北京:中国建筑工业出版社,2015.

[3] 中华人民共和国水利部. 水利水电工程施工总布置设计规范:SL 487—2010[S]. 北京:中国水利水电出版社,2011.

[4] 中华人民共和国水利部. 水利水电工程施工总进度设计规范:SL 643—2013[S]. 北京:中国水利水电出版社,2013.

[5] 中华人民共和国水利部. 水利工程施工监理规范:SL 288—2014[S]. 北京:中国水利水电出版社,2014.

[6] 朱卫军,张孝军,张晓平. 三峡工程施工总体布置设计[J]. 人民长江,2001(10):4-5.

[7] 水利部长江水利委员会《人民长江》编辑部. 长江三峡水利枢纽布置及施工组织设计[J]. 海河水利,1995(6):49-53.

[8] 魏璇. 水利水电工程施工组织设计指南(上、下册)[M]. 北京:中国水利水电出版社,2001.

[9] 全国一级建造师执业资格考试用书编写委员会. 水利水电工程管理与实务[M]. 北京:中国建筑工业出版社,2022.

[10] 中国水利工程协会. 建设工程进度控制(水利工程)[M]. 北京:中国水利水电出版社,2022.

[11] 周克己. 水利水电工程施工组织与管理[M]. 北京:中国水利水电出版社,1998.

[12] 司兆乐. 水利水电枢纽技术[M]. 北京:中国水利水电出版社,2002.

[13] 胡志根,肖焕雄. 水利水电工程施工布置优化[M]. 北京:科学出版社,1997.

[14] 杜伶伶,樊启雄. 水利水电工程施工总布置设计规范化浅析[J]. 人民长江,2007(2):37-38;46.

[15] 查京民,朱光熙,王仁超,等. 水利工程施工进度控制问题研究[J]. 水利水电技术,1994(7):33-35.

[16] 齐宝申,张海英. 网络图在工程进度控制上的应用[J]. 水利科技与经济, 2004(6):375-376.

[17] 白铁良,王彦春,汪臣江. 水利工程施工进度计划的编制[J]. 黑龙江水利科技,2005(2):119-120.

[18] 侍克斌. 水利工程施工[M]. 北京:中国农业出版社,2005.

第八章　建设工程施工招标与投标

第一节　概　述

在工程建设中,发包人(又称项目法人、业主、建设单位)如何用经济、合理的方式选择到合适的、经验丰富的、符合资质等级要求的、有能力承担建设工程任务的承包商(包括工程的咨询、勘察、设计、施工和材料设备供货等单位)显得非常重要。根据建设工程的通常做法,发包人一般都通过招标方式进行选择。当然,发包人也可以通过询价采购、竞争性谈判、直接委托等方式来选择。

一、招标投标的定义

招标投标是采购人(招标人)事先提出货物、工程或服务采购的条件和要求,邀请特定或不特定的投标人参加投标,并按规定程序从中选择交易对象的一种市场交易行为。从采购交易过程来看,它必然包括招标和投标两个最基本且相互对应的环节。

工程招标投标是工程建设活动中一系列招标投标活动的总称,包括可行性研究招标投标、建设工程监理招标投标、勘察设计招标投标、工程施工招标投标、设备材料采购招标投标等。

二、必须招标的范围及规模

从理论上讲,在市场经济条件下,建设工程项目是否采用招标的方式选定承包人,业主有完全的决定权;采用何种方式进行招标,业主也有完全的决定权。但是,为了保证公共利益,我国相关法律法规规定了有政府资金投资的公共项目、涉及公共利益的其他资金投资项目、投资额在一定额度之上时,要采用招标的方式进行采购。具体规定如下:

按照《中华人民共和国招标投标法》规定,下列工程建设项目包括项目的勘察、设计、施工、监理以及与工程建设有关的重要设备、材料等的采购,必须进行招标:

(1)大型基础设施、公用事业等关系社会公共利益、公众安全的项目。

(2)全部或者部分使用国有资金投资或者国家融资的项目。

(3)使用国际组织或者外国政府贷款、援助资金的项目。

在此基础上,发改法规规〔2018〕843号文《必须招标的基础设施和公用事业项目范围规定》进一步明确了必须招标的大型基础设施和公用事业项目范围,具体如下:

(1)煤炭、石油、天然气、电力、新能源等能源基础设施项目。

(2)铁路、公路、管道、水运,以及公共航空和A1级通用机场等交通运输基础设施项目。

(3)电信枢纽、通信信息网络等通信基础设施项目。

(4)防洪、灌溉、排涝、引(供)水等水利基础设施项目。

(5)城市轨道交通等城建项目。

另外,国家发展和改革委员会 2018 年第 16 号令《必须招标的工程项目规定》,进一步对必须招标项目的项目界定、规模要求等,做了以下几方面的规定:

(1)全部或者部分使用国有资金投资或者国家融资的项目包括:

①使用预算资金 200 万元人民币以上,并且该资金占投资额 10%以上的项目。

②使用国有企业事业单位资金,并且该资金占控股或者主导地位的项目。

(2)使用国际组织或者外国政府贷款、援助资金的项目包括:

①使用世界银行、亚洲开发银行等国际组织贷款、援助资金的项目。

②使用外国政府及其机构贷款、援助资金的项目。

(3)上述第(1)、(2)条规定范围内的项目,其勘察、设计、施工、监理以及与工程建设有关的重要设备、材料等的采购达到下列标准之一的,必须招标:

①施工单项合同估算价在 400 万元人民币以上。

②重要设备、材料等货物的采购,单项合同估算价在 200 万元人民币以上。

③勘察、设计、监理等服务的采购,单项合同估算价在 100 万元人民币以上。

④同一项目中可以合并进行的勘察、设计、施工、监理以及与工程建设有关的重要设备、材料等的采购,合同估算价合计达到前三款规定标准的,必须招标。

任何单位和个人不得将上述依法必须进行招标的项目化整为零或者以其他任何方式规避招标。

第二节 施工招标

一、施工招标应具备的条件

建设工程施工招标应在具备以下条件的情况下方可进行:

(1)招标人已经依法成立。

(2)初步设计及投资概算应当履行审批手续的,已经批准。

(3)招标范围、招标方式和招标组织形式等应当履行核准手续的,已经核准。

(4)有相应资金或资金来源已经落实,并应当在招标文件中如实载明。

(5)有招标所需的设计图纸及技术资料。

(6)有关建设项目永久征地、临时征地和移民搬迁的实施、安置工作已经落实或已有明确安排。

这些条件和要求,一方面是从法律上保证了项目和项目法人的合法化,另一方面也从技术上和经济上为项目的顺利实施提供了支持和保障。

二、招标方式的确定

按《中华人民共和国招标投标法》规定,招标分为公开招标和邀请招标两种方式。

(一)公开招标

公开招标可理解为无限竞争性招标,它是指招标人以招标公告的方式邀请不特定的法人或者其他组织投标。按规定应该招标的建设工程项目,一般应采用公开招标方式。

公开招标是招标人在公共媒体上发布招标公告,提出招标项目和要求,符合条件的一切法人或者组织都有同等的竞争机会参与投标竞争。其优点是:招标人有较大的选择范围,可在众多的投标人中选择具备承担施工招标项目的能力、资信良好、报价合理、工期较优的作为中标人。但其也存在一定的缺点:公开招标的手续烦琐,资格审查、评标等的工作量大、耗时长、费用高,还可能产生串通投标等问题。

(二)邀请招标

邀请招标又称选择性招标或限制性招标,它是指招标人以投标邀请书的方式邀请特定的法人或者其他组织投标。

邀请招标时,招标人事先经过考察并筛选出符合本工程建设需要的特定法人或者组织(三家以上),将投标邀请书发给他们,邀请其参与投标。未收到投标邀请书的法人或组织,不得参与投标。

为了保护公共利益,避免邀请招标方式被滥用,我国乃至其他国家和世界银行等金融组织都有相关规定:按规定应该招标的建设工程项目,一般应采用公开招标方式,如果要采用邀请招标,必须经过批准。

对于有些特殊项目,采用邀请招标方式确实更加有利。根据《中华人民共和国招标投标法实施条例》及七部委 2013 年 30 号令《工程建设项目施工招标投标办法》的规定,依法必须进行招标的项目,应当公开招标;但有下列情形之一的,可以邀请招标:

(1)技术复杂、有特殊要求或者受自然环境限制,只有少量潜在投标人可供选择。

(2)涉及国家安全、国家秘密或者抢险救灾,适宜招标但不宜公开招标的。

(3)采用公开招标方式的费用占项目合同金额的比例过大。

采用邀请招标的水利工程建设项目,招标前招标人必须履行下列批准手续:

(1)国家重点水利项目经水利部初审后,报国家发展和改革委员会批准;其他中央项目报水利部或其委托的流域管理机构批准。

(2)地方重点水利项目经省、自治区、直辖市人民政府水行政主管部门会同同级发展和改革委员会审核后,报本级人民政府批准;其他地方项目报省、自治区、直辖市人民政府水行政主管部门批准。

三、招标的组织形式

招标的组织形式分为自行招标和委托招标。

依法必须招标的项目经批准后,招标人根据项目实际情况需要和自身条件,可选择进行自行招标或委托招标。当招标人具备以下条件时,按有关规定向主管部门备案同意后,可进行自行招标;当招标人不具备以下条件时,则应当委托符合相应条件的招标代理机构办理招标事宜。

(1)具有项目法人资格(或法人资格)。

(2)具有与招标项目规模和复杂程度相适应的工程技术、概预算、财务和工程管理等方面的专业技术力量。

(3)具有编制招标文件和组织评标的能力。

(4)具有从事同类工程建设项目招标的经验。

(5)设有专门的招标机构或者拥有3名以上专职招标业务人员。

(6)熟悉和掌握招标投标法律法规、规章。

但应注意的是,《中华人民共和国招标投标法》规定:任何单位和个人不得以任何方式为招标人指定招标代理机构,也不得强制招标人委托招标代理机构办理招标事宜。

四、招标的程序

根据水利部2001年第14号令《水利工程建设项目招标投标管理规定》,水利工程建设项目的招标工作一般按下列程序进行:

(1)招标前,按项目管理权限向水行政主管部门提交招标报告备案。报告具体内容应当包括:招标已具备的条件、招标方式、分标方案、招标计划安排、投标人资质(资格)条件、评标方法、评标委员会组建方案以及开标、评标的工作具体安排等。

(2)编制招标文件。

(3)发布招标信息(招标公告或投标邀请书)。

(4)发售资格预审文件。

(5)按规定日期接受潜在投标人编制的资格预审文件。

(6)组织对潜在投标人资格预审文件进行审核。

(7)向资格预审合格的潜在投标人发售招标文件。

(8)组织购买招标文件的潜在投标人现场踏勘。

(9)接受投标人对招标文件有关问题要求澄清的函件,对问题进行澄清,并书面通知所有潜在投标人。

(10)组织成立评标委员会,并在中标结果确定前保密。

(11)在规定时间和地点,接受符合招标文件要求的投标文件。

(12)组织开标评审会。

(13)在评标委员会推荐的中标候选人中,确定中标人。

(14)向水行政主管部门提交招标投标情况的书面总结报告。

(15)发中标通知书,并将中标结果通知所有投标人。

(16)进行合同谈判,并与中标人订立书面合同。

五、招标中的几个关键问题

(一)招标信息的发布

1. 发布媒介

工程招标是一种公开的经济活动,因此要采用公开的方式发布信息。

根据国家发展和改革委员会2017年第10号令《招标公告和公示信息发布管理办法》,依法必须招标项目的招标公告和公示信息(具体包括招标项目的资格预审公告、招标公告、中标候选人公示、中标结果公示等信息),除依法需要保密或者涉及商业秘密的内容外,应当在“中国招标投标公共服务平台”或者项目所在地省级电子招标投标公共服务平台(简称发布媒介)发布。

依法必须招标项目的招标公告和公示信息除在上述发布媒介上发布外,招标人或其招标代理机构也可以同步在其他媒介公开,并确保内容一致。其他媒介可以依法全文转载依法必须招标项目的招标公告和公示信息,但不得改变其内容,同时必须注明信息来源。

2. 发布内容

依法必须招标项目的资格预审公告和招标公告,应当载明以下内容:

(1)招标项目名称、内容、范围、规模、资金来源。

(2)投标资格能力要求,以及是否接受联合体投标。

(3)获取资格预审文件或招标文件的时间、方式。

(4)递交资格预审文件或投标文件的截止时间、方式。

(5)招标人及其招标代理机构的名称、地址、联系人及联系方式。

(6)采用电子招标投标方式的,潜在投标人访问电子招标投标交易平台的网址和方法。

(7)其他依法应当载明的内容。

3. 发布要求

招标人或其委托的招标代理机构应当保证招标公告内容的真实性、准确性、合法性和完整性。发布媒介和电子招标投标交易平台应当对所发布的招标公告和公示信息的及时性、完整性负责。

依法必须招标项目的招标公告和公示信息应当根据招标投标法律法规,以及国家发展和改革委会同有关部门制定的标准文件编制,实现标准化、格式化。

拟发布的招标公告和公示信息文本应当由招标人或其招标代理机构盖章,并由主要负责人或其授权的项目负责人签名。采用数据电文形式的,应当按规定进行电子签名。招标人或其招标代理机构发布招标公告和公示信息,应当遵守招标投标法律法规关于时限的规定。

(二)招标文件

1. 招标文件的编制

根据七部委2013年30号令,招标人应根据施工招标项目的特点和需要编制招标文件。

招标文件是指导投标单位进行正确投标的依据,也是对投标人提出要求的文件。它通常由第一卷商务文件、第二卷技术条款、第三卷招标图纸组成。一般具体包括以下内容:①招标公告或投标邀请书;②投标人须知;③合同主要条款;④投标文件格式;⑤采用工程量清单招标的,应当提供工程量清单;⑥技术条款;⑦设计图纸;⑧评标标准和方法;⑨投标辅助材料。

招标文件编制时,应注意以下事项:

(1)招标文件中应规定实质性要求和条件,并用醒目的方式标明。

(2)招标文件规定的各项技术标准应符合国家强制性标准,而且所规定的各项技术标准均不得要求或标明某一特定的专利、商标、名称、设计、原产地或生产供应者,不得含有倾向或者排斥潜在投标人的其他内容。如果必须引用某一生产供应者的技术标准才能准确或清楚地说明拟招标项目的技术标准时,则应当在参照后面加上"或相当于"的字样。

(3)施工招标项目需要划分标段、确定工期的,招标人应当合理划分标段、确定工期,并在招标文件中载明。对工程技术上紧密相连、不可分割的单位工程不得分割标段。

(4)招标文件应当明确所有的规定评标因素,以及如何将这些因素量化或者据以进行评估。在评标过程中,不得改变招标文件中规定的评标标准、方法和中标条件。

(5)招标文件应当规定一个适当的投标有效期,以保证招标人有足够的时间完成评标和与中标人签订合同。投标有效期从投标人提交投标文件截止之日起计算。

(6)施工招标项目工期较长的,招标文件中可以规定工程造价指数体系、价格调整因素和调整方法。

2. 招标文件的发售

七部委2013年30号令明确规定,招标人应当按招标公告或者投标邀请书规定的时间、地点出售招标文件或资格预审文件。自招标文件或者资格预审文件出售之日起至停止出售之日止,最短不得少于五日。

招标人可以通过信息网络或者其他媒介发布招标文件,通过信息网络或者其他媒介发布的招标文件与书面招标文件具有同等法律效力,出现不一致时以书面招标文件为准,国家另有规定的除外。

招标文件或者资格预审文件售出后,不予退还。除不可抗力原因外,招标人在发布招标公告、发出投标邀请书后或者售出招标文件或资格预审文件后不得终止招标。

3. 招标文件的修改或澄清

招标文件一经发出后,招标单位一般不得擅自修改。招标人对已发出的招标文件进行必要澄清或者确需修改的,应当在招标文件要求提交投标文件截止日期至少15日前,以书面形式通知所有投标人。该澄清或者修改的内容为招标文件的组成部分,与招标文件具有同等的法律效力。若因修改招标文件导致投标人经济损失时,还应承担赔偿责任。

(三)资格审查

1. 资格审查的方式

招标人可以根据招标项目本身的特点和要求,要求投标申请人提供有关资质、业绩和能力等的证明,并对投标申请人进行资格审查。资格审查的方式有资格预审和资格后审两种。

(1)资格预审:是指在投标前对潜在投标人进行的资格审查。采取资格预审的,招标人应当在资格预审文件中载明资格预审的条件、标准和方法。

(2)资格后审:是指在开标后对投标人进行的资格审查。采取资格后审的,招标人应当在招标文件中载明对投标人资格要求的条件、标准和方法。

当前建设工程项目的施工招标一般采用资格预审。进行资格预审的,一般不再进行资格后审。

2. 资格审查的内容

资格审查主要审查潜在投标人或投标人是否符合下列条件:

(1)具有独立订立合同的权力。

(2)具有履行合同的能力,包括专业、技术资格和能力,资金、设备和其他物质设施状况,管理能力、经验、信誉和相应的工作人员。

(3)具有承担类似项目的业绩(一般为近三年)。

(4)没有处于被责令停业,投标资格被取消,财产被接管、冻结,破产状态。

(5)在最近三年内没有骗取中标和严重违约违法及重大工程质量问题。

(6)国家规定的其他资格条件。

3. 资格预审的意义

资格预审是在招标开始之前或者开始初期,由招标人或其委托的招标代理机构对申请参加投标的潜在投标人进行资质条件、业绩、信誉、技术、资金等多方面的情况进行资格审查。经审查认定合格的潜在投标人,才可以参加投标。

资格预审对保障招标人、投标人双方的利益,促进招标活动的顺利进行具有重要的意义。通过资格预审,一方面,可以使招标人了解潜在投标人的资信情况,包括财务状况、技术能力以及以往从事类似工程的施工经验,从而选择优秀的潜在投标人参加投标,降低将合同授予不合格的投标人的风险;另一方面,可以淘汰不合格的潜在投标人,从而有效地控制投标人的数量,减少多余的投标,进而减少评审阶段的工作时间及评审费用,也为不合格的潜在投标人节约投标的无效成本;再者,招标人可以了解潜在投标人对项目投标的兴趣,如果潜在投标人的兴趣大大低于招标人的预料,招标人可以修改招标条款,以吸引更多的投标人参加竞争。

4. 资格预审的程序

资格预审是一个重要的过程,要有比较严谨的执行程序,一般可以参考以下程序:

(1)由招标人或其委托的招标代理机构编制资格预审文件。

资格预审文件一般包括以下主要内容:工程项目简介,对潜在投标人的要求,各种附表等。

(2)在发布媒介上发布资格预审公告,邀请有意参加工程投标的单位申请资格审查。

实行资格预审方式的工程,招标人应当发布资格预审公告,或在招标公告或投标邀请书中载明资格预审的条件及获取资格预审文件的时间、地点等事项。

在投标意向者有明确参与资格预审的意向后,将给予具体的资格预审通知,该通知一般包括以下内容:①招标人和工程师的名称;②工程所在位置、概况和合同包含的工作范围;③资金来源;④资格预审文件的发售日期、时间、地点和价格;⑤预期的计划(授予合同的日期、竣工日期及其他关键日期);⑥发售招标文件和提交投标文件的计划日期;⑦申请资格预审须知;⑧最低资格要求;⑨提交资格预审文件的地点及截止日期、时间;⑩准备投标的投标意向者可能关心的有关情况。

(3)在指定的时间、地点发售资格预审文件,并同时公布对资格预审文件进行答疑的时间。

(4)资格预审文件的答疑。

由于各种原因,在资格预审文件发售后,购买文件的潜在投标人可能对资格预审文件提出各种疑问,潜在投标人应将这些疑问以书面形式提交招标人,招标人应以书面形式予以回答。

为保证竞争的公平性,使所有潜在投标人获得的信息量相同,招标人在对任何一个潜在投标人所提疑问进行答复的同时,均应同时通知所有购买资格预审文件的潜在投标人。

(5)潜在投标人填报资格预审文件,并在规定时限内报送给招标人。

潜在投标人在规定的截止日期、时间之前完成填报的内容,报送资格预审文件。所报送的文件在规定的截止日期后不能再进行修改。当然,就潜在投标人所报送的资格预审文件中的疑点,招标人可要求其进行澄清,潜在投标人应按实际情况回答,但不允许潜在投标人修改资格预审文件中的实质内容。

(6)评审资格预审文件,并将评审结果通知对应的潜在投标人。

由招标人组织资格预审评审委员会,对资格预审文件进行评审,并提出资格审查报告,经参审人员签字后存档备查。在一个项目中,应当以相同条件对所有潜在投标人的资格进行审查,招标人不得以不合理的条件限制、排斥潜在投标人,不得对潜在投标人实行歧视待遇;任何单位和个人不得以行政手段或者其他不合理方式限制投标人的数量。

招标人应将资格预审文件评审结果及时以书面形式通知对应参加资格预审的潜在投标人。

对于资格预审文件评审合格的潜在投标人,招标人还要向其通知发售招标文件的时间和地点。资格预审文件评审合格的潜在投标人少于 3 家的,招标人应当重新开展资格预审工作。

(四)现场踏勘及答疑

根据招标项目的具体情况,招标人可以组织所有潜在投标人踏勘项目现场,向其介绍工程场地和相关环境的有关情况。潜在投标人依据招标人介绍情况做出的判断和决策,由投标人自行负责。

招标人不得单独或者分别组织任何一个投标人进行现场踏勘。

对于潜在投标人在阅读招标文件和现场踏勘中提出的疑问,招标人可以书面形式或召开投标预备会的方式解答,但需同时将解答以书面方式通知所有购买招标文件的潜在投标人。该解答的内容为招标文件的组成部分。

(五)标前会议

标前会议也称为投标预备会或招标文件交底会,是招标人按投标须知规定的时间和地点召开的会议。标前会议上,招标人除介绍工程概况外,还可以对招标文件中的某些内容加以修改或补充说明,以及对潜在投标人书面提出的问题和会议上即席提出的问题给以解答,会议结束后,招标人应将会议纪要用书面通知的形式发给每一个潜在投标人。

无论是会议纪要还是对个别潜在投标人问题的解答,都应以书面形式发给每一个获得投标文件的潜在投标人,以保证招标的公平和公正,但对问题的答复不需要说明问题来源。

会议纪要和答复函件形成招标文件的补充文件,都是招标文件的有效组成部分,与招标文件具有同等法律效力。当补充文件与招标文件内容不一致时,应以补充文件为准。

为了使投标单位在编写投标文件时有充分的时间考虑招标人对招标文件的补充或修改内容,招标人可以根据实际情况在标前会议上确定延长投标截止时间。

(六)标底或招标控制价

标底是招标人对拟招标工程事先确定的预期价格。标底是招标人的预期心理价位，接近标底的投标报价得分最高，但在报价均高于标底时，最低的投标价仍能中标。

招标控制价，就是所谓的拦标价或最高投标限价，反映的是招标人对工程的最高限价，投标报价超过招标控制价的，则为废标。

我国招标投标法或招标投标的相关管理条例没有明确规定招标工程是否必须设置标底或招标控制价，招标人可根据工程的实际情况自行决定是否需要编制。但对于一个招标项目来说，如果制定了标底，就不能制定招标控制价；若制定了招标控制价，就不能制定标底。

一个招标项目，只能设一个标底或招标控制价。标底是绝对保密的，制定好的标底一经审定应密封保存至开标，所有接触过标底的人员均负有保密法律责任；招标控制价是公开的，招标人应在招标文件中载明招标控制价，或者应该在提交投标文件的截止时间至少15 d前以书面形式通知所有投标人。

(七)开标

开标由招标人主持，邀请所有投标人参加，并根据需要可邀请上级主管部门、地方基建主管部门、设计单位、银行、公证部门等有关单位参加。

开标应当按招标文件中确定的时间和地点进行。开标人员至少由主持人、监标人、开标人、唱标人、记录人组成，上述人员对开标负责。

开标一般按以下程序进行：

(1)主持人在招标文件确定的时间停止接收投标文件，开始开标。

(2)宣布开标人员名单。

(3)确认投标人、法定代表人或授权代表人是否在场。

(4)宣布投标文件开启顺序。

(5)依开标顺序，先检查投标文件密封是否完好，再启封投标文件。

(6)宣布投标要素，并做记录，同时由投标人代表签字确认。

(7)对上述工作进行记录，存档备查。

(八)评标和定标

评标和定标就是对投标文件进行评审和比较，以推荐中标候选人或确定中标人的过程。它一般包括评标的准备、初步评审、详细评审、编写评标报告、定标等环节。

1. 评标的准备

评标前，应由招标人组建评标委员会以负责评标工作。评标委员会的成员由招标人的代表和有关技术、经济、合同管理等方面的专家组成。《中华人民共和国招标投标法》中规定，评标委员会成员人数为5人以上的单数(注意：水利工程项目的招标，水利部2001年14号令《水利工程建设项目招标投标管理规定》则规定为7人以上的单数)，其中专家(不含招标人代表人数)不得少于成员总数的2/3。评标委员会成员名单应保密。

2. 初步评审

初步评审主要是进行符合性审查，即重点审查投标书是否实质上响应了招标文件的要求。

审查内容包括：投标资格审查；投标文件完整性审查；投标担保的有效性；与招标文件

是否有显著的差异和保留等。

如果投标文件实质上不响应招标文件的要求,将做无效标处理,不必进行下一阶段的评审。另外,要对报价计算的正确性进行审查,如果计算有误,通常的处理方法是:大小写不一致的以大写为准;单价与数量的乘积之积与所报的总价不一致的应以单价为准,若单价有明显的小数点错位,应以总价为准,并修改单价;标书正本和副本不一致的,则以正本为准。这些修改一般应由投标人代表签字确认。

3. 详细评审

详细评审是评标的核心,是对投标书进行实质性审查,包括技术评审和商务评审。

(1)技术评审:主要是对投标书的技术方案、技术措施、技术手段、技术装备、人员配备、组织结构、进度计划等的先进性、合理性、可靠性、安全性、经济性等进行分析评价。

(2)商务评审:主要是对投标书的报价高低、报价构成、计价方式、计算方法、支付条件、取费标准、价格调整、税费、保险及优惠条件等进行评审。

评标方法可以采用综合评估法、经评审的最低投标价法等,具体可根据不同的招标项目的实际需求和技术特点来选择确定相应的评标方法。

4. 编写评标报告

评标委员会完成评标后,应当向招标人提出书面评标报告,并推荐不超过 3 个合格的中标候选人。

评标报告应由评标委员会全体成员签字。对评标结果有不同意见的评标委员会成员,应当以书面形式说明其不同意见和理由,评标报告应当注明该不同意见。评标委员会成员拒绝在评标报告上签字又不书面说明其不同意见和理由的,视为同意评标结果。

5. 定标

依据《中华人民共和国招标投标法》的规定,招标人根据评标委员会提出的书面评标报告和推荐的中标候选人确定中标人。招标人也可以授权评标委员会直接确定中标人。

七部委 2013 年 30 号令《工程建设项目施工招标投标办法》还指出,招标人应当接受评标委员会推荐的中标候选人,不得在评标委员会推荐的中标候选人之外确定中标人。

第三节　施工投标

工程投标需要严格遵守关于招标投标的法律规定及程序,还需对招标文件做出实质性响应,并符合招标文件的各项要求,科学规范地编制投标文件与合理策略地提出报价。

投标人必须具备招标文件要求的资格(资质等级)。两个或两个以上单位组成联合体进行投标的,应当按资质等级较低的单位确定联合体资格等级。投标人应当对递交的资格预审文件及投标文件中有关资料的真实性负责。

一、投标的程序

水利工程投标一般按以下程序进行:

(1)获取招标信息(通过招标公告获得或收到投标邀请书),确定是否参加投标。

(2)报名参加投标。

（3）若招标项目需资格预审，则购买资格预审文件，准备资格预审材料，接受资格预审。

（4）通过资格预审后，购买招标文件。

（5）研究招标文件，对招标文件中的疑问向招标人质询，参加招标人组织的现场踏勘、标前会议，调查施工环境（施工场地、材料价格），获取招标补遗文件。

（6）确定投标策略。

（7）编制施工组织设计，计算投标报价。

（8）调整投标策略，调整投标报价。

（9）办理银行保函，编制完整标书。

（10）递交标书，开标。

（11）若有需要，回答招标人需要澄清的问题，并做书面澄清。

（12）如果中标，则办理履约保函，签订合同。

二、施工投标中应重点解决的几个关键问题

（一）研究招标文件

投标单位在取得投标资格、获得招标文件之后，首要工作就是认真仔细地研究招标文件，充分了解其内容和要求，以便有针对性地安排投标工作。

研究招标文件的重点应放在投标者须知、合同条款、设计图纸、工程范围上，还要研究技术规范要求，看是否有特殊的要求。

投标人应该重点注意招标文件中以下几个方面的问题。

1. 投标人须知

投标人须知是招标人向投标人传递基础信息的文件，包括工程概况、招标内容、招标文件的组成、投标文件的组成、报价的原则、招标投标时间安排等关键信息。

首先，投标人需要注意招标工程的详细内容和范围，避免遗漏或多报。

其次，要特别注意投标文件的组成，避免因提供的资料不全或不符合格式要求等而被作为废标处理。

最后，应注意现场踏勘时间、招标答疑时间、投标截止时间等重要时间安排，避免因遗忘或迟到等原因而失去竞争机会。

2. 投标书附录与合同条件

它们是招标文件的重要组成部分，当中会标明招标人的特殊要求（投标人在中标后应享受的权利、所要承担的义务和责任等），投标人在报价时，需要充分考虑这些因素和要求。

3. 技术说明

要研究招标文件中的施工技术说明，熟悉所采用的技术规范，弄清技术说明中有无特殊施工技术、特殊材料、特殊设备等的要求，以及关于选择代用材料、设备的相关规定，以便根据相应的定额、市场状况确定合理价格，避免报价偏差。

4. 详细评审

要重点分析招标文件中关于商务评分、技术评分的标准，并根据自己公司的实力做一

个大概的评判,从中找到自己的优势,弥补自己的劣势,据此制定合理的竞标策略。

5. 记住要点

对于公示期、投标截止时间、开标时间及地点、投标有效期、投标保函或保证金、文件格式等要点,应弄清楚并牢记于心。

(二)进行各项调查研究

项目区的自然、经济和社会条件常常是工程施工的制约因素,对工程成本影响较大,是投标报价必须考虑的,为此,在研究招标文件的同时,投标人需要开展详细的调查研究,以便将它们了解清楚。

1. 工程现场考察和工程所在地区的环境考察

要认真地考察施工现场,认真调查具体工程所在地区的环境,包括一般自然条件、施工条件及环境,如地形地质地貌、水文气象、交通运输、水电供应和其他资源情况等。

除一般性调查外,还应结合工程专业特点有重点地进行勘察,如通过现场踏勘要将料场、堆弃渣场的位置、开采运输条件等弄清楚。

2. 市场宏观经济环境调查

应调查工程所在地的经济形势和经济状况,包括与拟投标工程实施有关的法律法规、地方规章、劳动力与材料的供应状况、设备租赁的市场状况、专业施工公司的经营状况、价格水平等。

3. 了解业主方、竞争对手公司的基本情况

标前会议是招标人给所有投标人提供的一次答疑机会,同时也是投标人了解业主和竞争对手的最佳时机,应认真准备并积极参加,并借此机会了解业主的项目资金落实情况、参加竞争的其他公司,尤其是工程所在地的工程公司的情况。

(三)选择施工方案

施工方案是报价的基础和前提,也是评标委员会评标时会重点评审的重要方面。有什么样的方案,就有什么样的人工、机械与材料消耗,就会有相应的报价。因此,必须弄清分部分项工程的内容、工程量、所包含的相关工作,并根据工程进度计划、机械设备配置、劳力与组织状况等关键环节,制订出合理的施工方案。

施工方案应由投标人的技术负责人主持制订,主要应考虑施工方法、主要施工机具的配置、各工种劳动力的安排及现场施工人员的平衡、施工进度及分批竣工的安排、安全措施等。施工方案的制订应在技术、工期和质量保证等方面对招标人有吸引力,同时又有利于降低施工成本。

1. 确定施工方案

根据自己公司的施工水平和人员、机械设备情况确定出各类工程的施工工艺及方案,在此基础上要根据分类汇总的工程数量和工程进度计划中该类工程的施工周期、合同技术规范要求及施工条件和其他情况,选择和确定每项工程的具体施工方法,并对不同施工方法从保证完成计划目标、保证工程质量、节约设备费用、降低劳务成本等方面进行综合比较,选定最适宜的、经济的施工方案。

2. 配置施工机械设备并确定其供应方案

要根据上述各类工程的选定施工方法配置相应的机械设备,并计算所需数量和使用

周期,以研究确定调动企业现有设备、采购新设备或租赁当地设备的具体方案。

3. 确定所需劳力及其供应计划

根据投标预算价计算时得出的人工工时统计资料,概略估算施工所需劳力数量,以此考虑劳力来源及进场时间安排,估算所需管理人员和生活性临时设施的数量和标准等。

4. 确定主材需用量及供应计划

根据投标预算价计算时统计得出的大宗主材(水泥、钢筋、柴汽油、炸药、木材、砂石料等)的需用量资料,考虑其供应来源和分批采购计划,从而估算现场用于存储、加工的临时设施(如仓库、露天堆放场、加工场地或工棚等)的面积。

5. 其他方面

根据现场设备、高峰人数和一切施工生产和生活方面的需要,估算现场用电、用水量,确定临时供电和供排水设施;考虑材料、设备的供应方式及计划,拟订运输方案;考虑其他临时工程的需要和建设方案;提出某些特殊条件下保证正常施工的措施计划,如施工导截流方案、地下工程的临时支护措施、土石坝的雨季施工方案及措施、混凝土工程的冬雨季施工措施等;确定现场安全保卫设施,包括临时围墙、警卫设施、夜间照明,以及现场临时通信联络设施等。

(四)投标报价的编制

投标报价是投标人对招标工程施工所要发生的各种费用的计算。在进行投标报价计算时,首要的是确定施工方案和施工进度,同时还必须与采用的合同计价形式相协调。

水利工程投标报价编制时,应按照招标人的要求及《水利工程工程量清单计价规范》(GB 50501—2007)的规定进行报价。各项目清单的报价方法如下。

1. 分类分项工程报价

(1)分类分项工程量清单的基础单价计算。一般情况下,投标人应按照招标文件的规定,根据招标项目涵盖的内容和自身的经营环境,结合现行编制规定及相关计价文件,编制人工费单价,主要材料预算价格,电、水、风单价,砂石料单价(包括砂、石子、块石、料石),混凝土配合比单价,施工机械台时费等基础单价,作为编制分类分项工程单价的依据。

(2)分类分项工程量清单的工程单价计算。分类分项工程量清单项目的工程单价是有效工程量的单价,应根据招标文件给定的“主要工作内容”和“主要技术条款”确定工程单价组成内容,按照企业施工定额或参照水利工程预算定额进行计算,应特别注意将有效工程量以外的超挖及超填工程量、施工附加量、加工及运输损耗量等所消耗的人工、材料和机械费用,摊入相应有效工程量的工程单价中。

(3)分类分项工程的报价。按照“清单工程量×工程单价”的方式计算分类分项工程量清单中各项目的投资,并累加求和得到其报价。

2. 措施项目报价

措施项目清单中所列的措施项目费均以“项”为单位、按项列示。投标报价时,应根据招标文件的要求详细分析各措施项目所包含的工程内容和施工难度,编制合理的施工方法,据此确定其报价。

投标人在报价时不得增删招标人提出的措施项目清单项目,投标人若有疑问,必须在招标文件规定的时限内向招标人要求其进行书面澄清。

3. 其他项目报价

其他项目清单是指为了保证工程项目施工,在该施工过程中难以量化,又可能发生的工程和费用,一般按招标人要求的计算方法或估算金额计列费用。

4. 零星工作项目报价

这部分其实就是计日工的报价。当零星工作项目清单中没有计日工的具体工程量,招标文件不要求将计日工计入总价时,可按计日工单价稍高于工程单价表报价的方式进行报价;但若零星工作项目清单中有具体的计日工工程量,则计日工单价会对总报价产生影响,所以应避免因计日工单价过高而使整个投标报价失去竞争力。

(五)确定投标策略

正确的投标策略对提高中标率并获得较高的利润有重要作用。常用的投标策略又以信誉取胜、以低价取胜、以缩短工期取胜、以改进设计取胜或者以先进或特殊的施工方案取胜等。不同的投标策略要在投标阶段的不同工作(如制订施工方案、投标报价计算等)中体现和贯彻。

(六)正式投标

投标人按照招标人的要求完成标书编制、签字盖章、密封之后,就可以向招标人正式提交投标文件。在提交投标文件时需要注意以下几方面。

1. 投标的截止时间

招标人所规定的投标截止时间就是提交投标文件的最后期限。投标人在投标截止时间之前所提交的投标文件是有效的,超过该时间之后就会被视为无效投标。在招标文件规定的投标截止时间之后送达的投标文件,招标人应拒收。

2. 投标文件的完备性

投标人应当按照招标文件的要求编制投标文件。投标文件应当对招标文件提出的实质性要求和条件做出响应。投标不完备或投标没有达到招标人的要求,在招标范围以外提出新的要求,均被视为对招标文件的否定,不会被招标人所接受。

投标人必须对自己所做出的投标负责,如果中标,必须按照投标文件中所阐述的方案来完成工程,这其中包括质量标准、工期与进度计划、报价限额等基本指标以及招标人所提出的其他要求。

3. 投标文件的标准

投标文件的提交应满足相应的规定标准要求,通常的标准要求是:①密封完好。如果不密封或密封不满足要求,投标是无效的。②投标文件还需要按照要求签章,应盖有投标企业公章及企业法定代表人的印鉴(或签字)。③如果投标地点与企业距离较远,由当地项目经理部组织投标时,需要提交企业法定代表人对投标项目经理的授权委托书。

4. 投标担保

投标担保是指投标人向招标人提供的担保,保证投标人一旦中标即按中标通知书、投标文件和招标文件等有关规定与招标人签订承包合同。

投标担保可以采用银行保函、担保公司担保书和投标保证金等担保方式,多数采用银行保函和投标保证金担保方式,具体为何种方式则由招标人在招标文件中规定。未能按照招标文件要求提供投标担保的投标,可被视为不响应招标而被拒绝。所以,投标前应弄清楚拟投标项目是采用何种担保方式,并应按要求办理好投标担保相关事宜。

第四节　电子招标投标

随着计算机技术的不断发展及互联网的普及,电子招标投标应运而生。我国自 1999 年在外经贸纺织品配额招标工作中采用电子招标的方式以来,电子招标已经在机电产品国际招标中得以成功的应用。2005 年,首批建设工程交易系统在太原上线运行,直至 2013 年《电子招标投标办法》和《电子招标投标系统技术规范》的颁布实施,电子招标投标平台已逐步完善,发展成熟。

电子招标投标平台是通过计算机、网络等信息技术,对招标投标业务进行重新梳理,优化重组工作流程,在线上执行在线招标、投标、开标、评标和监督、监察等一系列业务操作,最终实现高效、专业、规范、安全、低成本的招标投标管理。

在互联网高速发展的今天,与传统招标投标相比,电子招标投标越来越显示出其强大的优势:

(1)消除时空屏障,优化招标投标市场。

互联网的开放性及实时性打破了地域差别和时空限制,实现了信息的有效传播,增强了信息的透明度。不同地域的投标方可通过网络获取招标信息,实现线上投标。招标方则可以通过投标人之间的充分竞争获得最佳经济效益,实现资源合理配置,优化了招标投标市场。

(2)招标投标高效快捷,降低双方成本。

招标投标过程中,招标方需要向主管机关报送相关文件,通过电子招标平台,招标方只需要将文件上传至平台,主管机关就可以在网上进行及时的审批;而投标方只需进行网络投递投标文件,即可实现投标。高效快捷的无纸化招标投标流程大大节约了双方的经济成本和时间成本,有效推进了项目进程。

(3)杜绝暗箱操作,营造阳光的招标投标环境。

电子招标平台的透明性和公开性可以有效地避免投标过程中的暗箱操作、腐败等行为。采用电子招标的项目,其公告、公示、变更、评标结果甚至评标过程等都要在网上进行,同时各类操作留有痕迹和日志,招标投标中的行为要受到主管机关、投标人、招标人的共同监督,使暗箱操作、腐败等行为无所遁形。

(4)电子辅助评标智能省力。

电子招标投标平台将投标文件上传至网上评标系统,系统自动对比、按要求筛选投标文件相关部分,省去了评审人员大量的时间和精力,在一定程度上实现了智能评标。

(5)累积基础数据,建立招标资源信息库。

电子招标投标平台在业务流程中直接采集相关信息和数据,数据关联紧密,联动效应强。招标投标过程的严谨性,确保了数据信息的准确可靠,通过一定时间的积累形成招标投标资源信息库,有利于招标机构分析总结招标采购工作,为今后的招标投标工作提供依据。

若建设工程项目采用电子招标投标形式,则应遵照八部委 2013 年第 20 号令发布的《电子招标投标办法》的相关规定进行。在此不作赘述。

参 考 文 献

[1] 中华人民共和国全国人民代表大会常务委员会. 中华人民共和国招标投标法(2017 年修正)(1999 年主席令第 21 号)[EB/OL]. (2017-12-27)[2022-10-21]. http://www. npc. gov. cn/zgrdw/npc/xinwen/2018-01/04/content_2036284. htm.

[2] 中华人民共和国国务院. 中华人民共和国招标投标法实施条例(2019 年修订)(2011 年国务院令第 613 号)[EB/OL]. (2019-03-02)[2022-10-21]. http://www. gov. cn/gongbao/content/2019/content_5468831. htm.

[3] 中华人民共和国国家发展和改革委员会. 必须招标的基础设施和公用事业项目范围规定(发改法规规〔2018〕843 号)[EB/OL]. (2018-06-06)[2022-10-21]. https://www. ndrc. gov. cn/xxgk/zcfb/ghxwj/201806/t20180611_960949. html? code=&state=123.

[4] 中华人民共和国家发展和改革委员会. 必须招标的工程项目规定(2018 年发改委令第 16 号)[EB/OL]. (2018-03-27)[2022-10-21]. https://www. ndrc. gov. cn/fzggw/jgsj/fgs/sjdt/201803/t20180330_1107099. html? code=&state=123.

[5] 中华人民共和国国家发展和改革委员会,工信部,财政部,等. 工程建设项目施工招标投标办法(2013 年七部委令第 23 号)[EB/OL]. (2013-03-11)[2022-10-21]. http://www. gov. cn/zhengce/2013-03/11/content_5713206. htm.

[6] 中华人民共和国水利部. 水利工程建设项目招标投标管理规定(2001 年水利部令第 14 号)[EB/OL]. (2001-10-29)[2022-10-21]. http://www. mwr. gov. cn/zw/zcfg/bmgz/201707/t20170714_960235. html.

[7] 中华人民共和国水利部. 水利部关于暂时调整实施《水利工程建设项目招标投标管理规定》有关条款的通知(水建设〔2022〕346 号)[EB/OL]. (2022-09-06)[2022-10-21]. http://www. mwr. gov. cn/zwgk/gknr/202209/t20220913_1595373. html.

[8] 中华人民共和国国家发展和改革委员会. 招标公告和公示信息发布管理办法(2017 年发改委令第 10 号)[EB/OL]. (2017-11-23)[2022-10-21]. https://www. ndrc. gov. cn/xxgk/zcfb/fzggwl/201712/t20171201_960847. html? code=&state=123.

[9] 中华人民共和国国家发展和改革委员会,工信部,财政部. 等. 评标委员会和评标方法暂行规定(2013 年修正)(2001 年七部委令第 12 号)[EB/OL]. (2013-03-11)[2022-10-21]. http://www. gov. cn/zhengce/2001-07/05/content_5712318. htm.

[10] 中华人民共和国国家发展和改革委员会,工信部,监察部,等. 电子招标投标办法(2013 年八部委令第 20 号)[EB/OL]. (2013-02-04)[2022-10-21]]. http://www. gov. cn/zhengce/2022-08/23/content_5722700. htm.

[11] 中华人民共和国建设部. 水利工程工程量清单计价规范:GB 50501—2007[S]. 北京:中国计划出版社,2007.

[12] 杨培岭,彭玉林. 水利工程概预算(新一版)[M]. 北京:中国水利水电出版社,2017.

[13] 全国一级建造师执业资格考试用书编写委员会. 建设工程项目管理[M]. 北京:中国建筑工业出版社,2022.

第九章　施工项目管理

第一节　概　述

现代施工项目管理是管理学中的一个重要学科。在施工项目管理中,质量管理、进度管理、成本管理、安全管理合称为项目的四大目标管理。施工项目管理对缩短建设周期、降低工程造价、提高施工质量、保证施工安全至关重要。

在一定范围内,质量、成本、进度三者是互相制约的,其关系如图 9-1 所示。当进度要求不变时,质量要求越高,则成本越高;当成本不变时,质量要求越高,则进度越慢;当质量标准不变时,进度过快或过慢都会导致成本的增加。这就要求施工企业必须对施工项目进行规范化、科学化的管理,特别是加强对工程质量、进度、成本、安全进行管理控制,通过管理谋求快、好、省的有机统一和均衡。

施工企业各部门各种专项业务的管理,基本上都是按相同的管理程序来开展各自的管理活动,那就是计划、决策、组织、指挥控制和协调,或者说是按照制订计划、组织实施、反馈控制这样的程序循环,周而复始地运转,使管理水平不断提高(见图 9-2)。

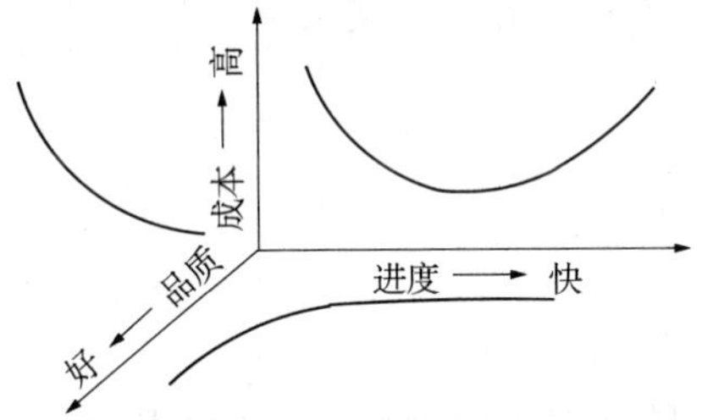

图 9-1　质量、成本、进度三者的相互关系

图 9-2　管理程序循环

本章主要介招在施工项目管理中,施工单位全面质量保证体系运转的基本方式及施工阶段质量控制、在进度管理中制订施工进度计划和进度控制、在成本管理中制订成本计划和成本控制等内容。要求掌握施工项目管理与体系的原理与方法,明确施工项目管理与体系的步骤和做法。重点掌握施工管理的四大目标管理(质量管理、进度管理、成本管理和安全管理)及各大目标管理的相关概念和主要内容。难点是结合管理学的基本原理,理解针对工程的四大目标所进行的具体管理方法,即施工单位具体该怎样做才能达到对这四个基本目标较好的管理效果。

第二节　质量管理

“百年大计,质量第一”。水利工程一般规模较大,技术要求较高,涉及面较广,工程质量不仅关系到工程效益的发挥,而且关系到人民生命和财产的安全。工程项目的质量是决定工程建设成败的关键,也是进行建设监理三大控制目标(质量、进度、投资)的首要任务。因此,在工程建设中必须坚持全员、全过程、全方位的质量管理指导思想,贯彻预防为主的原则,建立健全建设(监理)单位的质量检查(控制)体系及勘测设计和施工单位的质量保证体系,确保工程建设质量。

一、施工单位的全面质量保证体系

施工阶段是建设工程质量的形成阶段,是工程质量监督的重点,勘察、设计的思想和方案都要在这一阶段实现。因此,水利工程的施工承包商必须以对国家和人民高度负责的精神,严格按照工程设计文件和技术标准进行施工,严把质量关,认真做好工程施工过程中的各项质量控制和质量管理工作,切实担负起施工单位工程施工的质量责任。

施工单位的全面质量保证体系是建筑企业以控制、保证和提高工程质量为目标,运用系统的概念和方法,使企业各部门、各环节的质量管理职能组织起来,形成一个有明确任务、职责、权限,互相协调、互相促进的有机整体,使质量管理规范化、标准化。

施工单位建立全面质量保证体系应抓好如下七个环节:

(1)有明确的质量管理目标和质量保证工作计划。

(2)建立一个完整的信息传递和反馈系统。

(3)有一个可靠有效的计量系统。

(4)建立和健全质量管理组织机构,职责分工明确。

(5)组织开展质量管理小组活动。

(6)与协作单位建立质量的共同保证体系。

(7)努力实现管理业务规范化和管理流程程序化。

二、全面质量保证体系运转的基本方式

全面质量保证体系运转的基本方式,是按照计划(Plan)→执行(Do)→检查(Check)→处理(Action)的管理循环进行的。在处理阶段,要将本次循环合理的、行之有效的质量管理措施充实进质量标准,在下一循环里加以推行;对不合理的或尚需进一步解决的问题放到下一循环过程中,重复以上四个阶段来加以解决。这种方法通常称为 PDCA 循环工作法,它包括四个阶段、八个步骤、七种工具。

(一)四个阶段

(1)计划阶段:按使用者要求,根据具体生产技术条件,找到生产中存在的问题及原因,拟订生产对策和措施计划。

(2)执行阶段:按预定对策和生产措施计划,组织实施。

(3)检查阶段:对生产产品进行必要的检查和测试,即把执行的工作结果与预定目标对比,检查执行过程中出现的情况和问题。

(4)处理阶段:把经过检查发现的各种问题及用户意见进行处理,凡符合计划要求的给予肯定,成文标准化;对不符合计划要求和不能解决的问题,转入下一循环以便进一步

研究解决。

(二)八个步骤

(1)分析现状,找出问题。不能凭印象和表面做判断,结论要用数据表示。

(2)分析各种影响因素。要把可能因素一一加以分析。

(3)找出主要影响因素。要努力找到主要因素,进行剖析才能改进工作,提高产品质量。

(4)研究对策。针对主要因素拟定措施,制订计划,确定目标。

以上四个步骤均属 P(Plan)阶段的工作内容。

(5)执行措施。属 D(Do)阶段的工作内容。

(6)检查工作结果。对执行情况进行检查,找出经验教训,属 C(Check)阶段的工作内容。

(7)巩固措施,制定标准。把成熟的措施定成标准(规程、细则),形成制度。

(8)遗留问题转入下一个循环。

以上(7)、(8)为 A(Action)阶段的工作内容。

PDCA 管理循环的工作程序如图 9-3 所示。

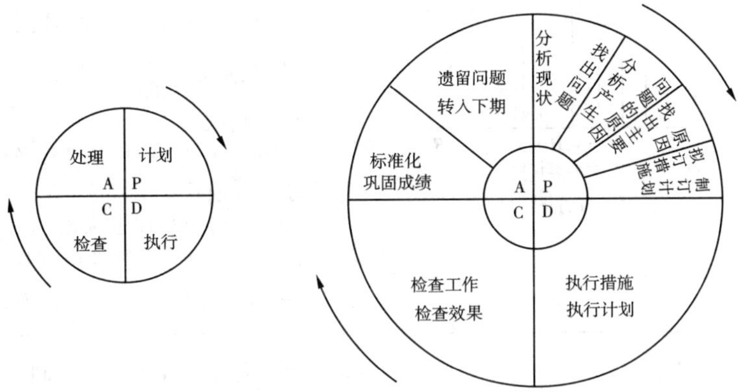

图 9-3 PDCA 管理循环的工作程序示意图

(三)七种工具

在以上四个阶段、八个步骤中,需要调查、分析大量的数据和资料才能做出科学的分析和判断。为此,要根据数理统计的原理,针对分析研究的目标,灵活运用七种统计分析图表作为工具,使每个阶段、各个步骤的工作都有科学数据作为依据。

常用的七种工具有排列图、直方图、因果分析图、分层法、控制图、散布图、统计调查分析表等。实际运用的工具当然不止这七种,还可以根据质量管理工作的需要,依据数理统计或运筹学、系统分析的基本原理,制定一些简便易行的新方法、新工具。

质量管理的四个阶段、八个步骤、七种工具之间的关系如表 9-1 所示。

(四)PDCA 循环的特点

(1)四个阶段缺一不可,先后次序不能颠倒,就好像一只转动的车轮,在解决质量问题中滚动前进,逐步使产品质量提高。

表 9-1　质量管理的四个阶段、八个步骤、七种工具之间的关系

<table>
<tr><th>阶段</th><th>步骤</th><th>工具或方法</th><th>说明</th></tr>
<tr><td rowspan="4">P</td><td rowspan="3">1</td><td>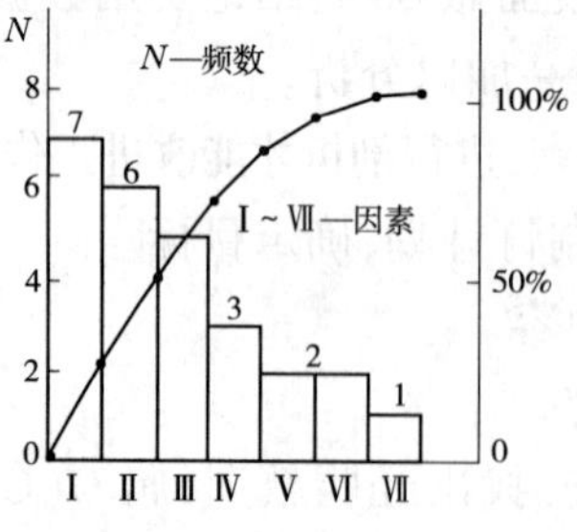
排列图</td><td>用来分析各种因素对质量的影响程度。横坐标列出影响质量的各个因素,按影响程度大小排列;纵坐标表示质量问题的频数(如次品件数或次品损失的金额等)和累计频率(%)。按累计频率可将影响因素分类:累计频率 0~80%的因素为主要因素,80%~95%为次要因素,95%~100%为一般因素</td></tr>
<tr><td>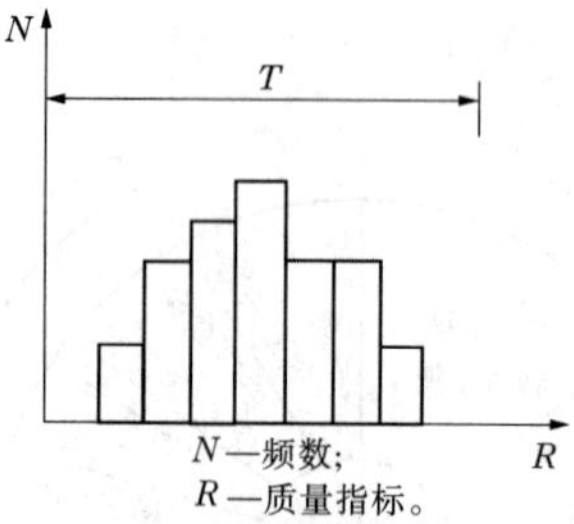
直方图</td><td>用来分析质量的稳定程度。通过抽样检查,对一些计量型质量指标如干重度、抗压强度等,作出频数分布直方图。横坐标为质量指标,纵坐标为频数或相对频数。以质量指标均值 $\bar{x}$、标准差 S 和代表质量稳定程度的离差系数或其他指标作为判据,借以判断生产的稳定程度。例如,若以工程能力指数 C_p 作判据($C_p=\dfrac{T}{6S}$,其中 T 为质量指标的允许范围),则有:
(1)$C_p>1.33$,说明质量充分满足要求,但有超标准浪费;
(2)$C_p=1.33$,理想状态,生产稳定;
(3)$1<C_p<1.33$,较理想,但应加强控制;
(4)$C_p<1$,不稳定,应找原因,采取措施</td></tr>
<tr><td>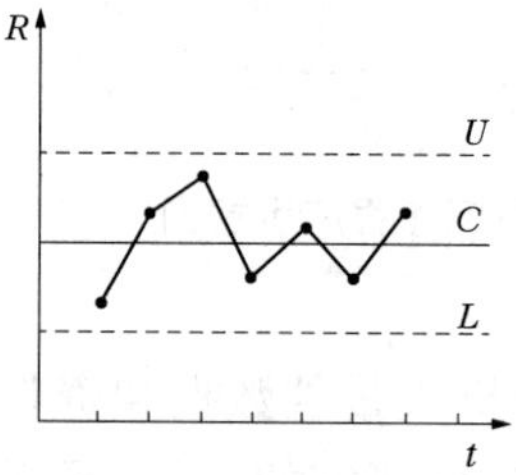
控制图</td><td>用以进行适时的生产控制,掌握生产过程的波动状况。控制图的纵坐标是质量指标,有一根中心线 C 代表质量的平均指标,一根上控制线 U 和一根下控制线 L,代表质量控制的允许波动范围。横坐标为质量检查的批次(时间)。将质量检查的结果按批次(时间)点绘在图上,可以看出生产波动的趋势,以便适时掌握生产动态,采取对策</td></tr>
<tr><td>2</td><td>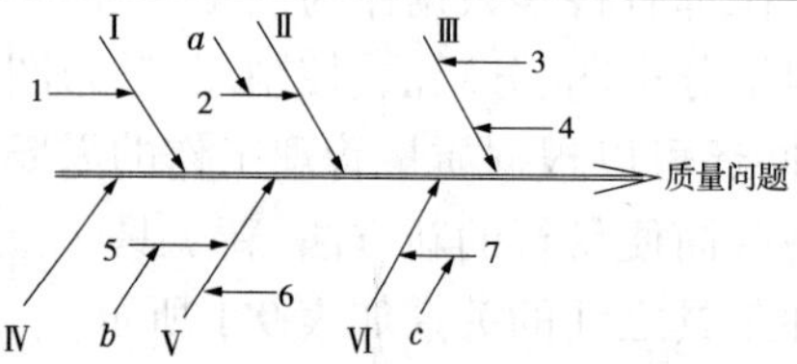
Ⅰ~Ⅵ—大原因;1~7—中原因
a,b,c—小原因。
因果分析图</td><td>根据排列图找出主要因素(主要问题),用因果分析图探寻问题产生的原因。这些原因通常不外乎人、机器、材料、方法、环境等五个方面。在一个大原因中,还有中原因、小原因,应一一列出,如鱼刺状,并框出主要原因(主要原因不一定是大原因)。根据主要原因,定出相应措施,措施实现后,再通过排列图等,检查其效果</td></tr>
</table>

续表 9-1

阶段	步骤	工具或方法	说明
P	3	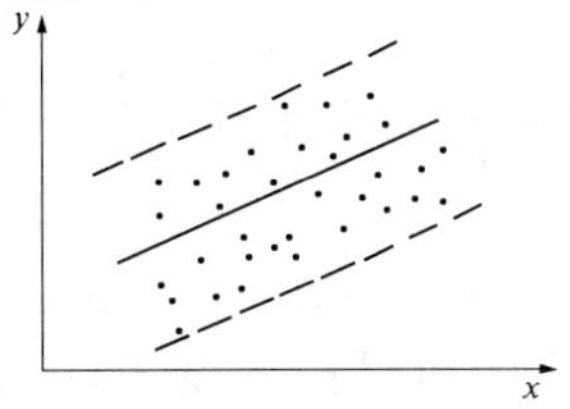 散布图	用来分析影响质量原因之间的相关关系。纵坐标代表某项质量指标，横坐标代表影响质量的某种原因。由于质量指标和原因之间不一定存在确定的关系，故散布图中的点可能比较分散，但可以通过相关分析，确定指标和原因之间的相关关系
	4	措施计划表	措施计划表（又称对策计划表），必须明确回答前文步骤（4）中所提出的问题，即所谓的 5W1H： Why？为什么 What？干什么 Where？什么地方 When？什么时候 Who？谁来执行 How？如何执行
D	5	实施、执行	严格按计划落实措施，付之实施
C	6	与阶段 P 步骤（1）同	
A	7	标准化、制度化，形成标准、规程或制度	一般认为当 $C_p>1$ 时，可以形成标准或制度
	8	反映到下一个循环步骤（1）	当采取措施后 $C_p<1$ 或效果不大时，应作为本次循环未解决的问题转入下一个循环

（2）企业内部各部门都存在 PDCA 循环，整个企业是一个大循环，企业各部门又各自有自己的小循环，如图 9-4 所示。大循环是小循环的依据，小循环又是大循环的具体和逐级贯彻落实的体现。

（3）PDCA 循环不是在原地转动，而是在转动中前进，每个循环结束，质量就提高一步，如图 9-5 所示。每经过一次循环，就解决了一批问题，质量水平就有了新的提高。

（4）A 阶段是一个循环的关键，这一阶段的目的在于总结经验，巩固成果，找出偏差，纠正错误，以利于下一个管理循环。

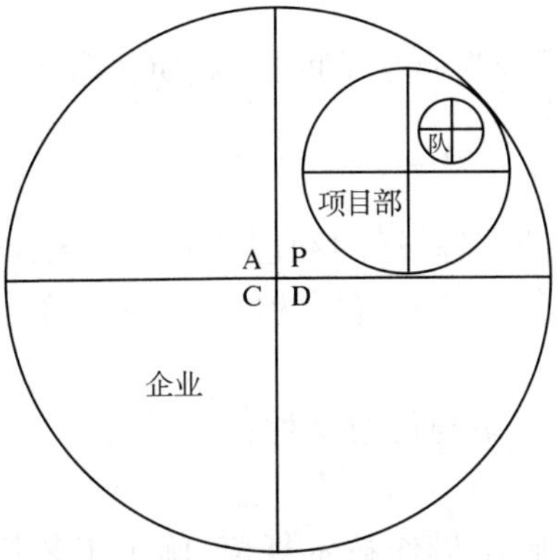

图 9-4　PDCA 循环运转示意图

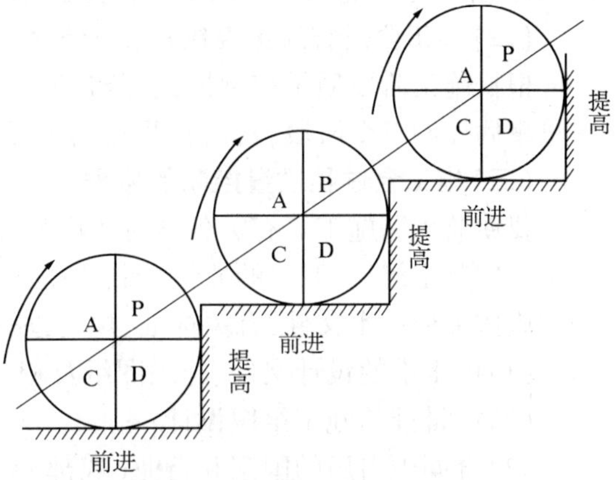

图 9-5　PDCA 循环上升示意图

三、施工全过程的质量控制

施工阶段是形成工程质量最为关键的阶段,要将规划设计的各种意图变为现实。工程质量是在施工阶段创造的,而不是依靠检验手段检查出来的。为了贯彻“预防为主”的原则,必须加强施工阶段的质量控制。

质量控制系统是一个较为复杂的体系,工程质量控制中要大量应用控制论中的有关知识。根据控制论理论,可以得到工程施工阶段的质量控制模式,依据这一模式可以得出,施工阶段的质量控制是一个由对投入资源(如材料)的质量控制开始,直到完成工程质量检验为止的全过程的系统控制过程(见图 9-6)。

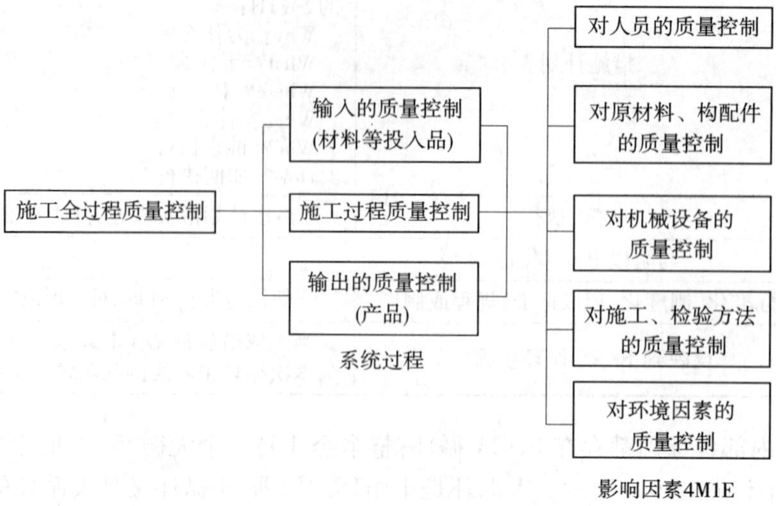

图 9-6　施工全过程质量控制系统

(一)影响施工阶段质量的因素

工程施工是一种物质生产活动,因此影响工程产品质量的因素有五个方面,它们分别是人(Man)、材料(Material)、机械(Machine)、方法(Method)及环境(Environment),简称 4M1E 质量因素。施工阶段质量控制就是要对 4M1E 质量因素进行全面的控制(见图 9-6)。

(二)施工全过程质量控制的三个阶段

根据施工阶段质量控制模式可知,施工全过程可分为质量事前控制、质量事中控制和质量事后控制三个阶段,其内容及构成如图 9-7 所示。

(三)施工全过程质量控制的依据

要使监理和施工等有关各方对于质量控制标准的掌握、运用和理解能够一致,在工程开工前应制定统一、明确的质量控制依据,作为有关各方共同遵循的依据。施工阶段质量控制应按下列技术文件,有关标准、规定进行:

(1)已批准的设计文件、施工图纸及相应的设计变更与修改文件;

(2)已批准的施工组织设计;

(3)合同中引用的国家和行业(或部颁)的现行施工操作技术规范、施工工艺规程及验收规范;

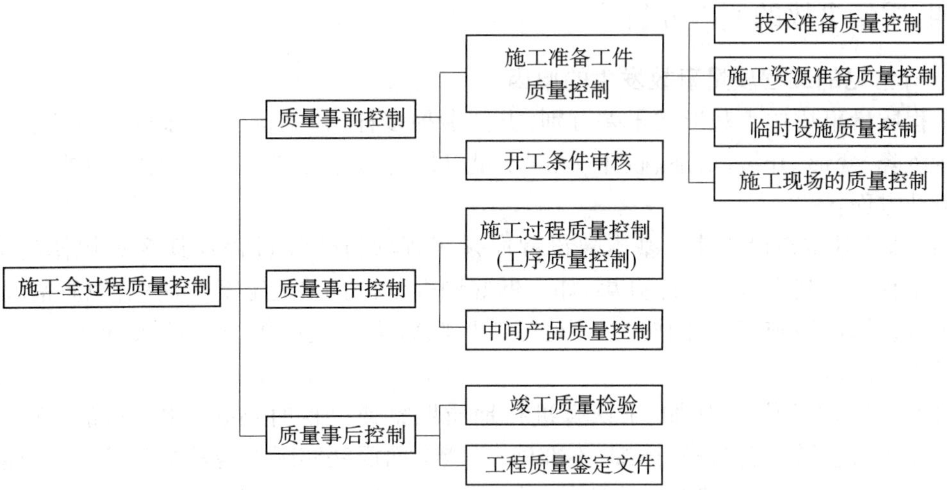

图 9-7　质量事前控制、质量事中控制、质量事后控制的内容及构成

(4)合同中引用的有关原材料、半成品、构配件方面的质量依据;

(5)业主和施工方签订的工程承包合同中有关质量的合同条款;

(6)制造厂提供的设备安装说明和有关技术标准。

(四)施工全过程质量控制的方法

监理工程师进行施工阶段质量控制的主要方法有以下几种。

1. 旁站检查

旁站是指监理人员对重要工序(质量控制点)的施工进行的现场监督和检查,注意事故苗头,避免发生质量问题。在旁站检查中,监理人员必须检查施工方在施工中所用的设备、材料及混合料与已批准的要求相符;检查施工方是否按技术规范和已批准的施工方案、工艺进行施工;及时指出问题,制止错误的施工手段和方法,及早避免发生工程质量事故。

2. 测量

测量是对建筑物几何尺寸进行控制的重要手段。开工前,监理对施工放样及高程控制进行核查,不合格者不准开工。对已完成工程的几何尺寸、高程、厚度等质量指标,按规范要求进行测量验收,不符合要求的要进行修正,无法修正的必须返工。施工方的测量记录均要事先经监理审核签字后才能使用。

3. 试验

试验是监理工程师确认各种材料和工程部位内在品质的主要依据。所有用于工程的材料都必须事先经过材料试验,并由监理工程师批准。否则,不予验收。

4. 指令文件的应用

所谓指令文件,如质量问题通知单、备忘录、情况纪要等,是用以指出施工中的各种问题,提请施工方注意。

5. 有关技术文件、报告、报表的审核

监理工程师应按施工工序、施工进度和监理计划,及时审核和签署有关质量文件、报表,尽快了解质量状况、发现质量问题,并将质量信息反馈给施工方。

四、质量事故的原因分析

(一)常见的工程质量事故发生的原因

工程质量事故的表观形式千差万别,类型多种多样,如结构倒塌、倾斜、错位、不均匀或超量沉降、变形、开裂、渗漏、破坏、强度不足、尺寸偏差过大等,究其原因,归纳起来主要有以下几方面:

(1)违背基本建设规律。基本建设程序是工程项目建设过程及其客观规律的反映,但有些工程不按基本建设程序办事,如未做好调查分析就拍板定案,未搞清地质情况就仓促开工;边设计、边施工,无图施工,不经竣工验收就交付使用等,常是导致重大工程质量事故的重要原因。

(2)地质勘察原因。例如,未认真进行地质勘察或勘探时钻孔深度、间距、范围不符合规定要求,地质勘察报告不详细、不准确、不能全面反映实际的地基情况等,从而使得地下情况不清,或对基岩起伏分布误判等,均会导致采用不恰当或错误的基础方案,造成地基不均匀沉降、失稳,使上部结构或墙体开裂、破坏,或引发建筑物倾斜,倒塌等质量事故。

(3)不均匀地基处理不当。对软弱土、杂填土、冲填土、大孔性土或湿陷性黄土、膨胀土、红黏土、岩溶、土洞、岩层出露等不均匀地基,未进行处理或处理不当,也是导致重大事故的原因。必须根据不同地基的特点,从地基处理、结构措施、防水措施、施工措施等方面综合考虑,加以治理。

(4)设计计算问题。例如,盲目套用图纸,采用不正确的结构方案,计算简图与实际受力情况不符,荷载取值过小,内力分析有误,沉降缝或变形缝设置不当,悬挑结构未进行抗倾覆验算,以及计算错误等,都是引发质量事故的隐患。

(5)建筑材料及制品不合格。例如,骨料中活性氧化硅会导致碱骨料反应,使混凝土产生裂缝;水泥安定性不良会造成混凝土爆裂;水泥受潮、过期、结块,砂石含泥量及有害物含量、外加剂掺量等不符合要求时,会影响混凝土强度、和易性、密实性、抗渗性,从而导致混凝土结构强度不足、裂缝、渗漏等质量事故。

(6)施工管理不当。

(7)自然条件影响。温度、湿度、暴雨、风、浪、洪水、雷电、日晒等均可能成为质量事故的诱因,施工中应特别注意并采取有效的预防措施。

(二)质量事故原因分析

由于影响工程质量的因素众多,所以引起质量事故的原因也错综复杂,应对事故的特征表现,以及事故条件进行具体分析。例如,大体积混凝土产生的裂缝大体上有两类:由于基础约束应力引起的贯穿性裂缝和由于内外温差产生的应力引起的表面裂缝,如果某工程大体积混凝土出现的裂缝是表面性的微细裂缝,呈纵横交错无规律分布,而且根据施工记录,在浇筑后水化热温升较高时,天气骤冷、寒潮袭击而又未能及时防护,则可初步判断这种裂缝是由内外温差过大、表面收缩,受到内部膨胀的约束产生的应力引起的。

工程质量事故原因分析可概括为如下方法和步骤:

(1)对事故情况进行细致的现场调查研究,充分了解与掌握质量事故或缺陷的现象和特征。

(2)收集资料(如施工记录等),调查研究,摸清质量事故对象在整个施工过程中所处的环境及面临的各种情况。

(3)分析造成质量事故的原因。根据质量事故现象及特征,结合施工过程中的条件进行综合分析、比较和判断,找出造成质量事故的主要原因。对于一些特殊、重要的工程质量事故,还可能进行专门的计算、试验验证,进而分析其原因。

五、质量事故的处理

施工中出现质量事故,一般是很难完全避免的。事故发生后,应立即组织调查,对发生事故的时间、地点、原因、伤亡性质、经过、责任者、目击者等进行详细登记,根据实际情况,及时做出严肃认真的处理。在调查处理过程中,要做到"三不放过",即事故原因不清楚不放过;事故的责任者和职工未受教育不放过;防范措施不落实不放过。通过质量控制和质量保证活动,可对事故的产生起到防范作用,控制事故后果的进一步恶化,将危害程度降到最低。

(一)施工质量事故处理的程序

施工质量事故发生后,一般可以按以下程序进行处理,如图 9-8 所示。

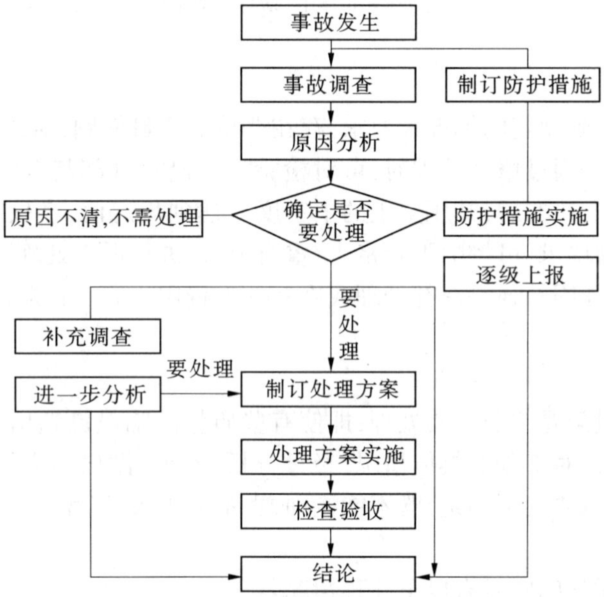

图 9-8　质量事故分析处理程序

(1)当出现施工质量缺陷或事故后,应停止质量缺陷部位和其有关部位及下道工序的施工,需要时,还应采取适当的防护措施。同时,要及时上报主管部门。

(2)进行质量事故调查,主要目的是要明确事故的范围、缺陷程度、性质、影响和原因,为事故的分析处理提供依据,调查力求全面、准确、客观。

(3)在事故调查的基础上进行事故原因分析,正确判断事故原因。事故原因分析是确定事故处理措施方案的基础。正确的处理以对事故原因的正确判断为基础。只有对调查提供充分的调查资料、数据进行详细、深入的分析后,才能由表及里、去伪存真,找出造成事故的真正原因。

(4)研究制订事故处理方案。事故处理方案的制订应以事故原因分析为基础。如对某些事故一时认识不清,而且事故一时不致产生严重的恶化,可以继续进行调查、观测,以便掌握更充分的资料数据,做进一步分析,找到原因,以利于制订方案。

(5)按确定的处理方案对质量事故进行处理。

(6)在质量缺陷处理完成后,应组织有关人员对处理结果进行严格的检查、鉴定和验收。

(二)事故处理方案的确定

尽管对质量事故的技术处理方案多种多样,但根据质量事故的情况可归为维补处理、返工处理、不做处理三种类型的处理方案。

1. 维补处理

这是最常用的一类处理方案。通常当工程的某个检验批、分项或分部的质量虽未达到规定的规范、标准或设计要求,存在一定的缺陷,但通过修补或更换器具、设备后还可达到要求的标准,又不影响使用功能和外观要求,在此情况下,可以进行修补处理。

对较严重的质量问题,可能影响结构的安全性和使用功能,必须按一定的技术方案进行加固补强处理。这样往往会造成一些永久性缺陷,如改变结构外形尺寸、影响一些次要的使用功能等。

2. 返工处理

当工程质量未达到规定的标准和要求,存在严重的质量问题,对结构的使用和安全构成重大影响,且又无法通过修补处理时,可对检验批、分项、分部甚至整个工程返工处理。例如,某防洪堤坝填筑压实后,其压实土的干密度未达到规定值,经核算将影响土体的稳定且不满足抗渗能力要求,可挖除不合格土,重新填筑,进行返工处理,对某些存在严重质量缺陷,且无法采用加固补强等修补处理或修补处理费用比原工程造价还高的工程,应进行整体拆除,全面返工。

3. 不做处理

施工项目的质量问题并非都要处理,即使有些质量缺陷虽已超出了国家相关标准及规范要求,但也可以针对工程的具体情况,经过分析、论证,做出勿需处理的结论。总之,对质量问题的处理,也要实事求是,既不能掩饰,也不能扩大,以免造成不必要的经济损失和延误工期。

勿需做处理的质量问题常有以下几种情况:

(1)不影响结构安全、生产工艺和使用要求。

(2)检验中的质量问题,经论证后可不做处理。

(3)某些轻微的质量缺陷,通过后续工序可以弥补的,可不处理。

(4)对出现的质量问题,经复核验算,仍能满足设计要求者,可不做处理。

(三)质量事故处理的鉴定

质量事故处理是否达到预期的目的、是否留有隐患,需要通过检查验收来做出结论。事故处理质量检查验收,必须严格按施工验收规范中有关规定进行;必要时,还要通过实测、实量、荷载试验、取样试压、仪表检测等方法来获取可靠的数据,这样才可能对事故做出明确的处理结论。

事故处理结论的内容有以下几种:

(1)事故已排除,可以继续施工。

(2)隐患已经消除,结构安全可靠。

(3)经修补处理后,完全满足使用要求。

(4)基本满足使用要求,但附有限制条件,如限制使用荷载、限制使用条件等。

(5)对耐久性影响的结论。

(6)对建筑外观影响的结论。

(7)对事故责任的结论等。

此外,对一时难以做出结论的事故,还应进一步提出观测检查的要求。

第三节　进度管理

工程进度管理又叫工程时间管理或工程工期管理,是为确保工程按时完工所进行的系列管理过程。工程进度管理主要包括两大方面的内容:一是施工进度计划的制订,二是施工进度控制。

一、施工进度计划报批

为使工程能够按时完成,在工程开始前制订工程进度计划是非常有必要的。制订进度计划,就是采用一定的方法对工程所包括的工序及其之间的相互关系进行分析,对各个单元工程所需要的时间进行估计,将每个单元工程的开始时间和结束时间具体化。显然,施工进度计划对保证工程按时完工具有重要的作用。

施工进度计划的编制可概括为以下四个主要过程:

(1)活动定义。确定为完成各种项目可交付成果所必须进行的各项具体活动。

(2)活动排序。确定各活动之间的依赖关系,并形成文档。

(3)活动持续时间估计。估算完成单项活动所需要的时间长度。

(4)进度计划制订。在分析活动顺序、活动持续时间和资源需求的基础上编制工程进度计划。

这四个过程既相互影响又相互关联,使得它们在实际的项目管理中表现出相互交叉和重叠的关系,很难截然分开。

在制订进度计划过程中,项目部既要编制总进度计划,还要编制年度、季度、月、旬、周计划,并报监理批准。目前,工程进度计划一般是用横道图或网络图来表示,并将其张贴在项目部的墙上。工程技术人员按照工程总进度计划,制订劳动力、材料、机械设备、资金使用计划,同时要认真做好各工序的施工进度记录,编制施工进度统计表,并与总进度计划相比较,及时平衡和优化进度计划,保证主体工程均衡进展,减少施工高峰的交叉,科学地使用人力、物力、财力,提高综合效益和工程质量。

至于施工进度计划的具体编制,在前面的第七章中已详细介绍。

二、施工进度控制纠正

施工进度控制是进度管理的重要内容和重要过程。工程进度控制是对工程及其每个单元工程的进度进行监督和控制,将工程实际进度与工程基准期望(计划)进度进行比较,如果发现偏差,及时采取措施进行纠正,以维持工程进度的正常进行。图9-9为某工程进度管理曲线,对比计划进度和实际进度,可以发现提前或拖延的程度,并进行跟踪,追查进度失控的原因,以便及时加以纠正。如发现每道主体工程的工期滞后,应认真分析原因,采取一定的措施(如抢工、改进技术方案、提高机械化作业程度等)来调整工程进度,确保工程总进度。

施工进度控制的主要内容包括:①对造成进度变化的因素施加影响,以保证这种变化朝着有利的方向发展;②确定进度是否已发生变化;③在变化实际发生和正在发生时,对这种变化实施管理。

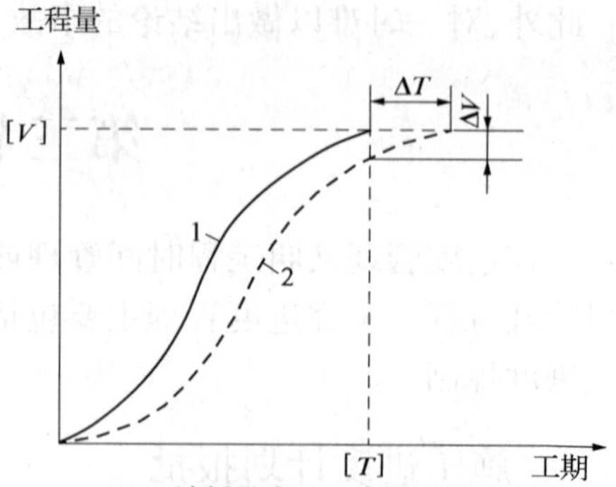

1—计划进度;2—实际进度;
[V]—工程量;[T]—工期;
ΔV—工程量偏差;ΔT—工期偏差。
图9-9 某工程进度管理曲线

施工进度控制的主要步骤可归纳为:①在收集到已完成活动的实际结束时间和项目变更带来的影响等有关数据,并据此更新工程进度后,对进度进行分析并与原计划进行比较,找到需要采取纠正措施的地方;②对需要采取措施的地方确定应采取的具体措施;③根据确定的纠正措施,修改网络计划并重新计算进度;④估计所采取的纠正措施的效果,如果所采取的纠正措施仍无法获得满意的进度安排,则重复以上步骤。

按进度管理的层次,项目进度计划控制可以分为项目总进度控制、项目主进度控制和项目详细进度控制。项目总进度控制是项目经理等高层管理部门对项目中各里程碑事件的进度控制;项目主进度控制是项目部门对项目中每一主要事件的进度控制;项目详细进度控制是各具体作业部门对各具体活动的进度控制,这是进度控制的基础,只有详细进度得到较强的控制,才能保证主进度进行,最终保证项目总进度,使项目按时实现。

用网络计划技术管理施工进度,是进行适时控制的有效手段。至于用网络计划技术管理施工进度的方法,在前面的第七章中已详细介绍。

第四节 成本管理

项目成本管理是项目建设过程中以降低成本为目标,对成本的形成进行的预测、控制、核算、分析等一系列的管理工作的总称。项目成本管理主要包括资源计划编制、成本估算、成本预算和成本控制四个过程,其中前三个过程就是项目成本计划的制订。施工成本是指项目的施工过程中所发生的全部生产费用的总和,包括直接成本和间接成本。直接成本又包括人工、机械、材料费和其他直接费。

施工成本是施工过程中工作质量的综合性指标,反映着企业生产经营管理活动各个方面的工作成果。显然,若施工单位按照标价承担一项工程任务后,如果不能将工程成本控制在合同价格以内,就得亏损。所以,成本管理是国内外承包企业获得承包工程合同后所关心的一项极为重要的工作。

一、施工成本控制的基础工作

(1)定额工作。要有一套平均先进的技术经济定额作为企业编制施工作业计划,降低成本计划,进行经济核算,掌握人工、材料、机械消耗和控制费用开支的依据。

(2)计量检验工作。应设置必要的计量器具,建立出、入库检验制度,以期克服估算、计量产生的误差等现象。

(3)原始记录工作。要有一套简便易行的施工、劳动、料具供应、机械、资金、附属企业生产等方面的原始记录和成本报表制度,包括格式、计算登记、传递方法、报送时间等的规定。

(4)内部价格工作。制定材料、工具的内部计划价格,便于及时计价,进行材料工具的核算。

(5)编制施工预算。作为内部成本核算、作业计划、签订内部责任合同和签发施工任务单的依据。

二、施工成本计划

施工成本计划是项目成本管理的一个重要环节,是实现降低施工成本目标的关键性文件。

编制施工成本计划需要根据项目经济核算结果,施工组织设计,机械设备及利用情况,工程所需材料消耗及劳动效率情况,人工材料、机械台时的市场价,以往类似工程实际执行情况和有关经济指标完成情况的分析资料,由项目部统一组织有关技术人员在充分理解工程的特点、难点、重点的基础上,研究制订合理可行的具体措施,并预测采取这些措施后取得的经济效果,以制订降低成本的目标,通过动态管理、全面监督的方法测算、调整,编制出施工项目的成本计划,并将其细化分解到分部分项工程上去,使经济责任、权利、利益具体化。

制订施工成本计划,要明确降低施工成本的途径,并制订出相应降低施工成本的措施。降低施工成本的措施一般包括以下几点。

(一)科技降低成本

对不同的施工方案进行技术经济性比选,选取技价比较高的施工方案,即在满足技术要求的前提下,综合考虑人员素质、机械设备的种类和数量、质量工期要求等因素,采用成本较低的方案。

(二)降低材料成本

在水利工程中,材料成本占造价的60%~70%,因此加强材料管理是项目取得经济效益的重要途径之一。材料成本的控制,主要指材料用量和材料价格的控制。材料用量的控制,主要指在保证符合设计要求和质量标准的前提下,合理使用材料,通过定额管理、计量管理等手段,有效控制材料物资的消耗。由于材料价格由购买价、运杂费、运输中的合理损耗等所组成,所以材料价格的控制主要是通过掌握市场信息、应用招标和询价等方式,控制材料、设备的采购价格。同时,也要合理确定材料存货的经济批量,适当降低材料的储备,减少资金占用。

(三)提高机械设备利用率和降低机械使用费

随着施工机械化程度的提高,管理好施工机械,提高机械完好率和利用率,充分发挥施工机械的能力是降低成本的重要方面。由于我国的机械利用率较低,所以在这方面降低工程成本的空间很大。

(四)降低人工成本

通过劳务合同进行控制,同时选择信誉好、有实力的施工作业班组,合理安排流水作业,提高劳动生产率,是降低人工成本的重要方面。如果由于非自身因素而造成窝工、停工现象,要及时合理安排人员并做好索赔资料收集。另外,针对具体工程项目的特点,制定相应的项目组织结构模式,合理确定部门、职工的数量和工资福利水平,尤其是要减少非生产用工和辅助用工的数量,也能够提高工作效率、降低人工成本。

(五)节约施工管理费

水利工程施工管理费约为工程成本的15%,所占比例较大。应本着艰苦奋斗,勤俭办企业的方针,精打细算,节约开支,减少非生产消耗。

(六)降低额外成本

通过加强质量、安全方面的控制工作,避免浪费、损失。通过加强工序的质量检查,保证一次验收的成功率,可以避免返工带来的额外成本。加强安全生产的组织和管理,确保安全无事故,对于实现成本控制的目标也是至关重要的。

三、施工成本控制

施工成本控制的目的是确保施工成本目标的实现,合理地确定施工项目成本控制目标值,包括项目的总目标值、分目标值、各细目标值,如果没有明确的施工成本控制目标,就无法进行项目施工成本实际支出值与目标值的比较,不能进行比较也就不能找出偏差,不知道偏差程度,就会使控制措施缺乏针对性。在确定施工成本控制目标时,应有科学的依据,如果施工成本目标值与人工单价、材料预算价格、设备价格及各项有关费用和各种取费标准不相适应,那么施工成本控制目标便没有实现的可能,则控制也是徒劳的。施工成本控制的程序如下:

(1)对施工方法、施工顺序、作业组织形式、机械设备的选型、技术组织措施等进行认真研究和分析,制订出科学先进、经济合理的施工方案。

(2)根据企业下达的成本目标,以实际工程量或工作量为基础,根据消耗标准(如我国的基础定额、企业的施工定额)和技术组织措施的节约计划,在优化的施工方案的指导下,编制明细而具体的成本计划,将成本责任落实到各职能部门、施工队组。

(3)根据项目施工期的长短和参加工程人数的多少,编制间接费预算,并进行明细分解,落实到有关部门,为成本控制和绩效考评提供依据。

(4)加强施工任务和限额领料的管理。施工任务应与工序结合起来,做好每一个工序的验收(包括实际工程量的验收和工作内容、进度、质量要求等综合验收评价),以及实耗人工、实耗机械台班、实耗材料的数量核对,以保证施工任务和限额领料信息的正确,为成本控制提供真实、可靠的数据。

(5)根据施工任务进行实际与计划的对比,计算工作包的成本差异,分析差异产生的原因,并采取有效的纠偏措施。

(6)做好检查周期内成本原始资料的收集、整理,正确计划各工作包的成本,并做好完成工序实际成本的统计,分析该检查周期内实际成本与计划成本的差异。

(7)在上述工作基础上,实行责任成本核算,并与责任成本进行对比,分析成本差异和产生差异的原因,采取措施纠正差异。施工成本控制是所有施工管理人员必须重视的一项工作,必须依赖各部门、各单位的通力合作,对成本控制工作进行有效的组织与分工。

第五节 安全管理

水利工程建设安全生产管理,坚持“安全第一,预防为主”的方针,使施工生产全过程中潜伏的危险因素处于受控状态,消除事故隐患,确保施工生产安全。项目法人、勘察(测)单位、设计单位、施工单位、建设监理单位及其他与水利工程建设安全生产有关的单位,必须遵守安全生产法律法规和水利安全生产有关规定,保证水利工程建设安全生产,依法承担水利工程建设安全生产责任。建立施工技术组全过程的安全保证体系,实现安全生产、文明施工。

一、安全管理的内容

(一)建立安全生产制度

安全生产制度必须符合国家和地区的有关政策、法规、条例和规程,并结合施工项目的特点,明确各级各类人员安全生产责任制,要求全体人员必须认真贯彻执行。

(二)贯彻安全技术管理

编制施工组织设计时,必须结合工程实际,编制切实可行的安全技术措施,要求全体人员必须认真贯彻执行。执行过程中发现问题,应及时采取妥善的安全防护措施。要不断积累安全技术措施在执行过程中的技术资料,进行研究分析,总结提高,以利于以后工程借鉴。

(三)坚持安全教育和安全技术培训

组织全体人员认真学习国家、地方和本企业的安全生产责任制、安全技术规程、安全操作规程和劳动保护条例等。新工人进入岗位之前要进行安全纪律教育,特种专业作业人员要进行专业安全技术培训,考核合格后方能上岗。要使全体职工经常保持高度的安全生产意识,牢固树立“安全第一”的思想。

(四)组织安全检查

为了确保安全生产,必须严格安全督察,建立健全安全督察制度。安全检查要经常查看现场,及时排除施工中的不安全因素,纠正违章作业,监督安全技术措施的执行,不断改善劳动条件,防止工伤事故的发生。

(五)进行事故处理

人身伤亡和各种安全事故发生后,应立即进行调查,了解事故产生的原因、过程和后果,提出鉴定意见。在总结经验教训的基础上,有针对性地制订防止事故再次发生的可靠措施。

二、安全生产责任制

(一)安全施工责任制

安全施工责任制是按照"安全第一,预防为主"的安全施工方针和"管生产的同时必须管安全"的原则,将各级负责人员、各职能部门及其工作人员和各岗位的施工人员,在安全施工方面应做的事情和应负的责任,加以明确规定的一种制度。

建立一个完善的安全施工责任制的总体要求是"纵向到底,横向到边"。纵向到底,即规定从上到下所有类型人员的安全施工职责。在建立责任制时,可首先将本项目部从主要负责人一直到施工人员分成相应的层级,然后结合本工程的实际工作,对不同层次的人员在安全施工中应承担的职责做出规定。横向到边,即分别对各职能部门(包括财务、仓库、档案等部门)在安全施工中应承担的职责作出规定。水利工程施工单位各层人员相应的施工安全责任分述如下:

(1)施工企业从事水利工程的新建、扩建、改建、加固和拆除等活动,应当具备国家规定的注册资本、专业技术人员、技术装备和安全生产等条件,依法取得相应等级的资质证书,并在其资质等级许可的范围内承揽工程。施工企业应当依法取得安全生产许可证后,方可从事水利工程施工活动。

(2)施工企业主要负责人依法对本单位的安全生产工作全面负责。施工企业应当建立健全安全生产责任制度和安全生产教育培训制度,制定安全生产规章制度和操作规程,保证本单位建立和完善安全生产条件所需资金的投入,对所承担的水利工程进行定期和专项安全检查,并做好安全检查记录。

(3)施工单位的项目负责人应当由取得相应执业资格的人员担任,对水利工程建设项目的安全施工负责,落实安全生产责任制度、安全生产规章制度和操作规程,确保安全生产费用的有效使用,并根据工程的特点组织制定安全施工措施,消除安全事故隐患,及时、如实地报告生产安全事故。

(4)项目部生产班组长全面负责本班组的安全施工工作,是安全施工法律法规和规章制度的直接执行者。班组长的主要职责是贯彻执行本单位对安全施工的规定和要求,督促本班组的人员遵守有关安全施工规章制度和安全操作规程,切实做到不违章指挥、不违章作业、遵守劳动纪律。

(5)项目部施工员的主要职责是接受安全施工教育和培训,遵守有关安全施工规章和操作规程,遵守劳动纪律,不违章作业。铅直运输机械作业人员、安装拆卸工、爆破作业人员、起重信号工、登高架设作业人员等特种作业人员,必须接受专门的培训,经考试合格取得操作资格证书的,方可上岗作业。

(二)施工单位安全施工管理的组织保障

安全施工管理必须有组织上的保障,否则安全施工管理就无从谈起。施工单位应当设立安全生产管理机构,按照国家有关规定配备专职安全生产管理人员。施工现场必须有专职安全生产管理人员。专职安全生产管理人员负责对安全生产进行现场监督检查,发现生产安全事故隐患,应当及时向项目负责人和安全生产管理机构报告;对违章指挥、违章操作的,应当立即制止。

(三)安全施工投入与安全技术措施计划

施工单位在投标报价中,应当包含工程施工的安全作业环境及安全施工措施所需费用。对列入建设工程预算的上述费用,应当用于施工安全防护用具及设施的采购和更新、安全施工措施的落实、安全生产条件的改善,不得挪作他用。

施工安全技术措施计划是施工单位财务计划的一个组成部分,是改善施工条件、有效防止事故的重要保证制度。施工单位为了保证安全施工资金的有效投入,应编制安全技术措施计划。施工单位应当在施工组织设计中,编制安全技术措施和施工现场临时用电方案;对基坑支护与降水工程、土方和石方开挖工程、模板工程、起重吊装工程、脚手架工程、拆除与爆破工程、围堰工程及其他达到一定规模的危险性较大的工程,应当编制专项施工方案,并附有安全验算结果,经施工单位技术负责人签字及总监理工程师核签后实施,由专职安全生产管理人员进行现场监督。对前述所列工程中涉及高边坡、深基坑、地下暗挖工程、高大模板工程的专项施工方案,施工单位还应当组织专家进行论证、审查。

(四)安全施工教育培训

施工单位的安全教育培训工作是贯彻安全生产方针、目标,实现安全施工和文明施工,提高员工安全意识和素质,防止产生不安全行为,减少人为失误的重要途径。

施工单位的主要负责人、项目负责人、专职安全生产管理人员,应当经水行政主管部门安全生产考核合格后,方可任职。施工单位应当对管理人员和作业人员,每年至少进行一次安全生产教育培训,其教育培训情况记入个人工作档案。安全生产教育培训考核不合格的人员,不得上岗。施工单位在采用新技术、新工艺、新设备、新材料时,应当对作业人员进行相应的安全生产教育培训。

(五)安全施工检查

安全施工检查是安全管理工作的重要内容,是消除隐患、防止事故发生、改善施工条件的重要手段。通过安全检查,可以发现施工过程中的危险因素,以便有计划地制订纠正措施,保证施工安全。

(六)事故应急救援

施工单位应当根据水利工程施工的特点和范围,对施工现场易发生重大事故的部位、环节进行监控,制定施工现场生产安全事故应急救援预案。实行施工总承包的,由总承包单位统一组织编制水利工程建设生产安全事故应急救援预案,工程总承包单位和分包单位按照生产安全事故应急救援预案,各自建立应急救援组织或者配备应急救援人员,配备救援器材、设备,并定期组织演练。

施工单位发生生产安全事故的,应当按照国家有关伤亡事故报告和调查处理的规定,及时、如实地向负责安全生产监督管理的部门以及水行政主管部门或者流域管理机构报告;特种设备发生事故的,还应当同时向特种设备安全监督管理部门报告。接到报告的部门应当按照国家有关规定,如实上报。一旦发生安全事故,应坚持“三不放过”原则:事故原因未查清不放过;事故责任者和职工未受教育不放过;没有采取有效的防范措施不放过。只有这样,才能使安全施工的管理水平不断提高,把事故的隐患消灭在萌芽状态。

同时应及时向有关保险机构通报,及时理赔。

参考文献

[1] 刘国靖. 现代项目管理教程[M]. 北京:中国人民大学出版社,2018.

[2] 江正荣. 建筑施工工程师手册[M]. 北京:中国建筑工业出版社,2017.

[3] 袁光裕. 水利工程施工[M]. 北京:中国水利水电出版社,2016.

[4] 陈龙珠. 水利水电工程(建造师执业手册)[M]. 北京:中国建筑工业出版社,2006.

[5] 李忠勇,施工现场安全标准化管理[M]. 上海:同济大学出版社,2001.

[6] 毛鹤琴. 工程建设质量控制[M]. 北京:中国建筑工业出版社,1998.

[7] 彭程. 21世纪中国水电工程[M]. 北京:中国水利水电出版社,2006.

[8] 曲江. 水利水电工程项目管理实务全书[M]. 北京:中国环境科学出版社,2001.

[9] 中华人民共和国水利部. 水利水电工程施工质量检验与评定规程:SL 176—2007[S]. 北京:中国水利水电出版社,2007.

[10] 国家能源局. 水电水利工程施工通用安全技术规程:DL/T 5370—2017[S]. 北京:中国电力出版社,2017.

[11] 中华人民共和国水利部. 水利水电工程施工组织设计规范:SL 303—2017[S]. 北京:中国水利水电出版社,2017.

[12] 中华人民共和国水利部. 水利水电工程施工质量通病防治导则:SL/Z 690—2013[S]. 北京:中国水利水电出版社,2013.